SCRIPTORVM CLASSICORVM

BIBLIOTHECA OXONIENSIS

OXONII

E TYPOGRAPHEO CLARENDONIANO

ARISTOTELIS

PHYSICA

RECOGNOVIT
BREVIQUE ADNOTATIONE CRITICA INSTRUXIT

W. D. ROSS

OXONII
E TYPOGRAPHEO CLARENDONIANO

Oxford University Press, Ely House, London W. 1

GLASGOW NEW YORK TORONTO MELBOURNE WELLINGTON
CAPE TOWN IBADAN NAIROBI DAR ES SALAAM LUSAKA ADDIS ABABA
DELHI BOMBAY CALCUTTA MADRAS KARACHI LAHORE DACCA
KUALA LUMPUR SINGAPORE HONG KONG TOKYO

ISBN 0 19 814514 4

First Edition 1950
Reprinted with corrections 1956, 1960, 1966, 1973

Printed in Great Britain
at the University Press, Oxford
by Vivian Ridler
Printer to the University

PRAEFATIO

Physicorum sex codices a Bekkero collati sunt: Par. Gr. 1853 (E),
Laur. 87. 7 (F), Laur. 87. 6 (G), Vat. 1027 (H), Vat. 241 (I), Laur.
87. 24 (K), quorum E saeculo decimo scriptus est, G duodecimo,
I atque K tredecimo, H tredecimo aut quartodecimo, F quarto-
decimo. His adieci decimi saeculi codicem, Vind. 100 (J), qui a
ceteris omnino neglectus ab A. Gercke in lucem protractus est,[1]
ab amico meo F. H. Fobes minute descriptus.[2] Huius codicis
lectiones a Fobes in editione sua *Meteorologicorum*, a me in
editione *Metaphysicorum*, a D. J. Allan in editione librorum *De
Caelo* commemoratae sunt. Codices EFIJ totum textum *Physi-
corum* (libri septimi parte excepta) continent, GHK partes solum.
Habemus etiam in libris 2, 3, 5 multos locos qui cum locis
Metaphysicorum tantum congruunt ut *Metaphysicorum* codices
codicibus *Physicorum* auxilio veniant. In libris 1-4 habemus
collationem a viro doctissimo Augustino Mansion factam[3] ver-
sionis Latinae (ipsius ex versione Arabica factae) quae com-
mentariis Averrois praefixa est. Habemus Themistii paraphrasim
et, quod multo plus prodest, Philoponi commentaria in libros
1-4, fragmenta commentariorum in libros 5-8. Habemus denique,
quod maximi momenti est, commentaria Simplicii in totum opus,
atque in his commentariis multa ex commentariis Alexandri
Aphrodisiensis citata.

Codicum tres familiae esse videntur. Ex una E solus collatus
est, ex altera FGHIJ, ex tertia K, qui magis constat cum FHIJ
in libro sexto, cum E in libris 7-8. Familia prima videtur verba
Aristotelis ipsius accuratius tradidisse; ut scripsit D. J. Allan,
'codex E locutionem asperam atque honesta simplicitate in-
signem, codex J (nisi fallor) pleniorem atque emendatiorem
Stagiritae tribuit'. Sed codex E per incuriam multos sibi pro-
prios errores habet, multa omittit; ita fit ut consensus omnium

---

[1] *Wiener Studien*, 14. 146-8.
[2] *Classical Review*, 27. 249-50; *Class. Philol.* 10. 189, n. 1.
[3] *Revue de Philol.* 47. 5-41.

codicum alterius familiae par auctoritate sit codici E, atque consensus codicis K cum codicibus secundae familiae plus auctoritatis habeat quam codex E solus; quod contra consensus unius aut alterius codicum FGH1J cum E plus auctoritatis habet quam consensus ceterorum familiae secundae codicum. Huius familiae G1J strictius consentiunt, F atque H plures sui proprias lectiones habent. Omnium codicum K maxime cum Alexandro, Philopono, Simplicio, Themistio consentit. De tota historia textus *Physicorum* optime scripsit H. Diels,[1] equidem fusius scripsi in editione maiore *Physicorum.*

Libri septimi capitum 1–3 duas habemus versiones. Prima, quam sequitur Simplicius et maxima pro parte Philoponus et Themistius, in codicibus bcjy invenitur; altera, quam Simplicius τὸ ἕτερον ἕβδομον βίβλιον appellat,[2] in codicibus EFJK, H et I interdum consentientibus. Capitum 4–5 prima versio in omnibus codicibus invenitur; versionis alterius in Simplicii commentariis 1086. 24–5, 1093. 9–11, aliqua verba citantur. Versio prima ab Aristotele ipso scripta esse videtur, sed argumentum librorum 5, 6, 8 περὶ κινήσεως interrumpit; est fortasse pars alterius ἀκροάσεως tempore prioris, cuius memoriam discipulus aliquis in versione secunda verbis suis commisit.

Literis A, P, S, T significatur lectionem laudatam ab Alexandro, Philopono, Simplicio, Themistio probabiliter lectam esse. Siglo E[1] indicavi lectiones quas primas scripsit scriba codicis E, siglo E[2] lectiones postea scriptas, sive ab eodem sive ab alio scriba; codicum ceterorum lectiones similiter distinxi.

W. D. ROSS

Scribebam Oxonii mense Aprili a. MCML.

---

[1] *Abhandlungen der Berliner Akad.*, 1882.

[2] 1051. 5, 1054. 31, 1086. 23, 1093. 10.

ΑΡΙΣΤΟΤΕΛΟΥΣ
ΦΥΣΙΚΗ ΑΚΡΟΑΣΙΣ

SIGLA

Lib. 1-3.   codices EFIJ
Lib. 4.   208ª 27—215ª 8.   EFGIJ
         215ª 8 - 224ª 17.   EFGHIJ
Lib. 5.   EFHIJ
Lib. 6, 8.   EFHIJK
Lib. 7.   Textus primus.   241^b 34—244^{b}5.   bcjy
                            244^b 5^b—245^b 9.   Hbcjy
                            245^b 9—248ª 9.   HIbcjy
        Textus alter.   241^b 24 - 244^b 19.   EFHIJK
                            244^h 19—245^b 24.   EFIJK
                            245^b 24 - 248^b 28.   EFJK
        248ª 10—250^b 7.   EFHIJK : interdum citantur bcjy

Lib. 1-3.   Λ = FIJ
Lib. 4.   208ª 27 - 215ª 8.   Λ = FGIJ
         215ª 8 - 224ª 17.   Λ = FGHIJ
Lib. 5-8.   Λ = FHIJ

Σ = bcjy
Π = codices omnes collati

E = Par. gr. 1853, saec. x ineuntis
F = Laur. 87. 7, saec. xiv
G = Laur. 87. 6, saec. xii
H = Vat. 1027, saec. xiii aut xiv
I = Vat. 241, saec. xiii
J = Vind. 100 (olim 34), saec. x
K = Laur. 87. 24, saec. xiii medii

b = Par. 1859, saec. xiv
c = Par. 1861, saec. xv
j = Par. 2033, saec. xv
y = Bodl. Misc. 238, saec. xvi

M = Aristotelis *Metaphysica*   [saec. xii
    M (E) = E *supra*: M (J) = J *supra*: M (A^b) = Laur. 87. 12,
V = Versio Arabo-Latina
A = Alexander apud commentaria Simplicii
P = Philoponi commentaria
S = Simplicii commentaria
T = Themistii paraphrasis
P^c, S^c = Philoponi, Simplicii citationes
P^l, S^l = Philoponi, Simplicii lemmata
P^p, S^p = Philoponi, Simplicii paraphrases

1 Ἐπειδὴ τὸ εἰδέναι καὶ τὸ ἐπίστασθαι συμβαίνει περὶ πά- 184ᵃ
σας τὰς μεθόδους, ὧν εἰσὶν ἀρχαὶ ἢ αἴτια ἢ στοιχεῖα, ἐκ
τοῦ ταῦτα γνωρίζειν (τότε γὰρ οἰόμεθα γιγνώσκειν ἕκαστον,
ὅταν τὰ αἴτια γνωρίσωμεν τὰ πρῶτα καὶ τὰς ἀρχὰς τὰς
πρώτας καὶ μέχρι τῶν στοιχείων), δῆλον ὅτι καὶ τῆς περὶ
φύσεως ἐπιστήμης πειρατέον διορίσασθαι πρῶτον τὰ περὶ 5
τὰς ἀρχάς. πέφυκε δὲ ἐκ τῶν γνωριμωτέρων ἡμῖν ἡ ὁδὸς
καὶ σαφεστέρων ἐπὶ τὰ σαφέστερα τῇ φύσει καὶ γνωριμώ-
τερα· οὐ γὰρ ταὐτὰ ἡμῖν τε γνώριμα καὶ ἁπλῶς. διόπερ
ἀνάγκη τὸν τρόπον τοῦτον προάγειν ἐκ τῶν ἀσαφεστέρων μὲν
τῇ φύσει ἡμῖν δὲ σαφεστέρων ἐπὶ τὰ σαφέστερα τῇ φύσει 20
καὶ γνωριμώτερα. ἔστι δ᾽ ἡμῖν τὸ πρῶτον δῆλα καὶ σαφῆ τὰ
συγκεχυμένα μᾶλλον· ὕστερον δ᾽ ἐκ τούτων γίγνεται γνώριμα
τὰ στοιχεῖα καὶ αἱ ἀρχαὶ διαιροῦσι ταῦτα. διὸ ἐκ τῶν κα-
θόλου ἐπὶ τὰ καθ᾽ ἕκαστα δεῖ προϊέναι· τὸ γὰρ ὅλον κατὰ
τὴν αἴσθησιν γνωριμώτερον, τὸ δὲ καθόλου ὅλον τί ἐστι· 25
πολλὰ γὰρ περιλαμβάνει ὡς μέρη τὸ καθόλου. πέπονθε δὲ
ταὐτὸ τοῦτο τρόπον τινὰ καὶ τὰ ὀνόματα πρὸς τὸν λόγον· 184ᵇ
ὅλον γάρ τι καὶ ἀδιορίστως σημαίνει, οἷον ὁ κύκλος, ὁ δὲ
ὁρισμὸς αὐτοῦ διαιρεῖ εἰς τὰ καθ᾽ ἕκαστα. καὶ τὰ παιδία τὸ
μὲν πρῶτον προσαγορεύει πάντας τοὺς ἄνδρας πατέρας καὶ
μητέρας τὰς γυναῖκας, ὕστερον δὲ διορίζει τούτων ἑκάτερον.

2 Ἀνάγκη δ᾽ ἤτοι μίαν εἶναι τὴν ἀρχὴν ἢ πλείους, καὶ εἰ 5
μίαν, ἤτοι ἀκίνητον, ὥς φησι Παρμενίδης καὶ Μέλισσος, ἢ κι-

184ᵃ Titulum om. I   A om. J : τὸ A E : ἢ περὶ ἀρχῶν A F
13 γνωρίσωμεν EFIPS : γνωρίζωμεν J   15 πρῶτον διορίσασθαι FJ
Eustratius : διορίσασθαι P   16 ἡ om. I   17 τῇ om. IJ
18 γνωριμώτερα E   19 τοῦτον τὸν τρόπον F   σαφεστέρων J¹
μὲν om. Λ   20 τῇ om. IJ   τῇ φύσει E²ΛV : om. E¹   21 τὸ
om. E   22 γνώριμα γίνεται I : γνώριμα F   24 ἐπὶ ΛP : εἰς ES
26 ὡς ΛP : ὥσπερ E   ᵇ 11 καὶ om. P   ἀδιορίστως E¹FJVP :
ἀδιόριστον E²I   12 τὸ] δὲ τὸ J   13 μὲν om. FJ   προσα-
γορεύει ... ἄνδρας FJT : ὑπολαμβάνει πάντας τοὺς ἄνδρας IV : πάντας
τοὺς ἄνδρας ὑπολαμβάνει (hoc verbum erasum) προσαγορεύει E
14 δὲ om. F   15 δ'] δὴ Torstrik   16 ὥς ES : ὥσπερ ΛP
φησι EFPS : φασιν IJ

ΦΥΣΙΚΗΣ ΑΚΡΟΑΣΕΩΣ Α

νουμένην, ὥσπερ οἱ φυσικοί, οἱ μὲν ἀέρα φάσκοντες εἶναι οἱ δ᾽
ὕδωρ τὴν πρώτην ἀρχήν· εἰ δὲ πλείους, ἢ πεπερασμένας ἢ ἀπεί-
ρους, καὶ εἰ πεπερασμένας πλείους δὲ μιᾶς, ἢ δύο ἢ τρεῖς ἢ τέτ-
20 ταρας ἢ ἄλλον τινὰ ἀριθμόν, καὶ εἰ ἀπείρους, ἢ οὕτως ὥσπερ·
Δημόκριτος, τὸ γένος ἕν, σχήματι δὲ ⟨διαφερούσας⟩, ἢ εἴδει
διαφερούσας ἢ καὶ ἐναντίας. ὁμοίως δὲ ζητοῦσι καὶ οἱ τὰ ὄντα
ζητοῦντες πόσα· ἐξ ὧν γὰρ τὰ ὄντα ἐστὶ πρώτων, ζητοῦσι ταῦτα
πότερον ἐν ἢ πολλά, καὶ εἰ πολλά, πεπερασμένα ἢ ἄπειρα, ὥστε
25 τὴν ἀρχὴν καὶ τὸ στοιχεῖον ζητοῦσι πότερον ἓν ἢ πολλά.

25   τὸ μὲν
οὖν εἰ ἓν καὶ ἀκίνητον τὸ ὂν σκοπεῖν οὐ περὶ φύσεώς ἐστι σκο-
185ᵃ πεῖν· ὥσπερ γὰρ καὶ τῷ γεωμέτρῃ οὐκέτι λόγος ἔστι πρὸς
τὸν ἀνελόντα τὰς ἀρχάς, ἀλλ᾽ ἤτοι ἑτέρας ἐπιστήμης ἢ πα-
σῶν κοινῆς, οὕτως οὐδὲ τῷ περὶ ἀρχῶν· οὐ γὰρ ἔτι ἀρχὴ
ἔστιν, εἰ ἓν μόνον καὶ οὕτως ἓν ἔστιν. ἡ γὰρ ἀρχὴ τινὸς ἢ τι-
5 νῶν. ὅμοιον δὴ τὸ σκοπεῖν εἰ οὕτως ἓν καὶ πρὸς ἄλλην θέσιν
ὁποιανοῦν διαλέγεσθαι τῶν λόγου ἕνεκα λεγομένων (οἷον· τὴν
Ἡρακλείτειον, ἢ εἴ τις φαίη ἄνθρωπον ἕνα τὸ ὂν εἶναι), ἢ
λύειν λόγον ἐριστικόν, ὅπερ ἀμφότεροι μὲν ἔχουσιν οἱ λόγοι,
καὶ ὁ Μελίσσου καὶ ὁ Παρμενίδου· καὶ γὰρ ψευδῆ λαμ-
10 βάνουσι καὶ ἀσυλλόγιστοί εἰσιν· μᾶλλον δ᾽ ὁ Μελίσσου φορ-
τικὸς καὶ οὐκ ἔχων ἀπορίαν, ἀλλ᾽ ἑνὸς ἀτόπου δοθέντος τὰ
ἄλλα συμβαίνει· τοῦτο δὲ οὐδὲν χαλεπόν. ἡμῖν δ᾽ ὑποκεί-
σθω τὰ φύσει ἢ πάντα ἢ ἔνια κινούμενα εἶναι· δῆλον δ᾽ ἐκ
τῆς ἐπαγωγῆς. ἅμα δ᾽ οὐδὲ λύειν ἅπαντα προσήκει, ἀλλ᾽
15 ἢ ὅσα ἐκ τῶν ἀρχῶν τις ἐπιδεικνὺς ψεύδεται, ὅσα δὲ μή,
οὔ, οἷον τὸν τετραγωνισμὸν τὸν μὲν διὰ τῶν τμημάτων γεω-
μετρικοῦ διαλῦσαι, τὸν δὲ Ἀντιφῶντος οὐ γεωμετρικοῦ· οὐ
μὴν ἀλλ᾽ ἐπειδὴ περὶ φύσεως μὲν οὔ, φυσικὰς δὲ ἀπορίας

ᵇ 20 ἢ οὕτως omittendum ci. A   21 δὲ διαφερούσας Torstrik :
δὲ EIST : om. FJ : δὲ καὶ τάξει καὶ θέσει διαφερούσας Bonitz   22 καὶ
pr. om. I   23 πρώτων, ζητοῦσι Bonitz : πρῶτον ζητοῦσι E :
ζητοῦσι πρῶτον ΛSᶜ : ζητοῦσι Sˡ   24 καὶ εἰ πολλά om. E
25 ζητοῦσι ταῦτα πότερον E   26 ὄν] ἕν I   185 ᵃ 1 ἔσται I
3 τῶν I   5 εἰ] εἰ ἔστιν F   7 ἢ ὡς εἰ S   φαίη om. AS
ἄνθρωπον ἕνα ΠΑΡ : ἕνα ἄνθρωπον S   εἶναι] λέγοι AS   ἢ . . .
12 χαλεπόν ΠPST : ἢ . . . 11 ἀπορίαν delenda censuit Cornford,
8–12 ὅπερ . . . χαλεπόν secl. Bekker, collatis 186ᵃ 6–10   10 εἰσιν
om. E   μάλιστα I   13 εἶναι om. S   16 τὸν alt.] τοῦ κύκλου
τὸν IJ²P   διὰ om. I   γεωμέτρου I   17 οὐ μὴν om. E¹

συμβαίνει λέγειν αὐτοῖς, ἴσως ἔχει καλῶς ἐπὶ μικρὸν δια-
λεχθῆναι περὶ αὐτῶν· ἔχει γὰρ φιλοσοφίαν ἢ σκέψις.   20

ἀρχὴ 20
δὲ οἰκειοτάτη πασῶν, ἐπειδὴ πολλαχῶς λέγεται τὸ ὄν,
πῶς λέγουσιν οἱ λέγοντες εἶναι ἓν τὰ πάντα, πότερον
οὐσίαν τὰ πάντα ἢ ποσὰ ἢ ποιά, καὶ πάλιν πότερον οὐσίαν
μίαν τὰ πάντα, οἷον ἄνθρωπον ἕνα ἢ ἵππον ἕνα ἢ ψυχὴν
μίαν, ἢ ποιὸν ἓν δὲ τοῦτο, οἷον λευκὸν ἢ θερμὸν ἢ τῶν ἄλλων 25
τι τῶν τοιούτων. ταῦτα γὰρ πάντα διαφέρει τε πολὺ καὶ
ἀδύνατα λέγειν. εἰ μὲν γὰρ ἔσται καὶ οὐσία καὶ ποιὸν καὶ
ποσόν, καὶ ταῦτα εἴτ᾽ ἀπολελυμένα ἀπ᾽ ἀλλήλων εἴτε μή,
πολλὰ τὰ ὄντα· εἰ δὲ πάντα ποιὸν ἢ ποσόν, εἴτ᾽ οὔσης οὐσίας
εἴτε μὴ οὔσης, ἄτοπον, εἰ δεῖ ἄτοπον λέγειν τὸ ἀδύνατον. 30
οὐθὲν γὰρ τῶν ἄλλων χωριστόν ἐστι παρὰ τὴν οὐσίαν· πάντα
γὰρ καθ᾽ ὑποκειμένου λέγεται τῆς οὐσίας. Μέλισσος δὲ τὸ
ὂν ἄπειρον εἶναί φησιν. ποσὸν ἄρα τι τὸ ὄν· τὸ γὰρ ἄπει-
ρον ἐν τῷ ποσῷ, οὐσίαν δὲ ἄπειρον εἶναι ἢ ποιότητα ἢ πά-
θος οὐκ ἐνδέχεται εἰ μὴ κατὰ συμβεβηκός, εἰ ἅμα καὶ πο- 185ᵇ
σὰ ἄττα εἶεν· ὁ γὰρ τοῦ ἀπείρου λόγος τῷ ποσῷ προσ-
χρῆται, ἀλλ᾽ οὐκ οὐσίᾳ οὐδὲ τῷ ποιῷ. εἰ μὲν τοίνυν καὶ οὐ-
σία ἔστι καὶ ποσόν, δύο καὶ οὐχ ἓν τὸ ὄν· εἰ δ᾽ οὐσία μόνον,
οὐκ ἄπειρον, οὐδὲ μέγεθος ἕξει οὐδέν· ποσὸν γάρ τι ἔσται.   5

ἔτι 5
ἐπεὶ καὶ αὐτὸ τὸ ἓν πολλαχῶς λέγεται ὥσπερ καὶ τὸ ὄν,
σκεπτέον τίνα τρόπον λέγουσιν εἶναι ἓν τὸ πᾶν. λέγεται δ᾽
ἓν ἢ τὸ συνεχὲς ἢ τὸ ἀδιαίρετον ἢ ὧν ὁ λόγος ὁ αὐτὸς καὶ
εἷς ὁ τοῦ τί ἦν εἶναι, ὥσπερ μέθυ καὶ οἶνος. εἰ μὲν τοίνυν
συνεχές, πολλὰ τὸ ἕν· εἰς ἄπειρον γὰρ διαιρετὸν τὸ συνε- 10
χές. (ἔχει δ᾽ ἀπορίαν περὶ τοῦ μέρους καὶ τοῦ ὅλου, ἴσως δὲ

ᵃ 19 αὐτοῖς EFJS : αὐτούς IP   ἔχειν I   21 ἐπειδὴ ΛS¹T
Eudemus: ἐπεὶ EPSᶜ   22 πῶς ΛPS : ἰδεῖν πῶς E   ἓν εἶναι P :
ἕν F   23 οὐσίαν EI¹JS : ὡς οὐσίαν FI²P   τὰ πάντα] ἅπαντα
EP   ἢ alt.] τὰ πάντα ἢ J   24 τὰ] δὲ EJP : δὲ τὰ I   25 δὲ]
καὶ F   τῶν ἄλλων] ἄλλο F   27 ποιὸν καὶ ποσόν EJVPT Eudemus:
ποσὸν καὶ ποιόν FIS   29 ἅπαντα E²Λ   32 λέγεται τῆς οὐσίας ΛP :
τῆς οὐσίας λέγεται E   Μέλισσος EFJS : ὁ Μέλισσος IP   33 εἶναί
φησιν ES : φησιν εἶναι ΛP   ὄν] ἕν γρ. S   34 εἶναι post πάθος I :
om. J   2 ἄττα ἂν εἶεν E : εἴη S   γὰρ EVPS : δὲ Λ   3 τῷ om. S
5 ἄπειρον τὸ ὂν οὐδὲ IP   6 τὸ αὐτὸ F   7 ἓν εἶναι Λ   8 ἓν EFP :
om. IJ   9 ἦν om. E¹   τοίνυν] οὖν F   10 ὄν FP, et ex ἓν fecit
E   ἄπειρα E   11 τοῦ alt. IPS : om. EFJ   δὲ om. AS

οὐ πρὸς τὸν λόγον ἀλλ' αὐτὴν καθ' αὑτήν, πότερον ἐν ἢ
πλείω τὸ μέρος καὶ τὸ ὅλον, καὶ πῶς ἐν ἢ πλείω, καὶ εἰ
πλείω, πῶς πλείω, καὶ περὶ τῶν μερῶν τῶν μὴ συνεχῶν·
15 καὶ εἰ τῷ ὅλῳ ἓν ἑκάτερον ὡς ἀδιαίρετον, ὅτι καὶ αὐτὰ αὑ-
τοῖς.) ἀλλὰ μὴν εἰ ὡς ἀδιαίρετον, οὐθὲν ἔσται ποσὸν οὐδὲ
ποιόν, οὐδὲ δὴ ἄπειρον τὸ ὄν, ὥσπερ Μέλισσός φησιν, οὐδὲ
πεπερασμένον, ὥσπερ Παρμενίδης· τὸ γὰρ πέρας ἀδιαίρε-
τον, οὐ τὸ πεπερασμένον. ἀλλὰ μὴν εἰ τῷ λόγῳ ἓν τὰ
20 ὄντα πάντα ὡς λώπιον καὶ ἱμάτιον, τὸν Ἡρακλείτου λόγον
συμβαίνει λέγειν αὐτοῖς· ταὐτὸν γὰρ ἔσται ἀγαθῷ καὶ κακῷ
εἶναι, καὶ ἀγαθῷ καὶ μὴ ἀγαθῷ εἶναι—ὥστε ταὐτὸν ἔσται ἀγα-
θὸν καὶ οὐκ ἀγαθόν, καὶ ἄνθρωπος καὶ ἵππος, καὶ οὐ περὶ
τοῦ ἓν εἶναι τὰ ὄντα ὁ λόγος ἔσται ἀλλὰ περὶ τοῦ
25 μηδέν—καὶ τὸ τοιῳδὶ εἶναι καὶ τοσῳδὶ ταὐτόν. ἐθορυ-
βοῦντο δὲ καὶ οἱ ὕστεροι τῶν ἀρχαίων ὅπως μὴ ἅμα γένη-
ται αὐτοῖς τὸ αὐτὸ ἓν καὶ πολλά. διὸ οἱ μὲν τὸ ἐστὶν ἀφεῖ-
λον, ὥσπερ Λυκόφρων, οἱ δὲ τὴν λέξιν μετερρύθμιζον, ὅτι
ὁ ἄνθρωπος οὐ λευκός ἐστιν ἀλλὰ λελεύκωται, οὐδὲ βαδί-
30 ζων ἐστὶν ἀλλὰ βαδίζει, ἵνα μή ποτε τὸ ἐστὶ προσάπτοντες
πολλὰ εἶναι ποιῶσι τὸ ἕν, ὡς μοναχῶς λεγομένου τοῦ ἑνὸς
ἢ τοῦ ὄντος. πολλὰ δὲ τὰ ὄντα ἢ λόγῳ (οἷον ἄλλο τὸ
λευκῷ εἶναι καὶ μουσικῷ, τὸ δ' αὐτὸ ἄμφω· πολλὰ ἄρα
τὸ ἕν) ἢ διαιρέσει, ὥσπερ τὸ ὅλον καὶ τὰ μέρη. ἐνταῦθα
186ᵃ δὲ ἤδη ἠπόρουν, καὶ ὡμολόγουν τὸ ἓν πολλὰ εἶναι—ὥσπερ
οὐκ ἐνδεχόμενον ταὐτὸν ἕν τε καὶ πολλὰ εἶναι, μὴ τἀντικεί-
μενα δέ· ἔστι γὰρ τὸ ἓν καὶ δυνάμει καὶ ἐντελεχείᾳ.

Τόν τε δὴ τρόπον τοῦτον ἐπιοῦσιν ἀδύνατον φαίνεται 3
5 τὰ ὄντα ἓν εἶναι, καὶ ἐξ ὧν ἐπιδεικνύουσι, λύειν οὐ χα-
λεπόν. ἀμφότεροι γὰρ ἐριστικῶς συλλογίζονται, καὶ Μέ-

ᵇ 16 οὐθὲν] οὐκ P   ἔστι FP   οὐδὲν F   18 ἀδιαίρετον πέρας I
19-20 πάντα τὰ ὄντα I   20 ἱμάτιον ἕν, τὸν J   21 ἐστι J   22 εἶναι
om. FJP   ἀγαθῷ . . . εἶναι] μὴ ἀγαθῷ εἶναι (εἶναι om. I) καὶ ἀγαθῷ
Λ: μήτε ἀγαθῷ μήτε κακῷ P   ἔσται] ἔσται καὶ I   24 ἀλλὰ
ΛP : αὐτοῖς ἀλλὰ EV   25 καὶ alt.] καὶ τὸ IP   26-7 ὕστεροι . . .
αὐτοῖς EVPS : ὕστερον καθάπερ καὶ (καὶ om. FI) οἱ ἀρχαῖοι μή ποτε
συμβαίνῃ (συμβαίνει IJ) αὐτοῖς ἅμα FI γρ. E et post rasuram J
28 ὥσπερ] ὡς ὁ F   29 λελεύκωται PST: λελευκωμένος Π   30 ποτε
om. ΛS   31 τὸ ἕν Λ, add. E¹: τὸ ὄν S   33 τῷ δ' αὐτῷ FI
186ᵃ 1 διηπόρουν ex ἤδη ἠπόρουν fecit J¹   post καὶ add. E¹ sup. lin.
οὐχὶ: om. ΛP   2 τε om. FI   3 ἐν EIJP: ὂν F: ὂν καὶ ἓν Λ

λισσος καὶ Παρμενίδης [καὶ γὰρ ψευδῆ λαμβάνουσι καὶ
ἀσυλλόγιστοί εἰσιν αὐτῶν οἱ λόγοι· μᾶλλον δ᾽ ὁ Μελίσσου
φορτικὸς καὶ οὐκ ἔχων ἀπορίαν, ἀλλ᾽ ἑνὸς ἀτόπου δοθέντος
τἆλλα συμβαίνει· τοῦτο δ᾽ οὐθὲν χαλεπόν]. ὅτι μὲν οὖν πα- 10
ραλογίζεται Μέλισσος, δῆλον· οἴεται γὰρ εἰληφέναι, εἰ
τὸ γενόμενον ἔχει ἀρχὴν ἅπαν, ὅτι καὶ τὸ μὴ γενόμενον
οὐκ ἔχει. εἶτα καὶ τοῦτο ἄτοπον, τὸ παντὸς εἶναι ἀρχήν—
τοῦ πράγματος καὶ μὴ τοῦ χρόνου, καὶ γενέσεως μὴ τῆς
ἁπλῆς ἀλλὰ καὶ ἀλλοιώσεως, ὥσπερ οὐκ ἀθρόας γιγνο- 15
μένης μεταβολῆς. ἔπειτα διὰ τί ἀκίνητον, εἰ ἕν; ὥσπερ
γὰρ καὶ τὸ μέρος ἓν ὄν, τοδὶ τὸ ὕδωρ, κινεῖται ἐν ἑαυτῷ,
διὰ τί οὐ καὶ τὸ πᾶν; ἔπειτα ἀλλοίωσις διὰ τί οὐκ ἂν εἴη;
ἀλλὰ μὴν οὐδὲ τῷ εἴδει οἷόν τε ἓν εἶναι, πλὴν τῷ ἐξ οὗ
(οὕτως δὲ ἓν καὶ τῶν φυσικῶν τινες λέγουσιν, ἐκείνως δ᾽ 20
οὔ)· ἄνθρωπος γὰρ ἵππου ἕτερον τῷ εἴδει καὶ τἀναντία ἀλ-
λήλων.
22

καὶ πρὸς Παρμενίδην δὲ ὁ αὐτὸς τρόπος τῶν λό- 22
γων, καὶ εἴ τινες ἄλλοι εἰσὶν ἴδιοι· καὶ ἡ λύσις τῇ μὲν ὅτι
ψευδὴς τῇ δὲ ὅτι οὐ συμπεραίνεται, ψευδὴς μὲν ᾗ ἁπλῶς
λαμβάνει τὸ ὂν λέγεσθαι, λεγομένου πολλαχῶς, ἀσυμ- 25
πέραντος δὲ ὅτι, εἰ μόνα τὰ λευκὰ ληφθείη, σημαίνοντος
ἓν τοῦ λευκοῦ, οὐθὲν ἧττον πολλὰ τὰ λευκὰ καὶ οὐχ ἕν·
οὔτε γὰρ τῇ συνεχείᾳ ἓν ἔσται τὸ λευκὸν οὔτε τῷ λόγῳ. ἄλλο
γὰρ ἔσται τὸ εἶναι λευκῷ καὶ τῷ δεδεγμένῳ. καὶ οὐκ ἔσται
παρὰ τὸ λευκὸν οὐθὲν χωριστόν· οὐ γὰρ ᾗ χωριστὸν ἀλλὰ 30
τῷ εἶναι ἕτερον τὸ λευκὸν καὶ ᾧ ὑπάρχει. ἀλλὰ τοῦτο
Παρμενίδης οὔπω συνεώρα. ἀνάγκη δὴ λαβεῖν μὴ μόνον ἓν
σημαίνειν τὸ ὄν, καθ᾽ οὗ ἂν κατηγορηθῇ, ἀλλὰ καὶ ὅπερ
ὂν καὶ ὅπερ ἕν. τὸ γὰρ συμβεβηκὸς καθ᾽ ὑποκειμένου τινὸς

ᵃ 7–10 καὶ . . . χαλεπόν seclusi, collatis 185ᵃ 9–12 : om. ut vid. ST :
habent ΠΡ   8 αὐτῶν οἱ λόγοι ΕΡ : om. Λ   9–10 ἀλλ᾽ . . .
χαλεπόν secl. Cornford   13 εἶναι FS : οἴεσθαι εἶναι ΕΙJVΡ
15 ἀθρόως γενομένης Ι   16 διὰ ΕΡS : καὶ διὰ Λ   18 οὐχὶ
ΙΡ   τὸ Ε²ΡS : om. Ε¹Λ   19 τῷ alt. ΛΡS, et ex τὸ fecit Ε   21 τῷ
om. Ε¹   23 ἴδιοί εἰσιν Λ : ἴδιοι Ρ   πῇ ΙJ   24 τῇ ΕFS :
πῇ ΙJ   ᾗ om. Ε¹ : ᾗ καὶ F : εἰ J   25 λεγόμενον ST γρ. Ε
ἀσυμπέραστος F   28 γὰρ om. Ε¹   ἄλλο . . . 29 δεδεγμένῳ
Ε²ΛΡS : om. Ε¹   29 τῷ] τὸ Ε²Ρ   ἔστι Ρ   30 οὐ . . . χωρι-
στὸν Ε²ΛΡS : om. Ε¹   31 τῷ] τὸ F   τῷ λευκῷ F   32 συνεώρα
FΙJ²Ρ : ἑώρα ΕJ¹S   λαβεῖν ΕFJΡS : λαβεῖν τοῖς λέγουσιν ἓν τὸ ὂν
εἶναι ΙV   μὴ] οὐ Ρ

35 λέγεται, ὥστε ᾧ συμβέβηκε τὸ ὄν, οὐκ ἔσται (ἕτερον γὰρ
186ᵇ τοῦ ὄντος)· ἔσται τι ἄρα οὐκ ὄν.   οὐ δὴ ἔσται ἄλλῳ ὑπάρ-
χον τὸ ὅπερ ὄν.   οὐ γὰρ ἔσται ὄν τι αὐτὸ εἶναι, εἰ μὴ
πολλὰ τὸ ὂν σημαίνει οὕτως ὥστε εἶναί τι ἕκαστον.   ἀλλ'
ὑπόκειται τὸ ὂν σημαίνειν ἕν.   εἰ οὖν τὸ ὅπερ ὂν μηδενὶ συμ-
5 βέβηκεν ἀλλὰ ⟨τὰ ἄλλα⟩ ἐκείνῳ, τί μᾶλλον τὸ ὅπερ ὂν σημαίνει
τὸ ὂν ἢ μὴ ὄν; εἰ γὰρ ἔσται τὸ ὅπερ ὂν [ταὐτὸ] καὶ λευκόν,
τὸ λευκῷ δ' εἶναι μὴ ἔστιν ὅπερ ὄν (οὐδὲ γὰρ συμβεβηκέ-
ναι αὐτῷ οἷόν τε τὸ ὄν· οὐδὲν γὰρ ὂν ὃ οὐχ ὅπερ ὄν), οὐκ ἄρα
ὂν τὸ λευκόν· οὐχ οὕτω δὲ ὥσπερ τι μὴ ὄν, ἀλλ' ὅλως μὴ
10 ὄν.   τὸ ἄρα ὅπερ ὂν οὐκ ὄν· ἀληθὲς γὰρ εἰπεῖν ὅτι λευκόν,
τοῦτο δὲ οὐκ ὂν ἐσήμαινεν.   ὥστε καὶ τὸ λευκὸν σημαίνει
ὅπερ ὄν· πλείω ἄρα σημαίνει τὸ ὄν.   οὐ τοίνυν οὐδὲ μέγεθος
ἕξει τὸ ὄν, εἴπερ ὅπερ ὂν τὸ ὄν· ἑκατέρῳ γὰρ ἕτερον τὸ εἶ-
14 ναι τῶν μορίων.

14   ὅτι δὲ διαιρεῖται τὸ ὅπερ ὂν εἰς ὅπερ ὄν τι
15 ἄλλο, καὶ τῷ λόγῳ φανερόν, οἷον ὁ ἄνθρωπος εἰ ἔστιν ὅπερ
ὄν τι, ἀνάγκη καὶ τὸ ζῷον ὅπερ ὄν τι εἶναι καὶ τὸ δίπουν.
εἰ γὰρ μὴ ὅπερ ὄν τι, συμβεβηκότα ἔσται.   ἢ οὖν τῷ ἀνθρώ-
πῳ ἢ ἄλλῳ τινὶ ὑποκειμένῳ.   ἀλλ' ἀδύνατον· συμβεβηκός
τε γὰρ λέγεται τοῦτο, ἢ ὃ ἐνδέχεται ὑπάρχειν καὶ μὴ ὑπάρ-
20 χειν, ἢ οὗ ἐν τῷ λόγῳ ὑπάρχει τὸ ᾧ συμβέβηκεν [ἢ ἐν ᾧ
ὁ λόγος ὑπάρχει ᾧ συμβέβηκεν] (οἷον τὸ μὲν καθῆσθαι ὡς
χωριζόμενον, ἐν δὲ τῷ σιμῷ ὑπάρχει ὁ λόγος ὁ τῆς ῥινὸς
ἧ φαμὲν συμβεβηκέναι τὸ σιμόν)· ἔτι ὅσα ἐν τῷ ὁριστικῷ
λόγῳ ἔνεστιν ἢ ἐξ ὧν ἐστιν, ἐν τῷ λόγῳ τῷ τούτων οὐκ ἐνυ-

ᵇ 1–4 οὐ . . . ἕν ΛVPS: post 6 ὄν E   1 ἔσται τι ἄλλῳ F
2 αὐτὸ IP: αὐτῷ EFJS   3 σημαίνει] σημαίνει ὥστε καὶ τὸ ὅπερ
ὂν καὶ τὸ τούτῳ συμβεβηκὸς EV   5 ἀλλὰ τὰ ἄλλα scripsi, habet fort.
T: ἀλλὰ ΠΡ et ut vid. S: τἆλλα δ' ci. Prantl   6 ταὐτὸ seclusi,
om. S: τοῦτο T   7 τῷ J   γὰρ] γὰρ γὰρ οὐδὲ FIJ¹   8 ὄν om.
E¹   οὐδὲ F   γὰρ E²ΛP: om. E¹   9 ὡς ὅπερ E   τι μὴ
ὄν ΛPS: μὴ ὄν τι E   10 τὸ ἄρα] ἔσται ἄρα τὸ I   ὅτι] ὅτι τὸ ὂν I
11 ὥστε E¹VS: ὥστ' εἰ E²ΛP   ἐσήμαινεν I   12 ὅπερ ΠPS:
καὶ ὅπερ Natorp   οὐδὲ] οὐδὲ τὸ F   13 ἔσται J   τὸ ὂν alt. FIP
et mg. J¹: om. EJS   14 ὄν τι ἄλλο ΠPSᶜ: ὄντα FJ² et fort. AT
16 τι pr. om. E   17 ὄν τι EIJ¹P: ὄντα FJ² et fort. T   19 γὰρ]
γὰρ ἔσται καὶ I   ὑπάρχειν alt. om. P   20 ἐν . . . ὑπάρχει EPS:
ὑπάρχει ἐν τῷ λόγῳ Λ   τὸ FPS, erasum in E: τοῦτο IJ   ἢ . . .
21 συμβέβηκεν om. ΛPST   22 δὲ om. J¹   ὑπάρχει ΛP: ἐνυ-
πάρχει E

πάρχει ὁ λόγος ὁ τοῦ ὅλου, οἷον ἐν τῷ δίποδι ὁ τοῦ ἀνθρώ- 25
που ἢ ἐν τῷ λευκῷ ὁ τοῦ λευκοῦ ἀνθρώπου. εἰ τοίνυν ταῦτα
τοῦτον ἔχει τὸν τρόπον καὶ τῷ ἀνθρώπῳ συμβέβηκε τὸ δί-
πουν, ἀνάγκη χωριστὸν εἶναι αὐτό, ὥστε ἐνδέχοιτο ἂν μὴ
δίπουν εἶναι τὸν ἄνθρωπον, ἢ ἐν τῷ λόγῳ τῷ τοῦ δίποδος
ἐνέσται ὁ τοῦ ἀνθρώπου λόγος. ἀλλ᾽ ἀδύνατον· ἐκεῖνο γὰρ ἐν 30
τῷ ἐκείνου λόγῳ ἔνεστιν. εἰ δ᾽ ἄλλῳ συμβέβηκε τὸ δίπουν
καὶ τὸ ζῷον, καὶ μὴ ἔστιν ἑκάτερον ὅπερ ὄν τι, καὶ ὁ ἄν-
θρωπος ἂν εἴη τῶν συμβεβηκότων ἑτέρῳ. ἀλλὰ τὸ ὅπερ ὂν
ἔστω μηδενὶ συμβεβηκός, καὶ καθ᾽ οὗ ἄμφω [καὶ ἑκατέ-
ρον], καὶ τὸ ἐκ τούτων λεγέσθω· ἐξ ἀδιαιρέτων ἄρα τὸ πᾶν ; 35
ἔνιοι δ᾽ ἐνέδοσαν τοῖς λόγοις ἀμφοτέροις, τῷ μὲν ὅτι πάντα 187ᵃ
ἕν, εἰ τὸ ὂν ἓν σημαίνει, ὅτι ἔστι τὸ μὴ ὄν, τῷ δὲ ἐκ τῆς
διχοτομίας, ἄτομα ποιήσαντες μεγέθη. φανερὸν δὲ καὶ ὅτι
οὐκ ἀληθὲς ὥς, εἰ ἓν σημαίνει τὸ ὂν καὶ μὴ οἷόν τε ἅμα
τὴν ἀντίφασιν, οὐκ ἔσται οὐθὲν μὴ ὄν· οὐθὲν γὰρ κωλύει, μὴ 5
ἁπλῶς εἶναι, ἀλλὰ μὴ ὄν τι εἶναι τὸ μὴ ὄν. τὸ δὲ δὴ φά-
ναι, παρ᾽ αὐτὸ τὸ ὂν εἰ μή τι ἔσται ἄλλο, ἓν πάντα ἔσε-
σθαι, ἄτοπον. τίς γὰρ μανθάνει αὐτὸ τὸ ὂν εἰ μὴ τὸ ὅπερ
ὄν τι εἶναι ; εἰ δὲ τοῦτο, οὐδὲν ὅμως κωλύει πολλὰ εἶναι τὰ
ὄντα, ὥσπερ εἴρηται. ὅτι μὲν οὖν οὕτως ἓν εἶναι τὸ ὂν ἀδύνα- 10
τον, δῆλον.

4 Ὡς δ᾽ οἱ φυσικοὶ λέγουσι, δύο τρόποι εἰσίν. οἱ μὲν
γὰρ ἓν ποιήσαντες τὸ [ὂν] σῶμα τὸ ὑποκείμενον, ἢ τῶν τριῶν
τι ἢ ἄλλο ὅ ἐστι πυρὸς μὲν πυκνότερον ἀέρος δὲ λεπτότε-
ρον, τἆλλα γεννῶσι πυκνότητι καὶ μανότητι πολλὰ ποι- 15
οῦντες (ταῦτα δ᾽ ἐστὶν ἐναντία, καθόλου δ᾽ ὑπεροχὴ καὶ
ἔλλειψις, ὥσπερ τὸ μέγα φησὶ Πλάτων καὶ τὸ μικρόν,
πλὴν ὅτι ὁ μὲν ταῦτα ποιεῖ ὕλην τὸ δὲ ἓν τὸ εἶδος, οἱ
δὲ τὸ μὲν ἓν τὸ ὑποκείμενον ὕλην, τὰ δ᾽ ἐναντία διαφορὰς

ᵇ 32 ὄν FIP : om. EJ   ὁ om. F   33 ὂν IJ²PS : τι F et
fecit E¹ : ὅν τι J¹   34 συμβεβηκὸς μηδενί F   καθ᾽ οὗ ΠΡ γρ.
S : καθόλου V γρ. P : καθόλου ὁ ut vid. S   καὶ ἑκάτερον Λ γρ. P γρ.
S : om. EPS   187ᵃ 2 ὂν om. J¹   ἐκ EJVS : om. FIP   5 οὐκ]
εἶναι οὐκ F   6 εἶναι] μὴ εἶναι F   εἶναι E²ΛPS : om. E¹   δὲ
EFIJ²P : om. J¹   7 εἰ] ὡς εἰ EFIJ²P   8 μανθάνει ΛΡ : ἂν μαι-
θάνοι E   9 τι om. fort. ST   ὅπως I   τὰ ὄντα εἶναι Λ 12 δ᾽
om. J   φασι S   13 ὂν seclusi : habent ΠΡ   18 ὅτι om.
PS

20 καὶ εἴδη)· οἱ δ' ἐκ τοῦ ἑνὸς ἐνούσας τὰς ἐναντιότητας ἐκ-
κρίνεσθαι, ὥσπερ Ἀναξίμανδρός φησι, καὶ ὅσοι δ' ἐν καὶ
πολλά φασιν εἶναι, ὥσπερ Ἐμπεδοκλῆς καὶ Ἀναξα-
γόρας· ἐκ τοῦ μίγματος γὰρ καὶ οὗτοι ἐκκρίνουσι τἆλλα. δια-
φέρουσι δὲ ἀλλήλων τῷ τὸν μὲν περίοδον ποιεῖν τούτων, τὸν
25 δ' ἅπαξ, καὶ τὸν μὲν ἄπειρα, τά τε ὁμοιομερῆ καὶ τἀναν-
τία, τὸν δὲ τὰ καλούμενα στοιχεῖα μόνον. ἔοικε δὲ Ἀναξα-
γόρας ἄπειρα οὕτως οἰηθῆναι διὰ τὸ ὑπολαμβάνειν τὴν κοι-
νὴν δόξαν τῶν φυσικῶν εἶναι ἀληθῆ, ὡς οὐ γιγνομένου οὐδε-
νὸς ἐκ τοῦ μὴ ὄντος (διὰ τοῦτο γὰρ οὕτω λέγουσιν, ἦν ὁμοῦ
30 πάντα, καὶ τὸ γίγνεσθαι τοιόνδε καθέστηκεν ἀλλοιοῦσθαι,
οἱ δὲ σύγκρισιν καὶ διάκρισιν)· ἔτι δ' ἐκ τοῦ γίγνεσθαι ἐξ ἀλ-
λήλων τἀναντία· ἐνυπῆρχεν ἄρα· εἰ γὰρ πᾶν μὲν τὸ γι-
γνόμενον ἀνάγκη γίγνεσθαι ἢ ἐξ ὄντων ἢ ἐκ μὴ ὄντων, τούτων
δὲ τὸ μὲν ἐκ μὴ ὄντων γίγνεσθαι ἀδύνατον (περὶ γὰρ ταύτης
35 ὁμογνωμονοῦσι τῆς δόξης ἅπαντες οἱ περὶ φύσεως), τὸ λοι-
πὸν ἤδη συμβαίνειν ἐξ ἀνάγκης ἐνόμισαν, ἐξ ὄντων μὲν καὶ
ἐνυπαρχόντων γίγνεσθαι, διὰ μικρότητα δὲ τῶν ὄγκων ἐξ
187b ἀναισθήτων ἡμῖν. διό φασι πᾶν ἐν παντὶ μεμῖχθαι, διότι
πᾶν ἐκ παντὸς ἑώρων γιγνόμενον· φαίνεσθαι δὲ διαφέροντα
καὶ προσαγορεύεσθαι ἕτερα ἀλλήλων ἐκ τοῦ μάλισθ' ὑπερ-
έχοντος διὰ πλῆθος ἐν τῇ μίξει τῶν ἀπείρων· εἰλικρινῶς μὲν
5 γὰρ ὅλον λευκὸν ἢ μέλαν ἢ γλυκὺ ἢ σάρκα ἢ ὀστοῦν οὐκ
εἶναι, ὅτου δὲ πλεῖστον ἕκαστον ἔχει, τοῦτο δοκεῖν εἶναι τὴν
7 φύσιν τοῦ πράγματος.

7   εἰ δὴ τὸ μὲν ἄπειρον ᾗ ἄπειρον ἄγνω-
στον, τὸ μὲν κατὰ πλῆθος ἢ κατὰ μέγεθος ἄπειρον ἄγνω-
στον πόσον τι, τὸ δὲ κατ' εἶδος ἄπειρον ἄγνωστον ποῖόν τι.
10 τῶν δ' ἀρχῶν ἀπείρων οὐσῶν καὶ κατὰ πλῆθος καὶ κατ' εἶ-
δος, ἀδύνατον εἰδέναι τὰ ἐκ τούτων. οὕτω γὰρ εἰδέναι τὸ

---

a 20 ἐκκρίνουσιν P et fecit J   22 εἶναι FIJ¹PS : εἶναι τὰ ὄντα
EJ²V   23 καὶ οὗτοι EIJVT : om. FP   25 ἄπειρα ΛS : ἄπειρα
ποιεῖν E   26 μόνον om. S, secl. Diels   27 ἄπειρα οὕτως EPS :
οὕτως ἄπειρα Λ   διὰ] τὰ στοιχεῖα διὰ I .   ὑπολαβεῖν F   29 ὄντος
ἀλλ' ἐξ ὄντος διὰ F   30 πάντα E¹PST : τὰ πάντα E²Λ   32 ἄρα]
ἄρα ὑπάρχον ᾦοντο E   37 διὰ] διὰ δὲ Λ   σμικρότητα FIP
δὲ om. Λ   b 1 πᾶν om. E¹   3 ὑπάρχοντος E   4 διὰ]
διὰ τὸ Λ   6 ἕκαστον ΛV : om. E   δοκεῖ I   8 κατὰ τὸ πλῆθος
FI   κατὰ om. Λ   10 κατὰ τὸ πλῆθος E .   11 γὰρ ΛS : γὰρ
ἅπαν E

σύνθετον ὑπολαμβάνομεν, ὅταν εἰδῶμεν ἐκ τίνων καὶ πόσων
ἐστίν. ἔτι δ' εἰ ἀνάγκη, οὗ τὸ μόριον ἐνδέχεται ὁπηλικονοῦν
εἶναι κατὰ μέγεθος καὶ μικρότητα, καὶ αὐτὸ ἐνδέχεσθαι
(λέγω δὲ τῶν τοιούτων τι μορίων, εἰς ὃ ἐνυπάρχον διαιρεῖ- 15
ται τὸ ὅλον), εἰ δὴ ἀδύνατον ζῷον ἢ φυτὸν ὁπηλικονοῦν εἶναι
κατὰ μέγεθος καὶ μικρότητα, φανερὸν ὅτι οὐδὲ τῶν μορίων
ὁτιοῦν· ἔσται γὰρ καὶ τὸ ὅλον ὁμοίως. σὰρξ δὲ καὶ ὀστοῦν
καὶ τὰ τοιαῦτα μόρια ζῴου, καὶ οἱ καρποὶ τῶν φυτῶν.
δῆλον τοίνυν ὅτι ἀδύνατον σάρκα ἢ ὀστοῦν ἢ ἄλλο τι ὁπηλι- 20
κονοῦν εἶναι τὸ μέγεθος ἢ ἐπὶ τὸ μεῖζον ἢ ἐπὶ τὸ ἔλαττον.
ἔτι εἰ πάντα μὲν ἐνυπάρχει τὰ τοιαῦτα ἐν ἀλλήλοις, καὶ
μὴ γίγνεται ἀλλ' ἐκκρίνεται ἐνόντα, λέγεται δὲ ἀπὸ τοῦ πλεί-
ονος, γίγνεται δὲ ἐξ ὁτουοῦν ὁτιοῦν (οἷον ἐκ σαρκὸς ὕδωρ ἐκ-
κρινόμενον καὶ σὰρξ ἐξ ὕδατος), ἅπαν δὲ σῶμα πεπερασμέ- 25
νον ἀναιρεῖται ὑπὸ σώματος πεπερασμένου, φανερὸν ὅτι οὐκ
ἐνδέχεται ἐν ἑκάστῳ ἕκαστον ὑπάρχειν. ἀφαιρεθείσης γὰρ
ἐκ τοῦ ὕδατος σαρκός, καὶ πάλιν ἄλλης γενομένης ἐκ τοῦ
λοιποῦ ἀποκρίσει, εἰ καὶ ἀεὶ ἐλάττων ἔσται ἡ ἐκκρινομένη,
ἀλλ' ὅμως οὐχ ὑπερβαλεῖ μέγεθός τι τῇ μικρότητι. ὥστ' 30
εἰ μὲν στήσεται ἡ ἔκκρισις, οὐχ ἅπαν ἐν παντὶ ἐνέσται (ἐν
γὰρ τῷ λοιπῷ ὕδατι οὐκ ἐνυπάρξει σάρξ), εἰ δὲ μὴ στήσε-
ται ἀλλ' ἀεὶ ἕξει ἀφαίρεσιν, ἐν πεπερασμένῳ μεγέθει ἴσα
πεπερασμένα ἐνέσται ἄπειρα τὸ πλῆθος· τοῦτο δ' ἀδύνατον.
πρὸς δὲ τούτοις, εἰ ἅπαν μὲν σῶμα ἀφαιρεθέντος τινὸς ἔλατ- 35
τον ἀνάγκη γίγνεσθαι, τῆς δὲ σαρκὸς ὥρισται τὸ ποσὸν καὶ
μεγέθει καὶ μικρότητι, φανερὸν ὅτι ἐκ τῆς ἐλαχίστης σαρ-
κὸς οὐθὲν ἐκκριθήσεται σῶμα· ἔσται γὰρ ἐλάττων τῆς ἐλα- 188ᵃ
χίστης. ἔτι δ' ἐν τοῖς ἀπείροις σώμασιν ἐνυπάρχοι ἂν ἤδη

ᵇ12 εἰδῶμεν ΛΡ: ἴδωμεν Ε   13 δ' εἰ ΛΣ: δὲ Ε¹VΡ: δ' ἂν Ε²
14 σμικρότητα FIΡS   16 δὴ Bonitz: δὲ Π   17 σμικρό-
τητα FI   18 ὁτιοῦν] ὁποιονοῦν F   19 μόρια τοῦ ζῴου F   20 ἢ
pr.] καὶ F   ἄλλοτιουν ὁπηλίκον Ε   21 ἢ pr. om. EV   22 ἔτι
ΠΡΤ: εἰ οὖν τὰ ζῷα καὶ τὰ φυτὰ μήτε πηλίκα ἐστὶ μήτε ποσά, οὐδὲ τὰ
μόρια αὐτῶν ὁπηλικανοῦν ἔσται οὔτε αὔξησιν οὔτε ἀλλοίωσιν ἐπ' ἄπειρον
ἕξει, ὥστε οὔτε σάρξ· εἴη ἂν ὁπηλικηνοῦν οὔτε ὀστοῦν οὔτε σπέρμα τῶν
φυτῶν· ἐκ τούτων γὰρ ἑκάτερα αὐτῶν σύγκειται. ἔτι ut vid. Α   πάντα
EJΡ: ἅπαντα FIS   ἐν om. S   28 γινομένης F   29 ἔσται
om. I   30 ὑπερβάλλει I et fecit J   σμικρότητι Π   32 οὐκ
ἐνυπάρξει Ε²ΛΣ: οὐκ ὑπαρξει Ε¹   σταθήσεται Ε   33 πεπερασμένῳ
...ἴσα ΛVΡS: om. Ε   37 σμικρότητι FI   188ᵃ 1 ἐλάττων
scripsi cum SΡ: ἔλαττον ΠS¹Τ

B

σὰρξ ἄπειρος καὶ αἷμα καὶ ἐγκέφαλος, κεχωρισμένα μέντοι
ἀπ' ἀλλήλων ⟨οὔ⟩, οὐθὲν δ' ἧττον ὄντα, καὶ ἄπειρον ἕκαστον·
5 τοῦτο δ' ἄλογον. τὸ δὲ μηδέποτε διακριθήσεσθαι οὐκ εἰδότως
μὲν λέγεται, ὀρθῶς δὲ λέγεται· τὰ γὰρ πάθη ἀχώριστα·
εἰ οὖν μέμικται τὰ χρώματα καὶ αἱ ἕξεις, ἐὰν διακριθῶσιν,
ἔσται τι λευκὸν καὶ ὑγιεινὸν οὐχ ἕτερόν τι ὂν οὐδὲ καθ' ὑπο-
κειμένου. ὥστε ἄτοπος τὰ ἀδύνατα ζητῶν ὁ νοῦς, εἴπερ βού-
10 λεται μὲν διακρῖναι, τοῦτο δὲ ποιῆσαι ἀδύνατον καὶ κατὰ
τὸ ποσὸν καὶ κατὰ τὸ ποιόν, κατὰ μὲν τὸ ποσὸν ὅτι οὐκ
ἔστιν ἐλάχιστον μέγεθος, κατὰ δὲ τὸ ποιὸν ὅτι ἀχώριστα τὰ
πάθη. οὐκ ὀρθῶς δὲ οὐδὲ τὴν γένεσιν λαμβάνει τῶν ὁμο-
ειδῶν. ἔστι μὲν γὰρ ὡς ὁ πηλὸς εἰς πηλοὺς διαιρεῖται, ἔστι
15 δ' ὡς οὔ. καὶ οὐχ ὁ αὐτὸς τρόπος, ὡς πλίνθοι ἐξ οἰκίας καὶ
οἰκία ἐκ πλίνθων, οὕτω [δὲ] καὶ ὕδωρ καὶ ἀὴρ ἐξ ἀλλήλων
καὶ εἰσὶ καὶ γίγνονται. βέλτιόν τε ἐλάττω καὶ πεπερασμένα
λαβεῖν, ὅπερ ποιεῖ Ἐμπεδοκλῆς.

Πάντες δὴ τἀναντία ἀρχὰς ποιοῦσιν οἵ τε λέγοντες ὅτι 5
20 ἓν τὸ πᾶν καὶ μὴ κινούμενον (καὶ γὰρ Παρμενίδης θερμὸν
καὶ ψυχρὸν ἀρχὰς ποιεῖ, ταῦτα δὲ προσαγορεύει πῦρ καὶ
γῆν) καὶ οἱ μανὸν καὶ πυκνόν, καὶ Δημόκριτος τὸ πλῆρες καὶ
κενόν, ὧν τὸ μὲν ὡς ὂν τὸ δὲ ὡς οὐκ ὂν εἶναί φησιν· ἔτι θέ-
σει, σχήματι, τάξει. ταῦτα δὲ γένη ἐναντίων· θέσεως ἄνω
25 κάτω, πρόσθεν ὄπισθεν, σχήματος γεγωνιωμένον ἀγώνιον, εὐθὺ
περιφερές. ὅτι μὲν οὖν τἀναντία πως πάντες ποιοῦσι τὰς ἀρχάς,
δῆλον. καὶ τοῦτο εὐλόγως· δεῖ γὰρ τὰς ἀρχὰς μήτε ἐξ ἀλλήλων
εἶναι μήτε ἐξ ἄλλων, καὶ ἐκ τούτων πάντα· τοῖς δὲ ἐναν-
τίοις τοῖς πρώτοις ὑπάρχει ταῦτα, διὰ μὲν τὸ πρῶτα εἶναι

---

a 4 οὖ addidi: om. ΠΡST   δ'] μέντοι P   6 λέγεται pr. ΛVS:
λέγει E   7 μέμικται ΛVP: ἐμέμικτο E   8 καὶ EP: ἢ Λ   ὑγιεινὸν
FP: ὑγιαῖνον ΕΙJ   οὖτε E   10 μὲν] μὲν αὐτὰ E   ἀδυνατεῖ I
11 τὸ pr. et alt. om. E   13 ὁμοειδῶν ΠΡS: ὁμοιομερῶν A:
ὁμοιοειδῶν Moreliana   14 μὲν om. FIJ¹   15 πλίνθοι
ΛVP: πλίνθος E   16 δὲ seclusi, om. fort. ST: habent ΠΡ   καὶ
pr. om. J   17 καὶ pr. om. F   τε EP et ut vid. SP: δ' ΛS¹
19 δὴ] δὲ P   22 καὶ τὸ πυκνόν S   τὸ om. I   πλῆρες E¹IVPST:
στερεὸν E²FJ γρ. I S in de Caelo   24 θέσειώς I   25 πρόσθεν
ΠΡST: τάξεως πρόσθεν Susemihl   ὄπισθεν om. E   σχήματι I
γεγωνιωμένον FIbVPSP: γωνία EJSᶜ S in de Caelo: om. T   ἀγώ-
νιον bVPSᴾ: om. ΕΛSᶜT S in de Caelo   τὸ εὐθὺ E S in de Caelo:
τὸ εὐθὺ τὸ FJ   26 τὰς om. P   27 εἰκότως P   ἀλλήλων . . .
28 ἄλλων ΠΤ: ἄλλων . . . ἀλλήλων PS   28 πάντα] τὰ ἄλλα PST

μὴ ἐξ ἄλλων, διὰ δὲ τὸ ἐναντία μὴ ἐξ ἀλλήλων.　　30

　　　　　　　　　　　　　　　　　　ἀλλὰ 30

δεῖ τοῦτο καὶ ἐπὶ τοῦ λόγου σκέψασθαι πῶς συμβαίνει. λη-
πτέον δὴ πρῶτον ὅτι πάντων τῶν ὄντων οὐθὲν οὔτε ποιεῖν πέ-
φυκεν οὔτε πάσχειν τὸ τυχὸν ὑπὸ τοῦ τυχόντος, οὐδὲ γίγνεται
ὁτιοῦν ἐξ ὁτουοῦν, ἂν μή τις λαμβάνῃ κατὰ συμβεβηκός·
πῶς γὰρ ἂν γένοιτο λευκὸν ἐκ μουσικοῦ, πλὴν εἰ μὴ συμ- 35
βεβηκὸς εἴη τῷ μὴ λευκῷ ἢ τῷ μέλανι τὸ μουσικόν ; ἀλλὰ
λευκὸν μὲν γίγνεται ἐξ οὐ λευκοῦ, καὶ τούτου οὐκ ἐκ παντὸς
ἀλλ' ἐκ μέλανος ἢ τῶν μεταξύ, καὶ μουσικὸν οὐκ ἐκ μου- 188ᵇ
σικοῦ, πλὴν οὐκ ἐκ παντὸς ἀλλ' ἐξ ἀμούσου ἢ εἴ τι αὐτῶν
ἐστι μεταξύ. οὐδὲ δὴ φθείρεται εἰς τὸ τυχὸν πρῶτον, οἷον
τὸ λευκὸν οὐκ εἰς τὸ μουσικόν, πλὴν εἰ μή ποτε κατὰ συμ-
βεβηκός, ἀλλ' εἰς τὸ μὴ λευκόν, καὶ οὐκ εἰς τὸ τυχὸν ἀλλ' 5
εἰς τὸ μέλαν ἢ τὸ μεταξύ· ὡς δ' αὔτως καὶ τὸ μουσικὸν
εἰς τὸ μὴ μουσικόν, καὶ τοῦτο οὐκ εἰς τὸ τυχὸν ἀλλ' εἰς τὸ
ἄμουσον ἢ εἴ τι αὐτῶν ἐστι μεταξύ. ὁμοίως δὲ τοῦτο καὶ
ἐπὶ τῶν ἄλλων, ἐπεὶ καὶ τὰ μὴ ἁπλᾶ τῶν ὄντων ἀλλὰ
σύνθετα κατὰ τὸν αὐτὸν ἔχει λόγον· ἀλλὰ διὰ τὸ μὴ τὰς 10
ἀντικειμένας διαθέσεις ὠνομάσθαι λανθάνει τοῦτο συμβαῖνον.
ἀνάγκη γὰρ πᾶν τὸ ἡρμοσμένον ἐξ ἀναρμόστου γίγνεσθαι καὶ
τὸ ἀνάρμοστον ἐξ ἡρμοσμένου, καὶ φθείρεσθαι τὸ ἡρμοσμέ-
νον εἰς ἀναρμοστίαν, καὶ ταύτην οὐ τὴν τυχοῦσαν ἀλλὰ τὴν
ἀντικειμένην. διαφέρει δ' οὐθὲν ἐπὶ ἁρμονίας εἰπεῖν ἢ τάξεως 15
ἢ συνθέσεως· φανερὸν γὰρ ὅτι ὁ αὐτὸς λόγος. ἀλλὰ μὴν
καὶ οἰκία καὶ ἀνδριὰς καὶ ὁτιοῦν ἄλλο γίγνεται ὁμοίως· ἥ
τε γὰρ οἰκία γίγνεται ἐκ τοῦ μὴ συγκεῖσθαι ἀλλὰ διῃρῆ-
σθαι ταδὶ ὡδί, καὶ ὁ ἀνδριὰς καὶ τῶν ἐσχηματισμένων τι

ᵃ 30 ἄλλων ΛPST : ἑτέρων E　　διὰ . . . ἀλλήλων om. J¹　　31 λη-
πτέον] σκεπτέον F¹　　32 πάντων EPS S in de Caelo : ἁπάντων Λ　　οὐθὲν
om. S　　33 ἀπὸ I　　35 λευκὸν FST S in de Caelo : τὸ λευκὸν
EIJ　　μουσικῆς F　　μὴ] μὴ κατὰ I　　36 μὴ ES : om. ΛV S in
de Caelo　　37 ἐξ οὗ EFS : οὐκ ἐξ IJ S in de Caelo. ·　　ᵇ 4 τὸ
alt. om. ΛT　　εἰ μὴ] εἰκῆ F : εἰ J S in de Caelo　　5 καὶ] καὶ εἰς
μὴ λευκὸν Λ S in de Caelo　　6 ἢ FI S in de Caelo : ἢ εἰς EJ　　δ'
om. F　　7 εἰς . . . μουσικόν E²ΛV S in de Caelo : om. E¹　　8 τι
om. F¹　　τούτω F　　9 ἐπεὶ τὰ καὶ τὰ ex ἐπὶ τὰ κατὰ fecit E
11 ἀντιθέσεις F　　λανθάνει τοῦτο συμβαῖνον Λ S in de Caelo : λανθά-
νειν τοῦτο συμβαίνει E　　14 οὐ F S in de Caelo : οὐχι Λ　　15 δ'
om. Bekker　　16 λόγος ἐστίν. ἀλλὰ I　　μὴν ὅτι καὶ F　　18 διαι-
ρεῖσθαι F　　19 τάδε I

20 ἐξ ἀσχημοσύνης· καὶ ἕκαστον τούτων τὰ μὲν τάξις, τὰ δὲ
σύνθεσίς τίς ἐστιν. εἰ τοίνυν τοῦτ' ἔστιν ἀληθές, ἅπαν ἂν γί-
γνοιτο τὸ γιγνόμενον καὶ φθείροιτο τὸ φθειρόμενον ἢ ἐξ ἐναν-
τίων ἢ εἰς ἐναντία καὶ τὰ τούτων μεταξύ. τὰ δὲ μεταξὺ
ἐκ τῶν ἐναντίων ἐστίν, οἷον χρώματα ἐκ λευκοῦ καὶ μέλα-
25 νος· ὥστε πάντ' ἂν εἴη τὰ φύσει γιγνόμενα ἢ ἐναντία ἢ ἐξ
26 ἐναντίων.

26   μέχρι μὲν οὖν ἐπὶ τοσοῦτον σχεδὸν συνηκολουθήκασι
καὶ τῶν ἄλλων οἱ πλεῖστοι, καθάπερ εἴπομεν πρότερον· πάντες
γὰρ τὰ στοιχεῖα καὶ τὰς ὑπ' αὐτῶν καλουμένας ἀρχάς, καί-
περ ἄνευ λόγου τιθέντες, ὅμως τἀναντία λέγουσιν, ὥσπερ ὑπ'
30 αὐτῆς τῆς ἀληθείας ἀναγκασθέντες. διαφέρουσι δ' ἀλλή-
λων τῷ τοὺς μὲν πρότερα τοὺς δ' ὕστερα λαμβάνειν, καὶ τοὺς
μὲν γνωριμώτερα κατὰ τὸν λόγον τοὺς δὲ κατὰ τὴν αἴσθη-
σιν (οἱ μὲν γὰρ θερμὸν καὶ ψυχρόν, οἱ δ' ὑγρὸν καὶ ξηρόν,
ἕτεροι δὲ περιττὸν καὶ ἄρτιον ἢ νεῖκος καὶ φιλίαν αἰ-
35 τίας τίθενται τῆς γενέσεως· ταῦτα δ' ἀλλήλων διαφέρει
κατὰ τὸν εἰρημένον τρόπον), ὥστε ταὐτὰ λέγειν πως καὶ ἕτερα
ἀλλήλων, ἕτερα μὲν ὥσπερ καὶ δοκεῖ τοῖς πλείστοις, ταὐτὰ
189ᵃ δὲ ἢ ἀνάλογον· λαμβάνουσι γὰρ ἐκ τῆς αὐτῆς συστοιχίας·
τὰ μὲν γὰρ περιέχει, τὰ δὲ περιέχεται τῶν ἐναντίων. ταύτῃ
τε δὴ ὡσαύτως λέγουσι καὶ ἑτέρως, καὶ χεῖρον καὶ βέλ-
τιον, καὶ οἱ μὲν γνωριμώτερα κατὰ τὸν λόγον, ὥσπερ εἴρη-
5 ται πρότερον, οἱ δὲ κατὰ τὴν αἴσθησιν (τὸ μὲν γὰρ καθόλου
κατὰ τὸν λόγον γνώριμον, τὸ δὲ καθ' ἕκαστον κατὰ τὴν αἴ-
σθησιν· ὁ μὲν γὰρ λόγος τοῦ καθόλου, ἡ δ' αἴσθησις τοῦ κατὰ
μέρος), οἷον τὸ μὲν μέγα καὶ τὸ μικρὸν κατὰ τὸν λόγον, τὸ
δὲ μανὸν καὶ τὸ πυκνὸν κατὰ τὴν αἴσθησιν. ὅτι μὲν οὖν ἐναν-
10 τίας δεῖ τὰς ἀρχὰς εἶναι, φανερόν.

Ἐχόμενον δ' ἂν εἴη λέγειν πότερον δύο ἢ τρεῖς ἢ πλείους **6**
εἰσίν. μίαν μὲν γὰρ οὐχ οἷόν τε, ὅτι οὐχ ἓν τὰ ἐναντία, ἀπεί-

ᵇ21 τίς om. J¹   τοίνυν] δὴ F   23 εἰς EIPT S in de Caelo: εἰς
τὰ FJ   24 χρῶμα F   26 ἐπὶ τοσοῦτον E¹PST: τούτου E²Λ
34 οἱ δὲ P   ἢ P: οἱ δὲ Λ et in ras. E²   35 δ' om. IJ¹   37 καὶ
om. F   189ᵃ 2 γὰρ om. S   περιέχει ... περιέχεται ΠAPS:
ὑπερέχει ... ὑπερέχεται Bonitz et fort. T   3 τε] δὲ FI   7-8 ὁ ...
μέρος om. E¹   8 μὲν om. Λ   τὸ JT: om. EFI   σμικρὸν
I   τὸν om. E¹S   9 μανὸν ... πυκνὸν ΛVPS: πυκνὸν καὶ μανὸν
E   τὴν ΛS: om. E   12 μία Λ   τὰ ἐναντία IJST: τὸ ἐναντίον EF

ρους δ', ὅτι οὐκ ἐπιστητὸν τὸ ὂν ἔσται, μία τε ἐναντίωσις ἐν
παντὶ γένει ἑνί, ἡ δ' οὐσία ἕν τι γένος, καὶ ὅτι ἐνδέχεται ἐκ
πεπερασμένων, βέλτιον δ' ἐκ πεπερασμένων, ὥσπερ Ἐμπε- 15
δοκλῆς, ἢ ἐξ ἀπείρων· πάντα γὰρ ἀποδιδόναι οἴεται ὅσα-
περ Ἀναξαγόρας ἐκ τῶν ἀπείρων. ἔτι δὲ ἔστιν ἄλλα ἄλλων
πρότερα ἐναντία, καὶ γίγνεται ἕτερα ἐξ ἀλλήλων, οἷον γλυκὺ
καὶ πικρὸν καὶ λευκὸν καὶ μέλαν, τὰς δὲ ἀρχὰς ἀεὶ δεῖ
μένειν. 20

ὅτι μὲν οὖν οὔτε μία οὔτε ἄπειροι, δῆλον ἐκ τούτων· 20
ἐπεὶ δὲ πεπερασμέναι, τὸ μὴ ποιεῖν δύο μόνον ἔχει τινὰ λό-
γον· ἀπορήσειε γὰρ ἄν τις πῶς ἢ ἡ πυκνότης τὴν μανότητα
ποιεῖν τι πέφυκεν ἢ αὕτη τὴν πυκνότητα. ὁμοίως δὲ καὶ
ἄλλη ὁποιαοῦν ἐναντιότης· οὐ γὰρ ἡ φιλία τὸ νεῖκος συνάγει
καὶ ποιεῖ τι ἐξ αὐτοῦ, οὐδὲ τὸ νεῖκος ἐξ ἐκείνης, ἀλλ' ἄμφω 25
ἕτερόν τι τρίτον. ἔνιοι δὲ καὶ πλείω λαμβάνουσιν ἐξ ὧν κατα-
σκευάζουσι τὴν τῶν ὄντων φύσιν. πρὸς δὲ τούτοις ἔτι κἂν
τόδε τις ἀπορήσειεν, εἰ μή τις ἑτέραν ὑποθήσει τοῖς ἐναν-
τίοις φύσιν· οὐθενὸς γὰρ ὁρῶμεν τῶν ὄντων οὐσίαν τἀναντία,
τὴν δ' ἀρχὴν οὐ καθ' ὑποκειμένου δεῖ λέγεσθαί τινος. ἔσται 30
γὰρ ἀρχὴ τῆς ἀρχῆς· τὸ γὰρ ὑποκείμενον ἀρχή, καὶ πρό-
τερον δοκεῖ τοῦ κατηγορουμένου εἶναι. ἔτι οὐκ εἶναί φαμεν
οὐσίαν ἐναντίαν οὐσίᾳ· πῶς οὖν ἐκ μὴ οὐσιῶν οὐσία ἂν εἴη; ἢ
πῶς ἂν πρότερον μὴ οὐσία οὐσίας εἴη; διόπερ εἴ τις τόν τε
πρότερον ἀληθῆ νομίσειεν εἶναι λόγον καὶ τοῦτον, ἀναγκαῖον, 35
εἰ μέλλει διασώσειν ἀμφοτέρους αὐτούς, ὑποτιθέναι τι τρίτον, 189ᵇ
ὥσπερ φασὶν οἱ μίαν τινὰ φύσιν εἶναι λέγοντες τὸ πᾶν, οἷον
ὕδωρ ἢ πῦρ ἢ τὸ μεταξὺ τούτων. δοκεῖ δὲ τὸ μεταξὺ μᾶλ-
λον· πῦρ γὰρ ἤδη καὶ γῆ καὶ ἀὴρ καὶ ὕδωρ μετ' ἐναντιοτή-
των συμπεπλεγμένα ἐστίν. διὸ καὶ οὐκ ἀλόγως ποιοῦσιν οἱ τὸ 5

ᵃ 13 ὅτι οὐδὲ FJ: om. E   ὂν ἔσται fecit I   δὲ P   15 δὲ
in ras. ii litt. E²   ὥσπερ] ὡς ὁ F   16 ὅσαπερ EPSᵖ: ὥσπερ
ΛSˡ   17 δὲ EIJ²S: om. FJ¹ γρ.   ἄλλων ΛVS γρ. E: ἀλλήλων
E   18 πρότερα ΛV: πότερα E   ἄλλων EVS   οἷον] οἶον καὶ
E: οἷον τὸ IJ   19 post καὶ pr. add. τὸ sup. lin. J¹   καὶ μέλαν
om. E¹   20 οὐδεμία οὐδὲ I   21 ἔχειν E   22 ἢ om. ΛT
23 τι om. I   ὅμως E¹   24 οὐ FIJ¹Pᶜ: οὔτε EJ²Pᵖ   25 οὔτε
Pᵖ   28 ὑποθήσει AS: ὑποτίθησι EIJ: ὑποθήσεται FP   30 οὐ
om. I   31 ὑπόκενον E¹   33 οὐσίαν οὐσία ἐναντίαν I   πῶς
ἂν οὖν IP   ἂν om. P   34 τε om. E¹   35 λόγον εἶναι S
ᵇ 1 διασώσειν FJS: διασώζειν EI¹: διασώζων I²   ὑποθεῖναι S
4 ἤδη EST: δὴ Λ   ἐναντιότητος F   5 καὶ om. ΛT: expunxit E

ΦΥΣΙΚΗΣ ΑΚΡΟΑΣΕΩΣ Α

ὑποκείμενον ἕτερον τούτων ποιοῦντες, τῶν δ' ἄλλων οἱ ἀέρα·
καὶ γὰρ ὁ ἀὴρ ἥκιστα ἔχει τῶν ἄλλων διαφορὰς αἰσθητάς·
ἐχόμενον δὲ τὸ ὕδωρ. ἀλλὰ πάντες γε τὸ ἓν τοῦτο τοῖς
ἐναντίοις σχηματίζουσιν, πυκνότητι καὶ μανότητι καὶ τῷ
10 μᾶλλον καὶ ἧττον. ταῦτα δ' ἐστὶν ὅλως ὑπεροχὴ δηλονότι
καὶ ἔλλειψις, ὥσπερ εἴρηται πρότερον. καὶ ἔοικε παλαιὰ
εἶναι καὶ αὕτη ἡ δόξα, ὅτι τὸ ἓν καὶ ὑπεροχὴ καὶ ἔλλει-
ψις ἀρχαὶ τῶν ὄντων εἰσί, πλὴν οὐ τὸν αὐτὸν τρόπον, ἀλλ'
οἱ μὲν ἀρχαῖοι τὰ δύο μὲν ποιεῖν τὸ δὲ ἓν πάσχειν, τῶν·
15 δ' ὑστέρων τινὲς τοὐναντίον τὸ μὲν ἓν ποιεῖν τὰ δὲ δύο πάσχειν
16 φασὶ μᾶλλον.

16 τὸ μὲν οὖν τρία φάσκειν τὰ στοιχεῖα εἶναι ἔκ
τε τούτων καὶ ἐκ τοιούτων ἄλλων ἐπισκοποῦσι δόξειεν ἂν ἔχειν
τινὰ λόγον, ὥσπερ εἴπομεν, τὸ δὲ πλείω τριῶν οὐκέτι· πρὸς
μὲν γὰρ τὸ πάσχειν ἱκανὸν τὸ ἕν, εἰ δὲ τεττάρων ὄντων δύο
20 ἔσονται ἐναντιώσεις, δεήσει χωρὶς ἑκατέρᾳ ὑπάρχειν ἑτέραν
τινὰ μεταξὺ φύσιν· εἰ δ' ἐξ ἀλλήλων δύνανται γεννᾶν δύο
οὖσαι, περίεργος ἂν ἡ ἑτέρα τῶν ἐναντιώσεων εἴη. ἅμα δὲ καὶ
ἀδύνατον πλείους εἶναι ἐναντιώσεις τὰς πρώτας. ἡ γὰρ οὐσία
ἕν τι γένος ἐστὶ τοῦ ὄντος, ὥστε τῷ πρότερον καὶ ὕστερον διοί-
25 σουσιν ἀλλήλων αἱ ἀρχαὶ μόνον, ἀλλ' οὐ τῷ γένει· ἀεὶ γὰρ
ἐν ἑνὶ γένει μία ἐναντίωσις ἔστιν, πᾶσαί τε αἱ ἐναντιώσεις
ἀνάγεσθαι δοκοῦσιν εἰς μίαν. ὅτι μὲν οὖν οὔτε ἓν τὸ στοιχεῖον
οὔτε πλείω δυοῖν ἢ τριῶν, φανερόν· τούτων δὲ πότερον, κα-
θάπερ εἴπομεν, ἀπορίαν ἔχει πολλήν.

30 Ὧδ' οὖν ἡμεῖς λέγωμεν πρῶτον περὶ πάσης γενέσεως 7
ἐπελθόντες· ἔστι γὰρ κατὰ φύσιν τὰ κοινὰ πρῶτον εἰπόντας
οὕτω τὰ περὶ ἕκαστον ἴδια θεωρεῖν. φαμὲν γὰρ γίγνεσθαι ἐξ
ἄλλου ἄλλο καὶ ἐξ ἑτέρου ἕτερον ἢ τὰ ἁπλᾶ λέγοντες ἢ τὰ

ᵇ6 ὑποκείμενον] περιέχον E¹   8 γε om. P   9 πυκνότητι]
οἷον πυκνότητι E²ΛΤ   10 ὑπεροχή τε καὶ ἔλλειψις δηλονότι F
15 ὕστερον J   16 φάναι τὰ ΛPST   19 μὲν ΛΤ: om. E
20 ἑκατέρᾳ P et fecit J: ἑκατέρων ex ἑκατερ' fecit E²: ἑκατέρας FI
21 δύνανται EIJ²P: δύναται FJ¹   δύο οὖσαι EIP: om. FJ   22 ἂν
et εἴη om. P   24 ἐστὶ τοῦ ὄντος om. fort. P   τοῦ ὄντος om. V:
ταὐτὸ E¹AS Ammonius: καὶ ταὐτὸ ci. Diels   τὸ I   26 ἔστιν
ἔτι πᾶσαι I   δὲ FJS: om. I   αἱ ES: om. Λ   27 τὸ στοι-
χεῖον EJPST: στοιχεῖον F: τῶν στοιχείων I   28 ὁπότερον IJ²
30 ἡμεῖς EJT: ἡμεῖς γε FI: om. P   λέγωμεν EJVPᵖ: λέγομεν FIT
32 ἴδια IJS: ἰδία EF   γὰρ] δὴ VP   33 ἐξ om. J

συγκείμενα. λέγω δὲ τοῦτο ὡδί. ἔστι γὰρ γίγνεσθαι ἄνθρωπον
μουσικόν, ἔστι δὲ τὸ μὴ μουσικὸν γίγνεσθαι μουσικὸν ἢ τὸν 35
μὴ μουσικὸν ἄνθρωπον ἄνθρωπον μουσικόν. ἁπλοῦν μὲν οὖν 190ᵃ
λέγω τὸ γιγνόμενον τὸν ἄνθρωπον καὶ τὸ μὴ μουσικόν, καὶ
ὃ γίγνεται ἁπλοῦν, τὸ μουσικόν· συγκείμενον δὲ καὶ ὃ γίγνε-
ται καὶ τὸ γιγνόμενον, ὅταν τὸν μὴ μουσικὸν ἄνθρωπον φῶ-
μεν γίγνεσθαι μουσικὸν ἄνθρωπον. τούτων δὲ τὸ μὲν οὐ μόνον 5
λέγεται τόδε γίγνεσθαι ἀλλὰ καὶ ἐκ τοῦδε, οἷον ἐκ μὴ
μουσικοῦ μουσικός, τὸ δ' οὐ λέγεται ἐπὶ πάντων· οὐ γὰρ ἐξ
ἀνθρώπου ἐγένετο μουσικός, ἀλλ' ἄνθρωπος ἐγένετο μουσικός.
τῶν δὲ γιγνομένων ὡς τὰ ἁπλᾶ λέγομεν γίγνεσθαι, τὸ μὲν
ὑπομένον γίγνεται τὸ δ' οὐχ ὑπομένον· ὁ μὲν γὰρ ἄνθρωπος 10
ὑπομένει μουσικὸς γιγνόμενος ἄνθρωπος καὶ ἔστι, τὸ δὲ μὴ
μουσικὸν καὶ τὸ ἄμουσον οὔτε ἁπλῶς οὔτε συντεθειμένον ὑπο-
μένει. 13

διωρισμένων δὲ τούτων, ἐξ ἁπάντων τῶν γιγνομένων τοῦτο 13
ἔστι λαβεῖν, ἐάν τις ἐπιβλέψῃ ὥσπερ λέγομεν, ὅτι δεῖ τι
ἀεὶ ὑποκεῖσθαι τὸ γιγνόμενον, καὶ τοῦτο εἰ καὶ ἀριθμῷ ἐστιν 15
ἕν, ἀλλ' εἴδει γε οὐχ ἕν· τὸ γὰρ εἴδει λέγω καὶ λόγῳ ταὐ-
τόν· οὐ γὰρ ταὐτὸν τὸ ἀνθρώπῳ καὶ τὸ ἀμούσῳ εἶναι. καὶ τὸ
μὲν ὑπομένει, τὸ δ' οὐχ ὑπομένει· τὸ μὲν μὴ ἀντικείμενον
ὑπομένει (ὁ γὰρ ἄνθρωπος ὑπομένει), τὸ μὴ μουσικὸν δὲ καὶ τὸ
ἄμουσον οὐχ ὑπομένει, οὐδὲ τὸ ἐξ ἀμφοῖν συγκείμενον, οἷον 20
ὁ ἄμουσος ἄνθρωπος. τὸ δ' ἔκ τινος γίγνεσθαί τι, καὶ μὴ τό-
δε γίγνεσθαί τι, μᾶλλον μὲν λέγεται ἐπὶ τῶν μὴ ὑπομενόν-
των, οἷον ἐξ ἀμούσου μουσικὸν γίγνεσθαι, ἐξ ἀνθρώπου δὲ οὔ·
οὐ μὴν ἀλλὰ καὶ ἐπὶ τῶν ὑπομενόντων ἐνίοτε λέγεται ὡσαύ-

ᵇ 34 γὰρ] γάρ που I : γὰρ τοῦτο J 35 μουσικὸν pr. EVPST : μου-
σικόν τι Λ 190ᵃ 1 ἁπλοῦν μὲν οὖν ΛΡ : om. E 2 τὸν om.
P τὸν P 4 τὸν] τὸ E¹ 5 μουσικὸν FIS : ἢ μουσικὸν E :
ἢ μουσικὸν ἢ μουσικὸν J ἄνθρωπον om. FT 6 τόδε E¹VPSᴾT :
τόδε τι E²ΛSᶜ τοῦδε FIJ²PT : τούτου EJ¹ 7 οὐ γὰρ IVS : οἷον
EF et fort. J¹ : οὔτε γὰρ J² 8 μουσικόν J ἄνθρωπος scripsi : ἄνθρω-
πος E : ὁ ἄνθρωπος Λ 11 μὴ FJVT et sup. lin. E² : δὴ I : om. E¹
12 συντιθέμενον E 15 καὶ alt. EIST : om. FJ 16 ἀλλ' οὐκ εἴδει
ἕν I τῷ F 17 οὐ γὰρ ταὐτὸν E²ΛS S in de Caelo : om. E¹ τὸ
pr. om. ΛT S in de Caelo τὸ alt.] τῷ I 19 ὑπομένει pr. ΛV S
in de Caelo : αὐτῷ ὑπομένει E μὴ . . . τὸ] δὲ S in de Caelo μὴ
F et fort. PST : om. EIJ δὲ καὶ τὸ in spatio iii litt. E² : καὶ τὸ F
21 ὁ om. EJ τι . . . 22 γίγνεσθαί E²ΛVP : om. E¹ 21 μὴ] τὸ
μὴ E² : μετὰ vel μὴ ὡς μετὰ Laas 22 τι om. E¹J²VP 24 οὐ
μὴν ἀλλὰ] ἀλλὰ μὴν E²IJ¹

25 τως· ἐκ γὰρ χαλκοῦ ἀνδριάντα γίγνεσθαί φαμεν, οὐ τὸν
χαλκὸν ἀνδριάντα. τὸ μέντοι ἐκ τοῦ ἀντικειμένου καὶ μὴ
ὑπομένοντος ἀμφοτέρως λέγεται, καὶ ἐκ τοῦδε τόδε καὶ
τόδε τόδε· καὶ γὰρ ἐξ ἀμούσου καὶ ὁ ἄμουσος γίγνεται μουσι-
κός. διὸ καὶ ἐπὶ τοῦ συγκειμένου ὡσαύτως· καὶ γὰρ ἐξ ἀμού-
30 σου ἀνθρώπου καὶ ὁ ἄμουσος ἄνθρωπος γίγνεσθαι λέγεται
μουσικός. πολλαχῶς δὲ λεγομένου τοῦ γίγνεσθαι, καὶ τῶν μὲν
οὐ γίγνεσθαι ἀλλὰ τόδε τι γίγνεσθαι, ἁπλῶς δὲ γίγνεσθαι
τῶν οὐσιῶν μόνον, κατὰ μὲν τἆλλα φανερὸν ὅτι ἀνάγκη
ὑποκεῖσθαί τι τὸ γιγνόμενον (καὶ γὰρ ποσὸν καὶ ποιὸν καὶ
35 πρὸς ἕτερον [καὶ ποτὲ] καὶ πού γίγνεται ὑποκειμένου τινὸς διὰ
τὸ μόνην τὴν οὐσίαν μηθενὸς κατ' ἄλλου λέγεσθαι ὑποκειμένου,
190ᵇ τὰ δ' ἄλλα πάντα κατὰ τῆς οὐσίας)· ὅτι δὲ καὶ αἱ οὐσίαι
καὶ ὅσα [ἄλλα] ἁπλῶς ὄντα ἐξ ὑποκειμένου τινὸς γίγνεται,
ἐπισκοποῦντι γένοιτο ἂν φανερόν. ἀεὶ γὰρ ἔστι ὃ ὑπόκειται,
ἐξ οὗ τὸ γιγνόμενον, οἷον τὰ φυτὰ καὶ τὰ ζῷα ἐκ
5 σπέρματος. γίγνεται δὲ τὰ γιγνόμενα ἁπλῶς τὰ μέν με-
τασχηματίσει, οἷον ἀνδριάς, τὰ δὲ προσθέσει, οἷον τὰ
αὐξανόμενα, τὰ δ' ἀφαιρέσει, οἷον ἐκ τοῦ λίθου ὁ Ἑρμῆς,
τὰ δὲ συνθέσει, οἷον οἰκία, τὰ δ' ἀλλοιώσει, οἷον τὰ
τρεπόμενα κατὰ τὴν ὕλην. πάντα δὲ τὰ οὕτω γιγνόμενα
10 φανερὸν ὅτι ἐξ ὑποκειμένων γίγνεται. ὥστε δῆλον ἐκ τῶν εἰ-
ρημένων ὅτι τὸ γιγνόμενον ἅπαν ἀεὶ συνθετόν ἐστι, καὶ ἔστι
μέν τι γιγνόμενον, ἔστι δέ τι ὃ τοῦτο γίγνεται, καὶ τοῦτο διττόν·
ἢ γὰρ τὸ ὑποκείμενον ἢ τὸ ἀντικείμενον. λέγω δὲ ἀντικεῖ-
σθαι μὲν τὸ ἄμουσον, ὑποκεῖσθαι δὲ τὸν ἄνθρωπον, καὶ τὴν
15 μὲν ἀσχημοσύνην καὶ τὴν ἀμορφίαν καὶ τὴν ἀταξίαν τὸ ἀν-
τικείμενον, τὸν δὲ χαλκὸν ἢ τὸν λίθον ἢ τὸν χρυσὸν τὸ ὑπο-

ᵃ 28 ὁ om. J   30 ὁ om. FS   λέγεται γίγνεσθαι I   31 δὲ
EIJPS: δὴ F et ut vid. T   33 μόνον ÉFJPᵖ: μόνων IPˡ et fort. S
34 τὸ τὶ S   35 πρός τι ἕτερον P   καὶ ποτὲ seclusi: om. fort.
PT   ᵇ 1 αἱ οὐσίαι EFVTS in de Caelo: οὐσίαι Jˡ: ἡ οὐσία J²PS:
οὐσία I   2 ἄλλα seclusi: om. fort. T: habent ΠPS S in de
Caelo   ἐξ . . . τινὸς FIJ²P S in de Caelo: erasit E in litura fere
38 litt.: om. Jˡ   3 γίνοιτο J   4 οὗ γίγνεται τὸ Λ S in de
Caelo   5 τὰ pr. sup. lin. Eˡ   6 ἀνδριάς EFJˡPST: ἀνδριὰς
ἐκ χαλκοῦ IJ²V   7 ὁ om. E   9 κατὰ (καὶ κατὰ E) τὴν ὕλην ΠVS:
secludenda ci. Hamelin   11 ἅπαν EIJ²PT: om. FJˡ   12 τι]
τὸ Eˡ: τι τὸ JP: τοι I   τι om. JP   13 γὰρ om. P   15 καὶ
τὴν alt. EVT: ἢ Λ

κείμενον.   17

φανερὸν οὖν ὡς, εἴπερ εἰσὶν αἰτίαι καὶ ἀρχαὶ τῶν 17
φύσει ὄντων, ἐξ ὧν πρώτων εἰσὶ καὶ γεγόνασι μὴ κατὰ
συμβεβηκὸς ἀλλ᾽ ἕκαστον ὃ λέγεται κατὰ τὴν οὐσίαν, ὅτι
γίγνεται πᾶν ἔκ τε τοῦ ὑποκειμένου καὶ τῆς μορφῆς· σύγ- 20
κειται γὰρ ὁ μουσικὸς ἄνθρωπος ἐξ ἀνθρώπου καὶ μουσικοῦ
τρόπον τινά· διαλύσεις γὰρ [τοὺς λόγους] εἰς τοὺς λόγους τοὺς
ἐκείνων. δῆλον οὖν ὡς γίγνοιτ᾽ ἂν τὰ γιγνόμενα ἐκ τούτων. ἔστι
δὲ τὸ μὲν ὑποκείμενον ἀριθμῷ μὲν ἕν, εἴδει δὲ δύο (ὁ μὲν γὰρ
ἄνθρωπος καὶ ὁ χρυσὸς καὶ ὅλως ἡ ὕλη ἀριθμητή· τόδε 25
γάρ τι μᾶλλον, καὶ οὐ κατὰ συμβεβηκὸς ἐξ αὐτοῦ γίγνεται
τὸ γιγνόμενον· ἡ δὲ στέρησις καὶ ἡ ἐναντίωσις συμβεβηκός)·
ἐν δὲ τὸ εἶδος, οἷον ἡ τάξις ἢ ἡ μουσικὴ ἢ τῶν ἄλλων τι
τῶν οὕτω κατηγορουμένων. διὸ ἔστι μὲν ὡς δύο λεκτέον εἶναι
τὰς ἀρχάς, ἔστι δ᾽ ὡς τρεῖς· καὶ ἔστι μὲν ὡς τἀναντία, 30
οἷον εἴ τις λέγοι τὸ μουσικὸν καὶ τὸ ἄμουσον ἢ τὸ θερμὸν καὶ
τὸ ψυχρὸν ἢ τὸ ἡρμοσμένον καὶ τὸ ἀνάρμοστον, ἔστι δ᾽ ὡς οὔ·
ὑπ᾽ ἀλλήλων γὰρ πάσχειν τἀναντία ἀδύνατον. λύεται δὲ
καὶ τοῦτο διὰ τὸ ἄλλο εἶναι τὸ ὑποκείμενον· τοῦτο γὰρ οὐκ
ἐναντίον. ὥστε οὔτε πλείους τῶν ἐναντίων αἱ ἀρχαὶ τρόπον τινά, 35
ἀλλὰ δύο ὡς εἰπεῖν τῷ ἀριθμῷ, οὔτ᾽ αὖ παντελῶς δύο διὰ
τὸ ἕτερον ὑπάρχειν τὸ εἶναι αὐτοῖς, ἀλλὰ τρεῖς· ἕτερον γὰρ 191ᵃ
τὸ ἀνθρώπῳ καὶ τὸ ἀμούσῳ εἶναι, καὶ τὸ ἀσχηματίστῳ
καὶ χαλκῷ.   3

πόσαι μὲν οὖν αἱ ἀρχαὶ τῶν περὶ γένεσιν φυ- 3
σικῶν, καὶ πῶς ποσαί, εἴρηται· καὶ δῆλόν ἐστιν ὅτι δεῖ ὑπο-
κεῖσθαί τι τοῖς ἐναντίοις καὶ τἀναντία δύο εἶναι. τρόπον δέ 5
τινα ἄλλον οὐκ ἀναγκαῖον· ἱκανὸν γὰρ ἔσται τὸ ἕτερον τῶν

ᵇ 18 πρώτων EFIS et sup. lin. J² : πρώτου ex πρῶτον fecit J²   καὶ
FIJ¹T : ἢ EJ²VPS   20 ἅπαν I : πάντα P : om. J   22 τοὺς λόγους
secl. Diels : om. fort. PS : τοὺς ὅρους E   λόγους] ὅρους γρ. P   τοὺς
om. P   23 ἐκείνου I   24 μὲν pr. E¹JPS : om. E²FIT   25 ἡ ΛPST :
om. E   ἀριθμητή ΠPST : ἡ ἀρρύθμιστος Bonitz   26 γάρ τι EIJPS :
τι γὰρ F : τι Bonitz   27 ἡ δὲ . . . συμβεβηκός om. I   συμβέβηκεν P
30 τὰς ἀρχάς ΛVPS : om. E   32 τὸ tert. om. E   36 αὖ om. P
191ᵃ 2 τὸ EP : τῷ Λ   τὸ EJP : τῷ FI   ante εἶναι add. τὸ FI
et sup. lin. E¹ : om. JP   τῷ ΛS   3 οὖν ΛPS S in de Caelo : οὖν
εἰσὶν ET   αἱ EFS S in de Caelo : om. IJT   περὶ γένεσιν ΠPST :
an omittenda ?   4 καὶ πῶς ποσαί om. P   ποσαί scripsi : πόσαι
edd.   εἴρηται ΛPT : εἴρηνται E   ἔσται F   τι ὑποκεῖσθαι F
6 post τινα expunxit E ἐστιν   ἐστι Sᶜ

ἐναντίων ποιεῖν τῇ ἀπουσίᾳ καὶ παρουσίᾳ τὴν μεταβολήν. ἢ
δὲ ὑποκειμένη φύσις ἐπιστητὴ κατ' ἀναλογίαν. ὡς γὰρ πρὸς
ἀνδριάντα χαλκὸς ἢ πρὸς κλίνην ξύλον ἢ πρὸς τῶν ἄλλων
10 τι τῶν ἐχόντων μορφὴν [ἡ ὕλη καὶ] τὸ ἄμορφον ἔχει πρὶν
λαβεῖν τὴν μορφήν, οὕτως αὕτη πρὸς οὐσίαν ἔχει καὶ τὸ
τόδε τι καὶ τὸ ὄν. μία μὲν οὖν ἀρχὴ αὕτη, οὐχ οὕτω μία
οὖσα οὐδὲ οὕτως ὂν ὡς τὸ τόδε τι, μία δὲ ἧς ὁ λόγος, ἔτι
δὲ τὸ ἐναντίον τούτῳ, ἡ στέρησις. ταῦτα δὲ πῶς δύο καὶ πῶς
15 πλείω, εἴρηται ἐν τοῖς ἄνω. πρῶτον μὲν οὖν ἐλέχθη ὅτι ἀρ-
χαὶ τἀναντία μόνον, ὕστερον δ' ὅτι ἀνάγκη καὶ ἄλλο τι
ὑποκεῖσθαι καὶ εἶναι τρία· ἐκ δὲ τῶν νῦν φανερὸν τίς ἡ
διαφορὰ τῶν ἐναντίων, καὶ πῶς ἔχουσιν αἱ ἀρχαὶ πρὸς
ἀλλήλας, καὶ τί τὸ ὑποκείμενον. πότερον δὲ οὐσία τὸ εἶδος
20 ἢ τὸ ὑποκείμενον, οὔπω δῆλον. ἀλλ' ὅτι αἱ ἀρχαὶ τρεῖς
καὶ πῶς τρεῖς, καὶ τίς ὁ τρόπος αὐτῶν, δῆλον. πόσαι μὲν
οὖν καὶ τίνες εἰσὶν αἱ ἀρχαί, ἐκ τούτων θεωρείσθωσαν.

Ὅτι δὲ μοναχῶς οὕτω λύεται καὶ ἡ τῶν ἀρχαίων 8
ἀπορία, λέγωμεν μετὰ ταῦτα. ζητοῦντες γὰρ οἱ κατὰ φι-
25 λοσοφίαν πρῶτοι τὴν ἀλήθειαν καὶ τὴν φύσιν τῶν ὄντων
ἐξετράπησαν οἷον ὁδόν τινα ἄλλην ἀπωσθέντες ὑπὸ ἀπει-
ρίας, καί φασιν οὔτε γίγνεσθαι τῶν ὄντων οὐδὲν οὔτε φθείρεσθαι
διὰ τὸ ἀναγκαῖον μὲν εἶναι γίγνεσθαι τὸ γιγνόμενον ἢ ἐξ
ὄντος ἢ ἐκ μὴ ὄντος, ἐκ δὲ τούτων ἀμφοτέρων ἀδύνατον
30 εἶναι· οὔτε γὰρ τὸ ὂν γίγνεσθαι (εἶναι γὰρ ἤδη) ἔκ τε μὴ
ὄντος οὐδὲν ἂν γενέσθαι· ὑποκεῖσθαι γάρ τι δεῖν. καὶ οὕτω
δὴ τὸ ἐφεξῆς συμβαῖνον αὔξοντες οὐδ' εἶναι πολλά φασιν
33 ἀλλὰ μόνον αὐτὸ τὸ ὄν.

33   ἐκεῖνοι μὲν οὖν ταύτην ἔλαβον τὴν
δόξαν διὰ τὰ εἰρημένα· ἡμεῖς δὲ λέγομεν ὅτι τὸ ἐξ ὄντος

ᵃ 7 παρουσίᾳ καὶ τῇ ἀπουσίᾳ VS   8 φύσις ΠΤ: ὕλη S   ὡς
ΛST: ὥσπερ Ε   9 τῶν ἄλλων] ἄλλων F: ἄλλο S   10 ἡ ὕλη καὶ
secl. Diels: om. S   11 τὸ om. P   13 οὖσα] οὖσα ὂν Ε   ὄν]
ἐν FIVP   ἧς scripsi: ηι Ε¹: ἡ Ε²FIPS P in de Anima: ᾗ
Bekker: ἢ Torstrik: τὸ εἶδος ἢ Bonitz: om. J γρ. A S in de Caelo
14 δὲ alt. om. Ε¹   15 ἄνωθεν Ε   ἀρχὴ P: αἱ ἀρχαὶ Ε¹   21 τρεῖς
ΕΙJ²P: om. FJ¹   τίς sup. lin. Ε¹   22 θεωρείσθω FJ: θεωρή-
σθωσαν I   24 λέγωμεν ΕΙJV: λέγομεν FST   25 τῶν ΕJ²T:
τὴν τῶν FIJ¹   26 ἀπειρίας FIVPT: ἀπορίας EJS   31 γενέσθαι
Ε²ΛPS: γίγνεσθαι Ε¹   δεῖν Sᶜ Bonitz: δεῖ ΠPS¹T

ἢ μὴ ὄντος γίγνεσθαι, ἢ τὸ μὴ ὂν ἢ τὸ ὂν ποιεῖν τι ἢ 35
πάσχειν ἢ ὁτιοῦν τόδε γίγνεσθαι, ἕνα μὲν τρόπον οὐθὲν δια-
φέρει ἢ τὸ τὸν ἰατρὸν ποιεῖν τι ἢ πάσχειν ἢ ἐξ ἰατροῦ 191ᵇ
εἶναί τι ἢ γίγνεσθαι, ὥστ᾽ ἐπειδὴ τοῦτο διχῶς λέγεται,
δῆλον ὅτι καὶ τὸ ἐξ ὄντος καὶ τὸ ὂν ἢ ποιεῖν ἢ πά-
σχειν. οἰκοδομεῖ μὲν οὖν ὁ ἰατρὸς οὐχ ᾗ ἰατρὸς ἀλλ᾽ ᾗ
οἰκοδόμος, καὶ λευκὸς γίγνεται οὐχ ᾗ ἰατρὸς ἀλλ᾽ ᾗ μέλας· 5
ἰατρεύει δὲ καὶ ἀνίατρος γίγνεται ᾗ ἰατρός. ἐπεὶ δὲ μάλιστα
λέγομεν κυρίως τὸν ἰατρὸν ποιεῖν τι ἢ πάσχειν ἢ γίγνεσθαι
ἐξ ἰατροῦ, ἐὰν ᾗ ἰατρὸς ταῦτα πάσχῃ ἢ ποιῇ ἢ γίγνηται,
δῆλον ὅτι καὶ τὸ ἐκ μὴ ὄντος γίγνεσθαι τοῦτο σημαίνει, τὸ
ᾗ μὴ ὄν. ὅπερ ἐκεῖνοι μὲν οὐ διελόντες ἀπέστησαν, καὶ διὰ 10
ταύτην τὴν ἄγνοιαν τοσοῦτον προσηγνόησαν, ὥστε μηθὲν οἴε-
σθαι γίγνεσθαι μηδ᾽ εἶναι τῶν ἄλλων, ἀλλ᾽ ἀνελεῖν πᾶσαν
τὴν γένεσιν· ἡμεῖς δὲ καὶ αὐτοί φαμεν γίγνεσθαι μὲν μηθὲν
ἁπλῶς ἐκ μὴ ὄντος, πὼς μέντοι γίγνεσθαι ἐκ μὴ ὄντος, οἷον
κατὰ συμβεβηκός (ἐκ γὰρ τῆς στερήσεως, ὅ ἐστι καθ᾽ αὑτὸ μὴ 15
ὄν, οὐκ ἐνυπάρχοντος γίγνεταί τι· θαυμάζεται δὲ τοῦτο καὶ
ἀδύνατον οὕτω δοκεῖ γίγνεσθαί τι, ἐκ μὴ ὄντος)· ὡσαύτως δὲ
οὐδ᾽ ἐξ ὄντος οὐδὲ τὸ ὂν γίγνεσθαι, πλὴν κατὰ συμβεβηκός· οὕτω
δὲ καὶ τοῦτο γίγνεσθαι, τὸν αὐτὸν τρόπον οἷον εἰ ἐκ ζῴου ζῷον
γίγνοιτο καὶ ἐκ τινὸς ζῴου τι ζῷον· οἷον εἰ κύων ⟨ἐκ κυνὸς ἢ ἐκ 20
ἵππος⟩ ἐξ ἵππου γίγνοιτο. γίγνοιτο μὲν γὰρ ἂν οὐ μόνον ἐκ τι-
νὸς ζῴου ὁ κύων, ἀλλὰ καὶ ἐκ ζῴου, ἀλλ᾽ οὐχ ᾗ ζῴου· ὑπ-
άρχει γὰρ ἤδη τοῦτο· εἰ δέ τι μέλλει γίγνεσθαι ζῷον μὴ
κατὰ συμβεβηκός, οὐκ ἐκ ζῴου ἔσται, καὶ εἴ τι ὄν, οὐκ ἐξ
ὄντος· οὐδ᾽ ἐκ μὴ ὄντος· τὸ γὰρ ἐκ μὴ ὄντος εἴρηται ἡμῖν 25

ᵃ 35 μὴ pr. ET: ἐκ μὴ ΛΡ   μὴ ὂν ἢ τὸ Ε²IJPT: μὴ ὂν ἢ Ε¹: ὂν ἢ
τὸ μὴ FS   τι Ε²ΛΡS: om. Ε¹   36 ἢ om. Ε   ᵇ 1 ἐξ
Ε¹JS: τὸ ἐξ Ε²FI   2 διχῶς Ε²ΛΡST: διχῶς ἢ πλεοναχῶς Ε¹V
3 ἢ om. F   ἢ] τι ἢ FJ²   4 οὖν om. F   7 λέγομεν...τὸν
om. J¹   8 ταῦτα FJV: ταῦτα I: ταῦτα ταὐτὰ Ε   ἢ γίγνηται
om. ΛV   9 ἐκ μὴ ΕΤ: μὴ ἐξ ΛΡ   τοῦτο ΕΙΡ: καὶ τοῦτο FJV
10 μὲν om. F   13 τὴν om. Ε   μηθὲν ΕS: οὐδὲν ΛΡ   14 ἐκ
τοῦ μὴ Ρ   πὼς Cornford: ὅπως Ε: ὅμως Λ   οἷον om. Ρ   16 τι
ΕΙΡ¹: om. FJPP   17 τι om. Ρ   19 τὸν] κατὰ τὸν Ε
post ζῷον add. ἂν FI et sup. lin. Ε¹: om. JP   20 καὶ] καὶ εἰ I   ἐκ
om. ΕJ¹Ρ   ἐκ alt. ... 21 ἵππου Laas: ἐξ ἵππου ΠΡST: ἢ ἵππος
γρ. S   γίγνοιτο pr.] γένοιτο Ε   μὲν om. FΡ   22 ὑπάρχον Ρ
25 ἡμῖν fecit I

τί σημαίνει, ὅτι ἢ μὴ ὄν. ἔτι δὲ καὶ τὸ εἶναι ἅπαν ἢ
27 μὴ εἶναι οὐκ ἀναιροῦμεν.

27   εἷς μὲν δὴ τρόπος οὗτος, ἄλλος δ᾽
ὅτι ἐνδέχεται ταῦτα λέγειν κατὰ τὴν δύναμιν καὶ τὴν ἐνέρ-
γειαν· τοῦτο δ᾽ ἐν ἄλλοις διώρισται δι᾽ ἀκριβείας μᾶλλον.
30 ὥσθ᾽ (ὅπερ ἐλέγομεν) αἱ ἀπορίαι λύονται δι᾽ ἃς ἀναγκα-
ζόμενοι ἀναιροῦσι τῶν εἰρημένων ἔνια· διὰ γὰρ τοῦτο τοσοῦτον
καὶ οἱ πρότερον ἐξετράπησαν τῆς ὁδοῦ τῆς ἐπὶ τὴν γένεσιν
καὶ φθορὰν καὶ ὅλως μεταβολήν· αὕτη γὰρ ἂν ὀφθεῖσα ἡ
φύσις ἅπασαν ἔλυσεν αὐτῶν τὴν ἄγνοιαν.

35   Ἡμμένοι μὲν οὖν καὶ ἕτεροί τινές εἰσιν αὐτῆς, ἀλλ᾽ οὐχ 9
ἱκανῶς. πρῶτον μὲν γὰρ ὁμολογοῦσιν ἁπλῶς γίγνεσθαί τι ἐκ μὴ
192ᵃ ὄντος, ᾗ Παρμενίδην ὀρθῶς λέγειν· εἶτα φαίνεται αὐτοῖς,
εἴπερ ἐστὶν ἀριθμῷ μία, καὶ δυνάμει μία μόνον εἶναι. τοῦτο
δὲ διαφέρει πλεῖστον. ἡμεῖς μὲν γὰρ ὕλην καὶ στέρησιν ἕτε-
ρόν φαμεν εἶναι, καὶ τούτων τὸ μὲν οὐκ ὂν εἶναι κατὰ συμ-
5 βεβηκός, τὴν ὕλην, τὴν δὲ στέρησιν καθ᾽ αὑτήν, καὶ τὴν
μὲν ἐγγὺς καὶ οὐσίαν πως, τὴν ὕλην, τὴν δὲ οὐδαμῶς· οἱ
δὲ τὸ μὴ ὂν τὸ μέγα καὶ τὸ μικρὸν ὁμοίως, ἢ τὸ συναμ-
φότερον ἢ τὸ χωρὶς ἑκάτερον. ὥστε παντελῶς ἕτερος ὁ τρό-
πος οὗτος τῆς τριάδος κἀκεῖνος. μέχρι μὲν γὰρ δεῦρο προ-
10 ῆλθον, ὅτι δεῖ τινὰ ὑποκεῖσθαι φύσιν, ταύτην μέντοι μίαν
ποιοῦσιν· καὶ γὰρ εἴ τις δυάδα ποιεῖ, λέγων μέγα καὶ μι-
κρὸν αὐτήν, οὐδὲν ἧττον ταὐτὸ ποιεῖ· τὴν γὰρ ἑτέραν παρεῖδεν.
ἡ μὲν γὰρ ὑπομένουσα συναιτία τῇ μορφῇ τῶν γιγνομένων
ἐστίν, ὥσπερ μήτηρ· ἡ δ᾽ ἑτέρα μοῖρα τῆς ἐναντιώσεως πολ-
15 λάκις ἂν φαντασθείη τῷ πρὸς τὸ κακοποιὸν αὐτῆς ἀτενί-
ζοντι τὴν διάνοιαν οὐδ᾽ εἶναι τὸ παράπαν. ὄντος γάρ τινος
θείου καὶ ἀγαθοῦ καὶ ἐφετοῦ, τὸ μὲν ἐναντίον αὐτῷ φαμεν

ᵇ 26 ἢ EJ²PS : ἢ τὸ FIJ¹   28 ταὐτὰ IJP : ταῦτα E²F : ταυτὰ
ταῦτα E¹   κατὰ] καὶ κατὰ I   30 ἐλέγομεν EFJ²VP : λέγομεν
IJ¹   31 γὰρ] γάρ τοι I   32 τὴν om. E   34 ἅπασαν
(πᾶσαν P) ἔλυσεν αὐτῶν ΛPS : ἔλυσεν αὐτῶν πᾶσαν E : πᾶσαν ἔλυσεν
A in Metaphysica   τὴν EPS : ταύτην τὴν Λ : om. A in Meta-
physica   36 τι IVP : om. EFJS   192ᵃ 2 μόνον μίαν εἶναι
FP : μίαν εἶναι μόνον S   μόνον fecit E¹   4 φαμεν εἶναι ESP :
.εἶναί φαμεν ΛSᶜT   οὐκ ὂν FIJ¹S : ὂν et in litura iv litt. οὐκ E : ὂν
οὐκ J²   6 καὶ om. IPS   δὲ] δὲ στέρησιν E²ΛPS   11 σμικρὸν I
12 αὐτήν] αὐτὸ F   παρεῖδε τὴν στέρησιν ἡ I   13 τῆς
μορφῆς PS

εἶναι, τὸ δὲ ὃ πέφυκεν ἐφίεσθαι καὶ ὀρέγεσθαι αὐτοῦ κατὰ
τὴν αὐτοῦ φύσιν. τοῖς δὲ συμβαίνει τὸ ἐναντίον ὀρέγεσθαι
τῆς αὐτοῦ φθορᾶς. καίτοι οὔτε αὐτὸ αὑτοῦ οἷόν τε ἐφίεσθαι ²⁰
τὸ εἶδος διὰ τὸ μὴ εἶναι ἐνδεές, οὔτε τὸ ἐναντίον (φθαρτικὰ
γὰρ ἀλλήλων τὰ ἐναντία), ἀλλὰ τοῦτ᾽ ἔστιν ἡ ὕλη, ὥσπερ
ἂν εἰ θῆλυ ἄρρενος καὶ αἰσχρὸν καλοῦ· πλὴν οὐ καθ᾽ αὑτὸ
αἰσχρόν, ἀλλὰ κατὰ συμβεβηκός, οὐδὲ θῆλυ, ἀλλὰ κατὰ
συμβεβηκός. ²⁵

φθείρεται δὲ καὶ γίγνεται ἔστι μὲν ὥς, ἔστι δ᾽ ²⁵
ὡς οὔ. ὡς μὲν γὰρ τὸ ἐν ᾧ, καθ᾽ αὑτὸ φθείρεται (τὸ γὰρ
φθειρόμενον ἐν τούτῳ ἐστίν, ἡ στέρησις)· ὡς δὲ κατὰ δύναμιν,
οὐ καθ᾽ αὑτό, ἀλλ᾽ ἄφθαρτον καὶ ἀγένητον ἀνάγκη αὐτὴν
εἶναι. εἴτε γὰρ ἐγίγνετο, ὑποκεῖσθαί τι δεῖ πρῶτον ἐξ
οὗ ἐνυπάρχοντος· τοῦτο δ᾽ ἐστὶν αὐτὴ ἡ φύσις, ὥστ᾽ ἔσται πρὶν ³⁰
γενέσθαι (λέγω γὰρ ὕλην τὸ πρῶτον ὑποκείμενον ἑκάστῳ, ἐξ
οὗ γίγνεταί τι ἐνυπάρχοντος μὴ κατὰ συμβεβηκός)· εἴτε φθεί-
ρεται, εἰς τοῦτο ἀφίξεται ἔσχατον, ὥστε ἐφθαρμένη ἔσται
πρὶν φθαρῆναι. περὶ δὲ τῆς κατὰ τὸ εἶδος ἀρχῆς, πότερον
μία ἢ πολλαὶ καὶ τίς ἢ τίνες εἰσίν, δι᾽ ἀκριβείας τῆς πρώ- ³⁵
της φιλοσοφίας ἔργον ἐστὶν διορίσαι, ὥστ᾽ εἰς ἐκεῖνον τὸν και-
ρὸν ἀποκείσθω. περὶ δὲ τῶν φυσικῶν καὶ φθαρτῶν εἰδῶν 192ᵇ
ἐν τοῖς ὕστερον δεικνυμένοις ἐροῦμεν. ὅτι μὲν οὖν εἰσὶν ἀρ-
χαί, καὶ τίνες, καὶ πόσαι τὸν ἀριθμόν, διωρίσθω ἡμῖν οὕτως·
πάλιν δ᾽ ἄλλην ἀρχὴν ἀρξάμενοι λέγωμεν.

B.

1   Τῶν ὄντων τὰ μέν ἐστι φύσει, τὰ δὲ δι᾽ ἄλλας αἰ- 8
τίας, φύσει μὲν τά τε ζῷα καὶ τὰ μέρη αὐτῶν καὶ τὰ

ᵃ 18 ὃ om. EFJP   αὐτοῦ κατὰ τὴν om. E¹   22 τὰ E²ΛP :
om. E¹   23 θῆλυ] θῆλυ καὶ F   24–5 οὐδὲ . . . συμβεβηκός
EIPS : om. FJT   26 τῷ ἐν J   φθειρόμενον γὰρ I   27 κατὰ
EFJP : κατὰ τὴν IS   28 ἀγένητον EFPS : ἀγέννητον IJ   29 γί-
γνεται ST   ἐξ EJ¹PT : τὸ ἐξ FIJ²   30 αὐτὴ EFVST : αὐτῆς
IP : αὕτη J   33 εἰς EIPST : τι εἰς FJ   36 ἐστὶν ἔργον
F   διορίσαι ΠSP : διορίσασθαι PSᶜ   ᵇ 1 ἀποσοβείσθω I   καὶ
EPST : καὶ τῶν Λ   3 ἡμῶν F   4 ἄλλην om. E¹   λέγωμεν
FIV : λέγομεν EJ, deinde in E τῶν γὰρ ὄντων τὰ μέν ἐστιν φύσει, τὰ
δὲ δι᾽ ἄλλας αἰτίας
Tit. B. περὶ αἰτίων E   9 μὲν] δέ φαμεν εἶναι EP   τά . . . 10
καὶ alt. om. J¹

10 φυτὰ καὶ τὰ ἁπλᾶ τῶν σωμάτων, οἷον γῆ καὶ πῦρ καὶ
ἀὴρ καὶ ὕδωρ (ταῦτα γὰρ εἶναι καὶ τὰ τοιαῦτα φύσει
φαμέν), πάντα δὲ ταῦτα φαίνεται διαφέροντα πρὸς τὰ
μὴ φύσει συνεστῶτα. τούτων μὲν γὰρ ἕκαστον ἐν ἑαυτῷ
ἀρχὴν ἔχει κινήσεως καὶ στάσεως, τὰ μὲν κατὰ τόπον,
15 τὰ δὲ κατ' αὔξησιν καὶ φθίσιν, τὰ δὲ κατ' ἀλλοίωσιν·
κλίνη δὲ καὶ ἱμάτιον, καὶ εἴ τι τοιοῦτον ἄλλο γένος
ἐστίν, ᾗ μὲν τετύχηκε τῆς κατηγορίας ἑκάστης καὶ
καθ' ὅσον ἐστὶν ἀπὸ τέχνης, οὐδεμίαν ὁρμὴν ἔχει μετα-
βολῆς ἔμφυτον, ᾗ δὲ συμβέβηκεν αὐτοῖς εἶναι λιθίνοις ἢ
20 γηΐνοις ἢ μικτοῖς ἐκ τούτων, ἔχει, καὶ κατὰ τοσοῦτον, ὡς
οὔσης τῆς φύσεως ἀρχῆς τινὸς καὶ αἰτίας τοῦ κινεῖσθαι καὶ
ἠρεμεῖν ἐν ᾧ ὑπάρχει πρώτως καθ' αὑτὸ καὶ μὴ κατὰ
συμβεβηκός (λέγω δὲ τὸ μὴ κατὰ συμβεβηκός, ὅτι γέ-
νοιτ' ἂν αὐτὸς αὑτῷ τις αἴτιος ὑγιείας ὢν ἰατρός· ἀλλ'
25 ὅμως οὐ καθὸ ὑγιάζεται τὴν ἰατρικὴν ἔχει, ἀλλὰ συμβέ-
βηκεν τὸν αὐτὸν ἰατρὸν εἶναι καὶ ὑγιαζόμενον· διὸ καὶ χωρί-
ζεταί ποτ' ἀπ' ἀλλήλων). ὁμοίως δὲ καὶ τῶν ἄλλων ἕκα-
στον τῶν ποιουμένων· οὐδὲν γὰρ αὐτῶν ἔχει τὴν ἀρχὴν ἐν ἑαυ-
τῷ τῆς ποιήσεως, ἀλλὰ τὰ μὲν ἐν ἄλλοις καὶ ἔξωθεν, οἷον
30 οἰκία καὶ τῶν ἄλλων τῶν χειροκμήτων ἕκαστον, τὰ δ' ἐν
αὐτοῖς μὲν ἀλλ' οὐ καθ' αὑτά, ὅσα κατὰ συμβεβηκὸς αἴ-
τια γένοιτ' ἂν αὑτοῖς. φύσις μὲν οὖν ἐστὶ τὸ ῥηθέν· φύσιν δὲ
ἔχει ὅσα τοιαύτην ἔχει ἀρχήν. καὶ ἔστιν πάντα ταῦτα οὐσία·
ὑποκείμενον γάρ τι, καὶ ἐν ὑποκειμένῳ ἐστὶν ἡ φύσις ἀεί.
35 κατὰ φύσιν δὲ ταῦτά τε καὶ ὅσα τούτοις ὑπάρχει καθ'
αὑτά, οἷον τῷ πυρὶ φέρεσθαι ἄνω· τοῦτο γὰρ φύσις μὲν οὐκ
193ᵃ ἔστιν οὐδ' ἔχει φύσιν, φύσει δὲ καὶ κατὰ φύσιν ἐστίν. τί μὲν

ᵇ 10 γῆ ΛΤ: γῆν Ε   11 ὕδωρ καὶ ἀέρα ΕV: ὕδωρ ἀὴρ Τ   ταῦτα
... 12 φαμέν ΠS: secl. Prantl   12 ταῦτα VS et ut vid. Ε¹: τὰ
ῥηθέντα Ε²Λ   13–14 τούτων ... ἔχει ΕVΑΡΤ: τὰ μὲν γὰρ φύσει
ὄντα πάντα φαίνεται ἔχοντα ἐν ἑαυτοῖς ἀρχὴν Λ   16 καὶ εἴ ΛΡST :
ἢ Ε¹: καὶ Ε²   18 ὁρμὴν ΠPS: ἀρχὴν Τ γρ. S   19 λιθίνοις
ἢ γηΐνοις εἶναι ΛΤ   20 καὶ om. FIPT   τοσοῦτον ἀρχὴν κινήσεως
καὶ στάσεως ὡς I   21 τοῦ om. Ε   22 πρώτως ΕFIJ²P :
πρώτῳ J¹Τ   κατὰ ΛΡST: om. Ε   24 τις om. ΕΤ   25 καθότι
Ε   27 ἀπ' ΕFST: om. IJP   28 τῆς ποιήσεως ἐν αὐτῷ F
32 τὸ ῥηθέν] τοῦτο S   33 ὅσα ΕFJPS: ὅσα τὴν IT   πάντα
ταῦτα ΕS : ταῦτα πάντα ΛΡ   36 πυρὶ] πυρὶ τὸ Λ   193ᵃ 1 καὶ
ΛΡ : om. Ε

οὖν ἐστιν ἡ φύσις, εἴρηται, καὶ τί τὸ φύσει καὶ κατὰ φύσιν.
ὡς δ᾽ ἔστιν ἡ φύσις, πειρᾶσθαι δεικνύναι γελοῖον· φανερὸν
γὰρ ὅτι τοιαῦτα τῶν ὄντων ἐστὶν πολλά. τὸ δὲ δεικνύναι τὰ
φανερὰ διὰ τῶν ἀφανῶν οὐ δυναμένου κρίνειν ἐστὶ τὸ δι᾽ αὑτὸ 5
καὶ μὴ δι᾽ αὑτὸ γνώριμον (ὅτι δ᾽ ἐνδέχεται τοῦτο πάσχειν, οὐκ
ἄδηλον· συλλογίσαιτο γὰρ ἄν τις ἐκ γενετῆς ὢν τυφλὸς
περὶ χρωμάτων), ὥστε ἀνάγκη τοῖς τοιούτοις περὶ τῶν ὀνομά-
των εἶναι τὸν λόγον, νοεῖν δὲ μηδέν.   9

δοκεῖ δ᾽ ἡ φύσις καὶ ἡ 9
οὐσία τῶν φύσει ὄντων ἐνίοις εἶναι τὸ πρῶτον ἐνυπάρχον ἑκά- 10
στῳ, ἀρρύθμιστον ⟨ὂν⟩ καθ᾽ ἑαυτό, οἷον κλίνης φύσις τὸ ξύλον,
ἀνδριάντος δ᾽ ὁ χαλκός. σημεῖον δέ φησιν ᾽Αντιφῶν ὅτι, εἴ
τις κατορύξειε κλίνην καὶ λάβοι δύναμιν ἡ σηπεδὼν ὥστε
ἀνεῖναι βλαστόν, οὐκ ἂν γενέσθαι κλίνην ἀλλὰ ξύλον, ὡς τὸ
μὲν κατὰ συμβεβηκὸς ὑπάρχον, τὴν κατὰ νόμον διάθεσιν 15
καὶ τὴν τέχνην, τὴν δ᾽ οὐσίαν οὖσαν ἐκείνην ἣ καὶ διαμένει
ταῦτα πάσχουσα συνεχῶς. εἰ δὲ καὶ τούτων ἕκαστον πρὸς ἕτε-
ρόν τι ταὐτὸ τοῦτο πέπονθεν (οἷον ὁ μὲν χαλκὸς καὶ ὁ χρυσὸς
πρὸς ὕδωρ, τὰ δ᾽ ὀστᾶ καὶ ξύλα πρὸς γῆν, ὁμοίως δὲ καὶ
τῶν ἄλλων ὁτιοῦν), ἐκεῖνο τὴν φύσιν εἶναι καὶ τὴν οὐσίαν αὐ- 20
τῶν. διόπερ οἱ μὲν πῦρ, οἱ δὲ γῆν, οἱ δ᾽ ἀέρα φασίν, οἱ δὲ
ὕδωρ, οἱ δ᾽ ἔνια τούτων, οἱ δὲ πάντα ταῦτα τὴν φύσιν εἶ-
ναι τὴν τῶν ὄντων. ὃ γάρ τις αὐτῶν ὑπέλαβε τοιοῦτον, εἴτε
ἓν εἴτε πλείω, τοῦτο καὶ τοσαῦτά φησιν εἶναι τὴν ἅπασαν
οὐσίαν, τὰ δὲ ἄλλα πάντα πάθη τούτων καὶ ἕξεις καὶ δια- 25
θέσεις, καὶ τούτων μὲν ὁτιοῦν ἀίδιον (οὐ γὰρ εἶναι μετα-
βολὴν αὐτοῖς ἐξ αὑτῶν), τὰ δ᾽ ἄλλα γίγνεσθαι καὶ φθεί-
ρεσθαι ἀπειράκις.   28

ἕνα μὲν οὖν τρόπον οὕτως ἡ φύσις λέγεται, 28

ᵃ 2 ἐστιν ἡ φύσις ES : ἡ φύσις ἐστὶν IJ : φύσις ἐστιν F   καὶ alt.
om. E¹   φύσιν] φύσιν ἐστίν S¹   7 τυφλὸς ὢν F   9 νοεῖν δὲ
μηδέν ES : μηδὲν δὲ νοεῖν Λ   ἡ alt. om. F   10 οὐσία E²FIPS :
οὐσία ἡ J : E¹ dubium   τῶν φύσει ὄντων ἐστὶ τὸ πρῶτον ἐνυπάρχον
in litura E²   ἐνίοις εἶναι om. F   11 ὂν addidi (cf. M. 1014ᵇ28)
14 ἀφεῖναι T   15 κατὰ alt. E²ΛS : κατὰ τὸν E¹   νόμον]
ῥυθμὸν T γρ. P γρ. S   20 ἐκεῖνο E¹S : ἐκεῖνα E²ΛT   21 πῦρ . . .
γῆν EV : γῆν, οἱ δὲ πῦρ Λ   23 τὴν om. J¹   24 φασιν Λ
25 καὶ pr. EIV : om. FJ   26 ὁτιοῦν E¹P : ὁτιοῦν εἶναι E²Λ
27 καὶ φθείρεσθαι ΛS : om. E   28 οὕτως ἡ φύσις ES : ἡ φύσις
οὕτω ΛP

ἡ πρώτη ἑκάστῳ ὑποκειμένη ὕλη τῶν ἐχόντων ἐν αὑτοῖς ἀρ-
30 χὴν κινήσεως καὶ μεταβολῆς, ἄλλον δὲ τρόπον ἡ μορφὴ
καὶ τὸ εἶδος τὸ κατὰ τὸν λόγον. ὥσπερ γὰρ τέχνη λέγεται
τὸ κατὰ τέχνην καὶ τὸ τεχνικόν, οὕτω καὶ φύσις τὸ κατὰ
φύσιν [λέγεται] καὶ τὸ φυσικόν, οὔτε δὲ ἐκεῖ πω φαῖμεν ἂν
ἔχειν κατὰ τὴν τέχνην οὐδέν, εἰ δυνάμει μόνον ἐστὶ κλίνη, μή
35 πω δ' ἔχει τὸ εἶδος τῆς κλίνης, οὐδ' εἶναι τέχνην, οὔτ' ἐν
τοῖς φύσει συνισταμένοις· τὸ γὰρ δυνάμει σὰρξ ἢ ὀστοῦν οὔτ'
193ᵇ ἔχει πω τὴν ἑαυτοῦ φύσιν, πρὶν ἂν λάβῃ τὸ εἶδος τὸ κατὰ
τὸν λόγον, ᾧ ὁριζόμενοι λέγομεν τί ἐστι σὰρξ ἢ ὀστοῦν, οὔτε
φύσει ἐστίν. ὥστε ἄλλον τρόπον ἡ φύσις ἂν εἴη τῶν ἐχόντων
ἐν αὑτοῖς κινήσεως ἀρχὴν ἡ μορφὴ καὶ τὸ εἶδος, οὐ χωρι-
5 στὸν ὂν ἀλλ' ἢ κατὰ τὸν λόγον. (τὸ δ' ἐκ τούτων φύσις μὲν
οὐκ ἔστιν, φύσει δέ, οἷον ἄνθρωπος.) καὶ μᾶλλον αὕτη φύσις
τῆς ὕλης· ἕκαστον γὰρ τότε λέγεται ὅταν ἐντελεχείᾳ ᾖ,
μᾶλλον ἢ ὅταν δυνάμει. ἔτι γίγνεται ἄνθρωπος ἐξ ἀνθρώπου,
ἀλλ' οὐ κλίνη ἐκ κλίνης· διὸ καί φασιν οὐ τὸ σχῆμα εἶναι
10 τὴν φύσιν ἀλλὰ τὸ ξύλον, ὅτι γένοιτ' ἄν, εἰ βλαστάνοι, οὐ
κλίνη ἀλλὰ ξύλον. εἰ δ' ἄρα τοῦτο φύσις, καὶ ἡ μορφὴ
φύσις· γίγνεται γὰρ ἐξ ἀνθρώπου ἄνθρωπος. ἔτι δ' ἡ φύσις
ἡ λεγομένη ὡς γένεσις ὁδός ἐστιν εἰς φύσιν. οὐ γὰρ ὥσπερ
ἡ ἰάτρευσις λέγεται οὐκ εἰς ἰατρικὴν ὁδὸς ἀλλ' εἰς ὑγίειαν·
15 ἀνάγκη μὲν γὰρ ἀπὸ ἰατρικῆς οὐκ εἰς ἰατρικὴν εἶναι τὴν ἰά-
τρευσιν, οὐχ οὕτω δ' ἡ φύσις ἔχει πρὸς τὴν φύσιν, ἀλλὰ τὸ
φυόμενον ἐκ τινὸς εἰς τὶ ἔρχεται ᾗ φύεται. τί οὖν φύε-
ται; οὐχὶ ἐξ οὗ, ἀλλ' εἰς ὅ. ἡ ἄρα μορφὴ φύσις. ἡ δὲ
μορφὴ καὶ ἡ φύσις διχῶς λέγεται· καὶ γὰρ ἡ στέρησις εἶ-
20 δός πώς ἐστιν. εἰ δ' ἔστιν στέρησις καὶ ἐναντίον τι περὶ τὴν
ἁπλῆν γένεσιν ἢ μὴ ἔστιν, ὕστερον ἐπισκεπτέον.

ᵃ 29 ἀρχὴν κινήσεως EJPS : κινήσεως ἀρχὴν FI   32 κατὰ pr. ΛPS :
κατὰ τὴν E   33 λέγεται secl. Diels : om. S   ἐκεῖ E¹V : ἐκεῖνό
E²Λ   πως FI   φαμεν E   34 κατὰ ΠS : om. PT   36 οὐκ
E   ᵇ 1 που F   ἂν λάβῃ P : ἀναλάβῃ E : ἂν λάβοι FI : ἢ λάβῃ J
2 ᾧ E¹JV et ut vid. PT : ὃ E²FIS   6 αὕτη φύσις EPS : φύσις
αὕτη Λ   9 διὸ φασι τὸ σχῆμα οὐκ E   10–11 ὅτι . . . ξύλον
ΛS : om. E   11 φύσις scripsi, fort. cum PST : τέχνη Π : om.
V, secl. Hamelin   καὶ om. E²   12 γὰρ ΛS : γ' E   ἢ ΛPS :
om. E   17 ᾗ fecit E, leg. ut vid. T : ἢ ΛS   τί οὖν φύεται
J¹S : εἰς τί οὖν φύεται E²FIJ²P : om. E¹   18 οὐχὶ εἰς τὸ ἐξ οὗ
ἀλλ' εἰς τὸ εἰς ὅ IP   ἄρα ΛS : om. E   δὲ E¹PS : δέ γε E²Λ
20 ἔστιν E²IJ¹S : ἔστιν ἡ E¹FJ²P   τι FJVP : ὅτι E : om. I

2 Ἐπεὶ δὲ διώρισται ποσαχῶς ἡ φύσις, μετὰ τοῦτο
θεωρητέον τίνι διαφέρει ὁ μαθηματικὸς τοῦ φυσικοῦ (καὶ
γὰρ ἐπίπεδα καὶ στερεὰ ἔχει τὰ φυσικὰ σώματα καὶ μήκη
καὶ στιγμάς, περὶ ὧν σκοπεῖ ὁ μαθηματικός)· ἔτι εἰ ἡ 25
ἀστρολογία ἑτέρα ἢ μέρος τῆς φυσικῆς· εἰ γὰρ τοῦ φυσικοῦ
τὸ τί ἐστιν ἥλιος ἢ σελήνη εἰδέναι, τῶν δὲ συμβεβηκότων
καθ᾽ αὑτὰ μηδέν, ἄτοπον, ἄλλως τε καὶ ὅτι φαίνονται λέ-
γοντες οἱ περὶ φύσεως καὶ περὶ σχήματος σελήνης καὶ ἡλίου,
καὶ δὴ καὶ πότερον σφαιροειδὴς ἡ γῆ καὶ ὁ κόσμος ἢ οὔ. 30
περὶ τούτων μὲν οὖν πραγματεύεται καὶ ὁ μαθηματικός,
ἀλλ᾽ οὐχ ᾗ φυσικοῦ σώματος πέρας ἕκαστον· οὐδὲ τὰ συμ-
βεβηκότα θεωρεῖ ᾗ τοιούτοις οὖσι συμβέβηκεν· διὸ καὶ χωρί-
ζει· χωριστὰ γὰρ τῇ νοήσει κινήσεώς ἐστι, καὶ οὐδὲν διαφέ-
ρει, οὐδὲ γίγνεται ψεῦδος χωριζόντων. λανθάνουσι δὲ τοῦτο ποι- 35
οῦντες καὶ οἱ τὰς ἰδέας λέγοντες· τὰ γὰρ φυσικὰ χωρίζου-
σιν ἧττον ὄντα χωριστὰ τῶν μαθηματικῶν. γίγνοιτο δ᾽ ἂν 194ᵃ
τοῦτο δῆλον, εἴ τις ἑκατέρων πειρῷτο λέγειν τοὺς ὅρους, καὶ
αὐτῶν καὶ τῶν συμβεβηκότων. τὸ μὲν γὰρ περιττὸν ἔσται
καὶ τὸ ἄρτιον καὶ τὸ εὐθὺ καὶ τὸ καμπύλον, ἔτι δὲ ἀριθμὸς
καὶ γραμμὴ καὶ σχῆμα, ἄνευ κινήσεως, σὰρξ δὲ καὶ ὀστοῦν 5
καὶ ἄνθρωπος οὐκέτι, ἀλλὰ ταῦτα ὥσπερ ῥὶς σιμὴ ἀλλ᾽ οὐχ
ὡς τὸ καμπύλον λέγεται. δηλοῖ δὲ καὶ τὰ φυσικώτερα
τῶν μαθημάτων, οἷον ὀπτικὴ καὶ ἁρμονικὴ καὶ ἀστρολογία·
ἀνάπαλιν γὰρ τρόπον τιν᾽ ἔχουσιν τῇ γεωμετρίᾳ. ἡ μὲν γὰρ
γεωμετρία περὶ γραμμῆς φυσικῆς σκοπεῖ, ἀλλ᾽ οὐχ ᾗ φυ- 10
σική, ἡ δ᾽ ὀπτικὴ μαθηματικὴν μὲν γραμμήν, ἀλλ᾽ οὐχ ᾗ
μαθηματικὴ ἀλλ᾽ ᾗ φυσική.
                                                    12
              ἐπεὶ δ᾽ ἡ φύσις διχῶς, τό τε 12

ᵇ 22 ἡ φύσις] ἡ φύσις λέγεται E²ΛS: λέγεται ἡ φύσις P
23 μαθητικὸς E   24 φυσικά] φυσικὰ καὶ E¹   25 μαθητικός E   εἰ
Susemihl: δ᾽ J²P: δ᾽ εἰ Basiliensis: om. EFIJ¹   27 ἢ ΛΡ:
καὶ EV   δὲ E¹ΛΡ: τε E²   29 σελήνης καὶ ἡλίου EIJV: ἡλίου
καὶ σελήνης FST   30 δὴ καὶ om. E¹T: δὴ E²I   ἡ γῆ καὶ ὁ
κόσμος ΛST: ὁ κόσμος καὶ ἡ γῆ EV   31 μὲν οὖν τούτων I   μαθη-
τικός E   36 οἱ περὶ τὰς F   194ᵃ 1 μαθητικῶν E   3 ἐστι
FT   4 ἔτι δὲ] αἴτια E²   6 οὐκέτι ΛΡ: οὐκ αἴτια in litura
E   ταῦτα ΛΡ: αὐτὰ E   8 μαθημάτων IJ²P: μαθητῶν E¹:
μαθητικῶν E²FJ¹   9 ἔχουσι τρόπον τινὰ F   ἡ . . . 10 γεωμετρία
E²FJPS Olympiodorus: om. E¹: ἀλλ᾽ ἡ μὲν γεωμετρία IV
11 μαθητικὴν E   12 ἐπεὶ EJS: ἐπειδὴ FIT   δὲ καὶ ἡ F

C

εἶδος καὶ ἡ ὕλη, ὡς ἂν εἰ περὶ σιμότητος σκοποῖμεν τί ἐστιν,
οὕτω θεωρητέον· ὥστ' οὔτ' ἄνευ ὕλης τὰ τοιαῦτα οὔτε κατὰ τὴν
15 ὕλην. καὶ γὰρ δὴ καὶ περὶ τούτου ἀπορήσειεν ἄν τις,
ἐπεὶ δύο αἱ φύσεις, περὶ ποτέρας τοῦ φυσικοῦ. ἢ περὶ τοῦ ἐξ
ἀμφοῖν; ἀλλ' εἰ περὶ τοῦ ἐξ ἀμφοῖν, καὶ περὶ ἑκατέρας.
πότερον οὖν τῆς αὐτῆς ἢ ἄλλης ἑκατέραν γνωρίζειν; εἰς μὲν
γὰρ τοὺς ἀρχαίους ἀποβλέψαντι δόξειεν ἂν εἶναι τῆς ὕλης
20 (ἐπὶ μικρὸν γάρ τι μέρος Ἐμπεδοκλῆς καὶ Δημόκριτος τοῦ
εἴδους καὶ τοῦ τί ἦν εἶναι ἥψαντο)· εἰ δὲ ἡ τέχνη μιμεῖται
τὴν φύσιν, τῆς δὲ αὐτῆς ἐπιστήμης εἰδέναι τὸ εἶδος καὶ τὴν
ὕλην μέχρι του (οἷον ἰατροῦ ὑγίειαν καὶ χολὴν καὶ φλέγμα,
ἐν οἷς ἡ ὑγίεια, ὁμοίως δὲ καὶ οἰκοδόμου τό τε εἶδος τῆς
25 οἰκίας καὶ τὴν ὕλην, ὅτι πλίνθοι καὶ ξύλα· ὡσαύτως δὲ
καὶ ἐπὶ τῶν ἄλλων), καὶ τῆς φυσικῆς ἂν εἴη τὸ γνωρίζειν
ἀμφοτέρας τὰς φύσεις. ἔτι τὸ οὗ ἕνεκα καὶ τὸ τέλος τῆς
αὐτῆς, καὶ ὅσα τούτων ἕνεκα. ἡ δὲ φύσις τέλος καὶ οὗ ἕνε-
κα (ὧν γὰρ συνεχοῦς τῆς κινήσεως οὔσης ἔστι τι τέλος,
30 τοῦτο ⟨τὸ⟩ ἔσχατον καὶ τὸ οὗ ἕνεκα· διὸ καὶ ὁ ποιητὴς
γελοίως προήχθη εἰπεῖν "ἔχει τελευτήν, ἧσπερ οὕνεκ' ἐγέ-
νετο"· βούλεται γὰρ οὐ πᾶν εἶναι τὸ ἔσχατον τέλος, ἀλλὰ
τὸ βέλτιστον)· ἐπεὶ καὶ ποιοῦσιν αἱ τέχναι τὴν ὕλην αἱ μὲν
ἁπλῶς αἱ δὲ εὐεργόν, καὶ χρώμεθα ὡς ἡμῶν ἕνεκα πάν-
35 των ὑπαρχόντων (ἐσμὲν γάρ πως καὶ ἡμεῖς τέλος· διχῶς
γὰρ τὸ οὗ ἕνεκα· εἴρηται δ' ἐν τοῖς περὶ φιλοσοφίας). δύο
194ᵇ δὲ αἱ ἄρχουσαι τῆς ὕλης καὶ γνωρίζουσαι τέχναι, ἥ τε
χρωμένη καὶ τῆς ποιητικῆς ἡ ἀρχιτεκτονική. διὸ καὶ ἡ
χρωμένη ἀρχιτεκτονική πως, διαφέρει δὲ ᾗ ἡ μὲν τοῦ εἴ-
δους γνωριστική, ἡ ἀρχιτεκτονική, ἡ δὲ ὡς ποιητική, τῆς
5 ὕλης· ὁ μὲν γὰρ κυβερνήτης ποιόν τι τὸ εἶδος τοῦ πηδαλίου

ᵃ 13 σιμότητος ΛΡΤ : σιμοῦ Ε   τί ἐστιν σκοποῖμεν ΛΡ   15 τού-
του Ε¹VPST : τούτου διχῶς Ε²Λ : τούτου ἴσως Bonitz   16 ἐπειδὴ
FT   17 εἰ] ἀεὶ Ε   19 ἀποβλέψαντι ΛΡ : βλέψαντι Ε   ἂν
om. F   24 ὑγίεια ΛVT : ὑγίεια ἅπερ ὡς ὕλη Ε   27 ἀμφοτέρας
om. F   28 φύσις τὸ τέλος οὗ F   29 τι ἐστι Ι   τέλος, . . .
30 ἔσχατον scripsi, fort. habuit S : τέλος, τοῦτο ἔσχατον Ε¹VP : τέλος
τῆς κινήσεως, τοῦτο ἔσχατον Ε²Λ : ἔσχατον, τοῦτο τέλος ci. ΑΡ, legit
fort. T   30 καὶ εὐριπίδης ὁ F   32 τὸ secl. Guthrie   ᵇ 1 δὲ
ΕΙ²Τ : δὴ ΙJ¹ : δὲ καὶ Ρ : δὴ καὶ F   καὶ FΡ : καὶ αἱ ΕΙJ   3 ἡ om. F
4 ἡ . . . δὲ] ἡ δὲ ἀρχιτεκτονικὴ Prantl   ἡ ¹ sup. lin. Ε   ἡ ² erasit Ε

γνωρίζει καὶ ἐπιτάττει, ὁ δ' ἐκ ποίου ξύλου καὶ ποίων κινή-
σεων ἔσται. ἐν μὲν οὖν τοῖς κατὰ τέχνην ἡμεῖς ποιοῦμεν τὴν
ὕλην τοῦ ἔργου ἕνεκα, ἐν δὲ τοῖς φυσικοῖς ὑπάρχει οὖσα. ἔτι
τῶν πρός τι ἡ ὕλη· ἄλλῳ γὰρ εἴδει ἄλλη ὕλη.   9

μέχρι δὴ 9
πόσου τὸν φυσικὸν δεῖ εἰδέναι τὸ εἶδος καὶ τὸ τί ἐστιν; ἢ 10
ὥσπερ ἰατρὸν νεῦρον ἢ χαλκέα χαλκόν, μέχρι τοῦ τίνος
[γὰρ] ἕνεκα ἕκαστον, καὶ περὶ ταῦτα ἅ ἐστι χωριστὰ μὲν εἴ-
δει, ἐν ὕλῃ δέ; ἄνθρωπος γὰρ ἄνθρωπον γεννᾷ καὶ ἥλιος.
πῶς δ' ἔχει τὸ χωριστὸν καὶ τί ἐστι, φιλοσοφίας ἔργον
διορίσαι τῆς πρώτης.   15

3 Διωρισμένων δὲ τούτων ἐπισκεπτέον περὶ τῶν αἰτίων,
ποῖά τε καὶ πόσα τὸν ἀριθμόν ἐστιν. ἐπεὶ γὰρ τοῦ εἰδέναι
χάριν ἡ πραγματεία, εἰδέναι δὲ οὐ πρότερον οἰόμεθα ἕκαστον
πρὶν ἂν λάβωμεν τὸ διὰ τί περὶ ἕκαστον (τοῦτο δ' ἐστὶ τὸ
λαβεῖν τὴν πρώτην αἰτίαν), δῆλον ὅτι καὶ ἡμῖν τοῦτο ποιη- 20
τέον καὶ περὶ γενέσεως καὶ φθορᾶς καὶ πάσης τῆς φυσικῆς
μεταβολῆς, ὅπως εἰδότες αὐτῶν τὰς ἀρχὰς ἀνάγειν εἰς
αὐτὰς πειρώμεθα τῶν ζητουμένων ἕκαστον. ἕνα μὲν οὖν τρό-
πον αἴτιον λέγεται τὸ ἐξ οὗ γίγνεταί τι ἐνυπάρχοντος, οἷον ὁ
χαλκὸς τοῦ ἀνδριάντος καὶ ὁ ἄργυρος τῆς φιάλης καὶ τὰ 25
τούτων γένη· ἄλλον δὲ τὸ εἶδος καὶ τὸ παράδειγμα, τοῦτο
δ' ἐστὶν ὁ λόγος ὁ τοῦ τί ἦν εἶναι καὶ τὰ τούτου γένη (οἷον τοῦ
διὰ πασῶν τὰ δύο πρὸς ἕν, καὶ ὅλως ὁ ἀριθμός) καὶ τὰ
μέρη τὰ ἐν τῷ λόγῳ. ἔτι ὅθεν ἡ ἀρχὴ τῆς μεταβολῆς ἡ
πρώτη ἢ τῆς ἠρεμήσεως, οἷον ὁ βουλεύσας αἴτιος, καὶ ὁ πα- 30

ᵇ 6 καὶ alt. EJP: καὶ ἐκ FI   7 κατὰ ΛΡ: κατὰ τὴν Ε   9 τι
ἡ Ε²FIJ²PS: τῇ Ε¹: τι J¹   ἄλλῳ . . . ὕλη post 10 ἐστιν F
10 τὸν om. F   11 ἰατρὸν EFJS: τὸν ἰατρὸν IT   ἢ ES:
καὶ ΛV   τοῦ τίνος scripsi: του τινος E¹J: τοῦ εἰδέναι τινὸς F:
τίνος, τίνος S: τίνος ἕνεκα, τινὸς γρ. A: του. τινὸς Aldina: του. τίνος
Jaeger   12 γὰρ seclusi: habent ΠS γρ. A   ἅ ΛS et sup. lin.
Ε¹   εἴδη JS   13 καὶ ὁ ἥλιος F   14-15 φιλοσοφίας . . .
πρώτης IS: φιλοσοφίας τῆς πρώτης διορίσαι ἔργον Ε²FJ: τῆς πρώτης
ἔργον φιλοσοφίας διορίσαι T: φιλοσοφίας τῆς πρώτης ἐστὶν Ε¹V
17 ἐπειδὴ τοῦ S   18 ἢ] τὰ φυσικὰ ἡ I   21 καὶ tert. ES:
καὶ περὶ ΛΡ   22 αὐτῶν τὰς ἀρχὰς ΛPS: τὰς ἀρχὰς αὐτῶν Ε
26 ἄλλο I   27 ὁ alt. EIJP: om. FTM   οἷον τὸν διὰ Ε   30 ἡ
fecit Ε²

ΦΥΣΙΚΗΣ ΑΚΡΟΑΣΕΩΣ Β

τὴρ τοῦ τέκνου, καὶ ὅλως τὸ ποιοῦν τοῦ ποιουμένου καὶ τὸ μετα-
βάλλον τοῦ μεταβαλλομένου. ἔτι ὡς τὸ τέλος· τοῦτο δ᾽ ἐστὶν
τὸ οὗ ἕνεκα, οἷον τοῦ περιπατεῖν ἡ ὑγίεια· διὰ τί γὰρ περι-
πατεῖ; φαμέν "ἵνα ὑγιαίνῃ", καὶ εἰπόντες οὕτως οἰόμεθα ἀπο-
35 δεδωκέναι τὸ αἴτιον. καὶ ὅσα δὴ κινήσαντος ἄλλου μεταξὺ
γίγνεται τοῦ τέλους, οἷον τῆς ὑγιείας ἡ ἰσχνασία ἢ ἡ κάθαρ-
195ᵃ σις ἢ τὰ φάρμακα ἢ τὰ ὄργανα· πάντα γὰρ ταῦτα τοῦ
τέλους ἕνεκά ἐστιν, διαφέρει δὲ ἀλλήλων ὡς ὄντα τὰ μὲν
3 ἔργα τὰ δ᾽ ὄργανα.

3   τὰ μὲν οὖν αἴτια σχεδὸν τοσαυταχῶς
λέγεται, συμβαίνει δὲ πολλαχῶς λεγομένων τῶν αἰτίων καὶ
5 πολλὰ τοῦ αὐτοῦ αἴτια εἶναι, οὐ κατὰ συμβεβηκός, οἷον τοῦ
ἀνδριάντος καὶ ἡ ἀνδριαντοποιικὴ καὶ ὁ χαλκός, οὐ καθ᾽
ἕτερόν τι ἀλλ᾽ ᾖ ἀνδριάς, ἀλλ᾽ οὐ τὸν αὐτὸν τρόπον, ἀλλὰ
τὸ μὲν ὡς ὕλη τὸ δ᾽ ὡς ὅθεν ἡ κίνησις. ἔστιν δέ τινα καὶ
ἀλλήλων αἴτια, οἷον τὸ πονεῖν τῆς εὐεξίας καὶ αὕτη τοῦ
10 πονεῖν· ἀλλ᾽ οὐ τὸν αὐτὸν τρόπον, ἀλλὰ τὸ μὲν ὡς τέλος
τὸ δ᾽ ὡς ἀρχὴ κινήσεως. ἔτι δὲ τὸ αὐτὸ τῶν ἐναντίων
ἐστίν· ὃ γὰρ παρὸν αἴτιον τοῦδε, τοῦτο καὶ ἀπὸν αἰτιώμεθα
ἐνίοτε τοῦ ἐναντίου, οἷον τὴν ἀπουσίαν τοῦ κυβερνήτου τῆς τοῦ
πλοίου ἀνατροπῆς, οὗ ἦν ἡ παρουσία αἰτία τῆς σωτηρίας.
15 ἅπαντα δὲ τὰ νῦν εἰρημένα αἴτια εἰς τέτταρας πίπτει τρόπους
τοὺς φανερωτάτους. τὰ μὲν γὰρ στοιχεῖα τῶν συλλαβῶν καὶ
ἡ ὕλη τῶν σκευαστῶν καὶ τὸ πῦρ καὶ τὰ τοιαῦτα τῶν σω-
μάτων καὶ τὰ μέρη τοῦ ὅλου καὶ αἱ ὑποθέσεις τοῦ συμπε-
ράσματος ὡς τὸ ἐξ οὗ αἴτιά ἐστιν, τούτων δὲ τὰ μὲν ὡς τὸ
20 ὑποκείμενον, οἷον τὰ μέρη, τὰ δὲ ὡς τὸ τί ἦν εἶναι, τό τε
ὅλον καὶ ἡ σύνθεσις καὶ τὸ εἶδος· τὸ δὲ σπέρμα καὶ ὁ ἰα-
τρὸς καὶ ὁ βουλεύσας καὶ ὅλως τὸ ποιοῦν, πάντα ὅθεν ἡ
ἀρχὴ τῆς μεταβολῆς ἢ στάσεως [ἢ κινήσεως]· τὰ δ᾽ ὡς τὸ

ᵇ 31 τοῦ pr. om. I   34 ὑγιαίνῃ EJS: ὑγιάνῃ FI   36 γένηται
E   ἰσχνανσία I   195ᵃ 1 ἢ τὰ φάρμακα E²ΛMVST: om. E¹   γὰρ
ΠT: om. Susemihl et fort. P   4 λέγεται om. F   6 καὶ
om. Λ   ἀνδριαντοποιικὴ E et fecit J¹: ἀνδριαντοποιητικὴ FI   οὐ
ΛM: ταῦτα δὲ οὐ E   8 κίνησις E²ΛM: κίνησίς ἐστιν E¹   9 τῆς]
αἴτιον τῆς Λ   12 ἐστίν EFJM: ἐστὶν αἴτιον I   13 τῆς τοῦ sup.
lin. E¹   15 τρόπους πίπτει ΛMPT: πίπτει τόπους Bekker
17 ἡ om. E   σκευαστῶν ΛMPS: κατασκευαστῶν E   23 ἢ κίνη-
σεως E²ΛP: om. E¹MVS   τὰ ΠMS¹: τὸ PSᵖ   δ᾽ ΛPS: δ᾽
ἄλλα E

τέλος καὶ τἀγαθὸν τῶν ἄλλων· τὸ γὰρ οὗ ἕνεκα βέλτιστον
καὶ τέλος τῶν ἄλλων ἐθέλει εἶναι· διαφερέτω δὲ μηδὲν εἰ- 25
πεῖν αὐτὸ ἀγαθὸν ἢ φαινόμενον ἀγαθόν.   26

τὰ μὲν οὖν αἴτια 26
ταῦτα καὶ τοσαῦτά ἐστι τῷ εἴδει· τρόποι δὲ τῶν αἰτίων
ἀριθμῷ μὲν εἰσί πολλοί, κεφαλαιούμενοι δὲ καὶ οὗτοι ἐλάτ-
τους. λέγεται γὰρ αἴτια πολλαχῶς, καὶ αὐτῶν τῶν ὁμοει-
δῶν προτέρως καὶ ὑστέρως ἄλλο ἄλλου, οἷον ὑγιείας ἰατρὸς 30
καὶ τεχνίτης, καὶ τοῦ διὰ πασῶν τὸ διπλάσιον καὶ ἀριθ-
μός, καὶ ἀεὶ τὰ περιέχοντα πρὸς τὰ καθ᾽ ἕκαστον. ἔτι δ᾽
ὡς τὸ συμβεβηκὸς καὶ τὰ τούτων γένη, οἷον ἀνδριάντος ἄλ-
λως Πολύκλειτος καὶ ἄλλως ἀνδριαντοποιός, ὅτι συμβέβηκε
τῷ ἀνδριαντοποιῷ τὸ Πολυκλείτῳ εἶναι. καὶ τὰ περιέχοντα δὲ 35
τὸ συμβεβηκύς, οἷον εἰ ὁ ἄνθρωπος αἴτιος εἴη ἀνδριάντος ἢ
ὅλως ζῷον. ἔστι δὲ καὶ τῶν συμβεβηκότων ἄλλα ἄλλων 195ᵇ
πορρώτερον καὶ ἐγγύτερον, οἷον εἰ ὁ λευκὸς καὶ ὁ μουσικὸς αἴ-
τιος λέγοιτο τοῦ ἀνδριάντος. πάντα δὲ καὶ τὰ οἰκείως λεγό-
μενα καὶ τὰ κατὰ συμβεβηκὸς τὰ μὲν ὡς δυνάμενα λέ-
γεται τὰ δ᾽ ὡς ἐνεργοῦντα, οἷον τοῦ οἰκοδομεῖσθαι οἰκίαν οἰ- 5
κοδόμος ἢ οἰκοδομῶν οἰκοδόμος. ὁμοίως δὲ λεχθήσεται καὶ
ἐφ᾽ ὧν αἴτια τὰ αἴτια τοῖς εἰρημένοις, οἷον τουδὶ τοῦ ἀνδριάν-
τος ἢ ἀνδριάντος ἢ ὅλως εἰκόνος, καὶ χαλκοῦ τοῦδε ἢ
χαλκοῦ ἢ ὅλως ὕλης· καὶ ἐπὶ τῶν συμβεβηκότων ὡσαύ-
τως. ἔτι δὲ συμπλεκόμενα καὶ ταῦτα κἀκεῖνα λεχθήσεται, 10
οἷον οὐ Πολύκλειτος οὐδὲ ἀνδριαντοποιός, ἀλλὰ Πολύκλειτος
ἀνδριαντοποιός. ἀλλ᾽ ὅμως ἅπαντα ταῦτά ἐστι τὸ μὲν πλῆ-
θος ἕξ, λεγόμενα δὲ διχῶς· ἢ γὰρ ὡς τὸ καθ᾽ ἕκαστον,

ᵃ 24-5 τὸ . . . ἄλλων E²ΛMPST : om. E¹   25-6 μηδὲν . . .
ἀγαθὸν] ἀτύο μηδὲν εἰπεῖν ἀγαθὸν FI : μηδὲν αὐτὸ εἰπεῖν ἀγαθὸν JM :
μηδὲν ἀγαθὸν αὐτὸ εἰπεῖν T   27 ταῦτα] τοιαῦτα I   29 γὰρ
EIJMP: γὰρ τὰ FT   30 ἄλλο ἄλλου EIS : ἄλλου ἄλλο
FJ   ὑγιείας ὁ ἰατρὸς FIMPT   31 καὶ pr.] καὶ ὁ IJP   καὶ
tert. E¹M : καὶ ὁ E²ΛP   32 περιέχοντα ΛV : om. E   τὸ IJP :
τῷ F   ἕκαστα I   33 et 34 ἄλλος I   36 ἀνδριάντος εἴη Ε
ᵇ I ὅλως τὸ ζῷον I   2 καὶ ὁ μουσικὸς E²ΛMVPST: om. E¹
3 πάντα EFV : παρὰ πάντα IJMPS   5 οἰκίαν E²ΛV: om.
E¹M   ὁ οἰκοδόμος Λ   6 ἢ EJMS : ἢ ὁ FI   ante οἰκοδόμος
erasit J ὁ   δειχθήσεται F   7 τοῦδε ΛMP   τοῦ ΛMP :
om. E   8 ἢ ἀνδριάντος sup. lin. E¹   ἢ alt. EMVP : ἢ καὶ Λ
9 ἢ] ἡ καὶ F   11 οἷον . . . ἀνδριαντοποιός in mg. J¹   οὐδὲ . . .
Πολύκλειτος om. I

ἢ ὡς τὸ γένος, ἢ ὡς τὸ συμβεβηκός, ἢ ὡς τὸ γένος τοῦ
15 συμβεβηκότος, ἢ ὡς συμπλεκόμενα ταῦτα ἢ ὡς ἁπλῶς
λεγόμενα· πάντα δὲ ἢ ἐνεργοῦντα ἢ κατὰ δύναμιν. δια-
φέρει δὲ τοσοῦτον, ὅτι τὰ μὲν ἐνεργοῦντα καὶ τὰ καθ' ἕκα-
στον ἅμα ἔστι καὶ οὐκ ἔστι καὶ ὧν αἴτια, οἷον ὅδ' ὁ ἰα-
τρεύων τῷδε τῷ ὑγιαζομένῳ καὶ ὅδε ὁ οἰκοδομῶν τῷδε
20 τῷ οἰκοδομουμένῳ, τὰ δὲ κατὰ δύναμιν οὐκ ἀεί. φθεί-
21 ρεται γὰρ οὐχ ἅμα ἡ οἰκία καὶ ὁ οἰκοδόμος.

21
　　　　δεῖ δ' ἀεὶ
τὸ αἴτιον ἑκάστου τὸ ἀκρότατον ζητεῖν, ὥσπερ καὶ ἐπὶ τῶν
ἄλλων (οἷον ἄνθρωπος οἰκοδομεῖ ὅτι οἰκοδόμος, ὁ δ' οἰκο-
δόμος κατὰ τὴν οἰκοδομικήν· τοῦτο τοίνυν πρότερον τὸ αἴ-
25 τιον, καὶ οὕτως ἐπὶ πάντων)· ἔτι τὰ μὲν γένη τῶν γενῶν,
τὰ δὲ καθ' ἕκαστον τῶν καθ' ἕκαστον (οἷον ἀνδριαντο-
ποιὸς μὲν ἀνδριάντος, ὁδὶ δὲ τουδί)· καὶ τὰς μὲν δυνάμεις
τῶν δυνατῶν, τὰ δ' ἐνεργοῦντα πρὸς τὰ ἐνεργούμενα. ὅσα
μὲν οὖν τὰ αἴτια καὶ ὃν τρόπον αἴτια, ἔστω ἡμῖν διωρισμένα
30 ἱκανῶς.

Λέγεται δὲ καὶ ἡ τύχη καὶ τὸ αὐτόματον τῶν αἰτίων, 4
καὶ πολλὰ καὶ εἶναι καὶ γίγνεσθαι διὰ τύχην καὶ διὰ τὸ
αὐτόματον· τίνα οὖν τρόπον ἐν τούτοις ἐστὶ τοῖς αἰτίοις ἡ τύχη
καὶ τὸ αὐτόματον, καὶ πότερον τὸ αὐτὸ ἡ τύχη καὶ τὸ
35 αὐτόματον ἢ ἕτερον, καὶ ὅλως τί ἐστιν ἡ τύχη καὶ τὸ αὐ-
τόματον, ἐπισκεπτέον. ἔνιοι γὰρ καὶ εἰ ἔστιν ἢ μὴ ἀποροῦσιν·
196ᵃ οὐδὲν γὰρ δὴ γίγνεσθαι ἀπὸ τύχης φασίν, ἀλλὰ πάντων εἶναί
τι αἴτιον ὡρισμένον ὅσα λέγομεν ἀπὸ ταὐτομάτου γίγνεσθαι
ἢ τύχης, οἷον τοῦ ἐλθεῖν ἀπὸ τύχης εἰς τὴν ἀγοράν, καὶ
καταλαβεῖν ὃν ἐβούλετο μὲν οὐκ ᾤετο δέ, αἴτιον τὸ βούλεσθαι
5 ἀγοράσαι ἐλθόντα· ὁμοίως δὲ καὶ ἐπὶ τῶν ἄλλων τῶν ἀπὸ
τύχης λεγομένων ἀεί τι εἶναι λαβεῖν τὸ αἴτιον, ἀλλ' οὐ τύ-
χην, ἐπεὶ εἴ γέ τι ἦν ἡ τύχη, ἄτοπον ἂν φανείη ὡς ἀλη-

ᵇ 15 ὡς alt. ΠΜ : om. S　　16 ἢ pr. om. J¹　　18 αἴτια fecit E
18 et 19 ὁ ΛΤ : om. E　　20 τὰ E²ΛPST : τὸ E¹　　23 ἄνθρωπος
scripsi, leg. fort. P : ἄνθρωπος ΠS　　24 κατὰ] ὅτι κατὰ ES　　26 ἕκα-
στον EPT : ἕκαστα Λ　　ἕκαστον EP : ἕκαστα Λ　　27 ὅδε δὲ τοῦδε E¹
32 διὰ ΛST : διὰ τὴν E : καὶ διὰ F　　διὰ om. I　　34 ἢ om. IJT
35 ἢ . . . αὐτόματον] αὐτόματον καὶ ἡ τύχη EV　　36 εἰ καὶ I
196ᵃ 1 δὴ om. Λ　　2 τι om. FT　　λεγόμενα I　　ταὐτομάτου FIS :
αὐτομάτου EJ　　3 ἢ] καὶ F　　καὶ καταλαβεῖν εἰς τὴν ἀγορὰν I
5 ἐλθόντα ἀγοράσαι Λ　　6 λεγομένων ΛVPST : λέγομεν E² : om. E¹

θῶς, καὶ ἀπορήσειεν ἄν τις διὰ τί ποτ' οὐδεὶς τῶν ἀρχαίων
σοφῶν τὰ αἴτια περὶ γενέσεως καὶ φθορᾶς λέγων περὶ τύ-
χης οὐδὲν διώρισεν, ἀλλ' ὡς ἔοικεν, οὐδὲν ᾤοντο οὐδ' ἐκεῖνοι εἶ- 10
ναι ἀπὸ τύχης. ἀλλὰ καὶ τοῦτο θαυμαστόν· πολλὰ γὰρ
καὶ γίγνεται καὶ ἔστιν ἀπὸ τύχης καὶ ἀπὸ ταὐτομάτου, ἃ
οὐκ ἀγνοοῦντες ὅτι ἔστιν ἐπανενεγκεῖν ἕκαστον ἐπί τι αἴτιον τῶν
γιγνομένων, καθάπερ ὁ παλαιὸς λόγος εἶπεν ὁ ἀναιρῶν τὴν
τύχην, ὅμως τούτων τὰ μὲν εἶναί φασι πάντες ἀπὸ τύχης 15
τὰ δ' οὐκ ἀπὸ τύχης· διὸ καὶ ἁμῶς γέ πως ἦν ποιητέον αὐ-
τοῖς μνείαν. ἀλλὰ μὴν οὐδ' ἐκείνων γέ τι ᾤοντο εἶναι τὴν
τύχην, οἷον φιλίαν ἢ νεῖκος ἢ νοῦν ἢ πῦρ ἢ ἄλλο γέ τι τῶν
τοιούτων. ἄτοπον οὖν εἴτε μὴ ὑπελάμβανον εἶναι εἴτε οἰόμε-
νοι παρέλειπον, καὶ ταῦτ' ἐνίοτε χρώμενοι, ὥσπερ Ἐμπε- 20
δοκλῆς οὐκ ἀεὶ τὸν ἀέρα ἀνωτάτω ἀποκρίνεσθαί φησιν, ἀλλ'
ὅπως ἂν τύχῃ. λέγει γοῦν ἐν τῇ κοσμοποιίᾳ ὡς "οὕτω συνέ-
κυρσε θέων τοτέ, πολλάκι δ' ἄλλως"· καὶ τὰ μόρια τῶν
ζῴων ἀπὸ τύχης γενέσθαι τὰ πλεῖστά φησιν.   24

εἰσὶ δέ τινες 24

οἳ καὶ τοὐρανοῦ τοῦδε καὶ τῶν κόσμων πάντων αἰτιῶνται τὸ 25
αὐτόματον· ἀπὸ ταὐτομάτου γὰρ γενέσθαι τὴν δίνην καὶ
τὴν κίνησιν τὴν διακρίνασαν καὶ καταστήσασαν εἰς ταύτην
τὴν τάξιν τὸ πᾶν. καὶ μάλα τοῦτό γε αὐτὸ θαυμάσαι ἄξιον· λέ-
γοντες γὰρ τὰ μὲν ζῷα καὶ τὰ φυτὰ ἀπὸ τύχης μήτε
εἶναι μήτε γίγνεσθαι, ἀλλ' ἤτοι φύσιν ἢ νοῦν ἤ τι τοιοῦτον 30
ἕτερον εἶναι τὸ αἴτιον (οὐ γὰρ ὅ τι ἔτυχεν ἐκ τοῦ σπέρματος
ἑκάστου γίγνεται, ἀλλ' ἐκ μὲν τοῦ τοιουδὶ ἐλαία ἐκ δὲ τοῦ
τοιουδὶ ἄνθρωπος), τὸν δ' οὐρανὸν καὶ τὰ θειότατα τῶν φα-
νερῶν ἀπὸ τοῦ αὐτομάτου γενέσθαι, τοιαύτην δ' αἰτίαν μη-

ᵃ 8 καὶ] κἂν E   διὰ τί ποτ'] τί δήποτε A   12 ἀπὸ... ταὐτο-
μάτου ΠΤ : secl. Torstrik   ἃ οὐκ fecit E   13 ἔστιν] ἐστι, δεῖν
εἰ δ fecit E   ἐπενεγκεῖν F   τῶν γιγνομένων] ὡρισμένον Torstrik
14 εἶπεν om. fort. S, secl. Diels   15 ὁμοίως E   18 νοῦν ἢ πῦρ EVT :
πῦρ ἢ νοῦν Λ   20 παρέλειπον EFJP : παρέλιπον IST   21 ἀνωτάτω
ἀποκρίνεσθαι ES : ἀποκρίνεσθαι ἀνωτάτω Λ   22 οὖν ἐν F   23 τοτέ
Torstrik : τότε Π   24 φησιν ΛS : φησὶν οὗτος E   25 κόσμων
E¹PST : κοσμικῶν E²ΛV   ἁπάντων S   26 γενέσθαι Torstrik :
γίγνεσθαι ΠΡ   φασι τὴν I   28 γε αὐτὸ om. E¹ : γε om.
T   λέγοντας FJ   29 γὰρ om. F : τὸ J² : τὸ γὰρ E²J¹   30 ἢ
νοῦν] ἤντιν' οὖν E²   τι EIJPS : om. FT   32 ἐλαίαν I
33 ἄνθρωπον I   θειότατα PS : θειότερα Π   34 γενέσθαι E²ΛS :
γίγνεσθαι E¹   δ' om. E¹

35 δεμίαν εἶναι οἵαν τῶν ζῴων καὶ τῶν φυτῶν. καίτοι εἰ οὕτως
ἔχει, τοῦτ' αὐτὸ ἄξιον ἐπιστάσεως, καὶ καλῶς ἔχει λεχ-
196ᵇ θῆναί τι περὶ αὐτοῦ. πρὸς γὰρ τῷ καὶ ἄλλως ἄτοπον εἶναι
τὸ λεγόμενον, ἔτι ἀτοπώτερον τὸ λέγειν ταῦτα ὁρῶντας ἐν
μὲν τῷ οὐρανῷ οὐδὲν ἀπὸ ταὐτομάτου γιγνόμενον, ἐν δὲ τοῖς
οὐκ ἀπὸ τύχης πολλὰ συμβαίνοντα ἀπὸ τύχης· καίτοι εἰκός
5 γε ἦν τοὐναντίον γίγνεσθαι.

5   εἰσὶ δέ τινες οἷς δοκεῖ εἶναι μὲν
αἰτία ἡ τύχη, ἄδηλος δὲ ἀνθρωπίνῃ διανοίᾳ ὡς θεῖόν τι οὖσα
καὶ δαιμονιώτερον. ὥστε σκεπτέον καὶ τί ἑκάτερον, καὶ εἰ
ταὐτὸν ἢ ἕτερον τό τε αὐτόματον καὶ ἡ τύχη, καὶ πῶς εἰς
τὰ διωρισμένα αἴτια ἐμπίπτουσιν.

10   Πρῶτον μὲν οὖν, ἐπειδὴ ὁρῶμεν τὰ μὲν ἀεὶ ὡσαύτως 5
γιγνόμενα τὰ δὲ ὡς ἐπὶ τὸ πολύ, φανερὸν ὅτι οὐδετέρου τούτων
αἰτία ἡ τύχη λέγεται οὐδὲ τὸ ἀπὸ τύχης, οὔτε τοῦ ἐξ ἀνάγ-
κης καὶ αἰεὶ οὔτε τοῦ ὡς ἐπὶ τὸ πολύ. ἀλλ' ἐπειδὴ ἔστιν ἃ γίγνε-
ται καὶ παρὰ ταῦτα, καὶ ταῦτα πάντες φασὶν εἶναι ἀπὸ
15 τύχης, φανερὸν ὅτι ἔστι τι ἡ τύχη καὶ τὸ αὐτόματον· τά
τε γὰρ τοιαῦτα ἀπὸ τύχης καὶ τὰ ἀπὸ τύχης τοιαῦτα
ὄντα ἴσμεν. τῶν δὲ γιγνομένων τὰ μὲν ἕνεκά του γίγνεται
τὰ δ' οὔ (τούτων δὲ τὰ μὲν κατὰ προαίρεσιν, τὰ δ' οὐ κατὰ
προαίρεσιν, ἄμφω δ' ἐν τοῖς ἕνεκά του), ὥστε δῆλον ὅτι καὶ
20 ἐν τοῖς παρὰ τὸ ἀναγκαῖον καὶ τὸ ὡς ἐπὶ τὸ πολὺ ἔστιν ἔνια
περὶ ἃ ἐνδέχεται ὑπάρχειν τὸ ἕνεκά του. ἔστι δ' ἕνεκά του
ὅσα τε ἀπὸ διανοίας ἂν πραχθείη καὶ ὅσα ἀπὸ φύσεως.
τὰ δὴ τοιαῦτα ὅταν κατὰ συμβεβηκὸς γένηται, ἀπὸ τύ-
χης φαμὲν εἶναι (ὥσπερ γὰρ καὶ ὂν ἐστι τὸ μὲν καθ' αὑτὸ

196ᵇ 21-5 = Met. K. 1065ᵃ 26-30

ᵃ 35 εἰ] γε εἰ I   36 τοῦτ' E¹S : τοῦτό γε E²ΛΡ   αὐτὸ E¹ΛΡ :
ταὐτὸ E² : αὐτῶν S   ᵇ 1 τούτου S : αὐτοῦ τούτου J   ἄτοπον ΛS :
ἄλογον EVP   2 ὁρῶντα E   4 τύχης pr. FIS : τύχης εἶναι
EJ   5 γε om. E¹S   γενέσθαι E²IJS   εἶναι αἰτία μὲν E :
μὲν εἶναι αἰτία S¹ : αἰτία μὲν εἶναι SᶜT : εἶναι μέντοι P   8 τὸ αὐτὸ
αὐτὸ E   τε om. F   11 τὸ ΛΡ : om. E   ὅτι] ὡς F   13 καὶ
om. F   τὸ ὡς F   τὸ om. EF   ἔστι τινὰ ἃ IP : τινα FJ   14 περὶ
F   ταῦτα πάντες ES : πάντες ταῦτα Λ   15 τι om. S   16 καὶ...
τύχης om. F   17 του om. E¹   20 παρὰ] περὶ FJ²   τὸ tert.
ΛS : om. EP   22 τε om. FPST   πραχθείη ΠPS : πραχθῇ
Torstrik, fort. T   23 γένηται ΠMP : γένηται αἴτια Torstrik,
fort. T   24 ὂν] ο E¹

τὸ δὲ κατὰ συμβεβηκός, οὕτω καὶ αἴτιον ἐνδέχεται εἶναι, 25
οἷον οἰκίας καθ᾽ αὑτὸ μὲν αἴτιον τὸ οἰκοδομικόν, κατὰ συμ-
βεβηκὸς δὲ τὸ λευκὸν ἢ τὸ μουσικόν· τὸ μὲν οὖν καθ᾽ αὑτὸ
αἴτιον ὡρισμένον, τὸ δὲ κατὰ συμβεβηκὸς ἀόριστον· ἄπειρα
γὰρ ἂν τῷ ἑνὶ συμβαίη).

καθάπερ οὖν ἐλέχθη, ὅταν ἐν τοῖς
ἕνεκά του γιγνομένοις τοῦτο γένηται, τότε λέγεται ἀπὸ ταυ- 30
τομάτου καὶ ἀπὸ τύχης (αὐτῶν δὲ πρὸς ἄλληλα τὴν διαφο-
ρὰν τούτων ὕστερον διοριστέον· νῦν δὲ τοῦτο ἔστω φανερόν, ὅτι
ἄμφω ἐν τοῖς ἕνεκά τού ἐστιν)· οἷον ἕνεκα τοῦ ἀπολαβεῖν τὸ ἀρ-
γύριον ἦλθεν ἂν κομιζομένου τὸν ἔρανον, εἰ ᾔδει· ἦλθε δ᾽ οὐ τού-
του ἕνεκα, ἀλλὰ συνέβη αὐτῷ ἐλθεῖν, καὶ ποιῆσαι τοῦτο τοῦ κο- 35
μίσασθαι ἕνεκα· τοῦτο δὲ οὔθ᾽ ὡς ἐπὶ τὸ πολὺ φοιτῶν εἰς τὸ
χωρίον οὔτ᾽ ἐξ ἀνάγκης· ἔστι δὲ τὸ τέλος, ἡ κομιδή, οὐ τῶν ἐν 197ᵃ
αὐτῷ αἰτίων, ἀλλὰ τῶν προαιρετῶν καὶ ἀπὸ διανοίας· καὶ
λέγεταί γε τότε ἀπὸ τύχης ἐλθεῖν, εἰ δὲ προελόμενος καὶ
τούτου ἕνεκα ἢ ἀεὶ φοιτῶν ἢ ὡς ἐπὶ τὸ πολύ [κομιζόμε-
νος], οὐκ ἀπὸ τύχης. δῆλον ἄρα ὅτι ἡ τύχη αἰτία κατὰ 5
συμβεβηκὸς ἐν τοῖς κατὰ προαίρεσιν τῶν ἕνεκά του. διὸ
περὶ τὸ αὐτὸ διάνοια καὶ τύχη· ἡ γὰρ προαίρεσις οὐκ ἄνευ
διανοίας. 8

ἀόριστα μὲν οὖν τὰ αἴτια ἀνάγκη εἶναι ἀφ᾽ ὧν 8
ἂν γένοιτο τὸ ἀπὸ τύχης. ὅθεν καὶ ἡ τύχη τοῦ ἀορίστου εἶναι
δοκεῖ καὶ ἄδηλος ἀνθρώπῳ, καὶ ἔστιν ὡς οὐδὲν ἀπὸ τύχης 10
δόξειεν ἂν γίγνεσθαι. πάντα γὰρ ταῦτα ὀρθῶς λέγεται,
εὐλόγως. ἔστιν μὲν γὰρ ὡς γίγνεται ἀπὸ τύχης· κατὰ συμ-
βεβηκὸς γὰρ γίγνεται, καὶ ἔστιν αἴτιον ὡς συμβεβηκὸς ἡ
τύχη· ὡς δ᾽ ἁπλῶς οὐδενός· οἷον οἰκίας οἰκοδόμος μὲν αἴ-

197ᵃ 5–14 = 1065ᵃ 30–35

ᵇ 29 τῷ] ἐν τω F   30 του γιγνομένοις om. E¹   τότε] το
E¹   τοῦ ταὐτομάτου J   31 αὐτὴν F   34 κομιζομένου
JPST : κομιζόμενος E¹ : κομισαμένου E² : κομισόμενος FI γρ. P
35 αὐτῷ om. ΛPS   τοῦ κομίσασθαι ἕνεκα ΠPS : secl. Bonitz
197ᵃ 1 ἔστι] ἔτι fecit E   2 προαιρετῶν καὶ ΠPS : ἀπροαιρετῶν
καὶ οὐκ γρ. I V γρ. A   3 γε τότε] τὸ E   καὶ om. E¹S   4 κομι-
ζόμενος secl. Torstrik, om. fort. PT   6 τοῖς E¹ΛMS : τοῖς ἐπ᾽
ἔλαττον E²P   τῶν ΠM : om. S   9 ἀπὸ ΛMPST : ἀπὸ τῆς E
καὶ] δοκεῖ ΛT   τοῦ ἀορίστου (ἀρίστου I) ΠS : ἀόριστος P   10 δοκεῖ
om. ΛT   ἀπὸ τύχης οὐδὲν I   12 ὅτι εὐλόγως ΛPS   ὡς] ὡς
οὐδὲν Torstrik

15 τιος, κατὰ συμβεβηκὸς δὲ αὐλητής, καὶ τοῦ ἐλθόντα κο-
μίσασθαι τὸ ἀργύριον, μὴ τούτου ἕνεκα ἐλθόντα, ἄπειρα τὸ
πλῆθος· καὶ γὰρ ἰδεῖν τινὰ βουλόμενος καὶ διώκων καὶ φεύγων
καὶ θεασόμενος. καὶ τὸ φάναι εἶναί-τι παράλογον τὴν τύχην ὀρ-
θῶς· ὁ γὰρ λόγος ἢ τῶν ἀεὶ ὄντων ἢ τῶν ὡς ἐπὶ τὸ πολύ, ἡ δὲ
20 τύχη ἐν τοῖς γιγνομένοις παρὰ ταῦτα. ὥστ᾽ ἐπεὶ ἀόριστα
τὰ οὕτως αἴτια, καὶ ἡ τύχη ἀόριστον. ὅμως δ᾽ ἐπ᾽ ἐνίων
ἀπορήσειεν ἄν τις, ἆρ᾽ οὖν τὰ τυχόντα αἴτ᾽ ἂν γένοιτο τῆς
τύχης· οἷον ὑγιείας ἢ πνεῦμα ἢ εἵλησις, ἀλλ᾽ οὐ τὸ ἀποκε-
κάρθαι· ἔστιν γὰρ ἄλλα ἄλλων ἐγγύτερα τῶν κατὰ συμ-
25 βεβηκὸς αἰτίων. τύχη δὲ ἀγαθὴ μὲν λέγεται ὅταν ἀγα-
θόν τι ἀποβῇ, φαύλη δὲ ὅταν φαῦλόν τι, εὐτυχία δὲ
καὶ δυστυχία ὅταν μέγεθος ἔχοντα ταῦτα· διὸ καὶ τὸ παρὰ
μικρὸν κακὸν ἢ ἀγαθὸν λαβεῖν μέγα ἢ εὐτυχεῖν ἢ ἀτυ-
χεῖν ἐστίν, ὅτι ὡς ὑπάρχον λέγει ἡ διάνοια· τὸ γὰρ παρὰ
30 μικρὸν ὥσπερ οὐδὲν ἀπέχειν δοκεῖ. ἔτι ἀβέβαιον ἡ εὐτυχία
εὐλόγως· ἡ γὰρ τύχη ἀβέβαιος· οὔτε γὰρ ἀεὶ οὔθ᾽ ὡς ἐπὶ
τὸ πολὺ οἷόν τ᾽ εἶναι τῶν ἀπὸ τύχης οὐθέν. ἔστι μὲν οὖν ἄμφω
αἴτια, καθάπερ εἴρηται, κατὰ συμβεβηκός—καὶ ἡ τύχη
καὶ τὸ αὐτόματον—ἐν τοῖς ἐνδεχομένοις γίγνεσθαι μὴ ἁπλῶς
35 μηδ᾽ ὡς ἐπὶ τὸ πολύ, καὶ τούτων ὅσ᾽ ἂν γένοιτο ἕνεκά του.

Διαφέρει δ᾽ ὅτι τὸ αὐτόματον ἐπὶ πλεῖόν ἐστι· τὸ μὲν 6
γὰρ ἀπὸ τύχης πᾶν ἀπὸ ταὐτομάτου, τοῦτο δ᾽ οὐ πᾶν
197ᵇ ἀπὸ τύχης. ἡ μὲν γὰρ τύχη καὶ τὸ ἀπὸ τύχης ἐστὶν ὅσοις
καὶ τὸ εὐτυχῆσαι ἂν ὑπάρξειεν καὶ ὅλως πρᾶξις. διὸ καὶ

197ᵃ 25-7 = 1065ᵃ 35-ᵇ 1

ᵃ 17 φεύγων καὶ θεασόμενος SP : φεύγων καὶ θεασάμενος T : θεασό-
μενος καὶ φεύγων FI : θεασόμενος φεύγων J : φεύγων EV   18 εἶναί
τι φάναι F : εἶναι φάναι τι IJ : εἶναι φάναι S   20 ταῦτα ΛP :
ταὔταντα E   ἐπειδὴ E²IJ   21 ὅμως E²ΛPS : ὁμοίως E¹
22 γένοιτο ἂν S   23 εἵλησις S : εἴλησις EIJ : εἵλισις F : εἰλη-
θέρησις PT   ἀποκεκαθάρθαι I   25 τύχη ΛPS : εὐτυχία δέ ἐστιν
ὅταν ὡς προείλετο ἀποβῇ, ἀτυχία δ᾽ ὅταν παρὰ τὴν προαίρεσιν. τύχη ET
27 περὶ F   28 κακὸν ἢ ἀγαθὸν ΠPPS : ἀγαθὸν ἢ κακὸν P¹ et ut
vid. T   λαβεῖν μέγα ΛPS : μέγα λαβεῖν E   εὐτυχεῖν ἢ ἀτυχεῖν
EVS : ἀτυχεῖν ἢ εὐτυχεῖν P¹ et ut vid. T : εὐτυχεῖν ἢ δυστυχεῖν PP :
δυστυχεῖν ἢ εὐτυχεῖν Λ   29 ἐστίν ΛP : ἐστίν τι E   περὶ F
32 ἄμφω ΛVPS : om. E   35 ὅσ᾽ ἂν γένοιτο EFJPS : ὅσ᾽ ἂν
γένοιτο ἐν τοῖς I : ἐν τοῖς Torstrik, fort. T   37 πᾶν pr. EJ²VST :
om. FIJ¹   ᵇ 1 ἐστὶν EFJT : ἐστὶν ἐν IP

ἀνάγκη περὶ τὰ πρακτὰ εἶναι τὴν τύχην (σημεῖον δ' ὅτι
δοκεῖ ἤτοι ταὐτὸν εἶναι τῇ εὐδαιμονίᾳ ἡ εὐτυχία ἢ ἐγγύς,
ἡ δ' εὐδαιμονία πρᾶξίς τις· εὐπραξία γάρ), ὥσθ' ὁπόσοις 5
μὴ ἐνδέχεται πρᾶξαι, οὐδὲ τὸ ἀπὸ τύχης τι ποιῆσαι. καὶ
διὰ τοῦτο οὔτε ἄψυχον οὐδὲν οὔτε θηρίον οὔτε παιδίον οὐδὲν ποιεῖ
ἀπὸ τύχης, ὅτι οὐκ ἔχει προαίρεσιν· οὐδ' εὐτυχία οὐδ' ἀτυ-
χία ὑπάρχει τούτοις, εἰ μὴ καθ' ὁμοιότητα, ὥσπερ ἔφη
Πρώταρχος εὐτυχεῖς εἶναι τοὺς λίθους ἐξ ὧν οἱ βωμοί, ὅτι 10
τιμῶνται, οἱ δὲ ὁμόζυγες αὐτῶν καταπατοῦνται. τὸ δὲ
πάσχειν ἀπὸ τύχης ὑπάρξει πως καὶ τούτοις, ὅταν ὁ πρατ-
των τι περὶ αὐτὰ πράξῃ ἀπὸ τύχης, ἄλλως δὲ οὐκ ἔστιν· τὸ
δ' αὐτόματον καὶ τοῖς ἄλλοις ζῴοις καὶ πολλοῖς τῶν ἀψύ-
χων, οἷον ὁ ἵππος αὐτόματος, φαμέν, ἦλθεν, ὅτι ἐσώθη 15
μὲν ἐλθών, οὐ τοῦ σωθῆναι δὲ ἕνεκα ἦλθε· καὶ ὁ τρίπους αὐτό-
ματος κατέπεσεν· ἔστη μὲν γὰρ τοῦ καθῆσθαι ἕνεκα, ἀλλ'
οὐ τοῦ καθῆσθαι ἕνεκα κατέπεσεν. ὥστε φανερὸν ὅτι ἐν τοῖς
ἁπλῶς ἕνεκά του γιγνομένοις, ὅταν μὴ τοῦ συμβάντος ἕνεκα γέ-
νηται ὧν ἔξω τὸ αἴτιον, τότε ἀπὸ τοῦ αὐτομάτου λέγομεν· ἀπὸ 20
τύχης δέ, τούτων ὅσα ἀπὸ τοῦ αὐτομάτου γίγνεται τῶν προαι-
ρετῶν τοῖς ἔχουσι προαίρεσιν. σημεῖον δὲ τὸ μάτην, ὅτι λέγε-
ται ὅταν μὴ γένηται τὸ ἕνεκα ἄλλου ἐκείνου ἕνεκα, οἷον εἰ τὸ
βαδίσαι λαπάξεως ἕνεκά ἐστιν, εἰ δὲ μὴ ἐγένετο βαδίσαντι,
μάτην φαμὲν βαδίσαι καὶ ἡ βάδισις ματαία, ὡς τοῦτο ὂν 25
τὸ μάτην, τὸ πεφυκὸς ἄλλου ἕνεκα, ὅταν μὴ περαίνῃ ἐκεῖνο
οὗ ἕνεκα ἦν καὶ ἐπεφύκει, ἐπεὶ εἴ τις λούσασθαι φαίη μάτην ὅτι
οὐκ ἐξέλιπεν ὁ ἥλιος, γελοῖος ἂν εἴη· οὐ γὰρ ἦν τοῦτο ἐκεί-
νου ἕνεκα. οὕτω δὴ τὸ αὐτόματον καὶ κατὰ τὸ ὄνομα ὅταν
αὐτὸ μάτην γένηται· κατέπεσεν γὰρ οὐ τοῦ πατάξαι ἕνεκεν 30

ᵇ 3 τὴν ΛΡΤ : om. Ε   4 ἡ εὐτυχία om. FJ¹P   5 ὅσοις
ΛΤ   6 τὸ om. Τ, secl. Torstrik   12 ἀπὸ τύχης ὑπάρχει F :
ὑπάρξει ἀπὸ τύχης J : ὑπάρχει ἀπὸ τύχης P   13 ἀπὸ] τι ἀπὸ ΕJ²P
14 ἄλλοις ΠΡ¹S : ἀλόγοις ΑΡᴾ   καὶ om. I   πολλοῖς ΕΙJΡS :
om. FΑΤ   τῶν ἀψύχων ΕΙVΡS : τοῖς ἀψύχοις FJΑΤ   17 ἔστη
ΛV : ἔστι Ε   γὰρ ⟨ἂν⟩ Torstrik   19 του om. F   20 ὧν
ΠΡ : οὗ S   22 τοῖς ΠΡS¹ : ἐν τοῖς SᴾΤ   23 τὸ . . . ἐκείνου
ΠΡ (ἄλλο ex ἄλλου fecit Ε) : τῷ ἕνεκα ἄλλου ἐκείνου οὗ Prantl, fort.
ST : τὸ οὗ ἕνεκα ἄλλο ἐκείνου γρ. S : τὸ οὗ ἕνεκα, ἀλλ' ὁ ἐκείνου
Torstrik   εἰ τὸ βαδίσαι ES : τὸ βαδίσαι εἰ Λ : τὸ βαδίσαι
Bekker   24 δὲ om. S   25 φαμὲν ΕV : ἔφαμεν Λ   27 ἦν
καὶ om. ΕV : ἦν ἢ ST   28 ἐξέλιπεν ΛΡS : ἐξέλειπεν Ε   29 καὶ
ōm. Λ   30 οὐ] ὁ F

ὁ λίθος· ἀπὸ τοῦ αὐτομάτου ἄρα κατέπεσεν ὁ λίθος, ὅτι
πέσοι ἂν ὑπὸ τινὸς καὶ τοῦ πατάξαι ἔνεκα.

32
μάλιστα δ᾽
ἐστὶ χωριζόμενον τοῦ ἀπὸ τύχης ἐν τοῖς φύσει γιγνομένοις·
ὅταν γὰρ γένηταί τι παρὰ φύσιν, τότε οὐκ ἀπὸ τύχης
35 ἀλλὰ μᾶλλον ἀπὸ ταὐτομάτου γεγονέναι φαμέν. ἔστι
δὲ καὶ τοῦτο ἕτερον· τοῦ μὲν γὰρ ἔξω τὸ αἴτιον, τοῦ δ᾽
ἐντός.

198ᵃ τί μὲν οὖν ἐστιν τὸ αὐτόματον καὶ τί ἡ τύχη, εἴρηται,
καὶ τί διαφέρουσιν ἀλλήλων. τῶν δὲ τρόπων τῆς αἰτίας ἐν
τοῖς ὅθεν ἡ ἀρχὴ τῆς κινήσεως ἑκάτερον αὐτῶν· ἢ γὰρ τῶν
φύσει τι ἢ τῶν ἀπὸ διανοίας αἰτίων ἀεί ἐστιν· ἀλλὰ τούτων
5 τὸ πλῆθος ἀόριστον. ἐπεὶ δ᾽ ἐστὶ τὸ αὐτόματον καὶ ἡ τύχη
αἴτια ὧν ἂν ἢ νοῦς γένοιτο αἴτιος ἢ φύσις, ὅταν κατὰ συμ-
βεβηκὸς αἴτιόν τι γένηται τούτων αὐτῶν, οὐδὲν δὲ κατὰ συμ-
βεβηκός ἐστι πρότερον τῶν καθ᾽ αὑτό, δῆλον ὅτι οὐδὲ τὸ κατὰ
συμβεβηκὸς αἴτιον πρότερον τοῦ καθ᾽ αὑτό. ὕστερον ἄρα τὸ
10 αὐτόματον καὶ ἡ τύχη καὶ νοῦ καὶ φύσεως· ὥστ᾽ εἰ ὅτι μά-
λιστα τοῦ οὐρανοῦ αἴτιον τὸ αὐτόματον, ἀνάγκη πρότερον
νοῦν αἴτιον καὶ φύσιν εἶναι καὶ ἄλλων πολλῶν καὶ τοῦδε
τοῦ παντός.

Ὅτι δὲ ἔστιν αἴτια, καὶ ὅτι τοσαῦτα τὸν ἀριθμὸν ὅσα 7
15 φαμέν, δῆλον· τοσαῦτα γὰρ τὸν ἀριθμὸν τὸ διὰ τί περιεί-
ληφεν· ἢ γὰρ εἰς τὸ τί ἐστιν ἀνάγεται τὸ διὰ τί ἔσχατον,
ἐν τοῖς ἀκινήτοις (οἷον ἐν τοῖς μαθήμασιν· εἰς ὁρισμὸν γὰρ
τοῦ εὐθέος ἢ συμμέτρου ἢ ἄλλου τινὸς ἀνάγεται ἔσχατον),
ἢ εἰς τὸ κινῆσαν πρῶτον (οἷον διὰ τί ἐπολέμησαν; ὅτι ἐσύ-

198ᵃ 5-13 = 1065ᵇ 2-4

ᵇ 31 ὁ pr. om. F   32 ἔνεκα τοῦ πατάξαι S   33 τοῦ EJ²VPSᴾ:
τὸ FIJ¹S¹   34 τι om. EVP   36 δὲ ΠΡ: γὰρ S   τοῦ . . .
τοῦ] τὸ . . . τὸ J   ἔξω ΠΡ¹: ἔξωθεν PPS   198ᵃ 1 τί alt. om. I
2 διαφέρει F   τῶν . . . αἰτίας J¹PS: τῆς δ᾽ αἰτίας τῶν τρόπων (τὸν
τρόπον I) EIJ²: τὸν δὲ τρόπον τῆς αἰτίας F   3 ἑκατέρου IP   4 τι
ante αἰτίων S   αἰτίων E¹PST: αἴτιον E²Λ   5 ἡ τύχη καὶ τὸ
αὐτόματον ST   6 ἢ pr. sup. lin. E¹   γένηται Torstrik   7 δὲ
ΠΜ : δὲ τῶν ci. Torstrik, fort. S   8 αὐτό, ὥστ᾽ οὐδ᾽ αἴτιον, δῆλον
EV (cf. M)   9 πρότερον F   12 αἴτιον καὶ φύσιν ΛS (cf. M):
καὶ φύσιν αἰτίαν E¹: καὶ φύσιν αἴτιον E²   13 τοῦ ΛΑPST : om.
E   14 ὅτι alt. EPS: ὅτι ἔστι Λ   17 γὰρ om. I

λησαν), ἢ τίνος ἕνεκα (ἵνα ἄρξωσιν), ἢ ἐν τοῖς γιγνομένοις ἡ 20
ὕλη.
21

ὅτι μὲν οὖν τὰ αἴτια ταῦτα καὶ τοσαῦτα, φανερόν· 21
ἐπεὶ δ' αἱ αἰτίαι τέτταρες, περὶ πασῶν τοῦ φυσικοῦ εἰδέναι,
καὶ εἰς πάσας ἀνάγων τὸ διὰ τί ἀποδώσει φυσικῶς, τὴν
ὕλην, τὸ εἶδος, τὸ κινῆσαν, τὸ οὗ ἕνεκα. ἔρχεται δὲ τὰ τρία
εἰς [τὸ] ἓν πολλάκις· τὸ μὲν γὰρ τί ἐστι καὶ τὸ οὗ ἕνεκα ἕν 25
ἐστι, τὸ δ' ὅθεν ἡ κίνησις πρῶτον τῷ εἴδει ταὐτὸ τούτοις· ἄν-
θρωπος γὰρ ἄνθρωπον γεννᾷ—καὶ ὅλως ὅσα κινούμενα κινεῖ
(ὅσα δὲ μή, οὐκέτι φυσικῆς· οὐ γὰρ ἐν αὑτοῖς ἔχοντα κίνησιν
οὐδ' ἀρχὴν κινήσεως κινεῖ, ἀλλ' ἀκίνητα ὄντα· διὸ τρεῖς αἱ
πραγματεῖαι, ἡ μὲν περὶ ἀκινήτων, ἡ δὲ περὶ κινουμένων μὲν 30
ἀφθάρτων δέ, ἡ δὲ περὶ τὰ φθαρτά). ὥστε τὸ διὰ τί καὶ
εἰς τὴν ὕλην ἀνάγοντι ἀποδίδοται, καὶ εἰς τὸ τί ἐστιν, καὶ
εἰς τὸ πρῶτον κινῆσαν. περὶ γενέσεως γὰρ μάλιστα τοῦτον
τὸν τρόπον τὰς αἰτίας σκοποῦσι, τί μετὰ τί γίγνεται, καὶ τί
πρῶτον ἐποίησεν ἢ τί ἔπαθεν, καὶ οὕτως ἀεὶ τὸ ἐφεξῆς. διτταὶ 35
δὲ αἱ ἀρχαὶ αἱ κινοῦσαι φυσικῶς, ὧν ἡ ἑτέρα οὐ φυσική· οὐ
γὰρ ἔχει κινήσεως ἀρχὴν ἐν αὑτῇ. τοιοῦτον δ' ἐστὶν εἴ τι κι- 198ᵇ
νεῖ μὴ κινούμενον, ὥσπερ τό τε παντελῶς ἀκίνητον καὶ [τὸ]
πάντων πρῶτον καὶ τὸ τί ἐστιν καὶ ἡ μορφή· τέλος γὰρ καὶ
οὗ ἕνεκα· ὥστε ἐπεὶ ἡ φύσις ἕνεκά του, καὶ ταύτην εἰδέναι
δεῖ, καὶ πάντως ἀποδοτέον τὸ διὰ τί, οἷον ὅτι ἐκ τοῦδε 5
ἀνάγκη τόδε (τὸ δὲ ἐκ τοῦδε ἢ ἁπλῶς ἢ ὡς ἐπὶ τὸ πολύ),
καὶ εἰ μέλλει τοδὶ ἔσεσθαι (ὥσπερ ἐκ τῶν προτάσεων τὸ
συμπέρασμα), καὶ ὅτι τοῦτ' ἦν τὸ τί ἦν εἶναι, καὶ διότι βέλ-
τιον οὕτως, οὐχ ἁπλῶς, ἀλλὰ τὸ πρὸς τὴν ἑκάστου οὐσίαν.

ᵃ 20 γιγνομένοις ΠΑ : γεννωμένοις PS   21 ταῦτα] τοιαῦτα I
22 αἱ om. ΛΑS   τὸν φυσικὸν fecit E   23 ἀποδώσει ὁ φυσικός E²
25 εἰ E¹   τὸ secl. Bonitz : om. PST   ἕνεκα ἕν] ἕνεκα E¹V :
ἕνεκεν P   26 κίνησις πρῶτον τῷ fecit E²   27 γὰρ ES :
μὲν γὰρ Λ   30 ἀκινήτων EP : ἀκίνητον ΛS   κινουμένων μὲν
ἀφθάρτων E¹P : κινούμενον μὲν ἄφθαρτον E²ΛS   31 τὰ om. J¹
32–3 τὸ ... εἰς om. F   34 σκοποῦσι ΠΡ : ζητοῦσι A   τί alt.
ΛVPST : om. E   35 ἐποίησαν F¹   τὸ ἐφεξῆς ἀεὶ S   τῶ E
36 ἡ om. J¹   ᵇ 1 τοῦτο I   2 τό E²ΛVT : γὰρ τό E¹   τὸ
seclusi : habent ΛST : τοι E   3 καὶ ἡ] ἡ F   4 ἡ EFJS :
καὶ ἡ IP   5 καὶ FIVS : om. EP γρ. S, erasit J   ὅτι om. F
6 τὸ ΛS : τόδε EP   ἢ ὡς] ὡς F   8 βέλτιστον I

10   Λεκτέον δὴ πρῶτον μὲν διότι ἡ φύσις τῶν ἕνεκά του 8
αἰτίων, ἔπειτα περὶ τοῦ ἀναγκαίου, πῶς ἔχει ἐν τοῖς φυσι-
κοῖς· εἰς γὰρ ταύτην τὴν αἰτίαν ἀνάγουσι πάντες, ὅτι ἐπειδὴ
τὸ θερμὸν τοιονδὶ πέφυκεν καὶ τὸ ψυχρὸν καὶ ἕκαστον δὴ τῶν
τοιούτων, ταδὶ ἐξ ἀνάγκης ἐστὶ καὶ γίγνεται· καὶ γὰρ ἐὰν
15 ἄλλην αἰτίαν εἴπωσιν, ὅσον ἁψάμενοι χαίρειν ἐῶσιν, ὁ μὲν
τὴν φιλίαν καὶ τὸ νεῖκος, ὁ δὲ τὸν νοῦν· ἔχει δ' ἀπορίαν τί
κωλύει τὴν φύσιν μὴ ἕνεκά του ποιεῖν μηδ' ὅτι βέλτιον, ἀλλ'
ὥσπερ ὕει ὁ Ζεὺς οὐχ ὅπως τὸν σῖτον αὐξήσῃ, ἀλλ' ἐξ
ἀνάγκης (τὸ γὰρ ἀναχθὲν ψυχθῆναι δεῖ, καὶ τὸ ψυχθὲν
20 ὕδωρ γενόμενον κατελθεῖν· τὸ δ' αὐξάνεσθαι τούτου γενομέ-
νου τὸν σῖτον συμβαίνει), ὁμοίως δὲ καὶ εἴ τῳ ἀπόλλυται ὁ
σῖτος ἐν τῇ ἅλῳ, οὐ τούτου ἕνεκα ὕει ὅπως ἀπόληται, ἀλλὰ
τοῦτο συμβέβηκεν—ὥστε τί κωλύει οὕτω καὶ τὰ μέρη ἔχειν
ἐν τῇ φύσει, οἷον τοὺς ὀδόντας ἐξ ἀνάγκης ἀνατεῖλαι τοὺς
25 μὲν ἐμπροσθίους ὀξεῖς, ἐπιτηδείους πρὸς τὸ διαιρεῖν, τοὺς δὲ
γομφίους πλατεῖς καὶ χρησίμους πρὸς τὸ λεαίνειν τὴν τροφήν,
ἐπεὶ οὐ τούτου ἕνεκα γενέσθαι, ἀλλὰ συμπεσεῖν· ὁμοίως δὲ
καὶ περὶ τῶν ἄλλων μερῶν, ἐν ὅσοις δοκεῖ ὑπάρχειν τὸ ἕνεκά
του. ὅπου μὲν οὖν ἅπαντα συνέβη ὥσπερ κἂν εἰ ἕνεκά του ἐγί-
30 γνετο, ταῦτα μὲν ἐσώθη ἀπὸ τοῦ αὐτομάτου συστάντα ἐπι-
τηδείως· ὅσα δὲ μὴ οὕτως, ἀπώλετο καὶ ἀπόλλυται, κα-
31 θάπερ Ἐμπεδοκλῆς λέγει τὰ βουγενῆ ἀνδρόπρωρα.

32   ὁ μὲν
οὖν λόγος, ᾧ ἄν τις ἀπορήσειεν, οὗτος, καὶ εἴ τις ἄλλος
τοιοῦτός ἐστιν· ἀδύνατον δὲ τοῦτον ἔχειν τὸν τρόπον. ταῦτα
35 μὲν γὰρ καὶ πάντα τὰ φύσει ἢ αἰεὶ οὕτω γίγνεται ἢ ὡς ἐπὶ
τὸ πολύ, τῶν δ' ἀπὸ τύχης καὶ τοῦ αὐτομάτου οὐδέν. οὐ
199ᵃ γὰρ ἀπὸ τύχης οὐδ' ἀπὸ συμπτώματος δοκεῖ ὕειν πολλάκις
τοῦ χειμῶνος, ἀλλ' ἐὰν ὑπὸ κύνα· οὐδὲ καύματα ὑπὸ κύνα,
ἀλλ' ἂν χειμῶνος. εἰ οὖν ἢ ἀπὸ συμπτώματος δοκεῖ ἢ

ᵇ 10 δὴ EJVPS: δὲ FIT   13 καὶ alt. ΕΙJ²Τ: καὶ τὸ F: om.
J¹   14 γίγνεται ΕΤ: γίγνεται καὶ πέφυκε Λ   ἐὰν] κἂν F
18 αὐξῆσαι Ι   19 τὸ alt. sup. lin. Ε¹, om. J¹P   21 συμβαίνει
τὸν σῖτον Λ   22 ὕειν Ι   28 ὅσοις ΛΡ : οἷς Ε   29 κἂν
ΛΡ: καὶ ES   32 βουγενῆ] βουγενῆ καὶ F   33 ᾧ] ὃν Ι
ἄλλος ΛΡ: om. Ε   34 δὲ EJS: δὲ ταῦτα FI   35 οὕτως
αἰεὶ F   36 οὐ] οὔτε Λ   199ᵃ 1 οὔτε Λ   3 εἰ] ἢ Ι   ἢ pr.
P : τὰ ὄντα Ε² in rasura, ἢ ὡς τὰ sup. lin. additis : ἢ ὡς J² : om. FIJ¹

ἕνεκά του εἶναι, εἰ μὴ οἷόν τε ταῦτ᾽ εἶναι μήτε ἀπὸ συμ-
πτώματος μήτ᾽ ἀπὸ ταὐτομάτου, ἕνεκά του ἂν εἴη. ἀλλὰ 5
μὴν φύσει γ᾽ ἐστὶ τὰ τοιαῦτα πάντα, ὡς κἂν αὐτοὶ φαῖεν
οἱ ταῦτα λέγοντες. ἔστιν ἄρα τὸ ἕνεκά του ἐν τοῖς φύσει γι-
γνομένοις καὶ οὖσιν. 8

ἔτι ἐν ὅσοις τέλος ἔστι τι, τούτου ἕνεκα 8
πράττεται τὸ πρότερον καὶ τὸ ἐφεξῆς. οὐκοῦν ὡς πράττεται,
οὕτω πέφυκε, καὶ ὡς πέφυκεν, οὕτω πράττεται ἕκαστον, ἂν 10
μή τι ἐμποδίζῃ. πράττεται δ᾽ ἕνεκά του· καὶ πέφυκεν ἄρα
ἕνεκά του. οἷον εἰ οἰκία τῶν φύσει γιγνομένων ἦν, οὕτως ἂν
ἐγίγνετο ὡς νῦν ὑπὸ τῆς τέχνης· εἰ δὲ τὰ φύσει μὴ μόνον
φύσει ἀλλὰ καὶ τέχνῃ γίγνοιτο, ὡσαύτως ἂν γίγνοιτο ᾗ πέ-
φυκεν. ἕνεκα ἄρα θατέρου θάτερον. ὅλως δὲ ἡ τέχνη τὰ 15
μὲν ἐπιτελεῖ ἃ ἡ φύσις ἀδυνατεῖ ἀπεργάσασθαι, τὰ δὲ μι-
μεῖται. εἰ οὖν τὰ κατὰ τέχνην ἕνεκά του, δῆλον ὅτι
καὶ τὰ κατὰ φύσιν· ὁμοίως γὰρ ἔχει πρὸς ἄλληλα
ἐν τοῖς κατὰ τέχνην καὶ ἐν τοῖς κατὰ φύσιν τὰ ὕστερα πρὸς
τὰ πρότερα. 20

μάλιστα δὲ φανερὸν ἐπὶ τῶν ζῴων τῶν ἄλλων, 20
ἃ οὔτε τέχνῃ οὔτε ζητήσαντα οὔτε βουλευσάμενα ποιεῖ· ὅθεν
διαποροῦσί τινες πότερον νῷ ἤ τινι ἄλλῳ ἐργάζονται οἵ τ᾽ ἀρ-
άχναι καὶ οἱ μύρμηκες καὶ τὰ τοιαῦτα. κατὰ μικρὸν δ᾽
οὕτω προϊόντι καὶ ἐν τοῖς φυτοῖς φαίνεται τὰ συμφέροντα γι-
γνόμενα πρὸς τὸ τέλος, οἷον τὰ φύλλα τῆς τοῦ καρποῦ ἕνεκα 25
σκέπης. ὥστ᾽ εἰ φύσει τε ποιεῖ καὶ ἕνεκά του ἡ χελιδὼν τὴν
νεοττιὰν καὶ ὁ ἀράχνης τὸ ἀράχνιον, καὶ τὰ φυτὰ τὰ
φύλλα ἕνεκα τῶν καρπῶν καὶ τὰς ῥίζας οὐκ ἄνω ἀλλὰ
κάτω τῆς τροφῆς, φανερὸν ὅτι ἔστιν ἡ αἰτία ἡ τοι-
αύτη ἐν τοῖς φύσει γιγνομένοις καὶ οὖσιν. καὶ ἐπεὶ ἡ φύσις 30

ᵃ 6 τ᾽ Ε   τὰ τοιαῦτα ΛΣ : ταῦτα Ε   πάντα EJPS : γε πάντα
FI   8 ὅσοις ΠΡ¹Τ : οἷς APPS   τι ἐστι ΛΡSᴾᶜ : ἐστι ΑS¹Τ
τούτου] τὸ ἕνεκά του, τούτου Α   10 οὕτω alt.... ἕκαστον hic EPS :
post 11 ἐμποδίζῃ Λ   12 ἕνεκά του VPS : τούτου ἕνεκα Λ :
τούτου ἕνεκά του Ε   13 τὰ φύσει FJ²V : om. EIJ¹   15 δὲ
EJ²PT : τε FIJ¹S   16 ἐπιτελεῖ ἃ fecit E²   ἀπεργάζεσθαι
FIJ¹T   17 κατὰ ΛΣ : κατὰ τὴν Ε   18 τὰ om. EJ¹   κατὰ
ΛΣ : κατὰ τὴν Ε   ἔχει ΛV : ἔχει ἐν τοῖς Ε   19 πρὸς τὰ πρότερα
Ε²ΛΣ : om. Ε¹   21 ποιεῖ· διὸ ἀποροῦσι Λ   24 προϊόντα Λ et
fecit E   25 ἕνεκα ante τῆς Λ   26 ὥστ᾽ εἰ] ὡς τῇ Ε   ποιεῖν
J¹   τὴν] τὴν ἤτε περιφερῆ F   27 τὸ φύλλον Ε   29 κάτω
ἕνεκα τῆς Λ   ἡ pr. om. F

ΦΥΣΙΚΗΣ ΑΚΡΟΑΣΕΩΣ Β

διττή, ἡ μὲν ὡς ὕλη ἡ δ' ὡς μορφή, τέλος δ' αὕτη, τοῦ
τέλους δὲ ἕνεκα τἆλλα, αὕτη ἂν εἴη ἡ αἰτία, ἡ οὗ ἕνεκα.

ἁμαρτία δὲ γίγνεται καὶ ἐν τοῖς κατὰ τέχνην (ἔγραψε γὰρ
οὐκ ὀρθῶς ὁ γραμματικός, καὶ ἐπότισεν [οὐκ ὀρθῶς] ὁ ἰατρὸς
35 τὸ φάρμακον), ὥστε δῆλον ὅτι ἐνδέχεται καὶ ἐν τοῖς κατὰ
199ᵇ φύσιν. εἰ δὴ ἔστιν ἔνια κατὰ τέχνην ἐν οἷς τὸ ὀρθῶς ἕνεκά
του, ἐν δὲ τοῖς ἁμαρτανομένοις ἕνεκα μέν τινος ἐπιχειρεῖ-
ται ἀλλ' ἀποτυγχάνεται, ὁμοίως ἂν ἔχοι καὶ ἐν τοῖς φυ-
σικοῖς, καὶ τὰ τέρατα ἁμαρτήματα ἐκείνου τοῦ ἕνεκά του.
5 καὶ ἐν ταῖς ἐξ ἀρχῆς ἄρα συστάσεσι τὰ βουγενῆ, εἰ μὴ
πρός τινα ὅρον καὶ τέλος δυνατὰ ἦν ἐλθεῖν, διαφθειρομένης
7 ἂν ἀρχῆς τινὸς ἐγίγνετο, ὥσπερ νῦν τοῦ σπέρματος.

7   ἔτι
ἀνάγκη σπέρμα γενέσθαι πρῶτον, ἀλλὰ μὴ εὐθὺς τὰ ζῷα·
9 καὶ τὸ " οὐλοφυὲς μὲν πρῶτα " σπέρμα ἦν.

9   ἔτι καὶ ἐν τοῖς
10 φυτοῖς ἔνεστι τὸ ἕνεκά του, ἧττον δὲ διήρθρωται· πότερον
οὖν καὶ ἐν τοῖς φυτοῖς ἐγίγνετο, ὥσπερ τὰ βουγενῆ ἀνδρό-
πρωρα, οὕτω καὶ ἀμπελογενῆ ἐλαιόπρωρα, ἢ οὔ; ἄτοπον
13 γάρ· ἀλλὰ μὴν ἔδει γε, εἴπερ καὶ ἐν τοῖς ζῴοις.

13   ἔτι ἔδει
καὶ ἐν τοῖς σπέρμασι γίγνεσθαι ὅπως ἔτυχεν· ὅλως δ' ἀναιρεῖ
15 ὁ οὕτως λέγων τὰ φύσει τε καὶ φύσιν· φύσει γάρ, ὅσα
ἀπό τινος ἐν αὑτοῖς ἀρχῆς συνεχῶς κινούμενα ἀφικνεῖται
εἴς τι τέλος· ἀφ' ἑκάστης δὲ οὐ τὸ αὐτὸ ἑκάστοις οὐδὲ τὸ
τυχόν, ἀεὶ μέντοι ἐπὶ τὸ αὐτό, ἂν μή τι ἐμποδίσῃ. τὸ
δὲ οὗ ἕνεκα, καὶ ὃ τούτου ἕνεκα, γένοιτο ἂν καὶ ἀπὸ τύ-
20 χης, οἷον λέγομεν ὅτι ἀπὸ τύχης ἦλθεν ὁ ξένος καὶ λυ-
σάμενος ἀπῆλθεν, ὅταν ὥσπερ ἕνεκα τούτου ἐλθὼν πράξῃ,
μὴ ἕνεκα δὲ τούτου ἔλθῃ. καὶ τοῦτο κατὰ συμβεβηκός

ᵃ 31 ὡς alt.] ὡς ἡ J   32 ἡ pr. ΛS : om. E   34 οὐκ ὀρθῶς alt.
om. E¹ : post ἰατρὸς P   ᵇ 3 ἔχοι om. F   4 ἁμαρτήματα E²ΛS :
om. E¹   τοῦ om. E¹   7 ὥσπερ ... ἔτι fecit E²   ἔτι ΛPS : εἴ γ'
Hamelin   8 πρῶτον μὲν ἀλλὰ I   9 πρότερον I   10 ἔνεστι ΛAP :
ἔστι ES   ἤρθρωται E   πρότερον F   11 καὶ om. F   τὰ om. Λ
12 καὶ ἀμπελογενῆ EJVAPS : ἀμπελογενῆ καὶ FI   13 γε om. E¹
14 καὶ FJAS : om. EI   ὥσπερ F   δ' ΠT : τε S   15 ὁ om. I
17 εἴς ΠSᶜ : ἐπί SᵖT   19 ὁ sup. lin. E¹   καὶ EJP : om. FI
20 λυσάμενος γρ. I γρ. P : λουσάμενος ΠΡ γρ. S : λυτρωσάμενος S
21 ἀφῆκε γρ. S   του J   22 τούτου δ' FI : του δ' J   καὶ τοῦτο fecit E²

(ἡ γὰρ τύχη τῶν κατὰ συμβεβηκὸς αἰτίων, καθάπερ καὶ
πρότερον εἴπομεν), ἀλλ' ὅταν τοῦτο αἰεὶ ᾖ ὡς ἐπὶ τὸ πολὺ γέ-
νηται, οὐ συμβεβηκὸς οὐδ' ἀπὸ τύχης· ἐν δὲ τοῖς φυσι- 25
κοῖς ἀεὶ οὕτως, ἂν μή τι ἐμποδίσῃ.   26
                    ἄτοπον δὲ τὸ μὴ οἴε- 26
σθαι ἕνεκά του γίγνεσθαι, ἐὰν μὴ ἴδωσι τὸ κινοῦν βουλευ-
σάμενον. καίτοι καὶ ἡ τέχνη οὐ βουλεύεται· καὶ εἰ ἐνῆν
ἐν τῷ ξύλῳ ἡ ναυπηγική, ὁμοίως ἂν τῇ φύσει ἐποίει· ὥστ'
εἰ ἐν τῇ τέχνῃ ἔνεστι τὸ ἕνεκά του, καὶ ἐν τῇ φύσει. μάλιστα 30
δὲ δῆλον, ὅταν τις ἰατρεύῃ αὐτὸς ἑαυτόν· τούτῳ γὰρ ἔοικεν
ἡ φύσις. ὅτι μὲν οὖν αἰτία ἡ φύσις, καὶ οὕτως ὡς ἕνεκά
του, φανερόν.

9   Τὸ δ' ἐξ ἀνάγκης πότερον ἐξ ὑποθέσεως ὑπάρχει
ἢ καὶ ἁπλῶς; νῦν μὲν γὰρ οἴονται τὸ ἐξ ἀνάγκης εἶναι 35
ἐν τῇ γενέσει ὥσπερ ἂν εἴ τις τὸν τοῖχον ἐξ ἀνάγκης γε- 200ᵃ
γενῆσθαι νομίζοι, ὅτι τὰ μὲν βαρέα κάτω πέφυκε φέρε-
σθαι τὰ δὲ κοῦφα ἐπιπολῆς, διὸ οἱ λίθοι μὲν κάτω καὶ τὰ
θεμέλια, ἡ δὲ γῆ ἄνω διὰ κουφότητα, ἐπιπολῆς δὲ μάλιστα
τὰ ξύλα· κουφότατα γάρ. ἀλλ' ὅμως οὐκ ἄνευ μὲν τούτων 5
γέγονεν, οὐ μέντοι διὰ ταῦτα πλὴν ὡς δι' ὕλην, ἀλλ' ἕνεκα
τοῦ κρύπτειν ἅττα καὶ σώζειν. ὁμοίως δὲ καὶ ἐν τοῖς ἄλλοις
πᾶσιν, ἐν ὅσοις τὸ ἕνεκά του ἔστιν, οὐκ ἄνευ μὲν τῶν ἀναγ-
καίαν ἐχόντων τὴν φύσιν, οὐ μέντοι γε διὰ ταῦτα ἀλλ' ἢ ὡς
ὕλην, ἀλλ' ἕνεκά του, οἷον διὰ τί ὁ πρίων τοιοσδί; ὅπως τοδὶ 10
καὶ ἕνεκα τουδί. τοῦτο μέντοι τὸ οὗ ἕνεκα ἀδύνατον γενέσθαι,
ἂν μὴ σιδηροῦς ᾖ· ἀνάγκη ἄρα σιδηροῦν εἶναι, εἰ πρίων ἔσται
καὶ τὸ ἔργον αὐτοῦ. ἐξ ὑποθέσεως δὴ τὸ ἀναγκαῖον, ἀλλ' οὐχ
ὡς τέλος· ἐν γὰρ τῇ ὕλῃ τὸ ἀναγκαῖον, τὸ δ' οὗ ἕνεκα ἐν

ᵇ 23 ἡ ... συμβεβηκὸς om. E¹   24 ἀλλ' ὅταν om. E¹   ἢ fecit
E   γίγνηται Λ   25 οὐ] οὐ κατὰ J²S   26 οἴεσθαι καὶ ἕνεκά
S¹   27 ἐὰν μὴ εἴδως ἡ fecit E²   κοινοῦν I   28 βούλεται J¹
εἰ E¹VPS: γὰρ εἰ E²Λ   29 τῇ E²ΛP: om. E¹   30 τῇ alt.
om. E¹   φύσει] φύσει ἔνεστι Λ: φύσει ἔτι ἐστί E²   200ᵃ 1 ἂν
om. E¹T   γεγενῆσθαι ἐξ ἀνάγκης Λ: ἐξ ἀνάγκης T   2 ὀνομάζοι E
3 κοῦφα ΛT: κοῦφα ἐξ E   4 διὰ EIJP: διὰ τὴν FT   7 ἅττα
FPT: αὐτὰ E²J: om. E¹I   8 ἐν ὅσοις om. S   ὅσοις fecit
E²   τὸ ΛPS: om. E   9 φύσιν ... γε fecit E²   γε om.
FS   ὡς δι' ὕλην S   10 τοιοσδί ΛP: τοιοῦτος E   11 τὸ οὗ
et 12 ᾖ fecit E

15 τῷ λόγῳ.

15 ἔστι δὲ τὸ ἀναγκαῖον ἔν τε τοῖς μαθήμασι καὶ ἐν
τοῖς κατὰ φύσιν γιγνομένοις τρόπον τινὰ παραπλησίως· ἐπεὶ
γὰρ τὸ εὐθὺ τοδί ἐστιν, ἀνάγκη τὸ τρίγωνον δύο ὀρθαῖς ἴσας
ἔχειν· ἀλλ' οὐκ ἐπεὶ τοῦτο, ἐκεῖνο· ἀλλ' εἴ γε τοῦτο μὴ ἔστιν,
οὐδὲ τὸ εὐθὺ ἔστιν. ἐν δὲ τοῖς γιγνομένοις ἕνεκά του ἀνάπαλιν,
20 εἰ τὸ τέλος ἔσται ἢ ἔστι, καὶ τὸ ἔμπροσθεν ἔσται ἢ ἔστιν· εἰ
δὲ μή, ὥσπερ ἐκεῖ μὴ ὄντος τοῦ συμπεράσματος ἡ ἀρχὴ
οὐκ ἔσται, καὶ ἐνταῦθα τὸ τέλος καὶ τὸ οὗ ἕνεκα. ἀρχὴ γὰρ
καὶ αὕτη, οὐ τῆς πράξεως ἀλλὰ τοῦ λογισμοῦ (ἐκεῖ δὲ τοῦ
λογισμοῦ· πράξεις γὰρ οὐκ εἰσίν). ὥστ' εἰ ἔσται οἰκία, ἀνάγκη
25 ταῦτα γενέσθαι ἢ ὑπάρχειν, ἢ εἶναι [ἢ] ὅλως τὴν ὕλην τὴν
ἕνεκά του, οἷον πλίνθους καὶ λίθους, εἰ οἰκία· οὐ μέντοι διὰ
ταῦτά ἐστι τὸ τέλος ἀλλ' ἢ ὡς ὕλην, οὐδ' ἔσται διὰ ταῦτα.
ὅλως μέντοι μὴ ὄντων οὐκ ἔσται οὔθ' ἡ οἰκία οὔθ' ὁ πρίων, ἡ
μὲν εἰ μὴ οἱ λίθοι, ὁ δ' εἰ μὴ ὁ σίδηρος· οὐδὲ γὰρ ἐκεῖ αἱ
30 ἀρχαί, εἰ μὴ τὸ τρίγωνον δύο ὀρθαί.

30 φανερὸν δὴ ὅτι τὸ
ἀναγκαῖον ἐν τοῖς φυσικοῖς τὸ ὡς ὕλη λεγόμενον καὶ αἱ κι-
νήσεις αἱ ταύτης. καὶ ἄμφω μὲν τῷ φυσικῷ λεκτέαι αἱ
αἰτίαι, μᾶλλον δὲ ἡ τίνος ἕνεκα· αἴτιον γὰρ τοῦτο τῆς ὕλης,
ἀλλ' οὐχ αὕτη τοῦ τέλους· καὶ τὸ τέλος τὸ οὗ ἕνεκα, καὶ ἡ
35 ἀρχὴ ἀπὸ τοῦ ὁρισμοῦ καὶ τοῦ λόγου, ὥσπερ ἐν τοῖς κατὰ
200ᵇ τέχνην, ἐπεὶ ἡ οἰκία τοιόνδε, τάδε δεῖ γενέσθαι καὶ ὑπάρ-
χειν ἐξ ἀνάγκης, καὶ ἐπεὶ ἡ ὑγίεια τοδί, τάδε δεῖ γενέ-
σθαι ἐξ ἀνάγκης καὶ ὑπάρχειν—οὕτως καὶ εἰ ἄνθρωπος τοδί,
ταδί· εἰ δὲ ταδί, ταδί. ἴσως δὲ καὶ ἐν τῷ λόγῳ ἔστιν τὸ

ᵃ 15–16 καὶ . . . φύσιν E²ΛP : om. E¹   17 τοδί ἐστιν fecit
E²   ὀρθὰς F   ἴσας E²ΛPS: om. E   18 ἐπεὶ V : ἐπὶ E :
εἰ ΛPST   ἀλλ' εἴ γε τ fecit E²   19 οὐδὲ . . . ἔστιν om. E¹
ἀνάπαλιν om. E¹V   20 τὸ om. E¹   καὶ om. ΛP   21 τοῦ
συμπεράσματος E²ΛV : om. E¹   23 ἀλλὰ E¹IJ²P : δὲ ἀλλὰ
E²FJ¹   24 ἀνάγκη ταῦτα EFP : ταῦτα ἀνάγκη IJ   25 ἢ
seclusi, om. P : ἡ καὶ E   27 ὕλην Aldina : ὕλης fecit E² : ὕλη
IJ : ἡ ὕλη F   28 οὐδ' ἡ . . . οὐδ' FI   30 ὀρθαῖς ΛS   32 αἱ
alt. om. F   33 τίνος PST : τινὸς Π   34 οὐκ αὐτὴ I   τὸ
alt.] τοῦ E   ἡ EFP : om. IJ   ᵇ 1 ἡ ἡ Λ et sup. lin. E¹ : om. T
γενέσθαι E²ΛT : γίγνεσθαι E¹   ὑπάρξειν I   καὶ] ἢ J¹   2 γενέσθαι
FIT : γίγνεσθαι EJ   3 τοδί E²ΛV : om. E¹ST   4 ταδί alt.
ΠS : τοδί ut vid. T   τὰ ἀναγκαῖα I

ἀναγκαῖον. ὁρισαμένῳ γὰρ τὸ ἔργον τοῦ πρίειν ὅτι διαίρεσίς 5
τοιαδί, αὕτη γ᾽ οὐκ ἔσται, εἰ μὴ ἕξει ὀδόντας τοιουσδί· οὗτοι
δ᾽ οὔ, εἰ μὴ σιδηροῦς. ἔστι γὰρ καὶ ἐν τῷ λόγῳ ἔνια μόρια
ὡς ὕλη τοῦ λόγου.

Γ.

1 Ἐπεὶ δ᾽ ἡ φύσις μέν ἐστιν ἀρχὴ κινήσεως καὶ μετα-
βολῆς, ἡ δὲ μέθοδος ἡμῖν περὶ φύσεώς ἐστι, δεῖ μὴ λαν-
θάνειν τί ἐστι κίνησις· ἀναγκαῖον γὰρ ἀγνοουμένης αὐτῆς ἀγ-
νοεῖσθαι καὶ τὴν φύσιν. διορισαμένοις δὲ περὶ κινήσεως πει- 15
ρατέον τὸν αὐτὸν ἐπελθεῖν τρόπον περὶ τῶν ἐφεξῆς. δοκεῖ δ᾽
ἡ κίνησις εἶναι τῶν συνεχῶν, τὸ δ᾽ ἄπειρον ἐμφαίνεται πρῶ-
τον ἐν τῷ συνεχεῖ· διὸ καὶ τοῖς ὁριζομένοις τὸ συνεχὲς συμ-
βαίνει προσχρήσασθαι πολλάκις τῷ λόγῳ τῷ τοῦ ἀπείρου,
ὡς τὸ εἰς ἄπειρον διαιρετὸν συνεχὲς ὄν. πρὸς δὲ τούτοις ἄνευ 20
τόπου καὶ κενοῦ καὶ χρόνου κίνησιν ἀδύνατον εἶναι. δῆλον οὖν
ὡς διά τε ταῦτα, καὶ διὰ τὸ πάντων εἶναι κοινὰ καὶ κα-
θόλου ταῦτα, σκεπτέον προχειρισαμένοις περὶ ἑκάστου
τούτων (ὑστέρα γὰρ ἡ περὶ τῶν ἰδίων θεωρία τῆς περὶ τῶν
κοινῶν ἐστιν)· καὶ πρῶτον, καθάπερ εἴπαμεν, περὶ κινήσεως. 25
ἔστι δὴ [τι] τὸ μὲν ἐντελεχείᾳ μόνον, τὸ δὲ δυνάμει καὶ ἐν-
τελεχείᾳ, τὸ μὲν τόδε τι, τὸ δὲ τοσόνδε, τὸ δὲ τοιόνδε, καὶ
τῶν ἄλλων τῶν τοῦ ὄντος κατηγοριῶν ὁμοίως. τοῦ δὲ πρός

200ᵇ 26-8 = 1065ᵇ 5-7

ᵇ 5 ὁρισαμένῳ F et fort. PST : ὁρισάμενοι E : ὁρισαμένου IJ :
ὡρισμένον Prantl   πρίειν ΠΤ : πρίονος ut vid. S   6 γ᾽ scripsi :
δ᾽ Π   7 οὔ om. EI   8 τοῦ erasit E
Tit. φυσικῆς ἀκροάσεως γ̄ περὶ ἀπείρου E : φυσικῶν γ I   12 καὶ
EIJPST : καὶ στάσεως καὶ FV   13 ἐστι om. E¹V   δεῖ . . .
14 κίνησις om. EV¹   14-16 ἀναγκαῖον . . . ἐφεξῆς] ἀναγκαῖον πρῶτον
μὲν εἰπεῖν τί ἐστι κίνησις, ἔπειτα τοῦτο διορισαμένους περὶ τῶν ἐφεξῆς τὸν
αὐτὸν ἐπελθεῖν τρόπον V et in litura E   18 συμβαίνει] ἀνάγκη P :
συμβαίνει ἀνάγκη E   19 προσχρῆσθαι IJ   ἀπείρου, ὡς τὸ εἰς om. E
21 κίνησιν ἀδύνατον FPS : ἀδύνατον κίνησιν Λ   22 τε E²ΛPS : om. E¹
23 ταῦτα S : πᾶσι E : ταῦτα πᾶσι ΛP   25 καὶ πρῶτον] πρῶτον
δὲ Λ   εἴπομεν FI   26 τι τὸ μὲν ΛS et fecit E : τὸ μὲν MP
μόνον om. γρ. S   τὸ ΠΜ(Aᵇ)APST Porphyrius : τὸ δὲ δυνάμει, τὸ
M(EJ), Spengel   27 τὸ δὲ alt. om. F   28 τῶν pr. E¹J¹S (cf.
M) : ἐπὶ τῶν E²FIJ²

τι τὸ μὲν καθ' ὑπεροχὴν λέγεται καὶ κατ' ἔλλειψιν, τὸ δὲ
30 κατὰ τὸ ποιητικὸν καὶ παθητικόν, καὶ ὅλως κινητικόν τε
καὶ κινητόν· τὸ γὰρ κινητικὸν κινητικὸν τοῦ κινητοῦ καὶ τὸ κι-
νητὸν κινητὸν ὑπὸ τοῦ κινητικοῦ. οὐκ ἔστι δὲ κίνησις παρὰ τὰ
πράγματα· μεταβάλλει γὰρ ἀεὶ τὸ μεταβάλλον ἢ κατ'
οὐσίαν ἢ κατὰ ποσὸν ἢ κατὰ ποιὸν ἢ κατὰ τόπον, κοινὸν δ'
35 ἐπὶ τούτων οὐδὲν ἔστι λαβεῖν, ὡς φαμέν, ὃ οὔτε τόδε οὔτε πο-
201ᵃ σὸν οὔτε ποιὸν οὔτε τῶν ἄλλων κατηγορημάτων οὐθέν· ὥστ' οὐδὲ
κίνησις οὐδὲ μεταβολὴ οὐθενὸς ἔσται παρὰ τὰ εἰρημένα, μη-
θενός γε ὄντος παρὰ τὰ εἰρημένα. ἕκαστον δὲ διχῶς ὑπάρ-
χει πᾶσιν, οἷον τὸ τόδε (τὸ μὲν γὰρ μορφὴ αὐτοῦ, τὸ δὲ
5 στέρησις), καὶ κατὰ τὸ ποιόν (τὸ μὲν γὰρ λευκὸν τὸ δὲ
μέλαν), καὶ κατὰ τὸ ποσὸν τὸ μὲν τέλειον τὸ δ' ἀτελές.
ὁμοίως δὲ καὶ κατὰ τὴν φορὰν τὸ μὲν ἄνω τὸ δὲ κάτω,
ἢ τὸ μὲν κοῦφον τὸ δὲ βαρύ. ὥστε κινήσεως καὶ μεταβο-
9 λῆς ἔστιν εἴδη τοσαῦτα ὅσα τοῦ ὄντος.

9   διῃρημένου δὲ καθ'
10 ἕκαστον γένος τοῦ μὲν ἐντελεχείᾳ τοῦ δὲ δυνάμει, ἡ τοῦ δυ-
νάμει ὄντος ἐντελέχεια, ᾗ τοιοῦτον, κίνησίς ἐστιν, οἷον τοῦ μὲν
ἀλλοιωτοῦ, ᾗ ἀλλοιωτόν, ἀλλοίωσις, τοῦ δὲ αὐξητοῦ καὶ τοῦ
ἀντικειμένου φθιτοῦ (οὐδὲν γὰρ ὄνομα κοινὸν ἐπ' ἀμφοῖν) αὔ-
ξησις καὶ φθίσις, τοῦ δὲ γενητοῦ καὶ φθαρτοῦ γένεσις καὶ
15 φθορά, τοῦ δὲ φορητοῦ φορά. ὅτι δὲ τοῦτο ἔστιν ἡ κίνησις,
ἐντεῦθεν δῆλον. ὅταν γὰρ τὸ οἰκοδομητόν, ᾗ τοιοῦτον αὐτὸ

200ᵇ 32—201ᵃ 19 = 1065ᵇ 7-20

ᵇ 29 λέγεται ... ἔλλειψιν] καὶ ἔλλειψιν λέγεται Λ: λέγεται καὶ ἔλλει-
ψιν P   30 τὸ om. E: τό τε F   κινητικόν τε καὶ κινητόν ΛV:
κινητόν τε καὶ κινητικόν E   31 τὸ μὲν γὰρ F   32 δὲ EFJ
Ammonius Stephanus: δέ τις IS   33 ἀεὶ τὸ μεταβάλλον ΛSᶜ:
τὸ μεταβάλλον ἀεὶ E: τὸ μεταβάλλον Sᵖ   34 ποσὸν ἢ κατὰ S:
ποσὸν ἢ E: τὸ ποσὸν ἢ κατὰ τὸ Λ   35–201ᵃ I ἔστι ... οὔτε alt.
ΛPS: om. E   35 ἔφαμεν I   201ᵃ 2 οὔτε Λ   3 εἰρημένα]
εἰρημένα ὃ οὔτε τόδε οὔτε ποσὸν οὔτε ποιὸν ἔστι λαβεῖν ὡς φαμέν (cf.
200ᵇ 35–201ᵃ I) E   6 μὲν FIM: μὲν γὰρ EJ   8 ὥστε ΠS:
ὥστε καὶ A   10–11 ἡ ... ἐντελέχεια Π γρ. S: τὴν ... ἐνέργειαν
S (cf. M)   11 τοιοῦτον E γρ. S T: τοιοῦτόν ἐστι IJMPS: τι
τοιοῦτόν ἐστι F   κίνησίς ἐστιν Π γρ. S: λέγω κίνησιν MSᵖ: λέγω
κίνησιν εἶναι Sˡ   12 ᾗ fecit E²   14 γενητοῦ EJS: γεννητοῦ
FI   γένεσις fecit E   15 τοῦ ... ἔστιν] ὅτι δ' ἐστὶ τοῦτο F
16 αὐτὸν E¹

λέγομεν εἶναι, ἐντελεχείᾳ ᾖ, οἰκοδομεῖται, καὶ ἔστιν τοῦτο
οἰκοδόμησις· ὁμοίως δὲ καὶ μάθησις καὶ ἰάτρευσις καὶ κύ-
λισις καὶ ἅλσις καὶ ἅδρυνσις καὶ γήρανσις. ἐπεὶ δ᾽ ἔνια
ταὐτὰ καὶ δυνάμει καὶ ἐντελεχείᾳ ἐστίν, οὐχ ἅμα δὲ ἢ οὐ 20
κατὰ τὸ αὐτό, ἀλλ᾽ οἷον θερμὸν μὲν ἐντελεχείᾳ ψυχρὸν δὲ
δυνάμει, πολλὰ ἤδη ποιήσει καὶ πείσεται ὑπ᾽ ἀλλήλων·
ἅπαν γὰρ ἔσται ἅμα ποιητικὸν καὶ παθητικόν. ὥστε καὶ
τὸ κινοῦν φυσικῶς κινητόν· πᾶν γὰρ τὸ τοιοῦτον κινεῖ κινού-
μενον καὶ αὐτό. δοκεῖ μὲν οὖν τισιν ἅπαν κινεῖσθαι τὸ κι- 25
νοῦν, οὐ μὴν ἀλλὰ περὶ τούτου μὲν ἐξ ἄλλων ἔσται δῆλον
ὅπως ἔχει (ἔστι γάρ τι κινοῦν καὶ ἀκίνητον), ἡ δὲ τοῦ δυνάμει
ὄντος ⟨ἐντελέχεια⟩, ὅταν ἐντελεχείᾳ ὂν ἐνεργῇ οὐχ ᾖ αὐτὸ ἀλλ᾽
ᾖ κινητόν, κίνησίς ἐστιν. λέγω δὲ τὸ ᾖ ὡδί. ἔστι γὰρ ὁ χαλ-
κὸς δυνάμει ἀνδριάς, ἀλλ᾽ ὅμως οὐχ ἡ τοῦ χαλκοῦ ἐντελέ- 30
χεια, ᾖ χαλκός, κίνησίς ἐστιν· οὐ γὰρ τὸ αὐτὸ τὸ χαλκῷ
εἶναι καὶ δυνάμει τινί [κινητῷ], ἐπεὶ εἰ ταὐτὸν ἦν ἁπλῶς
καὶ κατὰ τὸν λόγον, ἦν ἂν ἡ τοῦ χαλκοῦ, ᾖ χαλκός, ἐν-
τελέχεια κίνησις· οὐκ ἔστιν δὲ ταὐτόν, ὡς εἴρηται (δῆλον δ᾽
ἐπὶ τῶν ἐναντίων· τὸ μὲν γὰρ δύνασθαι ὑγιαίνειν καὶ δύ- 35
νασθαι κάμνειν ἕτερον—καὶ γὰρ ἂν τὸ κάμνειν καὶ τὸ ὑγι- 201ᵇ
αίνειν ταὐτὸν ἦν — τὸ δὲ ὑποκείμενον καὶ τὸ ὑγιαῖνον καὶ τὸ
νοσοῦν, εἴθ᾽ ὑγρότης εἴθ᾽ αἷμα, ταὐτὸν καὶ ἕν). ἐπεὶ δ᾽ οὐ ταὐ-
τόν, ὥσπερ οὐδὲ χρῶμα ταὐτὸν καὶ ὁρατόν, ἡ τοῦ δυνατοῦ,

201ᵃ 27—202ᵃ 3 = 1065ᵇ 22—1066ᵃ 26

ᵃ 18 ὁμοίως ... μάθησις in mg. E¹   καὶ μάθησις om. F : καὶ ἡ
μάθησις I   19 ἅδρυνσις (ἅνδρωσις I¹) καὶ γήρανσις ΠSᴾ : γήρανσις
καὶ ἅδρυνσις S¹ (cf. M)   19–27 ἐπεὶ ... δὲ] συμβαίνει δὲ κινεῖσθαι
ὅταν ᾖ ἐντελέχεια ἡ [immo ἡ ἐντελέχεια ᾖ] αὐτή, καὶ οὔτε πρότερον οὐθ᾽
ὕστερον. ἡ δὴ ex M ci. Diels   20 ταὐτὰ ΛS : ταῦτα E
21–2 ἐντελεχείᾳ ... δυνάμει VST : δυνάμει ... ἐντελεχείᾳ Λ et fecit
E²   26 οὐκ οὖν ἀλλὰ F   μὲν τούτου F : μὲν τούτων J : μὲν οὖν
τούτων I   27 ὅπως ἔχει IP : πῶς ἔχει FJ : om. E   κινοῦν EV :
τῶν κινούντων ΛS   δὲ ΠP Aspasius : δὴ MT Porphyrius   28 ἐν-
τελέχεια Aldina : om. ΠMAPS Aspasius Porphyrius   οὐχ ...
29 κινητόν γρ. I γρ. A Aspasius : ἢ (ἤτοι fort. A) αὐτὸ ἢ ἄλλο ᾖ κινητόν
EFJAP Porphyrius : ἢ αὐτὸ κινοῦν I : οὐχ ᾖ αὐτὸ ἀλλ᾽ ᾖ ἄλλο γρ. P,
ut vid. T   29 ᾖ alt. ... ὁ] ᾖ ἔστι γὰρ ὡδὶ ὁ E   ὧδε MS   31 τῷ
E²   αὐτῷ τῷ F : αὐτὸ E¹MST : αὐτῷ E²   32 κινητῷ om.
MS   ἦν] ἡ E   33 καὶ ΛMV : ᾖ E   ἦν ἂν E²ΛM : om. E¹P
34 κίνησις] κίνησις ἂν ἦν E¹P : κίνησίς τις M   ὥσπερ Λ

5 ᾗ δυνατόν, ἐντελέχεια φανερὸν ὅτι κίνησίς ἐστιν.

5

ὅτι μὲν οὖν
ἐστιν αὕτη, καὶ ὅτι συμβαίνει τότε κινεῖσθαι ὅταν ἡ ἐντελέ-
χεια ᾖ αὐτή, καὶ οὔτε πρότερον οὔτε ὕστερον, δῆλον· ἐνδέχεται
γὰρ ἕκαστον ὁτὲ μὲν ἐνεργεῖν ὁτὲ δὲ μή, οἷον τὸ οἰκοδομη-
τόν, καὶ ἡ τοῦ οἰκοδομητοῦ ἐνέργεια, ᾗ οἰκοδομητόν, οἰκοδό-
10 μησίς ἐστιν (ἢ γὰρ οἰκοδόμησις ἡ ἐνέργεια [τοῦ οἰκοδομητοῦ]
ἢ ἡ οἰκία· ἀλλ' ὅταν οἰκία ᾖ, οὐκέτ' οἰκοδομητὸν ἔστιν· οἰ-
κοδομεῖται δὲ τὸ οἰκοδομητόν· ἀνάγκη οὖν οἰκοδόμη-
σιν τὴν ἐνέργειαν εἶναι)· ἡ δ' οἰκοδόμησις κίνησίς τις.
ἀλλὰ μὴν ὁ αὐτὸς ἐφαρμόσει λόγος καὶ ἐπὶ τῶν ἄλλων
15 κινήσεων.

Ὅτι δὲ καλῶς εἴρηται, δῆλον καὶ ἐξ ὧν οἱ ἄλλοι 2
περὶ αὐτῆς λέγουσιν, καὶ ἐκ τοῦ μὴ ῥᾴδιον εἶναι διορίσαι ἄλ-
λως αὐτήν. οὔτε γὰρ τὴν κίνησιν καὶ τὴν μεταβολὴν ἐν ἄλ-
λῳ γένει θεῖναι δύναιτ' ἄν τις, δῆλόν τε σκοποῦσιν ὡς τι-
20 θέασιν αὐτὴν ἔνιοι, ἑτερότητα καὶ ἀνισότητα καὶ τὸ μὴ ὂν
φάσκοντες εἶναι τὴν κίνησιν· ὧν οὐδὲν ἀναγκαῖον κινεῖσθαι,
οὔτ' ἂν ἕτερα ᾖ οὔτ' ἂν ἄνισα οὔτ' ἂν οὐκ ὄντα· ἀλλ' οὐδ' ἡ
μεταβολὴ οὔτ' εἰς ταῦτα οὔτ' ἐκ τούτων μᾶλλόν ἐστιν ἢ ἐκ
τῶν ἀντικειμένων. αἴτιον δὲ τοῦ εἰς ταῦτα τιθέναι ὅτι ἀόριστόν
25 τι δοκεῖ εἶναι ἡ κίνησις, τῆς δὲ ἑτέρας συστοιχίας αἱ ἀρχαὶ
διὰ τὸ στερητικαὶ εἶναι ἀόριστοι· οὔτε γὰρ τόδε οὔτε τοιόνδε
οὐδεμία αὐτῶν ἐστιν, [ὅτι] οὐδὲ τῶν ἄλλων κατηγοριῶν. τοῦ δὲ
δοκεῖν ἀόριστον εἶναι τὴν κίνησιν αἴτιον ὅτι οὔτε εἰς δύναμιν

201ᵇ 6-7 = 1065ᵇ 20-22

ᵇ 5 ὅτι] τὸ Ε¹   ἐστιν ΛV : ἐστιν εἰ δὲ μὴ τὸ αὐτὸ ἀλλ' ὡς χρῶμα
τὸ αὐτὸ καὶ ὁρατόν, ἡ δυνάμει ἐστίν, τὴν τοῦ δυνατοῦ ᾗ δυνατὸν ἐντελέχειαν
εἶναι λέγω κίνησιν Ε (cf. ᵇ 3–5)   5–15 ὅτι . . . κινήσεων om. γρ. Α
6 αὕτη ΛMS : τοῦτο Ρ : αὕτη τοῦτο Ε   ἡ et 7 ᾖ om. F   7 αὕτη
FI   δῆλον ΛMT : φανερόν Ε   8 γὰρ] μὲν γὰρ F   τὸ om. Ε
9 καὶ] ᾖ οἰκοδομητὸν καὶ M et fort. Τ   ἐνέργεια ΛMS : ἐντελέχεια Ε
10 γὰρ EV : γὰρ τοῦτό ἐστιν FI : γὰρ τοῦτ' ἐστιν ἡ J   ἡ IJΤ : om.
EF   τοῦ οἰκοδομητοῦ ΕΤ : om. ΛM   11 ἡ om. FIJ¹   ἔσται Λ
12 οὖν] ἄρα IJM : ἄρα τὴν F   13 τις ΛM : τίς ἐστιν Ε
17–20 καὶ . . . ἔνιοι Π (cf. M) : om. Τ   18–19 οὔτε . . . τις om.
γρ. Α   18 καὶ τὴν μεταβολὴν om. J : τὴν om. S   19 θεῖναι ΠM :
τιθέναι S   δὲ ΛMPS   20 αὐτὴν ἔνιοι EPS : ἔνιοι αὐτὴν Λ
22 ᾖ] ᾖ οὔτ' ἂν ἕτερα Ε   ἂν alt. om. FIP   23 ἢ ἐκ EJ²P : ᾖ
FIJ¹S   25 τι ΠPᶜᵖ : om. Ρ¹Τ   26 τοιόνδε EFJM : τοσόνδε
IPT   27 ἐστίν om. ΛM   ὅτι om. MVT, secl. Bonitz

τῶν ὄντων οὔτε εἰς ἐνέργειαν ἔστιν θεῖναι αὐτήν· οὔτε
γὰρ τὸ δυνατὸν ποσὸν εἶναι κινεῖται ἐξ ἀνάγκης οὔτε τὸ ἐν- 30
εργείᾳ ποσόν, ἥ τε κίνησις ἐνέργεια μὲν εἶναί τις δοκεῖ,
ἀτελὴς δέ· αἴτιον δ᾽ ὅτι ἀτελὲς τὸ δυνατόν, οὗ ἐστιν ἐνέρ-
γεια. καὶ διὰ τοῦτο δὴ χαλεπὸν αὐτὴν λαβεῖν τί ἐστιν· ἢ
γὰρ εἰς στέρησιν ἀναγκαῖον θεῖναι ἢ εἰς δύναμιν ἢ εἰς ἐνέρ-
γειαν ἁπλῆν, τούτων δ᾽ οὐδὲν φαίνεται ἐνδεχόμενον. λείπεται 35
τοίνυν ὁ εἰρημένος τρόπος, ἐνέργειαν μέν τινα εἶναι, τοιαύτην 202ᵃ
δ᾽ ἐνέργειαν οἵαν εἴπαμεν, χαλεπὴν μὲν ἰδεῖν, ἐνδεχομένην
δ᾽ εἶναι.

κινεῖται δὲ καὶ τὸ κινοῦν ὥσπερ εἴρηται πᾶν, τὸ 3
δυνάμει ὂν κινητόν, καὶ οὗ ἡ ἀκινησία ἠρεμία ἐστίν (ᾧ γὰρ
ἡ κίνησις ὑπάρχει, τούτου ἡ ἀκινησία ἠρεμία). τὸ γὰρ πρὸς 5
τοῦτο ἐνεργεῖν, ᾗ τοιοῦτον, αὐτὸ τὸ κινεῖν ἐστι· τοῦτο δὲ ποιεῖ
θίξει, ὥστε ἅμα καὶ πάσχει· διὸ ἡ κίνησις ἐντελέχεια τοῦ
κινητοῦ, ᾗ κινητόν, συμβαίνει δὲ τοῦτο θίξει τοῦ κινητικοῦ, ὥσθ᾽
ἅμα καὶ πάσχει. εἶδος δὲ ἀεὶ οἴσεταί τι τὸ κινοῦν, ἤτοι τό-
δε ἢ τοιόνδε ἢ τοσόνδε, ὃ ἔσται ἀρχὴ καὶ αἴτιον τῆς κινή- 10
σεως, ὅταν κινῇ, οἷον ὁ ἐντελεχείᾳ ἄνθρωπος ποιεῖ ἐκ τοῦ
δυνάμει ὄντος ἀνθρώπου ἄνθρωπον.

3   Καὶ τὸ ἀπορούμενον δὲ φανερόν, ὅτι ἐστὶν ἡ κίνησις ἐν
τῷ κινητῷ· ἐντελέχεια γάρ ἐστι τούτου [καὶ] ὑπὸ τοῦ κινητικοῦ.
καὶ ἡ τοῦ κινητικοῦ δὲ ἐνέργεια οὐκ ἄλλη ἐστίν· δεῖ μὲν γὰρ 15
εἶναι ἐντελέχειαν ἀμφοῖν· κινητικὸν μὲν γάρ ἐστιν τῷ δύνα-
σθαι, κινοῦν δὲ τῷ ἐνεργεῖν, ἀλλ᾽ ἔστιν ἐνεργητικὸν τοῦ κινητοῦ,

202ᵃ 13-21 = 1066ᵃ 26-34

ᵇ 29 οὐδὲ F   αὐτήν IJ¹M : αὐτὴν ἁπλῶς EFJ²   30 ποσὸν
εἶναι EM : εἶναι ποσὸν Λ   ἐνεργεῖν ἄποσον E   31 εἶναί
τις δοκεῖ S : εἶναι δοκεῖ τις E¹M : τις εἶναι δοκεῖ Λ : εἶναι δοκεῖ E²
32 ἐστιν ΛΜ : ἐστιν ἢ E   33 αὐτὴ E   ἢ ΛΡ : εἰ E
202ᵃ 1 τοίνυν] δὴ E   2 εἴπομεν FIPT et fecit E   ἰδεῖν
fecit E   3 εἶναι ΛV : εἶναι ὅτι δὲ καλῶς εἴρηται δῆλον. οὐ γὰρ
αὖ τὴν κίνησιν καὶ τὴν μεταβολὴν ἐν ἄλλῳ γένει θεῖναι δύναιτ᾽ ἄν τις, ἥ τε
κίνησις ἐνέργεια μὲν εἶναι δοκεῖ τις, ἀτελὴς δέ. αἴτιον δὲ ὅτι ἀτελὲς τὸ
δυνατόν E (cf. 201ᵇ 16-19, 31-2)   πᾶν] εἰ πᾶν Prantl   4 κινητόν
E¹FIAS : κινητικόν E²JV γρ. A Aspasius   5 τούτου S : τούτῳ Π
8-9 συμβαίνει . . . πάσχει secl. Prantl   8 δὲ om. F   ὥσθ᾽ . . .
9 πάσχει E²ΛS : om. E¹V   9 τι ΛS : om. EVPT   10 ἢ
τοσόνδε E²ΛVS : om. E¹   11 κινῇ] μὴ ᾖ in rasura E¹   14 ἐστι . . .
κινητικοῦ in rasura E   τούτου] τοῦ κινητοῦ Andronicus   καὶ om.
MVPS : habent Π Andronicus   τοῦ κινητικοῦ] τούτου J Andronicus
16 κινητὸν I   16 et 17 τῷ] τὸ fecit E

ὥστε ὁμοίως μία ἡ ἀμφοῖν ἐνέργεια ὥσπερ τὸ αὐτὸ διά-
στημα ἐν πρὸς δύο καὶ δύο πρὸς ἕν, καὶ τὸ ἄναντες καὶ τὸ
20 κάταντες· ταῦτα γὰρ ἓν μέν ἐστιν, ὁ μέντοι λόγος οὐχ εἷς·
21 ὁμοίως δὲ καὶ ἐπὶ τοῦ κινοῦντος καὶ κινουμένου.

21   ἔχει δ' ἀπορίαν
λογικήν· ἀναγκαῖον γὰρ ἴσως εἶναί τινα ἐνέργειαν τοῦ
ποιητικοῦ καὶ τοῦ παθητικοῦ· τὸ μὲν δὴ ποίησις, τὸ δὲ πά-
θησις, ἔργον δὲ καὶ τέλος τοῦ μὲν ποίημα, τοῦ δὲ πάθος.
25 ἐπεὶ οὖν ἄμφω κινήσεις, εἰ μὲν ἕτεραι, ἐν τίνι; ἢ γὰρ ἄμ-
φω ἐν τῷ πάσχοντι καὶ κινουμένῳ, ἢ ἡ μὲν ποίησις ἐν τῷ
ποιοῦντι, ἡ δὲ πάθησις ἐν τῷ πάσχοντι (εἰ δὲ δεῖ καὶ ταύ-
την ποίησιν καλεῖν, ὁμώνυμος ἂν εἴη). ἀλλὰ μὴν εἰ τοῦτο, ἡ
κίνησις ἐν τῷ κινοῦντι ἔσται (ὁ γὰρ αὐτὸς λόγος ἐπὶ κινοῦντος
30 καὶ κινουμένου), ὥστ' ἢ πᾶν τὸ κινοῦν κινήσεται, ἢ ἔχον κίνησιν
οὐ κινήσεται. εἰ δ' ἄμφω ἐν τῷ κινουμένῳ καὶ πάσχοντι,
καὶ ἡ ποίησις καὶ ἡ πάθησις, καὶ ἡ δίδαξις καὶ ἡ μάθη-
σις δύο οὖσαι ἐν τῷ μανθάνοντι, πρῶτον μὲν ἡ ἐνέργεια ἡ
ἑκάστου οὐκ ἐν ἑκάστῳ ὑπάρξει, εἶτα ἄτοπον δύο κινήσεις ἅμα
35 κινεῖσθαι· τίνες γὰρ ἔσονται ἀλλοιώσεις δύο τοῦ ἑνὸς καὶ εἰς
ἓν εἶδος; ἀλλ' ἀδύνατον. ἀλλὰ μία ἔσται ἡ ἐνέργεια. ἀλλ'
202b ἄλογον δύο ἑτέρων τῷ εἴδει τὴν αὐτὴν καὶ μίαν εἶναι ἐνέρ-
γειαν· καὶ ἔσται, εἴπερ ἡ δίδαξις καὶ ἡ μάθησις τὸ αὐτὸ καὶ
ἡ ποίησις καὶ ἡ πάθησις, καὶ τὸ διδάσκειν τῷ μανθάνειν
τὸ αὐτὸ καὶ τὸ ποιεῖν τῷ πάσχειν, ὥστε τὸν διδάσκοντα ἀν-
5 άγκη ἔσται πάντα μανθάνειν καὶ τὸν ποιοῦντα πάσχειν.
5   ἢ
οὔτε τὸ τὴν ἄλλου ἐνέργειαν ἐν ἑτέρῳ εἶναι ἄτοπον (ἔστι γὰρ
ἡ δίδαξις ἐνέργεια τοῦ διδασκαλικοῦ, ἔν τινι μέντοι, καὶ οὐκ
ἀποτετμημένη, ἀλλὰ τοῦδε ἐν τῷδε), οὔτε μίαν δυοῖν κωλύει οὐθὲν

ᵃ 19 πρὸς δύο F   22 τινα εἶναι F   τοῦ EJT : ἄλλην τοῦ
FIV   23 καὶ ἄλλην τοῦ I   δή] γὰρ FI : γε J   25 ἔπει
IJ et fecit E : εἰ FP   ἕτεραι ΛPS : ἕτεραι εἰσιν E   26 ἐν . . .
κινουμένῳ in rasura E²   καὶ ποιουμένῳ S   ἢ] ἢ ἐν τῷ ποιοῦντι
καὶ διατιθέντι ἢ V γρ. S et ut vid. T   34 ἑκάστου] ἐν ἑκάστῳ F
δύο] τὸ δύο FS : τὰς δύο I   35 τίνες . . . ἑνὸς post 36 ἀδύνα-
τον transponenda vel τινὲς legendum ci. A   ᵇ 2 ἢ . . . μάθησις
ES : ἡ μάθησις καὶ ἡ (ἡ om. I) δίδαξις ΛP   7 ἔν τινι] ἔστι γρ.
S   καὶ om. F   8 ἀποτετμημένη EFIS et fecit J¹ : ἀποτετμη-
μένως γρ. S   κωλύει . . . 9 εἶναι pr. ΛS : τὴν αὐτὴν εἶναι κωλύει E

τὴν αὐτὴν εἶναι (μὴ ὡς τῷ εἶναι τὸ αὐτό, ἀλλ᾽ ὡς ὑπάρ-
χει τὸ δυνάμει ὂν πρὸς τὸ ἐνεργοῦν), οὔτ᾽ ἀνάγκη τὸν διδά- 10
σκοντα μανθάνειν, οὐδ᾽ εἰ τὸ ποιεῖν καὶ πάσχειν τὸ αὐτό ἐστιν,
μὴ μέντοι ὥστε τὸν λόγον εἶναι ἕνα τὸν ⟨τὸ⟩ τί ἦν εἶναι λέγοντα,
οἷον ὡς λώπιον καὶ ἱμάτιον, ἀλλ᾽ ὡς ἡ ὁδὸς ἡ Θήβηθεν Ἀθήναζε
καὶ ἡ Ἀθήνηθεν εἰς Θήβας, ὥσπερ εἴρηται καὶ πρότερον; οὐ γὰρ
ταὐτὰ πάντα ὑπάρχει τοῖς ὁπωσοῦν τοῖς αὐτοῖς, ἀλλὰ μόνον 15
οἷς τὸ εἶναι τὸ αὐτό. οὐ μὴν ἀλλ᾽ οὐδ᾽ εἰ ἡ δίδαξις τῇ μαθήσει
τὸ αὐτό, καὶ τὸ μανθάνειν τῷ διδάσκειν, ὥσπερ οὐδ᾽ εἰ ἡ διά-
στασις μία τῶν διεστηκότων, καὶ τὸ διίστασθαι ἐνθένθε ἐκεῖσε
κἀκεῖθεν δεῦρο ἓν καὶ τὸ αὐτό. ὅλως δ᾽ εἰπεῖν οὐδ᾽ ἡ δίδαξις
τῇ μαθήσει οὐδ᾽ ἡ ποίησις τῇ παθήσει τὸ αὐτὸ κυρίως, ἀλλ᾽ 20
ᾧ ὑπάρχει ταῦτα, ἡ κίνησις· τὸ γὰρ τοῦδε ἐν τῷδε καὶ τὸ
τοῦδε ὑπὸ τοῦδε ἐνέργειαν εἶναι ἕτερον τῷ λόγῳ.

τί μὲν οὖν ἐστιν κίνησις εἴρηται καὶ καθόλου καὶ κατὰ
μέρος· οὐ γὰρ ἄδηλον πῶς ὁρισθήσεται τῶν εἰδῶν ἕκαστον αὐ-
τῆς· ἀλλοίωσις μὲν γὰρ ἡ τοῦ ἀλλοιωτοῦ, ᾗ ἀλλοιωτόν, ἐν- 25
τελέχεια. ἔτι δὲ γνωριμώτερον, ἡ τοῦ δυνάμει ποιητικοῦ καὶ
παθητικοῦ, ᾗ τοιοῦτον, ἁπλῶς τε καὶ πάλιν καθ᾽ ἕκαστον, ἢ
οἰκοδόμησις ἢ ἰάτρευσις. τὸν αὐτὸν δὲ λεχθήσεται τρόπον
καὶ περὶ τῶν ἄλλων κινήσεων ἑκάστης.

4   Ἐπεὶ δ᾽ ἐστὶν ἡ περὶ φύσεως ἐπιστήμη περὶ μεγέθη 30
καὶ κίνησιν καὶ χρόνον, ὧν ἕκαστον ἀναγκαῖον ἢ ἄπειρον ἢ
πεπερασμένον εἶναι, εἰ καὶ μὴ πᾶν ἐστιν ἄπειρον ἢ πεπε-
ρασμένον, οἷον πάθος ἢ στιγμή (τῶν γὰρ τοιούτων ἴσως οὐ-
δὲν ἀναγκαῖον ἐν θατέρῳ τούτων εἶναι), προσῆκον ἂν εἴη τὸν
περὶ φύσεως πραγματευόμενον θεωρῆσαι περὶ ἀπείρου, εἰ ἔστιν 35

ᵇ 9 τῷ scripsi : τὸ II   αὐτό, ὡς λώπιον καὶ ἱμάτιον, ἀλλ᾽ I
10 δυνάμει ὂν ΛΡ : δυναμένον EV : δυνάμει S   11 ποιεῖν καὶ πάσχειν
EVP : ποιεῖν καὶ τὸ πάσχειν S : πάσχειν καὶ τὸ ποιεῖν Λ   12 ὥστε
scripsi : ὡς II   εἶναι ἕνα IJV : om. EF   τὸν τὸ Bonitz : τὸν IJ :
τὸ E : om. F   13 οἷον ὡς] οἷον Λ : ὡς Bekker   λώπιον καὶ
ἱμάτιον EV : τῷ λωπίῳ καὶ ἱματίῳ Λ   15 ὑπάρχει E²ΛP : ὑπάρξει
E¹   16 οὐ μὴν erasit E, om. P   17 διδάσκειν EP : διδάσκειν
τὸ αὐτό Λ   οὐδ᾽ εἰ] οὐδὲ E²   20 et 21 ἡ] ὡς I   21 τοῦδε
E²FIVPS : τόδε E¹ : τόδε τοῦδε J   ἐν τῷδε καὶ ΛVPS : om. E
τὸ τοῦδε ΛVP : τοῦδε E : τόδε S   23 ἐστιν] ἡ F   εἴρηται hic
EP : post 24 μέρος Λ   24 πῶς IP : ὡς EFJS   27 ἢ]
ὅτι E ⟨add. ἢ sup. lin. E¹⟩ : τι ἢ J²   28 δὲ EFJ²S : om. IJ¹
30 μεγέθη τε καὶ F

ἢ μή, καὶ εἰ ἔστιν, τί ἐστιν.   σημεῖον δ' ὅτι ταύτης τῆς ἐπιστή-
203ᵃ μης οἰκεία ἡ θεωρία ἡ περὶ αὐτοῦ· πάντες γὰρ οἱ δοκοῦντες ἀξιο-
λόγως ἧφθαι τῆς τοιαύτης φιλοσοφίας πεποίηνται λόγον
περὶ τοῦ ἀπείρου, καὶ πάντες ὡς ἀρχήν τινα τιθέασι τῶν ὄν-
των, οἱ μέν, ὥσπερ οἱ Πυθαγόρειοι καὶ Πλάτων, καθ' αὑτό,
5 οὐχ ὡς συμβεβηκός τινι ἑτέρῳ ἀλλ' οὐσίαν αὐτὸ ὂν τὸ ἄπει-
ρον. πλὴν οἱ μὲν Πυθαγόρειοι ἐν τοῖς αἰσθητοῖς (οὐ γὰρ χω-
ριστὸν ποιοῦσιν τὸν ἀριθμόν), καὶ εἶναι τὸ ἔξω τοῦ οὐρανοῦ ἄπει-
ρον, Πλάτων δὲ ἔξω μὲν οὐδὲν εἶναι σῶμα, οὐδὲ τὰς ἰδέας,
διὰ τὸ μηδὲ πού εἶναι αὐτάς, τὸ μέντοι ἄπειρον καὶ ἐν τοῖς
10 αἰσθητοῖς καὶ ἐν ἐκείναις εἶναι· καὶ οἱ μὲν τὸ ἄπειρον εἶναι
τὸ ἄρτιον (τοῦτο γὰρ ἐναπολαμβανόμενον καὶ ὑπὸ τοῦ περιτ-
τοῦ περαινόμενον παρέχειν τοῖς οὖσι τὴν ἀπειρίαν· σημεῖον
δ' εἶναι τούτου τὸ συμβαῖνον ἐπὶ τῶν ἀριθμῶν· περιτιθεμένων
γὰρ τῶν γνωμόνων περὶ τὸ ἓν καὶ χωρὶς ὁτὲ μὲν ἄλλο ἀεὶ
15 γίγνεσθαι τὸ εἶδος, ὁτὲ δὲ ἕν), Πλάτων δὲ δύο τὰ ἄπειρα,
16 τὸ μέγα καὶ τὸ μικρόν.

16   οἱ δὲ περὶ φύσεως πάντες [ἀεὶ]
ὑποτιθέασιν ἑτέραν τινὰ φύσιν τῷ ἀπείρῳ τῶν λεγομένων
στοιχείων, οἷον ὕδωρ ἢ ἀέρα ἢ τὸ μεταξὺ τούτων. τῶν δὲ πε-
περασμένα ποιούντων στοιχεῖα οὐθεὶς ἄπειρα ποιεῖ· ὅσοι δ'
20 ἄπειρα ποιοῦσι τὰ στοιχεῖα, καθάπερ Ἀναξαγόρας καὶ Δη-
μόκριτος, ὁ μὲν ἐκ τῶν ὁμοιομερῶν, ὁ δ' ἐκ τῆς πανσπερ-
μίας τῶν σχημάτων, τῇ ἁφῇ συνεχὲς τὸ ἄπειρον εἶναι
φασίν· καὶ ὁ μὲν ὁτιοῦν τῶν μορίων εἶναι μίγμα ὁμοίως τῷ
παντὶ διὰ τὸ ὁρᾶν ὁτιοῦν ἐξ ὁτουοῦν γιγνόμενον· ἐντεῦθεν γὰρ
25 ἔοικε καὶ ὁμοῦ ποτὲ πάντα χρήματα φάναι εἶναι, οἷον ἥδε

ᵇ 36 ταύτης hic ΛST, post 203ᵃ 1 θεωρία E² (expunctum), post
ἐπιστήμης P   203ᵃ 1 ἡ ... περὶ αὐτοῦ IJS : ἡ περὶ αὐτὸ θεωρία in
litura E² : ἡ θεωρία περὶ αὐτοῦ F : ἡ θεωρία PT   οἱ δοκοῦντες om. F
2 ἧφθαι fecit E : locus pluribus   3 τοῦ ΛS : om. ET   τινα ...
4 αὐτό om. F   3 ὄντων καὶ οἱ I   4 μέν] μὲν οὖν J   5 τινι ἑτέρῳ
ἀλλ' ὡς οὐσίαν ... ἄπειρον fecit E   7 ποιοῦσιν ΛPᵖ : εἶναι λέγουσιν
EPˡ   τὸ] δὲ FP   οὐρανοῦ τὸ ἄπειρον FS   8 οὐδὲ F   9 εἶναι
αὐτὰς ΛS : αὐτὰς εἶναι E   10 ἐκείναις FJS : ἐκείνοις EI   εἶναι
alt. om. F   11 γὰρ E²ΛS : γὰρ τὸ E¹   12 παρέχει EF
14 γιγνομένων J¹   16 ἅπαντες ἀεὶ Λ : ἀεὶ πάντες E : πάντες VPS
18 τὸ] τι S   δὲ om. E¹   22 εἶναι τὸ ἄπειρον F   23 ὁτιοῦν
μόριον E²IJPS   μίγμα ὁμοίως EP : ὁμοίως μῖγμα Λ   24 γιγνό-
μενον E²ΛP : γενόμενον E¹   25 post καὶ habent IJ et sup. lin. E
τὸ   ἅπαντα IJ et sup. lin. E : om. F   φάναι χρήματα F : τὰ
φάναι E¹

ἡ σὰρξ καὶ τόδε τὸ ὀστοῦν, καὶ οὕτως ὁτιοῦν· καὶ πάντα ἄρα·
καὶ ἅμα τοίνυν· ἀρχὴ γὰρ οὐ μόνον ἐν ἑκάστῳ ἐστὶ τῆς δια-
κρίσεως, ἀλλὰ καὶ πάντων. ἐπεὶ γὰρ τὸ γιγνόμενον ἐκ τοῦ
τοιούτου γίγνεται σώματος, πάντων δ᾽ ἔστι γένεσις πλὴν οὐχ
ἅμα, καί τινα ἀρχὴν δεῖ εἶναι τῆς γενέσεως, αὕτη δ᾽ ἐστὶν 30
μία, οἷον ἐκεῖνος καλεῖ νοῦν, ὁ δὲ νοῦς ἀπ᾽ ἀρχῆς τινος ἐργάζε-
ται νοήσας· ὥστε ἀνάγκη ὁμοῦ ποτε πάντα εἶναι καὶ ἄρξα-
σθαί· ποτε κινούμενα. Δημόκριτος δ᾽ οὐδὲν ἕτερον ἐξ ἑτέρου
γίγνεσθαι τῶν πρώτων φησίν· ἀλλ᾽ ὅμως γε αὐτῷ τὸ κοινὸν
σῶμα πάντων ἐστὶν ἀρχή, μεγέθει κατὰ μόρια καὶ σχή- 203ᵇ
ματι διαφέρον.

ὅτι μὲν οὖν προσήκουσα τοῖς φυσικοῖς ἡ θεωρία, δῆλον
ἐκ τούτων. εὐλόγως δὲ καὶ ἀρχὴν αὐτὸ τιθέασι πάντες· οὔτε
γὰρ μάτην οἷόν τε αὐτὸ εἶναι, οὔτε ἄλλην ὑπάρχειν αὐτῷ 5
δύναμιν πλὴν ὡς ἀρχήν· ἅπαντα γὰρ ἢ ἀρχὴ ἢ ἐξ ἀρχῆς,
τοῦ δὲ ἀπείρου οὐκ ἔστιν ἀρχή· εἴη γὰρ ἂν αὐτοῦ πέρας. ἔτι δὲ καὶ
ἀγένητον καὶ ἄφθαρτον ὡς ἀρχή τις οὖσα· τό τε γὰρ γενό-
μενον ἀνάγκη τέλος λαβεῖν, καὶ τελευτὴ πάσης ἔστιν φθο-
ρᾶς. διό, καθάπερ λέγομεν, οὐ ταύτης ἀρχή, ἀλλ᾽ αὕτη τῶν 10
ἄλλων εἶναι δοκεῖ καὶ περιέχειν ἅπαντα καὶ πάντα κυβερ-
νᾶν, ὥς φασιν ὅσοι μὴ ποιοῦσι παρὰ τὸ ἄπειρον ἄλλας αἰ-
τίας, οἷον νοῦν ἢ φιλίαν· καὶ τοῦτ᾽ εἶναι τὸ θεῖον· ἀθάνατον
γὰρ καὶ ἀνώλεθρον, ὥσπερ φησὶν Ἀναξίμανδρος καὶ οἱ πλεῖ-
στοι τῶν φυσιολόγων.
15

τοῦ δ᾽ εἶναί τι ἄπειρον ἡ πίστις ἐκ πέντε 15
μάλιστ᾽ ἂν συμβαίνοι σκοποῦσιν, ἔκ τε τοῦ χρόνου (οὗτος γὰρ
ἄπειρος) καὶ ἐκ τῆς ἐν τοῖς μεγέθεσι διαιρέσεως (χρῶνται
γὰρ καὶ οἱ μαθηματικοὶ τῷ ἀπείρῳ)· ἔτι τῷ οὕτως ἂν μό-
νως μὴ ὑπολείπειν γένεσιν καὶ φθοράν, εἰ ἄπειρον εἴη ὅθεν

ᵃ 26 ἄρα] καὶ ἄρα E   28 τοῦ om. I   30 εἶναι δεῖ Λ
31 οἷον] ὃν E²Λ   32 πάντα ποτὲ I   34 φησίν] φύσεων F   γε
EP : om. Λ   αὐτῷ JP : αὐτῶν E : αὐτὸ FIV   ᵇ 1 πάντων EP :
ἀπάντων Λ   ἀρχή om. E¹   κατὰ τὰ μόρια I   5 γὰρ πάντες
μάτην E   οἷόν τε αὐτὸ FI et fecit J¹ : αὐτὸ οἴονται EV : αὐτὸ οἰόν
τε Bekker   αὐτῷ ὑπάρχειν Λ   7 ἂν om. I   8 ἀγένητον
EJS : ἀγέννητον FI   9 τέλος λαβεῖν EP : λαβεῖν τέλος Λ
10 διόπερ καθὰ I   13 οἰονοῦν E   14 ὥσπερ ΛS : ὡς E   φησὶν]
φησὶν ὁ F   15 τι] τὸ S¹   ἐκ πέντε om. F   16 συμβαίνει
E   18 μαθηταὶ E   μόνῳ J¹   19 ἐπιλείπειν S   γένεσιν] τὴν
γένεσιν FST   εἰ … 20 γιγνόμενον om. E   19 εἴη] ἢ F

20 ἀφαιρεῖται τὸ γιγνόμενον· ἔτι τῷ τὸ πεπερασμένον ἀεὶ πρός
τι περαίνειν, ὥστε ἀνάγκη μηδὲν εἶναι πέρας, εἰ ἀεὶ πε-
ραίνειν ἀνάγκη ἕτερον πρὸς ἕτερον. μάλιστα δὲ καὶ κυ-
ριώτατον, ὃ τὴν κοινὴν ποιεῖ ἀπορίαν πᾶσι· διὰ γὰρ τὸ ἐν
τῇ νοήσει μὴ ὑπολείπειν καὶ ὁ ἀριθμὸς δοκεῖ ἄπειρος εἶναι
25 καὶ τὰ μαθηματικὰ μεγέθη καὶ τὸ ἔξω τοῦ οὐρανοῦ. ἀπείρου
δ᾽ ὄντος τοῦ ἔξω, καὶ σῶμα ἄπειρον εἶναι δοκεῖ καὶ κόσμοι·
τί γὰρ μᾶλλον τοῦ κενοῦ ἐνταῦθα ἢ ἐνταῦθα; ὥστ᾽ εἴπερ μο-
ναχοῦ, καὶ πανταχοῦ εἶναι τὸν ὄγκον. ἅμα δ᾽ εἰ καὶ ἔστι κε-
νὸν καὶ τόπος ἄπειρος, καὶ σῶμα εἶναι ἀναγκαῖον·
30 ἐνδέχεσθαι γὰρ ἢ εἶναι οὐδὲν διαφέρει ἐν τοῖς ἀϊδίοις.

30 ἔχει
δ᾽ ἀπορίαν ἡ περὶ τοῦ ἀπείρου θεωρία· καὶ γὰρ μὴ εἶναι τι-
θεμένοις πόλλ᾽ ἀδύνατα συμβαίνει καὶ εἶναι. ἔτι δὲ ποτέ-
ρως ἔστιν, πότερον ὡς οὐσία ἢ ὡς συμβεβηκὸς καθ᾽ αὑτὸ φύσει
τινί; ἢ οὐδετέρως, ἀλλ᾽ οὐδὲν ἧττον ἔστιν ἄπειρον ἢ ἄπειρα
204ᵃ τῷ πλήθει; μάλιστα δὲ φυσικοῦ ἐστιν σκέψασθαι εἰ ἔστι μέ-
γεθος αἰσθητὸν ἄπειρον. πρῶτον οὖν διοριστέον ποσαχῶς λέγε-
ται τὸ ἄπειρον. ἕνα μὲν δὴ τρόπον τὸ ἀδύνατον διελθεῖν τῷ
μὴ πεφυκέναι διιέναι, ὥσπερ ἡ φωνὴ ἀόρατος· ἄλλως δὲ
5 τὸ διέξοδον ἔχον ἀτελεύτητον, ἢ ὃ μόγις, ἢ ὃ πεφυκὸς
ἔχειν μὴ ἔχει διέξοδον ἢ. πέρας. ἔτι ἄπειρον ἅπαν ἢ κατὰ
πρόσθεσιν ἢ κατὰ διαίρεσιν ἢ ἀμφοτέρως.

Χωριστὸν μὲν οὖν εἶναι τὸ ἄπειρον τῶν αἰσθητῶν, αὐτό 5
τι ὂν ἄπειρον, οὐχ οἷόν τε. εἰ γὰρ μήτε μέγεθός ἐστιν μήτε
10 πλῆθος, ἀλλ᾽ οὐσία αὐτό ἐστι τὸ ἄπειρον καὶ μὴ συμβεβη-
κός, ἀδιαίρετον ἔσται (τὸ γὰρ διαιρετὸν ἢ μέγεθος ἔσται ἢ
πλῆθος)· εἰ δὲ τοιοῦτον, οὐκ ἄπειρον, εἰ μὴ ὡς ἡ φωνὴ
ἀόρατος. ἀλλ᾽ οὐχ οὕτως οὔτε φασὶν εἶναι οἱ φάσκοντες εἶναι

204ᵃ 3–14 = 1066ᵃ 35–ᵇ7

ᵇ20 τῷ om. E   τὸ om. F   21 μηδὲν ΛΤ : μηδὲ Ε   25 μαθη-
τικὰ Ε   29 σῶμα ΕΡ : σῶμα ἄπειρον ΛVS   ἀναγκαῖον εἶναι ΛΡ
30 τὸ γὰρ ἐνδέχεσθαι ΛST   ἢ] τοῦ ΛST   εἶναι] εἶναι ἢ fecit Ε
31 μὴ] καὶ μὴ I   33 ἢ om. E¹   ὡς om. Bekker   34 μηδετέρως
AS   ἢ EJV : καὶ FIS   204ᵃ I φυσικῶ J   ἐστιν σκέψασθαι
ΠΡ : ἐπισκέψασθαι ST   2 οὖν om. F   4 ἢ] δ᾽ ἡ Ε   5 μόγις
ΠS : μόλις ΜΡΤ   10 ἀλλ᾽ οὐσία] οὐσία δὲ ΛΜ   11–12 διαιρε-
τὸν ... πλῆθος ΛΤ : μέγεθος καὶ τὸ πλῆθος διαιρετόν Ε   12 τοιοῦτον]
ἀδιαίρετον ΛΜS   13 εἶναι pr. om. I

τὸ ἄπειρον οὔτε ἡμεῖς ζητοῦμεν, ἀλλ' ὡς ἀδιεξίτητον. εἰ δὲ
κατὰ συμβεβηκὸς ἔστιν τὸ ἄπειρον, οὐκ ἂν εἴη στοιχεῖον τῶν 15
ὄντων, ᾗ ἄπειρον, ὥσπερ οὐδὲ τὸ ἀόρατον τῆς διαλέκτου, καί-
τοι ἡ φωνή ἐστιν ἀόρατος. ἔτι πῶς ἐνδέχεται εἶναί τι αὐτὸ
ἄπειρον, εἴπερ μὴ καὶ ἀριθμὸν καὶ μέγεθος, ὧν ἐστι καθ'
αὑτὸ πάθος τι τὸ ἄπειρον; ἔτι γὰρ ἧττον ἀνάγκη ἢ τὸν
ἀριθμὸν ἢ τὸ μέγεθος. φανερὸν δὲ καὶ ὅτι οὐκ ἐνδέχεται εἶ- 20
ναι τὸ ἄπειρον ὡς ἐνεργείᾳ ὂν καὶ ὡς οὐσίαν καὶ ἀρχήν·
ἔσται γὰρ ὁτιοῦν αὐτοῦ ἄπειρον τὸ λαμβανόμενον, εἰ μεριστόν
(τὸ γὰρ ἀπείρῳ εἶναι καὶ ἄπειρον τὸ αὐτό, εἴπερ οὐσία τὸ
ἄπειρον καὶ μὴ καθ' ὑποκειμένου), ὥστ' ἢ ἀδιαίρετον ἢ εἰς
ἄπειρα διαιρετόν· πολλὰ δ' ἄπειρα εἶναι τὸ αὐτὸ ἀδύνα- 25
τον (ἀλλὰ μὴν ὥσπερ ἀέρος ἀὴρ μέρος, οὕτω καὶ ἄπειρον
ἀπείρου, εἴ γε οὐσία ἐστὶ καὶ ἀρχή)· ἀμέριστον ἄρα καὶ ἀδιαί-
ρετον. ἀλλ' ἀδύνατον τὸ ἐντελεχείᾳ ὂν ἄπειρον· ποσὸν γάρ
τι εἶναι ἀναγκαῖον. κατὰ συμβεβηκὸς ἄρα ὑπάρχει τὸ
ἄπειρον. ἀλλ' εἰ οὕτως, εἴρηται ὅτι οὐκ ἐνδέχεται αὐτὸ λέ- 30
γειν ἀρχήν, ἀλλ' ᾧ συμβέβηκε, τὸν ἀέρα ἢ τὸ ἄρτιον.
ὥστε ἀτόπως ἂν ἀποφαίνοιντο οἱ λέγοντες οὕτως ὥσπερ
οἱ Πυθαγόρειοί φασιν· ἅμα γὰρ οὐσίαν ποιοῦσι τὸ ἄπειρον
καὶ μερίζουσιν. 34

ἀλλ' ἴσως αὕτη μὲν [ἐστι] καθόλου ἡ ζήτη- 34
σις, εἰ ἐνδέχεται ἄπειρον καὶ ἐν τοῖς μαθηματικοῖς 35

204ᵃ 14-17 = 1066ᵇ 9-11   17-19 = 1066ᵇ 7-9   20-31
= 1066ᵇ 11-21   34-ᵇ 8 = 1066ᵇ 21-6

ᵃ14 ἀδιεξίτητον PST : ἀδιεζήτητον E : ἀδιέξοδον ΛΜ   εἰ δὲ
ΛPST : ἔτι εἰ ΕΜ   15 τῶν ὄντων στοιχεῖον I   16 ᾗ] ᾗ δ' I   οὐδὲ
Ε²ΛΜΤ : om. E¹   17 εἶναί τι αὐτὸ ΕΡ : αὐτὸ εἶναί τι Λ   18 μὴ
καὶ ΛΜ : καὶ μὴ Ε   19 αὐτὰ Ε   ἔτι . . . 20 μέγεθος om. E¹
20 εἶναι ΠΤ : οὐσίαν εἶναι PS   21 ἐνεργείᾳ ὂν ΛS : ἐνέργειαν ὂν
Ε : ἐνέργειαν Τ : ἐντελεχείᾳ ὂν Ρ   ἀρχήν ΛΜVS : ἀρχήν, ἀλλ' ἧττον
ἢ τὸν ἀριθμὸν καὶ μέγεθος. ἔτι ἀδύνατον οὐσίαν εἶναι τὸ ἄπειρον ἐντε-
λεχείᾳ ὄντος τοῦ ἀπείρου (cf. ᵃ19-21) Ε   25 ἄπειρα] ἄπειρα
ἀδιαίρετα Ε¹   πολλὰ δ' ΛΜS : ἔτι πολλὰ Ε   ἄπειρα τὸ αὐτὸ εἶναι
ἀδύνατον Ε : εἶναι ἄπειρον τὸ αὐτὸ ἀδύνατον S : εἶναι τὸ αὐτὸ ἀδύνατον
ἄπειρον Μ   26 ἀλλὰ μὴν ὥσπερ] ὥσπερ γὰρ ΜVΡ et ut vid. Τ
ἀὴρ μέρος ἀέρος F   27 γε Ε²ΛΡ : om. Ε¹Μ   ἐστὶ Ε²ΛΜΡ :
om. Ε¹   30 αὐτὸ] τὸ αὐτὸ F   31 ᾧ] ἐκεῖνο ᾧ ΛΜ et fecit
Ε¹   ἢ om. Ε¹   ἄρτιον ΛΜV : ἄρτιον ἂν λέγοιτο ἀρχή Ε   32 οὕτως
ὥσπερ] ἐκεῖνο καθάπερ Λ   34 ἴσως ΛΡS : γὰρ Ε   ἐστι ΛS :
ἂν εἴη ΕΡ : om. Μ   ἡ ΛΜPS : om. Ε   ζήτησις ΕΜVS : ζήτησις
μᾶλλον ΛΡ   35 ἄπειρον] τὸ ἄπειρον Ε²Λ

204^b εἶναι καὶ ἐν τοῖς νοητοῖς καὶ μηδὲν ἔχουσι μέγεθος· ἡμεῖς
δ' ἐπισκοποῦμεν περὶ τῶν αἰσθητῶν καὶ περὶ ὧν ποιούμεθα
τὴν μέθοδον, ἆρ' ἔστιν ἐν αὐτοῖς ἢ οὐκ ἔστι σῶμα ἄπειρον
ἐπὶ τὴν αὔξησιν.

λογικῶς μὲν οὖν σκοπουμένοις ἐκ τῶν τοι-
5 ῶνδε δόξειεν ἂν οὐκ εἶναι· εἰ γάρ ἐστι σώματος λόγος τὸ
ἐπιπέδῳ ὡρισμένον, οὐκ ἂν εἴη σῶμα ἄπειρον, οὔτε νοητὸν οὔτε
αἰσθητόν (ἀλλὰ μὴν οὐδ' ἀριθμὸς οὕτως ὡς κεχωρισμένος καὶ
ἄπειρος· ἀριθμητὸν γὰρ ἀριθμὸς ἢ τὸ ἔχον ἀριθμόν· εἰ
οὖν τὸ ἀριθμητὸν ἐνδέχεται ἀριθμῆσαι, καὶ διεξελθεῖν ἂν
10 εἴη δυνατὸν τὸ ἄπειρον)· φυσικῶς δὲ μᾶλλον θεωροῦσιν ἐκ
τῶνδε. οὔτε γὰρ σύνθετον οἷόν τε εἶναι οὔτε ἁπλοῦν. σύν-
θετον μὲν οὖν οὐκ ἔσται τὸ ἄπειρον σῶμα, εἰ πεπερασμένα
τῷ πλήθει τὰ στοιχεῖα. ἀνάγκη γὰρ πλείω εἶναι, καὶ ἰσά-
ζειν ἀεὶ τἀναντία, καὶ μὴ εἶναι ἐν αὐτῶν ἄπειρον (εἰ γὰρ
15 ὁποσῳοῦν λείπεται ἡ ἐν ἑνὶ σώματι δύναμις θατέρου, οἷον εἰ
τὸ πῦρ πεπέρανται, ὁ δ' ἀὴρ ἄπειρος, ἔστιν δὲ τὸ ἴσον πῦρ
τοῦ ἴσου ἀέρος τῇ δυνάμει ὁποσαπλασιονοῦν, μόνον δὲ ἀριθμόν
τινα ἔχον, ὅμως φανερὸν ὅτι τὸ ἄπειρον ὑπερβαλεῖ καὶ
φθερεῖ τὸ πεπερασμένον)· ἕκαστον δ' ἄπειρον εἶναι ἀδύνατον·
20 σῶμα μὲν γάρ ἐστιν τὸ πάντῃ ἔχον διάστασιν, ἄπειρον δὲ τὸ
ἀπεράντως διεστηκός, ὥστε τὸ ἄπειρον σῶμα πανταχῇ ἔσται
22 διεστηκὸς εἰς ἄπειρον.

22 ἀλλὰ μὴν οὐδὲ ἓν καὶ ἁπλοῦν εἶναι
σῶμα ἄπειρον ἐνδέχεται, οὔτε ὡς λέγουσί τινες τὸ παρὰ
τὰ στοιχεῖα, ἐξ οὗ ταῦτα γεννῶσιν, οὔθ' ἁπλῶς. εἰσὶν γάρ τι-
25 νες οἳ τοῦτο ποιοῦσι τὸ ἄπειρον, ἀλλ' οὐκ ἀέρα ἢ ὕδωρ, ὅπως
μὴ τἆλλα φθείρηται ὑπὸ τοῦ ἀπείρου αὐτῶν· ἔχουσι γὰρ

204^b 10–24 = 1066^b 26–36

b 1 καὶ alt.] καὶ ἐν τοῖς Λ   ἡμεῖς δ' ἐπισκοποῦμεν fecit E
3 ἐν ... ἔστι ΛS : ἢ οὐκ ἔστιν ἐν αὐτοῖς E   4 ἐπὶ] περὶ Moreliana
4 τῶν τοιῶνδε] τῶνδε F   5 λόγος τὸ fecit E²   6 ἐπιπέδῳ ΠΤ :
ἐπιπέδοις MS   7 οὐδ' EFP : οὔτε IJ   8 γὰρ EFIJ¹P : γὰρ ὁ
J²MS   9 διεξελθεῖν EIJPS : διελθεῖν FT   11 τῶνδε δῆλον.
οὔτε MV   τε εἶναι ΛΜ : εἶναι τὸ ἄπειρον σῶμα EV   12 ἔστι FP
13 στοιχεῖα εἴη. ἀνάγκη FP   15 ὁποσῳοῦν EJV : ὁπωσοῦν FI
16 πεπέρασται FI   18 ὑπερβάλλει καὶ φθείρει IJ et fecit E
20 μὲν om. FIM   21 πανταχοῦ F : πάντῃ MP   ἔσται IJMS :
ἔστιν E : om. F   22 εἰς ΛS : καὶ εἰς E   εἶναι om. F   23 ἐν-
δέχεται τὸ ἄπειρον σῶμα Λ : τὸ ἄπειρον σῶμα ἐνδέχεται P   25
ποιοῦσι ΛP : ποιοῦντες E   ὅπως IJP : ὡς EF

πρὸς ἄλληλα ἐναντίωσιν, οἷον ὁ μὲν ἀὴρ ψυχρός, τὸ δ' ὕδωρ ὑγρόν, τὸ δὲ πῦρ θερμόν· ὧν εἰ ἦν ἐν ἄπειρον, ἔφθαρτο ἂν ἤδη τἆλλα· νῦν δ' ἕτερον εἶναί φασιν ἐξ οὗ ταῦτα. ἀδύνατον δ' εἶναι τοιοῦτον, οὐχ ὅτι ἄπειρον (περὶ τούτου μὲν γὰρ 30 κοινόν τι λεκτέον ἐπὶ παντὸς ὁμοίως, καὶ ἀέρος καὶ ὕδατος καὶ ὁτουοῦν), ἀλλ' ὅτι οὐκ ἔστιν τοιοῦτον σῶμα αἰσθητὸν παρὰ τὰ καλούμενα στοιχεῖα· ἅπαντα γὰρ ἐξ οὗ ἐστι, καὶ διαλύεται εἰς τοῦτο, ὥστε ἦν ἂν ἐνταῦθα παρὰ ἀέρα καὶ πῦρ καὶ γῆν καὶ ὕδωρ· φαίνεται δ' οὐδέν. οὐδὲ δὴ πῦρ οὐδ' ἄλλο τι 35 τῶν στοιχείων οὐδὲν ἄπειρον ἐνδέχεται εἶναι. ὅλως γὰρ καὶ 205ᵃ χωρὶς τοῦ ἄπειρον εἶναί τι αὐτῶν, ἀδύνατον τὸ πᾶν, κἂν ᾖ πεπερασμένον, ἢ εἶναι ἢ γίγνεσθαι ἕν τι αὐτῶν, ὥσπερ Ἡράκλειτός φησιν ἅπαντα γίγνεσθαί ποτε πῦρ (ὁ δ' αὐτὸς λόγος καὶ ἐπὶ τοῦ ἑνός, οἷον ποιοῦσι παρὰ τὰ στοιχεῖα οἱ φυσικοί)· 5 πάντα γὰρ μεταβάλλει ἐξ ἐναντίου εἰς ἐναντίον, οἷον ἐκ θερμοῦ εἰς ψυχρόν.

7

δεῖ δὲ κατὰ παντὸς ἐκ τῶνδε σκοπεῖν, εἰ ἐνδέχε- 7 ται ἢ οὐκ ἐνδέχεται εἶναι [σῶμα ἄπειρον αἰσθητόν]. ὅτι δὲ ὅλως ἀδύνατον εἶναι σῶμα ἄπειρον αἰσθητόν, ἐκ τῶνδε δῆλον. πέφυκε γὰρ πᾶν τὸ αἰσθητόν που εἶναι, καὶ ἔστιν τόπος τις 10 ἑκάστου, καὶ ὁ αὐτὸς τοῦ μορίου καὶ παντός, οἷον ὅλης τε τῆς γῆς καὶ βώλου μιᾶς, καὶ πυρὸς καὶ σπινθῆρος. ὥστε εἰ μὲν ὁμοειδές, ἀκίνητον ἔσται ἢ ἀεὶ οἰσθήσεται· καίτοι ἀδύνατον (τί γὰρ μᾶλλον κάτω ἢ ἄνω ἢ ὁπουοῦν; λέγω δὲ οἷον, εἰ βῶλος εἴη, ποῦ αὕτη κινηθήσεται ἢ ποῦ μενεῖ; ὁ γὰρ 15 τόπος ἄπειρος τοῦ συγγενοῦς αὐτῇ σώματος. πότερον οὖν καθέξει τὸν ὅλον τόπον; καὶ πῶς; τίς οὖν ἢ ποῦ ἡ μονὴ καὶ

204ᵇ 32—205ᵃ 7 = 1066ᵇ 36—1067ᵃ 7   205ᵃ 10-26 = 1067ᵃ
7-20

ᵇ 27-8 ψυχρός (ψυχροῦς E) ... ὑγρόν ΠPST : ὑγρός ... ψυχρόν ci. S   28 ὧν] ὡς T   29 ἂν om. F   φασιν εἶναι τὸ ἐξ Λ   30 μὲν om. F   33 καλούμενα στοιχεῖα ΛT : στοιχεῖα καλούμενα E   ἅπαν IT : ἅπαν μὲν F   35 τι EP : om. F, post 205ᵃ 1 εἶναι ponunt IJ   205ᵃ 2 τὸ ΛM : om. E   κἂν ᾖ ΛM : ἢ καὶ E   4 φησι δὲ ἅπαντα E   6 πᾶν MP   ἐναντίον ΛP : ἐναντία E   7 κατὰ] περὶ E²FIPS   ἐκ] καὶ ἐκ ΛVPS   8 ἢ οὐκ ἐνδέχεται om. F   εἶναι ... αἰσθητόν F : σῶμα εἶναι ἄπειρον αἰσθητόν IJ : εἶναι ἄπειρον S : εἶναι E   9 εἶναι ... αἰσθητόν ΠP : secl. Prantl   12 βώλου μιᾶς ES : μιᾶς βώλου ΛT   14 ὁπουοῦν MV Bonitz : ποῦ EIJ : ὁποιονοῦν F   16 αὐτῆς EM   17 ἢ EFP : καὶ IJ   ἢ om. F

ἡ κίνησις αὐτῆς; ἢ πανταχοῦ μενεῖ; οὐ κινηθήσεται ἄρα. ἢ
πανταχοῦ κινηθήσεται; οὐκ ἄρα στήσεται· εἰ δ' ἀνόμοιον τὸ
20 πᾶν, ἀνόμοιοι καὶ οἱ τόποι· καὶ πρῶτον μὲν οὐχ ἓν τὸ
σῶμα τοῦ παντὸς ἀλλ' ἢ τῷ ἅπτεσθαι· ἔπειτα ἤτοι πεπε-
ρασμένα ταῦτ' ἔσται ἢ ἄπειρα τῷ εἴδει. πεπερασμένα μὲν
οὖν οὐχ οἷόν τε (ἔσται γὰρ τὰ μὲν ἄπειρα τὰ δ' οὔ, εἰ τὸ πᾶν
ἄπειρον, οἷον τὸ πῦρ ἢ τὸ ὕδωρ· φθορὰ δὲ τὸ τοιοῦτον τοῖς
25, 29 ἐναντίοις [καθάπερ εἴρηται πρότερον])· [καὶ...κάτω.] εἰ δ' ἄπειρα
30 καὶ ἁπλᾶ, καὶ οἱ τόποι ἄπειροι, καὶ ἔσται ἄπειρα τὰ στοιχεῖα· εἰ δὲ
τοῦτ' ἀδύνατον καὶ πεπερασμένοι οἱ τόποι, καὶ τὸ ὅλον [πε-
περάνθαι ἀναγκαῖον]· ἀδύνατον γὰρ μὴ ἀπαρτίζειν τὸν τό-
πον καὶ τὸ σῶμα· οὔτε γὰρ ὁ τόπος ὁ πᾶς μείζων ἢ ὅσον
ἐνδέχεται τὸ σῶμα εἶναι (ἅμα δ' οὐδ' ἄπειρον ἔσται τὸ
35 σῶμα ἔτι), οὔτε τὸ σῶμα μεῖζον ἢ ὁ τόπος· ἢ γὰρ κενὸν
205ᵇ1,ᵃ25 ἔσται τι ἢ σῶμα οὐδαμοῦ πεφυκὸς εἶναι. ⟨καὶ διὰ τοῦτ' οὐθεὶς
τὸ ἓν καὶ ἄπειρον πῦρ ἐποίησεν οὐδὲ γῆν τῶν φυσιολόγων, ἀλλ'
ἢ ὕδωρ ἢ ἀέρα ἢ τὸ μέσον αὐτῶν, ὅτι τόπος ἑκατέρου δῆλος ἦν
διωρισμένος, ταῦτα δ' ἐπαμφοτερίζει τῷ ἄνω καὶ κάτω.⟩
205ᵇ   Ἀναξαγόρας δ'
2 ἀτόπως λέγει περὶ τῆς τοῦ ἀπείρου μονῆς· στηρίζειν γὰρ
αὐτὸ αὐτό φησιν τὸ ἄπειρον· τοῦτο δέ, ὅτι ἐν αὐτῷ (ἄλλο
γὰρ οὐδὲν περιέχειν), ὡς ὅπου ἄν τι ᾖ, πεφυκὸς ἐνταῦθα εἶ-
5 ναι. τοῦτο δ' οὐκ ἀληθές· εἴη γὰρ ἄν τί που βίᾳ καὶ οὐχ οὗ
πέφυκεν. εἰ οὖν ὅτι μάλιστα μὴ κινεῖται τὸ ὅλον (τὸ γὰρ
αὐτῷ στηριζόμενον καὶ ἐν αὐτῷ ὂν ἀκίνητον εἶναι ἀνάγκη),
ἀλλὰ διὰ τί οὐ πέφυκε κινεῖσθαι, λεκτέον. οὐ γὰρ ἱκανὸν τὸ

205ᵃ 29-32 = 1067ᵃ 20-23

ᵃ 18 αὐτῇ E¹   οὐ...19 στήσεται ΛΜΡ: om. E   19 ἀνόμοιον
ΠΜ: ἀνομοειδὲς S   20 πᾶν ΛΜΡ: ἅπαν E   21 τῷ ΛΜ:
τοῦ E   22 ἔσται ΛΜ: ἐστιν E   πεπερασμένα μὲν οὖν EFMP:
καὶ πεπερασμένα μὲν IJ   23 εἰ] ἢ J   25 καθάπερ...πρότερον
om. EM   καὶ...29 κάτω hic ΠΡΣΤ: post ᵇ 1 εἶναι ponenda ci.
Pacius: ante καὶ lacunam statuit Hayduck   30 ἁπλᾶ ΛΜΡS:
τὰ ἁπλᾶ E   ἔσται post στοιχεῖα F   31 καὶ alt. ΛΜ:
ὥστε καὶ EV   ἀναγκαῖον πεπεράνθαι M: om. E: πεπεράνθαι om. V¹
34 σῶμα EPT: σῶμα ἅμα Λ   οὐδ' ΛΡΣΤ: om. E   35 ἔτι EP:
om. Λ   25 τοῦτο θεὶς E¹   26 ἓν καὶ ἄπειρον EIJP: ἄπειρον καὶ
ἐν F: ἄπειρον T   27 ἢ pr. om. E²T   ᵇ 3 αὐτό] αὐτᾷ E² et ut
vid. T   4 οὐδὲ E   περιέχειν T et ut vid. PS, Bonitz: περιέχει Π
εἶναι ΛΡS: ὂν E   6 κινῆται J   γὰρ] γὰρ ἐν ΛΡS

οὕτως εἰπόντα ἀπηλλάχθαι· εἴη γὰρ ἂν καὶ ὅτι οὐκ ἔχει ἀλλαχῇ
κινεῖσθαι οὐ κινούμενον, ἀλλὰ πεφυκέναι οὐδὲν κωλύει· ἐπεὶ καὶ 10
ἡ γῆ οὐ φέρεται, οὐδ' εἰ ἄπειρος ἦν, εἰργμένη μέντοι ὑπὸ τοῦ μέ-
σου· ἀλλ' οὐχ ὅτι οὐκ ἔστιν ἄλλο οὗ ἐνεχθήσεται, μείνειεν
ἄν [ἐπὶ τοῦ μέσου], ἀλλ' ὅτι πέφυκεν οὕτω. καίτοι ἐξείη ἂν
λέγειν ὅτι στηρίζει αὐτήν. εἰ οὖν μηδ' ἐπὶ τῆς γῆς τοῦτο αἴ-
τιον ἀπείρου οὔσης, ἀλλ' ὅτι βάρος ἔχει, τὸ δὲ βαρὺ μένει 15
ἐπὶ τοῦ μέσου, ἡ δὲ γῆ ἐπὶ τοῦ μέσου, ὁμοίως ἂν καὶ τὸ ἄπει-
ρον μένοι ἐν αὐτῷ διά τιν' ἄλλην αἰτίαν, καὶ οὐχ ὅτι ἄπει-
ρον καὶ στηρίζει αὐτὸ ἑαυτό. ἅμα δὲ δῆλον ὅτι κἂν ὁτιοῦν
μέρος δέοι μένειν· ὡς γὰρ τὸ ἄπειρον ἐν ἑαυτῷ μένει στη-
ρίζον, οὕτως κἂν ὁτιοῦν ληφθῇ μέρος ἐν ἑαυτῷ μενεῖ· τοῦ 20
γὰρ ὅλου καὶ τοῦ μέρους ὁμοειδεῖς οἱ τόποι, οἷον ὅλης γῆς
καὶ βώλου κάτω καὶ παντὸς πυρὸς καὶ σπινθῆρος ἄνω. ὥστε
εἰ τοῦ ἀπείρου τόπος τὸ ἐν αὐτῷ, καὶ τοῦ μέρους ὁ αὐτός.
μενεῖ ἄρα ἐν ἑαυτῷ.   24

ὅλως δὲ φανερὸν ὅτι ἀδύνατον ἄπειρον 24
ἅμα λέγειν σῶμα καὶ τόπον τινὰ εἶναι τοῖς σώμασιν, 25
εἰ πᾶν σῶμα αἰσθητὸν ἢ βάρος ἔχει ἢ κουφότητα, καὶ εἰ
μὲν βαρύ, ἐπὶ τὸ μέσον ἔχει τὴν φορὰν φύσει, εἰ δὲ κοῦ-
φον, ἄνω· ἀνάγκη γὰρ καὶ τὸ ἄπειρον, ἀδύνατον δὲ ἢ
ἅπαν ὁποτερονοῦν ἢ τὸ ἥμισυ ἑκάτερον πεπονθέναι· πῶς γὰρ
διελεῖς; ἢ πῶς τοῦ ἀπείρου ἔσται τὸ μὲν ἄνω τὸ δὲ κάτω, 30
ἢ ἔσχατον καὶ μέσον; ἔτι πᾶν σῶμα αἰσθητὸν ἐν τόπῳ, τόπου
δὲ εἴδη καὶ διαφοραὶ τἄνω καὶ κάτω καὶ ἔμπροσθεν καὶ
ὄπισθεν καὶ δεξιὸν καὶ ἀριστερόν· καὶ ταῦτα οὐ μόνον πρὸς
ἡμᾶς καὶ θέσει, ἀλλὰ καὶ ἐν αὐτῷ τῷ ὅλῳ διώρισται.

205ᵇ 24–206ᵃ 7 = 1067ᵃ 23-33

ᵇ 9-10 ὅτι ... κινεῖσθαι EPST : ὁτιοῦν ἄλλο Λ   11 εἰργμένη
ΛΡ : ἠργμένη fecit E   ὑπὸ S : ἀπὸ Π   12 μείνη F : μένειεν IJ
13 ἐπὶ τοῦ μέσου om. E et fort. S   ὅτι E¹VT : ὅτι οὐ E²Λ   λέγειν
ἂν I   16 ἡ ... μέσου om. I   17 ἐν EFS : ἂν ἐν IJ   τινα
fecit E²   18 ἑαυτό E¹FPS : αὐτό J² : αὐτῷ E²J¹ et ut vid. T :
αὐτῷ I   20 μένει EFS   23 τὸ ἐν αὐτῷ ΛS : om. E   24 μένει
E   ἄπειρον ἅμα ES : ἅμα ἄπειρον IJM : ἅμα F : τὸ ἄπειρον ἅμα P
28 ἄπειρον σῶμα, ἀδύνατον IJ   ἢ ἅπαν] εἶναι πᾶν corr. E : ἢ πᾶν
MS   30 διέλης fecit E   τὸ μὲν ἄνω ἔσται I   31 καὶ
MVPS : ἢ Π   32 τἄνω καὶ κάτω om. J¹   καὶ alt.] τὸ IJ² : καὶ
τὸ F   καὶ ἔμπροσθεν ET : καὶ τὸ ἔμπροσθεν F : τὸ πρόσθεν IJ
34 θέσει ἐστὶν ἀλλὰ E²IJ

E

35 ἀδύνατον δ' ἐν τῷ ἀπείρῳ εἶναι ταῦτα. ἁπλῶς δ' εἰ ἀδύνατον
206ᵃ τόπον ἄπειρον εἶναι, ἐν τόπῳ δὲ πᾶν σῶμα, ἀδύνατον ἄπει-
ρον [τι] εἶναι σῶμα. ἀλλὰ μὴν τό γε ποὺ ἐν τόπῳ, καὶ τὸ
ἐν τόπῳ πού. εἰ οὖν μηδὲ ποσὸν οἷόν τ' εἶναι τὸ ἄπειρον—πο-
σὸν γὰρ τὶ ἔσται, οἷον δίπηχυ ἢ τρίπηχυ· ταῦτα γὰρ ση-
5 μαίνει τὸ ποσόν—οὕτω καὶ τὸ ἐν τόπῳ ὅτι πού, τοῦτο δὲ ἢ
ἄνω ἢ κάτω ἢ ἐν ἄλλῃ τινὶ διαστάσει τῶν ἕξ, τούτων δ'
ἕκαστον πέρας τί ἐστιν. ὅτι μὲν οὖν ἐνεργείᾳ οὐκ ἔστι σῶμα
ἄπειρον, φανερὸν ἐκ τούτων.
   Ὅτι δ' εἰ μὴ ἔστιν ἄπειρον ἁπλῶς, πολλὰ ἀδύνατα 6
10 συμβαίνει, δῆλον. τοῦ τε γὰρ χρόνου ἔσται τις ἀρχὴ καὶ τε-
λευτή, καὶ τὰ μεγέθη οὐ διαιρετὰ εἰς μεγέθη, καὶ ἀριθμὸς
οὐκ ἔσται ἄπειρος. ὅταν δὲ διωρισμένων οὕτως μηδετέρως φαί-
νηται ἐνδέχεσθαι, διαιτητοῦ δεῖ, καὶ δῆλον ὅτι πὼς μὲν ἔστιν
πὼς δ' οὔ. λέγεται δὴ τὸ εἶναι τὸ μὲν δυνάμει τὸ δὲ ἐντε-
15 λεχείᾳ, καὶ τὸ ἄπειρον ἔστι μὲν προσθέσει ἔστι δὲ καὶ διαι-
ρέσει. τὸ δὲ μέγεθος ὅτι μὲν κατ' ἐνέργειαν οὐκ ἔστιν ἄπειρον,
εἴρηται, διαιρέσει δ' ἐστίν· οὐ γὰρ χαλεπὸν ἀνελεῖν τὰς ἀτό-
μους γραμμάς· λείπεται οὖν δυνάμει εἶναι τὸ ἄπειρον. οὐ δεῖ
δὲ τὸ δυνάμει ὂν λαμβάνειν, ὥσπερ εἰ δυνατὸν τοῦτ' ἀνδρι-
20 άντα εἶναι, ὡς καὶ ἔσται τοῦτ' ἀνδριάς, οὕτω καὶ ἄπειρον
ὃ ἔσται ἐνεργείᾳ· ἀλλ' ἐπεὶ πολλαχῶς τὸ εἶναι, ὥσπερ ἡ
ἡμέρα ἔστι καὶ ὁ ἀγὼν τῷ ἀεὶ ἄλλο καὶ ἄλλο γίγνεσθαι,
οὕτω καὶ τὸ ἄπειρον (καὶ γὰρ ἐπὶ τούτων ἔστι καὶ δυνάμει
καὶ ἐνεργείᾳ· Ὀλύμπια γὰρ ἔστι καὶ τῷ δύνασθαι τὸν ἀγῶνα
25 γίγνεσθαι καὶ τῷ γίγνεσθαι)· ἄλλως δ' ἔν τε τῷ χρόνῳ δῆλον
[τὸ ἄπειρον] καὶ ἐπὶ τῶν ἀνθρώπων, καὶ ἐπὶ τῆς διαιρέσεως

ᵇ 35 ἀπείρῳ σώματι εἶναι EMVPS   εἰ om. E   206ᵃ 1 τὸ
τόπον I   ἄπειρον εἶναι EMS : εἶναι ἄπειρον ΛP   πᾶν ΛPS : πᾶν
τὸ E   2 τι εἶναι EF : εἶναί τι IP : εἶναι ST   3 πόσον γὰρ Λ
4 δίπηχυ ἢ τρίπηχυ ΛVPST : τρίπηχυ ἢ δίπηχυ E   5 καὶ τὸ ΛS :
καὶ E : οὐδὲ Bonitz   ἐν ΛST : om. E   ἢ om. F   6 ἄνω ἢ κάτω
ΛMVST : κάτω ἢ ἄνω E   τοῦ E   7 οὐκ ἔστι σῶμα EFS : σῶμα
οὐκ ἔστιν IJ   8 τούτων] τῶν εἰρημένων F   9 ἁπλῶς] μηδὲ ἄλλως
P¹ : μηδαμῶς Pᵖ   11 εἰς μέγεθος Λ   12 διωρισμένων οὕτως
E²ΛP : ὡρίσωμεν οὕτως καὶ E¹   φαίνεται F   14 δὴ] δὲ F   τὸ
pr. om. S   15 καὶ alt. om. F   διαιρέσει E¹FJ²PST : ἀφαιρέσει
E²IJ¹V   17 αὐτομάτους F   19 τουτὶ S   20 τοῦτ' ΛS : om. E
καὶ ἄπειρον EP : καὶ ἄπειρόν τι F : τι καὶ ἄπειρον IJS   21 ἢ om.
EIJ   22 ἔστι om. S   23-5 καὶ γὰρ . . . τᾷ γίγνεσθαι ΛP :
om. E   23 καὶ ult. om. F   25 ἄλλως δ' ΛS : καὶ ἄλλως δὲ
P : καὶ ἄλλως τε E   τε EIS : om. FJ   26 τὸ ἄπειρον ΛP : om. E

τῶν μεγεθῶν.   ὅλως μὲν γὰρ οὕτως ἔστιν τὸ ἄπειρον, τῷ ἀεὶ
ἄλλο καὶ ἄλλο λαμβάνεσθαι, καὶ τὸ λαμβανόμενον μὲν
ἀεὶ εἶναι πεπερασμένον, ἀλλ' ἀεί γε ἕτερον καὶ ἕτερον·
[ἔτι τὸ εἶναι πλεοναχῶς λέγεται, ὥστε 29ᵃ
τὸ ἄπειρον οὐ δεῖ λαμβάνειν ὡς τόδε τι, οἷον ἄνθρωπον ἢ 30
οἰκίαν, ἀλλ' ὡς ἡ ἡμέρα λέγεται καὶ ὁ ἀγών, οἷς τὸ εἶναι
οὐχ ὡς οὐσία τις γέγονεν, ἀλλ' ἀεὶ ἐν γενέσει ἢ φθορᾷ,
πεπερασμένον, ἀλλ' ἀεί γε ἕτερον καὶ ἕτερον·] ἀλλ' ἐν
τοῖς μεγέθεσιν ὑπομένοντος τοῦ ληφθέντος [τοῦτο συμβαί- 206ᵇ
νει], ἐπὶ δὲ τοῦ χρόνου καὶ τῶν ἀνθρώπων φθειρομένων οὕτως ὥστε
μὴ ἐπιλείπειν.   3

τὸ δὲ κατὰ πρόσθεσιν τὸ αὐτό ἐστί πως καὶ 3
τὸ κατὰ διαίρεσιν· ἐν γὰρ τῷ πεπερασμένῳ κατὰ πρόσθε-
σιν γίγνεται ἀντεστραμμένως· ᾗ γὰρ διαιρούμενον ὁρᾶται εἰς 5
ἄπειρον, ταύτῃ προστιθέμενον φανεῖται πρὸς τὸ ὡρισμένον.
ἐν γὰρ τῷ πεπερασμένῳ μεγέθει ἂν λαβών τις ὡρισμένον
προσλαμβάνῃ τῷ αὐτῷ λόγῳ, μὴ τὸ αὐτό τι τοῦ ὅλου μέγεθος
περιλαμβάνων, οὐ διέξεισι τὸ πεπερασμένον· ἐὰν δ' οὕ-
τως αὔξῃ τὸν λόγον ὥστε ἀεί τι τὸ αὐτὸ περιλαμβάνειν μέ- 10
γεθος, διέξεισι, διὰ τὸ πᾶν πεπερασμένον ἀναιρεῖσθαι
ὁτῳοῦν ὡρισμένῳ.   ἄλλως μὲν οὖν οὐκ ἔστιν, οὕτως δ' ἔστι τὸ
ἄπειρον, δυνάμει τε καὶ ἐπὶ καθαιρέσει (καὶ ἐντελεχείᾳ δὲ
ἔστιν, ὡς τὴν ἡμέραν εἶναι λέγομεν καὶ τὸν ἀγῶνα)· καὶ δυ-
νάμει οὕτως ὡς ἡ ὕλη, καὶ οὐ καθ' αὑτό, ὡς τὸ πεπερασμέ- 15
νον.   καὶ κατὰ πρόσθεσιν δὴ οὕτως ἄπειρον δυνάμει ἔστιν, ὃ

ᵃ 28 καὶ ... τὸ Ε²ΛΡS: ἄλλο Ε¹   μὲν ἀεὶ πεπερασμένον εἶναι
ΛSᴾ: μὲν ἀεὶ πεπερασμένον Sᶜ: εἶναι μὲν ἀεὶ πεπερασμένον Ρ   29ᵃ ἔτι
(ὅτι Ε²) ... λέγεται ΕVΡS: om. Λ γρ. Α γρ. Ρ γρ. S   ὥστε ...
33 ἕτερον ΠΡS: om. γρ. Α γρ. Ρ γρ. S   30 τὸ] τὸ ἐπ' S   οὐδεὶς
λαμβάνει Ε   31 ἢ IJST: om. EF   οἷς] ᾇ fecit E   32 τις
om.   ἢ F²IJS: καὶ EF¹   33 πεπερασμένον IJS: εἰ
πεπερασμένον fecit Ε: εἰ καὶ πεπερασμένον F   γε ΕΙJSᴾ: om. FSᶜ
ἐν ΕΙΡ: ἐν μὲν FJ   ᵇ 1 τοῦτο συμβαίνει ΛΡ: om. Ε   2 τοῦ ...
ἀνθρώπων ΕΡ: τῶν ἀνθρώπων καὶ τοῦ χρόνου Λ   οὕτως Ε²ΛS: om.
Ε¹   3 ἐπιλείπειν Ε¹S: ὑπολείπειν Ε²Λ   ἐστί πως ΕΡ: πῶς
ἐστι S: πῶς ἐστι Λ   4 κατὰ alt.] τὸ κατὰ Laas   6 αὕτη Ε¹
7 ἐν γὰρ ΛVΡST: ἐὰν ἐν Ε   ἂν ΛΡ: om. Ε   τις ΛΡ: τί Ε
8 τι sup. lin. Ε¹   τοῦ ὅλου μέγεθος FS: μέγεθος τῷ ὅλῳ Ε¹:
μέγεθος τῷ λόγῳ Ε²IJΡ: τοῦ λόγου μέρος γρ. S   9 διέξεισι fecit Ε
τὸ om. F   11 πᾶν] πᾶν τὸ IJ   12 ἄλλως ... ἔστιν ΛΡ: om. Ε
13 καὶ ἐπὶ καθαιρέσει secl. Stölzle   δὲ ἔστιν ΛS: ἐντελεχείᾳ δὲ ἐστίν
Prantl   14 λέγομεν εἶναι F   15 ὡς τὸ om. ΕΡS

ταὐτὸ λέγομεν τρόπον τινὰ εἶναι τῷ κατὰ διαίρεσιν· ἀεὶ μὲν
γάρ τι ἔξω ἔσται λαμβάνειν, οὐ μέντοι ὑπερβαλεῖ
παντὸς μεγέθους, ὥσπερ ἐπὶ τὴν διαίρεσιν ὑπερ-
20 βάλλει παντὸς ὡρισμένου καὶ ἀεὶ ἔσται ἔλαττον. ὥστε δὲ παν-
τὸς ὑπερβάλλειν κατὰ τὴν πρόσθεσιν, οὐδὲ δυνάμει οἷόν τε
εἶναι, εἴπερ μὴ ἔστι κατὰ συμβεβηκὸς ἐντελεχείᾳ ἄπειρον,
ὥσπερ φασὶν οἱ φυσιολόγοι τὸ ἔξω σῶμα τοῦ κόσμου, οὗ ἡ
οὐσία ἢ ἀὴρ ἢ ἄλλο τι τοιοῦτον, ἄπειρον εἶναι. ἀλλ᾽ εἰ μὴ
25 οἷόν τε εἶναι ἄπειρον ἐντελεχείᾳ σῶμα αἰσθητὸν οὕτω, φανε-
ρὸν ὅτι οὐδὲ δυνάμει ἂν εἴη κατὰ πρόσθεσιν, ἀλλ᾽ ἢ ὥσπερ
εἴρηται ἀντεστραμμένως τῇ διαιρέσει, ἐπεὶ καὶ Πλάτων διὰ
τοῦτο δύο τὰ ἄπειρα ἐποίησεν, ὅτι καὶ ἐπὶ τὴν αὔξην δοκεῖ
ὑπερβάλλειν καὶ εἰς ἄπειρον ἰέναι καὶ ἐπὶ τὴν καθαίρεσιν.
30 ποιήσας μέντοι δύο οὐ χρῆται· οὔτε γὰρ ἐν τοῖς ἀριθμοῖς τὸ
ἐπὶ τὴν καθαίρεσιν ἄπειρον ὑπάρχει (ἡ γὰρ μονὰς ἐλάχι-
στον), οὔτε ⟨τὸ⟩ ἐπὶ τὴν αὔξην (μέχρι γὰρ δεκάδος ποιεῖ τὸν ἀριθ-
33 μόν).

33   συμβαίνει δὲ τοὐναντίον εἶναι ἄπειρον ἢ ὡς λέγουσιν.
207ᵃ οὐ γὰρ οὗ μηδὲν ἔξω, ἀλλ᾽ οὗ ἀεί τι ἔξω ἐστί, τοῦτο ἄπειρόν
ἐστιν. σημεῖον δέ· καὶ γὰρ τοὺς δακτυλίους ἀπείρους λέγουσι
τοὺς μὴ ἔχοντας σφενδόνην, ὅτι αἰεί τι ἔξω ἐστι λαμβάνειν,
καθ᾽ ὁμοιότητα μέν τινα λέγοντες, οὐ μέντοι κυρίως· δεῖ
5 γὰρ τοῦτό τε ὑπάρχειν καὶ μηδέ ποτε τὸ αὐτὸ λαμβά-
νεσθαι· ἐν δὲ τῷ κύκλῳ οὐ γίγνεται οὕτως, ἀλλ᾽ αἰεὶ τὸ
ἐφεξῆς μόνον ἕτερον. ἄπειρον μὲν οὖν ἐστιν οὗ κατὰ τὸ ποσὸν
λαμβάνουσιν αἰεί τι λαμβάνειν ἔστιν ἔξω. οὗ δὲ μηδὲν ἔξω,
τοῦτ᾽ ἔστι τέλειον καὶ ὅλον· οὕτω γὰρ ὁριζόμεθα τὸ ὅλον, οὗ
10 μηδὲν ἄπεστιν, οἷον ἄνθρωπον ὅλον ἢ κιβώτιον. ὥσπερ δὲ

ᵇ 17 εἶναι τρόπον τινὰ F   18 τι EPS : τι αὐτοῦ Λ   ἐστὶ
F   ὑπερβάλλει ΛΡ   19 παντὸς EPST : παντὸς ὡρισμένου ΛV
an ὑπερβαλεῖ?   20 ἀεὶ EV : om. Λ   21 τὴν om. F   22 ἔσται
E   23 ὥς J¹   ἔξωθεν E   24 ἢ pr. et εἶναι om. FI   25 εἶναι
ἄπειρον om. E   28 δύο τὰ ἄπειρα EPT : ἄπειρα δύο Λ   καὶ
om. F   29 καὶ alt. om. F   32 τὸ PST, Bywater : om. Π
ἐπὶ] περὶ E   γὰρ om. F   33 ἄπειρον εἶναι ST   ἢ ΛPST :
om. E   207ᵃ 3 τι FIPS : τι ἄλλο ET : om. J   ἔξω λαμβάνειν
ἐστι E : ἔστιν ἔξω λαμβάνειν IJ   7 οὖν τοῦτ᾽ ἐστιν ΛΡ   τὸ
E²IJS : om. EIFPT   8 λαβεῖν E²ΛT : om. S   οὗ πρὸς τὰ
μέρη μηθὲν ἄπεστιν ἔξω I   10 ὅλον post κιβώτιον F   κιβώτιον
ΛST : κιβωτόν E   δὲ om. F : δὲ καὶ E

τὸ καθ' ἕκαστον, οὕτω καὶ τὸ κυρίως, οἷον τὸ ὅλον οὗ μηδέν
ἐστιν ἔξω· οὗ δ' ἔστιν ἀπουσία ἔξω, οὐ πᾶν, ὅ τι ἂν ἀπῇ.
ὅλον δὲ καὶ τέλειον ἢ τὸ αὐτὸ πάμπαν ἢ σύνεγγυς τὴν
φύσιν. τέλειον δ' οὐδὲν μὴ ἔχον τέλος· τὸ δὲ τέλος
πέρας. διὸ βέλτιον οἰητέον Παρμενίδην Μελίσσου εἰρηκέναι· 15
ὁ μὲν γὰρ τὸ ἄπειρον ὅλον φησίν, ὁ δὲ τὸ ὅλον πεπεράν-
θαι, " μεσσόθεν ἰσοπαλές ". οὐ γὰρ λίνον λίνῳ συνάπτειν ἐστὶν
τῷ ἅπαντι καὶ ὅλῳ τὸ ἄπειρον, ἐπεὶ ἐντεῦθέν γε λαμβά-
νουσι τὴν σεμνότητα κατὰ τοῦ ἀπείρου, τὸ πάντα περιέχειν
καὶ τὸ πᾶν ἐν ἑαυτῷ ἔχειν, διὰ τὸ ἔχειν τινὰ ὁμοιότητα 20
τῷ ὅλῳ. ἔστι γὰρ τὸ ἄπειρον τῆς τοῦ μεγέθους τελειότητος
ὕλη καὶ τὸ δυνάμει ὅλον, ἐντελεχείᾳ δ' οὔ, διαιρετὸν δ' ἐπί
τε τὴν καθαίρεσιν καὶ τὴν ἀντεστραμμένην πρόσθεσιν, ὅλον
δὲ καὶ πεπερασμένον οὐ καθ' αὑτὸ ἀλλὰ κατ' ἄλλο· καὶ
οὐ περιέχει ἀλλὰ περιέχεται, ᾗ ἄπειρον. διὸ καὶ ἄγνωστον 25
ᾗ ἄπειρον· εἶδος γὰρ οὐκ ἔχει ἡ ὕλη. ὥστε φανερὸν ὅτι
μᾶλλον ἐν μορίου λόγῳ τὸ ἄπειρον ἢ ἐν ὅλου· μόριον γὰρ
ἡ ὕλη τοῦ ὅλου ὥσπερ ὁ χαλκὸς τοῦ χαλκοῦ ἀνδριάντος,
ἐπεὶ εἴ γε περιέχει ἐν τοῖς αἰσθητοῖς, καὶ ἐν τοῖς νοητοῖς τὸ
μέγα καὶ τὸ μικρὸν ἔδει περιέχειν τὰ νοητά. ἄτοπον δὲ 30
καὶ ἀδύνατον τὸ ἄγνωστον καὶ ἀόριστον περιέχειν καὶ
ὁρίζειν.

7   Κατὰ λόγον δὲ συμβαίνει καὶ τὸ κατὰ πρόσθεσιν μὲν
μὴ εἶναι δοκεῖν ἄπειρον οὕτως ὥστε παντὸς ὑπερβάλλειν με-
γέθους, ἐπὶ τὴν διαίρεσιν δὲ εἶναι (περιέχεται γὰρ ἡ ὕλη 35
ἐντὸς καὶ τὸ ἄπειρον, περιέχει δὲ τὸ εἶδος)· εὐλόγως δὲ καὶ 207^b
τὸ ἐν μὲν τῷ ἀριθμῷ εἶναι ἐπὶ μὲν τὸ ἐλάχιστον πέρας ἐπὶ δὲ

^a 12 ᾧ τι E   13 τὸ ὅλον ΛST   ἢ alt.] ἢ τὸ E   14 φύσιν]
φύσιν ἐστίν Λ   16 τὸ ἄπειρον ΠS : ἄπειρον τὸ Bonitz et fort. PT
17 συνάπτειν ἐστὶ EPS : ἔστι συνάπτειν Λ   18 γε] δὴ I   19 σεμ-
νότητα fecit E   πᾶν E² : περιέχειν ET : περιέχον Λ   20 καὶ . . .
ἑαυτῷ ΛT : om. EV   ἔχειν T, Bonitz : ἔχον Λ : om. EV   21 τοῦ
sup. lin. E¹   22 ὕλη ΠPT : ἡ ὕλη S   διαιρετὸν . . . 24
ἄλλο ΠPST : secl. Stölzle   23 ἀνεστραμμένην E¹   25 οὐ . . .
περιέχεται FJ²VPST : οὐχ ὑπερέχει ἀλλὰ ὑπερέχεται EIJ¹   26 ᾗ
ἄπειρον EIJP : om. FT   27 ὅλω EF¹   29 περιέχει ΛPPT :
περιέχοι E   ἐν alt. om. I   31 τὸ om. E   καὶ alt. EP : καὶ
τὸ ΛS   33 μὲν] ὡς F   34 οὕτως ἄπειρον F   35 ἡ ES :
ὡς ἡ Λ   ^b 1 καὶ pr. ΛV : om. E   2 ἐν EI   μὲν ΛPST : om. E
μὲν om. ΛP¹T

τὸ πλεῖον ἀεὶ παντὸς ὑπερβάλλειν πλήθους, ἐπὶ δὲ τῶν
μεγεθῶν τοὐναντίον ἐπὶ μὲν τὸ ἔλαττον παντὸς ὑπερβάλλειν
5 μεγέθους ἐπὶ δὲ τὸ μεῖζον μὴ εἶναι μέγεθος ἄπειρον. αἴτιον
δ᾽ ὅτι τὸ ἕν ἐστιν ἀδιαίρετον, ὅ τι περ ἂν ἐν ᾖ (οἷον ἄνθρωπος
εἷς ἄνθρωπος καὶ οὐ πολλοί), ὁ δ᾽ ἀριθμός ἐστιν ἕνα πλείω καὶ
πόσ᾽ ἄττα, ὥστ᾽ ἀνάγκη στῆναι ἐπὶ τὸ ἀδιαίρετον (τὸ γὰρ τρία
καὶ δύο παρώνυμα ὀνόματά ἐστιν, ὁμοίως δὲ καὶ τῶν ἄλλων
10 ἀριθμῶν ἕκαστος), ἐπὶ δὲ τὸ πλεῖον ἀεὶ ἔστι νοῆσαι· ἄπειροι
γὰρ αἱ διχοτομίαι τοῦ μεγέθους. ὥστε δυνάμει μὲν ἔστιν,
ἐνεργείᾳ δ᾽ οὔ· ἀλλ᾽ ἀεὶ ὑπερβάλλει τὸ λαμβανόμενον παν-
τὸς ὡρισμένου πλήθους. ἀλλ᾽ οὐ χωριστὸς ὁ ἀριθμὸς οὗτος
[τῆς διχοτομίας], οὐδὲ μένει ἡ ἀπειρία ἀλλὰ γίγνεται, ὥσπερ
15 καὶ ὁ χρόνος καὶ ὁ ἀριθμὸς τοῦ χρόνου. ἐπὶ δὲ τῶν μεγε-
θῶν τοὐναντίον ἐστί· διαιρεῖται μὲν γὰρ εἰς ἄπειρα τὸ συνε-
χές, ἐπὶ δὲ τὸ μεῖζον οὐκ ἔστιν ἄπειρον. ὅσον γὰρ ἐνδέχε-
ται δυνάμει εἶναι, καὶ ἐνεργείᾳ ἐνδέχεται τοσοῦτον εἶναι.
ὥστε ἐπεὶ ἄπειρον οὐδέν ἐστι μέγεθος αἰσθητόν, οὐκ ἐνδέχεται
20 παντὸς ὑπερβολὴν εἶναι ὡρισμένου μεγέθους· εἴη γὰρ ἄν τι
τοῦ οὐρανοῦ μεῖζον. τὸ δ᾽ ἄπειρον οὐ ταὐτὸν ἐν μεγέθει καὶ
κινήσει καὶ χρόνῳ, ὡς μία τις φύσις, ἀλλὰ τὸ ὕστερον
λέγεται κατὰ τὸ πρότερον, οἷον κίνησις μὲν ὅτι τὸ μέγεθος
ἐφ᾽ οὗ κινεῖται ἢ ἀλλοιοῦται ἢ αὐξάνεται, ὁ χρόνος δὲ διὰ
25 τὴν κίνησιν. νῦν μὲν οὖν χρώμεθα τούτοις, ὕστερον δὲ
ἐροῦμεν καὶ τί ἐστιν ἕκαστον, καὶ διότι πᾶν μέγεθος
27 εἰς μεγέθη διαιρετόν.

27   οὐκ ἀφαιρεῖται δ᾽ ὁ λόγος οὐδὲ τοὺς
μαθηματικοὺς τὴν θεωρίαν, ἀναιρῶν οὕτως εἶναι ἄπειρον

207ᵇ 21-5 = 1067ᵃ 33-7

ᵇ 3 τὸ πλεῖον EFT : τὸ πλείω J : τὰ πλείω I   πάντως J   δὲ
om. F   4 ἐλάχιστον F   6 περ ΛΡ : om. E   ἐν fecit E¹
7 εἷς ἄνθρωπος om. I   ἕνα E¹FS : ἑνὸς IJP et fecit E   8 τὸ alt.
ET : τὰ ΛΡS   τρία καὶ δύο EPS : δύο καὶ τρία ΛVT   9 παρώνυμα
E²ΛPS : om. E¹   10 ἐπὶ ΛΡ : ἐπεὶ E   13 πλήθους] μεγέθους I
οὗτος ὁ ἀριθμὸς IJPS   14 τῆς διχοτομίας seclusi, om. PS : τοῦ
τῆς διχοτομίας E : ταύτης διχοτομίας V   ἀλλὰ] ἀλλ᾽ ἀεὶ VPS
18 εἶναι τοσοῦτον F   20 τις J   21 τὸ δ᾽ E²ΛMPS : δὲ τὸ
E¹   κινήσει καὶ μεγέθει F   23 τὸ om. J¹   τὸ E¹VS : πρότερον
E²Λ   26 ἐροῦμεν EV et ut vid. T : πειρασόμεθα λέγειν Λ   τί
ἐστιν ΛS : ὅτι E   28 μαθηκτικοὺς E   an ⟨τὸ⟩ οὕτως ?   οὕτως
εἶναι FIP : μὴ εἶναι οὕτως EV : οὕτω μὴ εἶναι J   ἄπειρον] τὸ ἄπειρον
FIT : τι ἄπειρον P

ὥστε ἐνεργείᾳ εἶναι ἐπὶ τὴν αὔξησιν ἀδιεξίτητον· οὐδὲ γὰρ
νῦν δέονται τοῦ ἀπείρου (οὐ γὰρ χρῶνται), ἀλλὰ μόνον εἶναι ὅσην 30
ἂν βούλωνται πεπερασμένην· τῷ δὲ μεγίστῳ μεγέθει
τὸν αὐτὸν ἔστι τετμῆσθαι λόγον ὁπηλικονοῦν μέγεθος ἕτερον.
ὥστε πρὸς μὲν τὸ δεῖξαι ἐκείνοις οὐδὲν διοίσει τὸ [δ'] εἶναι ἐν
τοῖς οὖσιν μεγέθεσιν.   34
                    ἐπεὶ δὲ τὰ αἴτια διῄρηται τετρα- 34
χῶς, φανερὸν ὅτι ὡς ὕλη τὸ ἄπειρον αἴτιόν ἐστι, καὶ ὅτι 35
τὸ μὲν εἶναι αὐτῷ στέρησις, τὸ δὲ καθ' αὑτὸ ὑποκείμενον 208ᵃ
τὸ συνεχὲς καὶ αἰσθητόν. φαίνονται δὲ πάντες καὶ οἱ ἄλ-
λοι ὡς ὕλῃ χρώμενοι τῷ ἀπείρῳ· διὸ καὶ ἄτοπον τὸ περι-
έχον ποιεῖν αὐτὸ ἀλλὰ μὴ περιεχόμενον.

8   Λοιπὸν δ' ἐπελθεῖν καθ' οὓς λόγους τὸ ἄπειρον εἶναι δο- 5
κεῖ οὐ μόνον δυνάμει ἀλλ' ὡς ἀφωρισμένον· τὰ μὲν γάρ
ἐστιν αὐτῶν οὐκ ἀναγκαῖα, τὰ δ' ἔχει τινὰς ἑτέρας ἀληθεῖς
ἀπαντήσεις. οὔτε γὰρ ἵνα ἡ γένεσις μὴ ἐπιλείπῃ, ἀναγκαῖον
ἐνεργείᾳ ἄπειρον εἶναι σῶμα αἰσθητόν· ἐνδέχεται γὰρ τὴν
θατέρου φθορὰν θατέρου εἶναι γένεσιν, πεπερασμένου ὄντος τοῦ 10
παντός. ἔτι τὸ ἅπτεσθαι καὶ τὸ πεπεράνθαι ἕτερον. τὸ μὲν
γὰρ πρός τι καὶ τινός (ἅπτεται γὰρ πᾶν τινός), καὶ τῶν πε-
περασμένων τινὶ συμβέβηκεν, τὸ δὲ πεπερασμένον οὐ πρός τι·
οὐδ' ἅψασθαι τῷ τυχόντι τοῦ τυχόντος ἔστιν. τὸ δὲ τῇ νοήσει
πιστεύειν ἄτοπον· οὐ γὰρ ἐπὶ τοῦ πράγματος ἡ ὑπεροχὴ καὶ ἡ 15
ἔλλειψις, ἀλλ' ἐπὶ τῆς νοήσεως. ἕκαστον γὰρ ἡμῶν νοήσειέν
ἄν τις πολλαπλάσιον ἑαυτοῦ αὔξων εἰς ἄπειρον· ἀλλ' οὐ
διὰ τοῦτο ἔξω [τοῦ ἄστεός] τίς ἐστιν [ἢ] τοῦ τηλικούτου μεγέθους

ᵇ 29 αὔξησιν EPT : αὔξην Λ   ἀδιεξίτητον EF²JT : ὡς ἀδιεξίτητον
F¹IVP   30 οὐ γὰρ EV et fort. ST : οὐδὲ F : οὐδὲ γὰρ IJ
31 βούλονται J   πεπερασμένην ΛP : τὴν πεπερασμένην E
33 ἐκείνοις EV : ἐκείνως ΛP   δ' seclusi: habent ΠPS   34 οὖσιν
E, litteris tribus deletis sequentibus : οὖσιν ἐστι FP : οὖσιν ἔσται IJS
μεγέθεσιν ΛPS : μεγέθεσιν οὐδέν ἐστιν ἀναγκαῖον EV, ἐστιν quidem
corr. in E   35 ὅτι] τι E   ἐστιν αἴτιον Bekker   208ᵃ 1 αὐτῶν
E   στέρησίς ἐστι τὸ ΛP   3 καὶ om. E   4 μὴ] μὴ τὸ ΛS
5 δ'] δεῖ VP   6 ἀφωρισμένον ΛVPT : ἀφωρισμένον ἐπελθεῖν E
7 ἑτέρας ἀληθεῖς EP : ἀληθεῖς ἑτέρας Λ : ἀληθεῖς T   8 ἡ ΛPT :
fecit E   ἐπιλείποι ἀνάγκη E   10 γένεσιν θατέρου εἶναι Λ   τοῦ om. F
12 τινός pr. ΛP : τινὸς ἅπτεται E   κἂν τῶν F   14 δὲ ΛPS : δὲ ἐπὶ E
16 ἂν ἡμῶν νοήσειε Λ   17 ἑαυτοῦ om. E   18 τοῦ ἄστεος ΠPST :
τοῦ ἀστέρος γρ. Eudemus : om. γρ. P, Diels   τί JS   ἢ ΠPST :
om. γρ. P, Diels   τηλικούτου E¹PS : τηλικοῦδε E²Λ

ΦΥΣΙΚΗΣ ΑΚΡΟΑΣΕΩΣ Γ–Δ

ὃ ἔχομεν, ὅτι νοεῖ τις, ἀλλ' ὅτι ἔστι· τοῦτο δὲ συμβέβηκεν.
20 ὁ δὲ χρόνος καὶ ἡ κίνησις ἄπειρά ἐστι καὶ ἡ νόησις οὐχ
ὑπομένοντος τοῦ λαμβανομένου. μέγεθος δὲ οὔτε τῇ καθαιρέ-
σει οὔτε τῇ νοητικῇ αὐξήσει ἔστιν ἄπειρον. ἀλλὰ περὶ μὲν
τοῦ ἀπείρου, πῶς ἔστι καὶ πῶς οὐκ ἔστι καὶ τί ἐστιν, εἴρηται.

Δ

Ὁμοίως δ' ἀνάγκη καὶ περὶ τόπου τὸν φυσικὸν ὥσπερ
καὶ περὶ ἀπείρου γνωρίζειν, εἰ ἔστιν ἢ μή, καὶ πῶς ἔστι, καὶ
τί ἐστιν. τά τε γὰρ ὄντα πάντες ὑπολαμβάνουσιν εἶναί που
30 (τὸ γὰρ μὴ ὂν οὐδαμοῦ εἶναι· ποῦ γάρ ἐστι τραγέλαφος ἢ
σφίγξ;) καὶ τῆς κινήσεως ἡ κοινὴ μάλιστα καὶ κυριωτάτη
32 κατὰ τόπον ἐστίν, ἣν καλοῦμεν φοράν.

32   ἔχει δὲ πολλὰς
ἀπορίας τί ποτ' ἐστὶν ὁ τόπος· οὐ γὰρ ταὐτὸν φαίνεται θεω-
ροῦσιν ἐξ ἁπάντων τῶν ὑπαρχόντων. ἔτι δ' οὐδ' ἔχομεν οὐδὲν
35 παρὰ τῶν ἄλλων οὔτε προηπορημένον οὔτε προηυπορημένον περὶ
208ᵇ 1 αὐτοῦ.

1   ὅτι μὲν οὖν ἔστιν ὁ τόπος, δοκεῖ δῆλον εἶναι ἐκ τῆς
ἀντιμεταστάσεως· ὅπου γὰρ ἔστι νῦν ὕδωρ, ἐνταῦθα ἐξελθόν-
τος ὥσπερ ἐξ ἀγγείου πάλιν ἀὴρ ἔνεστιν, ὁτὲ δὲ τὸν αὐτὸν
τόπον τοῦτον ἄλλο τι τῶν σωμάτων κατέχει· τοῦτο δὴ τῶν
5 ἐγγιγνομένων καὶ μεταβαλλόντων ἕτερον πάντων εἶναι δοκεῖ·
ἐν ᾧ γὰρ ἀὴρ ἔστι νῦν, ὕδωρ ἐν τούτῳ πρότερον ἦν, ὥστε δῆ-
λον ὡς ἦν ὁ τόπος τι καὶ ἡ χώρα ἕτερον ἀμφοῖν, εἰς ἣν
καὶ ἐξ ἧς μετέβαλον. ἔτι δὲ αἱ φοραὶ τῶν φυσικῶν σω-
μάτων καὶ ἁπλῶν, οἷον πυρὸς καὶ γῆς καὶ τῶν τοιούτων, οὐ
10 μόνον δηλοῦσιν ὅτι ἐστί τι ὁ τόπος, ἀλλ' ὅτι καὶ ἔχει τινὰ

ᵃ 21 ὑπολαμβανομένου J   22 νοητῇ F   ἄπειρον ΛΡ : om. E
23 τοῦ om. E
Tit. φυσικῆς ἀκροάσεως δ.   περὶ τόπου καὶ περὶ κενοῦ Ε : φυσικῶν δ
GI   27 περὶ EFJPS : περὶ τοῦ GI   29 πάντα Τ   30 μὴ]
τὸ μὴ Ε   μηδαμοῦ F   31 κοινὴ ΠS : πρώτη Eudemus γρ. S :
κοινὴ καὶ πρώτη γρ. S   καὶ om. F   33 τὰ αὐτὰ I   ᵇ 1 ἔστιν
ΛΡST : ἐστί τι ΕV   3 ἀὴρ ΛΡΤ : ἀὴρ ἐκεῖ Ε   ὁτὲ scripsi, legit ut
vid. P : ὅτε Π   4 τοῦτον τόπον I : τόπον FT   κατέχει om. Ε   δὴ
ΕΡ : δὲ ΛV   5 πάντων I   6 ἐν τούτῳ πρότερον ὕδωρ F
8 μετέβαλλον IJ : μετέβαλε S   δὲ] δὲ καὶ I : om. S   φοραὶ
FIJ²PS : διαφοραὶ EGJ¹   10 τίς G   ὅτι καὶ] καὶ ὅτι F : ὁ καὶ G

δύναμιν. φέρεται γὰρ ἕκαστον εἰς τὸν αὑτοῦ τόπον μὴ κω-
λυόμενον, τὸ μὲν ἄνω τὸ δὲ κάτω· ταῦτα δ᾽ ἐστὶ τόπου μέρη
καὶ εἴδη, τό τε ἄνω καὶ τὸ κάτω καὶ αἱ λοιπαὶ τῶν ἐξ
διαστάσεων. ἔστι δὲ τὰ τοιαῦτα οὐ μόνον πρὸς ἡμᾶς, τὸ ἄνω καὶ
κάτω καὶ δεξιὸν καὶ ἀριστερόν· ἡμῖν μὲν γὰρ οὐκ ἀεὶ τὸ 15
αὐτό, ἀλλὰ κατὰ τὴν θέσιν, ὅπως ἂν στραφῶμεν, γίγνεται
(διὸ καὶ ταὐτὸ πολλάκις δεξιὸν καὶ ἀριστερὸν καὶ ἄνω καὶ
κάτω καὶ πρόσθεν καὶ ὄπισθεν), ἐν δὲ τῇ φύσει διώρισται χωρὶς
ἕκαστον.· οὐ γὰρ ὅ τι ἔτυχέν ἐστι τὸ ἄνω, ἀλλ᾽ ὅπου φέρεται
τὸ πῦρ καὶ τὸ κοῦφον· ὁμοίως δὲ καὶ τὸ κάτω οὐχ ὅ τι ἔτυχεν, 20
ἀλλ᾽ ὅπου τὰ ἔχοντα βάρος καὶ τὰ γεηρά, ὡς οὐ τῇ θέσει
διαφέροντα μόνον ἀλλὰ καὶ τῇ δυνάμει. δηλοῖ δὲ καὶ τὰ
μαθηματικά· οὐκ ὄντα γὰρ ἐν τόπῳ ὅμως κατὰ τὴν θέσιν
τὴν πρὸς ἡμᾶς ἔχει δεξιὰ καὶ ἀριστερὰ ὡς τὰ μόνον
λεγόμενα διὰ θέσιν, οὐκ ἔχοντα φύσει τούτων ἕκαστον. ἔτι 25
οἱ τὸ κενὸν φάσκοντες εἶναι τόπον λέγουσιν· τὸ γὰρ κενὸν
τόπος ἂν εἴη ἐστερημένος σώματος. 27

ὅτι μὲν οὖν ἐστί τι ὁ τό- 27
πος παρὰ τὰ σώματα, καὶ πᾶν σῶμα αἰσθητὸν ἐν τόπῳ,
διὰ τούτων ἄν τις ὑπολάβοι· δόξειε δ᾽ ἂν καὶ Ἡσίοδος ὀρ-
θῶς λέγειν ποιήσας πρῶτον τὸ χάος. λέγει γοῦν "πάντων 30
μὲν πρώτιστα χάος γένετ᾽, αὐτὰρ ἔπειτα γαῖ᾽ εὐρύστερνος,"
ὡς δέον πρῶτον ὑπάρξαι χώραν τοῖς οὖσι, διὰ τὸ νομίζειν,
ὥσπερ οἱ πολλοί, πάντα εἶναί που καὶ ἐν τόπῳ. εἰ δ᾽ ἐστὶ
τοιοῦτο, θαυμαστή τις ἂν εἴη ἡ τοῦ τόπου δύναμις καὶ προ-
τέρα πάντων· οὗ γὰρ ἄνευ τῶν ἄλλων οὐδὲν ἔστιν, ἐκεῖνο δ᾽ 35
ἄνευ τῶν ἄλλων, ἀνάγκη πρῶτον εἶναι· οὐ γὰρ ἀπόλλυται 209ᵃ
ὁ τόπος τῶν ἐν αὐτῷ φθειρομένων. 2

οὐ μὴν ἀλλ᾽ ἔχει γε ἀπο- 2

ᵇ 11 δύναμιν ὁ τόπος. φέρεται GIJ   αὐτὸν F   13 τε et τὸ
E²ΛS : om. E¹T   14–15 ἄνω ... ἀριστερόν ΕΡΤ : δεξιὸν καὶ τὸ
ἀριστερὸν καὶ τὸ ἄνω καὶ τὸ κάτω ΛV   15 μὲν et 16 τὴν om. F
17 καὶ pr. om. Λ   ἀριστερόν ἐστι καὶ Λ   18 τῆι δὲ E   19 ἑκά-
τερον F¹   ἐστι τὸ ἄνω EGJP : τὸ ἄνω ἐστὶν FI   23 μαθητικά E
24 τὴν om. E   ὡς ... 25 διὰ S, Diels (τὰ om. Laas) : ὥστε μόνον
νοεῖσθαι αὐτῶν (αὐτῶν νοεῖσθαι E) τὴν Π, ci. A, leg. ut vid. PT
25 οὐκ ἔχοντα φύσει ΛVS et ut vid. T : ἀλλὰ μὴ ἔχειν φύσιν E
28 περὶ FJ²   30 γοῦν] γὰρ F : μὲν οὖν I : μὲν J   31 γένοιτ᾽ F
33 ἐστὶ ΛP : ἐστί τι E ․   34 ἡ ΛPSΓ : om. E   προτέρα πάντων
ΠS : πρώτη τῶν ἄλλων P   35 τῶν ... ἐστιν] τῶν ἄλλων E : ἀδύνατόν
τι τῶν ἄλλων εἶναι FV   ἐκεῖνο ... 209ᵃ 1 ἄλλων ΛV : om. E

ρίαν, εἰ ἔστι, τί ἐστι, πότερον ὄγκος τις σώματος ἤ τις ἑτέρα
φύσις· ζητητέον γὰρ τὸ γένος αὐτοῦ πρῶτον. διαστήματα
5 μὲν οὖν ἔχει τρία, μῆκος καὶ πλάτος καὶ βάθος, οἷς ὁρί-
ζεται σῶμα πᾶν. ἀδύνατον δὲ σῶμα εἶναι τὸν τόπον· ἐν
ταὐτῷ γὰρ ἂν εἴη δύο σώματα. ἔτι εἴπερ ἔστι σώματος
τόπος καὶ χώρα, δῆλον ὅτι καὶ ἐπιφανείας καὶ τῶν λοιπῶν
περάτων· ὁ γὰρ αὐτὸς ἁρμόσει λόγος· ὅπου γὰρ ἦν πρότε-
10 ρον τὰ τοῦ ὕδατος ἐπίπεδα, ἔσται πάλιν τὰ τοῦ ἀέρος.
ἀλλὰ μὴν οὐδεμίαν διαφορὰν ἔχομεν στιγμῆς καὶ τόπου στιγ-
μῆς, ὥστ' εἰ μηδὲ ταύτης ἕτερόν ἐστιν ὁ τόπος, οὐδὲ τῶν ἄλ-
λων οὐδενός, οὐδ' ἐστί τι παρ' ἕκαστον τούτων ὁ τόπος. τί γὰρ
ἄν ποτε καὶ θείημεν εἶναι τὸν τόπον; οὔτε γὰρ στοιχεῖον οὔτ'
15 ἐκ στοιχείων οἷόν τε εἶναι τοιαύτην ἔχοντα φύσιν, οὔτε τῶν σω-
ματικῶν οὔτε τῶν ἀσωμάτων· μέγεθος μὲν γὰρ ἔχει, σῶ-
μα δ' οὐδέν· ἔστι δὲ τὰ μὲν τῶν αἰσθητῶν στοιχεῖα
σώματα, ἐκ δὲ τῶν νοητῶν οὐδὲν γίγνεται μέγεθος. ἔτι δὲ
καὶ τίνος ἄν τις θείη τοῖς οὖσιν αἴτιον εἶναι τὸν τόπον; οὐδε-
20 μία γὰρ αὐτῷ ὑπάρχει αἰτία τῶν τεττάρων· οὔτε γὰρ ὡς
ὕλη. τῶν ὄντων (οὐδὲν γὰρ ἐξ αὐτοῦ συνέστηκεν) οὔτε ὡς εἶδος
καὶ λόγος τῶν πραγμάτων οὔθ' ὡς τέλος, οὔτε κινεῖ τὰ ὄντα.
ἔτι δὲ καὶ αὐτὸς εἰ ἔστι τι τῶν ὄντων, ποῦ ἔσται. ἡ γὰρ Ζή-
νωνος ἀπορία ζητεῖ τινὰ λόγον· εἰ γὰρ πᾶν τὸ ὂν ἐν τόπῳ,
25 δῆλον ὅτι καὶ τοῦ τόπου τόπος ἔσται, καὶ τοῦτο εἰς ἄπειρον.
ἔτι ὥσπερ ἅπαν σῶμα ἐν τόπῳ, οὕτω καὶ ἐν τόπῳ
ἅπαντι σῶμα· πῶς οὖν ἐροῦμεν περὶ τῶν αὐξανομένων; ἀν-

209ᵃ 3 τί ἐστι om. J¹   ὄγκος FGIP : γὰρ ὄγκος E : ἐστιν ὄγκος
J   τις pr. EFGP : τινὸς IJ   5 μῆκους καὶ πλάτους καὶ βάθους
EJ¹S : μῆκος καὶ βάθος καὶ πλάτος F : μῆκος πλάτος βάθος P   6 πᾶν
ΛΡ : ἅπαν E   τὸν τόπον εἶναι F   10 τοῦ pr. om. F   11 δια-
φορὰν οὐδεμίαν ἔχομεν GIJ : διαφορὰ οὐδὲ μία F   12 ἕτερον . . .
τόπος EP : ἐστιν ὁ τόπος ἕτερον Λ   13 ἕκαστον] ἕτερον S   14 ποτε
E²ΛΡSᶜ: om. E¹S¹   15 ἐκ E²ΛΡS : ἕκαστον E¹   εἶναι] εἶναι
τὸν τόπον EIP   17 ἔτι E²J   δὲ sup lin. E¹J¹   αἰσθητῶν
S : σωμάτων G in rasura, T : αἰσθ τῶν σωμάτων EFIJ   18 οὐδὲν
EV   στοιχείων οὐδὲν ΛΡS   19 τὸν τόπον αἴτιον εἶναι F   εἶναι
om. S   20 αἰτία ὑπάρχει αὐτῷ Λ   οὔτε . . . 21 ὄντων ΛV :
om. E   21 οὐδέν] οὐδὲ J : οὐ F¹   22 ὡς om. EV   τὰ]
τινα E²   23 δὲ ΛΡS : om. E   εἰ E²ΛΡS : om. E¹   ἐστι
τῶν ὄντων EIJPSᶜT : τῶν ὄντων ἐστί S¹   ποῦ scripsi cum PST :
ποῦ edd.   25 ἄπειρον EVPT : ἄπειρον πρόεισιν ΛS   26 ἔτι
EGJVPS: ἔτι εἰ FI   ἅπαν E²ΛΡS : πᾶν E¹   27 ἅπαντι E²ΛΡ :
παντὶ E¹   περὶ τῶν αὐξανομένων ἐροῦμεν S

ἄγκη γὰρ ἐκ τούτων συναύξεσθαι αὐτοῖς τὸν τόπον, εἰ μήτ᾽
ἐλάττων μήτε μείζων ὁ τόπος ἑκάστου. διὰ μὲν οὖν τούτων
οὐ μόνον τί ἐστιν, ἀλλὰ καὶ εἰ ἔστιν, ἀπορεῖν ἀναγκαῖον.   30

2 Ἐπεὶ δὲ τὸ μὲν καθ᾽ αὑτὸ τὸ δὲ κατ᾽ ἄλλο λέγεται,
καὶ τόπος ὁ μὲν κοινός, ἐν ᾧ ἅπαντα τὰ σώματά ἐστιν,
ὁ δ᾽ ἴδιος, ἐν ᾧ πρώτῳ (λέγω δὲ οἷον σὺ νῦν ἐν τῷ οὐρανῷ
ὅτι ἐν τῷ ἀέρι οὗτος δ᾽ ἐν τῷ οὐρανῷ, καὶ ἐν τῷ ἀέρι δὲ ὅτι
ἐν τῇ γῇ, ὁμοίως δὲ καὶ ἐν ταύτῃ ὅτι ἐν τῷδε τῷ τόπῳ, 35
ὃς περιέχει οὐδὲν πλέον ἢ σέ), εἰ δή ἐστιν ὁ τόπος τὸ πρῶτον 209ᵇ
περιέχον ἕκαστον τῶν σωμάτων, πέρας τι ἂν εἴη, ὥστε δό-
ξειεν ἂν τὸ εἶδος καὶ ἡ μορφὴ ἑκάστου ὁ τόπος εἶναι, ᾧ
ὁρίζεται τὸ μέγεθος καὶ ἡ ὕλη ἡ τοῦ μεγέθους· τοῦτο γὰρ
ἑκάστου πέρας. οὕτω μὲν οὖν σκοποῦσιν ὁ τόπος τὸ ἑκάστου εἶ- 5
δός ἐστιν· ᾗ δὲ δοκεῖ ὁ τόπος εἶναι τὸ διάστημα τοῦ μεγέ-
θους, ἡ ὕλη· τοῦτο γὰρ ἕτερον τοῦ μεγέθους, τοῦτο δ᾽ ἐστὶ τὸ
περιεχόμενον ὑπὸ τοῦ εἴδους καὶ ὡρισμένον, οἷον ὑπὸ ἐπιπέδου
καὶ πέρατος, ἔστι δὲ τοιοῦτον ἡ ὕλη καὶ τὸ ἀόριστον· ὅταν
γὰρ ἀφαιρεθῇ τὸ πέρας καὶ τὰ πάθη τῆς σφαίρας, λεί- 10
πεται οὐδὲν παρὰ τὴν ὕλην. διὸ καὶ Πλάτων τὴν ὕλην καὶ
τὴν χώραν ταὐτό φησιν εἶναι ἐν τῷ Τιμαίῳ· τὸ γὰρ με-
ταληπτικὸν καὶ τὴν χώραν ἓν καὶ ταὐτόν. ἄλλον δὲ τρό-
πον ἐκεῖ τε λέγων τὸ μεταληπτικὸν καὶ ἐν τοῖς λεγομένοις
ἀγράφοις δόγμασιν, ὅμως τὸν τόπον καὶ τὴν χώραν τὸ 15
αὐτὸ ἀπεφήνατο. λέγουσι μὲν γὰρ πάντες εἶναί τι τὸν τό-
πον, τί δ᾽ ἐστίν, οὗτος μόνος ἐπεχείρησεν εἰπεῖν.   17

εἰκότως δ᾽ 17
ἐκ τούτων σκοπουμένοις δόξειεν ἂν εἶναι χαλεπὸν γνωρίσαι τί
ἐστιν ὁ τόπος, εἴπερ τούτων ὁποτερονοῦν ἐστίν, εἴτε ἡ ὕλη εἴτε
τὸ εἶδος· ἄλλως τε γὰρ τὴν ἀκροτάτην ἔχει θέαν, καὶ χω- 20
ρὶς ἀλλήλων οὐ ῥᾴδιον γνωρίζειν. ἀλλὰ μὴν ὅτι γε ἀδύνα-

ᵃ 28 συναύξεσθαι ES : συναυξάνεσθαι Λ   τὸν τόπον αὐτοῖς Λ
32 καὶ] καὶ ὁ G   33 πρώτως F   δ᾽ ὅτι οἷον E²IJ   τῷ om. E¹
34 δὲ om. FGIS   ᵇ 1 ὅσπερ ἔχει G   εἰ δὴ fecit E : εἰ δὲ P :
εἴπερ T   2 ἕκαστον τῶν σωμάτων ΛΡΤ : τῶν σωμάτων ἕκαστον E
4 ἡ alt. sup. lin. E¹   6 τὸ ΛPS : om. ET   7 ἡ ὕλη] ταύτῃ
ἡ ὕλη δόξει S   10 σφαίρας fecit E   11 καὶ pr. EJST : καὶ
ὁ FGIP   12 φασιν E²   14 ἐκεῖσε λέγων F   λεγομένοις
E²ΛP : om. E¹T   16 ἅπαντες E²ΛT   τὸν ΛΡΤ : om. E
19 ἡ om. FGJT   21 ῥάδιον EFIS : ῥάδιον αὐτὰ GP : ῥᾴδιον
αὐτὴν J   μὴν ΛVPST : μὴν καὶ E   γε om. S

τον ὁποτερονοῦν τούτων εἶναι τὸν τόπον, οὐ χαλεπὸν ἰδεῖν. τὸ
μὲν γὰρ εἶδος καὶ ἡ ὕλη οὐ χωρίζεται τοῦ πράγματος,
τὸν δὲ τόπον ἐνδέχεται· ἐν ᾧ γὰρ ἀὴρ ἦν, ἐν τούτῳ πάλιν
25 ὕδωρ, ὥσπερ ἔφαμεν, γίγνεται, ἀντιμεθισταμένων ἀλλήλοις τοῦ
τε ὕδατος καὶ τοῦ ἀέρος, καὶ τῶν ἄλλων σωμάτων ὁμοίως,
ὥστε οὔτε μόριον οὔθ᾽ ἕξις ἀλλὰ χωριστὸς ὁ τόπος ἑκάστου
ἐστί. καὶ γὰρ δοκεῖ τοιοῦτό τι εἶναι ὁ τόπος οἷον τὸ ἀγ-
γεῖον (ἔστι γὰρ τὸ ἀγγεῖον τόπος μεταφορητός)· τὸ δ᾽ ἀγγεῖον
30 οὐδὲν τοῦ πράγματός ἐστιν. ᾗ μὲν οὖν χωριστὸν [ἐστι] τοῦ πρά-
γματος, ταύτῃ μὲν οὐκ ἔστι τὸ εἶδος· ᾗ δὲ περιέχει, ταύτῃ
δ᾽ ἕτερος τῆς ὕλης. δοκεῖ δὲ ἀεὶ τὸ ὄν που αὐτό τε εἶναί
τι καὶ ἕτερόν τι ἐκτὸς αὐτοῦ. (Πλάτωνι μέντοι λεκτέον, εἰ
δεῖ παρεκβάντας εἰπεῖν, διὰ τί οὐκ ἐν τόπῳ τὰ εἴδη καὶ οἱ
35 ἀριθμοί, εἴπερ τὸ μεθεκτικὸν ὁ τόπος, εἴτε τοῦ μεγάλου
210ᵃ καὶ τοῦ μικροῦ ὄντος τοῦ μεθεκτικοῦ εἴτε τῆς ὕλης, ὥσπερ
ἐν τῷ Τιμαίῳ γέγραφεν.) ἔτι πῶς ἂν φέροιτο εἰς τὸν αὐτοῦ
τόπον, εἰ ὁ τόπος ἡ ὕλη ἢ τὸ εἶδος; ἀδύνατον γὰρ οὗ μὴ
κίνησις μηδὲ τὸ ἄνω ἢ κάτω ἐστί, τόπον εἶναι. ὥστε ζητη-
5 τέος ἐν τοῖς τοιούτοις ὁ τόπος. εἰ δ᾽ ἐν αὐτῷ ὁ τόπος (δεῖ
γάρ, εἴπερ ἢ μορφὴ ἢ ὕλη), ἔσται ὁ τόπος ἐν τόπῳ· με-
ταβάλλει γὰρ ἅμα τῷ πράγματι καὶ κινεῖται καὶ τὸ
εἶδος καὶ τὸ ἀόριστον, οὐκ ἀεὶ ἐν τῷ αὐτῷ ἀλλ᾽ οὗπερ καὶ
τὸ πρᾶγμα· ὥστε τοῦ τόπου ἔσται τόπος. ἔτι ὅταν ἐξ ἀέρος
10 ὕδωρ γένηται, ἀπόλωλεν ὁ τόπος· οὐ γὰρ ἐν τῷ αὐτῷ τόπῳ
τὸ γενόμενον σῶμα· τίς οὖν ἡ φθορά; ἐξ ὧν μὲν τοίνυν ἀναγ-
καῖον εἶναί τι τὸν τόπον, καὶ πάλιν ἐξ ὧν ἀπορήσειεν ἄν
τις αὐτοῦ περὶ τῆς οὐσίας, εἴρηται.

Μετὰ δὲ ταῦτα ληπτέον ποσαχῶς ἄλλο ἐν ἄλλῳ λέ- 3
15 γεται. ἕνα μὲν δὴ τρόπον ὡς ὁ δάκτυλος ἐν τῇ χειρὶ καὶ

ᵇ 23 οὐ sup. lin. E¹   24 ἦν ἀήρ T : ἀήρ F   25 ὡς Λ
ἔφαμεν EJVT : φιμεν FGI   26 ἀέρος καὶ τοῦ (τοῦ om. F) ὕδατος Λ
27 ἑκάστου ἐστί EJP : ἐστὶν ἑκάστου FGI : ἑκάστου T   28 καὶ
γὰρ δοκεῖ ΛPST : δοκεῖ γὰρ E   τὸ EIJP : om. FG   30 ἐστὶ
τοῦ πράγματος Λ : τοῦ πράγματός ἐστι E : τοῦ πράγματος PS   32 δ᾽
om. FP, erasit J : γε S   δὲ] γὰρ γρ. S   τὸ ἀεὶ I   210ᵃ 3 ἡ
E¹S : ἦν ἡ E²Λ   4 τῷ F¹   ἐστί om. S   εἶναι τοῦτο ὥστε I
ζητητέον εἰ ἐν F   5 τοῖς τοιούτοις EFGIJ¹S : τούτοις J²P   αὐτῷ
E¹FG¹IJVPS : αὐτῷ E²G²   6 ἡ EFIJT : ἡ GPS   ἡ EFIJ¹T :
ἢ ἡ GJ²S : καὶ ἡ P   8 καὶ alt. om. E¹   9 ἔσται ὁ τόπος G
14 ταῦτα δὲ F   ληπτέον ΛΠS : λεκτέον EVT

ὅλως τὸ μέρος ἐν τῷ ὅλῳ. ἄλλον δὲ ὡς τὸ ὅλον ἐν τοῖς
μέρεσιν· οὐ γάρ ἐστι παρὰ τὰ μέρη τὸ ὅλον. ἄλλον δὲ τρό-
πον ὡς ὁ ἄνθρωπος ἐν ζῴῳ καὶ ὅλως εἶδος ἐν γένει. ἄλλον
δὲ ὡς τὸ γένος ἐν τῷ εἴδει καὶ ὅλως τὸ μέρος τοῦ εἴδους
ἐν τῷ λόγῳ. ἔτι ὡς ἡ ὑγίεια ἐν θερμοῖς καὶ ψυχροῖς 20
καὶ ὅλως τὸ εἶδος ἐν τῇ ὕλῃ. ἔτι ὡς ἐν βασιλεῖ τὰ
τῶν Ἑλλήνων καὶ ὅλως ἐν τῷ πρώτῳ κινητικῷ. ἔτι ὡς ἐν
τῷ ἀγαθῷ καὶ ὅλως ἐν τῷ τέλει· τοῦτο δ᾽ ἐστὶ τὸ οὗ ἕνεκα.
πάντων δὲ κυριώτατον τὸ ὡς ἐν ἀγγείῳ καὶ ὅλως ἐν τόπῳ.

ἀπορήσειε δ᾽ ἄν τις, ἆρα καὶ αὐτό τι ἐν ἑαυτῷ ἐνδέχεται 25
εἶναι, ἢ οὐδέν, ἀλλὰ πᾶν ἢ οὐδαμοῦ ἢ ἐν ἄλλῳ. διχῶς δὲ
τοῦτ᾽ ἔστιν, ἤτοι καθ᾽ αὑτὸ ἢ καθ᾽ ἕτερον. ὅταν μὲν γὰρ ᾖ
μόρια τοῦ ὅλου τὸ ἐν ᾧ καὶ τὸ ἐν τούτῳ, λεχθήσεται τὸ ὅλον
ἐν αὑτῷ· λέγεται γὰρ καὶ κατὰ τὰ μέρη, οἷον λευκὸς ὅτι
ἡ ἐπιφάνεια λευκή, καὶ ἐπιστήμων ὅτι τὸ λογιστικόν. ὁ 30
μὲν οὖν ἀμφορεὺς οὐκ ἔσται ἐν αὑτῷ, οὐδ᾽ ὁ οἶνος· ὁ δὲ τοῦ
οἴνου ἀμφορεὺς ἔσται· ὅ τε γὰρ καὶ ἐν ᾧ, ἀμφότερα τοῦ αὐτοῦ
μόρια. οὕτω μὲν οὖν ἐνδέχεται αὐτό τι ἐν αὑτῷ εἶναι, πρώ-
τως δ᾽ οὐκ ἐνδέχεται. οἷον τὸ λευκὸν ἐν σώματι (ἡ ἐπιφά-
νεια γὰρ ἐν σώματι), ἡ δ᾽ ἐπιστήμη ἐν ψυχῇ· κατὰ ταῦτα 210ᵇ
δὲ αἱ προσηγορίαι μέρη ὄντα, ὥς γε ἐν ἀνθρώπῳ (ὁ δὲ ἀμ-
φορεὺς καὶ ὁ οἶνος χωρὶς μὲν ὄντα οὐ μέρη, ἅμα δέ· διὸ
ὅταν ᾖ μέρη, ἔσται αὐτὸ ἐν αὑτῷ)· οἷον τὸ λευκὸν ἐν ἀν-
θρώπῳ ὅτι ἐν σώματι, καὶ ἐν τούτῳ ὅτι ἐν ἐπιφανείᾳ· ἐν 5
δὲ ταύτῃ οὐκέτι κατ᾽ ἄλλο. καὶ ἕτερά γε τῷ εἴδει ταῦτα,
καὶ ἄλλην φύσιν ἔχει ἑκάτερον καὶ δύναμιν, ἥ τ᾽ ἐπιφά-
νεια καὶ τὸ λευκόν. οὔτε δὴ ἐπακτικῶς σκοποῦσιν οὐδὲν ὁρῶ-
μεν ἐν ἑαυτῷ κατ᾽ οὐδένα τῶν διορισμῶν, τῷ τε λόγῳ δῆ-

ᵃ 16 δὲ ΛΤ: δὲ τρόπον Ε   17 παρὰ ... ὅλον ΛS: ὅλον παρὰ τὰ
μέρη Ε   ᾽18 ἐν τῷ ζῴῳ F   20 τῷ EG¹J: τῷ τοῦ εἴδους FG²IP
ἡ EJS: om. FGI   23 ἐν ΛS: ὡς ἐν Ε   24 ἐν alt. EFGJSᴾ:
τὸ ἐν IP: ὡς ἐν S¹   25 τις εἰ ἄρα S   26 πᾶν EP¹T: πάντα
E²F¹J] : om. G   οὐδαμοῦ ἢ ἐν ἄλλῳ EIJP: οὐδαμῶς ἢ ἐν ἄλλῳ F:
ἐν ἄλλῳ ἢ οὐδαμοῦ G   28 τὸ pr. EJS: τό τ᾽ FGI   29 τὰ E²IS:
om. E¹FGJ   30 τὸ ΛV: καὶ τὸ Ε   33 αὐτῷ FG   34 οἷον ...
σώματι E²FGIJ²PS: om. E¹V: ἐν σώματι om. J¹   ἡ ... ᵇ 1 σώματι
EGJPᵖ: om. IP¹: ἡ om. F   ᵇ 2 ὡς τε F   3 διὸ EGIJ¹P:
διότι FJ²   4 ᾖ ΛΡ: μὲν ᾖ Ε   αὐτὸ FGJT: αὐτὸς EI   ἐν
alt.] ἐν τῷ E²GIJ   5 ἐν τῷ Λ   ἐν tert.] ἐν τῇ E²Λ
7 ἑκάτερα F   8 ὁρῶμεν ἐν ἑαυτῷ EP: ἐν ἑαυτῷ (αὐτῷ G, αὑτῷ J)
ὁρῶμεν Λ   9 τῶν διορισμῶν ΛΡ: τὸν διορισμένον Ε

10 λον ὅτι ἀδύνατον· δεήσει γὰρ ἀμφότερα ἑκάτερον ὑπάρ-
χειν, οἷον τὸν ἀμφορέα ἀγγεῖόν τε καὶ οἶνον εἶναι καὶ τὸν
οἶνον οἶνόν τε καὶ ἀμφορέα, εἴπερ ἐνδέχεται αὐτό τι ἐν
αὑτῷ εἶναι. ὥστ' εἰ ὅτι μάλιστα ἐν ἀλλήλοις εἶεν, ὁ μὲν
ἀμφορεὺς δέξεται τὸν οἶνον οὐχ ᾗ αὐτὸς οἶνος ἀλλ' ᾗ ἐκεῖ-
15 νος, ὁ δ' οἶνος ἐνέσται ἐν τῷ ἀμφορεῖ οὐχ ᾗ αὐτὸς ἀμ-
φορεὺς ἀλλ' ᾗ ἐκεῖνος. κατὰ μὲν οὖν τὸ εἶναι ὅτι ἕτερον,
δῆλον· ἄλλος γὰρ ὁ λόγος τοῦ ἐν ᾧ καὶ τοῦ ἐν τούτῳ.
ἀλλὰ μὴν οὐδὲ κατὰ συμβεβηκὸς ἐνδέχεται· ἅμα γὰρ
δύο ἐν ταὐτῷ ἔσται· αὐτός τε γὰρ ἐν αὑτῷ ὁ ἀμφορεὺς
20 ἔσται, εἰ οὗ ἡ φύσις δεκτική, τοῦτ' ἐνδέχεται ἐν αὑτῷ εἶναι,
21 καὶ ἔτι ἐκεῖνο οὗ δεκτικόν, οἷον, εἰ οἴνου, ὁ οἶνος.

21
ὅτι μὲν οὖν
ἀδύνατον ἐν αὑτῷ τι εἶναι πρώτως, δῆλον· ὁ δὲ Ζήνων
ἠπόρει, ὅτι εἰ ὁ τόπος ἐστί τι, ἔν τινι ἔσται, λύειν οὐ χα-
λεπόν· οὐδὲν γὰρ κωλύει ἐν ἄλλῳ εἶναι τὸν πρῶτον τό-
25 πον, μὴ μέντοι ὡς ἐν τόπῳ ἐκείνῳ, ἀλλ' ὥσπερ ἡ μὲν
ὑγίεια ἐν τοῖς θερμοῖς ὡς ἕξις, τὸ δὲ θερμὸν ἐν σώματι
ὡς πάθος. ὥστε οὐκ ἀνάγκη εἰς ἄπειρον ἰέναι. ἐκεῖνο δὲ φα-
νερόν, ὅτι ἐπεὶ οὐδὲν τὸ ἀγγεῖον τοῦ ἐν αὑτῷ (ἕτερον γὰρ τὸ
πρώτως ὅ τε καὶ ἐν ᾧ), οὐκ ἂν εἴη οὔτε ἡ ὕλη οὔτε τὸ εἶδος
30 ὁ τόπος, ἀλλ' ἕτερον. ἐκείνου γάρ τι ταῦτα τοῦ ἐνόντος, καὶ
ἡ ὕλη καὶ ἡ μορφή. ταῦτα μὲν οὖν ἔστω διηπορημένα.

Τί δέ ποτ' ἐστὶν ὁ τόπος, ὧδ' ἂν γένοιτο φανερόν. λά- 4
βωμεν δὲ περὶ αὐτοῦ ὅσα δοκεῖ ἀληθῶς καθ' αὑτὸ ὑπάρ-
χειν αὐτῷ. ἀξιοῦμεν δὴ τὸν τόπον εἶναι πρῶτον μὲν περιέ-

ᵇ 10 ἑκατέρῳ J   12 οἰνόν om. G   αὐτό τι EFT : τι αὐτὸ GIJS
15 ὁ δ'] καὶ ὁ I   ἔσται FIS   ἀμφορεὺς αὐτὸς ΛS   16 ᾗ E¹
ἐκεῖνος ἀμφορεύς. κατὰ FGI   οὖν om. F   17 ἄλλος ΛPS : ἄλλως E
τοῦ E²FGIS : ὁ τοῦ E¹J   τοῦ E¹FJPSᵖT : ὁ τοῦ E²GIS¹   18 μὴν
E²ΛVST : δὴ E¹P   19 ἐν EFPS : σώματα ἐν GIJ   ἔνεσται F
τε ΛS : om. EP   20 et 22 αὑτῷ FG   21 ἐκείνου δεκτικὸν
E¹   ὁ sup. lin. E¹, om. F, erasit J   22 τι E²ΛVS : om. E¹
πρώτως εἶναι F   23 ὁ . . . τι GIJPS : ἔστι τι ὁ τόπος E : ὁ τόπος
ἔσται τι F : ὁ τόπος ἔστι T   ἔν τινι scripsi cum PST : ἐν τίνι
ΠP¹   λύειν οὐ χαλεπόν E²ΛVP : om. E¹   24 ἄλλῳ E¹P : ἄλλῳ
μὲν E²Λ   πρώτως EJVP   26 τοῖς om. E¹ST   ἐν EFGS :
om. IJ   27 εἰς EFJS : ἐπ' GI   28 οὐδὲ I   τοῦ
om. I   αὑτῷ EVS : αὐτῷ FGIJ   29 οὐκ] διὸ οὐκ J   ἥ et
οὔτε om. G   32 δὴ G   33 αὐτὸ EFIJ²S : αὐτὸν GJ¹   34 περιέ-
χειν FI

χον ἐκεῖνο οὗ τόπος ἐστί, καὶ μηδὲν τοῦ πράγματος, ἔτι 211ᵃ
τὸν πρῶτον μήτ' ἐλάττω μήτε μείζω, ἔτι ἀπολείπεσθαι
ἑκάστου καὶ χωριστόν εἶναι, πρὸς δὲ τούτοις πάντα τό-
πον ἔχειν τὸ ἄνω καὶ κάτω, καὶ φέρεσθαι φύσει καὶ μέ-
νειν ἐν τοῖς οἰκείοις τόποις ἕκαστον τῶν σωμάτων, τοῦτο δὲ 5
ποιεῖν ἢ ἄνω ἢ κάτω. ὑποκειμένων δὲ τούτων τὰ λοιπὰ θεω-
ρητέον.

δεῖ δὲ πειρᾶσθαι τὴν σκέψιν οὕτω ποιεῖσθαι ὅπως
τὸ τί ἐστιν ἀποδοθήσεται, ὥστε τά τε ἀπορούμενα λύεσθαι,
καὶ τὰ δοκοῦντα ὑπάρχειν τῷ τόπῳ ὑπάρχοντα ἔσται, καὶ
ἔτι τὸ τῆς δυσκολίας αἴτιον καὶ τῶν περὶ αὐτὸν ἀπορημά- 10
των ἔσται φανερόν· οὕτω γὰρ ἂν κάλλιστα δεικνύοιτο ἕκαστον.

πρῶτον μὲν οὖν δεῖ κατανοῆσαι ὅτι οὐκ ἂν ἐζητεῖτο ὁ τόπος,
εἰ μὴ κίνησις ἦν ἡ κατὰ τόπον· διὰ γὰρ τοῦτο καὶ τὸν
οὐρανὸν μάλιστ' οἰόμεθα ἐν τόπῳ, ὅτι ἀεὶ ἐν κινήσει. ταύτης
δὲ τὸ μὲν φορά, τὸ δὲ αὔξησις καὶ φθίσις· καὶ γὰρ ἐν 15
τῇ αὐξήσει καὶ φθίσει μεταβάλλει, καὶ ὃ πρότερον ἦν ἐν-
ταῦθα, πάλιν μεθέστηκεν εἰς ἔλαττον ἢ μεῖζον. ἔστι δὲ κι-
νούμενον τὸ μὲν καθ' αὑτὸ ἐνεργείᾳ, τὸ δὲ κατὰ συμβεβη-
κός· κατὰ συμβεβηκὸς δὲ τὸ μὲν ἐνδεχόμενον κινεῖσθαι
καθ' αὑτό, οἷον τὰ μόρια τοῦ σώματος καὶ ὁ ἐν τῷ πλοίῳ 20
ἧλος, τὰ δ' οὐκ ἐνδεχόμενα ἀλλ' αἰεὶ κατὰ συμβεβηκός,
οἷον ἡ λευκότης καὶ ἡ ἐπιστήμη· ταῦτα γὰρ οὕτω μεταβέ-
βληκε τὸν τόπον, ὅτι ἐν ᾧ ὑπάρχουσι μεταβάλλει. ἐπεὶ
δὲ λέγομεν εἶναι ὡς ἐν τόπῳ ἐν τῷ οὐρανῷ, διότι ἐν τῷ ἀέρι
οὗτος δὲ ἐν τῷ οὐρανῷ· καὶ ἐν τῷ ἀέρι δὲ οὐκ ἐν παντί, ἀλλὰ 25
διὰ τὸ ἔσχατον αὐτοῦ καὶ περιέχον ἐν τῷ ἀέρι φαμὲν εἶναι
(εἰ γὰρ πᾶς ὁ ἀὴρ τόπος, οὐκ ἂν ἴσος εἴη ἑκάστου ὁ τόπος
καὶ ἕκαστον, δοκεῖ δέ γε ἴσος εἶναι, τοιοῦτος δ' ὁ πρῶτος
ἐν ᾧ ἐστιν)· ὅταν μὲν οὖν μὴ διῃρημένον ᾖ τὸ περιέχον ἀλλὰ

1 μηδὲν εἶναι τοῦ πράγματος T : μηδὲν τοῦ πράγματος εἶναι E²Λ
2 πρῶτον EFGJP : πρῶτον τόπον I   ἐλάττω εἶναι μήτε 1T   ἔτι
EVT γρ. P γρ. S : ἔτι μήτε ΛS : ἔτι μὴ P   3 εἶναι FPT : om. EGIJ
4 καὶ τὸ κάτω GP   6 δὲ τῶν τοιούτων G   7 δὲ] δὲ κατὰ κοινὸν οὖν
τὸ οὕτως G¹   10 περὶ αὐτὸν om. S   αὐτὸ E²   13 ἦν
E¹FPST : τις ἦν E²GIJV   14 οἰόμεθα ἐν τόπῳ ET : ἐν τόπῳ
οἰόμεθ. ΛS   16 ὅπερ F   19 κατὰ . . . δὲ] τοῦ δὲ κατὰ συμ-
βεβηκὸς E²Λ   τὰ μὲν ἐνδεχόμενα FG   20 μέρη F   22 ἡ
pr.] ἥ τε fecit E   24 εἶναι om. F   ἐν alt. ES : om. Λ
25 ἅπαντι S   27 ἅπας GIJ et fecit E   28 δοκεῖ . . . εἶναι
om. J¹   ἴσος εἶναι] ἴσος I : εἶναι V : om. GP   δ' om. GJ¹P

30 συνεχές, οὐχ ὡς ἐν τόπῳ λέγεται εἶναι ἐν ἐκείνῳ, ἀλλ'
ὡς μέρος ἐν ὅλῳ· ὅταν δὲ διῃρημένον ᾖ καὶ ἁπτόμενον, ἐν
πρώτῳ ἐστὶ τῷ ἐσχάτῳ τοῦ περιέχοντος, ὃ οὔτε ἐστὶ μέρος
τοῦ ἐν αὐτῷ οὔτε μεῖζον τοῦ διαστήματος ἀλλ' ἴσον· ἐν
γὰρ τῷ αὐτῷ τὰ ἔσχατα τῶν ἁπτομένων. καὶ συνεχὲς
35 μὲν ὂν οὐκ ἐν ἐκείνῳ κινεῖται ἀλλὰ μετ' ἐκείνου, διῃρημένον
δὲ ἐν ἐκείνῳ· καὶ ἐάν τε κινῆται τὸ περιέχον ἐάν τε μή,
211ᵇ οὐδὲν ἧττον. [ἔτι ὅταν μὴ διῃρημένον ᾖ, ὡς μέρος ἐν ὅλῳ λέ-
γεται, οἷον ἐν τῷ ὀφθαλμῷ ἡ ὄψις ἢ ἐν τῷ σώματι ἡ
χείρ, ὅταν δὲ διῃρημένον, οἷον ἐν τῷ κάδῳ τὸ ὕδωρ ἢ ἐν
τῷ κεραμίῳ ὁ οἶνος· ἡ μὲν γὰρ χεὶρ μετὰ τοῦ σώματος
5 κινεῖται, τὸ δὲ ὕδωρ ἐν τῷ κάδῳ.]

5   ἤδη τοίνυν φανερὸν ἐκ
τούτων τί ἐστιν ὁ τόπος. σχεδὸν γὰρ τέτταρά ἐστιν ὧν ἀνάγκη
τὸν τόπον ἔν τι εἶναι· ἢ γὰρ μορφὴ ἢ ὕλη ἢ διάστημά τι
τὸ μεταξὺ τῶν ἐσχάτων, ἢ τὰ ἔσχατα εἰ μὴ ἔστι μηδὲν
διάστημα παρὰ τὸ τοῦ ἐγγιγνομένου σώματος μέγεθος. τούτων
10 δ' ὅτι οὐκ ἐνδέχεται τὰ τρία εἶναι, φανερόν· ἀλλὰ διὰ μὲν
τὸ περιέχειν δοκεῖ ἡ μορφὴ εἶναι· ἐν ταὐτῷ γὰρ τὰ ἔσχατα
τοῦ περιέχοντος καὶ τοῦ περιεχομένου. ἔστι μὲν οὖν ἄμφω πέ-
ρατα, ἀλλ' οὐ τοῦ αὐτοῦ, ἀλλὰ τὸ μὲν εἶδος τοῦ πράγματος,
ὁ δὲ τόπος τοῦ περιέχοντος σώματος. διὰ δὲ τὸ μεταβάλ-
15 λειν πολλάκις μένοντος τοῦ περιέχοντος τὸ περιεχόμενον
καὶ διῃρημένον, οἷον ἐξ ἀγγείου ὕδωρ, τὸ μεταξὺ εἶναί τι
δοκεῖ διάστημα, ὡς ὄν τι παρὰ τὸ σῶμα τὸ μεθιστάμενον.
τὸ δ' οὐκ ἔστιν, ἀλλὰ τὸ τυχὸν ἐμπίπτει σῶμα τῶν μεθι-
σταμένων καὶ ἅπτεσθαι πεφυκότων. εἰ δ' ἦν τι [τὸ] διάστημα
20 ⟨καθ' αὐ⟩τὸ πεφυκὸς ⟨εἶναι⟩ καὶ μένον, ἐν τῷ αὐτῷ ἄπειροι ἂν
ἦσαν τόποι (μεθισταμένου γὰρ τοῦ ὕδατος καὶ τοῦ ἀέρος ταὐτὸ

ᵃ 30 εἶναι ET : om. Λ   32 τῷ EFS : τινι τῷ GIJ et fecit E
33 αὐτῷ ὄντος οὔτε FGIP   ἐν . . . ᵇ 1 ἧττον et ante et post ᵇ 1–5
ἔτι . . . κάδῳ E   ᵇ 1–5 ἔτι . . κάδῳ ΠPST : om. Aspasius, secl. A
1 ἢ διῃρημένον I   2 οἷον ὡς ἐν GIJP   3 ante οἷον desiderantur
ὡς ἐν τόπῳ   οἷον ὡς ἐν J   ἢ ὡς ἐν GJ et fecit E   4 κατὰ
Bekker   6 ὁ om. F   8 τὸ E²ΛPT : om. E¹   10 τὰ τρία οὐκ
ἐνδέχεται GIJS   τὸ μὲν F   11 μορφὴ μὴ εἶναι E   12 τοῦ
alt. FIJP: om. EG   14 βάλλειν E¹   17 τὸ alt. om. E
18 μετεμπίπτει PS   19 τὸ om. PST   20 καθ' . . . εἶναι Laas,
fort. T : τὸ πεφυκὸς ΛPS : πεφυκὸς E   καὶ om. J   μένειν ἐν
ἑαυτῷ fort. T   αὐτῷ EFVPS : αὐτῷ τόπῳ GIJ   21 ἦσαν οἱ τόποι PT

ποιήσει τὰ μόρια πάντα ἐν τῷ ὅλῳ ὅπερ ἅπαν τὸ ὕδωρ
ἐν τῷ ἀγγείῳ)· ἅμα δὲ καὶ ὁ τόπος ἔσται μεταβάλλων·
ὥστ᾽ ἔσται τοῦ τόπου τ᾽ ἄλλος τόπος, καὶ πολλοὶ τόποι
ἅμα ἔσονται. οὐκ ἔστι δὲ ἄλλος ὁ τόπος τοῦ μορίου, ἐν ᾧ 25
κινεῖται, ὅταν ὅλον τὸ ἀγγεῖον μεθίστηται, ἀλλ᾽ ὁ αὐτός·
ἐν ᾧ γὰρ ἔστιν, ἀντιμεθίσταται ὁ ἀὴρ καὶ τὸ ὕδωρ ἢ τὰ
μόρια τοῦ ὕδατος, ἀλλ᾽ οὐκ ἐν ᾧ γίγνονται τόπῳ, ὃς μέρος
ἐστὶ τοῦ τόπου ὅς ἐστι τόπος ὅλου τοῦ οὐρανοῦ. καὶ ἡ ὕλη δὲ
δόξειεν ἂν εἶναι τόπος, εἴ γε ἐν ἠρεμοῦντί τις σκοποίη καὶ 30
μὴ κεχωρισμένῳ ἀλλὰ συνεχεῖ. ὥσπερ γὰρ εἰ ἀλλοιοῦται,
ἔστι τι ὃ νῦν μὲν λευκὸν πάλαι δὲ μέλαν, καὶ νῦν μὲν
σκληρὸν πάλαι δὲ μαλακόν (διό φαμεν εἶναί τι τὴν ὕλην),
οὕτω καὶ ὁ τόπος διὰ τοιαύτης τινὸς εἶναι δοκεῖ φαντασίας,
πλὴν ἐκεῖνο μὲν διότι ὃ ἦν ἀήρ, τοῦτο νῦν ὕδωρ, ὁ δὲ τό- 35
πος ὅτι οὗ ἦν ἀήρ, ἐνταῦθ᾽ ἔστι νῦν ὕδωρ. ἀλλ᾽ ἡ μὲν ὕλη,
ὥσπερ ἐλέχθη ἐν τοῖς πρότερον, οὔτε χωριστὴ τοῦ πράγματος 212ᵃ
οὔτε περιέχει, ὁ δὲ τόπος ἄμφω. 2

εἰ τοίνυν μηδὲν τῶν τριῶν 2
ὁ τόπος ἐστίν, μήτε τὸ εἶδος μήτε ἡ ὕλη μήτε διάστημά τι
ἀεὶ ὑπάρχον ἕτερον παρὰ τὸ τοῦ πράγματος τοῦ μεθιστα-
μένου, ἀνάγκη τὸν τόπον εἶναι τὸ λοιπὸν τῶν τεττά- 5
ρων, τὸ πέρας τοῦ περιέχοντος σώματος ⟨καθ᾽ ὃ συνάπτει
τῷ περιεχομένῳ⟩. λέγω δὲ τὸ περιεχόμενον σῶμα 6 a
τὸ κινητὸν κατὰ φοράν. δοκεῖ δὲ μέγα τι εἶναι καὶ
χαλεπὸν ληφθῆναι ὁ τόπος διά τε τὸ παρεμφαίνεσθαι τὴν
ὕλην καὶ τὴν μορφήν, καὶ διὰ τὸ ἐν ἠρεμοῦντι τῷ περιέχοντι
γίγνεσθαι τὴν μετάστασιν τοῦ φερομένου· ἐνδέχεσθαι γὰρ φαί- 10

ᵇ 22 πάντα EGIJPᶜS: ἅπαντα FP¹   23 καὶ . . . ἔσται EFPS:
ἔσται καὶ ὁ τόπος GIJ   24 τοῦ τόπου ἔσται S   τοῦ] καὶ
τοῦ F: τέ τις τοῦ G   τ᾽ ἄλλος] ἄλλος FG: τις ἄλλος.IPS: τέλος J
25 ὁ τόπος S: τόπος ὁ EGIJ: τόπος FP   26 τὸ ὅλον F   30 εἴ
. . . τις E²ΛPS: ἐνηρεμοῦν E¹   31 κεχωρισμένῳ ἀλλὰ συνεχεῖ
E¹FGIP: κεχωρισμένον ἀλλὰ συνεχές E²J (+ μεταβάλλοντι E¹)
32 τι] τοῦτο I: τι τοῦτο GJ   32 et 33 πάλαι EFJS: πάλιν GI
33 τι om. IJ¹   34 δοκεῖ εἶναι GIJ   35 ὃ sup. lin. E¹   τοῦτο
. . . 36 ἀήρ om. G   36 οὗ] ἐν ᾧ G: οὗ νυν I   ὁ ἀήρ I   νῦν
om. G   212ᵃ 1 προτέροις F   2 τῶν τριῶν E¹FT: τούτων
τῶν τριῶν E²GIJ: τῶν τριῶν τούτων S   3 τὸ et ἡ om. corr. E, T
ἀεί τι F   4 ὑπάρχειν E   6–6 a καθ᾽ . . . περιεχομένῳ VPST:
om. Π   6 a τὸ EGHIS: erasit J, om. P   7 μέγα τι εἶναι
EGIJPS: μέγα εἶναί τι F: τι μέγα εἶναι T   9 ἐνηρεμοῦν τῷ E¹

νεται εἶναι διάστημα μεταξὺ ἄλλο τι τῶν κινουμένων μεγεθῶν. συμβάλλεται δέ τι καὶ ὁ ἀὴρ δοκῶν ἀσώματος εἶναι· φαίνεται γὰρ οὐ μόνον τὰ πέρατα τοῦ ἀγγείου· εἶναι ὁ τόπος, ἀλλὰ καὶ τὸ μεταξὺ ὡς κενὸν ⟨ὄν⟩. ἔστι δ᾽ ὥσπερ τὸ ἀγγεῖον
15 τόπος μεταφορητός, οὕτως καὶ ὁ τόπος ἀγγεῖον ἀμετακίνητον. διὸ ὅταν μὲν ἐν κινουμένῳ κινῆται καὶ μεταβάλλῃ τὸ ἐντός, οἷον ἐν ποταμῷ πλοῖον, ὡς· ἀγγείῳ χρῆται μᾶλλον ἢ τόπῳ τῷ περιέχοντι. βούλεται δ᾽ ἀκίνητος εἶναι ὁ τόπος· διὸ ὁ πᾶς μᾶλλον ποταμὸς τόπος, ὅτι ἀκίνητος ὁ
20 πᾶς. ὥστε τὸ τοῦ περιέχοντος πέρας ἀκίνητον πρῶτον, τοῦτ᾽ ἔστιν ὁ τόπος. καὶ διὰ τοῦτο τὸ μέσον τοῦ οὐρανοῦ καὶ τὸ ἔσχατον τὸ πρὸς ἡμᾶς τῆς κύκλῳ φορᾶς δοκεῖ εἶναι τὸ μὲν ἄνω τὸ δὲ κάτω μάλιστα πᾶσι κυρίως, ὅτι τὸ μὲν αἰεὶ μένει, τοῦ δὲ κύκλῳ τὸ ἔσχατον ὡσαύτως ἔχον μένει. ὥστ᾽ ἐπεὶ τὸ
25 μὲν κοῦφον τὸ ἄνω φερόμενόν ἐστι φύσει, τὸ δὲ βαρὺ τὸ κάτω, τὸ μὲν πρὸς τὸ μέσον περιέχον πέρας κάτω ἐστίν, καὶ αὐτὸ τὸ μέσον, τὸ δὲ πρὸς τὸ ἔσχατον ἄνω, καὶ αὐτὸ τὸ ἔσχατον· καὶ διὰ τοῦτο δοκεῖ ἐπίπεδόν τι εἶναι καὶ οἷον ἀγγεῖον ὁ τόπος καὶ περιέχον. ἔτι ἅμα τῷ πράγματι ὁ
30 τόπος· ἅμα γὰρ τῷ πεπερασμένῳ τὰ πέρατα.

Ὧι μὲν οὖν σώματι ἔστι τι ἐκτὸς σῶμα περιέχον αὐτό, 5 τοῦτο ἔστιν ἐν τόπῳ, ᾧ δὲ μή, οὔ. διὸ κἂν ὕδωρ γένηται τοιοῦτο, τὰ μὲν μόρια κινήσεται αὐτοῦ (περιέχεται γὰρ ὑπ᾽ ἀλλήλων), τὸ δὲ πᾶν ἔστι μὲν ὡς κινήσεται ἔστι δ᾽ ὡς οὔ.
35 ὡς μὲν γὰρ ὅλον, ἅμα τὸν τόπον οὐ μεταβάλλει, κύκλῳ
212ᵇ δὲ κινεῖται—τῶν μορίων γὰρ οὗτος ὁ τόπος—καὶ ἄνω μὲν καὶ κάτω οὔ, κύκλῳ δ᾽ ἔνια· τὰ δὲ καὶ ἄνω καὶ κάτω, ὅσα

ᵃ 14 κενὸν ὄν scripsi : ὃν κενόν S : κενόν Π   15 καὶ ES : om.
ΛΤ   16 κινῆται EFGJPᶜS : τι κινῆται IPᵇ   μεταβάλλει fort. G
17 ὡς] ὡς ἐν I   18 ἀκίνητος EGIJS : ἀκίνητον FP   εἶναι ὁ
τόπος EFPT : ὁ τόπος εἶναι GIJ   19 τόπος ἐστιν ὅτι IP   ὁ πᾶς
EFIJ¹S : ἅπας GP : ὁ ἅπας J²   21 τὸ pr. om. I   24 κύκλῳ
FGISᴾ : κύκλου EJVP   25 ἐστι φύσει EFP : φύσει ἐστὶ GIJ
27–8 ἄνω . . . καὶ pr. E²ΛVS : om. E¹   28 τι] τε G   29 περι-
έχων F   πράγματι E¹FVΓ : πράγματί πως E²GIJPS   30 τῷ
πεπερασμένῳ EFJ²V : om. GIJ¹PST   πέρατα EFVPST : πέρατα καὶ
ὁ τόπος GIJ   31 ὡς E²   σῶμα] τὸ Sᶜ : σῶμα τὸ Sᴾ   32 ἔστιν
ἐν τόπῳ EFPS : ἐν τόπῳ ἐστὶν GIJ   35 ὡς FGIPS : ὥστε E :
ἔσται J   ᵇ 1 κινεῖται E·VPST : κινήσεται E²Λ   ὁ ΠP : om. ST
2 ἔνια· τὰ] ἔνια· ἔνια P : ἔνια fort. S : τὰ γρ. S   καὶ om. PT   ἄνω
καὶ κάτω EFPT : κάτω καὶ ἄνω GIJ

ἔχει πύκνωσιν καὶ μάνωσιν. ὥσπερ δ᾽ ἐλέχθη, τὰ μέν ἐστιν
ἐν τόπῳ κατὰ δύναμιν, τὰ δὲ κατ᾽ ἐνέργειαν.   διὸ ὅταν μὲν
συνεχὲς ᾖ τὸ ὁμοιομερές, κατὰ δύναμιν ἐν τόπῳ τὰ μέρη, 5
ὅταν δὲ χωρισθῇ μὲν ἅπτηται δ᾽ ὥσπερ σωρός, κατ᾽ ἐνέργειαν.
καὶ τὰ μὲν καθ᾽ αὑτά (οἷον πᾶν σῶμα ἢ κατὰ φορὰν ἢ κατ᾽
αὔξησιν κινητὸν καθ᾽ αὑτό που, ὁ δ᾽ οὐρανός, ὥσπερ εἴρηται, οὐ
που ὅλος οὐδ᾽ ἔν τινι τόπῳ ἐστίν, εἴ γε μηδὲν αὐτὸν περιέχει
σῶμα· ἐφ᾽ ᾧ δὲ κινεῖται, ταύτῃ καὶ τόπος ἔστι τοῖς μορίοις· 10
ἕτερον γὰρ ἑτέρου ἐχόμενον τῶν μορίων ἐστίν)· τὰ δὲ κατὰ συμ-
βεβηκός, οἷον ἡ ψυχὴ καὶ ὁ οὐρανός· τὰ γὰρ μόρια ἐν τόπῳ
πως πάντα· ἐπὶ τῷ κύκλῳ γὰρ περιέχει ἄλλο ἄλλο.   διὸ
κινεῖται μὲν κύκλῳ τὸ ἄνω, τὸ δὲ πᾶν οὔ που.   τὸ γάρ που
αὐτό τέ ἐστί τι, καὶ ἔτι ἄλλο τι δεῖ εἶναι παρὰ τοῦτο ἐν 15
ᾧ, ὃ περιέχει· παρὰ δὲ τὸ πᾶν καὶ ὅλον οὐδέν ἐστιν ἔξω τοῦ
παντός, καὶ διὰ τοῦτο ἐν τῷ οὐρανῷ πάντα· ὁ γὰρ οὐρανὸς
τὸ πᾶν ἴσως.   ἔστι δ᾽ ὁ τόπος οὐχ ὁ οὐρανός, ἀλλὰ τοῦ οὐρανοῦ
τι τὸ ἔσχατον καὶ ἁπτόμενον τοῦ κινητοῦ σώματος [πέρας
ἠρεμοῦν].   καὶ διὰ τοῦτο ἡ μὲν γῆ ἐν τῷ ὕδατι, τοῦτο δ᾽ ἐν 20
τῷ ἀέρι, οὗτος δ᾽ ἐν τῷ αἰθέρι, ὁ δ᾽ αἰθὴρ ἐν τῷ οὐρανῷ,
ὁ δ᾽ οὐρανὸς οὐκέτι ἐν ἄλλῳ.
                                                          22

                  φανερὸν δ᾽ ἐκ τούτων ὅτι καὶ 22
αἱ ἀπορίαι πᾶσαι λύοιντ᾽ ἂν οὕτω λεγομένου τοῦ τόπου. οὔτε
γὰρ συναύξεσθαι ἀνάγκη τὸν τόπον, οὔτε στιγμῆς εἶναι τό-
πον, οὔτε δύο σώματα ἐν τῷ αὐτῷ τόπῳ, οὔτε διάστημά τι 25
εἶναι σωματικόν (σῶμα γὰρ τὸ μεταξὺ τοῦ τόπου τὸ τυχόν,
ἀλλ᾽ οὐ διάστημα σώματος).   καὶ ἔστιν ὁ τόπος καὶ πού, οὐχ
ὡς ἐν τόπῳ δέ, ἀλλ᾽ ὡς τὸ πέρας ἐν τῷ πεπερασμένῳ.   οὐ
γὰρ πᾶν τὸ ὂν ἐν τόπῳ, ἀλλὰ τὸ κινητὸν σῶμα.   καὶ φέ-
ρεται δὴ εἰς τὸν αὑτοῦ τόπον ἕκαστον εὐλόγως (ὃ γὰρ ἐφε- 30
ξῆς καὶ ἁπτόμενον μὴ βίᾳ, συγγενές· καὶ συμπεφυκότα

ᵇ 3 δ᾽ EFGJS: γὰρ T: om. I   ἐλέγομεν fecit E   7 αὑτὰ
EJPST: αὑτὸ FGI   κατ᾽ ES: om. ΛΡ   10 ὁ EJPS Maximus
13 τὸ EGIS   περιέχει om. E¹   ἄλλο ἄλλω I   14 μὲν om.
IJP   κύκλῳ μόνον τὸ GIP   16 ὁ περιέχει FGIJ¹VPS: περιέχεται
EJ² et ut vid. T   ἔξωθεν Λ   18 ὁ pr. om. PSᶜ   19 πέρας
ἠρεμοῦν ΛΡ: om. EVST   21 οἷτος δ᾽] ὁ δ᾽ ἀὴρ S   22 ὅτι
om. F   23 λύονται οὕτω PT   24 εἶναι τὸν τόπον I   25 οὐδὲ
GIT   ἐν ΛT: ἐστιν ἐν E   τόπῳ om. F   οὐδὲ GI: οὐ γὰρ T
28 δέ om. F   29 τὸ ὂν ἐν τόπῳ E²GIVPT: ἐν τόπῳ τὸ ὂν FS:
ἐν τόπῳ E¹   30 ἕκαστον om. E   ὃ FIPT: ᾧ EGJ

ΦΥΣΙΚΗΣ ΑΚΡΟΑΣΕΩΣ Δ

μὲν ἀπαθῆ, ἁπτόμενα δὲ παθητικὰ καὶ ποιητικὰ ἀλλή-
λων)· καὶ μένει δὴ φύσει πᾶν ἐν τῷ οἰκείῳ τόπῳ
οὐκ ἀλόγως· καὶ γὰρ τὸ μέρος, τὸ δὲ ἐν [τῷ] τόπῳ ὡς
35 διαιρετὸν μέρος πρὸς ὅλον ἐστίν, οἷον ὅταν ὕδατος κινήσῃ τις
213ᵃ μόριον ἢ ἀέρος. οὕτω δὲ καὶ ἀὴρ ἔχει πρὸς ὕδωρ· οἷον ὕλη
γάρ, τὸ δὲ εἶδος, τὸ μὲν ὕδωρ ὕλη ἀέρος, ὁ δ' ἀὴρ οἷον
ἐνέργειά τις ἐκείνου· τὸ γὰρ ὕδωρ δυνάμει ἀήρ ἐστιν, ὁ δ'
ἀὴρ δυνάμει ὕδωρ ἄλλον τρόπον. διοριστέον δὲ περὶ τούτων
5 ὕστερον· ἀλλὰ διὰ τὸν καιρὸν ἀνάγκη μὲν εἰπεῖν, ἀσαφῶς
δὲ νῦν ῥηθὲν τότ' ἔσται σαφέστερον. εἰ οὖν τὸ αὐτὸ [ἢ] ὕλη
καὶ ἐντελέχεια (ὕδωρ γὰρ ἄμφω, ἀλλὰ τὸ μὲν δυνά-
μει τὸ δ' ἐντελεχείᾳ), ἔχοι ἂν ὡς μόριόν πως πρὸς ὅλον.
διὸ καὶ τούτοις ἁφὴ ἔστιν· σύμφυσις δέ, ὅταν ἄμφω ἐνερ-
10 γείᾳ ἓν γένωνται. καὶ περὶ μὲν τόπου, καὶ ὅτι ἔστι καὶ τί
ἐστιν, εἴρηται.

Τὸν αὐτὸν δὲ τρόπον ὑποληπτέον εἶναι τοῦ φυσικοῦ θεω- **6**
ρῆσαι καὶ περὶ κενοῦ, εἰ ἔστιν ἢ μή, καὶ πῶς ἔστι, καὶ τί ἐστιν,
ὥσπερ καὶ περὶ τόπου· καὶ γὰρ παραπλησίαν ἔχει τήν τε
15 ἀπιστίαν καὶ τὴν πίστιν διὰ τῶν ὑπολαμβανομένων· οἷον γὰρ
τόπον τινὰ καὶ ἀγγεῖον τὸ κενὸν τιθέασιν οἱ λέγοντες, δοκεῖ
δὲ πλῆρες μὲν εἶναι, ὅταν ἔχῃ τὸν ὄγκον οὗ δεκτικόν ἐστιν,·
ὅταν δὲ στερηθῇ, κενόν, ὡς τὸ αὐτὸ μὲν ὂν κενὸν καὶ πλῆρες
καὶ τόπον, τὸ δ' εἶναι αὐτοῖς οὐ ταὐτὸ ὄν. ἄρξασθαι δὲ δεῖ
20 τῆς σκέψεως λαβοῦσιν ἅ τε λέγουσιν οἱ φάσκοντες εἶναι καὶ
πάλιν ἃ λέγουσιν οἱ μὴ φάσκοντες, καὶ τρίτον τὰς κοινὰς

ᵇ 32 ποιητικὰ καὶ παθητικὰ VP et ut vid. ST   33 πᾶν om. PT
add. ἕκαστον post πᾶν E, post τόπῳ IJT   34 οὐκ . . . τόπῳ
om. G   οὐκ ἀλόγως] εὐλόγως E²IJVP   μέρος, τὸ δὲ scripsi cum
PV : μέρος τόδε EFIJ   τῷ seclusi, om. P : ὅλῳ τῷ F : τῷ ὅλῳ
E²IJ   35 ὅταν] εἰ I   κινήσῃ τι E²F : τις κινήσῃ GJ : τις
κινήσει I   213ᵃ 1 ἀὴρ E¹P : ὁ ἀὴρ E²ΛS   2 γὰρ . . . ὕλη
E²ΛS : om. E¹   ἀέρος ὕλη F   οἷον om. E¹   3 γὰρ] δὲ I   ἐστὶν
ἀὴρ GIJS   6 λεχθὲν GIJ   ἐστὶ E²   ἢ seclusi, om. ut
vid. PP : habent ΠP¹   7 καὶ E et ut vid. PP : καὶ ἡ ΛP¹   ὕδωρ
ΛP : ἔχει ὕδωρ E   9 δέ ἐστιν ὅταν E¹   ἐνεργείᾳ ἐγγένηται E²
10 γένηται F   τόπου EGIJS : τοῦ τόπου FT   13 ἢ μή om. E²
καὶ πῶς ἔστι ΛPS : om. E   καὶ ST : ἢ Π   14 γὰρ om. E¹
τήν . . . 15 καὶ om. F : τε om. E¹P   16 τόπον τινα EGIJP : τινα
τόπον F : τόπον S   17 δ' εἶναι πλῆρες μὲν GIJP   18 ὡς om.
E¹   κενὸν om. F   19 ταὐτόν. ἄρξασθαι IJ   20 τῆς
om. F   λαβοῦσιν ex λαμβάνουσιν fecit J¹ : λαβούσης G   ἅ om. E¹
21 φάσκοντες εἶναι καὶ E²Λ   κοινὰς δοξὰς περὶ αὐτῶν Λ : περὶ αὐτῶν
κοινὰς δόξας S

περὶ αὐτῶν δόξας. οἱ μὲν οὖν δεικνύναι πειρώμενοι ὅτι οὐκ
ἔστιν, οὐχ ὃ βούλονται λέγειν οἱ ἄνθρωποι κενόν, τοῦτ' ἐξελέγ-
χουσιν, ἀλλ' ⟨ὃ⟩ ἁμαρτάνοντες λέγουσιν. ὥσπερ Ἀναξαγόρας καὶ
οἱ τοῦτον τὸν τρόπον ἐλέγχοντες. ἐπιδεικνύουσι γὰρ ὅτι ἐστίν τι 25
ὁ ἀήρ, στρεβλοῦντες τοὺς ἀσκοὺς καὶ δεικνύντες ὡς ἰσχυρὸς ὁ
ἀήρ, καὶ ἐναπολαμβάνοντες ἐν ταῖς κλεψύδραις. οἱ δὲ ἄν-
θρωποι βούλονται κενὸν εἶναι διάστημα ἐν ᾧ μηδέν ἐστι
σῶμα αἰσθητόν· οἰόμενοι δὲ τὸ ὂν ἅπαν εἶναι σῶμα φασίν,
ἐν ᾧ ὅλως μηδέν ἐστι, τοῦτ' εἶναι κενόν, διὸ τὸ πλῆρες ἀέρος 30
κενόν εἶναι. οὔκουν τοῦτο δεῖ δεικνύναι, ὅτι ἐστί τι ὁ ἀήρ, ἀλλ'
ὅτι οὐκ ἔστι διάστημα ἕτερον τῶν σωμάτων, οὔτε χωριστὸν οὔτε
ἐνεργείᾳ ὄν, ὃ διαλαμβάνει τὸ πᾶν σῶμα ὥστε εἶναι μὴ
συνεχές, καθάπερ λέγουσιν Δημόκριτος καὶ Λεύκιππος καὶ
ἕτεροι πολλοὶ τῶν φυσιολόγων, ἢ καὶ εἴ τι ἔξω τοῦ παντὸς 213ᵇ
σώματός ἐστιν ὄντος συνεχοῦς. 2

οὗτοι μὲν οὖν οὐ κατὰ θύρας 2
πρὸς τὸ πρόβλημα ἀπαντῶσιν, ἀλλ' οἱ φάσκοντες εἶναι
μᾶλλον. λέγουσιν δ' ἐν μὲν ὅτι κίνησις ἡ κατὰ τόπον οὐκ ἂν
εἴη (αὕτη δ' ἐστὶ φορὰ καὶ αὔξησις)· οὐ γὰρ ἂν δοκεῖν εἶναι 5
κίνησιν, εἰ μὴ εἴη κενόν· τὸ γὰρ πλῆρες ἀδύνατον εἶναι δέ-
ξασθαί τι. εἰ δὲ δέξεται καὶ ἔσται δύο ἐν ταὐτῷ, ἐνδέχοιτ'
ἂν καὶ ὁποσαοῦν εἶναι ἅμα σώματα· τὴν γὰρ διαφοράν, δι'
ἣν οὐκ ἂν εἴη τὸ λεχθέν, οὐκ ἔστιν εἰπεῖν. εἰ δὲ τοῦτο ἐνδέχε-
ται, καὶ τὸ μικρότατον δέξεται τὸ μέγιστον· πολλὰ γὰρ 10
μικρὰ τὸ μέγα ἐστίν· ὥστε εἰ πολλὰ ἴσα ἐνδέχεται ἐν
ταὐτῷ εἶναι, καὶ πολλὰ ἄνισα. Μέλισσος μὲν οὖν καὶ δεί-
κνυσιν ὅτι τὸ πᾶν ἀκίνητον ἐκ τούτων· εἰ γὰρ κινήσεται,
ἀνάγκη εἶναι (φησί) κενόν, τὸ δὲ κενὸν οὐ τῶν ὄντων. ἕνα μὲν
οὖν τρόπον ἐκ τούτων δεικνύουσιν ὅτι ἔστιν τι κενόν, ἄλλον δ' ὅτι 15
φαίνεται ἔνια συνιόντα καὶ πιλούμενα, οἷον καὶ τὸν οἶνόν

ᵃ 23 οἱ ἄνθρωποι λέγειν Ε   24 ὃ PST Pacius : om. Π   ἁμαρ-
τάνουσι λέγοντες F   28 κενὸν ΛΡ : λέγειν κενὸν Ε   μηδέν τί
ἐστι F   29 ἅπαν ὂν Ι   30 διὸ τὸ Ε¹FGIJ²V et ut vid. PST :
διότι Ε² : διὸ J : οὐ δὴ τὸ Prantl   31 δεικνύναι δεῖ F : δεικνύναι J¹
32-3 χωριστὸν . . . ὄν] ἀχώριστον αὐτῶν οὔτε χωριστόν Porphyrius
ᵇ 1 τι τῶν ἔξω Ε   4 ὅτι EGIPS : ὅτι ἡ FJ   5 δοκοίη εἶναι
κίνησις Λ   6 εἴη] ἢ F   7 τι om. Λ   δέξαιτο Λ   ἐστι
GIJ   8 ἅμα εἶναι Λ   γὰρ om. Ε¹   10 σμικρότατον
δέξασθαι F   11 τὸ μέγα ἐστίν ΛST : ἐστι τὸ μέγα Ε   15 ἐκ
τούτου ES : om. F   τι] τὸ S   16 φαίνεται EFS : φαίνονται GIJ

ΦΥΣΙΚΗΣ ΑΚΡΟΑΣΕΩΣ Δ

φασι δέχεσθαι μετὰ τῶν ἀσκῶν τοὺς πίθους, ὡς εἰς τὰ
ἐνόντα κενὰ συνιόντος τοῦ πυκνουμένου σώματος. ἔτι δὲ καὶ ἡ
αὔξησις δοκεῖ πᾶσι γίγνεσθαι διὰ κενοῦ· τὴν μὲν γὰρ τρο-
20 φὴν σῶμα εἶναι, δύο δὲ σώματα ἀδύνατον ἅμα εἶναι.
μαρτύριον δὲ καὶ τὸ περὶ τῆς τέφρας ποιοῦνται, ἣ δέχεται
ἴσον ὕδωρ ὅσον τὸ ἀγγεῖον τὸ κενόν. εἶναι δ᾽ ἔφασαν καὶ
οἱ Πυθαγόρειοι κενόν, καὶ ἐπεισιέναι αὐτὸ τῷ οὐρανῷ ἐκ τοῦ
ἀπείρου πνεύματος ὡς ἀναπνέοντι καὶ τὸ κενόν, ὃ διορίζει
25 τὰς φύσεις, ὡς ὄντος τοῦ κενοῦ χωρισμοῦ τινὸς τῶν ἐφεξῆς
καὶ [τῆς] διορίσεως· καὶ τοῦτ᾽ εἶναι πρῶτον ἐν τοῖς ἀριθμοῖς·
τὸ γὰρ κενὸν διορίζειν τὴν φύσιν αὐτῶν. ἐξ ὧν μὲν οὖν
οἱ μέν φασιν εἶναι οἱ δ᾽ οὔ φασι, σχεδὸν τοιαῦτα καὶ το-
σαῦτά ἐστιν.
30 Πρὸς δὲ τὸ ποτέρως ἔχει δεῖ λαβεῖν τί σημαίνει τοὔ- 7
νομα. δοκεῖ δὴ τὸ κενὸν τόπος εἶναι ἐν ᾧ μηδέν ἐστι. τούτου
δ᾽ αἴτιον ὅτι τὸ ὂν σῶμα οἴονται εἶναι, πᾶν δὲ σῶμα ἐν
τόπῳ, κενὸν δὲ ἐν ᾧ τόπῳ μηδέν ἐστι σῶμα, ὥστ᾽ εἴ που
μὴ ἔστι σῶμα, οὐδὲν εἶναι ἐνταῦθα. σῶμα δὲ πάλιν ἅπαν
214ᵃ οἴονται εἶναι ἁπτόν· τοιοῦτο δὲ ὃ ἂν ἔχῃ βάρος ἢ κουφό-
τητα. συμβαίνει οὖν ἐκ συλλογισμοῦ τοῦτο εἶναι κενόν, ἐν ᾧ
μηδέν ἐστι βαρὺ ἢ κοῦφον. ταῦτα μὲν οὖν, ὥσπερ εἴπομεν
καὶ πρότερον, ἐκ συλλογισμοῦ συμβαίνει. ἄτοπον δὲ εἰ ἡ
5 στιγμὴ κενόν· δεῖ γὰρ τόπον εἶναι ἐν ᾧ σώματος ἔστι διά-
στημα ἁπτοῦ. ἀλλ᾽ οὖν φαίνεται λέγεσθαι τὸ κενὸν ἕνα μὲν
τρόπον τὸ μὴ πλῆρες αἰσθητοῦ σώματος κατὰ τὴν ἁφήν·
αἰσθητὸν δ᾽ ἐστὶ κατὰ τὴν ἁφὴν τὸ βάρος ἔχον ἢ κουφό-
τητα (διὸ κἂν ἀπορήσειέ τις, τί ἂν φαῖεν, εἰ ἔχοι τὸ διά-

ᵇ 17 μετὰ τῶν ἀσκῶν δέχεσθαι Λ   18 συνιόντος ΠΤ : συνιζάνοντος
S   19 δοκεῖ γίγνεσθαι πᾶσιν FGJSP : πᾶσι δοκεῖ γίγνεσθαι Sˡ
20 εἶναι σῶμα Λ   21 ἢ] εἰ S   22 ἴσον om. F   τὸ κενόν] κενὸν
ὂν S : κενόν T   23 αὐτὸ EFIJT : αὐτῷ GPˡS Stobaeus   24 πνεύ-
ματος E²ΛPˡ Stobaeus : πνεῦμα Tennemann : πνεῦμά τε Diels, fort. E
ὡς] ὡς ἂν FGIP   26 τῆς ΠPS : secl. Bonitz   27 διορίζει F et
fecit J   ὧν μέν] μὲν ὧν sed erasit F   28 φασι om. I   σχεδὸν
. . . 32 εἶναι sup. lituram. E²   28 τοιαῦτα καὶ (τε καὶ E²) τοσαῦτα
E²FS : τοσαῦτα καὶ τοιαῦτα GIJ   29 ἔστιν om. E²   31 εἶναι
om. F   τοῦτο J   32 τὸ om. J   οἷόν τε E²   33 ἐστι om. G
34 οὐδὲν EGIJVS : κενόν F   214ᵃ 1 οἷόν τε EG   ἐὰν E   3 ἢ
EVPST : τι ἢ Λ   5 ᾧ EˡFPS : ᾧ τόπῳ E²GIJ   7 μὴ πλῆρες
αἰσθητοῦ] πλῆρες αἰσθητοῦ γρ. Α γρ. S : πλῆρες ἀναισθήτου γρ. Α
8 αἰσθητὸν . . . ἁφὴν om. E   ἢ EP : καὶ Λ   9 ἀπορήσει E

στημα χρῶμα ἢ ψόφον, πότερον κενὸν ἢ οὔ; ἢ δῆλον ὅτι 10
εἰ μὲν δέχοιτο σῶμα ἁπτόν, κενόν, εἰ δὲ μή, οὔ)· ἄλ-
λον δὲ τρόπον, ἐν ᾧ μὴ τόδε τι μηδ' οὐσία τις σωματική.
διό φασίν τινες εἶναι τὸ κενὸν τὴν τοῦ σώματος ὕλην (οἵπερ
καὶ τὸν τόπον τὸ αὐτὸ τοῦτο), λέγοντες οὐ καλῶς· ἡ μὲν
γὰρ ὕλη οὐ χωριστὴ τῶν πραγμάτων, τὸ δὲ κενὸν ζητοῦσιν 15
ὡς χωριστόν. 16

ἐπεὶ δὲ περὶ τόπου διώρισται, καὶ τὸ κενὸν ἀν- 16
άγκη τόπον εἶναι, εἰ ἔστιν, ἐστερημένον σώματος, τόπος δὲ
καὶ πῶς ἔστι καὶ πῶς οὐκ ἔστιν εἴρηται, φανερὸν ὅτι οὕτω
μὲν κενὸν οὐκ ἔστιν, οὔτε κεχωρισμένον οὔτε ἀχώριστον. τὸ γὰρ
κενὸν οὐ σῶμα ἀλλὰ σώματος διάστημα βούλεται εἶναι· 20
διὸ καὶ τὸ κενὸν δοκεῖ τι εἶναι, ὅτι καὶ ὁ τόπος, καὶ διὰ
ταῦτα. ἥκει γὰρ δὴ ἡ κίνησις ἡ κατὰ τόπον καὶ τοῖς τὸν
τόπον φάσκουσιν εἶναί τι παρὰ τὰ σώματα τὰ ἐμπίπτοντα
καὶ τοῖς τὸ κενόν. αἴτιον δὲ κινήσεως οἴονται εἶναι τὸ κενὸν
οὕτως ὡς ἐν ᾧ κινεῖται· τοῦτο δ' ἂν εἴη οἷον τὸν τόπον φασί 25
τινες εἶναι. οὐδεμία δ' ἀνάγκη, εἰ κίνησις ἔστιν, εἶναι κενόν.
ὅλως μὲν οὖν πάσης κινήσεως οὐδαμῶς, δι' ὃ καὶ Μέλισσον
ἔλαθεν· ἀλλοιοῦσθαι γὰρ τὸ πλῆρες ἐνδέχεται. ἀλλὰ δὴ
οὐδὲ τὴν κατὰ τόπον κίνησιν· ἅμα γὰρ ἐνδέχεται ὑπεξιέναι
ἀλλήλοις, οὐδενὸς ὄντος διαστήματος χωριστοῦ παρὰ τὰ σώ- 30
ματα τὰ κινούμενα. καὶ τοῦτο δῆλον καὶ ἐν ταῖς τῶν συν-
εχῶν δίναις, ὥσπερ καὶ ἐν ταῖς τῶν ὑγρῶν. ἐνδέχεται δὲ
καὶ πυκνοῦσθαι μὴ εἰς τὸ κενὸν ἀλλὰ διὰ τὸ τὰ ἐνόντα ἐκ-
πυρηνίζειν (οἷον ὕδατος συνθλιβομένου τὸν ἐνόντα ἀέρα), καὶ 214^b
αὐξάνεσθαι οὐ μόνον εἰσιόντος τινὸς ἀλλὰ καὶ ἀλλοιώσει,

ᵃ 11 κενόν EPS : κενὸν εἶναι Λ   12 μὴ τόδε ΛPPST : μηδὲν
τόδε E : μηδὲν P¹   τι] ἐστὶ IPT : τί ἐστιν S   13 τῶν σωμάτων
F   14 οὔ] ὡς E   15 σωμάτων F   16 ὡς χωριστόν ΛV
et ut vid. PST : om. E   δὲ καὶ περὶ F   τόπον G : τοῦ τόπου
IPS   τόπον ἀνάγκη εἶναι GIJP : τόπον εἶναι ἀνάγκη F   18 ἔστι
καὶ πῶς om. E : πῶς om. F   19 κεχωρισμένον οὔτε ἀχώριστον
ΛVPS : ἀχώριστον οὔτε κεχωρισμένον E : χωριστὸν οὔτε κεχωρισμένον T
20 βούλεται E¹FP : βούλονται E²GIJVS   22 εἵκει E¹   δὴ ἡ
fecit E   23 τὰ alt. om. E¹S   24 δὲ ΠPP : δὲ τῆς P¹T   τὸ
κενὸν εἶναι F : τὸ κενὸν P   26 εἰ] εἶναι εἰ I   ἔσται κίνησις
F   εἶναι καὶ κενόν G   27 κινήσεως οἰδαμῶς ἁπάσης G   ἁπάσης
E²FIJ   28 ἐνδέχεται τὸ πλῆρες Λ   29 ὑπεξιέναι ἀλλήλοις
ἐνδέχεται Λ   30 περὶ GJ²   31 τὰ om. E¹   32 καὶ om. S
ᵇ 1 θλιβομένου E¹   2 αὔξεσθαι S

οἷον εἰ ἐξ ὕδατος γίγνοιτο ἀήρ. ὅλως δὲ ὅ τε περὶ τῆς αὐ-
ξήσεως λόγος καὶ τοῦ εἰς τὴν τέφραν ἐγχεομένου ὕδατος
5 αὐτὸς αὑτὸν ἐμποδίζει. ἢ γὰρ οὐκ αὐξάνεται ὁτιοῦν, ἢ οὐ
σώματι, ἢ ἐνδέχεται δύο σώματα ἐν ταὐτῷ εἶναι (ἀπο-
ρίαν οὖν κοινὴν ἀξιοῦσι λύειν, ἀλλ' οὐ κενὸν δεικνύουσιν ὡς
ἔστιν), ἢ πᾶν εἶναι ἀναγκαῖον τὸ σῶμα κενόν, εἰ πάντῃ αὐ-
ξάνεται καὶ αὐξάνεται διὰ κενοῦ. ὁ δ' αὐτὸς λόγος καὶ ἐπὶ
10 τῆς τέφρας. ὅτι μὲν οὖν ἐξ ὧν δεικνύουσιν εἶναι τὸ κενὸν λύ-
ειν ῥᾴδιον, φανερόν.

Ὅτι δ' οὐκ ἔστιν κενὸν οὕτω κεχωρισμένον, ὡς ἔνιοί φασι, 8
λέγωμεν πάλιν. εἰ γὰρ ἔστιν ἑκάστου φορά τις τῶν ἁπλῶν
σωμάτων φύσει, οἷον τῷ πυρὶ μὲν ἄνω τῇ δὲ γῇ κάτω
15 καὶ πρὸς τὸ μέσον, δῆλον ὅτι οὐκ ἂν τὸ κενὸν αἴτιον εἴη τῆς
φορᾶς. τίνος οὖν αἴτιον ἔσται τὸ κενόν; δοκεῖ γὰρ αἴτιον εἶναι
κινήσεως τῆς κατὰ τόπον, ταύτης δ' οὐκ ἔστιν. ἔτι εἰ ἔστιν τι
οἷον τόπος ἐστερημένος σώματος, ὅταν ᾖ κενόν, ποῦ οἰσθήσε-
ται τὸ εἰστεθὲν εἰς αὐτὸ σῶμα; οὐ γὰρ δὴ εἰς ἅπαν. ὁ δ'
20 αὐτὸς λόγος καὶ πρὸς τοὺς τὸν τόπον οἰομένους εἶναί τι κε-
χωρισμένον, εἰς ὃν φέρεται· πῶς γὰρ οἰσθήσεται τὸ ἐντε-
θὲν ἢ μενεῖ; καὶ περὶ τοῦ ἄνω καὶ κάτω καὶ περὶ τοῦ κενοῦ
ὁ αὐτὸς ἁρμόσει λόγος εἰκότως· τὸ γὰρ κενὸν τόπον ποι-
οῦσιν οἱ εἶναι φάσκοντες· καὶ πῶς δὴ ἐνέσται ἢ ἐν [τῷ] τόπῳ
25 ἢ ἐν τῷ κενῷ; οὐ γὰρ συμβαίνει, ὅταν ὅλον τεθῇ ὡς ἐν
κεχωρισμένῳ τόπῳ καὶ ὑπομένοντι σῶμά τι· τὸ γὰρ μέρος,
ἂν μὴ χωρὶς τιθῆται, οὐκ ἔσται ἐν τόπῳ ἀλλ' ἐν τῷ ὅλῳ.
28 ἔτι εἰ μὴ τόπος, οὐδὲ κενὸν ἔσται.

28   συμβαίνει δὲ τοῖς λέγου-

ᵇ 3 γίγνοιτο EGIJP : γένοιτο FS   6 ἢ om. F   7 ἀξιοῦσι
κοινὴν ΛS   ὡς] ὡς εἰ fecit E   8 τὸ σῶμα ἀναγκαῖον ΛPS   εἰ]
ἢ fecit E¹   10 ὅτι] οὕτω G   τὸ κενὸν εἶναι ΛS   13 λέγομεν
GIJ   15 εἴη αἴτιον Λ   τῆς om. E   16 τὸ] κινήσεως τὸ
IV   17 ἔστιν αἴτιον. ἔτι F   18 ἐστερημένος EFJPS : ἐστερη-
μένον GI   19 ἐντεθὲν FIP   20 τὸν τόπον] τόπους G   οἰομένους
εἶναί τι EPS : εἶναί τι οἰομένους Λ   21 ὁ IP   φέρεται τὸ
φερόμενον. πῶς F   γὰρ ΛVPS : om. E   τεθὲν FGIAS   23 ὁ
αὐτὸς ἁρμόσει λόγος EP : ὁ αὐτὸς λόγος ἁρμόσει F : ἁρμόσει ὁ αὐτὸς
λόγος GIJ   24 δὴ E²FGIPS : δεῖ J : om. E¹   ἢ om. S   τῷ
seclusi, om. PS   25-7 οὐ . . . ὅλῳ ΠPT : om. F, γρ. S   25 ὅταν
ὅλον τεθῇ om. F   ὡς FGIS : om. EP : erasit J   26 τόπῳ
ὅταν ὅλον τεθῇ καὶ F¹   σῶμά τι PPSᴾ Pacius : σώματι ΠP¹Sᶜ
27 ἐν pr. EJPS : ἐν τῷ FGI   28 μηδὲ E²Λ   οὐδὲν GI
συμβαίνει . . . 215ᵃ 1 διαφοράν om. γρ. Λ

σιν εἶναι κενὸν ὡς ἀναγκαῖον, εἴπερ ἔσται κίνησις, τοὐναντίον
μᾶλλον, ἄν τις ἐπισκοπῇ, μὴ ἐνδέχεσθαι μηδὲ ἐν κινεῖ- 30
σθαι, ἐὰν ᾖ κενόν· ὥσπερ γὰρ οἱ διὰ τὸ ὅμοιον φάμενοι
τὴν γῆν ἠρεμεῖν, οὕτω καὶ ἐν τῷ κενῷ ἀνάγκη ἠρεμεῖν· οὐ
γὰρ ἔστιν οὗ μᾶλλον ἢ ἧττον κινηθήσεται· ᾗ γὰρ κενόν, οὐκ
ἔχει διαφοράν. ἔπειθ᾽ ὅτι πᾶσα κίνησις ἢ βίᾳ ἢ 215ᵃ
κατὰ φύσιν. ἀνάγκη δὲ ἄν περ ᾖ ⟨ἡ⟩ βίαιος, εἶναι καὶ τὴν
κατὰ φύσιν (ἡ μὲν γὰρ βίαιος παρὰ φύσιν, ἡ δὲ
παρὰ φύσιν ὑστέρα τῆς κατὰ φύσιν)· ὥστ᾽ εἰ μὴ κατὰ φύ-
σιν ἔστιν ἑκάστῳ τῶν φυσικῶν σωμάτων κίνησις, οὐδὲ τῶν 5
ἄλλων ἔσται κινήσεων οὐδεμία. ἀλλὰ μὴν φύσει γε πῶς
ἔσται μηδεμιᾶς οὔσης διαφορᾶς κατὰ τὸ κενὸν καὶ τὸ ἄπει-
ρον; ᾗ μὲν γὰρ ἄπειρον, οὐδὲν ἔσται ἄνω οὐδὲ κάτω οὐδὲ
μέσον, ᾗ δὲ κενόν, οὐδὲν διάφορον τὸ ἄνω τοῦ κάτω (ὥσπερ
γὰρ τοῦ μηδενὸς οὐδεμία ἔστι διαφορά, οὕτω καὶ τοῦ κενοῦ· 10
τὸ γὰρ κενὸν μὴ ὄν τι καὶ στέρησις δοκεῖ εἶναι). ἡ δὲ
φύσει φορὰ διάφορος, ὥστε ἔσται φύσει διάφορα. ἢ οὖν
οὐκ ἔστι φύσει οὐδαμοῦ οὐδενὶ φορά, ἢ εἰ τοῦτ᾽ ἔστιν, οὐκ ἔστι
κενόν. ἔτι νῦν μὲν κινεῖται τὰ ῥιπτούμενα τοῦ ὤσαντος οὐχ
ἁπτομένου, ἢ δι᾽ ἀντιπερίστασιν, ὥσπερ ἔνιοί φασιν, ἢ διὰ 15
τὸ ὠθεῖν τὸν ὠσθέντα ἀέρα θάττω κίνησιν τῆς τοῦ ὠσθέντος
φορᾶς ἣν φέρεται εἰς τὸν οἰκεῖον τόπον· ἐν δὲ τῷ κενῷ
οὐδὲν τούτων ὑπάρχει, οὐδ᾽ ἔσται φέρεσθαι ἀλλ᾽ ἢ
ὡς τὸ ὀχούμενον. ἔτι οὐδεὶς ἂν ἔχοι εἰπεῖν διὰ τί κινηθὲν στή-
σεταί που· τί γὰρ μᾶλλον ἐνταῦθα ἢ ἐνταῦθα; ὥστε ἢ ἠρε- 20
μήσει ἢ εἰς ἄπειρον ἀνάγκη φέρεσθαι, ἐὰν μή τι ἐμπο-
δίσῃ κρεῖττον. ἔτι νῦν μὲν εἰς τὸ κενὸν διὰ τὸ ὑπείκειν φέ-

ᵇ 30 κινεῖσθαι μηδὲν ΛΤ   33 οὗ om. G¹   ἢ FT et sup. lin.
J: καὶ EGIJS   οὐκ om. G¹   215ᵃ 1 ἔπειθ᾽ EIVST: πρῶτον
μὲν οὖν FG et erasum in J   ὅτι ΛS: ὅτε ἡ E   ἢ pr. ΛVS:
πρῶτον μὲν ὅτι πᾶσα κίνησις ἢ E   βία κινηθήσεται ἢ F¹   2 ἡ
addidi: om. ΠΡΤ   τὴν om. F   3 ἡ . . . φύσιν om. G   φύσιν
ἐστίν, ἡ E   ἡ δὲ παρὰ φύσιν om. J¹   5 ἑκάστῳ post σωμάτων F
6 κινήσεων ἔσται E   7 τὸ alt. om. E¹T   8 ᾗ ΛΡΤ: εἰ fecit
E   ἄνω οὐδὲ κάτω EV: κάτω οὐδὲ ἄνω Λ   9 ᾗ ΛΡΤ: εἰ fecit
E   διαφέρον E¹: διαφέρει F   τὰ E   κάτω τοῦ ἄνω Λ   10 ἔστι
GJST: ἔσται FHI: om. E   κενοῦ HPST: μὴ ὄντος EFGIJ
11 γὰρ HST: δὲ EFGIJP   καὶ ΛPST: καὶ ἡ E   12 φύσει
alt. E¹V: τὰ φύσει E²ΛP   13 ἔσται I   φορὰ οὐδενί F
14 τὰ ῥιπτούμενα om. EP¹S¹   οὐχ ΛST: μὴ E   17 εἰς] ἐπὶ PT
18 ὑπάρχει EVST: ἐνδέχεται ὑπάρχειν Λ   ἔστι FH   22 ἔτι
EHPS: ἔτι δὲ FGIJ

ρεσθαι δοκεῖ· ἐν δὲ τῷ κενῷ πάντη ὁμοίως τὸ τοιοῦτον, ὥστε
24 πάντη οἰσθήσεται.

24 ἔτι δὲ καὶ ἐκ τῶνδε φανερὸν τὸ λεγό-
25 μενον. ὁρῶμεν γὰρ τὸ αὐτὸ βάρος καὶ σῶμα θᾶττον φε-
ρόμενον διὰ δύο αἰτίας, ἢ τῷ διαφέρειν τὸ δι' οὗ, οἷον δι'
ὕδατος ἢ γῆς ἢ δι' ὕδατος ἢ ἀέρος, ἢ τῷ διαφέρειν τὸ φερόμενον,
ἐὰν τἆλλα ταὐτὰ ὑπάρχῃ, διὰ τὴν ὑπεροχὴν τοῦ βάρους ἢ τῆς
κουφότητος. τὸ μὲν οὖν δι' οὗ φέρεται αἴτιον, ὅτι ἐμποδίζει
30 μάλιστα μὲν ἀντιφερόμενον, ἔπειτα καὶ μένον· μᾶλλον δὲ
τὸ μὴ εὐδιαίρετον· τοιοῦτο δὲ τὸ παχύτερον. τὸ δὴ ἐφ' οὗ
215ᵇ Α οἰσθήσεται διὰ τοῦ Β τὸν ἐφ' ᾧ Γ χρόνον, διὰ δὲ τοῦ Δ
λεπτοτέρου ὄντος τὸν ἐφ' ᾧ Ε, εἰ ἴσον τὸ μῆκος τὸ τοῦ Β
τῷ Δ, κατὰ τὴν ἀναλογίαν τοῦ ἐμποδίζοντος σώματος. ἔστω
γὰρ τὸ μὲν Β ὕδωρ, τὸ δὲ Δ ἀήρ· ὅσῳ δὴ λεπτότερον
5 ἀὴρ ὕδατος καὶ ἀσωματώτερον, τοσούτῳ θᾶττον τὸ Α διὰ
τοῦ Δ οἰσθήσεται ἢ διὰ τοῦ Β. ἐχέτω δὴ τὸν αὐτὸν λόγον
ὅνπερ διέστηκεν ἀὴρ πρὸς ὕδωρ, τὸ τάχος πρὸς τὸ τάχος.
ὥστε εἰ διπλασίως λεπτόν, ἐν διπλασίῳ χρόνῳ τὴν τὸ Β δί-
εισιν ἢ τὴν τὸ Δ, καὶ ἔσται ὁ ἐφ' ᾧ Γ χρόνος διπλάσιος
10 τοῦ ἐφ' ᾧ Ε. καὶ ἀεὶ δὴ ὅσῳ ἂν ᾖ ἀσωματώτερον καὶ ἧττον
ἐμποδιστικὸν καὶ εὐδιαιρετώτερον δι' οὗ φέρεται, θᾶττον οἰ-
σθήσεται. τὸ δὲ κενὸν οὐδένα ἔχει λόγον ᾧ ὑπερέχεται ὑπὸ
τοῦ σώματος, ὥσπερ οὐδὲ τὸ μηδὲν πρὸς ἀριθμόν. εἰ γὰρ τὰ
τέτταρα τῶν τριῶν ὑπερέχει ἑνί, πλείονι δὲ τοῖν δυοῖν, καὶ
15 ἔτι πλείονι τοῦ ἑνὸς ἢ τοῖν δυοῖν, τοῦ δὲ μηδενὸς οὐκέτι ἔχει

ᵃ 23 πάντη ΛΡ : παντὶ Ε   24 πάντη EFGHJS : πάντη ὁμοίως
IT   δὲ FHIJPST : om. EG   25 τὸ ... σῶμα] τι vel σῶμα
Laas   βάρος καὶ EFGHJP : om. IT   26 ἢ] ἢ εἰ τὸ αὐτὸ βάρος
καὶ σχῆμα Laas   τῷ FGIJP : τῳ EH   διαφέροντι G   δι'
alt. . . . 27 ὕδατος alt. ΕΡΤ : δι' ὕδατος ἢ γῆς Λ : διὰ γῆς ἢ δι' ὕδατος S
27 ἢ δι' ἀέρος Ε   τῷ Ε¹FIJPT : τὸ Ε²GH   28 ἢ Ε²ΛΡ : om.
Ε¹   29 οὖν om. F   30 καὶ] δὲ καὶ Λ   31 δὲ] δὴ Ι
ᵇ 1 ᾧ EFGJP : οὗ HI   2 λεπτοτέρου EGST : λεπτομεροῦς
FHIP : λεπτομερεστέρου fecit J¹   τὸν ... Ε om. FGJ¹P et corr. Ε
εἰ om. F : εἰς GH et corr. EJ²   τὸ τοῦ FGHIP : τοῦ J : τῶν
corr. Ε   3 τῷ τοῦ δ Η   4 γὰρ] μὲν γὰρ FHIJ   μὲν
om. F   β τὸ ὕδωρ Η   7 ἀὴρ] ὁ ἀὴρ FH   πρὸς τὸ ὕδωρ
Η   πρὸς τὸ τέλος G   8 χρόνῳ om. Η   9 ὁ om. Ε   οὗ
Η   διπλάσιον F : διπλασίων Η   10 δὴ om. F   ᾗ ἀσωμα-
τώτερον ΛΡ : ἀσωματώτερον ᾗ Ε   11 καὶ Λ et fecit Ε : ἀλλ' VP
ἀδιαιρετώτερον Ι   13 πρὸς τὸν Η   14 πλείον G   δὲ ΛΡ : om.
15 τοῦ ἑνὸς πλείονι Λ   δὲ om. Ι : an γε?

λόγον ᾧ ὑπερέχει· ἀνάγκη γὰρ τὸ ὑπερέχον διαιρεῖσθαι εἴς
τε τὴν ὑπεροχὴν καὶ τὸ ὑπερεχόμενον, ὥστε ἔσται τὰ τέτ-
ταρα ὅσῳ τε ὑπερέχει καὶ οὐδέν. διὸ οὐδὲ γραμμὴ στιγμῆς
ὑπερέχει, εἰ μὴ σύγκειται ἐκ στιγμῶν. ὁμοίως δὲ καὶ τὸ
κενὸν πρὸς τὸ πλῆρες οὐδένα οἷόν τε ἔχειν λόγον, ὥστε οὐδὲ 20
τὴν κίνησιν, ἀλλ᾽ εἰ διὰ τοῦ λεπτοτάτου ἐν τοσῳδὶ τὴν τοσήνδε
φέρεται, διὰ τοῦ κενοῦ παντὸς ὑπερβάλλει λόγου.   22
                                                ἔστω γὰρ 22
τὸ Ζ κενόν, ἴσον δὲ [τῷ μεγέθει] τοῖς Β καὶ Δ. τὸ δὴ Α εἰ
δίεισι καὶ κινηθήσεται ἐν τινὶ μὲν χρόνῳ, τῷ ἐφ᾽ οὗ Η, ἐν
ἐλάττονι δὲ τοῦ ἐφ᾽ οὗ Ε, τοῦτον ἕξει τὸν λόγον τὸ 25
κενὸν πρὸς τὸ πλῆρες. ἀλλ᾽ ἐν τοσούτῳ χρόνῳ ὅσος ἐφ᾽
ᾧ τὸ Η, τοῦ Δ τὸ Α δίεισι τὴν τὸ Θ. δίεισι δέ γε κἂν
ᾖ τι λεπτότητι διαφέρον τοῦ ἀέρος ἐφ᾽ ᾧ τὸ Ζ ταύτην
τὴν ἀναλογίαν ἣν ἔχει ὁ χρόνος ἐφ᾽ ᾧ Ε πρὸς τὸν ἐφ᾽ ᾧ
Η. ἂν γὰρ ᾖ τοσούτῳ λεπτότερον τὸ ἐφ᾽ ᾧ Ζ σῶμα τοῦ 30
Δ, ὅσῳ ὑπερέχει τὸ Ε τοῦ Η, ἀντεστραμμένως δίεισι τῷ
τάχει ἐν τῷ τοσούτῳ ὅσον τὸ Η, τὴν τὸ Ζ τὸ ἐφ᾽ οὗ Α, ἐὰν 216ᵃ
φέρηται. ἐὰν τοίνυν μηδὲν ᾖ σῶμα ἐν τῷ Ζ, ἔτι θᾶττον. ἀλλ᾽
ἦν ἐν τῷ Η. ὥστ᾽ ἐν ἴσῳ χρόνῳ δίεισι πλῆρές τε ὂν καὶ κενόν.
ἀλλ᾽ ἀδύνατον. φανερὸν τοίνυν ὅτι, εἰ ἔστι χρόνος ἐν ᾧ τοῦ
κενοῦ ὁτιοῦν οἰσθήσεται, συμβήσεται τοῦτο τὸ ἀδύνατον· ἐν ἴσῳ 5
γὰρ ληφθήσεται πλῆρές τε ὂν διεξιέναι τι καὶ κενόν· ἔσται γάρ
τι ἀνάλογον σῶμα ἕτερον πρὸς ἕτερον ὡς χρόνος πρὸς χρόνον.
ὡς δ᾽ ἐν κεφαλαίῳ εἰπεῖν, δῆλον τὸ τοῦ συμβαίνοντος αἴτιον,
ὅτι κινήσεως μὲν πρὸς κίνησιν πάσης ἔστι λόγος (ἐν χρόνῳ

ᵇ 16 διαιρεῖσθαι τὸ ὑπερέχον Λ   17 καὶ εἰς τὸ FGIJ   περιε-
χόμενον G   19 ἐπεὶ Ι   δὲ ΠS : δὴ ci. Cornford   22 ἔστω
E²ΛPS : τὸ E¹   23 δὲ] δὲ καὶ G   τῷ μεγέθει E²ΛP : om. E¹V
24 ἐν ... χρόνῳ EGHJP : μὲν ἐν τινὶ χρόνῳ F : ἐν τινὶ χρόνῳ μὲν Ι   ἐν
om. E¹J¹   25 τοῦ E¹S : ἢ τῷ E² : ἢ τοῦ Λ   ἀφ᾽ Ι   ᾧ G   E]
ε καὶ IJS   26 κενὸν ... πλῆρες ΛV : πλῆρες πρὸς τὸ κενόν ES   ἀφ᾽ Ι
27 του] τῆς E²GJP   γε EFGIJSᴾ : om. HS¹   28 ᾖ] εἰ G
ταύτην τὴν] τὴν αὐτὴν Η   29 ε EP : τὸ ε Λ   τὴν GI   ᾧ τὸ
η Λ   30 τοῦ ΛP : τοῦ ἐφ᾽ οὗ Ε   216ᵃ 1 τῷ om. FP, erasit
J   ὅσος Ε   τὸ Ζ] ζ FGHIP   3 ἦν ΛPS : ἢ Ε   4 τοίνυν]
οὖν Η   ἔστι E¹JS : ἔσται E²FGHIV   χρόνος E¹S : τις χρόνος
E²ΛVP   5 οἰσθήσεται ΛPS : οἰσθῆναι Ε   τὸ sup. lin. J : δὲ
Ε : om. IS   6 συμβήσεται vel λεχθήσεται ci. Bonitz   ὂν om.
EPS   γάρ ΛP : om. Ε   7 πρὸς ἕτερον FGHIP : om. EJ   ὡς
EIJP : ὡς ὁ FGH : ὥσπερ S   8 τοῦ om. E¹   αἴτιόν ἐστιν ὅτι FP

10 γάρ ἐστι, χρόνου δὲ παντὸς ἔστι πρὸς χρόνον, πεπερασμένων
11 ἀμφοῖν), κενοῦ δὲ πρὸς πλῆρες οὐκ ἔστιν.

11   ἧ μὲν οὖν διαφέρουσι
δι' ὧν φέρονται, ταῦτα συμβαίνει, κατὰ δὲ τὴν τῶν φερο-
μένων ὑπεροχὴν τάδε· ὁρῶμεν γὰρ τὰ μείζω ῥοπὴν ἔχοντα
ἢ βάρους ἢ κουφότητος, ἐὰν τἆλλα ὁμοίως ἔχῃ [τοῖς σχή-
15 μασι], θᾶττον φερόμενα τὸ ἴσον χωρίον, καὶ κατὰ λόγον ὃν
ἔχουσι τὰ μεγέθη πρὸς ἄλληλα. ὥστε καὶ διὰ τοῦ κενοῦ.
ἀλλ' ἀδύνατον· διὰ τίνα γὰρ αἰτίαν οἰσθήσεται θᾶττον; ἐν
μὲν γὰρ τοῖς πλήρεσιν ἐξ ἀνάγκης· θᾶττον γὰρ διαιρεῖ τῇ
ἰσχύϊ τὸ μεῖζον· ἢ γὰρ σχήματι διαιρεῖ, ἢ ῥοπῇ ἣν ἔχει
20 τὸ φερόμενον ἢ τὸ ἀφεθέν. ἰσοταχῆ ἄρα πάντ' ἔσται. ἀλλ'
21 ἀδύνατον.

21   ὅτι μὲν οὖν εἰ ἔστι κενόν, συμβαίνει τοὐναντίον ἢ δι'
ὃ κατασκευάζουσιν οἱ φάσκοντες εἶναι κενόν, φανερὸν ἐκ τῶν
εἰρημένων. οἱ μὲν οὖν οἴονται τὸ κενὸν εἶναι, εἴπερ ἔσται ἡ
κατὰ τόπον κίνησις, ἀποκεκριμένον καθ' αὑτό· τοῦτο δὲ ταὐ-
25 τόν ἐστι τῷ τὸν τόπον φάναι εἶναί τι κεχωρισμένον· τοῦτο δ'
26 ὅτι ἀδύνατον, εἴρηται πρότερον.

26   καὶ καθ' αὑτὸ δὲ σκοποῦσιν
φανείη ἂν τὸ λεγόμενον κενὸν ὡς ἀληθῶς κενόν. ὥσπερ γὰρ
ἐὰν ἐν ὕδατι τιθῇ τις κύβον, ἐκστήσεται τοσοῦτον ὕδωρ ὅσος ὁ
κύβος, οὕτω καὶ ἐν ἀέρι· ἀλλὰ τῇ αἰσθήσει ἄδηλον. καὶ
30 αἰεὶ δὴ ἐν παντὶ σώματι ἔχοντι μετάστασιν, ἐφ' ὃ πέφυκε
μεθίστασθαι, ἀνάγκη, ἂν μὴ συμπιλῆται, μεθίστασθαι ἢ
κάτω αἰεί, εἰ κάτω ἡ φορὰ ὥσπερ γῆς, ἢ ἄνω, εἰ πῦρ,
ἢ ἐπ' ἄμφω, [ἢ]· ὁποῖον ἄν τι ᾖ τὸ ἐντιθέμενον· ἐν δὲ δὴ τῷ
κενῷ τοῦτο μὲν ἀδύνατον (οὐδὲν γὰρ σῶμα), διὰ δὲ τοῦ κύβου
35 τὸ ἴσον διάστημα διεληλυθέναι, ὅπερ ἦν καὶ πρότερον

ᵃ 11 κενὸν E²   12 οὖ EFGHI   φέρεται F   13 τάδε]
ταῦτα I   14 τἆλλα ΠΡ¹S : om. Pᴾ, secl. Laas   τοῖς σχήμασι
seclusi, om. S : habent ΠΡ   18 θᾶττον ἐξ ἀνάγκης E   τῇ] τι E
19 σχῆμα E²   20 ἔσται πάντα H   ἀλλ'] ἅμα δὲ A   21 ἔσται I
22 ἅ I   23 ἔστιν H   24 ἀποκρινόμενον Bekker (errore preli)
26 ἀδύνατον EFHIS : ἀδύνατον εἶναι GJ   καὶ ΛΡST : om. E
σκοποῦντι S   27 κενὸν om. F   γὰρ ἐν ὕδατι ἂν θῇ Λ   28 ὅσον F
30 ᾧ FP   31 μεθίστασθαι pr. EFHIJ : συνίστασθαι P et sup. lin. J¹
32 ἢ] εἰ I   33 ἢ om. S γρ. P Prantl : habet ΠΡ   ὅποι γρ. P :
ὅσον ST   εἴη FH   34 οὐδὲ FV   κύβου] κενοῦ F   35 διελη-
λυθέναι] διεληλυθέναι δόξειεν E²Λ : διεληλυθέναι δόξειεν ἂν Corn-
ford

ἐν τῷ κενῷ, ὥσπερ ἂν εἰ τὸ ὕδωρ μὴ μεθίστατο τῷ ξυλίνῳ 216ᵇ
κύβῳ μηδ' ὁ ἀήρ, ἀλλὰ πάντῃ διήεσαν δι' αὐτοῦ. ἀλλὰ
μὴν καὶ ὁ κύβος γε ἔχει τοσοῦτον μέγεθος, ὅσον κατέχει
κενόν· ὃ εἰ καὶ θερμὸν ἢ ψυχρόν ἐστιν ἢ βαρὺ ἢ κοῦφον,
οὐδὲν ἧττον ἕτερον τῷ εἶναι πάντων τῶν παθημάτων ἐστί, καὶ 5
εἰ μὴ χωριστόν· λέγω δὲ τὸν ὄγκον τοῦ ξυλίνου κύβου. ὥστ' εἰ
καὶ χωρισθείη τῶν ἄλλων πάντων καὶ μήτε βαρὺ μήτε κοῦ-
φον εἴη, καθέξει τὸ ἴσον κενὸν καὶ ἐν τῷ αὐτῷ ἔσται τῷ τοῦ
τόπου καὶ τῷ τοῦ κενοῦ μέρει ἴσῳ ἑαυτῷ. τί οὖν διοίσει τὸ τοῦ
κύβου σῶμα τοῦ ἴσου κενοῦ καὶ τόπου; καὶ εἰ δύο τοιαῦτα, διὰ 10
τί οὐ καὶ ὁποσαοῦν ἐν τῷ αὐτῷ ἔσται; ἐν μὲν δὴ τοῦτο ἄτοπον
καὶ ἀδύνατον. ἔτι δὲ φανερὸν ὅτι τοῦτο ὁ κύβος ἕξει καὶ
μεθιστάμενος, ὃ καὶ τὰ ἄλλα σώματα πάντ' ἔχει. ὥστ' εἰ
τοῦ τόπου μηδὲν διαφέρει, τί δεῖ ποιεῖν τόπον τοῖς σώμασιν
παρὰ τὸν ἑκάστου ὄγκον, εἰ ἀπαθὲς ὁ ὄγκος; οὐδὲν γὰρ συμ- 15
βάλλεται, εἰ ἕτερον περὶ αὐτὸν ἴσον διάστημα τοιοῦτον εἴη.
[ἔτι δεῖ δῆλον εἶναι οἷον κενὸν ἐν τοῖς κινουμένοις. νῦν δ' οὐδα-
μοῦ ἐντὸς τοῦ κόσμου· ὁ γὰρ ἀὴρ ἔστιν τι, οὐ δοκεῖ δέ γε—οὐδὲ
τὸ ὕδωρ, εἰ ἦσαν οἱ ἰχθύες σιδηροῖ· τῇ ἀφῇ γὰρ ἡ κρίσις
τοῦ ἁπτοῦ.] ὅτι μὲν τοίνυν οὐκ ἔστι κεχωρισμένον κενόν, ἐκ τού- 20
των ἐστὶ δῆλον.

9   Εἰσὶν δέ τινες οἳ διὰ τοῦ μανοῦ καὶ πυκνοῦ οἴονται φα-
νερὸν εἶναι ὅτι ἔστι κενόν. εἰ μὲν γὰρ μὴ ἔστι μανὸν καὶ
πυκνόν, οὐδὲ συνιέναι καὶ πιλεῖσθαι οἷόν τε· εἰ δὲ τοῦτο μὴ
εἴη, ἢ ὅλως κίνησις οὐκ ἔσται, ἢ κυμανεῖ τὸ ὅλον, ὥσπερ 25
ἔφη Ξοῦθος, ἢ εἰς ἴσον ἀεὶ ⟨δεῖ⟩ μεταβάλλειν ἀέρα καὶ ὕδωρ
(λέγω δὲ οἷον εἰ ἐξ ὕδατος κυάθου γέγονεν ἀήρ, ἅμα ἐξ ἴσου

ᵇ 1 ἄν] γὰρ E   2 πάντῃ EHIJT: πάντα FG et sup. lin. J   δι'
om. E¹   3 γε om. E²Λ   4 τὸ κενόν Λ   καὶ EFIJ²P: om.
GHJ¹   ἐστιν ἢ ψυχρὸν Λ: καὶ ψυχρόν ἐστιν P   5 ἕτερον]
ἕτερον ἀλλὰ καὶ μᾶλλον I   τὸ F: τοῦ P   7 πάντων τῶν ἄλλων Λ
9 τῷ τοῦ om. E: τῷ I   μέρει τῷ ἴσῳ H   11 κἂν E¹   ἐν om. F
14 τοῦτό που Bekker (err. prel.)   15 ἀπαθὴς H   16 περὶ
ΠΣ et ut vid. P: an παρὰ?   17–20 ἔτι ... ἁπτοῦ om. PST,
secl. Bekker: habent ΠV Averroes   17 ἔτι] ἄλλως ἔτι GH:
ὅτι J   δεῖ] δὲ aut δὴ J¹   19 σιδηροῖ] ὑγροί Bonitz   γὰρ
ἀφῇ I   21 ἔσται I   23 εἶναι ΛSP: om. E   ἔστι κενόν
EGIJPS: κενόν ἐστι F: ἔστι τι κενόν H   24 οὐδὲν E   οἷόν
τε καὶ πιλεῖσθαι F   πιλοῦσθαι EI   μὴ om. JP   25 εἴη, ἢ] ἢ E:
ἢ ἢ F: εἴη ὅλως ἢ G: εἴη I: ἢ JP   26 εἰς E²ΛVP: om. E¹   δεῖ
Bonitz: om. ΠP   27 εἰ ΛP: om. E

ἀέρος ὕδωρ τοσοῦτον γεγενῆσθαι), ἢ κενὸν εἶναι ἐξ ἀνάγκης·
συμπιλεῖσθαι γὰρ καὶ ἐπεκτείνεσθαι οὐκ ἐνδέχεται ἄλ-
30 λως. εἰ μὲν οὖν τὸ μανὸν λέγουσι τὸ πολλὰ κενὰ κεχωρι-
σμένα ἔχον, φανερὸν ὡς εἰ μηδὲ κενὸν ἐνδέχεται εἶναι χω-
ριστὸν ὥσπερ μηδὲ τόπον ἔχοντα διάστημα αὐτοῦ, οὐδὲ μανὸν
οὕτως· εἰ δὲ μὴ χωριστόν, ἀλλ' ὅμως ἐνεῖναί τι κενόν, ἧττον
μὲν ἀδύνατον, συμβαίνει δὲ πρῶτον μὲν οὐ πάσης κινήσεως
35 αἴτιον τὸ κενόν, ἀλλὰ τῆς ἄνω (τὸ γὰρ μανὸν κοῦφον, διὸ
217ᵃ καὶ τὸ πῦρ μανὸν εἶναί φασιν), ἔπειτα κινήσεως αἴτιον οὐχ
οὕτω τὸ κενὸν ὡς ἐν ᾧ, ἀλλ' ὥσπερ οἱ ἀσκοὶ τῷ φέρεσθαι αὐ-
τοὶ ἄνω φέρουσι τὸ συνεχές, οὕτω τὸ κενὸν ἄνω φέρει. καίτοι
πῶς οἷόν τε φορὰν εἶναι κενοῦ ἢ τόπον κενοῦ; κενοῦ γὰρ γίγνε-
5 ται κενόν, εἰς ὃ φέρεται. ἔτι δὲ πῶς ἐπὶ τοῦ βαρέος ἀποδώ-
σουσιν τὸ φέρεσθαι κάτω; καὶ δῆλον ὅτι εἰ ὅσῳ ἂν μανότε-
ρον καὶ κενώτερον ᾗ ἄνω οἰσθήσεται, εἰ ὅλως εἴη κενόν, τά-
χιστ' ἂν φέροιτο. ἴσως δὲ καὶ τοῦτ' ἀδύνατον κινηθῆναι· λό-
γος δ' ὁ αὐτός, ὥσπερ ὅτι ἐν τῷ κενῷ ἀκίνητα πάντα, οὕτω
10 καὶ τὸ κενὸν ὅτι ἀκίνητον· ἀσύμβλητα γὰρ τὰ τάχη.

10
                    ἐπεὶ
δὲ κενὸν μὲν οὔ φαμεν εἶναι, τὰ ἄλλα δ' ἠπόρηται ἀληθῶς,
ὅτι ἢ κίνησις οὐκ ἔσται, εἰ μὴ ἔσται πύκνωσις καὶ μάνωσις,
ἢ κυμανεῖ ὁ οὐρανός, ἢ αἰεὶ ἴσον ὕδωρ ἐξ ἀέρος ἔσται καὶ
ἀὴρ ἐξ ὕδατος (δῆλον γὰρ ὅτι πλείων ἀὴρ ἐξ ὕδατος γίγνε-
15 ται· ἀνάγκη τοίνυν, εἰ μὴ ἔστι πίλησις, ἢ ἐξωθούμενον τὸ
ἐχόμενον τὸ ἔσχατον κυμαίνειν ποιεῖν, ἢ ἄλλοθί που ἴσον
μεταβάλλειν ἐξ ἀέρος ὕδωρ, ἵνα ὁ πᾶς ὄγκος τοῦ ὅλου ἴσος
ᾖ, ἢ μηδὲν κινεῖσθαι· ἀεὶ γὰρ μεθισταμένου τοῦτο συμβήσε-
ται, ἂν μὴ κύκλῳ περιίστηται· οὐκ ἀεὶ δ' εἰς τὸ κύκλῳ ἡ

ᵇ 28 τοσοῦτον ὕδωρ F   γεγενῆσθαι ΛP : γίγνεσθαι E   29 συμ-
πιλοῦσθαι EI   ἐπεκτείνεσθαι E¹S : συνεπεκτείνεσθαι E²Λ
ἐνδέχεται EFIS : ἐνδέχεσθαι GHJ   ἄλλως ante οὐκ F   31 μὴ
GH   εἶναι om. J   32 οὐδὲ F   διάστημα ΛPST : δια-
στήματα E   35 αἴτιον] εἶναι F   217ᵃ 1 εἶναι om. F
2 αὐτὰ E   3 ἄνω φέρει] ἀνωφερές I : ἀνώφορον P   4 τόπου E
6 εἰ ὅτι I : ὅτι EGJ   7 καὶ κενώτερον om. G   9 ὅτι ὥσπερ
ὅτι F   ἐν] καὶ ἐν IP   10 ὅτι om. E¹   11 οὔ φαμεν om. G¹
12 ὅτι EHS : om. FGIJ   13 ὕδωρ ἐξ ἀέρος ἴσον H   15 ἔστι
E²ΛS : ἔσται E¹   16 ποιεῖ E   που τὸ ἴσον I   17 ὕδωρ
EFVP : εἰς ὕδωρ GHIJST   19 ἂν ... περιίστηται om. I   περι-
ίσταται H

φορά, ἀλλὰ καὶ εἰς εὐθύ)· οἱ μὲν δὴ διὰ ταῦτα κενόν τι 20
φαῖεν ἂν εἶναι, ἡμεῖς δὲ λέγομεν ἐκ τῶν ὑποκειμένων ὅτι
ἔστιν ὕλη μία τῶν ἐναντίων, θερμοῦ καὶ ψυχροῦ καὶ τῶν ἄλ-
λων τῶν φυσικῶν ἐναντιώσεων, καὶ ἐκ δυνάμει ὄντος ἐνερ-
γείᾳ ὂν γίγνεται, καὶ οὐ χωριστὴ μὲν ἡ ὕλη, τὸ δ' εἶναι ἕτε-
ρον, καὶ μία τῷ ἀριθμῷ, εἰ ἔτυχε, χροιᾶς καὶ θερμοῦ 25
καὶ ψυχροῦ.   26

  ἔστι δὲ καὶ σώματος ὕλη καὶ μεγάλου καὶ 26
μικροῦ ἡ αὐτή. δῆλον δέ· ὅταν γὰρ ἐξ ὕδατος ἀὴρ γένηται,
ἡ αὐτὴ ὕλη οὐ προσλαβοῦσά τι ἄλλο ἐγένετο, ἀλλ' ὃ ἦν
δυνάμει, ἐνεργείᾳ ἐγένετο, καὶ πάλιν ὕδωρ ἐξ ἀέρος ὡσαύ-
τως, ὁτὲ μὲν εἰς μέγεθος ἐκ μικρότητος, ὁτὲ δ' εἰς μικρό- 30
τητα ἐκ μεγέθους. ὁμοίως τοίνυν κἂν ὁ ἀὴρ πολὺς ὢν ἐν ἐλάττονι
γίγνηται ὄγκῳ καὶ ἐξ ἐλάττονος μείζων, ἡ δυνάμει οὖσα ὕλη
γίγνεται ἄμφω. ὥσπερ γὰρ καὶ ἐκ ψυχροῦ θερμὸν καὶ ἐκ
θερμοῦ ψυχρὸν ἡ αὐτή, ὅτι ἦν δυνάμει, οὕτω καὶ ἐκ θερμοῦ
μᾶλλον θερμόν, οὐδενὸς γενομένου ἐν τῇ ὕλῃ θερμοῦ ὃ οὐκ ἦν 217ᵇ
θερμὸν ὅτε ἧττον ἦν θερμόν, ὥσπερ γε οὐδ' ἡ τοῦ μείζονος
κύκλου περιφέρεια καὶ κυρτότης ἐὰν γίγνηται ἐλάττονος κύ-
κλου, ⟨ἢ⟩ ἡ αὐτὴ οὖσα ἢ ἄλλη, ἐν οὐθενὶ ἐγγέγονε τὸ κυρτὸν ὃ ἦν οὐ
κυρτὸν ἀλλ' εὐθύ (οὐ γὰρ τῷ διαλείπειν τὸ ἧττον ἢ τὸ μᾶλλον 5
ἔστιν)· οὐδ' ἔστι τῆς φλογὸς λαβεῖν τι μέγεθος ἐν ᾧ οὐ καὶ θερ-
μότης καὶ λευκότης ἔνεστιν. οὕτω τοίνυν καὶ ἡ πρότερον θερμότης
⟨πρὸς⟩ τὴν ὑστέρον. ὥστε καὶ τὸ μέγεθος καὶ ἡ μικρότης τοῦ αἰσθη-
τοῦ ὄγκου οὐ προσλαβούσης τι τῆς ὕλης ἐπεκτείνεται, ἀλλ' ὅτι δυ-
νάμει ἐστὶν ὕλη ἀμφοῖν· ὥστ' ἐστὶ τὸ αὐτὸ πυκνὸν καὶ μα- 10
νόν, καὶ μία ὕλη αὐτῶν. ἔστι δὲ τὸ μὲν πυκνὸν βαρύ, τὸ

ᵃ 20 μὲν διὰ τοιαῦτα F καινόν I 21 δὲ om. F λέγομεν
FGHJPS : λέγωμεν EIV 23 ἐνεργείᾳ E²ΛΤ : om. E¹ 24 τὸ
EFGJT : τῷ HI 26 δὲ FHIPT : δ' εἰ E : δὴ GJ 27 ἀὴρ
ἐξ ὕδατος I γένηται ΛPS : γίνηται F. 28 ἄλλο τι Λ 30 σμι-
κρότητος ὅτι G 31 τοίνυν] δὲ H ὁ EFST : om. GIJP
32 γίγνεται E¹ : γένηται F οὖσι γίνεται ὕλη Λ : ὕλη οὖσα γίγνεται S
33 γὰρ E²ΛΤ : γε E¹V ἐκ θερμοῦ ψυχρὸν καὶ ἐκ ψυχροῦ θερμὸν H
ᵇ 1 μηδενὸς γινομένου F 2 γε EFIJPS : γὰρ GH οὐδ'] καὶ P
3 γένηται GHI 4 ἢ ἡ scripsi : habent ut vid. PPS : ἡ EFGHJP¹ :
ἡ I γέγονε FGH 6 οὐ γὰρ ἔστι F μέγεθός τι F οὐ
om. G¹ λευκότης καὶ θερμότης ἐστὶν G 8 πρὸς τὴν scripsi,
leg. fort. S : τῇ E¹GHIJ : τῆς E²F καὶ pr. om. H 10 ἐστὶν
ἡ ὕλη Λ

δὲ μανὸν κοῦφον. [ἔτι ὥσπερ ἡ τοῦ κύκλου περιφέρεια συν-
αγομένη εἰς ἔλαττον οὐκ ἄλλο τι λαμβάνει τὸ κοῖλον, ἀλλ᾽
ὃ ἦν συνήχθη, καὶ τοῦ πυρὸς ὅ τι ἄν τις λάβῃ πᾶν ἔσται
15 θερμόν, οὕτω καὶ τὸ πᾶν συναγωγὴ καὶ διαστολὴ τῆς αὐ-
τῆς ὕλης.] δύο γὰρ ἔστιν ἐφ᾽ ἑκατέρου, τοῦ τε πυκνοῦ καὶ
τοῦ μανοῦ· τό τε γὰρ βαρὺ καὶ τὸ σκληρὸν πυκνὰ δοκεῖ
εἶναι, καὶ τἀναντία μανὰ τό τε κοῦφον καὶ τὸ μαλακόν·
διαφωνεῖ δὲ τὸ βαρὺ καὶ τὸ σκληρὸν ἐπὶ μολίβδου καὶ σι-
20 δήρου.

20   ἐκ δὴ τῶν εἰρημένων φανερὸν ὡς οὔτ᾽ ἀποκεκριμένον
κενὸν ἔστιν, οὔθ᾽ ἁπλῶς οὔτ᾽ ἐν τῷ μανῷ, οὔτε δυνάμει, εἰ μή
τις βούλεται πάντως καλεῖν κενὸν τὸ αἴτιον τοῦ φέρεσθαι.
οὕτω δ᾽ ἡ τοῦ βαρέος καὶ κούφου ὕλη, ᾗ τοιαύτη, εἴη ἂν τὸ
κενόν· τὸ γὰρ πυκνὸν καὶ τὸ μανὸν κατὰ ταύτην τὴν ἐναν-
25 τίωσιν φορᾶς ποιητικά, κατὰ δὲ τὸ σκληρὸν καὶ μαλακὸν
πάθους καὶ ἀπαθείας, καὶ οὐ φορᾶς ἀλλ᾽ ἑτεροιώσεως μᾶλ-
λον.   καὶ περὶ μὲν κενοῦ, πῶς ἔστι καὶ πῶς οὐκ ἔστι, διω-
ρίσθω τὸν τρόπον τοῦτον.

    Ἐχόμενον δὲ τῶν εἰρημένων ἐστὶν ἐπελθεῖν περὶ χρόνου· 10
30 πρῶτον δὲ καλῶς ἔχει διαπορῆσαι περὶ αὐτοῦ καὶ διὰ τῶν
ἐξωτερικῶν λόγων, πότερον τῶν ὄντων ἐστὶν ἢ τῶν μὴ ὄντων,
εἶτα τίς ἡ φύσις αὐτοῦ.   ὅτι μὲν οὖν ἢ ὅλως οὐκ ἔστιν ἢ μό-
λις καὶ ἀμυδρῶς, ἐκ τῶνδέ τις ἂν ὑποπτεύσειεν.   τὸ μὲν
γὰρ αὐτοῦ γέγονε καὶ οὐκ ἔστιν, τὸ δὲ μέλλει καὶ οὔπω ἔστιν.
218ᵃ ἐκ δὲ τούτων καὶ ὁ ἄπειρος καὶ ὁ ἀεὶ λαμβανόμενος χρό-
νος σύγκειται.   τὸ δ᾽ ἐκ μὴ ὄντων συγκείμενον ἀδύνατον ἂν
3 εἶναι δόξειε μετέχειν οὐσίας.

3   πρὸς δὲ τούτοις παντὸς μερι-

ᵇ 12-16 ἔτι ... ὕλης ΠPS : om. T γρ. G γρ. S   14 ἦν sup. lin.
E¹   καὶ] οὕτω καὶ Λ   ἐστι GHI et post θερμόν F   15 συναγωγὴ
καὶ διαστολὴ ES : συναγωγῇ καὶ διαστολῇ Λ   16 ἐφ᾽ FGHJP :
ἀφ᾽ EIVS   17 γὰρ om. H¹   19 τὸ alt. ΛP : om. E   μολίβδου
E¹FHIJPT : μολύβδου E²GS   20 ὡς ΛT : ὅτι E   21 οὔτ᾽
ἐν ΛP : οὐθὲν E   22 πάντως καλεῖν κενὸν ΛVT : καλεῖν τι κενὸν
παντὸς E   23 ἂν εἴη F   24 τὸ alt. om. E   27 διωρίσθω
ΛST : διώρισται E   28 τοῦτον τὸν τρόπον FT   29 περὶ τοῦ
χρόνου H   30 διαπορίσαι J   31 λόγων om. fort. S   32 αὐτῶν
F   ἢ pr. E¹S : om. E²Λ   μόλις EST : μόγις Λ   33 τις ἂν
GHIJVP : τις ἂν καὶ E : ἄν τις TSᵒ : τις F   218ᵃ 2 ἂν εἶναι
δόξειε EGHJS : δόξειεν ἂν F : εἶναι δόξειε I   3 μετέχειν E¹PHS :
μετέχειν ποτὲ E²FGJ : ποτὲ μετέχειν I

στοῦ, ἄπερ ἦ, ἀνάγκη, ὅτε ἔστιν, ἤτοι πάντα τὰ μέρη
εἶναι ἢ ἔνια· τοῦ δὲ χρόνου τὰ μὲν γέγονε τὰ δὲ μέλλει, 5
ἔστι δ' οὐδέν, ὄντος μεριστοῦ. τὸ δὲ νῦν οὐ μέρος· μετρεῖ τε
γὰρ τὸ μέρος, καὶ συγκεῖσθαι δεῖ τὸ ὅλον ἐκ τῶν μερῶν·
ὁ δὲ χρόνος οὐ δοκεῖ συγκεῖσθαι ἐκ τῶν νῦν. ἔτι δὲ τὸ νῦν,
ὃ φαίνεται διορίζειν τὸ παρελθὸν καὶ τὸ μέλλον, πότερον
ἓν καὶ ταὐτὸν ἀεὶ διαμένει ἢ ἄλλο καὶ ἄλλο, οὐ ῥᾴδιον 10
ἰδεῖν. εἰ μὲν γὰρ αἰεὶ ἕτερον καὶ ἕτερον, μηδὲν δ' ἐστὶ τῶν
ἐν τῷ χρόνῳ ἄλλο καὶ ἄλλο μέρος ἅμα (ὃ μὴ περιέχει,
τὸ δὲ περιέχεται, ὥσπερ ὁ ἐλάττων χρόνος ὑπὸ τοῦ πλείο-
νος), τὸ δὲ νῦν μὴ ὂν πρότερον δὲ ὂν ἀνάγκη ἐφθάρθαι ποτέ,
καὶ τὰ νῦν ἅμα μὲν ἀλλήλοις οὐκ ἔσται, ἐφθάρθαι δὲ 15
ἀνάγκη ἀεὶ τὸ πρότερον. ἐν αὑτῷ μὲν οὖν ἐφθάρθαι οὐχ
οἷόν τε διὰ τὸ εἶναι τότε, ἐν ἄλλῳ δὲ νῦν ἐφθάρθαι τὸ
πρότερον νῦν οὐκ ἐνδέχεται. ἔστω γὰρ ἀδύνατον ἐχόμενα
εἶναι ἀλλήλων τὰ νῦν, ὥσπερ στιγμὴν στιγμῆς. εἴπερ οὖν ἐν
τῷ ἐφεξῆς οὐκ ἔφθαρται ἀλλ' ἐν ἄλλῳ, ἐν τοῖς μεταξὺ 20
[τοῖς] νῦν ἀπείροις οὖσιν ἅμα ἂν εἴη· τοῦτο δὲ ἀδύνατον. ἀλλὰ
μὴν οὐδ' αἰεὶ τὸ αὐτὸ διαμένειν δυνατόν· οὐδενὸς γὰρ διαι-
ρετοῦ πεπερασμένου ἓν πέρας ἔστιν, οὔτε ἂν ἐφ' ἓν ᾖ συνεχὲς
οὔτε ἂν ἐπὶ πλείω· τὸ δὲ νῦν πέρας ἐστίν, καὶ χρόνον ἔστι
λαβεῖν πεπερασμένον. ἔτι εἰ τὸ ἅμα εἶναι κατὰ χρόνον καὶ 25
μήτε πρότερον μήτε ὕστερον τὸ ἐν τῷ αὐτῷ εἶναι καὶ ἑνὶ [τῷ]
νῦν ἐστιν, εἰ τά τε πρότερον καὶ τὰ ὕστερον ἐν τῷ νῦν τῳδί
ἐστιν, ἅμα ἂν εἴη τὰ ἔτος γενόμενα μυριοστὸν τοῖς γε-

ᵃ 4-5 ἤτοι ... ἔνια EP : ἤτοι ἔνια ἢ πάντα τὰ μέρη εἶναι ΛSPT :
ἢ πάντα τὰ μέρη ἢ ἔνια εἶναι Sᶜ   6 μετρεῖ τε FH²ISP : μετρεῖται
H¹JAPSᶜ : μετρεῖ E²G : E¹ incertum   7 μέρος] μέρος, τὸ δὲ νῦν
οὐ μετρεῖ F   δεῖ EFGJPS : δὴ I : δοκεῖ H   8 οὐ om. F   9 διορί-
ζειν E²ΛVS et ut vid. Τ : ὁρίζειν E¹   10 ἢ ⟨ἀεὶ⟩ Torstrik   οὐ]
ὁ E   11 συνιδεῖν H   12 ὃ μὴ περιέχει ἅμα H   14 τό τε
E¹HPS   15 καὶ ... ἅμα E²ΛPS : om. E¹   οὐκ ἔσται ἀλλήλοις
διεφθάρθαι H   δὲ E²ΛPS : om. E¹   16 ἀνάγκη ... πρότερον
E²ΛP : ἀεὶ ἀνάγκη τὸ πρότερον S : ἀνάγκη E¹   οὖν om. I   οὐχ] τὸ
νῦν οὐχ H   17 οἷόν τ' ἀεὶ διὰ H : οἴονται διὰ J¹   τότε E²ΛVS :
om. E¹   18 ἔστω E²ΛPS : ἐστιν V : E¹ incertum   19 στιγμὴν
EPST : στιγμὴ Λ   21 τοῖς seclusi : om. S et fort. P   24 ἂν om. F
26 καὶ ἑνὶ [τῷ] Diels, καὶ ἑνὶ fort. Τ : καὶ ἐν τῷ ΠSᶜ : καὶ ἑνὶ τῷ ci.
Bonitz : omittendum ci. Bonitz, fort. cum PS   27 γε H :
om. S   πρότερα καὶ τὰ ὕστερα F   ἐν] γενόμενα ἐν S   28 τὰ
εἰς ἔτος E²ΛS   γενόμενα ΠPSPT : γενησόμενα Sᶜ : γενησόμενα ἢ
γενόμενα Diels   μυριοστὸν ante γενόμενα F   γινομένοις FPS

νομένοις τήμερον, καὶ οὔτε πρότερον οὔτε ὕστερον οὐδὲν ἄλλο
30 ἄλλου.

30 περὶ μὲν οὖν τῶν ὑπαρχόντων αὐτῷ τοσαῦτ᾽ ἔστω διη-
πορημένα· τί δ᾽ ἐστὶν ὁ χρόνος καὶ τίς αὐτοῦ ἡ φύσις, ὁμοίως
ἔκ τε τῶν παραδεδομένων ἄδηλόν ἐστιν, καὶ περὶ ὧν τυγχά-
νομεν διεληλυθότες πρότερον. οἱ μὲν γὰρ τὴν τοῦ ὅλου κίνη-
218ᵇ σιν εἶναί φασιν, οἱ δὲ τὴν σφαῖραν αὐτήν. καίτοι τῆς πε-
ριφορᾶς καὶ τὸ μέρος χρόνος τίς ἐστι, περιφορὰ δέ γε οὔ·
μέρος γὰρ περιφορᾶς τὸ ληφθέν, ἀλλ᾽ οὐ περιφορά. ἔτι δ᾽
εἰ πλείους ἦσαν οἱ οὐρανοί, ὁμοίως ἂν ἦν ὁ χρόνος ἡ ὁτουοῦν
5 αὐτῶν κίνησις, ὥστε πολλοὶ χρόνοι ἅμα. ἡ δὲ τοῦ ὅλου
σφαῖρα ἔδοξε μὲν τοῖς εἰποῦσιν εἶναι ὁ χρόνος, ὅτι ἔν τε
τῷ χρόνῳ πάντα ἐστὶν καὶ ἐν τῇ τοῦ ὅλου σφαίρᾳ· ἔστιν δ᾽
εὐηθικώτερον τὸ εἰρημένον ἢ ὥστε περὶ αὐτοῦ τὰ ἀδύνατα
ἐπισκοπεῖν. ἐπεὶ δὲ δοκεῖ μάλιστα κίνησις εἶναι καὶ μετα-
10 βολή τις ὁ χρόνος, τοῦτ᾽ ἂν εἴη σκεπτέον. ἡ μὲν οὖν ἑκάστου
μεταβολὴ καὶ κίνησις ἐν αὐτῷ τῷ μεταβάλλοντι μόνον
ἐστίν, ἢ οὗ ἂν τύχῃ ὂν αὐτὸ τὸ κινούμενον καὶ μεταβάλλον·
ὁ δὲ χρόνος ὁμοίως καὶ πανταχοῦ καὶ παρὰ πᾶσιν. ἔτι δὲ
μεταβολὴ μέν ἐστι θάττων καὶ βραδυτέρα, χρόνος
15 δ᾽ οὐκ ἔστιν· τὸ γὰρ βραδὺ καὶ ταχὺ χρόνῳ ὥρισται, ταχὺ
μὲν τὸ ἐν ὀλίγῳ πολὺ κινούμενον, βραδὺ δὲ τὸ ἐν πολλῷ
ὀλίγον· ὁ δὲ χρόνος οὐχ ὥρισται χρόνῳ, οὔτε τῷ ποσός τις
εἶναι οὔτε τῷ ποιός. ὅτι μὲν τοίνυν οὐκ ἔστιν κίνησις, φανερόν·
μηδὲν δὲ διαφερέτω λέγειν ἡμῖν ἐν τῷ παρόντι κίνησιν ἢ
20 μεταβολήν.

Ἀλλὰ μὴν οὐδ᾽ ἄνευ γε μεταβολῆς· ὅταν γὰρ μηδὲν ΙΙ

ᵃ 29 ἄλλο ἄλλου οὐδέν H   30 ἔστω διηπορημένα EGIJPS :
ἔσται διηπορημένα F : εἰρήσθω H   31 αὐτοῦ ἡ φύσις EGIJP :
αὐτῷ ἡ φύσις F : ἡ φύσις αὐτοῦ HS   32 τε ΠΡ : om. S · ἄδηλον
ἥτις ἐστίν E¹   ᵇ 3 μέρος . . . περιφορά om. I   γὰρ] δὲ
τῆς sup. lin. J¹   λεχθὲν EV et sup. lin. J¹   δ᾽ EGHIJP : om.
FT   4 οἱ om. S   ὁτιοῦν H   6 εἰποῦσιν ΛΡ : ἐπιοῦσιν E
τε om. FP   7 χρόνῳ τὰ πάντα ΙΡ   8 ἦ om. H   9 κίνησίς
τις εἶναι H   10 τοῦ τε ἂν σκεπτέον G   11 ἑαυτῷ H   μόνον
ἐστίν EHPST: ἔστι μόνον FGIJ   13 καὶ pr. EFGIJT: om. HS
δὲ E²ΛPST: δὲ καὶ E¹   14 ἐστι E¹PST : ἐστι πᾶσα E²ΛV
15 βραδὺ καὶ τὸ ταχὺ I : τάχυ καὶ (καὶ τὸ Ρ) βραδὺ VPST   19 δὲ
ΛVP : om. E   21 ἀλλ᾽ οὐ μὴν οὐδ᾽ G   γε om. S   μηδὲν
αὐτοὶ EGIJPSᵉ˒¹T : αὐτοὶ μηδὲν H : αὐτοὶ μηθὲν F : αὐτοὶ μὴ Sᴾ

αὐτοὶ μεταβάλλωμεν τὴν διάνοιαν ἢ λάθωμεν μεταβάλ-
λοντες, οὐ δοκεῖ ἡμῖν γεγονέναι χρόνος, καθάπερ οὐδὲ τοῖς
ἐν Σαρδοῖ μυθολογουμένοις καθεύδειν παρὰ τοῖς ἥρωσιν,
ὅταν ἐγερθῶσι· συνάπτουσι γὰρ τῷ πρότερον νῦν τὸ ὕστερον 25
νῦν καὶ ἓν ποιοῦσιν, ἐξαιροῦντες διὰ τὴν ἀναισθησίαν τὸ με-
ταξύ. ὥσπερ οὖν εἰ μὴ ἦν ἕτερον τὸ νῦν ἀλλὰ ταὐτὸ καὶ
ἕν, οὐκ ἂν ἦν χρόνος, οὕτως καὶ ἐπεὶ λανθάνει ἕτερον ὄν, οὐ
δοκεῖ εἶναι τὸ μεταξὺ χρόνος. εἰ δὴ τὸ μὴ οἴεσθαι εἶναι
χρόνον τότε συμβαίνει ἡμῖν, ὅταν μὴ ὁρίσωμεν μηδεμίαν 30
μεταβολήν, ἀλλ' ἐν ἑνὶ καὶ ἀδιαιρέτῳ φαίνηται ἡ ψυχὴ μέ-
νειν, ὅταν δ' αἰσθώμεθα καὶ ὁρίσωμεν, τότε φαμὲν γεγονέναι
χρόνον, φανερὸν ὅτι οὐκ ἔστιν ἄνευ κινήσεως καὶ μεταβολῆς
χρόνος. ὅτι μὲν οὖν οὔτε κίνησις οὔτ' ἄνευ κινήσεως ὁ χρόνος 219ᵃ
ἐστί, φανερόν· ληπτέον δέ, ἐπεὶ ζητοῦμεν τί ἐστιν ὁ χρόνος,
ἐντεῦθεν ἀρχομένοις, τί τῆς κινήσεώς ἐστιν. ἅμα γὰρ κινή-
σεως αἰσθανόμεθα καὶ χρόνου· καὶ γὰρ ἐὰν ᾖ σκότος καὶ
μηδὲν διὰ τοῦ σώματος πάσχωμεν, κίνησις δέ τις ἐν τῇ 5
ψυχῇ ἐνῇ, εὐθὺς ἅμα δοκεῖ τις γεγονέναι καὶ χρόνος.
ἀλλὰ μὴν καὶ ὅταν γε χρόνος δοκῇ γεγονέναι τις, ἅμα
καὶ κίνησίς τις δοκεῖ γεγονέναι. ὥστε ἤτοι κίνησις ἢ τῆς
κινήσεώς τί ἐστιν ὁ χρόνος. ἐπεὶ οὖν οὐ κίνησις, ἀνάγκη τῆς
κινήσεώς τι εἶναι αὐτόν. 10

ἐπεὶ δὲ τὸ κινούμενον κινεῖται ἔκ τι- 10
νος εἴς τι καὶ πᾶν μέγεθος συνεχές, ἀκολουθεῖ τῷ μεγέθει
ἡ κίνησις· διὰ γὰρ τὸ τὸ μέγεθος εἶναι συνεχὲς καὶ ἡ κί-
νησίς ἐστιν συνεχής, διὰ δὲ τὴν κίνησιν ὁ χρόνος· ὅση γὰρ ἡ

ᵇ22 μεταβάλλωμεν FFGIJPS: μεταβάλωμεν H 23 χρόνος FJPST:
ὁ χρόνος FGHI 24 ἐν FPT: ἐν τῇ GHIJ: om. E 25 τὸ ...
τῷ ΛST 26 τὸ μέσον I 27 ἀλλὰ E²ΛV: ἀλλὰ καὶ E¹ ἐν
καὶ ταὐτόν H 28 χρόνος EGIJST: ὁ χρόνος FH ἐπεὶ λανθάνοι
G: ἐπιλανθάνει E 29 δέ E² εἶναι om. EG, sup. lin. J
30 ὁρίσωμεν Λ et fort. S : ὁρίζωμεν E 31 ἐν om. H φαίνεται GH
32 δ' om. E¹ 33 ἄνευ ... μεταβολῆς EFGJS: ἄνευ μεταβολῆς
καὶ κινήσεως T: μεταβολῆς καὶ κινήσεως ἄνευ H : ἄνευ κινήσεως I
219ᵃ 1 χρόνος pr.] ὁ χρόνος FI 2 ἐπεὶ E¹HS : ἐπειδὴ E²FGIJ
τίς E¹ ὁ om. F 3 ἀρχόμενοι E¹P τι] εἴ τι Torstrik ἔσται E:
ὁ χρόνος ἐστίν F 5 κίνησίς τις EGIJP : δοκεῖ τις EGIJP : δοκεῖ
τι F : τις δοκεῖ HS : δοκεῖ T 7 ὅταν καὶ S γε om. FHST
δοκῇ γεγονέναι EGHJT : δοκῇ γενέσθαι I : γενέσθαι δοκῇ F 8 τις
om. H δοκεῖ ET : φαίνεται ΛS 9–10 ἐστιν ... τι om. G
ἐπεὶ E¹HJ²S : ἐπειδὴ E²FGIJ¹ 10 εἶναί τι HS 12 τὸ alt.
om. E²FGJ 13 διὰ ... χρόνος HVST : om. EFGIJ et ut vid. P

κίνησις, τοσοῦτος καὶ ὁ χρόνος αἰεὶ δοκεῖ γεγονέναι. τὸ δὴ
15 πρότερον καὶ ὕστερον ἐν τόπῳ πρῶτόν ἐστιν. ἐνταῦθα μὲν δὴ
τῇ θέσει· ἐπεὶ δ᾽ ἐν τῷ μεγέθει ἔστι τὸ πρότερον καὶ ὕστερον,
ἀνάγκη καὶ ἐν κινήσει εἶναι τὸ πρότερον καὶ ὕστερον, ἀνά-
λογον τοῖς ἐκεῖ. ἀλλὰ μὴν καὶ ἐν χρόνῳ ἔστιν τὸ πρότερον
καὶ ὕστερον διὰ τὸ ἀκολουθεῖν ἀεὶ θατέρῳ θάτερον αὐτῶν. ἔστι
20 δὲ τὸ πρότερον καὶ ὕστερον ἐν τῇ κινήσει ὃ μέν ποτε
ὂν κίνησις [ἐστιν]· τὸ μέντοι εἶναι αὐτῷ ἕτερον καὶ οὐ κίνησις.
ἀλλὰ μὴν καὶ τὸν χρόνον γε γνωρίζομεν ὅταν ὁρίσωμεν
τὴν κίνησιν, τῷ πρότερον καὶ ὕστερον ὁρίζοντες· καὶ τότε φα-
μὲν γεγονέναι χρόνον, ὅταν τοῦ προτέρου καὶ ὑστέρου ἐν τῇ
25 κινήσει αἴσθησιν λάβωμεν. ὁρίζομεν δὲ τῷ ἄλλο καὶ ἄλλο
ὑπολαβεῖν αὐτά, καὶ μεταξύ τι αὐτῶν ἕτερον· ὅταν γὰρ
ἕτερα τὰ ἄκρα τοῦ μέσου νοήσωμεν, καὶ δύο εἴπῃ ἡ ψυχὴ
τὰ νῦν, τὸ μὲν πρότερον τὸ δ᾽ ὕστερον, τότε καὶ τοῦτό φα-
μεν εἶναι χρόνον· τὸ γὰρ ὁριζόμενον τῷ νῦν χρόνος εἶναι
30 δοκεῖ· καὶ ὑποκείσθω. ὅταν μὲν οὖν ὡς ἓν τὸ νῦν αἰσθανώ-
μεθα, καὶ μὴ ἤτοι ὡς πρότερον καὶ ὕστερον ἐν τῇ κινήσει ἢ
ὡς τὸ αὐτὸ μὲν προτέρου δὲ καὶ ὑστέρου τινός, οὐ δοκεῖ χρό-
νος γεγονέναι οὐδείς, ὅτι οὐδὲ κίνησις. ὅταν δὲ τὸ πρότερον
219ᵇ καὶ ὕστερον, τότε λέγομεν χρόνον· τοῦτο γάρ ἐστιν ὁ χρόνος,
2 ἀριθμὸς κινήσεως κατὰ τὸ πρότερον καὶ ὕστερον.

2   οὐκ ἄρα κί-
νησις ὁ χρόνος ἀλλ᾽ ᾗ ἀριθμὸν ἔχει ἡ κίνησις. σημεῖον δέ·
τὸ μὲν γὰρ πλεῖον καὶ ἔλαττον κρίνομεν ἀριθμῷ, κίνησιν δὲ
5 πλείω καὶ ἐλάττω χρόνῳ· ἀριθμὸς ἄρα τις ὁ χρόνος. ἐπεὶ
δ᾽ ἀριθμός ἐστι διχῶς (καὶ γὰρ τὸ ἀριθμούμενον καὶ τὸ ἀριθ-

ᵃ 14 καὶ ΛPS : om. E   αἰεὶ om. S   δὴ ΕΗΑΡΤ : δὲ VS : δὲ δὴ
FGIJ   16 ἐπειδὴ δὲ Τ : ἐπειδὴ S   ἔστι ΛPST : om. E   πρῶτον
GJ¹ καὶ ΕFGIJS : καὶ τὸ HPT   17 καὶ alt.] καὶ τὸ Η   18 ἐν]
ἐν τῷ IP   ἔστιν om. H   19 καὶ] καὶ τὸ HP   20 καὶ] καὶ τὸ
GHIJP   ἐν τῇ κινήσει om. P   ἐν HST : αὐτῶν ἐν EFGIJ : τὸ
ἐν Torstrik   ποτε ὂν ΛPS : πρότερον E   21 ἐστιν seclusit
Torstrik, om. S et ut vid. Pᴾ : habent ΠPᶜ   22 γε om. I
23 τῷ EFGV : τὸ HIJPT   25 τῷ] τῷ ἄλλο καὶ G   26 αὐτά]
αὐτό EFGP   29 εἶναι alt. E²ΛP : om. E¹   30 αἰσθανώμεθα τὸ
νῦν F   31 τοι E : ἢ fecit J   ὡς] ὡς τὸ GHIJ   καὶ] καὶ τὸ Η
32 μὲν EGIJ¹PS : μὲν οὐ FJ² : μὴ H   δὲ καὶ ὑστέρου ΛVPPS : καὶ
ὑστέρου Pˡ : om. E   γεγονέναι χρόνος F   33 τὸ om. G
ᵇ 1 καὶ] καὶ τὸ E   2 τὸ om. JS   3 ᾗ ΠΡΤ : ἡ ἡ Torstrik
6 δ᾽] ἡ ὁ E²GP   ἐστι sup. lin. E¹   ἀριθμητὸν καὶ τὸ ἀριθμούμενον
Η   τὸ ΠPS : secl. Jackson   ἀριθμητὸν FGIJP : ἀριθμοῦν E

μητὸν ἀριθμὸν λέγομεν, καὶ ᾧ ἀριθμοῦμεν), ὁ δὴ χρόνος ἐστὶν
τὸ ἀριθμούμενον καὶ οὐχ ᾧ ἀριθμοῦμεν. ἔστι δ' ἕτερον ᾧ
ἀριθμοῦμεν καὶ τὸ ἀριθμούμενον. καὶ ὥσπερ ἡ κίνησις αἰεὶ ἄλλη
καὶ ἄλλη, καὶ ὁ χρόνος (ὁ δ' ἅμα πᾶς χρόνος ὁ αὐτός· τὸ 10
γὰρ νῦν τὸ αὐτὸ ὅ ποτ' ἦν—τὸ δ' εἶναι αὐτῷ ἕτερον—τὸ δὲ
νῦν τὸν χρόνον ὁρίζει, ᾗ πρότερον καὶ ὕστερον). τὸ δὲ νῦν ἔστι
μὲν ὡς τὸ αὐτό, ἔστι δ' ὡς οὐ τὸ αὐτό· ᾗ μὲν γὰρ ἐν ἄλλῳ
καὶ ἄλλῳ, ἕτερον (τοῦτο δ' ἦν αὐτῷ τὸ νῦν ⟨εἶναι⟩), ὃ δέ ποτε
ὄν ἐστι τὸ νῦν, τὸ αὐτό. ἀκολουθεῖ γάρ, ὡς ἐλέχθη, τῷ μὲν 15
μεγέθει ἡ κίνησις, ταύτῃ δ' ὁ χρόνος, ὥς φαμεν· καὶ ὁμοίως
δὴ τῇ στιγμῇ τὸ φερόμενον, ᾧ τὴν κίνησιν γνωρίζομεν καὶ τὸ
πρότερον ἐν αὐτῇ καὶ τὸ ὕστερον. τοῦτο δὲ ὃ μέν ποτε ὂν τὸ
αὐτό (ἢ στιγμὴ γὰρ ἢ λίθος ἤ τι ἄλλο τοιοῦτόν ἐστι), τῷ
λόγῳ δὲ ἄλλο, ὥσπερ οἱ σοφισταὶ λαμβάνουσιν ἕτερον τὸ 20
Κορίσκον ἐν Λυκείῳ εἶναι καὶ τὸ Κορίσκον ἐν ἀγορᾷ. καὶ
τοῦτο δὴ τῷ ἄλλοθι καὶ ἄλλοθι εἶναι ἕτερον· τῷ δὲ φερο-
μένῳ ἀκολουθεῖ τὸ νῦν, ὥσπερ ὁ χρόνος τῇ κινήσει (τῷ
γὰρ φερομένῳ γνωρίζομεν τὸ πρότερον καὶ ὕστερον ἐν κινή-
σει, ᾗ δ' ἀριθμητὸν τὸ πρότερον καὶ ὕστερον, τὸ νῦν ἔστιν)· 25
ὥστε καὶ ἐν τούτοις ὃ μέν ποτε ὂν νῦν ἐστι, τὸ αὐτό (τὸ πρό-
τερον γὰρ καὶ ὕστερόν ἐστι τὸ ἐν κινήσει), τὸ δ' εἶναι ἕτερον
(ᾗ ἀριθμητὸν γὰρ τὸ πρότερον καὶ ὕστερον, τὸ νῦν ἔστιν). καὶ

ᵇ7 δὲ EHIJ   8 τὸ ... οὐχ] οὐχ ὁ ἀριθμούμενος, ἀλλ' γρ.
Aspasius   ὁ G   ἔστι ... 9 ἀριθμούμενον post ᵇ7 ἀριθμοῦμεν
transp. Torstrik: ἔστι ... ἀριθμοῦμεν om. J¹   8 ᾧ om. E¹: οὐχ ᾧ
Aspasius   9 καὶ pr.] ἀλλὰ Aspasius   10 καὶ ἄλλη EFHJ²PPSP:
om. GIJ¹P¹S¹   πᾶς χρόνος] πᾶς vel χρόνος πᾶς Torstrik   τὸ] ὁ E²
11 ἦν] ὄν Torstrik   12 ὁρίζει Torstrik: μετρεῖ ΠVPS: διαιρεῖ
Gottschlich: accl. Prantl: an μερίζει?   ὕστερον ΛS: ὕστερον ὁρίζει
EV Prantl   13 ἔστι ... αὐτό om. G   γὰρ om. H   14 καὶ
ἄλλῳ om. G   νῦν εἶναι vel εἶναι ci. Bonitz: habuit ut vid. P :
νῦν Π   ὃ ... 15 νῦν E¹ incertum   14 ὁ GHIJ¹PS: ᾗ E²FJ²
ποτε HJ²PS: ὅ ποτε E²F: ὁπότε GIJ¹   15 ἐστι τὸ νῦν] τὸ νῦν
ἐστι S: ἔστι P   ἀκολουθεῖ ... 16 φαμεν secl. Torstrik (cf. 220ᵇ
24-6): habent ΠPST   15 ὥσπερ E²ΛΡ   17 τῇ στιγμῇ ΠPST:
στιγμῇ E: secl. Torstrik   18 ταύτῃ H   τὸ om. G   δὴ
E²FGHIJ²   ὄν ἐστι τὸ H   20 τὸ ΛΡ: om. E   22 τοῦτον
ut vid. P   24-5 ἐν ... ὕστερον om. G   24 ἐν] ἐν τῇ
HS   25 ᾗ ΛPS: εἰ E   καὶ FGIJPS: καὶ τὸ EH   τὸ
FGHIPT: om. ES, erasit J   26 ὥστε ... τούτοις om. F
τὸ αὐτό ἐστι F   τὸ alt. EHIP et sup. lin. J¹: om. FG   27 καὶ]
ἢ FGIJP   τὸ ΛΡ: om. EV   ἐν] ἐν τῇ H   τὸ FGIJP:
τῷ H: om. E   28 τὸ νῦν ἔστιν GIJP: ἐστὶ τὸ νῦν F: νῦν
ἐστι EH

γνώριμον δὲ μάλιστα τοῦτ' ἔστιν· καὶ γὰρ ἡ κίνησις διὰ τὸ
30 κινούμενον καὶ ἡ φορὰ διὰ τὸ φερόμενον· τόδε γάρ τι τὸ
φερόμενον, ἡ δὲ κίνησις οὔ. ἔστι μὲν οὖν ὡς τὸ αὐτὸ τὸ νῦν
αἰεί, ἔστι δ' ὡς οὐ τὸ αὐτό· καὶ γὰρ τὸ φερόμε-
33 νον.

33   φανερὸν δὲ καὶ ὅτι εἴτε χρόνος μὴ εἴη, τὸ νῦν οὐκ ἂν
220ᵃ εἴη, εἴτε τὸ νῦν μὴ εἴη, χρόνος οὐκ ἂν εἴη· ἅμα γὰρ ὥσπερ
τὸ φερόμενον καὶ ἡ φορά, οὕτως καὶ ὁ ἀριθμὸς ὁ τοῦ φερο-
μένου καὶ ὁ τῆς φορᾶς. χρόνος μὲν γὰρ ὁ τῆς φορᾶς ἀρι-
θμός, τὸ νῦν δὲ ὡς τὸ φερόμενον, οἷον μονὰς ἀριθμοῦ. καὶ
5 συνεχής τε δὴ ὁ χρόνος τῷ νῦν, καὶ διῄρηται κατὰ τὸ νῦν·
ἀκολουθεῖ γὰρ καὶ τοῦτο τῇ φορᾷ καὶ τῷ φερομένῳ. καὶ
γὰρ ἡ κίνησις καὶ ἡ φορὰ μία τῷ φερομένῳ, ὅτι ἕν (καὶ
οὐχ ὅ ποτε ὄν—καὶ γὰρ ἂν διαλίποι—ἀλλὰ τῷ λόγῳ)· καὶ
ὁρίζει δὲ τὴν πρότερον καὶ ὕστερον κίνησιν τοῦτο. ἀκολουθεῖ
10 δὲ καὶ τοῦτό πως τῇ στιγμῇ· καὶ γὰρ ἡ στιγμὴ καὶ συνέχει
τὸ μῆκος καὶ ὁρίζει· ἔστι γὰρ τοῦ μὲν ἀρχὴ τοῦ δὲ τελευτή.
ἀλλ' ὅταν μὲν οὕτω λαμβάνῃ τις ὡς δυσὶ χρώμενος τῇ μιᾷ,
ἀνάγκη ἵστασθαι, εἰ ἔσται ἀρχὴ καὶ τελευτὴ ἡ αὐτὴ στιγμή·
τὸ δὲ νῦν διὰ τὸ κινεῖσθαι τὸ φερόμενον αἰεὶ ἕτερον. ὥσθ' ὁ
15 χρόνος ἀριθμὸς οὐχ ὡς τῆς αὐτῆς στιγμῆς, ὅτι ἀρχὴ καὶ
τελευτή, ἀλλ' ὡς τὰ ἔσχατα τῆς γραμμῆς μᾶλλον—καὶ οὐχ
ὡς τὰ μέρη, διά τε τὸ εἰρημένον (τῇ γὰρ μέσῃ στιγμῇ ὡς
δυσὶ χρήσεται, ὥστε ἠρεμεῖν συμβήσεται), καὶ ἔτι φανερὸν

ᵇ 29 τοῦτ'] τὸ νῦν τοῦτ' H   31 ὡς τὸ] ὥστε E   τὸ νῦν EVP :
νῦν S : τὸ νῦν λεγόμενον FGJ : νῦν λεγόμενον I : λεγόμενον τὸ νῦν H
32 αἰεὶ om. S   τὸ alt. EFGHJSᴾ : καὶ τὸ IPS¹   220ᵃ 1 εἴη
alt. ΛP : ἔσται E   χρόνος EJP : ὁ χρόνος FGHI   2 ὁ pr.
om. F   4 δὲ νῦν H   5 τῷ] τῶν E   6 καὶ pr. om. G,
sup. lin. J¹   καὶ γὰρ . . . 7 φερομένῳ om. G   7 γὰρ] γὰρ καὶ
E   καὶ alt. om. H   8 διαλείποι GIJP   ἅμα ex ἀλλὰ fecerunt
EJ   τῷ] καὶ τῷ F   9 ὁρίζει δὲ scripsi, fort. habuit S : ὁρίζει
δὴ HIP : γὰρ ὁρίζει FGJT et fecit E   τὴν . . . κίνησιν GH²IJP et
in lit. E : τὴν προτέραν καὶ ὑστέραν κίνησιν FT : τῇ πρότερον καὶ
ὕστερον κινήσει H¹   τοῦτο] τοῦτο καὶ συνέχει Torstrik   10 καὶ
γὰρ ἡ στιγμὴ E²ΛP : om. E¹   12 ὡς FHIJ²P : om. EGJ¹
13 ἔστιν J²P   ἀρχὴ καὶ τελευτή FGHIP : ἡ ἀρχὴ καὶ τελευτή J :
ἡ ἀρχὴ καὶ ἡ τελευτὴ E   14 αἰεὶ om. S   15 ὅτι ἡ ἀρχὴ J
16 τῆς γραμμῆς Pᴾ, Torstrik : τῆς αὐτῆς EFGHJP¹ : τῆς αὐτῆς
γραμμῆς T : τῆς I : an omittenda ?   17 τε ΛPS : om. E   ὡς
FHIPS et sup. lin. J : om. EG

ὅτι οὐδὲν μόριον τὸ νῦν τοῦ χρόνου, οὐδ' ἡ διαίρεσις τῆς κινή-
σεως, ὥσπερ οὐδ' ἡ στιγμὴ τῆς γραμμῆς· αἱ δὲ γραμμαὶ 20
αἱ δύο τῆς μιᾶς μόρια. † ᾗ μὲν οὖν πέρας τὸ νῦν, οὐ χρόνος,
ἀλλὰ συμβέβηκεν· ᾗ δ' ἀριθμεῖ, ἀριθμός †· τὰ μὲν γὰρ πέ-
ρατα ἐκείνου μόνον ἐστὶν οὗ ἐστιν πέρατα, ὁ δ' ἀριθμὸς ὁ τῶνδε
τῶν ἵππων, ἡ δεκάς, καὶ ἄλλοθι. ὅτι μὲν τοίνυν ὁ χρόνος
ἀριθμός ἐστιν κινήσεως κατὰ τὸ πρότερον καὶ ὕστερον, καὶ 25
συνεχής (συνεχοῦς γάρ), φανερόν.

12 Ἐλάχιστος δὲ ἀριθμὸς ὁ μὲν ἁπλῶς ἐστὶν ἡ δυάς· τὶς
δὲ ἀριθμὸς ἔστι μὲν ὡς ἔστιν, ἔστι δ' ὡς οὐκ ἔστιν, οἷον γραμ-
μῆς ἐλάχιστος πλήθει μέν ἐστιν αἱ δύο ἢ ἡ μία, μεγέθει
δ' οὐκ ἔστιν ἐλάχιστος· ἀεὶ γὰρ διαιρεῖται πᾶσα γραμμή. 30
ὥστε ὁμοίως καὶ χρόνος· ἐλάχιστος γὰρ κατὰ μὲν ἀριθ-
μόν ἐστιν ὁ εἷς ἢ οἱ δύο, κατὰ μέγεθος δ' οὐκ ἔστιν.   32

φανερὸν 32
δὲ καὶ ὅτι ταχὺς μὲν καὶ βραδὺς οὐ λέγεται, πολὺς δὲ 220ᵇ
καὶ ὀλίγος καὶ μακρὸς καὶ βραχύς. ᾗ μὲν γὰρ συνεχής,
μακρὸς καὶ βραχύς, ᾗ δὲ ἀριθμός, πολὺς καὶ ὀλίγος. τα-
χὺς δὲ καὶ βραδὺς οὐκ ἔστιν· οὐδὲ γὰρ ἀριθμὸς ᾧ ἀριθμοῦ-
μεν ταχὺς καὶ βραδὺς οὐδείς.   5

καὶ ὁ αὐτὸς δὲ πανταχοῦ 5
ἅμα· πρότερον δὲ καὶ ὕστερον οὐχ ὁ αὐτός, ὅτι καὶ ἡ με-
ταβολὴ ἡ μὲν παροῦσα μία, ἡ δὲ γεγενημένη καὶ ἡ μέλ-

ᵃ 19 οὐδὲν EGJAS Aspasius Porphyrius: οὐδὲ FHIPT   μό-
ριον . . . διαίρεσις EF²GHIJT Porphyrius: μόριον τὸ χρόνου τῆς
κινήσεως οὐδ' ἡ διαίρεσις F¹: μέρος ὁ χρόνος A Aspasius: μόριον ὁ
χρόνος P   τῆς κινήσεως om. F¹   20 ἡ στιγμὴ HA Aspasius:
αἱ στιγμαὶ EFGIJT Porphyrius   τῆς et 21 αἱ EGHIS · om. FJ
21 χρόνος ΠPS: χρόνου Torstrik   22 ἀριθμεῖ, ἀριθμός damnavit
Torstrik   ἀριθμεῖ EFGHIAPSᶜ: ἀριθμήσει J: ἀριθμεῖται ci. A
ἀριθμός om. PSᶜ   23 μόνου G   οὗ EFGJP: πέρατα οὗ
HI   δ'] γὰρ S   ὁ om. EJPST: τῶν F   25 καὶ] καὶ τὸ Ι   καὶ
om. G   26 γὰρ] μὲν γὰρ F   27–8 δυάς . . . δ' ὡς supra
lituram E²   28 δὲ] δὲ ὁ G   ἔστι μὲν ὡς ἔστιν IJP et in lit. E :
ἐστιν, ἔστι μὲν ὡς F : ἔστι μὲν ὡς (ἔστιν sup. lin. addito in G) GHJ
γραμμὴ J¹   29 πλήθει] ἀριθμὸς πλήθει Η   ἢ ἡ μία om. fort. T :
ἢ om. F   31 καὶ] καὶ ὁ FH   γὰρ κατὰ μὲν] μὲν κατὰ Ι   32 ὁ
ΛP: οἷον E¹V: οἷον ὁ E²   οἱ om. E¹FP   ᵇ 1 δὲ EFGHJS:
δὴ V: δὲ δὴ I   ὅτι EIS: διότι FGHJ   βραδὺς μὲν καὶ ταχὺς Η
2–3 ᾗ . . . βραχύς om. G   2 γὰρ om. I   3 ᾗ] ὁ G   4 δὲ
om. G   γὰρ E²ΛPS: γὰρ ὁ E¹   ᾧ ἀριθμοῦμεν ΠP: om. T, secl.
Torstrik   5 οὐδὲ εἷς Η   δὲ ΛST: δὴ EP   6 πρότερος
δὲ καὶ ὕστερος GPT

λουσα ἑτέρα, ὁ δὲ χρόνος ἀριθμός ἐστιν οὐχ ᾧ ἀριθμοῦμεν
ἀλλ' ὁ ἀριθμούμενος, οὗτος δὲ συμβαίνει πρότερον καὶ ὕστε-
10 ρον ἀεὶ ἕτερος· τὰ γὰρ νῦν ἕτερα. ἔστι δὲ ὁ ἀριθμὸς εἷς μὲν
καὶ ὁ αὐτὸς ὁ τῶν ἑκατὸν ἵππων καὶ ὁ τῶν ἑκατὸν ἀνθρώ-
πων, ὧν δ' ἀριθμός, ἕτερα, οἱ ἵπποι τῶν ἀνθρώπων. ἔτι ὡς
ἐνδέχεται κίνησιν εἶναι τὴν αὐτὴν καὶ μίαν πάλιν καὶ πά-
14 λιν, οὕτω καὶ χρόνον, οἷον ἐνιαυτὸν ἢ ἔαρ ἢ μετόπωρον.

14   οὐ
15 μόνον δὲ τὴν κίνησιν τῷ χρόνῳ μετροῦμεν, ἀλλὰ καὶ τῇ κι-
νήσει τὸν χρόνον διὰ τὸ ὁρίζεσθαι ὑπ' ἀλλήλων· ὁ μὲν γὰρ
χρόνος ὁρίζει τὴν κίνησιν ἀριθμὸς ὢν αὐτῆς, ἡ δὲ κίνησις
τὸν χρόνον. καὶ λέγομεν πολὺν καὶ ὀλίγον χρόνον τῇ κινήσει
μετροῦντες, καθάπερ καὶ τῷ ἀριθμητῷ τὸν ἀριθμόν, οἷον τῷ
20 ἑνὶ ἵππῳ τὸν τῶν ἵππων ἀριθμόν. τῷ μὲν γὰρ ἀριθμῷ τὸ
τῶν ἵππων πλῆθος γνωρίζομεν, πάλιν δὲ τῷ ἑνὶ ἵππῳ τὸν
τῶν ἵππων ἀριθμὸν αὐτόν. ὁμοίως δὲ καὶ ἐπὶ τοῦ χρόνου καὶ
τῆς κινήσεως· τῷ μὲν γὰρ χρόνῳ τὴν κίνησιν, τῇ δὲ κινήσει
τὸν χρόνον μετροῦμεν. καὶ τοῦτ' εὐλόγως συμβέβηκεν· ἀκο-
25 λουθεῖ γὰρ τῷ μὲν μεγέθει ἡ κίνησις, τῇ δὲ κινήσει ὁ χρό-
νος, τῷ καὶ ποσὰ καὶ συνεχῆ καὶ διαιρετὰ εἶναι· διὰ μὲν
γὰρ τὸ τὸ μέγεθος εἶναι τοιοῦτον ἡ κίνησις ταῦτα πέπονθεν,
διὰ δὲ τὴν κίνησιν ὁ χρόνος. καὶ μετροῦμεν καὶ τὸ μέγεθος
τῇ κινήσει καὶ τὴν κίνησιν τῷ μεγέθει· πολλὴν γὰρ εἶναί
30 φαμεν τὴν ὁδόν, ἂν ἡ πορεία πολλή, καὶ ταύτην πολ-
λήν, ἂν ἡ ὁδὸς [ᾖ] πολλή· καὶ τὸν χρόνον, ἂν ἡ κίνησις,
32 καὶ τὴν κίνησιν, ἂν ὁ χρόνος.

32   ἐπεὶ δ' ἐστὶν ὁ χρόνος μέτρον
221ᵃ κινήσεως καὶ τοῦ κινεῖσθαι, μετρεῖ δ' οὗτος τὴν κίνησιν τῷ ὁρί-

---

ᵇ 9 συμβαίνει] συμβαίνει κατὰ τὸ IT   ὕστερον καὶ πρότερον H
.10 τὰ ... ἔστι fecit E   μὲν om. E¹   11 καὶ ὁ τῶν] καὶ τῶν GI :
τῶν τε H   12 δ'] δ' ὁ H   οἱ ἵπποι τῶν ΛS : οἷον ἵππων καὶ E
14 χρόνον ἐνδέχεται οἷον ΛΤ   18 καὶ alt.] ἢ Λ   χρόνον om. H
19 καὶ om. F   ἀριθμῷ JP   τὸν] ᾗ fecit J   οἷον ... 20 ἀριθμόν
om. I   20-2 τῷ ... αὐτόν om. H   21 ἑνὶ] ἐν E¹   τὸν
αὐτῶν ἀριθμόν. ὁμοίως EV   22 δὲ om. H   τῆς F   καὶ τῆς
GHIJV : om. EF   25 μὲν EGHJPST : om. FI   27 τὸ
alt. om. EFI   εἶναι om. GH   τοσοῦτον καὶ ἡ H   29 φαμεν
εἶναι GHIJS : φαμεν T   30 ἡ EFGHSPT : ᾗ I : ᾗ ἡ JSᶜ   καὶ...
31 πολλή om. G   30 ταύτην φαμὲν εἶναι πολλήν H   31 ᾗ
om. SᴾT   32 τὴν ... χρόνος pr.] ὁ χρόνος τὴν κίνησιν Α γρ. S
ἐστιν post 221ᵃ 1 κινήσεως I   221ᵃ 1 οὕτως FGIJ   ὡρίσθαι G

σαι τινὰ κίνησιν ἢ καταμετρήσει τὴν ὅλην (ὥσπερ καὶ τὸ
μῆκος ὁ πῆχυς τῷ ὁρίσαι τι μέγεθος ὃ ἀναμετρήσει τὸ
ὅλον), καὶ ἔστιν τῇ κινήσει τὸ ἐν χρόνῳ εἶναι τὸ μετρεῖσθαι
τῷ χρόνῳ καὶ αὐτὴν καὶ τὸ εἶναι αὐτῆς (ἅμα γὰρ τὴν κί- 5
νησιν καὶ τὸ εἶναι τῆς κινήσεως μετρεῖ, καὶ τοῦτ᾽ ἔστιν αὐτῇ
τὸ ἐν χρόνῳ εἶναι, τὸ μετρεῖσθαι αὐτῆς τὸ εἶναι), δῆλον
ὅτι καὶ τοῖς ἄλλοις τοῦτ᾽ ἔστι τὸ ἐν χρόνῳ εἶναι, τὸ μετρεῖ-
σθαι αὐτῶν τὸ εἶναι ὑπὸ τοῦ χρόνου. τὸ γὰρ ἐν χρόνῳ εἶναι
δυοῖν ἐστιν θάτερον, ἐν μὲν τὸ εἶναι τότε ὅτε ὁ χρόνος ἔστιν, 10
ἐν δὲ ὥσπερ ἔνια λέγομεν ὅτι ἐν ἀριθμῷ ἐστιν. τοῦτο δὲ
σημαίνει ἤτοι ὡς μέρος ἀριθμοῦ καὶ πάθος, καὶ ὅλως ὅτι
τοῦ ἀριθμοῦ τι, ἢ ὅτι ἔστιν αὐτοῦ ἀριθμός. ἐπεὶ δ᾽ ἀριθμὸς
ὁ χρόνος, τὸ μὲν νῦν καὶ τὸ πρότερον καὶ ὅσα τοιαῦτα οὕτως ἐν
χρόνῳ ὡς ἐν ἀριθμῷ μονὰς καὶ τὸ περιττὸν καὶ ἄρτιον (τὰ μὲν 15
γὰρ τοῦ ἀριθμοῦ τι, τὰ δὲ τοῦ χρόνου τί ἐστιν)· τὰ δὲ πράγματα ὡς
ἐν ἀριθμῷ τῷ χρόνῳ ἐστίν. εἰ δὲ τοῦτο, περιέχεται ὑπὸ χρόνου
ὥσπερ ⟨καὶ τὰ ἐν ἀριθμῷ ὑπ᾽ ἀριθμοῦ⟩ καὶ τὰ ἐν τόπῳ ὑπὸ τόπου.
φανερὸν δὲ καὶ ὅτι οὐκ ἔστιν τὸ ἐν χρόνῳ εἶναι τὸ εἶναι ὅτε ὁ
χρόνος ἔστιν, ὥσπερ οὐδὲ τὸ ἐν κινήσει εἶναι οὐδὲ τὸ ἐν τόπῳ 20
ὅτε ἡ κίνησις καὶ ὁ τόπος ἔστιν. εἰ γὰρ ἔσται τὸ ἔν τινι οὕτω,
πάντα τὰ πράγματα ἐν ὁτῳοῦν ἔσται, καὶ ὁ οὐρανὸς ἐν τῇ κέγ-
χρῳ· ὅτε γὰρ ἡ κέγχρος ἔστιν, ἔστι καὶ ὁ οὐρανός. ἀλλὰ τοῦτο
μὲν συμβέβηκεν, ἐκεῖνο δ᾽ ἀνάγκη παρακολουθεῖν, καὶ τῷ ὄντι
ἐν χρόνῳ εἶναί τινα χρόνον ὅτε κἀκεῖνο ἔστιν, καὶ τῷ ἐν κινήσει 25
ὄντι εἶναι τότε κίνησιν. 26

ἐπεὶ δέ ἐστιν ὡς ἐν ἀριθμῷ τὸ ἐν χρόνῳ, 26

^a 2 καταμετρῆσαι I   τὴν ... 3 ἀναμετρήσει om. F   2 ὁ πῆχυς
τὸ μῆκος HIJ   3 ὁ] καὶ G   ὁρίσαι EGST: ὡρίσθαι FHIJ   4 τὸ
alt.] τῷ G   5–7 τῷ ... μετρεῖσθαι om. F   5 αὐτῆς E²FGHIJ²VST:
αὐτὴν E¹: αὐτῇ J¹P   6 τῆς κινήσεως Torstrik, fort. AST: τῇ
κινήσει Π   μετρεῖ om. E   αὐτῇ om. H   7 δῆλον AST
Damascius: δῆλον δὲ EFGIJP: δὲ δῆλον H: δῆλον δὴ Bonitz
9 αὐτοῖς I   10 δυεῖν E: δυοῖν γὰρ G   ὁ EGHT: om. FIJS
11 δὲ pr. EST: δὲ τὸ Λ   12 ἤτοι] τὸ ἢ E   ὅτε G   13 δ᾽] δ᾽ ἐστὶν E
14 ὅσα] ὅσα ἄλλα H   15 μονάς τε καὶ H   καὶ τὸ ἄρτιον FH
16 τι] ὅτι E   17 τῷ χρόνῳ τι ἐστιν I: ἐν τῷ χρόνῳ ἐστίν, ὅτι τοῦ
εἶναι αὐτῶν ὁ ἀριθμός ὁ χρόνος ἐστίν Torstrik: οἱ δέκα ἵπποι fort. PST
ὑπὸ ... 18 ἀριθμοῦ ex ST scripsi: ὑπ᾽ (ὑπὸ τοῦ H) ἀριθμοῦ ὥσπερ Π:
ὑπὸ χρόνου ὥσπερ Torstrik   18 ὑπὸ τοῦ τόπου AST   19 ὅτι καὶ G
ὁ E²ΛPPT: om. E¹P¹S   21 ὅτε] εἶναι ὅτε H   ἢ om. E: γὰρ ἡ G¹
23 ἔστι post οὐρανός HI: om. F   25 χρόνῳ τὸ εἶναι H

ληφθήσεταί τις πλείων χρόνος παντὸς τοῦ ἐν χρόνῳ ὄντος·
διὸ ἀνάγκη πάντα τὰ ἐν χρόνῳ ὄντα περιέχεσθαι ὑπὸ χρόνου,
ὥσπερ καὶ τἆλλα ὅσα ἔν τινί ἐστιν, οἷον τὰ ἐν τόπῳ ὑπὸ
30 τοῦ τόπου. καὶ πάσχει δή τι ὑπὸ τοῦ χρόνου, καθάπερ καὶ
λέγειν εἰώθαμεν ὅτι κατατήκει ὁ χρόνος, καὶ γηράσκει
πάνθ᾽ ὑπὸ τοῦ χρόνου, καὶ ἐπιλανθάνεται διὰ τὸν χρόνον, ἀλλ᾽
221ᵇ οὐ μεμάθηκεν, οὐδὲ νέον γέγονεν οὐδὲ καλόν· φθορᾶς γὰρ αἴ-
τιος καθ᾽ ἑαυτὸν μᾶλλον ὁ χρόνος· ἀριθμὸς γὰρ κινήσεως,
ἡ δὲ κίνησις ἐξίστησιν τὸ ὑπάρχον· ὥστε φανερὸν ὅτι τὰ αἰεὶ
ὄντα, ᾗ αἰεὶ ὄντα, οὐκ ἔστιν ἐν χρόνῳ· οὐ γὰρ περιέχεται ὑπὸ
5 χρόνου, οὐδὲ μετρεῖται τὸ εἶναι αὐτῶν ὑπὸ τοῦ χρόνου· ση-
μεῖον δὲ τούτου ὅτι οὐδὲ πάσχει οὐδὲν ὑπὸ τοῦ χρόνου ὡς
οὐκ ὄντα ἐν χρόνῳ. ἐπεὶ δ᾽ ἐστὶν ὁ χρόνος μέτρον κινήσεως,
ἔσται καὶ ἠρεμίας μέτρον [κατὰ συμβεβηκός]· πᾶσα γὰρ
ἠρεμία ἐν χρόνῳ. οὐ γὰρ ὥσπερ τὸ ἐν κινήσει ὂν ἀνάγκη κι-
10 νεῖσθαι, οὕτω καὶ τὸ ἐν χρόνῳ· οὐ γὰρ κίνησις ὁ χρόνος,
ἀλλ᾽ ἀριθμὸς κινήσεως, ἐν ἀριθμῷ δὲ κινήσεως ἐνδέχεται εἶ-
ναι καὶ τὸ ἠρεμοῦν. οὐ γὰρ πᾶν τὸ ἀκίνητον ἠρεμεῖ, ἀλλὰ
τὸ ἐστερημένον κινήσεως πεφυκὸς δὲ κινεῖσθαι, καθάπερ εἴρη-
ται ἐν τοῖς πρότερον. τὸ δ᾽ εἶναι ἐν ἀριθμῷ ἐστιν τὸ εἶναί τινα
15 ἀριθμὸν τοῦ πράγματος, καὶ μετρεῖσθαι τὸ εἶναι αὐτοῦ τῷ
ἀριθμῷ ἐν ᾧ ἐστιν, ὥστ᾽ εἰ ἐν χρόνῳ, ὑπὸ χρόνου. μετρήσει
δ᾽ ὁ χρόνος τὸ κινούμενον καὶ τὸ ἠρεμοῦν, ᾗ τὸ μὲν κινούμενον τὸ
δὲ ἠρεμοῦν· τὴν γὰρ κίνησιν αὐτῶν μετρήσει καὶ τὴν ἠρεμίαν,
πόση τις. ὥστε τὸ κινούμενον οὐχ ἁπλῶς ἔσται μετρητὸν ὑπὸ χρό-
20 νου, ᾗ ποσόν τί ἐστιν, ἀλλ᾽ ᾗ ἡ κίνησις αὐτοῦ ποσή. ὥστε ὅσα
μήτε κινεῖται μήτ᾽ ἠρεμεῖ, οὐκ ἔστιν ἐν χρόνῳ· τὸ μὲν γὰρ ἐν
χρόνῳ εἶναι τὸ μετρεῖσθαί ἐστι χρόνῳ, ὁ δὲ χρόνος κινήσεως

ᵃ 28 τὰ om. E   ὑπὸ] ὑπὸ τοῦ FHI   29 ἔστω E   30 καὶ om. F
πάσχει EGHVPS : πάσχειν FIJ   καθάπερ ... 31 εἰώθαμεν om. F
30 καὶ om. E¹   32 πάνθ᾽ ΛS : πᾶν E   καὶ ... χρόνον] οὐδὲ μετρεῖται
τὸ εἶναι αὐτοῦ ὑπὸ τοῦ χρόνου F   ᵇ 1 αἴτιος ΛPST : αἴτιον E   3 τὰ
ΛST : om. E   4 ὑπὸ τοῦ χρόνου F   5 οὐδὲ ... χρόνου om. G
6 τούτοις E   7 ἐν] ἐν τῷ I   8 κατὰ συμβεβηκός E²ΛPS : om.
E¹VAT γρ. P   10 τὸ ἐν] ἐν τῷ I   γὰρ] γὰρ ἡ I   12 ἠρεμοῦν] ἠρέμειν F
15 αὐτοῦ ΛS : αὐτῷ E   16 εἰ ... ὑπὸ ΛV : καὶ ἐν χρόνῳ τὸ ὑπὸ χρόνου
καὶ μέρος E   18 μετρήσει om. S   19 ἐστὶν E   χρόνῳ F¹ : τοῦ
χρόνου E²H   20 ᾗ ... ἐστιν om. E¹V   ᾗ ἡ] ἡ I : ᾗ S   ποσή τις.
ὥσθ᾽ HS   21 μήτε EGIJPPS : μὴ FHP¹   οὐκ ΛPS : οὐδὲ E   μὲν
om. F   22 εἶναι ... χρόνῳ E²ΛP : om. E¹ : εἶναι om. S   ἔστι τὸ
μετρεῖσθαι FGIJS: τὸ μετρεῖσθαι P

καὶ ἠρεμίας μέτρον.   23

φανερὸν οὖν ὅτι οὐδὲ τὸ μὴ ὂν ἔσται πᾶν ἐν 23
χρόνῳ, οἷον ὅσα μὴ ἐνδέχεται ἄλλως, ὥσπερ τὸ τὴν διά-
μετρον εἶναι τῇ πλευρᾷ σύμμετρον. ὅλως γάρ, εἰ μέτρον 25
μέν ἐστι κινήσεως ὁ χρόνος καθ' αὑτό, τῶν δ' ἄλλων κατὰ
συμβεβηκός, δῆλον ὅτι ὧν τὸ εἶναι μετρεῖ, τούτοις ἅπασιν
ἔσται τὸ εἶναι ἐν τῷ ἠρεμεῖν ἢ κινεῖσθαι. ὅσα μὲν οὖν φθαρτὰ
καὶ γενητὰ καὶ ὅλως ὁτὲ μὲν ὄντα ὁτὲ δὲ μή, ἀνάγκη ἐν
χρόνῳ εἶναι (ἔστιν γὰρ χρόνος τις πλείων, ὃς ὑπερέξει τοῦ τε 30
εἶναι αὐτῶν καὶ τοῦ μετροῦντος τὴν οὐσίαν αὐτῶν)· τῶν δὲ μὴ ὄντων
ὅσα μὲν περιέχει ὁ χρόνος, τὰ μὲν ἦν, οἷον Ὅμηρός ποτε
ἦν, τὰ δὲ ἔσται, οἷον τῶν μελλόντων τι, ἐφ' ὁπότερα περι- 222ᵃ
έχει· καὶ εἰ ἐπ' ἄμφω, ἀμφότερα [καὶ ἦν καὶ ἔσται]· ὅσα
δὲ μὴ περιέχει μηδαμῇ, οὔτε ἦν οὔτε ἔστιν οὔτε ἔσται. ἔστι δὲ τὰ
τοιαῦτα τῶν μὴ ὄντων, ὅσων τἀντικείμενα ἀεὶ ἔστιν, οἷον τὸ
ἀσύμμετρον εἶναι τὴν διάμετρον ἀεὶ ἔστι, καὶ οὐκ ἔσται τοῦτ' 5
ἐν χρόνῳ. οὐ τοίνυν οὐδὲ τὸ σύμμετρον· διὸ αἰεὶ οὐκ ἔστιν, ὅτι
ἐναντίον τῷ αἰεὶ ὄντι. ὅσων δὲ τὸ ἐναντίον μὴ αἰεί, ταῦτα
δὲ δύναται καὶ εἶναι καὶ μή, καὶ ἔστιν γένεσις καὶ φθορὰ
αὐτῶν.

13   Τὸ δὲ νῦν ἐστιν συνέχεια χρόνου, ὥσπερ ἐλέχθη· συνέχει 10
γὰρ τὸν χρόνον τὸν παρεληλυθότα καὶ ἐσόμενον, καὶ
πέρας χρόνου ἐστίν· ἔστι γὰρ τοῦ μὲν ἀρχή, τοῦ δὲ τελευτή.
ἀλλὰ τοῦτ' οὐχ ὥσπερ ἐπὶ τῆς στιγμῆς μενούσης φανερόν.
διαιρεῖ δὲ δυνάμει. καὶ ᾗ μὲν τοιοῦτο, αἰεὶ ἕτερον τὸ νῦν,
ᾗ δὲ συνδεῖ, αἰεὶ τὸ αὐτό, ὥσπερ ἐπὶ τῶν μαθηματικῶν 15

ᵇ 23 καὶ] ἐστι καὶ H   24 μὴ om. E   ἀλλ' E   25 ὅλως
μὲν γὰρ H   26 μέν om. GJ²P   ἐστι ὁ χρόνος κινήσεως FGIJ :
κινήσεώς ἐστι ὁ χρόνος H   28 ἐστὶ F   29 γεννητὰ FI   μή]
μὴ ὄντα H   30 ὅς] ὅσων H   ὑπάρξει I   30–31 τοῦ
... καὶ om. S   30 τε om. ΛT   31 αὐτῶν alt. EVST : om. E²Λ
222ᵃ 1 οἷον E²ΛVPS: om. E¹   τι om. S   2 καὶ εἰ ... ἔσται E²FGHIJP¹
(ἄμφω om. H) : om. E¹ : καὶ ἦν καὶ ἔσται seclusi, om. VPᵖ   ὅσα] ὧν
E²GHIP   3 περιέχει E²ΛP : om. E¹   μηδὲν H : om. E¹   οὔτε
ἔστιν om. I   ἔστι] ἔτι T   4 μὴ sup. lin. E¹   5 ἔσται H   6 σύμ-
μετρον] σύμμετρον εἶναι H   διὸ ... ὅτι] διότι T, Torstrik   8 δὲ om. F
καὶ pr. om. E   μή] μὴ εἶναι E   11 τὸν χρόνον om. F   παρελη-
λυθότα EGT : παρελθόντα FHIJ   ἐρχόμενον χρόνον καὶ F
12 πέρας E¹V γρ. S : ὅρος ST : ὅλως πέρας E²Λ   ἐστίν
om. E¹

γραμμῶν (οὐ γὰρ ἡ αὐτὴ αἰεὶ στιγμὴ τῇ νοήσει· διαιρούντων
γὰρ ἄλλη καὶ ἄλλη· ᾗ δὲ μία, ἡ αὐτὴ πάντῃ)—οὕτω καὶ τὸ
νῦν τὸ μὲν τοῦ χρόνου διαίρεσις κατὰ δύναμιν, τὸ δὲ πέρας
ἀμφοῖν καὶ ἑνότης· ἔστι δὲ ταὐτὸ καὶ κατὰ ταὐτὸ ἡ διαί-
20 ρεσις καὶ ἡ ἕνωσις, τὸ δ᾽ εἶναι οὐ ταὐτό. τὸ μὲν οὖν οὕτω λέ-
γεται τῶν νῦν, ἄλλο δ᾽ ὅταν ὁ χρόνος ὁ τούτου ἐγγὺς ᾖ.
ἥξει νῦν, ὅτι τήμερον ἥξει· ἥκει νῦν, ὅτι ἦλθε τήμερον. τὰ
δ᾽ ἐν Ἰλίῳ γέγονεν οὐ νῦν, οὐδ᾽ ὁ κατακλυσμὸς [γέγονε] νῦν·
καίτοι συνεχὴς ὁ χρόνος εἰς αὐτά, ἀλλ᾽ ὅτι οὐκ ἐγγύς. τὸ δὲ
25 ποτέ χρόνος ὡρισμένος πρὸς τὸ πρότερον νῦν, οἷον ποτὲ ἐλή-
φθη Τροία, καὶ ποτὲ ἔσται κατακλυσμός· δεῖ γὰρ πεπε-
ράνθαι πρὸς τὸ νῦν. ἔσται ἄρα ποσός τις ἀπὸ τοῦδε χρόνος
εἰς ἐκεῖνο, καὶ ἦν εἰς τὸ παρελθόν. εἰ δὲ μηδεὶς χρόνος
ὃς οὔ ποτε, πᾶς ἂν εἴη χρόνος πεπερασμένος. ἆρ᾽ οὖν ὑπο-
30 λείψει; ἢ οὔ, εἴπερ αἰεὶ ἔστι κίνησις; ἄλλος οὖν ἢ ὁ αὐτὸς
πολλάκις; δῆλον ὅτι ὡς ἂν ἡ κίνησις, οὕτω καὶ ὁ χρόνος·
εἰ μὲν γὰρ ἡ αὐτὴ καὶ μία γίγνεταί ποτε, ἔσται καὶ χρόνος
εἷς καὶ ὁ αὐτός, εἰ δὲ μή, οὐκ ἔσται. ἐπεὶ δὲ τὸ νῦν τελευτὴ
222ᵇ καὶ ἀρχὴ χρόνου, ἀλλ᾽ οὐ τοῦ αὐτοῦ, ἀλλὰ τοῦ μὲν παρήκοντος
τελευτή, ἀρχὴ δὲ τοῦ μέλλοντος, ἔχοι ἂν ὥσπερ ὁ κύκλος
ἐν τῷ αὐτῷ πως τὸ κυρτὸν καὶ τὸ κοῖλον, οὕτως καὶ ὁ χρό-
νος ἀεὶ ἐν ἀρχῇ καὶ τελευτῇ. καὶ διὰ τοῦτο δοκεῖ ἀεὶ ἕτε-
5 ρος· οὐ γὰρ τοῦ αὐτοῦ ἀρχὴ καὶ τελευτὴ τὸ νῦν· ἅμα γὰρ
ἂν καὶ κατὰ τὸ αὐτὸ τἀναντία ἂν εἴη. καὶ οὐχ ὑπολείψει

ᵃ 16-17 οὐ ... γὰρ] ᾗ μὲν ἕν, ταύτῃ ἀεὶ μία ἡ στιγμή, τῇ νοήσει δὲ
διαιρούντων ἀεὶ γρ. P   16 οὐ γὰρ EGHIJ et in ras. F : ᾗ μὲν P
αἰεὶ E¹HVP : μία ἀεὶ E²F : ἀεὶ μία GIJ   διαιρούντων γὰρ
E²ΛV : καὶ ἀεὶ διαιρούντων E¹ : διαιρούντων ἀεὶ P   17 καὶ ἄλλη
FPT : om. EGHIJA   πάντῃ om. G   οὕτω δὲ καὶ H   19 ταὐτὸ
alt. E²FGIJPS : αὐτὸ E¹H   20 οὖν GHIJVST : om. EF
21 τὸ ex τῶν fecit E   ἄλλο δ᾽ ὅταν] τὸ δ᾽ ἄλλως fecit E   ὁ
pr. om. GJ   ᾖ] ᾗ ἐστιν fecit E   22 ἥξει γὰρ νῦν H   ἥξει, καὶ
ἥκει H   ἧκε H   23 οὐ γέγονε S   οὐδ᾽ ... νῦν om. EV : οὐδ᾽ ὁ
κατακλυσμός S   γέγονε secl. Torstrik, om. T : ἔσται H   24 ὁ
EPST : ἐστι H : om. FGIJ   εἰς αὐτά] εἰς ὁ αὐτός H   25 πρότερον
secl. Bonitz   26 ἡ τροία F   27 τοῦδε ὁ χρόνος F   28 εἰς pr.
HP : καὶ εἰς EFIJ : om. G   μηδεὶς EHJPS : μὴ εἰς F : μηδὲ εἰς GI
30 ὁ om. H   31 ὅτι] δ᾽ ὅτι H : οὖν J   ἂν εἴη ἡ F
32 καὶ alt. EVT : om. Λ   33 ἐπεὶ δὲ ΛP : ἐπειδὴ E : ἐπεὶ γὰρ T
ᵇ 1 ἀρχὴ τοῦ χρόνου F   3 τὸ alt. om. H   6 ἂν secl.
Bonitz   κατὰ om. S   τἀναντία ἂν EV et ut vid. PS : τὰ
ἀντικείμενα ΛT

δή· αἰεὶ γὰρ ἐν ἀρχῇ.   7

τὸ δ᾽ ἤδη τὸ ἐγγύς ἐστι τοῦ παρόν- 7
τος νῦν ἀτόμου μέρος τοῦ μέλλοντος χρόνου (πότε βαδίζεις;
ἤδη, ὅτι ἐγγὺς ὁ χρόνος ἐν ᾧ μέλλει), καὶ τοῦ παρεληλυ-
θότος χρόνου τὸ μὴ πόρρω τοῦ νῦν (πότε βαδίζεις; ἤδη βε- 10
βάδικα). τὸ δὲ Ἴλιον φάναι ἤδη ἑαλωκέναι οὐ λέγομεν, ὅτι
λίαν πόρρω τοῦ νῦν. καὶ τὸ ἄρτι τὸ ἐγγὺς τοῦ παρόντος
νῦν [τὸ] μόριον τοῦ παρελθόντος. πότε ἦλθες; ἄρτι, ἐὰν ᾖ
ὁ χρόνος ἐγγὺς τοῦ ἐνεστῶτος νῦν. πάλαι δὲ τὸ πόρρω. τὸ
δ᾽ ἐξαίφνης τὸ ἐν ἀναισθήτῳ χρόνῳ διὰ μικρότητα ἐκστάν· 15
μεταβολὴ δὲ πᾶσα φύσει ἐκστατικόν. ἐν δὲ τῷ χρόνῳ πάντα
γίγνεται καὶ φθείρεται· διὸ καὶ οἱ μὲν σοφώτατον ἔλεγον, ὁ
δὲ Πυθαγόρειος Πάρων ἀμαθέστατον, ὅτι καὶ ἐπιλανθάνονται
ἐν τούτῳ, λέγων ὀρθότερον. δῆλον οὖν ὅτι φθορᾶς μᾶλλον
ἔσται καθ᾽ αὑτὸν αἴτιος ἢ γενέσεως, καθάπερ ἐλέχθη καὶ 20
πρότερον (ἐκστατικὸν γὰρ ἡ μεταβολὴ καθ᾽ αὑτήν), γενέσεως
δὲ καὶ τοῦ εἶναι κατὰ συμβεβηκός. σημεῖον δὲ ἱκανὸν ὅτι
γίγνεται μὲν οὐδὲν ἄνευ τοῦ κινεῖσθαί πως αὐτὸ καὶ πράττειν,
φθείρεται δὲ καὶ μηδὲν κινούμενον. καὶ ταύτην μάλιστα λέ-
γειν εἰώθαμεν ὑπὸ τοῦ χρόνου φθοράν. οὐ μὴν ἀλλ᾽ οὐδὲ ταύ- 25
την ὁ χρόνος ποιεῖ, ἀλλὰ συμβαίνει ἐν χρόνῳ γίγνεσθαι καὶ
ταύτην τὴν μεταβολήν. ὅτι μὲν οὖν ἔστιν ὁ χρόνος καὶ τί,
καὶ ποσαχῶς λέγεται τὸ νῦν, καὶ τί τὸ ποτὲ καὶ τὸ ἄρτι
καὶ τὸ ἤδη καὶ τὸ πάλαι καὶ τὸ ἐξαίφνης, εἴρηται.

14   Τούτων δ᾽ ἡμῖν οὕτω διωρισμένων φανερὸν ὅτι πᾶσα 30
μεταβολὴ καὶ ἅπαν τὸ κινούμενον ἐν χρόνῳ. τὸ γὰρ θᾶττον

ᵇ 8 βαδίσεις GH : δὴ βαδίζεις F : βαδίζει T   9 παρελθόντος
FGHIT   10 βαδίζεις EGIJS : βαδίνεις FH   11 δὲ
FGIJST : δὲ τὸ EH   12 λίαν πόρρω EHT : πόρρω λίαν FGIJS
13 τὸ om. ST, Bonitz   ἦλθεν G   14 ἐγγὺς ΛPST : ὁ ἐγγὺς
E   15 ἀναισθήτῳ EFGIJT : ἀνεπαισθήτῳ HS   διὰ μικρότητα
E²ΛS : διὰ σμικρότητα PT γρ. S : om. E¹V   ἐκστάν FG²IJPT γρ.
S : om. EG¹HVS   16 ἐκστατικόν F   πανθ᾽ ἃ Torstrik
18 παρὼν ci. S   20 ἔστιν ST   κατ᾽ αὑτὸν E   22 ἱκανὸν
γίνεται μὲν γὰρ οὐδὲν H   23 μηδὲν G   24 δὲ] γὰρ G
25 εἰώθαμεν E²ΛT : εἴωθα E¹   οὐ μὴν E²ΛPT : om. E¹   27 καὶ
τί FGIJT : καὶ τίς E : om. H   28 λέγεται HT : τί τε E : λέγομεν
FGIJ   τὸ ult. ΛT : om. E   29 τὸ pr. EFJT : τί τὸ GHI   τὸ alt.
FHIT : om. EGJ   30 ὧδε H   διωρισμένων HPT : διηριθμημένων
FGJ et in lit. E : διηρημένων I   πᾶσα μεταβολὴ EPST : ἅπασα ἡ
μεταβολὴ H : ἅπασαν μεταβολὴν FGIJ   31 ἐν χρόνῳ FV : ἀνάγκη
κινεῖσθαι ἐν χρόνῳ ΛPT : ἐν χρόνῳ ἐστίν S¹

καὶ βραδύτερον κατὰ πᾶσάν ἐστιν μεταβολήν (ἐν πᾶσι γὰρ
οὕτω φαίνεται)· λέγω δὲ θᾶττον κινεῖσθαι τὸ πρότερον μετα-
223ᵃ βάλλον εἰς τὸ ὑποκείμενον κατὰ τὸ αὐτὸ διάστημα καὶ ὁμα-
λὴν κίνησιν κινούμενον (οἷον ἐπὶ τῆς φορᾶς, εἰ ἄμφω κατὰ
τὴν περιφερῆ κινεῖται ἢ ἄμφω κατὰ τὴν εὐθεῖαν· ὁμοίως δὲ
καὶ ἐπὶ τῶν ἄλλων). ἀλλὰ μὴν τό γε πρότερον ἐν χρόνῳ ἐστί·
5 πρότερον γὰρ καὶ ὕστερον λέγομεν κατὰ τὴν πρὸς τὸ νῦν ἀπό-
στασιν, τὸ δὲ νῦν ὅρος τοῦ παρήκοντος καὶ τοῦ μέλλοντος· ὥστ'
ἐπεὶ τὰ νῦν ἐν χρόνῳ, καὶ τὸ πρότερον καὶ ὕστερον ἐν χρόνῳ
ἔσται· ἐν ᾧ γὰρ τὸ νῦν, καὶ ἡ τοῦ νῦν ἀπόστασις. (ἐναντίως
δὲ λέγεται τὸ πρότερον κατά τε τὸν παρεληλυθότα χρόνον
10 καὶ τὸν μέλλοντα· ἐν μὲν γὰρ τῷ παρεληλυθότι πρότερον
λέγομεν τὸ πορρώτερον τοῦ νῦν, ὕστερον δὲ τὸ ἐγγύτερον, ἐν
δὲ τῷ μέλλοντι πρότερον μὲν τὸ ἐγγύτερον, ὕστερον δὲ τὸ
πορρώτερον.) ὥστε ἐπεὶ τὸ μὲν πρότερον ἐν χρόνῳ, πάσῃ δ'
ἀκολουθεῖ κινήσει τὸ πρότερον, φανερὸν ὅτι πᾶσα μεταβολὴ
15 καὶ πᾶσα κίνησις ἐν χρόνῳ ἐστίν.

ἄξιον δ' ἐπισκέψεως καὶ πῶς ποτε ἔχει ὁ χρόνος πρὸς
τὴν ψυχήν, καὶ διὰ τί ἐν παντὶ δοκεῖ εἶναι ὁ χρόνος, καὶ
ἐν γῇ καὶ ἐν θαλάττῃ καὶ ἐν οὐρανῷ. ἢ ὅτι κινήσεώς τι πά-
θος ἢ ἕξις, ἀριθμός γε ὤν, ταῦτα δὲ κινητὰ πάντα (ἐν τόπῳ
20 γὰρ πάντα), ὁ δὲ χρόνος καὶ ἡ κίνησις ἅμα κατά τε δύνα-
μιν καὶ κατ' ἐνέργειαν; πότερον δὲ μὴ οὔσης ψυχῆς εἴη ἂν
ὁ χρόνος ἢ οὔ, ἀπορήσειεν ἄν τις. ἀδυνάτου γὰρ ὄντος εἶναι
τοῦ ἀριθμήσοντος ἀδύνατον καὶ ἀριθμητόν τι εἶναι, ὥστε δῆ-
λον ὅτι οὐδ' ἀριθμός. ἀριθμὸς γὰρ ἢ τὸ ἠριθμημένον ἢ τὸ
25 ἀριθμητόν. εἰ δὲ μηδὲν ἄλλο πέφυκεν ἀριθμεῖν ἢ ψυχὴ καὶ
ψυχῆς νοῦς, ἀδύνατον εἶναι χρόνον ψυχῆς μὴ οὔσης, ἀλλ'

ᵇ 32 κατὰ] καὶ G   ἐν ἀπάσαις Η   223ᵃ 2 οἷον E²ΛVP : om.
E¹   εἶ] ἢ J   3 περιφέρειαν HP   4 γε EGHIJP : om.
FT   7 καὶ τὸ] δηλονότι καὶ τὰ Η   καὶ] καὶ τὰ Η   8 νῦν
ἐστι καὶ Η   9 τε om. J¹   χρόνον καὶ τὸν μέλλοντα ΛPᴾ : καὶ
τὸν μέλλοντα χρόνον EP¹   13 τὸ ΛP : om. E   15 πᾶσα
om. Η   17 δοκεῖ ἐν ἅπαντι Η   ὁ om. FGJP   καὶ]
οἷον καὶ Η   18 ἐν alt. om. F   ἐν om. FGJ   ἢ E²FGHJP :
om. E¹IT   διότι I   19 κινεῖ τὰ fecit E   20 χρόνος EFGHJST :
τόπος IP γρ. A   ἡ om. J   21 ψυχῆς ET : τῆς ψυχῆς ΛS
22 εἶναι om. F   24 οὐδ'] οὐδ' ὁ G   ἀριθμούμενον F :
ἀριθμημένον J   25 ἀριθμεῖν ἢ ψυχὴ EHT : ἢ ψυχὴ ἀριθμεῖν
FGIJ

ἢ τοῦτο ὅ ποτε ὂν ἐστιν ὁ χρόνος, οἷον εἰ ἐνδέχεται κίνησιν εἶ-
ναι ἄνευ ψυχῆς. τὸ δὲ πρότερον καὶ ὕστερον ἐν κινήσει ἐστίν·
χρόνος δὲ ταῦτ᾽ ἐστὶν ᾗ ἀριθμητά ἐστιν.   29

                            ἀπορήσειε δ᾽ ἄν τις 29
καὶ ποίας κινήσεως ὁ χρόνος ἀριθμός. ἢ ὁποιασοῦν; καὶ γὰρ 30
γίγνεται ἐν χρόνῳ καὶ φθείρεται καὶ αὐξάνεται καὶ ἀλλοι-
οῦται καὶ φέρεται· ᾗ οὖν κίνησίς ἐστι, ταύτῃ ἐστὶν
ἑκάστης κινήσεως ἀριθμός. διὸ κινήσεώς ἐστιν ἁπλῶς ἀριθμὸς
συνεχοῦς, ἀλλ᾽ οὐ τινός. ἀλλ᾽ ἔστι νῦν κεκινῆσθαι καὶ ἄλλο· 223ᵇ
ὧν ἑκατέρας τῆς κινήσεως εἴη ἂν ἀριθμός. ἕτερος οὖν χρόνος
ἔστιν, καὶ ἅμα δύο ἴσοι χρόνοι ἂν εἶεν· ἢ οὔ; ὁ αὐτὸς γὰρ
χρόνος καὶ εἷς ὁ ἴσος καὶ ἅμα· εἴδει δὲ καὶ οἱ μὴ ἅμα· εἰ
γὰρ εἶεν κύνες, οἱ δ᾽ ἵπποι, ἑκάτεροι δ᾽ ἑπτά, ὁ αὐτὸς ἀρι- 5
θμός. οὕτω δὲ καὶ τῶν κινήσεων τῶν ἅμα περαινομένων ὁ αὐ-
τὸς χρόνος, ἀλλ᾽ ἡ μὲν ταχεῖα ἴσως ἡ δ᾽ οὔ, καὶ ἡ μὲν
φορὰ ἡ δ᾽ ἀλλοίωσις· ὁ μέντοι χρόνος ὁ αὐτός, εἴπερ καὶ
[ὁ ἀριθμὸς] ἴσος καὶ ἅμα, τῆς τε ἀλλοιώσεως καὶ τῆς
φυρᾶς. καὶ διὰ τοῦτο αἱ μὲν κινήσεις ἕτεραι καὶ χωρίς, ὁ 10
δὲ χρόνος πανταχοῦ ὁ αὐτός, ὅτι καὶ ὁ ἀριθμὸς εἷς καὶ ὁ
αὐτὸς πανταχοῦ ὁ τῶν ἴσων καὶ ἅμα.   12

                            ἐπεὶ δ᾽ ἔστι φορὰ 12
καὶ ταύτης ἡ κύκλῳ, ἀριθμεῖται δ᾽ ἕκαστον ἑνί τινι συγγενεῖ,

ᵃ 27 ᾗ FGHIJ²VP: ἀεὶ E: om. J¹   ὂν ΠΡ: om. S   ὁ ΠΡᵒS:
om. P¹   εἶναι om. F   28 δὲ] τε H   29 χρόνος ΛPS:
ὁ χρόνος E   30 ἀριθμὸς ὁ χρόνος HS: ἀριθμός ἐστιν ὁ χρόνος P
ποιασοῦν J   31 ἐν χρόνῳ om. I   καὶ φθείρεται om. EFG:
ante καὶ ἀλλοιοῦται H   αὔξεται GH   32 καὶ EV: ἐν χρόνῳ
καὶ Λ   φθείρεται E¹   ᾗ] εἰ E   33 ἐστιν ἁπλῶς
ἀριθμὸς EPS: ἁπλῶς ἀριθμός ἐστι Λ   ᵇ 1 κινεῖσθαι GPP:
καὶ κινεῖσθαι HS   ἄλλο E²F¹GPS: ἄλλα E¹HIJ: ἄλλως F²
2 ὧν ... τῆς] ὥστε καὶ ἑτέρας Torstrik: an ὥσθ᾽ ἑκατέρας τῆς (fort. P)?
3 χρόνοι ἴσοι H   ἢ οὔ ΛV: om. corr. E   αὐτὸς EFHS: ἅπας
GIJ γρ. E   4 καὶ ... ἴσος καὶ scripsi: καὶ ἴσως καὶ E¹: καὶ ἴσος
καὶ πᾶς E²: εἷς ὁμοίως καὶ FGIJ γρ. E: εἷς καὶ ἴσος καὶ πᾶς H: ὁ
ἴσος καὶ πᾶς Sᵒ: πᾶς καὶ εἷς ὁ ἴσος καὶ Torstrik: ὁ καὶ ἴσος καὶ By-
water: πᾶς ὁ ἴσος καὶ Carteron   καὶ E²ΛPS: om. E¹   5 εἶεν
FGIJP: οἱ μὲν εἶεν E: εἶεν οἱ μὲν H   6 δὲ om. E¹H: δὴ
Torstrik   9 ὁ ἀριθμὸς seclusi   φορᾶς καὶ τῆς ἀλλοιώσεως
H   11 πανταχῇ H   12 πανταχοῦ ΛPS: πανταχῇ E
καὶ om. J¹   ἔστι] ἐστὶ τῶν κινήσεων πρώτη ἡ Torstrik: πρώτη
ἐστὶ Prantl   13 ἑνί E¹FGHP: ἐν E²IJ   τινι E²ΛVPP: om.
E¹P¹T

ΦΥΣΙΚΗΣ ΑΚΡΟΑΣΕΩΣ Δ–Ε

μονάδες μονάδι, ἵπποι δ' ἵππῳ, οὕτω ⟨δὲ⟩ καὶ ὁ χρόνος χρόνῳ
15 τινὶ ὡρισμένῳ, μετρεῖται δ', ὥσπερ εἴπομεν, ὅ τε χρόνος κι-
νήσει καὶ ἡ κίνησις χρόνῳ (τοῦτο δ' ἐστίν, ὅτι ὑπὸ τῆς ὡρισ-
μένης κινήσεως χρόνῳ μετρεῖται τῆς τε κινήσεως τὸ ποσὸν
καὶ τοῦ χρόνου)—εἰ οὖν τὸ πρῶτον μέτρον πάντων τῶν συγ-
γενῶν, ἡ κυκλοφορία ἡ ὁμαλὴς μέτρον μάλιστα, ὅτι ὁ ἀρι-
20 θμὸς ὁ ταύτης γνωριμώτατος. ἀλλοίωσις μὲν οὖν οὐδὲ αὔξη-
σις οὐδὲ γένεσις οὐκ εἰσὶν ὁμαλεῖς, φορὰ δ' ἔστιν. διὸ καὶ δο-
κεῖ ὁ χρόνος εἶναι ἡ τῆς σφαίρας κίνησις, ὅτι ταύτῃ μετροῦν-
ται αἱ ἄλλαι κινήσεις καὶ ὁ χρόνος ταύτῃ τῇ κινήσει. διὰ
δὲ τοῦτο καὶ τὸ εἰωθὸς λέγεσθαι συμβαίνει· φασὶν γὰρ κύκ-
25 λον εἶναι τὰ ἀνθρώπινα πράγματα, καὶ τῶν ἄλλων τῶν κί-
νησιν ἐχόντων φυσικὴν καὶ γένεσιν καὶ φθοράν. τοῦτο δέ,
ὅτι ταῦτα πάντα τῷ χρόνῳ κρίνεται, καὶ λαμβάνει τελευ-
τὴν καὶ ἀρχὴν ὥσπερ ἂν εἰ κατά τινα περίοδον. καὶ γὰρ ὁ
χρόνος αὐτὸς εἶναι δοκεῖ κύκλος τις· τοῦτο δὲ πάλιν δοκεῖ,
30 διότι τοιαύτης ἐστὶ φορᾶς μέτρον καὶ μετρεῖται αὐτὸς ὑπὸ
τοιαύτης. ὥστε τὸ λέγειν εἶναι τὰ γιγνόμενα τῶν πραγμάτων
κύκλον τὸ λέγειν ἐστὶν τοῦ χρόνου εἶναί τινα κύκλον· τοῦτο δέ,
ὅτι μετρεῖται τῇ κυκλοφορίᾳ· παρὰ γὰρ τὸ μέτρον οὐδὲν
224ᵃ ἄλλο παρεμφαίνεται τῷ μετρουμένῳ, ἀλλ' ἢ πλείω μέτρα
2 τὸ ὅλον.

2   λέγεται δὲ ὀρθῶς καὶ ὅτι ἀριθμὸς μὲν ὁ αὐτὸς ὁ
τῶν προβάτων καὶ τῶν κυνῶν, εἰ ἴσος ἑκάτερος, δεκὰς δὲ
οὐχ ἡ αὐτὴ οὐδὲ δέκα τὰ αὐτά, ὥσπερ οὐδὲ τρίγωνα τὰ αὐτὰ
5 τὸ ἰσόπλευρον καὶ τὸ σκαληνές, καίτοι σχῆμά γε ταὐτό,
ὅτι τρίγωνα ἄμφω· ταὐτὸ γὰρ λέγεται οὗ μὴ διαφέρει διαφορᾷ,

ᵇ 14 μονάδες μονάδες μονάδι J   δ' om. H   δὲ add. Torstrik   ὁ
ΛPST : om. E   ὡρισμένῳ τινὶ χρόνῳ H   16 ὑπὸ E²ΛPᵖ γρ. S :
om. E¹VΛP¹S   17 τε GHIJP : δὲ E : om. F   18 ἁπάντων H
19 ὁμαλὴ I   ὁ om. EPS   21 ὁμαλὴς E²   22 ὁ om. F   σφαίρας
ἡ κίνησις F   27 πάντα ταῦτα PPS : πάντα E¹VP¹T   29 αὐτὸς
om. H   εἶναι post τις F   30 φορᾶς ἐστὶ FGIJ   αὐτὸς] ὁ
αὐτὸς G   31 τοιαύτης φορᾶς. ὡς τὸ E   32 τὸ ... κύκλον om.
H   ἐστὶ τὸ τοῦ F   τινα εἶναι I   33 τὸ μετροῦν F   224ᵃ 1 τῷ
μετρουμένῳ Torstrik : τὸ μετρούμενον ΠP   ἢ ⟨ὅτι⟩ Torstrik
2-15 λέγεται ... ἵπποι secl. Cornford   2 ὅτι EGJS : ὅτι ὁ
FHIP   ὁ alt. ΛPS : om. E   3 καὶ ὁ τῶν H   4 οὐδὲ ...
αὐτά om. F   5 τὸ alt. ΛP : om. E   σκαληνές GIJ¹P : σκαληνόν
FHJ²S : σκαληνες αλλα E   6 διαφέρῃ J

ἀλλ' οὐχὶ οὗ διαφέρει, οἷον τρίγωνον τριγώνου ⟨τριγώνου⟩ δια-
φορᾷ διαφέρει· τοιγαροῦν ἕτερα τρίγωνα· σχήματος δέ οὔ,
ἀλλ' ἐν τῇ αὐτῇ διαιρέσει καὶ μιᾷ. σχῆμα γὰρ τὸ μὲν
τοιόνδε κύκλος, τὸ δὲ τοιόνδε τρίγωνον, τούτου δέ τὸ μὲν τοι- 10
όνδε ἰσόπλευρον, τὸ δὲ τοιόνδε σκαληνές. σχῆμα μὲν οὖν τὸ
αὐτό, καὶ τοῦτο τρίγωνον, τρίγωνον δ' οὐ τὸ αὐτό. καὶ
ἀριθμὸς δὴ ὁ αὐτός (οὐ γὰρ διαφέρει ἀριθμοῦ διαφορᾷ
ὁ ἀριθμὸς αὐτῶν), δεκὰς δ' οὐχ ἡ αὐτή· ἐφ' ὧν γὰρ λέγεται,
διαφέρει· τὰ μὲν γὰρ κύνες, τὰ δ' ἵπποι. καὶ περὶ μὲν 15
χρόνου καὶ αὐτοῦ καὶ τῶν περὶ αὐτὸν οἰκείων τῇ σκέψει εἴ-
ρηται.

E

Μεταβάλλει δὲ τὸ μεταβάλλον πᾶν τὸ μὲν κατὰ
συμβεβηκός, οἷον ὅταν λέγωμεν τὸ μουσικὸν βαδίζειν, ὅτι
ᾧ συμβέβηκεν μουσικῷ εἶναι, τοῦτο βαδίζει· τὸ δὲ τῷ τού-
του τι μεταβάλλειν ἁπλῶς λέγεται μεταβάλλειν, οἷον ὅσα
λέγεται κατὰ μέρη (ὑγιάζεται γὰρ τὸ σῶμα, ὅτι ὁ ὀφ- 25
θαλμὸς ἢ ὁ θώραξ, ταῦτα δὲ μέρη τοῦ ὅλου σώματος)· ἔστι
δέ τι ὁ οὔτε κατὰ συμβεβηκὸς κινεῖται οὔτε τῷ ἄλλο τι
τῶν αὐτοῦ, ἀλλὰ τῷ αὐτὸ κινεῖσθαι πρῶτον. καὶ τοῦτ' ἔστι
τὸ καθ' αὐτὸ κινητόν, κατ' ἄλλην δὲ κίνησιν ἕτερον, οἷον ἀλ-
λοιωτόν, καὶ ἀλλοιώσεως ὑγιαντὸν ἢ θερμαντὸν ἕτερον. ἔστι 30
δὲ καὶ ἐπὶ τοῦ κινοῦντος ὡσαύτως· τὸ μὲν γὰρ κατὰ συμ-
βεβηκὸς κινεῖ, τὸ δὲ κατὰ μέρος τῷ τῶν τούτου τι, τὸ δὲ
καθ' αὐτὸ πρῶτον, οἷον ὁ μὲν ἰατρὸς ἰᾶται, ἡ δὲ χεὶρ πλήτ-
τει. ἐπεὶ δ' ἔστι μέν τι τὸ κινοῦν πρῶτον, ἔστι δέ τι τὸ κινού-

224ᵃ 21-ᵇ 1 = 1067ᵇ 1-9

ᵃ 7 τρίγωνον om. E¹   ⟨τριγώνου⟩ Torstrik, fort. S   διαφορὰ F
8 σχήματα F : σχῆμα I   δὲ] δέ γε E²GHJ : δὲ σχήματος I   9 γάρ
ἐστι τὸ H   11 σκαληνόν FHJ²S   μὲν om. H   12 τοῦτο τρίγωνον
scripsi, fort. hab. PS : τὸ τρίγωνον E : τοῦτο, τρίγωνον γάρ Λ   καὶ
FP : καὶ ὁ EGHIJ   13 δὲ HP   16 εἴρηται μεταβάλλει δὲ
τὸ μεταβάλλον E
Tit. φυσικῆς ἀκροάσεως τὸ ε̄. · περὶ μεταβολῆς E : φυσικῶν πέμπτον
I   22 οἷον ὅταν fecit E : ὅταν S   ante τὸ literas quatuor dele-
tas E   τὸ EFJMST : τὸν HI   23 μουσικῷ εἶναι E²ΛS : εἶναι
μουσικῷ T : μουσικῷ E¹   24 τι om. E¹   27 δέ M : δὴ F : δὲ δὴ EHIJ
31 κατὰ ΛM : om. E   32 κινοῦν H   τῶν om. F   33 πλήσσει FIJ

H

35 μενον, ἔτι ἐν ᾧ, ὁ χρόνος, καὶ παρὰ ταῦτα ἐξ οὗ καὶ εἰς
224ᵇ ὅ—πᾶσα γὰρ κίνησις ἔκ τινος καὶ εἴς τι· ἕτερον γὰρ τὸ πρῶ-
τον_ κινούμενον καὶ εἰς ὃ κινεῖται καὶ ἐξ οὗ, οἷον τὸ ξύλον
καὶ τὸ θερμὸν καὶ τὸ ψυχρόν· τούτων δὲ τὸ μὲν ὅ, τὸ δ᾽
εἰς ὅ, τὸ δ᾽ ἐξ οὗ—ἡ δὴ κίνησις δῆλον ὅτι ἐν τῷ ξύλῳ, οὐκ
5 ἐν τῷ εἴδει· οὔτε γὰρ κινεῖ οὔτε κινεῖται τὸ εἶδος ἢ ὁ τό-
πος ἢ τὸ τοσόνδε, ἀλλ᾽ ἔστι κινοῦν καὶ κινούμενον καὶ εἰς ὃ
κινεῖται. μᾶλλον γὰρ εἰς ὃ ἢ ἐξ οὗ κινεῖται ὀνομάζε-
ται ἡ μεταβολή. διὸ καὶ ἡ φθορὰ εἰς τὸ μὴ ὂν μετα-
βολή ἐστιν· καίτοι καὶ ἐξ ὄντος μεταβάλλει τὸ φθειρόμενον·
10 καὶ ἡ γένεσις εἰς ὄν, καίτοι καὶ ἐκ μὴ ὄντος.

10   τί μὲν οὖν ἐστιν
ἡ κίνησις, εἴρηται πρότερον· τὰ δὲ εἴδη καὶ τὰ πάθη καὶ ὁ
τόπος, εἰς ἃ κινοῦνται τὰ κινούμενα, ἀκίνητά ἐστιν, οἷον ἡ
ἐπιστήμη καὶ ἡ θερμότης. καίτοι ἀπορήσειεν ἄν τις, εἰ τὰ
πάθη κινήσεις, ἡ δὲ λευκότης πάθος· ἔσται γὰρ εἰς κίνησιν
15 μεταβολή. ἀλλ᾽ ἴσως οὐχ ἡ λευκότης κίνησις, ἀλλ᾽ ἡ λεύκαν-
σις. ἔστιν δὲ καὶ ἐν ἐκείνοις καὶ τὸ κατὰ συμβεβηκὸς καὶ τὸ
κατὰ μέρος καὶ [τὸ] κατ᾽ ἄλλο · καὶ τὸ πρώτως καὶ μὴ
κατ᾽ ἄλλο, οἷον τὸ λευκαινόμενον εἰς μὲν τὸ νοούμενον μετα-
βάλλει κατὰ συμβεβηκός (τῷ γὰρ χρώματι συμβέβηκε
20 νοεῖσθαι), εἰς δὲ χρῶμα· ὅτι μέρος τὸ λευκὸν τοῦ χρώμα-
τος (καὶ εἰς τὴν Εὐρώπην ὅτι μέρος αἱ Ἀθῆναι τῆς Εὐρώ-
πης), εἰς δὲ τὸ λευκὸν χρῶμα καθ᾽ αὑτό. πῶς μὲν οὖν καθ᾽
αὑτὸ κινεῖται καὶ πῶς κατὰ συμβεβηκός, καὶ πῶς κατ᾽
ἄλλο τι καὶ πῶς τῷ αὐτὸ πρῶτον, καὶ ἐπὶ κινοῦντος καὶ
25 ἐπὶ κινουμένου, δῆλον, καὶ ὅτι ἡ κίνησις οὐκ ἐν τῷ εἴδει ἀλλ᾽
ἐν τῷ κινουμένῳ καὶ κινητῷ κατ᾽ ἐνέργειαν. ἡ μὲν οὖν κατὰ
συμβεβηκὸς μεταβολὴ ἀφείσθω· ἐν ἅπασί τε γάρ ἐστι καὶ

224ᵇ 11-16 = 1067ᵇ 9-12

ᵇ 1 πρώτως Η   4 δή ΗΙ γρ. Α γρ. S : δὲ EFJS γρ. Α   6 τὸ
ΛS : om. E   καὶ ΗΙJ²S : om. EFJ¹   καὶ FΗIS : om. EJ
7 εἰς ὃ om. E¹   8 καὶ om. ΕΗJ   9 καὶ om. F   10 ὄν] ὃ Ι
καὶ alt. om. FIJT   11 ἡ om. F   τὰ alt. ΛΤ : om. E   14 κίνησις
E   γὰρ] δὲ F   κίνησιν ἡ μεταβολή Η   15 ἀλλ᾽ ἡ λεύκανσις
E²ΛS : om. E¹   16 ἔσται Ι   17 [τὸ] Bonitz   κατ᾽ . . .
πρώτως] κατὰ πρῶτον Ε : πρώτως Η   καὶ τὸ μὴ ΕΗΙJ   18 ἄλλον
E   23-4 καὶ alt. . . . τι om. E   24 καὶ . . . πρῶτον secl.
Bonitz, om. fort. T   τῷ Prantl: τὸ E²Λ : E¹ incertum   25 ἐπὶ
om. E   27 ἅπασί ΠSᶜ : πᾶσί Sᵖ   γάρ τε ΕΗ

αἰεὶ καὶ πάντων· ἡ δὲ μὴ κατὰ συμβεβηκὸς οὐκ ἐν ἅπασιν,
ἀλλ᾽ ἐν τοῖς ἐναντίοις καὶ τοῖς μεταξὺ καὶ ἐν ἀντιφάσει·
τούτου δὲ πίστις ἐκ τῆς ἐπαγωγῆς. ἐκ δὲ τοῦ μεταξὺ μετα- 30
βάλλει· χρῆται γὰρ αὐτῷ ὡς ἐναντίῳ ὄντι πρὸς ἑκάτερον·
ἔστι γάρ πως τὸ μεταξὺ τὰ ἄκρα. διὸ καὶ τοῦτο πρὸς ἐκεῖνα
κἀκεῖνα πρὸς τοῦτο λέγεταί πως ἐναντία, οἷον ἡ μέση ὀξεῖα
πρὸς τὴν ὑπάτην καὶ βαρεῖα πρὸς τὴν νητήν, καὶ τὸ φαιὸν
λευκὸν πρὸς τὸ μέλαν καὶ μέλαν πρὸς τὸ λευκόν.   35

                                                ἐπεὶ δὲ 35
πᾶσα μεταβολή ἐστιν ἔκ τινος εἴς τι (δηλοῖ δὲ καὶ τοὔνομα· 225ᵃ
μετ᾽ ἄλλο γάρ τι καὶ τὸ μὲν πρότερον δηλοῖ, τὸ δ᾽ ὕστερον),
μεταβάλλοι ἂν τὸ μεταβάλλον τετραχῶς· ἢ γὰρ ἐξ ὑπο-
κειμένου εἰς ὑποκείμενον, ἢ ἐξ ὑποκειμένου εἰς μὴ ὑποκεί-
μενον, ἢ οὐκ ἐξ ὑποκειμένου εἰς ὑποκείμενον, ἢ οὐκ ἐξ ὑπο- 5
κειμένου εἰς μὴ ὑποκείμενον· λέγω δὲ ὑποκείμενον τὸ κα-
ταφάσει δηλούμενον. ὥστε ἀνάγκη ἐκ τῶν εἰρημένων τρεῖς
εἶναι μεταβολάς, τήν τε ἐξ ὑποκειμένου εἰς ὑποκείμενον,
καὶ τὴν ἐξ ὑποκειμένου εἰς μὴ ὑποκείμενον, καὶ τὴν ἐκ μὴ
ὑποκειμένου εἰς ὑποκείμενον. ἡ γὰρ οὐκ ἐξ ὑποκειμένου εἰς 10
μὴ ὑποκείμενον οὐκ ἔστιν μεταβολὴ διὰ τὸ μὴ εἶναι κατ᾽ ἀν-
τίθεσιν· οὔτε γὰρ ἐναντία οὔτε ἀντίφασίς ἐστιν. ἡ μὲν οὖν οὐκ
ἐξ ὑποκειμένου εἰς ὑποκείμενον μεταβολὴ κατ᾽ ἀντίφασιν γέ-
νεσίς ἐστιν, ἡ μὲν ἁπλῶς ἁπλῆ, ἡ δὲ τὶς τινός (οἷον ἡ μὲν
ἐκ μὴ λευκοῦ εἰς λευκὸν γένεσις τούτου, ἡ δ᾽ ἐκ τοῦ μὴ ὄντος 15
ἁπλῶς εἰς οὐσίαν γένεσις ἁπλῶς, καθ᾽ ἣν ἁπλῶς γίγνεσθαι καὶ
οὐ τὶ γίγνεσθαι λέγομεν)· ἡ δ᾽ ἐξ ὑποκειμένου εἰς οὐχ ὑποκεί-

224ᵇ 28-30 = 1067ᵇ 12-14   225ᵃ 3—226ᵃ 16 = 1067ᵇ 14—
1068ᵇ 15

ᵇ 28 πάντων ΛPS : πάντως E   29 τοῖς alt. FJS : ἐν τοῖς EHI :
om. M   30 μεταβάλλει] βάλλει E¹ : μεταβάλλει ὡς ἐξ ἐναντίου H
31 ὄντι] τινὶ E²   33 ὡς E, fort. corr.   ὀξεῖα ... 34 νήτην E¹S :
βαρεῖα πρὸς τὴν νήτην καὶ ὀξεῖα πρὸς τὴν (τὴν om. F) ὑπάτην E²Λ
225ᵃ 1 πᾶσα om. F¹   ἐστιν om. FS   δὲ ΛS : γὰρ E   3 ἂν]
δ᾽ ἂν E¹   4 ἐξ] οὐκ ἐξ HIJM : ἐξ οὐχ ST   μὴ om. S : οὐχ
ΛΜΤ   5 οὐκ om. MST : μὴ FH   εἰς] εἰς οὐχ FMS : εἰς μὴ
Τ   οὐκ ἐξ EMT : ἐξ οὐχ FS : ἐξ HIJ   6 μὴ om. MT : οὐχ
S   δὲ EMT : δὲ τὸ ΛS.   10 οὐκ ἐξ] μὴ ἐξ Λ : ἐξ οὐχ M
11 μὴ pr. EM : οὐχ Λ   12 οὔτε ἐν ἀντιφάσει S   οὐκ ἐξ EFJM :
ἐξ οὐχ S : ἐκ μὴ H : ἐξ I   14 ἐστιν om. I   ἁπλῆ om. S
τὶς τινός ΠΜ : τίς S   15 μὴ pr. om. I   17 τὶ om. E²

μενον φθορά, ἁπλῶς μὲν ἡ ἐκ τῆς οὐσίας εἰς τὸ μὴ εἶναι,
τὶς δὲ ἡ εἰς τὴν ἀντικειμένην ἀπόφασιν, καθάπερ ἐλέχθη
20 καὶ ἐπὶ τῆς γενέσεως.

20   εἰ δὴ τὸ μὴ ὂν λέγεται πλεοναχῶς,
καὶ μήτε τὸ κατὰ σύνθεσιν ἢ διαίρεσιν ἐνδέχεται κινεῖσθαι
μήτε τὸ κατὰ δύναμιν, τὸ τῷ ἁπλῶς κατ᾽ ἐνέργειαν ὄντι
ἀντικείμενον (τὸ μὲν γὰρ μὴ λευκὸν ἢ μὴ ἀγαθὸν ὅμως ἐν-
δέχεται κινεῖσθαι κατὰ συμβεβηκός, εἴη γὰρ ⟨ἂν⟩ ἄνθρωπος τὸ
25 μὴ λευκόν· τὸ δ᾽ ἁπλῶς μὴ τόδε οὐδαμῶς), ἀδύνατον [γὰρ]
τὸ μὴ ὂν κινεῖσθαι (εἰ δὲ τοῦτο, καὶ τὴν γένεσιν κίνησιν εἶ-
ναι· γίγνεται γὰρ τὸ μὴ ὄν· εἰ γὰρ καὶ ὅτι μάλιστα κατὰ
συμβεβηκὸς γίγνεται, ἀλλ᾽ ὅμως ἀληθὲς εἰπεῖν ὅτι ὑπάρχει
τὸ μὴ ὂν κατὰ τοῦ γιγνομένου ἁπλῶς)—ὁμοίως δὲ καὶ τὸ ἠρε-
30 μεῖν. ταῦτά τε δὴ συμβαίνει δυσχερῆ [τῷ κινεῖσθαι τὸ μὴ
ὄν] καὶ εἰ πᾶν τὸ κινούμενον ἐν τόπῳ, τὸ δὲ μὴ ὂν οὐκ ἔστιν
ἐν τόπῳ· εἴη γὰρ ἄν που. οὐδὲ δὴ ἡ φθορὰ κίνησις· ἐναντίον
μὲν γὰρ κινήσει ἢ κίνησις ἢ ἠρεμία, ἡ δὲ φθορὰ γενέσει ἐναν-
τίον. ἐπεὶ δὲ πᾶσα κίνησις μεταβολή τις, μεταβολαὶ δὲ
35 τρεῖς αἱ εἰρημέναι, τούτων δὲ αἱ κατὰ γένεσιν καὶ φθορὰν
225ᵇ οὐ κινήσεις, αὗται δ᾽ εἰσὶν αἱ κατ᾽ ἀντίφασιν, ἀνάγκη τὴν
ἐξ ὑποκειμένου εἰς ὑποκείμενον μεταβολὴν κίνησιν εἶναι μό-
νην. τὰ δ᾽ ὑποκείμενα ἢ ἐναντία ἢ μεταξύ (καὶ γὰρ ἡ στέ-
ρησις κείσθω ἐναντίον), καὶ δηλοῦται καταφάσει, τὸ γυμνὸν
5 καὶ νωδὸν καὶ μέλαν.

5   εἰ οὖν αἱ κατηγορίαι διῄρηνται οὐσίᾳ
καὶ ποιότητι καὶ τῷ ποὺ [καὶ τῷ ποτὲ] καὶ τῷ πρός τι καὶ
τῷ ποσῷ καὶ τῷ ποιεῖν ἢ πάσχειν, ἀνάγκη τρεῖς εἶναι κι-
νήσεις, τήν τε τοῦ ποιοῦ καὶ τὴν τοῦ ποσοῦ καὶ τὴν κατὰ
τόπον.

ᵃ 18 ἡ om. E   19 ἡ om. F   20 δὲ E²   23 γὰρ
om. H   ἀγαθὸν ὂν ὅμως H   24 ἂν M(EJ) Bekker : om.
ΠM(Aᵇ)   25 γὰρ om. M(JT)T   26 εἶναι κίνησιν F
30 ταὐτὰ Jaeger   τε om. I, erasit J : δὲ E, Jaeger   δὴ EHM :
δὴ πάντα FIJ   τῷ . . . 31 ὄν om. EHJM   31 ἔστιν om. S
33 ἢ pr. IST: ἡ EH : om. FJM   τῇ δὲ φθορᾷ γένεσις S
ᵇ I εἰσὶν om. I   αἱ FJM : καὶ EHI   2 μόνην EHMS : μόνον FIJ
4 καταφάσει ΛM : καταφυσιν E   τὸ λευκὸν καὶ τὸ γυμνὸν καὶ τὸ μέλαν
H   γυμνὸν EFIJMST : ψυχρὸν vel τυφλὸν Bonitz   5 νωδὸν
M(EJ): λευκὸν EFIJM(Aᵇ)S   6 τῷ πού ΛS : τόπῳ EM   καὶ τῷ
ποτὲ om. EHMS : τῷ om. I   7 τῷ pr. om. EH   8 ποιοῦ EH
(cf. M) : ποσοῦ FIJ   τὴν om. I   ποσοῦ EH (cf. M): ποιοῦ FIJ

2 Κατ' οὐσίαν δ' οὐκ ἔστιν κίνησις διὰ τὸ μηδὲν εἶναι οὐσίᾳ 10
τῶν ὄντων ἐναντίον. οὐδὲ δὴ τοῦ πρός τι· ἐνδέχεται γὰρ θατέρου
μεταβάλλοντος ⟨ἀληθεύεσθαι καὶ μὴ⟩ ἀληθεύεσθαι θάτερον μηδὲν
μεταβάλλον, ὥστε κατὰ συμβεβηκὸς ἡ κίνησις αὐτῶν. οὐδὲ
δὴ ποιοῦντος καὶ πάσχοντος, ἢ κινουμένου καὶ κινοῦντος, ὅτι
οὐκ ἔστι κινήσεως κίνησις οὐδὲ γένεσεως γένεσις, οὐδ' ὅλως μετα- 15
βολῆς μεταβολή. πρῶτον μὲν γὰρ διχῶς ἐνδέχεται κινήσεως
εἶναι κίνησιν, ἢ ὡς ὑποκειμένου (οἷον ἄνθρωπος κινεῖται ὅτι
ἐκ λευκοῦ εἰς μέλαν μεταβάλλει· ἆρά γε οὕτω καὶ ἡ κίνησις ἢ
θερμαίνεται ἢ ψύχεται ἢ τόπον ἀλλάττει ἢ αὐξάνεται
ἢ φθίνει; τοῦτο δὲ ἀδύνατον· οὐ γὰρ τῶν ὑποκειμένων τι ἡ 20
μεταβολή), ἢ τῷ ἕτερόν τι ὑποκείμενον ἐκ μεταβολῆς με-
ταβάλλειν εἰς ἕτερον εἶδος [οἷον ἄνθρωπος ἐκ νόσου εἰς ὑγί-
ειαν]. ἀλλ' οὐδὲ τοῦτο δυνατὸν πλὴν κατὰ συμβεβηκός· αὐτὴ
γὰρ ἡ κίνησις ἐξ ἄλλου εἴδους εἰς ἄλλο ἐστὶ μεταβολή ⟨οἷον
ἀνθρώπου ἐκ νόσου εἰς ὑγίειαν⟩· καὶ ἡ γένεσις δὲ καὶ ἡ φθορὰ 25
ὡσαύτως, πλὴν αἱ μὲν εἰς ἀντικείμενα ὡδί, ἡ δὲ ὡδί, ἡ κίνησις.
ἅμα οὖν μεταβάλλει ἐξ ὑγιείας εἰς νόσον καὶ ἐξ αὐτῆς ταύτης τῆς
μεταβολῆς εἰς ἄλλην. δῆλον δὴ ὅτι ὅταν νοσήσῃ, μεταβεβληκὸς
ἔσται εἰς ὁποιανοῦν (ἐνδέχεται γὰρ ἠρεμεῖν), καὶ ἔτι εἰς μὴ τὴν τυ-
χοῦσαν αἰεί, κἀκείνη ἔκ τινος εἴς τι ἕτερον ἔσται, ὥστε καὶ ἡ ἀντι- 30
κειμένη ἔσται ὑγίανσις· ἀλλὰ τῷ συμβεβηκέναι, οἷον
ἐξ ἀναμνήσεως εἰς λήθην μεταβάλλει, ὅτι ᾧ ὑπάρχει, ἐκεῖνο

ᵇ 11 τοῦ M(Aᵇ): τῷ FHI : om. EJM(EJ)S   12 μεταβάλ-
λοντος ... μὴ scripsi, cum AT ut vid.: μεταβάλλοντος ΠS : μετα-
βάλλοντος μηδὲν M(Aᵇ): μηθὲν μεταβάλλοντος M(EJ) : μεταβάλλοντος
μὴ Schwegler   14 ἢ EM : οὐδὲ παντὸς ΛAS   καὶ ΛMS :
om. E   15 μεταβολῆς μεταβολή S : μεταβολὴ μεταβολῆς Π
17 ἄνθρωπος scripsi : ὁ ἄνθρωπος EHM : ἄνθρωπος FIJ   18 ἆρά
γε om. EH : ὥστε M   19 ἀλλάττει EM : μεταλλάττει Λ   21 ἐκ]
εἶναι ἐκ I   22 οἷον ... ὑγίειαν hic ΠM : post μεταβολή ᵇ 24 collo-
cavi, ut vid. cum S   23 αὐτὴ E² et ut vid. S : αὕτη E¹Λ : ἅπασι
M(Aᵇ): πᾶσα M(EJ)   24 εἴδους FIJS : om. EHM   24–5 οἷον
... ὑγίειαν hic collocavi : post εἶδος ᵇ 22 ΠM   25 ἀνθρώπου
scripsi : ἄνθρωπον M : ἀνθρώπους S(F): ἄνθρωπος ΠS (cett.)   ἡ pr.
ΛM : γὰρ ἡ E   26 ἡ δὲ ὡδί M(Aᵇ)S : ἢ ὡδι E²M(EJ)P : om.
Λ: E¹ incertum   ἡ κίνησις EM(Aᵇ)S : ἡ δὲ κίνησις H : ἡ δὲ κίνησις
οὐχ ὁμοίως FI : οὐ κινήσεις M(EJ)   28 δ' FJ   νόσημα E²
30 αἰεί EFJM : δεῖ γὰρ H : om. I   κἀκείνη FIJM : κἀκείνην EHS
ἔσται E¹M : om. E²ΛS   καὶ EFHIS : om. JM   31 ὑγίανσις
FMS : ἡ ὑγίανσις EHIJ   οἷον EHM : οἷον εἰ FIJ   32–3 ὅτι
... μεταβάλλει om. F

33 μεταβάλλει ὁτὲ μὲν εἰς ἐπιστήμην ὁτὲ δ' εἰς ἄγνοιαν.

33 ἔτι
εἰς ἄπειρον βαδιεῖται, εἰ ἔσται μεταβολῆς μεταβολὴ καὶ
35 γενέσεως γένεσις. ἀνάγκη δὴ καὶ τὴν προτέραν, εἰ ἡ ὑστέρα
226ᵃ ἔσται, οἷον εἰ ἡ ἁπλῆ γένεσις ἐγίγνετό ποτε, καὶ τὸ γιγνόμενον
ἐγίγνετο, ὥστε οὔπω ἦν τὸ γιγνόμενον ἁπλῶς, ἀλλά τι γιγνόμε-
νον γιγνόμενον ἤδη, καὶ πάλιν τοῦτ' ἐγίγνετό ποτε, ὥστ' οὐκ ἦν
πω τότε γιγνόμενον γιγνόμενον. ἐπεὶ δὲ τῶν ἀπείρων οὐκ ἔστιν
5 τι πρῶτον, οὐκ ἔσται τὸ πρῶτον, ὥστ' οὐδὲ τὸ ἐχόμενον· οὔτε γί-
γνεσθαι οὖν οὔτε κινεῖσθαι οἷόν τε οὔτε μεταβάλλειν οὐδέν. ἔτι τοῦ
αὐτοῦ κίνησις ἡ ἐναντία (καὶ ἔτι ἠρέμησις), καὶ γένεσις καὶ φθορά,
ὥστε τὸ γιγνόμενον γιγνόμενον ὅταν γένηται γιγνόμενον, τότε
φθείρεται· οὔτε γὰρ εὐθὺς γιγνόμενον οὔθ' ὕστερον· εἶναι γὰρ
10 δεῖ τὸ φθειρόμενον. ἔτι ὕλην δεῖ ὑπεῖναι καὶ τῷ γιγνομένῳ
καὶ τῷ μεταβάλλοντι. τίς οὖν ἔσται—ὥσπερ τὸ ἀλλοιωτὸν
σῶμα ἢ ψυχή, οὕτω τί τὸ γιγνόμενον κίνησις ἢ γένεσις; καὶ
πάλιν τί εἰς ὃ κινοῦνται; δεῖ γὰρ εἶναι [τι] τὴν τοῦδε ἐκ τοῦδε
εἰς τόδε κίνησιν [καὶ μὴ κίνησιν] ἢ γένεσιν. ἅμα δὲ πῶς καὶ
15 ἔσται; οὐ γὰρ ἔσται μάθησις ἡ τῆς μαθήσεως γένεσις, ὥστ'
οὐδὲ γενέσεως γένεσις, οὐδέ τις τινός. ἔτι εἰ τρία εἴδη κινή-
σεώς ἐστιν, τούτων τινὰ ἀνάγκη εἶναι καὶ τὴν ὑποκειμένην φύσιν
καὶ εἰς ἃ κινοῦνται, οἷον τὴν φορὰν ἀλλοιοῦσθαι ἢ φέρεσθαι.

ᵇ 33 ἄγνοιαν Smith, fort. PSᵖ: ὑγίειαν ΠMS¹   ἔτι EHM : ἔτι δ'
FIJS   35 ἡ EHJ²M : om. FIJ¹   ὑστεραία I   226ᵃ 2 τὸ
FJM(Aᵇ): om. EHIM(EJ) γρ. A Aspasius   γιγνόμενον . . .
γιγνόμενον] ἤδη, ἀλλὰ γινόμενον ἦν γρ. A   τι γιγνόμενον ΛM(E)
γρ. A γρ. S: γιγνόμενόν τι M(Aᵇ): γιγνόμενον E Aspasius: τι
γιγνόμενον ἁπλῶς M(J)   3 γιγνόμενον Bonitz : τότε γιγνόμενον fecit
E : καὶ γιγνόμενον FIJ : ἢ γιγνόμενον M(Aᵇ) : ἢ γενόμενον M(EJ): om.
H γρ. A γρ. S Aspasius   ἤδη ΠM(Aᵇ) γρ. A γρ. S Aspasius : εἰ δὴ
M(EJ)   4 γιγνόμενον alt. E¹ : om. E²ΛM   ἐπεὶ ΠM : ἐπὶ S   δὲ
E²ΛM : δὴ E¹   οὐκ ἔστιν τι πρῶτον om. F   5 τι om. EJM(EJ)S   οὐκ
. . . πρῶτον om. M(Aᵇ)S   οὔτε et 6 οὔτε pr.] οὔτε τὸ S   8 γιγνόμενον
alt. E¹ : om. E²ΛM   γένηται E¹FJM : γίγνηται E²HIS   9 an
γιγνόμενον γιγνόμενον?   10 ὕλην . δεῖ EJP : δεῖ ὕλην FHIMS
11 τῷ om. EM   12 σῶμα E¹HM : ἢ σῶμα E²FIJS   τί
FJM(JAᵇ)S : τι (sed erasum) καὶ M(E) : δὴ E²I : om. E¹H   13 τί
EMS : τι Λ   τι om. M(Aᵇ)S   τοῦδε pr.] τοῦ E¹   14 καὶ . . .
γένεσιν] ἢ γένεσιν E²HIAS : καὶ μὴ κίνησιν E¹, fort. T : μὴ κίνησιν
MP γρ. A : μὴ κίνησιν ἢ γένεσιν FJ   πῶς καὶ S : καὶ πῶς Λ γρ. S
16 γένεσις γενέσεως H : γενέσεως γένεσις γένεσις Prantl   τινός
E²HIJ²S : om. E¹FJ¹   17 τι E²   καὶ om. FIJ   18 κινεῖται
I   οἷον om. E¹H¹JS: οἷον ἀνάγκη F

2. 225ᵇ 33 — 226ᵇ 8

ὅλως δὲ ἐπεὶ κινεῖται [τὸ κινούμενον] πᾶν τριχῶς, ἢ κατὰ
συμβεβηκὸς ἢ τῷ μέρος τι ἢ [τῷ] καθ᾽ αὑτό, κατὰ συμβε- 20
βηκὸς μόνον ἂν ἐνδέχοιτο μεταβάλλειν τὴν μεταβολήν, οἷον
εἰ ὁ ὑγιαζόμενος τρέχοι ἢ μανθάνοι· τὴν δὲ κατὰ συμβε-
βηκὸς ἀφεῖμεν πάλαι.   23

   ἐπεὶ δὲ οὔτε οὐσίας οὔτε τοῦ πρός τι ²³
οὔτε τοῦ ποιεῖν καὶ πάσχειν, λείπεται κατὰ τὸ ποιὸν καὶ τὸ
ποσὸν καὶ τὸ ποῦ κίνησιν εἶναι μόνον· ἐν ἑκάστῳ γὰρ ἔστι τού- 25
των ἐναντίωσις. ἡ μὲν οὖν κατὰ τὸ ποιὸν κίνησις ἀλλοίωσις
ἔστω· τοῦτο γὰρ ἐπέζευκται κοινὸν ὄνομα. λέγω δὲ τὸ ποιὸν
οὐ τὸ ἐν τῇ οὐσίᾳ (καὶ γὰρ ἡ διαφορὰ ποιότης) ἀλλὰ τὸ
παθητικόν, καθ᾽ ὃ λέγεται πάσχειν ἢ ἀπαθὲς εἶναι. ἡ δὲ
κατὰ τὸ ποσὸν τὸ μὲν κοινὸν ἀνώνυμος, καθ᾽ ἑκάτερον δ᾽ 30
αὔξησις καὶ φθίσις, ἡ μὲν εἰς τὸ τέλειον μέγεθος αὔξησις,
ἡ δ᾽ ἐκ τούτου φθίσις. ἡ δὲ κατὰ τόπον καὶ τὸ κοινὸν καὶ
τὸ ἴδιον ἀνώνυμος, ἔστω δὲ φορὰ καλουμένη τὸ κοινόν· καί-
τοι λέγεταί γε ταῦτα φέρεσθαι μόνα κυρίως, ὅταν μὴ ἐφ᾽
αὑτοῖς ᾖ τὸ στῆναι τοῖς μεταβάλλουσι τὸν τόπον, καὶ ὅσα 35
μὴ αὐτὰ ἑαυτὰ κινεῖ κατὰ τόπον. ἡ δ᾽ ἐν τῷ αὐτῷ εἴδει 226ᵇ
μεταβολὴ ἐπὶ τὸ μᾶλλον καὶ ἧττον ἀλλοίωσίς ἐστιν· ἢ γὰρ
ἐξ ἐναντίου ἢ εἰς ἐναντίον κίνησίς ἐστιν, ἢ ἁπλῶς ἢ πῇ· ἐπὶ
μὲν γὰρ τὸ ἧττον ἰοῦσα εἰς τοὐναντίον λεχθήσεται μεταβάλ-
λειν, ἐπὶ δὲ τὸ μᾶλλον ὡς ἐκ τοὐναντίου εἰς αὐτό. 5
διαφέρει γὰρ οὐδὲν πῇ μεταβάλλειν ἢ ἁπλῶς, πλὴν πῇ
δεήσει τἀναντία ὑπάρχειν· τὸ δὲ μᾶλλον καὶ ἧττόν ἐστι
τὸ πλέον ἢ ἔλαττον ἐνυπάρχειν τοῦ ἐναντίου καὶ μή.   8
                                                              ὅτι 8

226ᵃ 23-9 = 1068ᵇ 15-20

ᵃ 19 τὸ κινούμενον E²ΛS : om. E¹   ἢ EHS : ἢ τῷ FIJ   20 τῷ]
τὸ E   τῷ seclusi, om. S : τὸ E²   21 μόνως FIJS : μὲν E :
μέντοι T   οἷον] εἰ συμβαίνει τινὶ τροχάσαντι ὑγιαίνειν οἷον γρ. A
γρ. S   22 ὁ ὑγιαζόμενος ΛS : ὑγιαζόμενός τις E   τρέχει ἢ
μανθάνει I   24 καὶ alt.] κατὰ T : καὶ κατὰ F   τὸ ΛST : om. E
28 ποίον FJMS   30 ἀνώνυμον Λ   ἑκάτερον FIJT : ἕτερον EH
31 τέλειον ΠS : πλεῖον T   32 ἴδιον καὶ τὸ κοινὸν IJ   33 ἀνώ-
νυμοι I   34 φέρεσθαί γε ταῦτα H : γε φέρεσθαι ταῦτα I : φέρεσθαι ταῦτα
FJ   μόνα FIJST : μόνον EH   ἐφ᾽ ἑαυτοῖς FHT : ἐπ᾽ αὑτοῖς I
ᵇ 1 μὴ ΛS : om. E   2 ἡ ΛPS   3 ἢ pr. om. ΛPS   5 εἰς
τὸ αὐτό Moreliana   8 τῷ Λ et ut vid. PS   τοῦ ἐναντίου ἐν-
υπάρχειν Λ   μή] μὴ ἐνυπάρχειν πῇ I : μὴ ἐνυπάρχειν τοῦ ἐναντίου πῇ E

μὲν οὖν αὗται τρεῖς μόναι κινήσεις εἰσίν, ἐκ τούτων δῆ-
10 λον· ἀκίνητον δ᾽ ἐστὶ τό τε ὅλως ἀδύνατον κινηθῆναι, ὥσπερ
ὁ ψόφος ἀόρατος, καὶ τὸ ἐν πολλῷ χρόνῳ μόλις κινούμε-
νον ἢ τὸ βραδέως ἀρχόμενον, ὃ λέγεται δυσκίνητον, καὶ τὸ
πεφυκὸς μὲν κινεῖσθαι καὶ δυνάμενον, μὴ κινούμενον δὲ τότε
ὅτε πέφυκε καὶ οὗ καὶ ὥς, ὅπερ ἠρεμεῖν καλῶ τῶν ἀκινή-
15 των μόνον· ἐναντίον γὰρ ἠρεμία κινήσει, ὥστε στέρησις ἂν εἴη
τοῦ δεκτικοῦ. τί μὲν οὖν ἐστι κίνησις καὶ τί ἠρεμία, καὶ πόσαι
μεταβολαὶ καὶ ποῖαι κινήσεις, φανερὸν ἐκ τῶν εἰρημένων.

Μετὰ δὲ ταῦτα λέγωμεν τί ἐστιν τὸ ἅμα καὶ χωρίς, 3
καὶ τί τὸ ἅπτεσθαι, καὶ τί τὸ μεταξὺ καὶ τί τὸ ἐφεξῆς
20 καὶ τί τὸ ἐχόμενον καὶ συνεχές, καὶ τοῖς ποίοις ἕκαστον
τούτων ὑπάρχειν πέφυκεν. ἅμα μὲν οὖν λέγω ταῦτ᾽ εἶναι
κατὰ τόπον, ὅσα ἐν ἑνὶ τόπῳ ἐστὶ πρώτῳ, χωρὶς δὲ ὅσα
23, 227ᵃ 7 ἐν ἑτέρῳ, ἅπτεσθαι δὲ ὧν τὰ ἄκρα ἅμα.| ⟨ἐπεὶ δὲ πᾶσα
μεταβολὴ ἐν τοῖς ἀντικειμένοις, τὰ δ᾽ ἀντικείμενα τά τε
ἐναντία καὶ τὰ κατὰ ἀντίφασιν, ἀντιφάσεως δ᾽ οὐδὲν ἀνὰ
10,226ᵇ26 μέσον, φανερὸν ὅτι ἐν τοῖς ἐναντίοις ἔσται τὸ μεταξύ.| ἐν ἐλα-
26, 27 χίστοις δ᾽ ἐστὶ τὸ μεταξὺ τρισίν· ἔσχατον μὲν γάρ | ἐστι τῆς
27, 23 μεταβολῆς τὸ ἐναντίον,⟩ | μεταξὺ δὲ εἰς ὃ πέφυκε πρότερον
ἀφικνεῖσθαι τὸ μεταβάλλον ἢ εἰς ὃ ἔσχατον μεταβάλλει κατὰ
25, 27 φύσιν συνεχῶς μεταβάλλον. [ἐν...εναντιον.] | συνεχῶς δὲ κινεῖ-
ται τὸ μηθὲν ἢ ὅτι ὀλίγιστον διαλεῖπον τοῦ πράγματος —μὴ τοῦ
χρόνου (οὐδὲν γὰρ κωλύει διαλείποντα, καὶ εὐθὺς δὲ μετὰ τὴν
30 ὑπάτην φθέγξασθαι τὴν νεάτην) ἀλλὰ τοῦ πράγματος ἐν ᾧ
κινεῖται. τοῦτο δὲ ἔν τε ταῖς κατὰ τόπον καὶ ἐν ταῖς ἄλ-

226ᵇ 10–16 = 1068ᵇ 20–25   21–5 = 26–30

ᵇ 11 μόλις ET : μόγις Λ   12 ἢ τὸ E²ΛΜ(Aᵇ)ST : τὸ M(E) : ὅ τι
M(J): om. E¹   τὸ om. I   16 ἐστι om. F   17 πόσαι FI
18 λέγομεν I   καὶ τί τὸ χωρίς I   20 καὶ τί τὸ συνεχές HI   21 λέγω
ES : λέγεται Λ   22 τόπῳ ἐστὶ πρώτῳ (πρῶτον E²) E²FJS : πρώτῳ ἐστὶ
τόπῳ H : ἐστι τόπῳ πρώτον I : τόπῳ ἐστὶν E¹ : τόπῳ πρώτῳ (πρῶτον
Aᵇ) M   23 ἑτέρῳ] ἑτέρῳ τόπῳ I   227ᵃ 7–10 ἐπεὶ... μεταξύ
hic collocavi cum T: post 227ᵃ 6 ἅπτηται ΠMS : post 226ᵇ 32 φανερόν
ci. Prantl   8 τε om. E   9 τὰ κατὰ ἀντίφασιν] ἀντίφασις EMT
226ᵇ 26–7 ἐν ... ἐναντίον hic collocandum ci. Cornford : post 25
μεταβάλλον ΠST   26 ἐστὶ τὸ μεταξὺ om. fort. S   23 πρότερον
ΜΤ : πρῶτον ΠS   24 μεταβάλλει E²ΛMS : μεταβάλλειν E¹   26–7
ἐν ... ἐναντίον ante ᵇ 23 μεταξὺ collocavi   28 ἢ om. E¹   ὅτι]
τὸ ΛS   ὀλιγοστὸν E¹   μὴ ΠΡ : ἢ S et ut vid. T   29 γὰρ κωλύει
FHS : κωλύει γὰρ EIJ   31 δὲ om. E²H   καὶ ... ἄλλαις om. IT

λαις μεταβολαῖς φανερόν. ἐναντίον δὲ κατὰ τόπον τὸ κατ'
εὐθεῖαν ἀπέχον πλεῖστον· ἡ γὰρ ἐλαχίστη πεπέρανται, μέ-
τρον δὲ τὸ πεπερασμένον. ἐφεξῆς δὲ οὗ μετὰ τὴν ἀρχὴν
ὄντος ἢ θέσει ἢ εἴδει ἢ ἄλλῳ τινὶ οὕτως ἀφορισθέντος 35
μηδὲν μεταξύ ἐστι τῶν ἐν ταὐτῷ γένει καὶ οὗ ἐφεξῆς ἐστιν 227ᵃ
(λέγω δ' οἷον γραμμὴ γραμμῆς ἢ γραμμαί, ἢ μονάδος μο-
νὰς ἢ μονάδες, ἢ οἰκίας οἰκία· ἄλλο δ' οὐδὲν κωλύει με-
ταξὺ εἶναι). τὸ γὰρ ἐφεξῆς τινὶ ἐφεξῆς καὶ ὕστερόν τι· οὐ
γὰρ τὸ ἐν ἐφεξῆς τοῖν δυοῖν, οὐδ' ἡ νουμηνία τῇ δευτέρᾳ ἐφεξῆς, 5
ἀλλὰ ταῦτ' ἐκείνοις. ἐχόμενον δὲ ὃ ἂν ἐφεξῆς ὂν ἅπτηται. 6
[ἐπεὶ ... μεταξύ.] τὸ δὲ συνεχὲς ἔστι μὲν ὅπερ ἐχόμενόν τι, 10
λέγω δ' εἶναι συνεχὲς ὅταν ταὐτὸ γένηται καὶ ἐν τὸ ἑκατέρου
πέρας οἷς ἅπτονται, καὶ ὥσπερ σημαίνει τοὔνομα, συνέχηται.
τοῦτο δ' οὐχ οἷόν τε δυοῖν ὄντοιν εἶναι τοῖν ἐσχάτοιν. τούτου
δὲ διωρισμένου φανερὸν ὅτι ἐν τούτοις ἐστὶ τὸ συνεχές, ἐξ
ὧν ἕν τι πέφυκε γίγνεσθαι κατὰ τὴν σύναψιν. καὶ ὥς ποτε 15
γίγνεται τὸ συνέχον ἕν, οὕτω καὶ τὸ ὅλον ἔσται ἕν, οἷον ἢ
γόμφῳ ἢ κόλλῃ ἢ ἀφῇ ἢ προσφύσει.   17

                                          φανερὸν δὲ καὶ ὅτι 17
πρῶτον τὸ ἐφεξῆς ἐστι· τὸ μὲν γὰρ ἀπτόμενον ἐφεξῆς ἀν-
άγκη εἶναι, τὸ δ' ἐφεξῆς οὐ πᾶν ἅπτεσθαι (διὸ καὶ ἐν προ-
τέροις τῷ λόγῳ τὸ ἐφεξῆς ἔστιν, οἷον ἐν ἀριθμοῖς, ἀφὴ δ' 20
οὐκ ἔστιν), καὶ εἰ μὲν συνεχές, ἀνάγκη ἅπτεσθαι, εἰ δ' ἅπτε-
ται, οὔπω συνεχές· οὐ γὰρ ἀνάγκη ἐν εἶναι αὐτῶν τὰ ἄκρα,
εἰ ἅμα εἶεν· ἀλλ' εἰ ἕν, ἀνάγκη καὶ ἅμα. ὥστε ἡ σύμφυ-
σις ὑστάτη κατὰ τὴν γένεσιν· ἀνάγκη γὰρ ἅψασθαι εἰ
συμφύεται τὰ ἄκρα, τὰ δὲ ἀπτόμενα οὐ πάντα συμπέ- 25

ᵇ 32 μεταβολαῖς] κινήσεσι F   35 ὄντος E¹JMS : μόνον ὄντος
E²HIA   εἴδει EHJMPS : φύσει FIT   οὕτως] οὗ E   227ᵃ 1 ἐστιν
ἐφεξῆς F   2 μονὰς μονάδος S   3 οἰκία] οἰκίας E¹ : an οἰκία
ἢ οἰκίαι ?   δ' om. E² : E¹ incertum   εἶναι μεταξύ I   5 ἐφεξῆς
τὸ ἐν H   τῶν δύο EM   νεομηνία F   τῇ δευτέρᾳ scripsi : τῆς
δευτέρας Π   6 ἐκείνοις ES : ἐκείνων Λ   ὂν hic FIJMPS, post
ἅπτηται H : om. E   7-10 ἐπεὶ ... μεταξύ post 226ᵇ 23 ἅμα collocavi
10 μὲν om. I   12 συνέχονται M   13 τῶν ἐσχάτων E   14 δὲ om.
E¹   15 τὴν om. F   σύναψιν ΠΜ : συναφήν S   ὥσπερ ποτε FH
16 συνέχον E¹FS : συνχὲς E²HIJ   ἤ] εἰ H   18 ἀνάγκη ἐφεξῆς
ΛΤ   19 ἐν EHJS : ἐν τοῖς FI   21 μὲν] μὲν οὖν H   23 εἶεν
et ἕν om. E   24 τὴν] τήν τε E   ἄψεσθαι EI   25 πάντως EH

φυκεν· ἐν οἷς δὲ μὴ ἔστιν ἁφή, δῆλον ὅτι οὐκ ἔστιν οὐδὲ
σύμφυσις ἐν τούτοις. ὥστ' εἰ ἔστι στιγμὴ καὶ μονὰς οἵας λέ-
γουσι κεχωρισμένας, οὐχ οἷόν τε εἶναι μονάδα καὶ στιγμὴν
τὸ αὐτό· ταῖς μὲν γὰρ ὑπάρχει τὸ ἅπτεσθαι, ταῖς δὲ μο-
30 νάσιν τὸ ἐφεξῆς, καὶ τῶν μὲν ἐνδέχεται εἶναί τι μεταξύ
(πᾶσα γὰρ γραμμὴ μεταξὺ στιγμῶν), τῶν δ' οὐκ ἀνάγκη·
οὐδὲ γὰρ μεταξὺ δυάδος καὶ μονάδος. τί μὲν οὖν ἐστι τὸ
ἅμα καὶ χωρίς, καὶ τί τὸ ἅπτεσθαι, καὶ τί τὸ μεταξὺ
227ᵇ καὶ τὸ ἐφεξῆς, καὶ τί τὸ ἐχόμενον καὶ τὸ συνεχές, καὶ τοῖς
ποίοις ἕκαστον τούτων ὑπάρχει, εἴρηται.

Μία δὲ κίνησις λέγεται πολλαχῶς· τὸ γὰρ ἓν πολ- 4
λαχῶς λέγομεν. γένει μὲν οὖν μία κατὰ τὰ σχήματα τῆς
5 κατηγορίας ἐστί (φορὰ μὲν γὰρ πάσῃ φορᾷ τῷ γένει μία,
ἀλλοίωσις δὲ φορᾶς ἑτέρα τῷ γένει), εἴδει δὲ μία, ὅταν τῷ
γένει μία οὖσα καὶ ἐν ἀτόμῳ εἴδει ᾖ. οἷον χρώματος μὲν
εἰσὶ διαφοραί—τοιγαροῦν ἄλλη τῷ εἴδει μέλανσις καὶ λεύ-
κανσις [πᾶσα οὖν λεύκανσις πάσῃ λευκάνσει ἡ αὐτὴ κατ'
10 εἶδος ἔσται καὶ πᾶσα μέλανσις μελάνσει]—λευκότητος δ' οὐ-
κέτι· διὸ τῷ εἴδει μία λεύκανσις λευκάνσει πάσῃ. εἰ δ' ἔστιν
ἅτθ' ἃ καὶ γένη ἅμα καὶ εἴδη ἐστίν, δῆλον ὡς ἔστιν ὡς εἴδει μία
ἔσται, ἁπλῶς δὲ μία εἴδει οὔ, οἷον ἡ μάθησις, εἰ ἡ ἐπιστήμη
εἶδος μὲν ὑπολήψεως, γένος δὲ τῶν ἐπιστημῶν. ἀπορήσειε
15 δ' ἄν τις εἰ εἴδει μία ⟨ἡ⟩ κίνησις, ὅταν ἐκ τοῦ αὐτοῦ τὸ αὐτὸ εἰς
τὸ αὐτὸ μεταβάλλῃ, οἷον ἡ μία στιγμὴ ἐκ τοῦδε τοῦ τόπου
εἰς τόνδε τὸν τόπον πάλιν καὶ πάλιν. εἰ δὲ τοῦτ', ἔσται ἡ
κυκλοφορία τῇ εὐθυφορίᾳ ἡ αὐτὴ καὶ ἡ κύλισις τῇ βαδίσει.
ἢ διώρισται, τὸ ἐν ᾧ ἂν ἕτερον ᾖ τῷ εἴδει, ὅτι ἑτέρα ἡ κίνησις,

ᵃ 26 οὐκ ἔστιν om. H   27 εἰ om. E² : εἴ τις I   λέγουσι]
λέγουσιν εἶναι I   31 πασῆς γὰρ γραμμῆς μεταξὺ στιγμή γρ. S
μεταξὺ δύο στιγμῶν H   32 μεταξὺ γὰρ οὐδὲν E   οὐδὲ scripsi
cum T : οὐδὲν Λ   δυάδος καὶ μονάδος EHIJT : μονάδος καὶ δυάδος FS
ᵇ 1 τὸ pr. om. E   τὸ ult. om. FIJ   τοῖς om. H   4 τὰ om. E
6 ἑτέρας E¹   εἴδει ΛST : τῷ εἴδει E   7 ἀτόμου εἴδει οἷον E¹
9-10 πᾶσα ... μελάνσει seclusi (cf. ᵇ11 διὸ ... πάσῃ)   9 πᾶσα δ' οὖν
EH   10-11 λευκότητος ... πάσῃ om. γρ. S : λευκότητος δ' οὐκέτι
ante 9 πᾶσα collocandum ci. Cornford   10 οὐκ ἔστιν EI et fort. S :
οὐκ ἔσται H et fort. S   11 τῷ] πῶς H : πως S : ἁπλῶς ci. Cornford
πάσῃ om. S   εἰ ... 16 τοῦδε E²ΛST : δὲ E¹   12 ὡς ἔστιν E², fort.
ST : ἔστιν H : οὖν IJ² : om. FJ¹   13 εἴδει μία H   ἡ alt. om. F
15 ἡ addidi ex S   εἰς τὸ αὐτὸ τὸ αὐτὸ F   16 ἡ] εἰ ἡ H   18 τῇ
εὐθυφορίᾳ E²ΛS : om. E¹   καὶ] τῷ εἴδει καὶ fort. ST   19 ἢ διώ-
ρισται E²ΛS : ὥρισται E¹   τῷ εἴδει om. fort. S   ἡ HS : om. EFIJ

τὸ δὲ περιφερὲς τοῦ εὐθέος ἕτερον τῷ εἴδει;   20

γένει μὲν οὖν καὶ 20
εἴδει κίνησις μία οὕτως, ἁπλῶς δὲ μία κίνησις ἡ τῇ οὐσίᾳ
μία καὶ τῷ ἀριθμῷ· τίς δ' ἡ τοιαύτη, δῆλον διελομένοις.
τρία γάρ ἐστι τὸν ἀριθμὸν περὶ ἃ λέγομεν τὴν κίνησιν, ὃ καὶ
ἐν ᾧ καὶ ὅτε. λέγω δ' ὅτι ἀνάγκη εἶναί τι τὸ κινούμενον,
οἷον ἄνθρωπον ἢ χρυσόν, καὶ ἔν τινι τοῦτο κινεῖσθαι, οἷον ἐν 25
τόπῳ ἢ ἐν πάθει, καὶ ποτέ· ἐν χρόνῳ γὰρ πᾶν κινεῖται.
τούτων δὲ τὸ μὲν εἶναι τῷ γένει ἢ τῷ εἴδει μίαν ἐστὶν ἐν τῷ
πράγματι ἐν ᾧ κινεῖται, τὸ δ' ἐχομένην ἐν τῷ χρόνῳ,
τὸ δ' ἁπλῶς μίαν ἐν ἅπασι τούτοις· καὶ ἐν ᾧ γὰρ ἓν δεῖ
εἶναι καὶ ἄτομον, οἷον τὸ εἶδος, καὶ τὸ ὅτε, οἷον τὸν χρόνον 30
ἕνα καὶ μὴ διαλείπειν, καὶ τὸ κινούμενον ἓν εἶναι μὴ κατὰ
συμβεβηκός, ὥσπερ τὸ λευκὸν μελαίνεσθαι καὶ Κορίσκον βα-
δίζειν (ἐν δὲ Κορίσκος καὶ λευκόν, ἀλλὰ κατὰ συμβεβηκός),
μηδὲ κοινόν· εἴη γὰρ ἂν ἅμα δύο ἀνθρώπους ὑγιάζεσθαι τὴν 228ª
αὐτὴν ὑγίανσιν, οἷον ὀφθαλμίας· ἀλλ' οὐ μία αὕτη, ἀλλ'
εἴδει μία. τὸ δὲ Σωκράτη τὴν αὐτὴν μὲν ἀλλοίωσιν ἀλλοι-
οῦσθαι τῷ εἴδει, ἐν ἄλλῳ δὲ χρόνῳ καὶ πάλιν ἐν ἄλλῳ, εἰ
μὲν ἐνδέχεται τὸ φθαρὲν πάλιν ἐν γίγνεσθαι τῷ ἀριθμῷ, εἴη 5
ἂν καὶ αὕτη μία, εἰ δὲ μή, ἡ αὐτὴ μέν, μία δ' οὔ. ἔχει
δ' ἀπορίαν ταύτῃ παραπλησίαν καὶ πότερον μία ἡ ὑγίεια
καὶ ὅλως αἱ ἕξεις καὶ τὰ πάθη τῇ οὐσίᾳ εἰσὶν ἐν τοῖς σώ-
μασιν· κινούμενα γὰρ φαίνεται τὰ ἔχοντα καὶ ῥέοντα. εἰ δὴ
ἡ αὐτὴ καὶ μία ἡ ἔωθεν καὶ νῦν ὑγίεια, διὰ τί οὐκ ἂν καὶ 10
ὅταν διαλιπὼν λάβῃ πάλιν τὴν ὑγίειαν, καὶ αὕτη κἀκείνη
μία τῷ ἀριθμῷ ἂν εἴη; ὁ γὰρ αὐτὸς λόγος· πλὴν τοσοῦτον
διαφέρει, ὅτι εἰ μὲν δύο, δι' αὐτὸ τοῦτο, ὡς τῷ ἀριθμῷ,
καὶ τὰς ἐνεργείας ἀνάγκη (μία γὰρ ἀριθμῷ ἐνέργεια ἑνὸς

ᵇ 23 κίνησιν μίαν ὁ Η   24 δ' ὁ ὅτι ΗΙ : δ' F   25 ἐν] ἢ
ἐν ΕΗ   26 ὁπότε Ε   γὰρ] δὲ F   27 μία ΕΗ   ἐν om. F
28 τὸ ΠΣ : τὸ δὲ τῷ ὑποκειμένῳ μίαν ἐν τῷ πράγματι ὃ κινεῖται, τὸ
Bonitz   ἐχομένην scripsi, fort. cum ΡΣ : ἐχόμενον ἦν Π : τῷ ὅτε
μίαν εἶναι Bonitz   29 γὰρ ἐν ᾧ FIJ   ἐν om. Ε² : Ε¹ incertum
30 καὶ αὖ τὸ Ι   οἷον om. FI, erasit J   31 εἶναι] ον Ε²
228ª 1 ἂν om. FJ   ἅμα om. S   2 ὑγίειαν Η   ὀφθαλμίαν F
3 σωκράτην τὴν μὲν αὐτὴν Η   6 αὕτη] ἡ αὐτὴ F   οὐχί S
10 μία] μία ὑγίεια F   11 λάβῃ καὶ πάλιν Λ   12 πλὴν Ε²ΛΣ :
om. Ε¹   13 εἰ αἱ μὲν ἕξεις δύο F¹   δι' . . . ὡς] οὕτως γρ. Α   δι'
Ε¹ΗJS : τὸ Ε²F : om. Ι   ὡς γὰρ τῷ Η   14 καὶ ΕΗ γρ. Α :
μία καὶ FIJP   ἐνεργείας Hayduck : ἕξεις ΠΡΣΤ γρ. Α

15 ἀριθμῷ)· εἰ δ᾽ ἡ ἕξις μία, ἴσως οὐκ ἂν τῳ δόξειέ πω μία
καὶ ἡ ἐνέργεια εἶναι (ὅταν γὰρ παύσηται βαδίζων, οὐκέτι
ἔστιν ἡ βάδισις, πάλιν δὲ βαδίζοντος ἔσται). εἰ δ᾽ οὖν μία
καὶ ἡ αὐτή, ἐνδέχοιτ᾽ ἂν τὸ αὐτὸ καὶ ἓν καὶ φθείρεσθαι
19 καὶ εἶναι πολλάκις.

19 αὗται μὲν οὖν εἰσιν αἱ ἀπορίαι ἔξω τῆς
20 νῦν σκέψεως· ἐπεὶ δὲ συνεχὴς πᾶσα κίνησις, τήν τε ἁπλῶς
μίαν ἀνάγκη καὶ συνεχῆ εἶναι, εἴπερ πᾶσα διαιρετή, καὶ
εἰ συνεχής, μίαν. οὐ γὰρ πᾶσα γένοιτ᾽ ἂν συνεχὴς πάσῃ,
ὥσπερ οὐδ᾽ ἄλλο οὐδὲν τῷ τυχόντι τὸ τυχόν, ἀλλ᾽ ὅσων ἐν
τὰ ἔσχατα. ἔσχατα δὲ τῶν μὲν οὐκ ἔστι, τῶν δ᾽ ἔστιν ἄλλα
25 τῷ εἴδει καὶ ὁμώνυμα· πῶς γὰρ ἂν ἅψαιτο ἢ ἐν γένοιτο
τὸ ἔσχατον γραμμῆς καὶ βαδίσεως; ἐχόμεναι μὲν οὖν εἶεν
ἂν καὶ αἱ μὴ αἱ αὐταὶ τῷ εἴδει μηδὲ τῷ γένει (δραμὼν γὰρ
ἄν τις πυρέξειεν εὐθύς), καὶ οἷον ἡ λαμπὰς ⟨ἡ⟩ ἐκ διαδοχῆς
φορὰ ἐχομένη, συνεχὴς δ᾽ οὔ. κεῖται γὰρ τὸ συνεχές, ὧν
30 τὰ ἔσχατα ἕν. ὥστ᾽ ἐχόμεναι καὶ ἐφεξῆς εἰσὶ τῷ τὸν χρό-
νον εἶναι συνεχῆ, συνεχὴς δὲ τῷ τὰς κινήσεις· τοῦτο δ᾽,
228ᵇ ὅταν ἐν τὸ ἔσχατον γένηται ἀμφοῖν. διὸ ἀνάγκη τὴν αὐτὴν
εἶναι τῷ εἴδει καὶ ἑνὸς καὶ ἐν ἑνὶ χρόνῳ τὴν ἁπλῶς συνεχῆ
κίνησιν καὶ μίαν, τῷ χρόνῳ μέν, ὅπως μὴ ἀκινησία με-
ταξὺ ᾖ (ἐν τῷ διαλείποντι γὰρ ἠρεμεῖν ἀνάγκη· πολλαὶ οὖν
5 καὶ οὐ μία ἡ κίνησις, ὧν ἐστιν ἠρεμία μεταξύ, ὥστε εἴ τις
κίνησις στάσει διαλαμβάνεται, οὐ μία οὐδὲ συνεχής· δια-
λαμβάνεται δέ, εἰ μεταξὺ χρόνος)· τῆς δὲ τῷ εἴδει μὴ
μιᾶς, καὶ εἰ μὴ διαλείπεται [ὁ χρόνος], ὁ μὲν [γὰρ] χρόνος
εἷς, τῷ εἴδει δ᾽ ἡ κίνησις ἄλλη· τὴν μὲν γὰρ μίαν ἀνάγκη

ᵃ 15 ἴσως et πω om. S   16 ἡ om. F   17 ἔσται S   ἐστὶν
H   δ᾽ om. Λ   18 καὶ αὕτη Hayduck   καὶ ἕν om. H : ἐν E
19 οὖν FHIS : om. EJ   22 μίαν E¹T : μία E²ΛS   25 ἅψοιτο F
26 μὲν om. H   27 αἱ μὴ αἱ scripsi : μὴ αἱ EJ : αἱ μὴ FHIST
28 ἡ addidi ex T   29 φορᾶς γενομένη (vel γενομένης), συνεχοῦς
γρ. S   οὔ] οὐκ ἔστι FJ   γὰρ om. E¹   τὸ om. E¹   30 ἐχόμενα
FI   31 συνεχὲς E²FHI : συνεχεῖς ut vid. S, Bonitz   ᵇ 1 γίνηται
F   2 τῷ εἴδει εἶναι ΛT   3 μεταξὺ] ἐν τῷ μεταξὺ F : ἐν τῷ
μεταξύ τι HI   4 οὖν] μὲν οὖν H   5 εἴ] ἤ H et fecit J¹ : ἡ
fecit E   6 οὔτε μία οὔτε FIJ   7 δέ om. F   8 μιᾶς οὔ, καὶ
FHIJ²   ὁ pr. . . . γὰρ] μὲν E¹ : ὁ E² : ὁ (om. H¹) χρόνος, ὁ μὲν
γὰρ Λ : ὁ χρόνος, ὁ μὲν Bonitz   9 εἷς om. E   δ᾽ εἴδει Λ   ἡ κίνησις
om. EFJ   ἄλλο H   καὶ τῷ εἴδει ἀνάγκη H

καὶ τῷ εἴδει μίαν εἶναι, ταύτην δ' ἁπλῶς μίαν οὐκ ἀνάγκη. 10
τίς μὲν οὖν κίνησις ἁπλῶς μία, εἴρηται· ἔτι δὲ λέγεται μία
καὶ ἡ τέλειος, ἐάν τε κατὰ γένος ἐάν τε κατ' εἶδος ᾖ ἐάν
τε κατ' οὐσίαν, ὥσπερ καὶ ἐπὶ τῶν ἄλλων τὸ τέλειον καὶ
ὅλον τοῦ ἑνός. ἔστι δ' ὅτε κἂν ἀτελὴς ᾖ μία λέγεται, ἐὰν
μόνον ᾖ συνεχής.   15
          ἔτι δ' ἄλλως παρὰ τὰς εἰρημένας λέγεται 15
μία κίνησις ἡ ὁμαλής. ἡ γὰρ ἀνώμαλος ἔστιν ὡς οὐ δοκεῖ
μία, ἀλλὰ μᾶλλον ἡ ὁμαλής, ὥσπερ ἡ εὐθεῖα· ἡ γὰρ
ἀνώμαλος διαιρετή. ἔοικε δὲ διαφέρειν ὡς τὸ μᾶλλον καὶ
ἧττον. ἔστιν δὲ ἐν ἁπάσῃ κινήσει τὸ ὁμαλῶς ἢ μή· καὶ γὰρ
ἂν ἀλλοιοῖτο ὁμαλῶς, καὶ φέροιτο ἐφ' ὁμαλοῦ οἷον κύκλου 20
ἢ εὐθείας, καὶ περὶ αὔξησιν ὡσαύτως καὶ φθίσιν. ἀνωμαλία
δ' ἐστὶν διαφορὰ ὁτὲ μὲν ἐφ' ᾧ κινεῖται (ἀδύνατον γὰρ ὁμα-
λὴν εἶναι τὴν κίνησιν μὴ ἐπὶ ὁμαλῷ μεγέθει, οἷον ἡ τῆς
κεκλασμένης κίνησις ἢ ἡ τῆς ἕλικος ἢ ἄλλου μεγέθους, ὧν
μὴ ἐφαρμόττει τὸ τυχὸν ἐπὶ τὸ τυχὸν μέρος)· ἡ δὲ οὔτε 25
ἐν τῷ ὃ οὔτ' ἐν τῷ πότε οὔτε ἐν τῷ εἰς ὅ, ἀλλ' ἐν τῷ ὥς. ταχυ-
τῆτι γὰρ καὶ βραδυτῆτι ἐνίοτε διώρισται· ἧς μὲν γὰρ τὸ
αὐτὸ τάχος, ὁμαλής, ἧς δὲ μή, ἀνώμαλος. διὸ οὐκ εἴδη
κινήσεως οὐδὲ διαφοραὶ τάχος καὶ βραδυτής, ὅτι πάσαις
ἀκολουθεῖ ταῖς διαφόροις κατ' εἶδος. ὥστε οὐδὲ βαρύτης καὶ 30
κουφότης ἡ εἰς τὸ αὐτό, οἷον γῆς πρὸς αὐτὴν ἢ πυρὸς πρὸς
αὐτό. μία μὲν οὖν ἡ ἀνώμαλος τῷ συνεχὴς ⟨εἶναι⟩, ἧττον δέ, ὅπερ 229ᵃ
τῇ κεκλασμένῃ συμβαίνει φορᾷ· τὸ δ' ἧττον μίξις αἰεὶ τοῦ
ἐναντίου. εἰ δὲ πᾶσαν τὴν μίαν ἐνδέχεται καὶ ὁμαλὴν εἶναι

ᵇ 10 μίαν καὶ τῷ εἴδει I   τὴν αὐτὴν E¹   δ' om. E   ἁπλῶς
εἶναι μίαν οὐκ ἀνάγκη IJ : οὐκ ἀνάγκη ἁπλῶς μίαν εἶναι F   11–229ᵃ 6
τίς ... ἐφαρμόττειν hic ΛPST : post 231ᵃ 2 ἠρέμησις E   11 οὖν]
οὖν ἡ I   δὲ ΛPS : om. E   12 ἐάν ... γένος E²ΛS : om. E¹
13 καὶ τὸ ὅλον H   15 μόνον ᾖ ΛS : ᾖ μόνον E   δ'] δὲ καὶ F
16 ὁμαλής E²ΛS : ὁμαλῶς E¹   ἡ ... 17 ὁμαλής om. H   18 δὴ E¹
20 ὁμαλοῦ E²ΛS : ὁμαλῷ A Porphyrius : ὁμαλλω E¹   κύκλῳ ᾖ
εὐθείᾳ A Porphyrius   21 αὔξην FI   ἀνωμαλία E et
ut vid. T : ἀνωμαλίας ΛS   22 ὅτι E   ὧν E¹ : οὗ ST
ὁμαλῶς F   23 ὁμαλεῖ F   24 ἢ ἤ] ἢ F   25 ἐπὶ τὸ τυχὸν
E²ΛS : om. E¹   ᾖ E¹FIJ¹ : ὁτὲ E²HJ²   26 ὃ scripsi : ο E¹ : ποῦ
E²ΛS   ἐν τῷ εἰς ὅ I et ut vid. S : εἰς ὃ FHJ et fecit E   27 γὰρ
alt. om. E   28 οὐδ' H   31 τὸ om. F   αὐτήν] αὐτὴν γῆν H
229ᵃ 1 αὐτὸ πῦρ μία H   εἶναι addidi ex T   2 μίξις ΠP : μίξει
ST   αἰεὶ om. T   3 ὁμαλῇ E²FJ

καὶ μή, οὐκ ἂν εἴησαν αἱ ἐχόμεναι αἱ μὴ κατ᾽ εἶδος αἱ αὖται
5 μία καὶ συνεχής· πῶς γὰρ ἂν εἴη ὁμαλὴς ἡ ἐξ ἀλλοιώ-
σεως συγκειμένη καὶ φορᾶς; δέοι γὰρ ἂν ἐφαρμόττειν.

Ἔτι δὲ διοριστέον ποία κίνησις ἐναντία κινήσει, καὶ περὶ 5
μονῆς δὲ τὸν αὐτὸν τρόπον. διαιρετέον δὲ πρῶτον πότερον
ἐναντία κίνησις ἡ ἐκ τοῦ αὐτοῦ τῇ εἰς τὸ αὐτό (οἷον ἡ ἐξ ὑγι-
10 είας τῇ εἰς ὑγίειαν), οἷον καὶ γένεσις καὶ φθορὰ δοκεῖ, ἢ ἡ
ἐξ ἐναντίων (οἷον ἡ ἐξ ὑγιείας τῇ ἐκ νόσου), ἢ ἡ εἰς ἐναντία
(οἷον ἡ εἰς ὑγίειαν τῇ εἰς νόσον), ἢ ἡ ἐξ ἐναντίου τῇ εἰς ἐναν-
τίον (οἷον ἡ ἐξ ὑγιείας τῇ εἰς νόσον), ἢ ἡ ἐξ ἐναντίου εἰς ἐναν-
τίον τῇ ἐξ ἐναντίου εἰς ἐναντίον (οἷον ἡ ἐξ ὑγιείας εἰς νόσον
15 τῇ ἐκ νόσου εἰς ὑγίειαν). ἀνάγκη γὰρ ἢ ἕνα τινὰ τούτων εἶναι
τῶν τρόπων ἢ πλείους· οὐ γὰρ ἔστιν ἄλλως ἀντιτιθέναι. ἔστι
δ᾽ ἡ μὲν ἐξ ἐναντίου τῇ εἰς ἐναντίον οὐκ ἐναντία, οἷον ἡ ἐξ
ὑγιείας τῇ εἰς νόσον· ἡ αὐτὴ γὰρ καὶ μία. τὸ μέντοι γ᾽ εἶ-
ναι οὐ ταὐτὸ αὐταῖς, ὥσπερ οὐ ταὐτὸ τὸ ἐξ ὑγιείας μετα-
20 βάλλειν καὶ τὸ εἰς νόσον. οὐδ᾽ ἡ ἐξ ἐναντίου τῇ ἐξ ἐναντίου·
ἅμα μὲν γὰρ συμβαίνει ἐξ ἐναντίου καὶ εἰς ἐναντίον ἢ με-
ταξύ—ἀλλὰ περὶ τούτου μὲν ὕστερον ἐροῦμεν, ἀλλὰ μᾶλλον
τὸ εἰς ἐναντίον μεταβάλλειν δόξειεν ἂν εἶναι αἴτιον τῆς ἐναν-
τιώσεως ἢ τὸ ἐξ ἐναντίου· ἡ μὲν γὰρ ἀπαλλαγὴ ἐναντιό-
25 τητος, ἡ δὲ λῆψις. καὶ λέγεται δ᾽ ἑκάστη εἰς ὃ μεταβάλ-
λει μᾶλλον ἢ ἐξ οὗ, οἷον ὑγίανσις ἡ εἰς ὑγίειαν, νόσανσις
27 δ᾽ ἡ εἰς νόσον.

27   λείπεται δὴ ἡ εἰς ἐναντία καὶ ἡ εἰς ἐναντία
ἐξ ἐναντίων. τάχα μὲν οὖν συμβαίνει τὰς εἰς ἐναντία καὶ ἐξ

ᵃ 4 καὶ . . . αἱ alt.] οὐκ ἂν εἴησαν αἱ ἐχόμεναι καὶ Cornford   αἱ
ΛS : om. E   ἐχόμεναι . . . αὐταὶ scripsi, fort. cum PS : μὴ
κατ᾽ εἶδος ἐχόμεναι αὖται (αὐταὶ J, καὶ αὐται I) Π   5 μία ΛT :
ἡ μία E   7 κινήσει ἐναντία H   8 δὲ pr. om. E : δὴ F
9 ἢ alt. om. E   10 γένεσις φθορᾷ H   ἢ om. E¹H   11–12 ἢ ἡ
(ἡ om. I) . . . ἐναντίον ΕΗΙJPS : om. F   13 οἷον . . . νόσον
E¹ΙJPS : om. E²FH   ἢ alt. E²ΛT : om. E¹   εἰς ἐναντίον
om. I   14 τῇ om. E¹   15 τινὰ om. S   εἶναι τούτων F
16 ἀντιτιθέναι ΛS : ἀντιθεῖναι E   18 γ᾽ om. FIJ   19 οὐ alt.]
οὐ τὸ E : οὐδὲ H   τὸ FIJS : ὃν EH   21 μὲν om. IS   καὶ
ante ἐξ F   22 τούτου μὲν EHP : μὲν τούτου IJ : μὲν τούτων F
23 αἴτιον εἶναι FIJ : αἴτιον H   24 ἀπαλλαγὴ] ἀπαλλαγὴ ἐξ FIJ
ἐναντιώσεως H   26 ὑγίανσις ἡ εἰς om. E   νόσωσις E¹ : νοσωδὴς
E²   27 ἡ alt. om. E¹   ἡ E²ΛS : ἡ ἐξ ἐναντίων καὶ ἡ E¹   εἰς
ἐναντία om. H   28 ἐξ] καὶ ἐξ I   τάχα . . . 29 ἐναντίων om. F¹
28 τὰς FHIS : τὰ EJ

ἐναντίων εἶναι, ἀλλὰ τὸ εἶναι ἴσως οὐ ταὐτό, λέγω δὲ τὸ
εἰς ὑγίειαν τῷ ἐκ νόσου καὶ τὸ ἐξ ὑγιείας τῷ εἰς νόσον. ἐπεὶ 30
δὲ διαφέρει μεταβολὴ κινήσεως (ἡ ἔκ τινος γὰρ ὑποκειμέ-
νου εἴς τι ὑποκείμενον μεταβολὴ κίνησίς ἐστιν), ἡ ἐξ ἐναντίου
εἰς ἐναντίον τῇ ἐξ ἐναντίου εἰς ἐναντίον κίνησις ἐναντία, οἶον 229ᵇ
ἡ ἐξ ὑγιείας εἰς νόσον τῇ ἐκ νόσου εἰς ὑγίειαν. δῆλον δὲ καὶ
ἐκ τῆς ἐπαγωγῆς ὁποῖα δοκεῖ τὰ ἐναντία εἶναι· τὸ νοσά-
ζεσθαι γὰρ τῷ ὑγιάζεσθαι καὶ τὸ μανθάνειν τῷ ἀπατᾶ-
σθαι μὴ δι' αὐτοῦ (εἰς ἐναντία γάρ· ὥσπερ γὰρ ἐπιστήμην, 5
ἔστι καὶ ἀπάτην καὶ δι' αὐτοῦ κτᾶσθαι καὶ δι' ἄλλου), καὶ ἡ
ἄνω φορὰ τῇ κάτω (ἐναντία γὰρ ταῦτα ἐν μήκει), καὶ ἡ
εἰς δεξιὰ τῇ εἰς ἀριστερά (ἐναντία γὰρ ταῦτα ἐν πλάτει),
καὶ ἡ εἰς τὸ ἔμπροσθεν τῇ εἰς τὸ ὄπισθεν (ἐναντία γὰρ καὶ
ταῦτα). ἡ δ' εἰς ἐναντίον μόνον οὐ κίνησις ἀλλὰ μεταβολή, 10
οἶον τὸ γίγνεσθαι λευκὸν μὴ ἔκ τινος. καὶ ὅσοις δὲ μὴ ἔστιν
ἐναντία, ἡ ἐξ αὐτοῦ τῇ εἰς αὐτὸ μεταβολῇ ἐναντία· διὸ γέ-
νεσις φθορᾷ ἐναντία καὶ ἀποβολὴ λήψει· αὗται δὲ μετα-
βολαὶ μέν, κινήσεις δ' οὔ. τὰς δ' εἰς τὸ μεταξὺ κινήσεις,
ὅσοις τῶν ἐναντίων ἔστι μεταξύ, ὡς εἰς ἐναντία πως θετέον· 15
ὡς ἐναντίῳ γὰρ χρῆται τῷ μεταξὺ ἡ κίνησις, ἐφ' ὁπότερα
ἂν μεταβάλλῃ, οἶον ἐκ φαιοῦ μὲν εἰς τὸ λευκὸν ὡς ἐκ
μέλανος, καὶ ἐκ λευκοῦ εἰς φαιὸν ὡς εἰς μέλαν, ἐκ δὲ
μέλανος εἰς φαιὸν ὡς εἰς λευκὸν τὸ φαιόν· τὸ γὰρ μέσον
πρὸς ἑκάτερον λέγεταί πως ἑκάτερον τῶν ἄκρων, καθάπερ εἴρηται 20
καὶ πρότερον. κίνησις μὲν δὴ κινήσει ἐναντία οὕτως ἡ ἐξ
ἐναντίου εἰς ἐναντίον τῇ ἐξ ἐναντίου εἰς ἐναντίον.

6   Ἐπεὶ δὲ κινήσει οὐ μόνον δοκεῖ κίνησις εἶναι ἐναντία
ἀλλὰ καὶ ἠρεμία, τοῦτο διοριστέον. ἁπλῶς μὲν γὰρ ἐναντίον

ᵃ 29 δὲ τῷ I   30 καὶ . . . νόσον om. E¹   τῷ I   τὸ E²
31 διαφέρῃ E²   γὰρ ἔκ τινος H   ᵇ 1 τῇ . . . ἐναντίον om. E¹
2 ἡ om. E   3 ποῖα H et fort. E¹   4 γὰρ τῷ ὑγιάζεσθαι om.
E   5 μὴ δι' αὐτοῦ] ὑφ' ἑτέρου S   6 ἔστιν οὕτω καὶ E²Λ
7 ταύτῃ E   9 τὸ om. H   εἰς τὸ om. EH   10 ταῦτα ἐν
βάθει. ἡ fecit F   11 γενέσθαι S   μὴ] καὶ μὴ I   καὶ EHIPS :
om. FJ   δὲ om. EPS   ἔστιν] ἔστι τι I   12 ἐναντία ET :
ἐναντίον ΛPS   τῇ om. ET : καὶ H   ταυτὸ I   14 κίνησις
δ' E¹   15 εἰς om. E   17 μεταβάλλῃ ΛS : μεταβάλη E   ἐκ
μέλανος] μέλαν E   18 ἐκ om. J   ὡς εἰς μέλαν om. E   ἐκ δὲ]
καὶ ἐκ I   20 πως λέγεται H   ἑκάτερον om. FHI   21 καὶ ΛS :
om. E   ἡ om. E¹   22 τῇ . . . ἐναντίον om. E¹T   23 εἶναι
om. S   24-5 ἁπλῶς . . . κίνησις om. E¹   24-5 κίνησις ἐναντίον H

25 κίνησις κινήσει, ἀντίκειται δὲ καὶ ἠρεμία (στέρησις γάρ, ἔστι
δ᾽ ὡς καὶ ἡ στέρησις ἐναντία λέγεται), ποιᾷ δὲ ποιά, οἷον
τῇ κατὰ τόπον ἡ κατὰ τόπον. ἀλλὰ τοῦτο νῦν λέγεται
ἁπλῶς· πότερον γὰρ τῇ ἐνταῦθα μονῇ ἡ ἐκ τούτου ἢ ἡ εἰς
τοῦτο κίνησις ἀντίκειται; δῆλον δὴ ὅτι, ἐπεὶ ἐν δυσὶν ἡ κίνη-
30 σις ὑποκειμένοις, τῇ μὲν ἐκ τούτου εἰς τὸ ἐναντίον ἡ ἐν τούτῳ
μονή, τῇ δ᾽ ἐκ τοῦ ἐναντίου εἰς τοῦτο ἡ ἐν τῷ ἐναντίῳ. ἅμα δὲ
καὶ ἀλλήλαις ἐναντίαι αὗται· καὶ γὰρ ἄτοπον, εἰ κινήσεις
230ᵃ μὲν ἐναντίαι εἰσίν, ἠρεμίαι δ᾽ ἀντικείμεναι οὐκ εἰσίν. εἰσὶν δὲ
αἱ ἐν τοῖς ἐναντίοις, οἷον ἡ ἐν ὑγιείᾳ τῇ ἐν νόσῳ ἠρεμίᾳ
(κινήσει δὲ τῇ ἐξ ὑγιείας εἰς νόσον· τῇ γὰρ ἐκ νόσου εἰς ὑγί-
ειαν ἄλογον—ἡ γὰρ εἰς αὐτὸ κίνησις ἐν ᾧ ἔστηκεν, ἠρέμησις
5 μᾶλλόν ἐστιν, ἢ συμβαίνει γε ἅμα γίγνεσθαι τῇ κινήσει—
ἀνάγκη δὲ ἢ ταύτην ἢ ἐκείνην εἶναι)· οὐ γὰρ ἥ γ᾽ ἐν λευκό-
τητι ἠρεμία ἐναντία τῇ ἐν ὑγιείᾳ. ὅσοις δὲ μὴ ἔστιν ἐναντία,
τούτων μεταβολὴ μέν ἐστιν ἀντικειμένη ἡ ἐξ αὐτοῦ τῇ εἰς
αὐτό, κίνησις δ᾽ οὐκ ἔστιν, οἷον ἡ ἐξ ὄντος τῇ εἰς ὄν, καὶ
10 μονὴ μὲν τούτων οὐκ ἔστιν, ἀμεταβλησία δέ. καὶ εἰ μέν τι
εἴη ὑποκείμενον, ἡ ἐν τῷ ὄντι ἀμεταβλησία τῇ ἐν τῷ μὴ
ὄντι ἐναντία. εἰ δὲ μὴ ἔστι τι τὸ μὴ ὄν, ἀπορήσειεν ἄν τις
τίνι ἐναντία ἡ ἐν τῷ ὄντι ἀμεταβλησία, καὶ εἰ ἠρεμία ἐστίν.
εἰ δὲ τοῦτο, ἢ οὐ πᾶσα ἠρεμία κινήσει ἐναντία, ἢ ἡ γένεσις
15 καὶ φθορὰ κίνησις. δῆλον τοίνυν ὅτι ἠρεμία μὲν οὐ λεκτέα,
εἰ μὴ καὶ αὗται κινήσεις, ὅμοιον δέ τι καὶ ἀμεταβλησία·
ἐναντία δὲ ἢ οὐδενὶ ἢ τῇ ἐν τῷ μὴ ὄντι ἢ τῇ φθορᾷ· αὕτη
18 γὰρ ἐξ αὐτῆς, ἡ δὲ γένεσις εἰς ἐκείνην.

18   ἀπορήσειε δ᾽ ἄν τις

ᵇ 25 καὶ] καὶ ἡ I   26 δ᾽ E²ΛPS : om. E¹   ποιᾷ δὲ ποιά scripsi
cum P : ποιᾷ δὲ ποία EFHIST : ποία δὲ ποίαι J   οἷον] ἢ H   27 κατὰ
τὸν τόπον J   ἡ κατὰ τόπον E²ΛS : om. E¹   νῦν] μὲν P : μὲν νῦν I
28 ἐνταῦθα scripsi : ἐνταυθοῖ Π : ἐνταυθὶ ci. Cornford   ἡ om. E
ἡ om. EF   29 ἐπειδὴ FH   29-30 ὑποκειμένοις ἡ κίνησις H
31 δὲ ἐναντίαι ἀλλήλαις H   32 αὗται sup. lin. E   ἄτοπον ἡ
κίνησις E¹   230ᵃ 2 ἡ om. IJ¹   ἐν alt. om. E¹   4 αὐτὸ EFHJS :
ταὐτὸ IP   5 ἢ scripsi : ἢ Π   γε om. E   6 δὲ om. E¹   ἢ pr. om.
E¹   γ᾽ om. H   7 μηδέν H   ἐναντία E¹FIJA γρ. S : ἐναντίον
E²HS   8 τούτων Λ γρ. S : ὧν Α γρ. S : om. E γρ. S   9-10 οἷον
...ἔστιν om. H   9 εἰς τὸ μὴ ὂν E¹   καὶ om. EJA   10 καὶ εἰ
μέν ΛS : om. E   τι εἴη fecit E   11 ἡ E²ΛS : οιν η E¹   τῇ ...
13 ἀμεταβλησία om. F   13 εἰ E²FHIS : om. E¹J   15 καὶ]
καὶ ἡ FH   κινήσεις H

διὰ τί ἐν μὲν τῇ κατὰ τόπον μεταβολῇ εἰσὶ καὶ κατὰ φύ-
σιν καὶ παρὰ φύσιν καὶ μοναὶ καὶ κινήσεις, ἐν δὲ ταῖς ἄλ- 20
λαις οὔ, οἷον ἀλλοίωσις ἡ μὲν κατὰ φύσιν ἡ δὲ παρὰ
φύσιν (οὐδὲν γὰρ μᾶλλον ἡ ὑγίανσις ἢ ἡ νόσανσις κατὰ
φύσιν ἢ παρὰ φύσιν, οὐδὲ λεύκανσις ἢ μέλανσις)· ὁμοίως
δὲ καὶ ἐπ' αὐξήσεως καὶ φθίσεως (οὔτε γὰρ αὗται ἀλλή-
λαις ἐναντίαι ὡς φύσει ἡ δὲ παρὰ φύσιν, οὔτ' αὔξησις αὐξή- 25
σει)· καὶ ἐπὶ γενέσεως δὲ καὶ φθορᾶς ὁ αὐτὸς λόγος· οὔτε
γὰρ ἡ μὲν γένεσις κατὰ φύσιν ἡ δὲ φθορὰ παρὰ φύσιν
(τὸ γὰρ γηρᾶν κατὰ φύσιν), οὔτε γένεσιν ὁρῶμεν τὴν μὲν
κατὰ φύσιν τὴν δὲ παρὰ φύσιν. ἢ εἰ ἔστιν τὸ βίᾳ παρὰ
φύσιν, καὶ φθορὰ ἂν εἴη φθορᾷ ἐναντία ἡ βίαιος ὡς παρὰ 30
φύσιν οὖσα τῇ κατὰ φύσιν; ἆρ' οὖν καὶ γενέσεις εἰσὶν ἔνιαι
βίαιοι καὶ οὐχ εἱμαρμέναι, αἷς ἐναντίαι αἱ κατὰ φύσιν,
καὶ αὐξήσεις βίαιοι καὶ φθίσεις, οἷον αὐξήσεις αἱ τῶν ταχὺ 230ᵇ
διὰ τρυφὴν ἡβώντων, καὶ οἱ σῖτοι οἱ ταχὺ ἁδρυνόμενοι καὶ
μὴ πιληθέντες; ἐπὶ δ' ἀλλοιώσεως πῶς; ἢ ὡσαύτως; εἶεν
γὰρ ἄν τινες βίαιοι, αἱ δὲ φυσικαί, οἷον οἱ ἀφιέμενοι μὴ ἐν
κρισίμοις ἡμέραις, οἱ δ' ἐν κρισίμοις· οἱ μὲν οὖν παρὰ φύ- 5
σιν ἠλλοίωνται, οἱ δὲ κατὰ φύσιν. ἔσονται δὴ καὶ φθοραὶ
ἐναντίαι ἀλλήλαις, οὐ γενέσεσι. καὶ τί γε κωλύει ἔστιν ὡς;
καὶ γὰρ εἰ ἡ μὲν ἡδεῖα ἡ δὲ λυπηρὰ εἴη· ὥστε οὐχ ἁπλῶς
φθορὰ φθορᾷ ἐναντία, ἀλλ' ᾗ ἡ μὲν τοιαδὶ ἡ δὲ τοιαδὶ
αὐτῶν ἐστιν. 10

ὅλως μὲν οὖν ἐναντίαι κινήσεις καὶ ἠρεμίαι τὸν 10
εἰρημένον τρόπον εἰσίν, οἷον ἡ ἄνω τῇ κάτω· τόπου γὰρ ἐναν-
τιώσεις αὗται. φέρεται δὲ τὴν μὲν ἄνω φορὰν φύσει τὸ

ᵃ 19 καὶ HIJS : om. EF   κατὰ … 20 παρὰ] παρὰ φύσιν καὶ κατὰ H :
κατὰ E   22 μᾶλλον] ἄλλο J   ἡ utrumque om. F   νόσωσις fort. E¹
24 γὰρ om. EIJ¹   ἐναντίαι ἀλλήλαις H   25 ἡ δὲ E²IJ¹ST : ἢ
E¹FHJ²   28 ἡ γὰρ γήρανσις EH   γῆρας FS : γηράσκειν T   γένεσιν ἡ
γήρανσιν ὁρῶμεν H   29 ἢ εἰ] εἰ δὴ FI : εἰ δὲ JT   31 οὖν ΠΡΤ : οὐ
Gaye   32 αἱ κατὰ φύσιν ἐναντίαι F   ᵇ 3 εἶεν ET : εἴησαν Λ
4 ἄν om. I   τινες EHT : αἱ μέν τινες FIJ   οἱ om. F   5 τ' E²F
οὖν om. Λ   6 δὴ HIJS : δὲ EFT   καὶ φθοραὶ ἐναντίαι scripsi : αἱ
φθοραὶ ἐναντίαι EP : ἐναντίαι . αἱ φθοραὶ FIJ : ἐναντίαι φθοραὶ H :
ἐναντίαι καὶ φθοραὶ T   7 οὐ EFIJP : καὶ T : καὶ οὐ H   γενέσεσι
Gaye : γενέσει EFIJPST : γενέσει μόνον H : γενέσεις Moreliana   δὲ H
ὡς E¹PS : γὰρ ὡς E²Λ   9 ᾗ om. E¹   ἡ pr. om. J¹   10 οὖν] οὖν αἱ H
κίνησις ἠρεμίᾳ E¹   12 αὗται ΛST : αὗται. καθόλου δὲ πρώτως ταῦτα
καὶ κυρίως ὑπάρχει EP (cf. ᵇ 21 adnot.)   μὲν et φορὰν ΛS : om. E

I

πῦρ, τὴν δὲ κάτω ἢ γῆ· καὶ ἐναντίαι γ᾽ αὐτῶν αἱ φοραί. τὸ
δὲ πῦρ ἄνω μὲν φύσει, κάτω δὲ παρὰ φύσιν· καὶ ἐναντία
15 γε ἥ κατὰ φύσιν αὐτοῦ τῇ παρὰ φύσιν. καὶ μοναὶ δ᾽ ὡσ-
αύτως· ἡ γὰρ ἄνω μονὴ τῇ ἄνωθεν κάτω κινήσει ἐναντία.
γίγνεται δὲ τῇ γῇ ἡ μὲν μονὴ ἐκείνη παρὰ φύσιν, ἡ δὲ κί-
νησις αὕτη κατὰ φύσιν. ὥστε κινήσει μονὴ ἐναντία ἡ παρὰ
φύσιν τῇ κατὰ φύσιν τοῦ αὐτοῦ· καὶ γὰρ ἡ κίνησις ἡ τοῦ
20 αὐτοῦ ἐναντία οὕτως· ἡ μὲν γὰρ κατὰ φύσιν [ἔσται] αὐτῶν,
ἡ ἄνω ἢ ἡ κάτω, ἡ δὲ παρὰ φύσιν. ἔχει δ᾽ ἀπορίαν εἰ
ἔστιν πάσης ἠρεμίας τῆς μὴ αἰεὶ γένεσις, καὶ αὕτη τὸ ἵστα-
σθαι. τοῦ δὴ παρὰ φύσιν μένοντος, οἷον τῆς γῆς ἄνω, εἴη
ἂν γένεσις. ὅτε ἄρα ἐφέρετο ἄνω βίᾳ, ἵστατο. ἀλλὰ τὸ
25 ἱστάμενον ἀεὶ δοκεῖ φέρεσθαι θᾶττον, τὸ δὲ βίᾳ τοὐναντίον. οὐ
γενόμενον ἄρα ἠρεμοῦν ἔσται ἠρεμοῦν. ἔτι δοκεῖ τὸ ἵστασθαι ἢ
ὅλως εἶναι τὸ εἰς τὸν αὐτοῦ τόπον φέρεσθαι ἢ συμβαίνειν
ἅμα. ἔχει δ᾽ ἀπορίαν εἰ ἐναντία ἡ μονὴ ἡ ἐνταῦθα τῇ ἐν-
τεῦθεν κινήσει· ὅταν γὰρ κινῆται ἐκ τουδὶ καὶ ἀποβάλλῃ,
30 ἔτι δοκεῖ ἔχειν τὸ ἀποβαλλόμενον, ὥστ᾽ εἰ αὕτη ἡ ἠρεμία ἐναν-
τία τῇ ἐντεῦθεν εἰς τοὐναντίον κινήσει, ἅμα ὑπάρξει τἀναντία.
ἢ πῇ ἠρεμεῖ, εἰ ἔτι μένει, ὅλως δὲ τοῦ κινουμένου τὸ μὲν
231ᵃ ἐκεῖ, τὸ δ᾽ εἰς ὃ μεταβάλλει; διὸ καὶ μᾶλλον κίνησις κι-
νήσει ἐναντίον ἢ ἠρέμησις. καὶ περὶ μὲν κινήσεως καὶ ἠρε-
μίας, πῶς ἑκατέρα μία, καὶ τίνες ἐναντίαι τίσιν, εἴ-
ρηται.

5 [ἀπορήσειε δ᾽ ἄν τις καὶ περὶ τοῦ ἵστασθαι, εἰ καὶ ὅσαι

ᵇ 13 γ᾽ E²HS: om. E¹FIJ   αἱ E²ΛS: om. E¹   διαφοραὶ J¹
15 γε om. S   καὶ]καὶ αἱ S   16 κάτω om. E   17 ἐκείνη ἡ ἄνω παρὰ H
18 αὐτῇ H: om. E¹   μονὴ E²ΛST: μόνον E¹   18–19 ἡ κατὰ φύσιν
τῇ τοῦ αὐτοῦ παρὰ φύσιν F   20 ἔσται om. S: post αὐτῶν FIJ   21 ἡ
ἄνω ἢ κάτω S   φύσιν] φύσιν. καθόλου δὲ καὶ πρώτως ταῦτα κυρίως
ὑπάρχει E²H γρ. S (cf. ᵇ 12 adn.)   24 ὅτε ἄρα] ὁ γὰρ E¹: ὅτε I
τὸ] τὸ μὲν Λ   26 γιγνόμενον E²   ἔσται τὸ ἠρεμοῦν E²   ἔτι E²ΛS:
τι E¹: εἰ Prantl   δοκεῖ λέγεσθαι τὸ I   ἵστασθαι E¹FIJP: ἵστασθαι
κυρίως λέγεσθαι ἐπὶ τοῦ κατὰ φύσιν E²HAS, etiam εἰς τὸν οἰκεῖον τόπον
ἰόντος ἀλλ᾽ (ἀλλ᾽ om. S) οὐκ ἐπὶ τοῦ παρὰ φύσιν HAS   27 τὸ E²ΛP:
τὸν E¹   συμβαίνειν E²ΛPS: συμβαίνει E¹   28 ἡ μονὴ ἐνταῦθα F:
μονὴ ἡ ἐνταῦθα E: ἡ ἐνταῦθα μονὴ HS   ἐνταῦθα H¹   29 τουδὶ ἢ
καὶ FIJ   ἀποβάλλῃ . . . 30 τὸ om. E¹   30 εἰ om. E¹   αὕτη ἡ
scripsi: αὐτὴ ἡ IJ: ἡ αὐτὴ EFH: αὐτὴ Moreliana   32 ἢ EFIJ²P:
ἢ J¹: εἰ HS   πῇ scripsi cum PS: πῆ Π   εἰ E²FIP: ἢ HJ²S: ἢ J¹:
E¹ incertum   231ᵃ 1 μεταβάλλει E²ΛS: μετέβαλλεν E¹   2 καὶ
alt.] ἢ I   3 πῶς EIJS: καὶ πῶς FH   ἑκατέρα ΛS: ἑκάτερον E
5–17 ἀπορήσειε . . . ἀντίκειται EFIJAS: om. HT γρ. A γρ. S Porphyrius

παρὰ φύσιν κινήσεις, ταύταις ἔστιν ἠρεμία ἀντικειμένη. εἰ
μὲν οὖν μὴ ἔσται, ἄτοπον· μένει γάρ, βίᾳ δέ. ὥστε ἠρεμοῦν
τι ἔσται οὐκ ἀεὶ ἄνευ τοῦ γενέσθαι. ἀλλὰ δῆλον ὅτι ἔσται·
ὥσπερ γὰρ κινεῖται παρὰ φύσιν, καὶ ἠρεμοίη ἄν τι παρὰ
φύσιν. ἐπεὶ δ᾽ ἔστιν ἐνίοις κίνησις κατὰ φύσιν καὶ παρὰ 10
φύσιν, οἷον πυρὶ ἡ ἄνω κατὰ φύσιν ἡ δὲ κάτω παρὰ φύ-
σιν, πότερον αὕτη ἐναντία ἢ ἡ τῆς γῆς; αὕτη γὰρ φέρεται
κατὰ φύσιν κάτω. ἢ δῆλον ὅτι ἄμφω, ἀλλ᾽ οὐχ ὡσαύτως,
ἀλλ᾽ ἡ μὲν κατὰ φύσιν ὡς κατὰ φύσιν οὔσης τῆς αὐτοῦ·
ἡ δ᾽ ἄνω τοῦ πυρὸς τῇ κάτω, ὡς ἡ κατὰ φύσιν οὖσα τῇ παρὰ 15
φύσιν οὔσῃ. ὁμοίως δὲ καὶ ταῖς μοναῖς. ἴσως δ᾽ ἠρεμίᾳ κί-
νησίς πῃ ἀντίκειται.]

Z.

1 Εἰ δ᾽ ἐστὶ συνεχὲς καὶ ἁπτόμενον καὶ ἐφεξῆς, ὡς
διώρισται πρότερον, συνεχῆ μὲν ὧν τὰ ἔσχατα ἕν, ἁπτό-
μενα δ᾽ ὧν ἅμα, ἐφεξῆς δ᾽ ὧν μηδὲν μεταξὺ συγγενές,
ἀδύνατον ἐξ ἀδιαιρέτων εἶναί τι συνεχές, οἷον γραμμὴν ἐκ
στιγμῶν, εἴπερ ἡ γραμμὴ μὲν συνεχές, ἡ στιγμὴ δὲ ἀδιαί- 25
ρετον. οὔτε γὰρ ἓν τὰ ἔσχατα τῶν στιγμῶν (οὐ γάρ ἐστι τὸ
μὲν ἔσχατον τὸ δ᾽ ἄλλο τι μόριον τοῦ ἀδιαιρέτου), οὔθ᾽ ἅμα
τὰ ἔσχατα (οὐ γάρ ἐστιν ἔσχατον τοῦ ἀμεροῦς οὐδέν· ἕτερον
γὰρ τὸ ἔσχατον καὶ οὗ ἔσχατον). ἔτι δ᾽ ἀνάγκη ἤτοι συνε-
χεῖς εἶναι τὰς στιγμὰς ἢ ἁπτομένας ἀλλήλων, ἐξ ὧν ἐστι 30
τὸ συνεχές· ὁ δ᾽ αὐτὸς λόγος καὶ ἐπὶ πάντων τῶν ἀδιαιρέ-
των. συνεχεῖς μὲν δὴ οὐκ ἂν εἶεν διὰ τὸν εἰρημένον λόγον· 231ᵇ
ἅπτεται δ᾽ ἅπαν ἢ ὅλον ὅλου ἢ μέρος μέρους ἢ ὅλου μέρος.
ἐπεὶ δ᾽ ἀμερὲς τὸ ἀδιαίρετον, ἀνάγκη ὅλον ὅλου ἅπτεσθαι.

ᵃ 6 καὶ παρὰ E   9 ἠρεμοίη E²IS : ἠρεμοῖ FHJ : E¹ incertum
10 κίνησις ἐνίοις F   11 πῦρ J   12 αὕτη pr.] αὐτῆς E   14 μὲν]
μὲν ὡς FJ²   ὡς om. FJ   οὖσα F   τῆς αὐτοῦ· ἡ δ᾽ scripsi, legit
ut vid. S : τῆσδ᾽ αὐτοῦ· ἡ (ἢ J, om. E) Π   15 ὡς ἡ ΛS : ουσ E
τῇ ΛS : om. E   17 πῃ om. E¹   post ἀντίκειται add. Λ 230ᵇ
29—231ᵃ 3 ὅταν ... εἴρηται : add. S   ᵃ2–3 περὶ ... εἴρηται : om. EV
Tit. περὶ κινήσεως τῶν εἰς γ̄ τὸ β—ζῆ E : φυσικῶν ἕκτον I   21 εἰ
EFHJKSˡ : ἐπεὶ ISᶜ   24 ἀδύνατον ἐξ om. F¹   γραμμὴ E¹   25 μὲν
γραμμὴ H   δὲ στιγμὴ H   28 ἔσχατον οὐδὲν (vel οὐθὲν) τοῦ
ἀμεροῦς ΚΛ : οὐδὲν ἔσχατον τοῦ ἀμεροῦς Τ   29 οὗ E²ΚΛS : οὐκ
E¹   δ᾽ om. FJˡKS   30 τὰ E   ᵇ 2 μέρος alt.] μέρους F

ὅλον δ' ὅλου ἁπτόμενον οὐκ ἔσται συνεχές. τὸ γὰρ συνεχὲς
5 ἔχει τὸ μὲν ἄλλο τὸ δ' ἄλλο μέρος, καὶ διαιρεῖται εἰς
οὕτως ἕτερα καὶ τόπῳ κεχωρισμένα. ἀλλὰ μὴν οὐδὲ ἐφεξῆς
ἔσται στιγμὴ στιγμῇ ἢ τὸ νῦν τῷ νῦν, ὥστ' ἐκ τούτων εἶναι τὸ
μῆκος ἢ τὸν χρόνον· ἐφεξῆς μὲν γάρ ἐστιν ὧν μηθέν ἐστι με-
ταξὺ συγγενές, στιγμῶν δ' αἰεὶ [τὸ] μεταξὺ γραμμὴ καὶ τῶν
10 νῦν χρόνος. ἔτι διαιροῖτ' ἂν εἰς ἀδιαίρετα, εἴπερ ἐξ ὧν ἐστιν
ἑκάτερον, εἰς ταῦτα διαιρεῖται· ἀλλ' οὐδὲν ἦν τῶν συνεχῶν
εἰς ἀμερῆ διαιρετόν. ἄλλο δὲ γένος οὐχ οἷόν τ' εἶναι μεταξὺ
[τῶν στιγμῶν καὶ τῶν νῦν οὐθέν]. ἢ γὰρ [ἔσται, δῆλον ὡς ἤτοι]
ἀδιαίρετον ἔσται ἢ διαιρετόν, καὶ εἰ διαιρετόν, ἢ εἰς ἀδιαί-
15 ρετα ἢ εἰς ἀεὶ διαιρετά· τοῦτο δὲ συνεχές. φανερὸν δὲ καὶ
ὅτι πᾶν συνεχὲς διαιρετὸν εἰς αἰεὶ διαιρετά· εἰ γὰρ εἰς ἀδι-
αίρετα, ἔσται ἀδιαίρετον ἀδιαιρέτου ἁπτόμενον· ἐν γὰρ τὸ
18 ἔσχατον καὶ ἅπτεται τῶν συνεχῶν.

18   τοῦ δ' αὐτοῦ λόγου
μέγεθος καὶ χρόνον καὶ κίνησιν ἐξ ἀδιαιρέτων συγκεῖσθαι,
20 καὶ διαιρεῖσθαι εἰς ἀδιαίρετα, ἢ μηθέν. δῆλον δ' ἐκ τῶνδε.
εἰ γὰρ τὸ μέγεθος ἐξ ἀδιαιρέτων σύγκειται, καὶ ἡ κίνησις
ἡ τούτου ἐξ ἴσων κινήσεων ἔσται ἀδιαιρέτων, οἷον εἰ τὸ ΑΒΓ
ἐκ τῶν ΑΒΓ ἐστὶν ἀδιαιρέτων, ἡ κίνησις ἐφ' ἧς ΔΕΖ, ἣν
ἐκινήθη τὸ Ω ἐπὶ τῆς ΑΒΓ, ἕκαστον τὸ μέρος ἔχει ἀδιαί-
25 ρετον. εἰ δὴ παρούσης κινήσεως ἀνάγκη κινεῖσθαί τι, καὶ εἰ
κινεῖταί τι, παρεῖναι κίνησιν, καὶ τὸ κινεῖσθαι ἔσται ἐξ ἀδι-
αιρέτων. τὸ μὲν δὴ Α ἐκινήθη τὸ Ω τὴν τὸ Δ κινούμενον· κί-
νησιν, τὸ δὲ Β τὴν τὸ Ε, καὶ τὸ Γ ὡσαύτως τὴν τὸ Ζ. εἰ
δὴ ἀνάγκη τὸ κινούμενον ποθέν ποι μὴ ἅμα κινεῖσθαι καὶ

ᵇ 4 ἔστι K   6 ἕτερα E¹FJKS: διαιρετὰ E²HIP   7 στιγμῇ
E²Sᴾ : στιγμῆς E¹KΛSˡ   τῷ EFIJKT: τῶν H : τοῦ Camotiana
8 μηθέν τι ἐστι F   9 τὸ seclusi : om. S   10 διαιροῖτ' KΛS :
δὲ διαιροῖντ' E   13 τῶν . . . οὐθέν om. E et ut vid. S   ἢ E et
ut vid. S : εἰ KΛ   ἔσται . . . ἤτοι om. E et ut vid. S   14 ἀδιαί-
ρετον ἢ διαιρετὸν ἔσται F : διαιρετὸν ἢ ἀδιαίρετον ἔσται HIJK   εἰ . . .
εἰς] ἢ E   ἀδιαίρετα fecit E   15 ἢ . . . διαιρετά E²F²HIJKPSᴾ :
om. Sˡ: ἀεὶ om. E¹F¹   16 ἀδιαίρετα] ἀδιαίρετον F : ἀδιαίρετα
διαιροῖτο (διαιροῖντο E¹) τὸ συνεχὲς EHJ²   18 λόγου EIS : λόγου
καὶ FHJK   19 κίνησιν καὶ χρόνον HS   22 ἢ (ἐπὶ) Bywater,
fort. ST   τὸ μὲν α F   γ μέγεθος ἐκ H   23 ἐστιν] ἐστὶν
μερῶν EH   ἢ] καὶ ἡ FK   Δ] ἢ δ EHJ   24 Γ] γ διαστάσεως
EFH   τὸ om. E²KΛ   25 δὴ EHIJKP : δὲ F   27 τὸ
ult. om. E¹   28 β δὲ F   τὸ ult. om. IJ

κεκινῆσθαι οὗ ἐκινεῖτο ὅτε ἐκινεῖτο (οἷον εἰ Θήβαζέ τι βα- 30
δίζει, ἀδύνατον ἅμα βαδίζειν Θήβαζε καὶ βεβαδικέναι
Θήβαζε), τὴν δὲ τὸ Α τὴν ἀμερῆ ἐκινεῖτο τὸ Ω, ᾗ ἡ τὸ Δ 232ᵃ
κίνησις παρῆν· ὥστ' εἰ μὲν ὕστερον διεληλύθει ἢ διῄει, διαιρετὴ
ἂν εἴη (ὅτε γὰρ διῄει, οὔτε ἠρέμει οὔτε διεληλύθει, ἀλλὰ
μεταξὺ ἦν), εἰ δ' ἅμα διέρχεται καὶ διελήλυθε, τὸ βαδίζον,
ὅτε βαδίζει, βεβαδικὸς ἐκεῖ ἔσται καὶ κεκινημένον οὗ κινεῖ- 5
ται. εἰ δὲ τὴν μὲν ὅλην τὴν ΑΒΓ κινεῖταί τι, καὶ ἡ κίνη-
σις ἦν κινεῖται τὰ ΔΕΖ ἐστι, τὴν δ' ἀμερῆ τὴν Α οὐθὲν κι-
νεῖται ἀλλὰ κεκίνηται, εἴη ἂν ἡ κίνησις οὐκ ἐκ κινήσεων
ἀλλ' ἐκ κινημάτων καὶ τῷ κεκινῆσθαί τι μὴ κινούμενον· τὴν
γὰρ Α διελήλυθεν οὐ διεξιόν. ὥστε ἔσται τι βεβαδικέναι μη- 10
δέποτε βαδίζον· ταύτην γὰρ βεβάδικεν οὐ βαδίζον ταύτην.
εἰ οὖν ἀνάγκη ἢ ἠρεμεῖν ἢ κινεῖσθαι πᾶν, ἠρεμεῖ καθ'
ἕκαστον τῶν ΑΒΓ, ὥστ' ἔσται τι συνεχῶς ἠρεμοῦν ἅμα καὶ
κινούμενον. τὴν γὰρ ΑΒΓ ὅλην ἐκινεῖτο καὶ ἠρέμει ὁτιοῦν μέ-
ρος, ὥστε καὶ πᾶσαν. καὶ εἰ μὲν τὰ ἀδιαίρετα τῆς ΔΕΖ 15
κινήσεις, κινήσεως παρούσης ἐνδέχοιτ' ἂν μὴ κινεῖσθαι ἀλλ'
ἠρεμεῖν· εἰ δὲ μὴ κινήσεις, τὴν κίνησιν μὴ ἐκ κινήσεων εἶναι.
ὁμοίως δ' ἀνάγκη τῷ μήκει καὶ τῇ κινήσει ἀδιαίρετον εἶναι
τὸν χρόνον, καὶ συγκεῖσθαι ἐκ τῶν νῦν ὄντων ἀδιαιρέτων· εἰ
γὰρ πᾶσα διαιρετός, ἐν τῷ ἐλάττονι δὲ τὸ ἰσοταχὲς δίεισιν 20
ἔλαττον, διαιρετὸς ἔσται καὶ ὁ χρόνος. εἰ δ' ὁ χρόνος διαι-
ρετὸς ἐν ᾧ φέρεταί τι τὴν Α, καὶ ἡ τὸ Α ἔσται διαιρετή.

2 Ἐπεὶ δὲ πᾶν μέγεθος εἰς μεγέθη διαιρετόν (δέδεικται

ᵇ 30 οὗ ἐκινεῖτο ΕΙJ²ST : om. FJ¹K et in lacuna H   ὅτε ἐκι-
νεῖτο ΕFHJΚΡ: om. IST   τις F : ἔτι Κ   232ᵃ 1 δὴ ΗΙΚ
ᾗ . . . Δ om. Ε: ἡ om. J¹Κ   2 διεληλύθει Bonitz, fort. ST :
διῆλθεν Π   3 διῄει] διῄει οὔτε γὰρ διῄει Ε¹   4 ἐλήλυθε F
βαδίζον, ὅτε βαδίζει] βαδίζει vel βαδίζει· Η   5 ἔσται ἐκεῖ ΗΚ
6 κινῆται Ε¹   7 τὰ] ἡ Ε²Η   8 εἰτ' ἂν Ε   οὐκ . . . 9 ἀλλ' ΚΛS :
om. Ε   8 κινήσεως Η   9 τῷ scripsi : τὸ ΕJΚΡ: τῶν S : τοῦ Τ :
om. FΗΙ   κεκινῆσθαι Ε²ΛST : κινεῖσθαι Ε¹Κ   10 Α om. Ε¹
βεβαδικέναι τι Η   12 ᾗ pr. om. Ι : ἅπαν ἢ F   πᾶν om. FIJ¹Κ
καθ' Ε²FJΚΤ: δὲ καθ' Ε¹ΗΙ   15 τῆς] τὰς Ε¹ : τὰ Ε²ΗΚ
16 κίνησις Ε¹   17 κινήσεις Ε²FHJΚS : κίνησις Ε¹ : κινήσεις
εἰσὶ Ι   19 τὸν] καὶ τὸν Ε²ΗΙ   20 πᾶσα διαίρετος Ε²ΗΙ²Κ
γρ. S : πᾶς διαίρετος Ε¹J : ἅπας διαίρετος γρ. Ι γρ. J A γρ. S : πᾶσα
ἀδιαίρετος FΙ¹: πᾶς ἀδιαίρετός γρ. Ι Aspasius: πᾶσ' ἡ Α διαιρετός
ci. Cornford   ἐν . . . δὲ] καὶ ἐν τῷ ἐλάττονι Κ   21 καὶ ὁ χρόνος
ἔσται διαιρετός Κ   22 ἐν ΕΗΚS : ἔσται ἐν FIJ   τι om. S
23 μεγέθη ΗΙΚS : μέγεθος ΕFJ

γὰρ ὅτι ἀδύνατον ἐξ ἀτόμων εἶναί τι συνεχές, μέγεθος δ'
25 ἐστὶν ἅπαν συνεχές), ἀνάγκη τὸ θᾶττον ἐν τῷ ἴσῳ χρόνῳ μεῖ-
ζον καὶ ἐν τῷ ἐλάττονι ἴσον καὶ ἐν τῷ ἐλάττονι πλεῖον κινεῖ-
σθαι, καθάπερ ὁρίζονταί τινες τὸ θᾶττον. ἔστω γὰρ τὸ ἐφ' ᾧ Α
τοῦ ἐφ' ᾧ Β θᾶττον. ἐπεὶ τοίνυν θᾶττόν ἐστιν τὸ πρότερον μετα-
βάλλον, ἐν ᾧ χρόνῳ τὸ Α μεταβέβληκεν ἀπὸ τοῦ Γ εἰς τὸ Δ,
30 οἷον τῷ ΖΗ, ἐν τούτῳ τὸ Β οὔπω ἔσται πρὸς τῷ Δ, ἀλλ' ἀπο-
λείψει, ὥστε ἐν τῷ ἴσῳ χρόνῳ πλεῖον δίεισιν τὸ θᾶττον. ἀλλὰ
μὴν καὶ ἐν τῷ ἐλάττονι πλεῖον· ἐν ᾧ γὰρ τὸ Α γεγένηται
πρὸς τῷ Δ, τὸ Β ἔστω πρὸς τῷ Ε τὸ βραδύτερον ὄν. οὐκοῦν ἐπεὶ
232ᵇ τὸ Α πρὸς τῷ Δ γεγένηται ἐν ἅπαντι τῷ ΖΗ χρόνῳ, πρὸς
τῷ Θ ἔσται ἐν ἐλάττονι τούτου· καὶ ἔστω ἐν τῷ ΖΚ. τὸ μὲν
οὖν ΓΘ, ὃ διελήλυθε τὸ Α, μεῖζόν ἐστι τοῦ ΓΕ, ὁ δὲ χρό-
νος ὁ ΖΚ ἐλάττων τοῦ παντὸς τοῦ ΖΗ, ὥστε ἐν ἐλάττονι
5 μεῖζον δίεισιν. φανερὸν δὲ ἐκ τούτων καὶ ὅτι τὸ θᾶττον ἐν
ἐλάττονι χρόνῳ δίεισιν τὸ ἴσον. ἐπεὶ γὰρ τὴν μείζω ἐν ἐλάτ-
τονι διέρχεται τοῦ βραδυτέρου, αὐτὸ δὲ καθ' αὑτὸ λαμβα-
νόμενον ἐν πλείονι χρόνῳ τὴν μείζω τῆς ἐλάττονος, οἷον τὴν
ΛΜ τῆς ΛΞ, πλείων ἂν εἴη ὁ χρόνος ὁ ΠΡ, ἐν ᾧ τὴν
10 ΛΜ διέρχεται, ἢ ὁ ΠΣ, ἐν ᾧ τὴν ΛΞ. ὥστε εἰ ὁ ΠΡ
χρόνος ἐλάττων ἐστὶν τοῦ Χ, ἐν ᾧ τὸ βραδύτερον διέρχε-
ται τὴν ΛΞ, καὶ ὁ ΠΣ ἐλάττων ἔσται τοῦ ἐφ' ᾧ Χ· τοῦ
γὰρ ΠΡ ἐλάττων, τὸ δὲ τοῦ ἐλάττονος ἔλαττον καὶ αὐτὸ
ἔλαττον. ὥστε ἐν ἐλάττονι κινήσεται τὸ ἴσον. ἔτι δ' εἰ πᾶν
15 ἀνάγκη ἢ ἐν ἴσῳ ἢ ἐν ἐλάττονι ἢ ἐν πλείονι κινεῖ-
σθαι, καὶ τὸ μὲν ἐν πλείονι βραδύτερον, τὸ δ' ἐν ἴσῳ ἰσο-
ταχές, τὸ δὲ θᾶττον οὔτε ἰσοταχὲς οὔτε βραδύτερον, οὔτ' ἂν

ᵃ 24 συνεχές] μέγεθος Ε¹ΗΙ   μέγεθος ... 25 συνεχές om. J¹
26 ἐν Ε²ΚΛΣ : om. Ε¹   ἴσον ... ἐλάττονι om. FJKS   πλέον
ΙΣ   27 ᾧ τὸ a ΙJK   28 ἐφ' ᾧ] ἐφ' ᾧ τὸ Η : om. Ε¹   30 τῷ
pr.] τὸ J : ἐν τῷ Ε²FI   32 πλεῖον FHJK : τὸ πλεῖον Ε : πλεῖον
τούτου Ι   33–ᵇ1 τὸ ... Δ om. Κ   33 ἔσται FJ   τὸ om. Ε
ὄν om. FIJS   ᵇ 2 ἔστω Ε²FHJKS : ἔσται Ε¹Ι   3 θ ΕΗΙJS : δ
FK   Α om. Ε¹ : πρῶτον J¹   ἐστι om. Κ   5 μεῖζον δίεισιν ΕΣ :
δίεισι μεῖζον ΚΛ   δὴ Ε   6 ἐπειδὴ FIJK   τὴν om. Ε¹
ἐν om. Ι   11–12 τοῦ ... ἔσται om. Κ   11 χ Ε¹J¹ et ut vid.
Σ : πχ Ε²FHIJ²Κ   12 Χ] πχ FK   τὸ Ε²   13 αὐτὸ
Ε²ΚΛΣ : αὐτοῦ Ε¹   14 κινηθήσεται ΚΛ   15 ἢ] μὲν ἢ Λ :
μέρος ἢ Κ   ἴσῳ χρόνῳ ἢ Aldina   ἐν alt. om. ΕJ   16 καὶ om. Ι
ἰσοταχές ΚΛΡΣΤ : ὁμοταχές Ε   17–18 ἐν ἴσῳ ἂν ΚΛ

ἐν ἴσῳ οὔτ' ἐν πλείονι κινοῖτο τὸ θᾶττον. λείπεται οὖν ἐν ἐλάτ-
τονι, ὥστ' ἀνάγκη καὶ τὸ ἴσον μέγεθος ἐν ἐλάττονι χρόνῳ δι-
ιέναι τὸ θᾶττον.   20

   ἐπεὶ δὲ πᾶσα μὲν κίνησις ἐν χρόνῳ καὶ ἐν 20
ἅπαντι χρόνῳ δυνατὸν κινηθῆναι, πᾶν δὲ τὸ κινούμενον ἐνδέχε-
ται καὶ θᾶττον κινεῖσθαι καὶ βραδύτερον, ἐν ἅπαντι χρόνῳ
ἔσται τὸ θᾶττον κινεῖσθαι καὶ βραδύτερον. τούτων δ' ὄντων
ἀνάγκη καὶ τὸν χρόνον συνεχῆ εἶναι. λέγω δὲ συνεχὲς τὸ
διαιρετὸν εἰς αἰεὶ διαιρετά· τούτου γὰρ ὑποκειμένου τοῦ συνε- 25
χοῦς, ἀνάγκη συνεχῆ εἶναι τὸν χρόνον. ἐπεὶ γὰρ δέδεικται
ὅτι τὸ θᾶττον ἐν ἐλάττονι χρόνῳ δίεισιν τὸ ἴσον, ἔστω τὸ μὲν
ἐφ' ᾧ Α θᾶττον, τὸ δ' ἐφ' ᾧ Β βραδύτερον, καὶ κεκινή-
σθω τὸ βραδύτερον τὸ ἐφ' ᾧ ΓΔ μέγεθος ἐν τῷ ΖΗ χρόνῳ.
δῆλον τοίνυν ὅτι τὸ θᾶττον ἐν ἐλάττονι τούτου κινήσεται τὸ 30
αὐτὸ μέγεθος· καὶ κεκινήσθω ἐν τῷ ΖΘ. πάλιν δ' ἐπεὶ τὸ
θᾶττον ἐν τῷ ΖΘ διελήλυθεν τὴν ὅλην τὴν ΓΔ, τὸ βραδύ-
τερον ἐν τῷ αὐτῷ χρόνῳ τὴν ἐλάττω δίεισιν· ἔστω οὖν ἐφ'
ἧς ΓΚ. ἐπεὶ δὲ τὸ βραδύτερον τὸ Β ἐν τῷ ΖΘ χρόνῳ τὴν 233ᵃ
ΓΚ διελήλυθεν, τὸ θᾶττον ἐν ἐλάττονι δίεισιν, ὥστε πάλιν
διαιρεθήσεται ὁ ΖΘ χρόνος. τούτου δὲ διαιρουμένου καὶ τὸ
ΓΚ μέγεθος διαιρεθήσεται κατὰ τὸν αὐτὸν λόγον. εἰ δὲ τὸ
μέγεθος, καὶ ὁ χρόνος. καὶ ἀεὶ τοῦτ' ἔσται μεταλαμβάνουσιν 5
ἀπὸ τοῦ θάττονος τὸ βραδύτερον καὶ ἀπὸ τοῦ βραδυτέρου τὸ
θᾶττον, καὶ τῷ ἀποδεδειγμένῳ χρωμένοις· διαιρήσει γὰρ
τὸ μὲν θᾶττον τὸν χρόνον, τὸ δὲ βραδύτερον τὸ μῆκος. εἰ οὖν
αἰεὶ μὲν ἀντιστρέφειν ἀληθές, ἀντιστρεφομένου δὲ αἰεὶ γίγνεται
διαίρεσις, φανερὸν ὅτι πᾶς χρόνος ἔσται συνεχής. ἅμα δὲ 10
δῆλον καὶ ὅτι μέγεθος ἅπαν ἐστὶ συνεχές· τὰς αὐτὰς γὰρ
καὶ τὰς ἴσας διαιρέσεις ὁ χρόνος διαιρεῖται καὶ τὸ μέγεθος.

   ἔτι δὲ καὶ ἐκ τῶν εἰωθότων λόγων λέγεσθαι φανερὸν ὡς εἴ-
περ ὁ χρόνος ἐστὶ συνεχής, ὅτι καὶ τὸ μέγεθος, εἴπερ ἐν

ᵇ 18 ἐν alt. om. F   19 ὥστ' . . . ἐλάττονι om. K¹   20 δὲ
εἰ πᾶσα K   22 καὶ pr. om. H   ἐν . . . 23 βραδύτερον om. I¹
23 ἔξεστι H   26 εἶναι om. H   27 τὸ pr. om. E¹H   τὸ
ult. om. IJ¹   28 κινείσθω IST   30 κινηθήσεται E²ΚΛST
31-2 πάλιν . . . ΖΘ om. I   31 ἐπὶ E²   33 ἔστω EHIJST :
ἔσται FK   233ᵃ 1 ἧς τὸ γκ E   ἐπὶ E²   11 ὅτι καὶ S
12 διαιρέσεις E²ΚΛS : αἱρέσεις E¹   ὅ τε χρόνος καὶ τὸ μέγεθος
διαιρεῖται ΚΛS   14 ἐν ΚΛT : καὶ ἐν E

15 τῷ ἡμίσει χρόνῳ ἥμισυ διέρχεται καὶ ἁπλῶς ἐν τῷ ἐλάτ-
τονι ἔλαττον· αἱ γὰρ αὐταὶ διαιρέσεις ἔσονται τοῦ χρόνου
καὶ τοῦ μεγέθους. καὶ εἰ ὁποτερονοῦν ἄπειρον, καὶ θάτερον,
καὶ ὡς θάτερον, καὶ θάτερον, οἷον εἰ μὲν τοῖς ἐσχάτοις
ἄπειρος ὁ χρόνος, καὶ τὸ μῆκος τοῖς ἐσχάτοις, εἰ δὲ τῇ
20 διαιρέσει, τῇ διαιρέσει καὶ τὸ μῆκος, εἰ δὲ ἀμφοῖν,
21 ἀμφοῖν καὶ τὸ μέγεθος.

21   διὸ καὶ ὁ Ζήνωνος λόγος
ψεῦδος λαμβάνει τὸ μὴ ἐνδέχεσθαι τὰ ἄπειρα διελθεῖν ἢ
ἅψασθαι τῶν ἀπείρων καθ᾽ ἕκαστον ἐν πεπερασμένῳ χρόνῳ.
διχῶς γὰρ λέγεται καὶ τὸ μῆκος καὶ ὁ χρόνος ἄπειρον, καὶ
25 ὅλως πᾶν τὸ συνεχές, ἤτοι κατὰ διαίρεσιν ἢ τοῖς ἐσχά-
τοις. τῶν μὲν οὖν κατὰ τὸ ποσὸν ἀπείρων οὐκ ἐνδέχεται ἅψα-
σθαι ἐν πεπερασμένῳ χρόνῳ, τῶν δὲ κατὰ διαίρεσιν ἐνδέ-
χεται· καὶ γὰρ αὐτὸς ὁ χρόνος οὕτως ἄπειρος. ὥστε ἐν τῷ
ἀπείρῳ καὶ οὐκ ἐν τῷ πεπερασμένῳ συμβαίνει διιέναι τὸ
30 ἄπειρον, καὶ ἅπτεσθαι τῶν ἀπείρων τοῖς ἀπείροις, οὐ τοῖς
πεπερασμένοις. οὔτε δὴ τὸ ἄπειρον οἷόν τε ἐν πεπερασμένῳ
χρόνῳ διελθεῖν, οὔτ᾽ ἐν ἀπείρῳ τὸ πεπερασμένον· ἀλλ᾽ ἐάν
τε ὁ χρόνος ἄπειρος ᾖ, καὶ τὸ μέγεθος ἔσται ἄπειρον, ἐάν τε
τὸ μέγεθος, καὶ ὁ χρόνος. ἔστω γὰρ πεπερασμένον μέγεθος
35 ἐφ᾽ οὗ ΑΒ, χρόνος δὲ ἄπειρος ἐφ᾽ ᾧ Γ· εἰλήφθω δέ τι τοῦ
233ᵇ χρόνου πεπερασμένον, ἐφ᾽ ᾧ ΓΔ. ἐν τούτῳ οὖν δίεισί τι
τοῦ μεγέθους, καὶ ἔστω διεληλυθὸς ἐφ᾽ ᾧ ΒΕ. τοῦτο δὲ ἢ
καταμετρήσει τὸ ἐφ᾽ ᾧ ΑΒ, ἢ ἐλλείψει, ἢ ὑπερβαλεῖ·
διαφέρει γὰρ οὐθέν· εἰ γὰρ ἀεὶ τὸ ἴσον τῷ ΒΕ μέγεθος ἐν
5 ἴσῳ χρόνῳ δίεισιν, τοῦτο δὲ καταμετρεῖ τὸ ὅλον, πεπερασμέ-
νος ἔσται ὁ πᾶς χρόνος ἐν ᾧ διῆλθεν· εἰς ἴσα γὰρ διαιρεθή-
σεται καὶ τὸ μέγεθος. ἔτι δ᾽ εἰ μὴ πᾶν μέγεθος ἐν

ᵃ 18 καὶ θάτερον om. E¹   τοῖς EHJKPS : ἐν τοῖς FI   20 τῇ
διαιρέσει E²ΚΛS : om. E¹T   ἀμφοῖν E¹T : ἀμφοῖν ὁ χρόνος E²ΚΛ
21 τὸ μῆκος F   22 διελεῖν E¹   24–7 διχῶς . . . χρόνῳ om. F
24 καὶ pr. om. H   ὁ χρόνος καὶ τὸ μῆκος ΗΚ   ἄπειρος E   25 ἤτοι]
ἢ τῷ FK : ἢ τὸ ΗΙ   26 τὸ ΚΛΤ : om. E   29 τὰ ἄπειρα F
31 οὔτε E²ST : οὐδὲ E¹ΚΛ   δὴ οὖν τὸ F   32 οὔτ᾽ ST : οὐδ᾽ Π
33–4 μέγεθος . . . τὸ om. Κ¹   35 οὗ Ι   δέ ΕΤ : δὴ ΚΛ   πεπερασ-
μένου τοῦ χρόνου F   ᵇ 2 ᾧ] ᾧ τὸ Ε   δὲ EFHKPS : δὴ IJ
3 ὑπερβάλῃ E² : ὑπερβάλλει J   4 τὸ Ε   5 καταμετρήσει H
τὸ ΠPST : τι Prantl   6 χρόνος πᾶς F   εἰς E²ΚΛST : om. E¹
7 καὶ E¹AT Aspasius : ὡς καὶ E²ΚΛS¹   ἔτι . . . 11 χρόνος ΠST :
secl. Prantl

ἀπείρῳ χρόνῳ δίεισιν, ἀλλ' ἐνδέχεταί τι καὶ ἐν πεπερα-
σμένῳ διελθεῖν, οἷον τὸ ΒΕ, τοῦτο δὲ καταμετρήσει τὸ πᾶν,
καὶ τὸ ἴσον ἐν ἴσῳ δίεισιν, ὥστε πεπερασμένος ἔσται καὶ ὁ 10
χρόνος. ὅτι δ' οὐκ ἐν ἀπείρῳ δίεισιν τὸ ΒΕ, φανερόν, εἰ
ληφθείη ἐπὶ θάτερα πεπερασμένος ὁ χρόνος· εἰ γὰρ ἐν
ἐλάττονι τὸ μέρος δίεισιν, τοῦτο ἀνάγκη πεπεράνθαι, θα-
τέρου γε πέρατος ὑπάρχοντος. ἡ αὐτὴ δὲ ἀπόδειξις καὶ
εἰ τὸ μὲν μῆκος ἄπειρον ὁ δὲ χρόνος πεπερασμένος.   15

φα- 15

νερὸν οὖν ἐκ τῶν εἰρημένων ὡς οὔτε γραμμὴ οὔτε ἐπίπεδον
οὔτε ὅλως τῶν συνεχῶν οὐθὲν ἔσται ἄτομον, οὐ μόνον διὰ
τὸ νῦν λεχθέν, ἀλλὰ καὶ ὅτι συμβήσεται διαιρεῖσθαι τὸ
ἄτομον. ἐπεὶ γὰρ ἐν ἅπαντι χρόνῳ τὸ θᾶττον καὶ βραδύ-
τερον ἔστι, τὸ δὲ θᾶττον πλεῖον διέρχεται ἐν τῷ ἴσῳ χρόνῳ, 20
ἐνδέχεται δὲ καὶ διπλάσιον καὶ ἡμιόλιον διιέναι μῆκος (εἴη
γὰρ ἂν οὗτος ὁ λόγος τοῦ τάχους), ἐνηνέχθω οὖν τὸ θᾶττον
ἡμιόλιον ἐν τῷ αὐτῷ χρόνῳ, καὶ διῃρήσθω τὰ μεγέθη τὸ
μὲν τοῦ θάττονος εἰς τρία ἄτομα, ἐφ' ὧν ΑΒ ΒΓ ΓΔ,
τὸ δὲ τοῦ βραδυτέρου εἰς δύο, ἐφ' ὧν ΕΖ ΖΗ. οὐκοῦν 25
καὶ ὁ χρόνος διαιρεθήσεται εἰς τρία ἄτομα· τὸ γὰρ ἴσον
ἐν τῷ ἴσῳ χρόνῳ δίεισιν. διῃρήσθω οὖν ὁ χρόνος εἰς τὰ
ΚΛ ΛΜ ΜΝ. πάλιν δ' ἐπεὶ τὸ βραδύτερον ἐνήνεκται
τὴν ΕΖΗ, καὶ ὁ χρόνος τμηθήσεται δίχα. διαιρεθή-
σεται ἄρα τὸ ἄτομον, καὶ τὸ ἀμερὲς οὐκ ἐν ἀτόμῳ δίει- 30
σιν ἀλλ' ἐν πλείονι. φανερὸν οὖν ὅτι οὐδέν ἐστι τῶν συνε-
χῶν ἀμερές.

3   Ἀνάγκη δὲ καὶ τὸ νῦν τὸ μὴ καθ' ἕτερον ἀλλὰ καθ'
αὑτὸ καὶ πρῶτον λεγόμενον ἀδιαίρετον εἶναι, καὶ ἐν ἅπαντι

ᵇ 8 τι om. Η   9 διελθεῖν] χρόνῳ διελθεῖν Ε   τοῦτο ... 11
ΒΕ om. Κ   12 θάτερα ΕΗΙJΚS : θάτερον FT   ἐν om. F
14 γε] γὰρ F   πεπερασμένου Ε¹   17 οὔτε FHJKT : οὔτε τι Ε :
om. Ι   ἔστιν Ϝ   18 καὶ διότι Ι : ὅτι Η : ὅτι καὶ Τ   συμβαίνει
Η   19 τὸ βραδύτερόν ἐστι καὶ τὸ θᾶττον Η   καὶ] καὶ τὸ Ι
20 τῷ Ε²ΚΛΤ : om. Ε¹   21 δὲ ΕΙΚS : om. FHT, erasit J
23 τὸ ΕS : τὰ ΚΛ   24 εἰς ... ΓΔ scripsi, legit ut vid S : ἐφ'
ᾧ (ὧν Η) αβγδ (αβ βγ γδ FH) εἰς τρία ἄτομα Π   25–6 τὸ ...
ἄτομα om. F¹   25 τὸ ΕS : τὰ F²ΗΙJΚ   ζ alt. Ε²F²ΗS : om.
Ε¹ΙJΚ   26 τὸ Ε²ΚΛΤ : om. Ε¹   27 τὰ om. Ε : τὴν FΚ
28 κλ λμ μν Ε²FΗS : κλμν Ε¹ΙJΚ   δ' om Η.   29 ϵζ ζη Ε²FΗΚS
31 πλείοσι Η : πλείονι τοῦ θάττονος Ε¹   τῶν συνεχῶν ἐστιν Η
33 τὸ alt. om. J¹   34 αὑτὸν Ε¹   πρώτως PS   εἶναι om. ΕΙJΚ

35 τὸ τοιοῦτο χρόνῳ ἐνυπάρχειν. ἔστιν γὰρ ἔσχατόν τι τοῦ γε-
234ᵃ γονότος, οὗ ἐπὶ τάδε οὐθέν ἐστι τοῦ μέλλοντος, καὶ πάλιν
τοῦ μέλλοντος, οὗ ἐπὶ τάδε οὐθέν ἐστι τοῦ γεγονότος· ὁ δή φα-
μεν ἀμφοῖν εἶναι πέρας. τοῦτο δὲ ἐὰν δειχθῇ ὅτι τοιοῦτόν ἐστιν
[καθ' αὑτὸ] καὶ ταὐτόν, ἅμα φανερὸν ἔσται καὶ ὅτι ἀδιαίρε-
5 τον. ἀνάγκη δὴ τὸ αὐτὸ εἶναι τὸ νῦν τὸ ἔσχατον ἀμφοτέ-
ρων τῶν χρόνων· εἰ γὰρ ἕτερον, ἐφεξῆς μὲν οὐκ ἂν εἴη θά-
τερον θατέρῳ διὰ τὸ μὴ εἶναι συνεχὲς ἐξ ἀμερῶν, εἰ δὲ χω-
ρὶς ἑκάτερον, μεταξὺ ἔσται χρόνος· πᾶν γὰρ τὸ συνεχὲς
τοιοῦτον ὥστ' εἶναί τι συνώνυμον μεταξὺ τῶν περάτων. ἀλλὰ
10 μὴν εἰ χρόνος τὸ μεταξύ, διαιρετὸν ἔσται· πᾶς γὰρ χρόνος
δέδεικται ὅτι διαιρετός. ὥστε διαιρετὸν τὸ νῦν. εἰ δὲ διαιρε-
τὸν τὸ νῦν, ἔσται τι τοῦ γεγονότος ἐν τῷ μέλλοντι καὶ τοῦ
μέλλοντος ἐν τῷ γεγονότι· καθ' ὃ γὰρ ἂν διαιρεθῇ, τοῦτο
διοριεῖ τὸν παρήκοντα καὶ τὸν μέλλοντα χρόνον. ἅμα δὲ
15 καὶ οὐκ ἂν καθ' αὑτὸ εἴη τὸ νῦν, ἀλλὰ καθ' ἕτερον· ἡ γὰρ
διαίρεσις οὐ καθ' αὑτό. πρὸς δὲ τούτοις τοῦ νῦν τὸ μέν τι γε-
γονὸς ἔσται τὸ δὲ μέλλον, καὶ οὐκ ἀεὶ τὸ αὐτὸ γεγονὸς ἢ
μέλλον. οὐδὲ δὴ τὸ νῦν τὸ αὐτό· πολλαχῇ γὰρ διαιρετὸς
ὁ χρόνος. ὥστ' εἰ ταῦτα ἀδύνατον ὑπάρχειν, ἀνάγκη
20 τὸ αὐτὸ εἶναι τὸ ἐν ἑκατέρῳ νῦν. ἀλλὰ μὴν εἰ ταὐτό, φα-
νερὸν ὅτι καὶ ἀδιαίρετον· εἰ γὰρ διαιρετόν, πάλιν ταὐτὰ
συμβήσεται ἃ καὶ ἐν τῷ πρότερον. ὅτι μὲν τοίνυν ἔστιν τι ἐν
τῷ χρόνῳ ἀδιαίρετον, ὅ φαμεν εἶναι τὸ νῦν, δῆλόν ἐστιν ἐκ
τῶν εἰρημένων· ὅτι δ' οὐθὲν ἐν τῷ νῦν κινεῖται, ἐκ τῶνδε φα-
25 νερόν ἐστιν. εἰ γάρ, ἐνδέχεται καὶ θᾶττον κινεῖσθαι
καὶ βραδύτερον. ἔστω δὴ τὸ νῦν ἐφ' ᾧ Ν, κεκινήσθω
δ' ἐν αὐτῷ τὸ θᾶττον τὴν ΑΒ. οὐκοῦν τὸ βραδύτερον ἐν τῷ
αὐτῷ ἐλάττω τῆς ΑΒ κινηθήσεται, οἷον τὴν ΑΓ. ἐπεὶ δὲ

ᵇ 35 τὸ om. FJK   γὰρ] γὰρ τὸ Ε   234ᵃ 1-2 οὗ ... γεγονότος
om. K: καὶ ... γεγονότος om. I¹   2 φαμεν Η et ut vid. S :
ἔφαμεν FIJK : ἔφαμεν ἐν Ε   4 καθ' αὑτὸ om. E¹IS   αὐτόν J
διότι E²   ἀδιαίρετόν ἐστιν Ε   5 δὲ F   τῶν χρόνων ἀμφοτέρων
Η   8 ἐστιν ὁ χρόνος Η   ἅπαν Ε   9 τι om. Η   10 εἰ] εἰ ὁ
FH   διαιρετὸς ΚΛ   13 ἂν ΚΛΡ: ἄν τι Ε   14 διοριεῖ
IS: ὁριεῖ EFHJK   16 οὗ EFIJ¹KS¹: τὸ ut vid. P : οὐ τὸ J² : οὐ
τοῦ Sᴾ : τι] τοι F   18 τὸ pr. om. S   αὐτὸ ΚΛS :
αὐτὸ ἅμα ΕΤ   19 ὑπάρχειν] ὑπάρχειν τῷ (τὸ Κ) νῦν FIJK
22 προτέρῳ FIJ²   23 διαιρετόν I   25 γάρ] γάρ ἐστιν E²ΚΛ
κινεῖσθαι καὶ θᾶττον Η   26 καὶ ΕΤ: ἐν αὐτῷ καὶ ΚΛ   27 τ' I
28 ἐπὶ Ε¹

τὸ βραδύτερον ἐν ὅλῳ τῷ νῦν κεκίνηται τὴν ΑΓ, τὸ θᾶττον
ἐν ἐλάττονι τούτου κινηθήσεται, ὥστε διαιρεθήσεται τὸ νῦν. 30
ἀλλ᾽ ἦν ἀδιαίρετον. οὐκ ἄρα ἔστιν κινεῖσθαι ἐν τῷ νῦν. 31

ἀλλὰ 31

μὴν οὐδ᾽ ἠρεμεῖν· ἠρεμεῖν γὰρ λέγομεν τὸ πεφυκὸς κινεῖ-
σθαι μὴ κινούμενον ὅτε πέφυκεν καὶ οὗ καὶ ὥς, ὥστ᾽ ἐπεὶ
ἐν τῷ νῦν οὐθὲν πέφυκε κινεῖσθαι, δῆλον ὡς οὐδ᾽ ἠρεμεῖν. ἔτι
δ᾽ εἰ τὸ αὐτὸ μέν ἐστι τὸ νῦν ἐν ἀμφοῖν τοῖν χρόνοιν, ἐνδέ- 35
χεται δὲ τὸν μὲν κινεῖσθαι τὸν δ᾽ ἠρεμεῖν ὅλον, τὸ δ᾽ ὅλον 234ᵇ
κινούμενον τὸν χρόνον ἐν ὁτῳοῦν κινηθήσεται τῶν τούτου καθ᾽
ὃ πέφυκε κινεῖσθαι, καὶ τὸ ἠρεμοῦν ὡσαύτως ἠρεμήσει, συμ-
βήσεται τὸ αὐτὸ ἅμα ἠρεμεῖν καὶ κινεῖσθαι· τὸ γὰρ αὐτὸ
ἔσχατον τῶν χρόνων ἀμφοτέρων, τὸ νῦν. ἔτι δ᾽ ἠρεμεῖν μὲν 5
λέγομεν τὸ ὁμοίως ἔχον καὶ αὐτὸ καὶ τὰ μέρη νῦν καὶ
πρότερον· ἐν δὲ τῷ νῦν οὐκ ἔστι τὸ πρότερον, ὥστ᾽ οὐδ᾽ ἠρεμεῖν.
ἀνάγκη ἄρα καὶ κινεῖσθαι τὸ κινούμενον ἐν χρόνῳ καὶ ἠρε-
μεῖν τὸ ἠρεμοῦν.

4   Τὸ δὲ μεταβάλλον ἅπαν ἀνάγκη διαιρετὸν εἶναι. ἐπεὶ 10
γὰρ ἔκ τινος εἴς τι πᾶσα μεταβολή, καὶ ὅταν μὲν ᾖ ἐν
τούτῳ εἰς ὃ μετέβαλλεν, οὐκέτι μεταβάλλει, ὅταν δὲ ἐξ οὗ
μετέβαλλεν, καὶ αὐτὸ καὶ τὰ μέρη πάντα, οὔπω μεταβάλλει
(τὸ γὰρ ὡσαύτως ἔχον καὶ αὐτὸ καὶ τὰ μέρη οὐ μεταβάλ-
λει), ἀνάγκη οὖν τὸ μέν τι ἐν τούτῳ εἶναι, τὸ δ᾽ ἐν θατέρῳ 15
τοῦ μεταβάλλοντος· οὔτε γὰρ ἐν ἀμφοτέροις οὔτ᾽ ἐν μηδετέρῳ
δυνατόν. λέγω δ᾽ εἰς ὃ μεταβάλλει τὸ πρῶτον κατὰ τὴν
μεταβολήν, οἷον ἐκ τοῦ λευκοῦ τὸ φαιόν, οὐ τὸ μέλαν· οὐ
γὰρ ἀνάγκη τὸ μεταβάλλον ἐν ὁποτερῳοῦν εἶναι τῶν ἄκρων.
φανερὸν οὖν ὅτι πᾶν τὸ μεταβάλλον ἔσται διαιρετόν.   20

κίνησις δ᾽ ἐστὶν διαιρετὴ διχῶς, ἕνα μὲν τρόπον τῷ
χρόνῳ, ἄλλον δὲ κατὰ τὰς τῶν μερῶν τοῦ κινουμένου κινή-

ᵃ 30 ἐν om. J   τούτου ΚΛΣ: om. Ε   32 λέγομεν ΙΣΤ :
ἐλέγομεν ΕFΗJΚ   33 καὶ pr. om. Η   34 ὡς ΕΣΤ: ὅτι ΚΛ
ᵇ 1 τὸ Ε²ΗJ   τὸ Ε²ΗJ   τὸ Ε²ΚΛΡ: τὸν Ε¹   3 κεκινῆσθαι J
4 ἠρεμεῖν ἅμα Κ   5 ἀμφοτέρων τῶν χρόνων Κ   μὲν ΕΙJΣ: om.
ΗΚΤ   8 ἠρεμεῖν τὸ Ε²ΚΛΣΤ: om. Ε¹   10 διαιρετὸν ἀνάγκη F
11 γὰρ καὶ ἔκ FJΚ   καὶ om. Ι   12 μετέβαλεν Ε²FΗΙ : μετα-
βάλλει fort. ΣΤ   13 μετέβαλεν Ε²FΗΙ : μεταβάλλει Bonitz,
fort. ΣΤ   οὔπω scripsi: οὐ Π   14 ἔχειν Η   16 ἀμφοτέρω
F   μηδετέρῳ ὅλον δυνατόν Ι   17 δ᾽ ΚΛΣ: δὲ τὸ Ε   18 τὸ
pr.] τὸν Ε¹   19 ὁποτέρω Ε

σεις, οἷον εἰ τὸ ΑΓ κινεῖται ὅλον, καὶ τὸ ΑΒ κινήσεται
καὶ τὸ ΒΓ. ἔστω δὴ τοῦ μὲν ΑΒ ἡ ΔΕ, τοῦ δὲ ΒΓ ἡ ΕΖ
25 κίνησις τῶν μερῶν. ἀνάγκη δὴ τὴν ὅλην, ἐφ᾽ ἧς ΔΖ, τοῦ
ΑΓ εἶναι κίνησιν. κινήσεται γὰρ κατὰ ταύτην, ἐπείπερ ἑκά-
τερον τῶν μερῶν κινεῖται καθ᾽ ἑκατέραν· οὐθὲν δὲ κινεῖται
κατὰ τὴν ἄλλου κίνησιν· ὥστε ἡ ὅλη κίνησις τοῦ ὅλου ἐστὶν
μεγέθους κίνησις. ἔτι δ᾽ εἰ πᾶσα μὲν κίνησις τινός, ἡ δ᾽ ὅλη
30 κίνησις ἡ ἐφ᾽ ἧς ΔΖ μήτε τῶν μερῶν ἐστιν μηδετέρου (μέρους
γὰρ ἑκατέρα) μήτ᾽ ἄλλου μηδενός (οὗ γὰρ ὅλη ὅλου, καὶ
τὰ μέρη τῶν μερῶν· τὰ δὲ μέρη τῶν ΑΒ ΒΓ καὶ
οὐδένων ἄλλων· πλειόνων γὰρ οὐκ ἦν μία κίνησις), κἂν ἡ ὅλη
κίνησις εἴη τοῦ ΑΒΓ μεγέθους. ἔτι δ᾽ εἰ ἔστιν ἄλλη
35 τοῦ ὅλου κίνησις, οἷον ἐφ᾽ ἧς ΘΙ, ἀφαιρεθήσεται ἀπ᾽ αὐτῆς
235ᵃ ἡ ἑκατέρων τῶν μερῶν κίνησις· αὗται δ᾽ ἴσαι ἔσονται ταῖς
ΔΕ ΕΖ· μία γὰρ ἑνὸς κίνησις. ὥστ᾽ εἰ μὲν ὅλη διαιρεθή-
σεται ἡ ΘΙ εἰς τὰς τῶν μερῶν κινήσεις, ἴση ἔσται ἡ ΘΙ τῇ
ΔΖ· εἰ δ᾽ ἀπολείπει τι, οἷον τὸ ΚΙ, αὕτη οὐδενὸς ἔσται κί-
5 νησις (οὔτε γὰρ τοῦ ὅλου οὔτε τῶν μερῶν διὰ τὸ μίαν εἶναι
ἑνός, οὔτε ἄλλου οὐθενός· ἡ γὰρ συνεχὴς κίνησίς ἐστι συνεχῶν
τινῶν), ὡσαύτως δὲ καὶ εἰ ὑπερβάλλει κατὰ τὴν διαίρεσιν·
ὥστ᾽ εἰ τοῦτο ἀδύνατον, ἀνάγκη τὴν αὐτὴν εἶναι καὶ ἴσην.
αὕτη μὲν οὖν ἡ διαίρεσις κατὰ τὰς τῶν μερῶν κινήσεις ἐστίν,
10 καὶ ἀνάγκη παντὸς εἶναι τοῦ μεριστοῦ αὐτήν· ἄλλη δὲ κατὰ
τὸν χρόνον· ἐπεὶ γὰρ ἅπασα κίνησις ἐν χρόνῳ, χρόνος δὲ
πᾶς διαιρετός, ἐν δὲ τῷ ἐλάττονι ἐλάττων ἡ κίνησις, ἀνάγκη
13 πᾶσαν κίνησιν διαιρεῖσθαι κατὰ τὸν χρόνον.

13
                                                    ἐπεὶ δὲ πᾶν τὸ

ᵇ23 γ ΚΛΣ : βγ Ε   καὶ] καὶ τὸ ᾱβ̄ κινήσεται ὅλον καὶ Ε   κινηθήσεται Η
24 δὴ om. Ε   25 δὲ Ι   ἧς ἡ δζ ΚΛ   27 ἑτέραν Κ   28 τὴν
τοῦ ἄλλου Ι   μεγέθους ἐστὶ Η   29 δ᾽ εἰ] δὴ Ε¹   πᾶσα ΕJ²S :
ἅπασα FHIJ¹Κ   30 ἡ ἐφεξῆς J : ἐφ᾽ ἧς ἡ FΚ   μέρος γὰρ Ε¹J
31 ἑκατέρου F   ὅλη Ε¹IS : ἡ ὅλη Ε²FHJKP   32 μέρη alt.]
μέρη τοῦ δζ Ε²ΚΛ   ΑΒ ΒΓ PST, Prantl : αβγ Π   33 οὐδένων]
οὐκ ΚΛ   κἂν ἡ] καὶ Η   ἡ ὅλη fecit Ε   34 εἴη ΕS : εἴη ἂν HIJΚ :
om. F   β EFIJS : om. HΚ   εἰ EIS : εἰ μέν FHJΚ   ἄλλη
τοῦ ὅλου κίνησις ΕS : τοῦ ὅλου κίνησις ἄλλη ΚΛ   35 ἧς] ἧς ἡ J
I om. I¹   235ᵃ 2 Ε alt. FHΚP : om. ΕΙJ   3 εἰς . . . ΘΙ
om. I   τὴν . . . κίνησιν F   κινήσεις . . . 4 ἔσται om. Ε
4 ἀπολείποι F   ἔσται FIJS : ἐστι HΚ   5 τοῦ Ε²ΚΛΣ :
om. Ε¹   εἶναι τοῦ ἑνός Ε²ΚΛΣ   6 ἔσται Ι   7 δὲ Ε²ΚΛΣ :
δὴ Ε¹   ὑπερβάλοι Ι   11 πᾶσα FS

κινούμενον ἔν τινι κινεῖται καὶ χρόνον τινά, καὶ παντὸς ἔστι
κίνησις, ἀνάγκη τὰς αὐτὰς εἶναι διαιρέσεις τοῦ τε χρόνου 15
καὶ τῆς κινήσεως καὶ τοῦ κινεῖσθαι καὶ τοῦ κινουμένου καὶ ἐν
ᾧ ἡ κίνησις (πλὴν οὐ πάντων ὁμοίως ἐν οἷς ἡ κίνησις, ἀλλὰ
τοῦ μὲν τόπου καθ᾽ αὐτό, τοῦ δὲ ποιοῦ κατὰ συμβεβηκός). εἰ-
λήφθω γὰρ ὁ χρόνος ἐν ᾧ κινεῖται ἐφ᾽ ᾧ Α, καὶ ἡ κίνησις
ἐφ᾽ ᾧ Β. εἰ οὖν τὴν ὅλην ἐν τῷ παντὶ χρόνῳ κεκίνηται, ἐν 20
τῷ ἡμίσει ἐλάττω, καὶ πάλιν τούτου διαιρεθέντος ἐλάττω
ταύτης, καὶ ἀεὶ οὕτως. ὁμοίως δὲ καί, εἰ ἡ κίνησις διαιρετή, καὶ
ὁ χρόνος διαιρετός· εἰ γὰρ τὴν ὅλην ἐν τῷ παντί, τὴν ἡμί-
σειαν ἐν τῷ ἡμίσει, καὶ πάλιν τὴν ἐλάττω ἐν τῷ ἐλάττονι.
τὸν αὐτὸν δὲ τρόπον καὶ τὸ κινεῖσθαι διαιρεθήσεται. ἔστω 25
γὰρ ἐφ᾽ ᾧ Γ τὸ κινεῖσθαι. κατὰ δὴ τὴν ἡμίσειαν κίνησιν
ἔλαττον ἔσται τοῦ ὅλου, καὶ πάλιν κατὰ τὴν τῆς ἡμισείας
ἡμίσειαν, καὶ αἰεὶ οὕτως. ἔστι δὲ καὶ ἐκθέμενον τὸ καθ᾽ ἑκα-
τέραν τῶν κινήσεων κινεῖσθαι, οἷον κατά τε τὴν ΔΓ καὶ τὴν
ΓΕ, λέγειν ὅτι τὸ ὅλον ἔσται κατὰ τὴν ὅλην (εἰ γὰρ ἄλλο, 30
πλείω ἔσται κινεῖσθαι κατὰ τὴν αὐτὴν κίνησιν), ὥσπερ ἐδεί-
ξαμεν καὶ τὴν κίνησιν διαιρετὴν εἰς τὰς τῶν μερῶν κινήσεις
οὖσαν· ληφθέντος γὰρ τοῦ κινεῖσθαι καθ᾽ ἑκατέραν συνεχὲς
ἔσται τὸ ὅλον. ὡσαύτως δὲ δειχθήσεται καὶ τὸ μῆκος διαι-
ρετόν, καὶ ὅλως πᾶν ἐν ᾧ ἐστιν ἡ μεταβολή (πλὴν ἔνια 35
κατὰ συμβεβηκός, ὅτι τὸ μεταβάλλον ἐστὶν διαιρετόν)· ἑνὸς
γὰρ διαιρουμένου πάντα διαιρεθήσεται. καὶ ἐπὶ τοῦ πεπερασ-
μένα εἶναι ἢ ἄπειρα ὁμοίως ἕξει κατὰ πάντων. ἠκολούθηκεν 235ᵇ
δὲ μάλιστα τὸ διαιρεῖσθαι πάντα καὶ ἄπειρα εἶναι ἀπὸ τοῦ
μεταβάλλοντος· εὐθὺς γὰρ ἐνυπάρχει τῷ μεταβάλλοντι τὸ
διαιρετὸν καὶ τὸ ἄπειρον. τὸ μὲν οὖν διαιρετὸν δέδεικται πρό-
τερον, τὸ δ᾽ ἄπειρον ἐν τοῖς ἑπομένοις ἔσται δῆλον. 5

5   Ἐπεὶ δὲ πᾶν τὸ μεταβάλλον ἔκ τινος εἴς τι μετα-

ᵃ 14 τινι] χρόνῳ Η   κινεῖται Ε²ΚΛΣ: κινήσεται Ε¹   ἔστι
Ε²ΗΙJΚS: ἐστιν ἡ Ε¹: ἔσται κινουμένου F   15 διαιρέσεις εἶναι
FH   17 πλὴν ... κίνησις om. Ι   18 τόπου J¹S: ποσοῦ
EFHIJ²ΚΤ, ci. Α: an τόπου καὶ τοῦ ποσοῦ?   εἰλήφθω ... ᵇ 1
πάντων om. Τ   18–22 εἰλήφθω ... οὕτως ΠS: secl. Prantl
22 εἰ ΚΛΣ: om. Ε   23 ἐν τῷ om. Ε¹: ἐν om. Ε²   25–8 ἔστω
... οὕτως ΠS: secl. Prantl   26 δὴ om. Ε¹   27 τὴν] τῆς J
28 ἑτέραν Ε   29 δγ ΚΛΣ: γδ Ε   30 Γ] τρίτην Ε¹   34 ἔσται]
καὶ S   36 τὸ om. Ε¹   ᵇ 1 ἠκολούθηκεν ΕΙJP: ἠκολούθησε
FHKT   3 τὸ om. J   4 τὸ pr. om. Ι   6 δὲ Ε²ΚΛΣΤ:
om. Ε¹   ἔκ τινος Ε²ΚΛΡSΤ: om. Ε¹

βάλλει, ἀνάγκη τὸ μεταβεβληκός, ὅτε πρῶτον μεταβέ-
βληκεν, εἶναι ἐν ᾧ μεταβέβληκεν. τὸ γὰρ μεταβάλλον, ἐξ
οὗ μεταβάλλει, ἐξίσταται ἢ ἀπολείπει αὐτό, καὶ ἤτοι ταὐτόν
10 ἐστι τὸ μεταβάλλειν καὶ τὸ ἀπολείπειν, ἢ ἀκολουθεῖ τῷ μετα-
βάλλειν τὸ ἀπολείπειν. εἰ δὲ τῷ μεταβάλλειν τὸ ἀπολείπειν,
τῷ μεταβεβληκέναι τὸ ἀπολελοιπέναι· ὁμοίως γὰρ ἑκάτερον
ἔχει πρὸς ἑκάτερον. ἐπεὶ οὖν μία τῶν μεταβολῶν ἡ κατ' ἀντί-
φασιν, ὅτε μεταβέβληκεν ἐκ τοῦ μὴ ὄντος εἰς τὸ ὄν, ἀπολέ-
15 λοιπεν τὸ μὴ ὄν. ἔσται ἄρα ἐν τῷ ὄντι· πᾶν γὰρ ἀνάγκη ἢ
εἶναι ἢ μὴ εἶναι. φανερὸν οὖν ὅτι ἐν τῇ κατ' ἀντίφασιν με-
ταβολῇ τὸ μεταβεβληκὸς ἔσται ἐν ᾧ μεταβέβληκεν. εἰ δ'
ἐν ταύτῃ, καὶ ἐν ταῖς ἄλλαις· ὁμοίως γὰρ ἐπὶ μιᾶς καὶ
τῶν ἄλλων. ἔτι δὲ καὶ καθ' ἑκάστην λαμβάνουσι φανερόν, εἴπερ
20 ἀνάγκη τὸ μεταβεβληκὸς εἶναί που ἢ ἔν τινι. ἐπεὶ γὰρ ἐξ
οὗ μεταβέβληκεν ἀπολέλοιπεν, ἀνάγκη δ' εἶναί που, ἢ ἐν
τούτῳ ἢ ἐν ἄλλῳ ἔσται. εἰ μὲν οὖν ἐν ἄλλῳ, οἷον ἐν τῷ Γ,
τὸ εἰς τὸ Β μεταβεβληκός, πάλιν ἐκ τοῦ Γ μεταβάλλει
εἰς τὸ Β· οὐ γὰρ ἦν ἐχόμενον τὸ Β, ἡ δὲ μεταβολὴ συ-
25 νεχής. ὥστε τὸ μεταβεβληκός, ὅτε μεταβέβληκεν, μεταβάλ-
λει εἰς ὃ μεταβέβληκεν. τοῦτο δ' ἀδύνατον· ἀνάγκη ἄρα τὸ
μεταβεβληκὸς εἶναι ἐν τούτῳ εἰς ὃ μεταβέβληκεν. φανερὸν
οὖν ὅτι καὶ τὸ γεγονός, ὅτε γέγονεν, ἔσται, καὶ τὸ ἐφθαρ-
μένον οὐκ ἔσται· καθόλου τε γὰρ εἴρηται περὶ πάσης με-
30 ταβολῆς, καὶ μάλιστα δῆλον ἐν τῇ κατ' ἀντίφασιν.

30   ὅτι

μὲν τοίνυν τὸ μεταβεβληκός, ὅτε μεταβέβληκε πρῶτον, ἐν
ἐκείνῳ ἐστίν, δῆλον· ἐν ᾧ δὲ πρώτῳ μεταβέβληκεν τὸ μετα-
βεβληκός, ἀνάγκη ἄτομον εἶναι. λέγω δὲ πρῶτον ὃ μὴ
τῷ ἕτερόν τι αὐτοῦ εἶναι τοιοῦτόν ἐστιν. ἔστω γὰρ διαιρετὸν τὸ
35 ΑΓ, καὶ διῃρήσθω κατὰ τὸ Β. εἰ μὲν οὖν ἐν τῷ ΑΒ μετα-
βέβληκεν ἢ πάλιν ἐν τῷ ΒΓ, οὐκ ἂν ἐν πρώτῳ τῷ ΑΓ με-

ᵇ 8 εἶναι . . . μεταβέβληκεν om. E¹   τὸ ΚΛΤ : τὸ μὲν Ε   βάλ-
λον I   9 ἤτοι] τοι E¹   10 τὸ alt. EHIJS : om. FK
11–12 εἰ . . . τῷ ES : τῷ δὲ ΚΛ   15 ἅπαν Ε   ἢ om. FHK
18 γὰρ] γὰρ καὶ F   19 καὶ E²FHJKS : om. E¹I   20 ἢ
EF²IJKPS : ἐξ οὗ μεταβέβληκεν ἢ F¹HJ   22 τούτῳ ἢ ἐν ἄλλῳ
ΚΛS : ἄλλῳ ἢ ἐν τούτῳ Ε   εἰ μὲν οὖν ΚΛΡ : om. Ε   24 τὸ alt.
Hayduck : τῷ ΠΡ   συνεχὴς δὲ ἡ μεταβολή Α   δὲ ΕΡ : γὰρ ΚΛ
25 μεταβάλλει εἰς ὃ μεταβέβληκεν om. IJ¹   27 ἐν om. E¹   30 κατ'
FHS : κατὰ τὴν ΕΙJΚ   33 ἀνάγκη] πρῶτον ἀνάγκη I   36 τῷΑ] τὸ α F

5. 235ᵇ 7 — 236ᵃ 29

ταβεβληκὸς εἴη. εἰ δ' ἐν ἑκατέρῳ μετέβαλλεν (ἀνάγκη γὰρ
ἢ μεταβεβληκέναι ἢ μεταβάλλειν ἐν ἑκατέρῳ), κἂν ἐν τῷ 236ᵃ
ὅλῳ μεταβάλλοι· ἀλλ' ἦν μεταβεβληκός. ὁ αὐτὸς δὲ λό-
γος καὶ εἰ ἐν τῷ μὲν μεταβάλλει, ἐν δὲ τῷ μεταβέβλη-
κεν· ἔσται γάρ τι τοῦ πρώτου πρότερον· ὥστ' οὐκ ἂν εἴη διαι-
ρετὸν ἐν ᾧ μεταβέβληκεν. φανερὸν οὖν ὅτι καὶ τὸ ἐφθαρμέ- 5
νον καὶ τὸ γεγονὸς ἐν ἀτόμῳ τὸ μὲν ἔφθαρται τὸ δὲ γέ-
γονεν. 7

λέγεται δὲ τὸ ἐν ᾧ πρώτῳ μεταβέβληκε διχῶς, τὸ 7
μὲν ἐν ᾧ πρώτῳ ἐπετελέσθη ἡ μεταβολή (τότε γὰρ ἀλη-
θὲς εἰπεῖν ὅτι μεταβέβληκεν), τὸ δ' ἐν ᾧ πρώτῳ ἤρξατο με-
ταβάλλειν. τὸ μὲν οὖν κατὰ τὸ τέλος τῆς μεταβολῆς πρῶ- 10
τον λεγόμενον ὑπάρχει τε καὶ ἔστιν (ἐνδέχεται γὰρ ἐπιτε-
λεσθῆναι μεταβολὴν καὶ ἔστι μεταβολῆς τέλος, ὃ δὴ καὶ
δέδεικται ἀδιαίρετον ὂν διὰ τὸ πέρας εἶναι)· τὸ δὲ κατὰ τὴν
ἀρχὴν ὅλως οὐκ ἔστιν· οὐ γὰρ ἔστιν ἀρχὴ μεταβολῆς, οὐδ' ἐν
ᾧ πρώτῳ τοῦ χρόνου μετέβαλλεν. ἔστω γὰρ πρῶτον ἐφ' ᾧ 15
τὸ ΑΔ. τοῦτο δὴ ἀδιαίρετον μὲν οὐκ ἔστιν· συμβήσεται γὰρ
ἐχόμενα εἶναι τὰ νῦν. ἔτι δ' εἰ ἐν τῷ ΓΑ χρόνῳ παντὶ ἠρε-
μεῖ (κείσθω γὰρ ἠρεμοῦν), καὶ ἐν τῷ Α ἠρεμεῖ, ὥστ' εἰ ἀμε-
ρές ἐστι τὸ ΑΔ, ἅμα ἠρεμήσει καὶ μεταβεβληκὸς ἔσται· ἐν
μὲν γὰρ τῷ Α ἠρεμεῖ, ἐν δὲ τῷ Δ μεταβέβληκεν. ἐπεὶ δ' 20
οὐκ ἔστιν ἀμερές, ἀνάγκη διαιρετὸν εἶναι καὶ ἐν ὁτῳοῦν τῶν τούτου
μεταβεβληκέναι· διαιρεθέντος γὰρ τοῦ ΑΔ, εἰ μὲν ἐν μηδε-
τέρῳ μεταβέβληκεν, οὐδ' ἐν τῷ ὅλῳ· εἰ δ' ἐν ἀμφοῖν μετα-
βάλλει καὶ ἐν τῷ παντί, εἴτ' ἐν θατέρῳ μεταβέβληκεν,
οὐκ ἐν τῷ ὅλῳ πρώτῳ. ὥστε ἀνάγκη ἐν ὁτῳοῦν μεταβεβλη- 25
κέναι. φανερὸν τοίνυν ὅτι οὐκ ἔστιν ἐν ᾧ πρώτῳ μεταβέ-
βληκεν· ἄπειροι γὰρ αἱ διαιρέσεις. οὐδὲ δὴ τοῦ μεταβεβλη-
κότος ἔστιν τι πρῶτον ὃ μεταβέβληκεν. ἔστω γὰρ τὸ ΔΖ
πρῶτον μεταβεβληκὸς τοῦ ΔΕ· πᾶν γὰρ δέδεικται διαιρετὸν

ᵇ 37 εἴη] η Eˡ μετέβαλεν E²H 236ᵃ 2 μεταβάλοι I δὲ om. H
3 τῷ δὲ H 7 λέγω fecit F ἤρξατο μεταβάλλειν Fˡ 8 πρώτω
ΚΛΣ : om. E ἐτελέσθη HIJK : ἐτελειώθη Fˡ ἀληθὲς ἦν εἰπεῖν
F 9 ἐν ᾧ E²ΚΛΣ : om. Eˡ 10 οὐ Eˡ λεγόμενον πρῶτον H
15 μετέβαλεν E²FK 16 τὸ om. HK δὴ om. Eˡ 18 ἠρεμήσει I
20 μὲν om. H 21 εἶναι et τῶν om. Eˡ 24 εἴτ' scripsi, fort. leg.
S : εἰ δ' Π 25 οὐδ' E² πρῶτον Fˡ 28 ἔστι EHJS : ἔσται FIK
πρότερον S ΖΔ S 29 μεταβεβληκὸς E²ΚΛΣ : μεταβεβληκότος Eˡ

ΦΥΣΙΚΗΣ ΑΚΡΟΑΣΕΩΣ Ζ

30 τὸ μεταβάλλον. ὁ δὲ χρόνος ἐν ᾧ τὸ ΔΖ μεταβέβληκεν
ἔστω ἐφ' ᾧ ΘΙ. εἰ οὖν ἐν τῷ παντὶ τὸ ΔΖ μεταβέβληκεν,
ἐν τῷ ἡμίσει ἔλαττον ἔσται τι μεταβεβληκὸς καὶ πρότερον
τοῦ ΔΖ, καὶ πάλιν τούτου ἄλλο, κἀκείνου ἕτερον, καὶ αἰεὶ
οὕτως. ὥστ' οὐθὲν ἔσται πρῶτον τοῦ μεταβάλλοντος ὃ μεταβέ-
35 βληκεν.

35   ὅτι μὲν οὖν οὔτε τοῦ μεταβάλλοντος οὔτ' ἐν ᾧ μετα-
βάλλει χρόνῳ πρῶτον οὐθέν ἐστιν, φανερὸν ἐκ τῶν εἰρημένων·
236ᵇ αὐτὸ δὲ ὃ μεταβάλλει ἢ καθ' ὃ μεταβάλλει, οὐκέθ'
ὁμοίως ἔξει. τρία γάρ ἐστιν ἃ λέγεται κατὰ τὴν μετα-
βολήν, τό τε μεταβάλλον καὶ ἐν ᾧ καὶ εἰς ὃ μετα-
βάλλει, οἷον ὁ ἄνθρωπος καὶ ὁ χρόνος καὶ τὸ λευκόν. ὁ
5 μὲν οὖν ἄνθρωπος καὶ ὁ χρόνος διαιρετοί, περὶ δὲ τοῦ λευ-
κοῦ ἄλλος λόγος. πλὴν κατὰ συμβεβηκός γε πάντα δι-
αιρετά· ᾧ γὰρ συμβέβηκεν τὸ λευκὸν ἢ τὸ ποιόν, ἐκεῖνο
διαιρετόν ἐστιν· ἐπεὶ ὅσα γε καθ' αὑτὰ λέγεται διαιρετὰ
καὶ μὴ κατὰ συμβεβηκός, οὐδ' ἐν τούτοις ἔσται τὸ πρῶτον,
10 οἷον ἐν τοῖς μεγέθεσιν. ἔστω γὰρ τὸ ἐφ' ᾧ ΑΒ μέγεθος,
κεκινήσθω δ' ἐκ τοῦ Β εἰς τὸ Γ πρῶτον. οὐκοῦν εἰ μὲν ἀδιαί-
ρετον ἔσται τὸ ΒΓ, ἀμερὲς ἀμεροῦς ἔσται ἐχόμενον· εἰ δὲ δι-
αιρετόν, ἔσται τι τοῦ Γ πρότερον, εἰς ὃ μεταβέβληκεν, κἀ-
κείνου πάλιν ἄλλο, καὶ ἀεὶ οὕτως διὰ τὸ μηδέποτε ὑπολεί-
15 πειν τὴν διαίρεσιν. ὥστ' οὐκ ἔσται πρῶτον εἰς ὃ μεταβέβλη-
κεν. ὁμοίως δὲ καὶ ἐπὶ τῆς τοῦ ποσοῦ μεταβολῆς· καὶ γὰρ
αὕτη ἐν συνεχεῖ ἐστιν. φανερὸν οὖν ὅτι ἐν μόνῃ τῶν κινήσεων
τῇ κατὰ τὸ ποιὸν ἐνδέχεται ἀδιαίρετον καθ' αὑτὸ εἶναι.

Ἐπεὶ δὲ τὸ μεταβάλλον ἅπαν ἐν χρόνῳ μεταβάλλει, 6
20 λέγεται δ' ἐν χρόνῳ μεταβάλλειν καὶ ὡς ἐν πρώτῳ καὶ
ὡς καθ' ἕτερον, οἷον ἐν τῷ ἐνιαυτῷ ὅτι ἐν τῇ ἡμέρᾳ μετα-
βάλλει, ἐν ᾧ πρώτῳ χρόνῳ μεταβάλλει τὸ μεταβάλλον,
ἐν ὁτῳοῦν ἀνάγκη τούτου μεταβάλλειν. δῆλον μὲν οὖν καὶ ἐκ

ᵃ 30 τὸ ΖΔ S : om. E¹   31 παντὶ χρόνῳ τὸ I   32 ἐν om. J
ἔσται τι scripsi : τι ἔσται S : ἔσται ΕΗ : ἔσται τὸ FIJK   34 πρῶτον
Ε²ΚΛS : om. E¹   ὃ . . . 35 μεταβάλλοντος om. F¹   ᵇ 1 ὃ pr.
ΠΡS : εἰς ὃ Prantl   ἢ . . . μεταβάλλει om. I   οὐκεθ' ΚΛS :
οὐκέτι ὅτι E   3 τε om. E   εἰς om. E²FHIK   5 διαιρετοί
fecit E   7 ποιὸν ἢ τὸ λευκόν ΗΚ   8 διαιρετὰ λέγεται F
9 καὶ . . . συμβεβηκός om. I   13 εἰς om. I   18 τὸ ΚΛΡ :
om. E   ἀδιαίρετον om. F¹   21 ἐν τῷ Ε²ΚΛS : om. E¹
22 πρώτως FK   23 τοῦτο E¹   οὖν om. F   καὶ om. ΗΚ

τοῦ ὁρισμοῦ (τὸ γὰρ πρῶτον οὕτως ἐλέγομεν), οὐ μὴν ἀλλὰ καὶ
ἐκ τῶνδε φανερόν. ἔστω γὰρ ἐν ᾧ πρώτῳ κινεῖται τὸ κινούμε- 25
νον ἐφ' ᾧ ΧΡ, καὶ διῃρήσθω κατὰ τὸ Κ· πᾶς γὰρ χρό-
νος διαιρετός. ἐν δὴ τῷ ΧΚ χρόνῳ ἤτοι κινεῖται ἢ οὐ κι-
νεῖται, καὶ πάλιν ἐν τῷ ΚΡ ὡσαύτως. εἰ μὲν οὖν ἐν μη-
δετέρῳ κινεῖται, ἠρεμοίη ἂν ἐν τῷ παντί (κινεῖσθαι γὰρ ἐν
μηθενὶ τῶν τούτου κινούμενον ἀδύνατον)· εἰ δ' ἐν θατέρῳ μόνῳ 30
κινεῖται, οὐκ ἂν ἐν πρώτῳ κινοῖτο τῷ ΧΡ· καθ' ἕτερον γὰρ
ἡ κίνησις. ἀνάγκη ἄρα ἐν ὁτῳοῦν τοῦ ΧΡ κινεῖσθαι. 32

δεδει- 32

γμένου δὲ τούτου φανερὸν ὅτι πᾶν τὸ κινούμενον ἀνάγκη κεκι-
νῆσθαι πρότερον. εἰ γὰρ ἐν τῷ ΧΡ πρώτῳ χρόνῳ τὸ ΚΛ
κεκίνηται μέγεθος, ἐν τῷ ἡμίσει τὸ ὁμοταχῶς κινούμενον 35
καὶ ἅμα ἀρξάμενον τὸ ἥμισυ ἔσται κεκινημένον. εἰ δὲ τὸ
ὁμοταχὲς ἐν τῷ αὐτῷ χρόνῳ κεκίνηταί τι, καὶ θάτερον 237ᵃ
ἀνάγκη ταὐτὸ κεκινῆσθαι μέγεθος, ὥστε κεκινημένον ἔσται
τὸ κινούμενον. ἔτι δὲ εἰ ἐν τῷ παντὶ χρόνῳ τῷ ΧΡ κεκινῆ-
σθαι λέγομεν, ἢ ὅλως ἐν ὁτῳοῦν χρόνῳ, τῷ λαβεῖν τὸ
ἔσχατον αὐτοῦ νῦν (τοῦτο γάρ ἐστι τὸ ὁρίζον, καὶ τὸ μεταξὺ 5
τῶν νῦν χρόνος), κἂν ἐν τοῖς ἄλλοις ὁμοίως λέγοιτο κεκινῆ-
σθαι. τοῦ δ' ἡμίσεος ἔσχατον ἡ διαίρεσις. ὥστε καὶ ἐν τῷ
ἡμίσει κεκινημένον ἔσται καὶ ὅλως ἐν ὁτῳοῦν τῶν μερῶν· ἀεὶ
γὰρ ἅμα τῇ τομῇ χρόνος ἐστιν ὡρισμένος ὑπὸ τῶν νῦν. εἰ
οὖν ἅπας μὲν χρόνος διαιρετός, τὸ δὲ μεταξὺ τῶν νῦν χρό- 10
νος, ἅπαν τὸ μεταβάλλον ἄπειρα ἔσται μεταβεβληκός. ἔτι
δ' εἰ τὸ συνεχῶς μεταβάλλον καὶ μὴ φθαρὲν μηδὲ πεπαυ-
μένον τῆς μεταβολῆς ἢ μεταβάλλειν ἢ μεταβεβληκέναι
ἀναγκαῖον ἐν ὁτῳοῦν, ἐν δὲ τῷ νῦν οὐκ ἔστιν μεταβάλλειν,
ἀνάγκη μεταβεβληκέναι καθ' ἕκαστον τῶν νῦν· ὥστ' εἰ τὰ 15
νῦν ἄπειρα, πᾶν τὸ μεταβάλλον ἄπειρα ἔσται μεταβεβλη-
κός. 17

οὐ μόνον δὲ τὸ μεταβάλλον ἀνάγκη μεταβεβληκέναι, 17

ᵇ 24 ἐλέγομεν ΚΛS : λέγομεν E   ἀλλὰ om. H : δὲ Jˡ : δὲ ἀλλὰ I
25 τωνδὶ H   27 δὴ ΚΛΡS : δὲ E   χκ ΚΛS : κχ E   30 κινουμένων J
31 ἑκάτερον FHˡ   32-3 ἀνάγκη ... τούτου om. I   32 κινεῖσθαι
ΕΡ : κεκινῆσθαι ΚΛ   237ᵃ 1 τι om. Iˡ   καθ' ἕτερον Eˡ
4 ἐν] ἢ ἐν F   αὐτοῦ τὸ ἔσχατον H   6 καὶ ΕJˡ   8 καὶ om. Eˡ
10 τὸ] ὁ ΚΛ   12 μὴ] μηδὲ I   14 ἐν ὁτῳοῦν ἀναγκαῖον H   15 τῶν
νῦν om. Τ : νῦν ΗΚ   16 ἔσται μεταβεβληκὸς ἄπειρα, deinde ᵃ 11-16 ἔτι
... μεταβεβληκός iterum F   17-18 μεταβεβληκέναι ... ἀνάγκη om. I

Κ

ἀλλὰ καὶ τὸ μεταβεβληκὸς ἀνάγκη μεταβάλλειν πρότε-
ρον· ἅπαν γὰρ τὸ ἔκ τινος εἴς τι μεταβεβληκὸς ἐν χρόνῳ
20 μεταβέβληκεν. ἔστω γὰρ ἐν τῷ νῦν ἐκ τοῦ Α εἰς τὸ Β με-
ταβεβληκός. οὐκοῦν ἐν μὲν τῷ αὐτῷ νῦν ἐν ᾧ ἐστιν ἐν τῷ
Α, οὐ μεταβέβληκεν (ἅμα γὰρ ἂν εἴη ἐν τῷ Α καὶ ἐν τῷ Β)·
τὸ γὰρ μεταβεβληκός, ὅτε μεταβέβληκεν, ὅτι οὐκ ἔστιν ἐν
τούτῳ, δέδεικται πρότερον· εἰ δ' ἐν ἄλλῳ, μεταξὺ ἔσται
25 χρόνος· οὐ γὰρ ἦν ἐχόμενα τὰ νῦν. ἐπεὶ οὖν ἐν χρόνῳ με-
ταβέβληκεν, χρόνος δ' ἅπας διαιρετός, ἐν τῷ ἡμίσει ἄλλο
ἔσται μεταβεβληκός, καὶ πάλιν ἐν τῷ ἐκείνου ἡμίσει ἄλλο,
καὶ αἰεὶ οὕτως· ὥστε μεταβάλλοι ἂν πρότερον. ἔτι δ' ἐπὶ τοῦ
μεγέθους φανερώτερον τὸ λεχθὲν διὰ τὸ συνεχὲς εἶναι τὸ μέ-
30 γεθος ἐν ᾧ μεταβάλλει τὸ μεταβάλλον. ἔστω γάρ τι μετα-
βεβληκὸς ἐκ τοῦ Γ εἰς τὸ Δ. οὐκοῦν εἰ μὲν ἀδιαίρετόν ἐστι τὸ
ΓΔ, ἀμερὲς ἀμεροῦς ἔσται ἐχόμενον· ἐπεὶ δὲ τοῦτο ἀδύνατον,
ἀνάγκη μέγεθος εἶναι τὸ μεταξὺ καὶ εἰς ἄπειρα διαιρετόν·
ὥστ' εἰς ἐκεῖνα μεταβάλλει πρότερον. ἀνάγκη ἄρα πᾶν τὸ με-
35 ταβεβληκὸς μεταβάλλειν πρότερον. ἡ γὰρ αὐτὴ ἀπόδειξις
237ᵇ καὶ ἐν τοῖς μὴ συνεχέσιν, οἷον ἔν τε τοῖς ἐναντίοις καὶ ἐν
ἀντιφάσει· ληψόμεθα γὰρ τὸν χρόνον ἐν ᾧ μεταβέβληκεν,
καὶ πάλιν ταῦτα ἐροῦμεν. ὥστε ἀνάγκη τὸ μεταβεβληκὸς
μεταβάλλειν καὶ τὸ μεταβάλλον μεταβεβληκέναι, καὶ
5 ἔσται τοῦ μὲν μεταβάλλειν τὸ μεταβεβληκέναι πρότερον, τοῦ
δὲ μεταβεβληκέναι τὸ μεταβάλλειν, καὶ οὐδέποτε ληφθή-
σεται τὸ πρῶτον. αἴτιον δὲ τούτου τὸ μὴ εἶναι ἀμερὲς ἀμε-
ροῦς ἐχόμενον· ἄπειρος γὰρ ἡ διαίρεσις, καθάπερ ἐπὶ
9 τῶν αὐξανομένων καὶ καθαιρουμένων γραμμῶν.

9   φανερὸν οὖν
10 ὅτι καὶ τὸ γεγονὸς ἀνάγκη γίγνεσθαι πρότερον καὶ τὸ γιγνό-
μενον γεγονέναι, ὅσα διαιρετὰ καὶ συνεχῆ, οὐ μέντοι αἰεὶ

ᵃ 20 μεταβέβληκεν Ε²ΚΛS : μεταβέβληκεν αβ Ε¹   21 ἐν alt. om. J
22 ἐν alt. ΚΛS : om. Ε   23 ὅτε ΚΛS : ὁ Ε : ἐξ οὗ μεταβέβληκεν,
ὅτε ci. Cornford   24 ταὐτῷ S   26 χρόνος δὲ πᾶς FHIJ : πᾶς δὲ
χρόνος ΚS : δὲ πᾶς χρόνος Τ   27 ἡμίσει ἐκείνου F   28 μετα-
βάλοι F   ἐπὶ Ε²ΚΛΡ : om. Ε¹   30 τι FP : τὸ ΕΗΙJΚ
31 ἔσται Ε   33 διαιρετόν Ε²ΚΛS : διαιρετὸν εδ Ε¹   35 γὰρ ἡ Ε
ᵇ1 ἐν ult.] ἐν τῇ Ι   5 ἔστι ΚΛΤ   7 πρῶτον ΕΗΙJΚS : πρό-
τερον FT   8 ἄπειρος Ε¹S : ἐπ' ἄπειρον Ε²ΚΛΤ   9 γραμμῶν
Ε²ΚΛST : om. Ε¹   10 πρότερον] ποτε Η   11 ὅσα διαιρετὰ
Ε²ΚΛΡST : ἀδιαίρετα Ε¹

ὃ γίγνεται, ἀλλ' ἄλλο ἐνίοτε, οἷον τῶν ἐκείνου τι, ὥσπερ τῆς
οἰκίας τὸν θεμέλιον. ὁμοίως δὲ καὶ ἐπὶ τοῦ φθειρομένου καὶ
ἐφθαρμένου· εὐθὺς γὰρ ἐνυπάρχει τῷ γιγνομένῳ καὶ τῷ
φθειρομένῳ ἄπειρόν τι συνεχεῖ γε ὄντι, καὶ οὐκ ἔστιν οὔτε γί- 15
γνεσθαι μὴ γεγονός τι οὔτε γεγονέναι μὴ γιγνόμενόν τι, ὁμοίως
δὲ καὶ ἐπὶ τοῦ φθείρεσθαι καὶ ἐπὶ τοῦ ἐφθάρθαι· αἰεὶ γὰρ
ἔσται τοῦ μὲν φθείρεσθαι τὸ ἐφθάρθαι πρότερον, τοῦ δ' ἐφ-
θάρθαι τὸ φθείρεσθαι. φανερὸν οὖν ὅτι καὶ τὸ γεγονὸς ἀνάγκη
γίγνεσθαι πρότερον καὶ τὸ γιγνόμενον γεγονέναι· πᾶν γὰρ μέ- 20
γεθος καὶ πᾶς χρόνος ἀεὶ διαιρετά. ὥστ' ἐν ᾧ ἂν ᾖ, οὐκ ἂν
εἴη ὡς πρώτῳ.

7 Ἐπεὶ δὲ πᾶν τὸ κινούμενον ἐν χρόνῳ κινεῖται, καὶ ἐν
τῷ πλείονι μεῖζον μέγεθος, ἐν τῷ ἀπείρῳ χρόνῳ ἀδύνατόν
ἐστιν πεπερασμένην κινεῖσθαι, μὴ τὴν αὐτὴν αἰεὶ καὶ τῶν ἐκεί- 25
νης τι κινούμενον, ἀλλ' ἐν ἅπαντι ἅπασαν. ὅτι μὲν οὖν εἴ τι
ἰσοταχῶς κινοῖτο, ἀνάγκη τὸ πεπερασμένον ἐν πεπερασμένῳ
κινεῖσθαι, δῆλον (ληφθέντος γὰρ μορίου ὃ καταμετρήσει
τὴν ὅλην, ἐν ἴσοις χρόνοις τοσούτοις ὅσα τὰ μόριά ἐστιν,
τὴν ὅλην κεκίνηται, ὥστ' ἐπεὶ ταῦτα πεπέρανται καὶ τῷ πό- 30
σον ἕκαστον καὶ τῷ ποσάκις ἅπαντα, καὶ ὁ χρόνος ἂν εἴη
πεπερασμένος· τοσαυτάκις γὰρ ἔσται τοσοῦτος, ὅσος ὁ τοῦ
μορίου χρόνος πολλαπλασιασθεὶς τῷ πλήθει τῶν μορίων)·
ἀλλὰ δὴ κἂν μὴ ἰσοταχῶς, διαφέρει οὐθέν. ἔστω γὰρ
ἐφ' ἧς τὸ ΑΒ διάστημα πεπερασμένον, ὃ κεκίνηται 35
ἐν τῷ ἀπείρῳ, καὶ ὁ χρόνος ἄπειρος ἐφ' οὗ τὸ ΓΔ. εἰ δὴ 238ᵃ
ἀνάγκη πρότερον ἕτερον ἑτέρου κεκινῆσθαι (τοῦτο δὲ δῆλον,
ὅτι τοῦ χρόνου ἐν τῷ προτέρῳ καὶ ὑστέρῳ ἕτερον κεκίνηται·
ἀεὶ γὰρ ἐν τῷ πλείονι ἕτερον ἔσται κεκινημένον, ἐάν τε ἰσο-
ταχῶς ἐάν τε μὴ ἰσοταχῶς μεταβάλλῃ, καὶ ἐάν τε ἐπι- 5
τείνῃ ἡ κίνησις ἐάν τε ἀνιῇ ἐάν τε μένῃ, οὐδὲν ἧττον), εἰλήφθω

ᵇ 12 ἀλλὰ καὶ ἄλλο F : ἀλλ' ἄλλο τι I   οἷον] ὥσπερ F
13 φθειρομένου καὶ om. S   14 τῷ alt. om. ΚΛ   15 συνεχὲς Jˡ
16 γενόμενόν Η   19 καὶ om. Ε   20 γενόμενον Ε   21 ᾖ]
εἴη Η   22 πρώτῳ ΛΣ : πρώτως Κ : πρῶτον Ε   25 πεπερασ-
μένον Κ   26 ἐν] ἐν τῷ FΚ   πᾶσαν Ε   29 χρόνοις ΕΣ :
τοῖς χρόνοις ΚΛ   τοσούτοις om. ΗS   30 ἐπεὶ] ι Ε   πεπέ-
ραται F : πεπέρασται ΗΙΚ   τὸ Ε   ποσῷ Ι   31 τὸ Ε
34 μὴ EJS : εἰ μὴ FΗΙΚ   διαφέροι Ι   35 AB S, Bonitz : a
καὶ τὸ β ΙΙ   ὃ] ου Ε   238ᵃ 1 τὸ om. Ε   2 ἑτέρου om. Jˡ
5 μεταβάλῃ Ι

δή τι τοῦ ΑΒ διαστήματος, τὸ ΑΕ, ὃ καταμετρήσει τὴν
ΑΒ. τοῦτο δὴ τοῦ ἀπείρου ἔν τινι ἐγένετο χρόνῳ· ἐν ἀπείρῳ
γὰρ οὐχ οἷόν τε· τὸ γὰρ ἅπαν ἐν ἀπείρῳ. καὶ πάλιν ἕτε-
10 ρον δὴ ἐὰν λάβω ὅσον τὸ ΑΕ, ἀνάγκη ἐν πεπερασμένῳ
χρόνῳ· τὸ γὰρ ἅπαν ἐν ἀπείρῳ. καὶ οὕτω δὴ λαμβάνων,
ἐπειδὴ τοῦ μὲν ἀπείρου οὐθὲν ἔστι μόριον ὃ καταμετρήσει (ἀδύ-
νατον γὰρ τὸ ἄπειρον εἶναι ἐκ πεπερασμένων καὶ ἴσων καὶ
ἀνίσων, διὰ τὸ καταμετρηθήσεσθαι τὰ πεπερασμένα πλήθει
15 καὶ μεγέθει ὑπό τινος ἑνός, ἐάν τε ἴσα ᾖ ἐάν τε ἄνισα,
ὡρισμένα δὲ τῷ μεγέθει, οὐθὲν ἧττον), τὸ δὲ διάστημα τὸ πε-
περασμένον ποσοῖς τοῖς ΑΕ μετρεῖται, ἐν πεπερασμένῳ ἂν
χρόνῳ τὸ ΑΒ κινοῖτο (ὡσαύτως δὲ καὶ ἐπὶ ἠρεμήσεως)· ὥστε
οὔτε γίγνεσθαι οὔτε φθείρεσθαι οἷόν τε ἀεί τι τὸ αὐτὸ καὶ ἕν.
20 ὁ αὐτὸς δὲ λόγος καὶ ὅτι οὐδ᾽ ἐν πεπερασμένῳ χρόνῳ ἄπει-
ρον οἷόν τε κινεῖσθαι οὐδ᾽ ἠρεμίζεσθαι, οὔθ᾽ ὁμαλῶς κινούμενον
οὔτ᾽ ἀνωμάλως. ληφθέντος γάρ τινος μέρους ὃ ἀναμετρήσει
τὸν ὅλον χρόνον, ἐν τούτῳ ποσόν τι διέξεισιν τοῦ μεγέθους καὶ
οὐχ ὅλον (ἐν γὰρ τῷ παντὶ τὸ ὅλον), καὶ πάλιν ἐν τῷ ἴσῳ
25 ἄλλο, καὶ ἐν ἑκάστῳ ὁμοίως, εἴτε ἴσον εἴτε ἄνισον τῷ ἐξ
ἀρχῆς· διαφέρει γὰρ οὐδέν, εἰ μόνον πεπερασμένον ἕκα-
στον· δῆλον γὰρ ὡς ἀναιρουμένου τοῦ χρόνου τὸ ἄπειρον οὐκ
ἀναιρεθήσεται, πεπερασμένης τῆς ἀφαιρέσεως γιγνομένης καὶ
τῷ ποσῷ καὶ τῷ ποσάκις· ὥστ᾽ οὐ δίεισιν ἐν πεπερασμένῳ
30 χρόνῳ τὸ ἄπειρον. οὐδέν τε διαφέρει τὸ μέγεθος ἐπὶ θάτερα
ἢ ἐπ᾽ ἀμφότερα εἶναι ἄπειρον· ὁ γὰρ αὐτὸς ἔσται λόγος.
ἀποδεδειγμένων δὲ τούτων φανερὸν ὅτι οὐδὲ τὸ πεπερασμένον
μέγεθος τὸ ἄπειρον ἐνδέχεται διελθεῖν ἐν πεπερασμένῳ
διὰ τὴν αὐτὴν αἰτίαν· ἐν γὰρ τῷ μορίῳ τοῦ χρόνου πεπερασ-
35 μένον δίεισι, καὶ ἐν ἑκάστῳ ὡσαύτως, ὥστ᾽ ἐν τῷ παντὶ πε-

ᵃ 7 τὸ om. ΗΚ   8 τούτου Ε   10 ἂν λαβὼν Ε   13 τὸ
om. Ι   14 πλήθει καὶ μεγέθει ΕΗJΚΡΣ : πλήθη καὶ μεγέθη FI
15 ᾖ . . . ἄνισα om. Ε¹   17 ποσοῖς ΠΡ : πεπερασμένοις ποσοῖς
Bonitz   τῶν Κ   μετρεῖται Ε²ΗΙJ²ΚΡ : μετρήσεται Ε¹ : μετρεῖσθαι
J¹   χρόνῳ ἂν F   18–19 ὥστε . . . ἕν ΠΣ : secl. Prantl   19 τι
om. F   21 τὸ Ε   22 ὁ] τοῦ χρόνου ὃ Ι   25 εἴτε alt.]
ἔσται Ε   26 γὰρ] δὲ Η   οὐδενὶ μόνον Ε¹   πεπερασμένον] τι
πεπερασμένον F : πεπερασμένον τι ΗΙJΚ   27 γὰρ] πεπερασμένον
Ε¹   οὐκ om. F   28 ἀνδιαιρεθήσεται Ε : συναναιρεθήσεται F
29 ἐν τῷ F   30 δὲ ΕJ¹   θάτερα ἢ ἐπ᾽ ἀμφότερα Ε²FIJKΣ : ἀμφότερα
ἢ ἐπὶ θάτερα Η : θάτερα Ε   31 ἄπειρον om. Ε¹   32 δεδειγμένων Σ
34 διὰ] χρόνῳ διὰ ΚΛ   35 ἐν pr. om. F   παντὶ] παντὶ τὸ F

περασμένον. ἐπεὶ δὲ τὸ πεπερασμένον οὐ δίεισι τὸ ἄπειρον ἐν πεπερασμένῳ χρόνῳ, δῆλον ὡς οὐδὲ τὸ ἄπειρον τὸ πεπε- 238ᵇ ρασμένον· εἰ γὰρ τὸ ἄπειρον τὸ πεπερασμένον, ἀνάγκη καὶ τὸ πεπερασμένον διιέναι τὸ ἄπειρον. οὐδὲν γὰρ διαφέρει ὁποτερονοῦν εἶναι τὸ κινούμενον· ἀμφοτέρως γὰρ τὸ πεπερασμένον δίεισι τὸ ἄπειρον. ὅταν γὰρ κινῆται τὸ ἄπειρον ἐφ' 5 ᾧ τὸ Α, ἔσται τι αὐτοῦ κατὰ τὸ Β τὸ πεπερασμένον, οἷον τὸ ΓΔ, καὶ πάλιν ἄλλο καὶ ἄλλο, καὶ αἰεὶ οὕτως. ὥσθ' ἅμα συμβήσεται τὸ ἄπειρον κεκινῆσθαι τὸ πεπερασμένον καὶ τὸ πεπερασμένον διεληλυθέναι τὸ ἄπειρον· οὐδὲ γὰρ ἴσως δυνατὸν ἄλλως τὸ ἄπειρον κινηθῆναι τὸ πεπερασμένον ἢ τῷ 10 τὸ πεπερασμένον διιέναι τὸ ἄπειρον, ἢ φερόμενον ἢ ἀναμετροῦν. ὥστ' ἐπεὶ τοῦτ' ἀδύνατον, οὐκ ἂν διίοι τὸ ἄπειρον τὸ πεπερασμένον. ἀλλὰ μὴν οὐδὲ τὸ ἄπειρον ἐν πεπερασμένῳ χρόνῳ τὸ ἄπειρον δίεισιν· εἰ γὰρ τὸ ἄπειρον, καὶ τὸ πεπερασμένον· ἐνυπάρχει γὰρ τῷ ἀπείρῳ τὸ πεπερασμένον. 15 ἔτι δὲ καὶ τοῦ χρόνου ληφθέντος ἡ αὐτὴ ἔσται ἀπόδειξις.

ἐπεὶ δ' οὔτε τὸ πεπερασμένον τὸ ἄπειρον οὔτε τὸ ἄπειρον τὸ πεπερασμένον οὔτε τὸ ἄπειρον τὸ ἄπειρον ἐν πεπερασμένῳ χρόνῳ κινεῖται, φανερὸν ὅτι οὐδὲ κίνησις ἔσται ἄπειρος ἐν πεπερασμένῳ χρόνῳ· τί γὰρ διαφέρει τὴν κίνησιν ἢ τὸ μέγεθος 20 ποιεῖν ἄπειρον; ἀνάγκη γάρ, εἰ ὁποτερονοῦν, καὶ θάτερον εἶναι ἄπειρον· πᾶσα γὰρ φορὰ ἐν τόπῳ.

8 Ἐπεὶ δὲ πᾶν ἢ κινεῖται ἢ ἠρεμεῖ τὸ πεφυκὸς ὅτε πέφυκε καὶ οὗ καὶ ὥς, ἀνάγκη τὸ ἱστάμενον ὅτε ἵσταται κινεῖσθαι· εἰ γὰρ μὴ κινεῖται, ἠρεμήσει, ἀλλ' οὐκ ἐνδέχεται ἠρε- 25 μίζεσθαι τὸ ἠρεμοῦν. τούτου δ' ἀποδεδειγμένου φανερὸν ὅτι καὶ ἐν χρόνῳ ἵστασθαι ἀνάγκη (τὸ γὰρ κινούμενον ἐν χρόνῳ κινεῖται, τὸ δ' ἱστάμενον δέδεικται κινούμενον, ὥστε ἀνάγκη ἐν χρόνῳ ἵστασθαι)· ἔτι δ' εἰ τὸ μὲν θᾶττον καὶ βραδύτερον ἐν χρόνῳ λέγομεν, ἵστασθαι δ' ἔστιν θᾶττον καὶ βραδύτερον. 30

ᵃ 36 δὲ] οὖν ΗΚ   ᵇ 1 πεπερασμένον χρόνῳ. εἰ F   3 ὁπότερον ΗΚ   6 τὸ tert. om. ΚΛ   7 καὶ ἄλλο om. S   ὡσαύτως Η 10 τὸ ἄπειρον ἄλλως ΗΚ   10–11 ἢ τῷ πεπερασμένῳ Ε¹   11 διεληλυθέναι Η   12 ταῦτ' ΗΙJ   ἀδύνατα Η   14 εἰ γὰρ om. Ε¹ 15 ἐνυπάρχει ... πεπερασμένον om. Η   16 ἡ Ε²ΚΛS : γὰρ ἡ Ε¹ 17 τὸ pr. om. F   οὔτε] δίεισιν οὔτε ΚΛS   18 τὸ ἄπειρον om. ΕΙ¹, erasit J   21 εἰ om. FΗJ¹Κ   23 ἢ pr. om. J¹   29 εἰ ΚΛS : om. EP   30 ἐν ... βραδύτερον om. Κ¹   δ' ἔστιν fecit E

ἐν ᾧ δὲ χρόνῳ πρώτῳ τὸ ἱστάμενον ἵσταται, ἐν ὁτῳοῦν ἀνάγκη
τούτου ἵστασθαι. διαιρεθέντος γὰρ τοῦ χρόνου εἰ μὲν ἐν μηδε-
τέρῳ τῶν μερῶν ἵσταται, οὐδ' ἐν τῷ ὅλῳ, ὥστ' οὐκ ἂν ἵσταιτο
τὸ ἱστάμενον· εἰ δ' ἐν θατέρῳ, οὐκ ἂν ἐν πρώτῳ τῷ ὅλῳ ἵσταιτο·
35 καθ' ἕτερον γὰρ ἐν τούτῳ ἵσταται, καθάπερ ἐλέχθη καὶ
ἐπὶ τοῦ κινουμένου πρότερον. ὥσπερ δὲ τὸ κινούμενον οὐκ ἔστιν
239ᵃ ἐν ᾧ πρώτῳ κινεῖται, οὕτως οὐδ' ἐν ᾧ ἵσταται τὸ ἱστάμενον·
οὔτε γὰρ τοῦ κινεῖσθαι οὔτε τοῦ ἵστασθαί ἐστίν τι πρῶτον. ἔστω
γὰρ ἐν ᾧ πρώτῳ ἵσταται ἐφ' ᾧ τὸ ΑΒ. τοῦτο δὴ ἀμερὲς
μὲν οὐκ ἐνδέχεται εἶναι (κίνησις γὰρ οὐκ ἔστιν ἐν τῳ ἀμερεῖ
5 διὰ τὸ κεκινῆσθαί τι ἂν αὐτοῦ, τὸ δ' ἱστάμενον δέδεικται κινούμε-
νον)· ἀλλὰ μὴν εἰ διαιρετόν ἐστιν, ἐν ὁτῳοῦν αὐτοῦ τῶν μερῶν
ἵσταται· τοῦτο γὰρ δέδεικται πρότερον, ὅτι ἐν ᾧ πρώτῳ ἵστα-
ται, ἐν ὁτῳοῦν τῶν ἐκείνου ἵσταται. ἐπεὶ οὖν χρόνος ἐστὶν ἐν
ᾧ πρώτῳ ἵσταται, καὶ οὐκ ἄτομον, ἅπας δὲ χρόνος εἰς
10 ἄπειρα μεριστός, οὐκ ἔσται ἐν ᾧ πρώτῳ ἵσταται.

10   οὐδὲ δὴ τὸ
ἠρεμοῦν ὅτε πρῶτον ἠρέμησεν ἔστιν. ἐν ἀμερεῖ μὲν γὰρ οὐκ
ἠρέμησεν διὰ τὸ μὴ εἶναι κίνησιν ἐν ἀτόμῳ, ἐν ᾧ δὲ τὸ ἠρε-
μεῖν, καὶ τὸ κινεῖσθαι (τότε γὰρ ἔφαμεν ἠρεμεῖν, ὅτε καὶ
ἐν ᾧ πεφυκὸς κινεῖσθαι μὴ κινεῖται τὸ πεφυκός)· ἔτι δὲ
15 καὶ τότε λέγομεν ἠρεμεῖν, ὅταν ὁμοίως ἔχῃ νῦν καὶ πρό-
τερον, ὡς οὐχ ἑνί τινι κρίνοντες ἀλλὰ δυοῖν τοῖν ἐλαχί-
στοιν· ὥστ' οὐκ ἔσται ἐν ᾧ ἠρεμεῖ ἀμερές. εἰ δὲ μεριστόν,
χρόνος ἂν εἴη, καὶ ἐν ὁτῳοῦν αὐτοῦ τῶν μερῶν ἠρεμήσει. τὸν
αὐτὸν γὰρ τρόπον δειχθήσεται ὃν καὶ ἐπὶ τῶν πρότερον·
20 ὥστ' οὐθὲν ἔσται πρῶτον. τούτου δ' αἴτιον ὅτι ἠρεμεῖ μὲν καὶ
κινεῖται πᾶν ἐν χρόνῳ, χρόνος δ' οὐκ ἔστι πρῶτος οὐδὲ μέ-
γεθος οὐδ' ὅλως συνεχὲς οὐδέν· ἅπαν γὰρ εἰς ἄπειρα μεριστόν.

ᵇ 31 δὲ om. E¹P   πρώτῳ EIJPS : πρώτως FHK   τὸ ἱστάμενον]
ΠΡ : om. S   ἱστάμενον fecit E¹ : ἠρεμιζόμενον E²   32 τούτου]
τοῦ J¹   εἰ μὴ ἐν F   33 ἵσταιτο] ιττα E : ἵσταται FHI¹J
34 τῷ E²JPS : om. E¹FHIK   ἱστατρ E²HIJ   35 ἀλλὰ καθ'
E²   ἕτερον EFP : ἑκάτερον HIJKS   γὰρ om. E   239ᵃ 1 πρώτως
Η   2 πρότερον Η   5 ἂν E¹P : om. E²KΛS   7 πρώτῳ EIJS :
πρώτως FHK   8 τῶν om. I   οὖν EFHKS : οὖν ὁ IJ   9 πρώτῳ
EFIJS : πρώτως HK   ἄτομον KΛS : ἄτομος E   δὲ ΚΛS : γὰρ E
10 ἐστιν F   πρώτως Η   οὐδὲ E²KΛP : οὐ E¹   11 μὲν om.
ΗK   13–15 ὅτε . . . ἠρεμεῖν om. F   14 κινῆται K   15 τότε
om. E¹T   17 ἐν οἷς I   19 προτέρων HIK   22 ἄπειρον S

ἐπεὶ δὲ πᾶν τὸ κινούμενον ἐν χρόνῳ κινεῖται καὶ ἔκ τινος εἴς
τι μεταβάλλει, ἐν ᾧ χρόνῳ κινεῖται καθ᾽ αὑτὸν καὶ μὴ τῷ
ἐν ἐκείνου τινί, ἀδύνατον τότε κατά τι εἶναι πρῶτον τὸ κινού- 25
μενον. τὸ γὰρ ἠρεμεῖν ἐστιν τὸ ἐν τῷ αὐτῷ εἶναι χρόνον τινὰ
καὶ αὐτὸ καὶ τῶν μερῶν ἕκαστον. οὕτως γὰρ λέγομεν ἠρε-
μεῖν, ὅταν ἐν ἄλλῳ καὶ ἄλλῳ τῶν νῦν ἀληθὲς ᾖ εἰπεῖν ὅτι
ἐν τῷ αὐτῷ καὶ αὐτὸ καὶ τὰ μέρη. εἰ δὲ τοῦτ᾽ ἔστι τὸ ἠρε-
μεῖν, οὐκ ἐνδέχεται τὸ μεταβάλλον κατά τι εἶναι ὅλον κατὰ 30
τὸν πρῶτον χρόνον· ὁ γὰρ χρόνος διαιρετὸς ἅπας, ὥστε ἐν
ἄλλῳ καὶ ἄλλῳ αὐτοῦ μέρει ἀληθὲς ἔσται εἰπεῖν ὅτι ἐν ταὐτῷ
ἐστιν καὶ αὐτὸ καὶ τὰ μέρη. εἰ γὰρ μὴ οὕτως ἀλλ᾽ ἐν ἑνὶ
μόνῳ τῶν νῦν, οὐκ ἔσται χρόνον οὐδένα κατά τι, ἀλλὰ κατὰ
τὸ πέρας τοῦ χρόνου. ἐν δὲ τῷ νῦν ἔστιν μὲν ἀεὶ κατά τι μὲν 35
ὄν, οὐ μέντοι ἠρεμεῖ· οὔτε γὰρ κινεῖσθαι οὔτ᾽ ἠρεμεῖν ἔστιν ἐν 239ᵇ
τῷ νῦν, ἀλλὰ μὴ κινεῖσθαι μὲν ἀληθὲς ἐν τῷ νῦν καὶ εἶναι
κατά τι, ἐν χρόνῳ δ᾽ οὐκ ἐνδέχεται εἶναι κατά τι ἠρεμοῦν·
συμβαίνει γὰρ τὸ φερόμενον ἠρεμεῖν.

9   Ζήνων δὲ παραλογίζεται· εἰ γὰρ αἰεί, φησίν, ἠρε- 5
μεῖ πᾶν [ἢ κινεῖται] ὅταν ᾖ κατὰ τὸ ἴσον, ἔστιν δ᾽ αἰεὶ τὸ
φερόμενον ἐν τῷ νῦν, ἀκίνητον τὴν φερομένην εἶναι ὀϊστόν.
τοῦτο δ᾽ ἐστὶ ψεῦδος· οὐ γὰρ σύγκειται ὁ χρόνος ἐκ τῶν νῦν
τῶν ἀδιαιρέτων, ὥσπερ οὐδ᾽ ἄλλο μέγεθος οὐδέν. τέττα-
ρες δ᾽ εἰσὶν οἱ λόγοι περὶ κινήσεως Ζήνωνος οἱ παρέχοντες τὰς 10
δυσκολίας τοῖς λύουσιν, πρῶτος μὲν ὁ περὶ τοῦ μὴ κινεῖ-
σθαι διὰ τὸ πρότερον εἰς τὸ ἥμισυ δεῖν ἀφικέσθαι τὸ φε-
ρόμενον ἢ πρὸς τὸ τέλος, περὶ οὗ διείλομεν ἐν τοῖς πρότε-
ρον λόγοις. δεύτερος δ᾽ ὁ καλούμενος Ἀχιλλεύς· ἔστι δ᾽

ᵃ 24 αὐτὸ EFHJKPS   ᾧτ ἐν E¹HIJ et fort. S : τῶν ἐν E² : τῶν
FK : τῷ ἐν τῶν fort. S, Gaye   25 πρῶτον εἶναι I   26 τῷ ἐν
τῷ J   χρόνῳ εἶναι τινα EK : χρόνον τινὰ εἶναι I   28 καὶ HIJKS :
καὶ ἐν EF   τῶ ΚΛ   29 τῷ αὐτῷ ΚΛS : ᾧ τοῦτο E   32 καὶ ἐν
ἄλλῳ FJ   εἰπεῖν ἐστιν F   33 ἐν om. F : ἐφ᾽ E²   34 τῶ E²ΚΛ
35 μὲν ὄν Prantl : μένον ΠΡ : μόνον ut vid. ST   ᵇ 1 ἠρεμεῖν E
2 μὴ] μὴν E¹   ἐν τῷ νῦν ἀληθὲς καὶ κατά τι εἶναι H   3 τι scripsi : τὸ
E¹ΚΛPS : τι τὸ E²   4 γὰρ καὶ τὸ I   5 ᾖ E¹   6 ἢ κινεῖται ΠPS :
om. T, secl. Zeller : an οὐ κινεῖται?   ante ὅταν retento ἢ κιν. add.
οὐ κινεῖται δὲ Emminger, οὐδὲν δὲ κινεῖται Diels, καὶ μὴ κινεῖται Cornford,
ἠρεμεῖ δὲ Lachelier   αἰεὶ ΠST : om. P   7 ἐν τῷ νῦν EHIJKPS :
κατὰ τὸ ἴσον fort. T : ἐν τῷ νῦν τῷ (τῷ om. Zeller) κατὰ τὸ ἴσον fecit
F, Zeller : ἐν τῷ νῦν, πᾶν δὲ κατὰ τὸ ἴσον ἐν τῷ νῦν Diels   9 τῶν
ES : om. ΚΛ   10 οἱ ΚΛST : om. E   12 δεῖν εἰς τὸ ἥμισυ
πρότερον H   13 ἐν om. I   προτέροις S : πρόσθεν ΚΛ

15 οὗτος, ὅτι τὸ βραδύτατον οὐδέποτε καταληφθήσεται θέον
ὑπὸ τοῦ ταχίστου· ἔμπροσθεν γὰρ ἀναγκαῖον ἐλθεῖν τὸ διῶ-
κον ὅθεν ὥρμησεν τὸ φεῦγον, ὥστε ἀεί τι προέχειν ἀναγ-
καῖον τὸ βραδύτερον. ἔστιν δὲ καὶ οὗτος ὁ αὐτὸς λόγος τῷ
διχοτομεῖν, διαφέρει δ' ἐν τῷ διαιρεῖν μὴ δίχα τὸ προσ-
20 λαμβανόμενον μέγεθος. τὸ μὲν οὖν μὴ καταλαμβάνε-
σθαι τὸ βραδύτερον συμβέβηκεν ἐκ τοῦ λόγου, γίγνεται δὲ
παρὰ ταὐτὸ τῇ διχοτομίᾳ (ἐν ἀμφοτέροις γὰρ συμβαίνει
μὴ ἀφικνεῖσθαι πρὸς τὸ πέρας διαιρουμένου πως τοῦ με-
γέθους· ἀλλὰ πρόσκειται ἐν τούτῳ ὅτι οὐδὲ τὸ τάχιστον
25 τετραγῳδημένον ἐν τῷ διώκειν τὸ βραδύτατον), ὥστ' ἀν-
άγκη καὶ τὴν λύσιν εἶναι τὴν αὐτήν. τὸ δ' ἀξιοῦν ὅτι τὸ
προέχον οὐ καταλαμβάνεται, ψεῦδος· ὅτε γὰρ προέχει,
οὐ καταλαμβάνεται· ἀλλ' ὅμως καταλαμβάνεται, εἴ-
περ δώσει διεξιέναι τὴν πεπερασμένην. οὗτοι μὲν οὖν οἱ δύο
30 λόγοι, τρίτος δ' ὁ νῦν ῥηθείς, ὅτι ἡ ὀϊστὸς φερομένη ἕστηκεν.
συμβαίνει δὲ παρὰ τὸ λαμβάνειν τὸν χρόνον συγκεῖσθαι ἐκ
τῶν νῦν· μὴ διδομένου γὰρ τούτου οὐκ ἔσται ὁ συλλογισ-
33 μός.

33   τέταρτος δ' ὁ περὶ τῶν ἐν τῷ σταδίῳ κινουμένων ἐξ
ἐναντίας ἴσων ὄγκων παρ' ἴσους, τῶν μὲν ἀπὸ τέλους τοῦ
35 σταδίου τῶν δ' ἀπὸ μέσου, ἴσῳ τάχει, ἐν ᾧ συμβαίνειν
240ᵃ οἴεται ἴσον εἶναι χρόνον τῷ διπλασίῳ τὸν ἥμισυν. ἔστι δ' ὁ
παραλογισμὸς ἐν τῷ τὸ μὲν παρὰ κινούμενον τὸ δὲ παρ'
ἠρεμοῦν τὸ ἴσον μέγεθος ἀξιοῦν τῷ ἴσῳ τάχει τὸν ἴσον φέρε-
σθαι χρόνον· τοῦτο δ' ἐστὶ ψεῦδος. οἷον ἔστωσαν οἱ ἑστῶτες
5 ἴσοι ὄγκοι ἐφ' ὧν τὰ ΑΑ, οἱ δ' ἐφ' ὧν τὰ ΒΒ ἀρχόμε-
νοι ἀπὸ τοῦ μέσου, ἴσοι τὸν ἀριθμὸν τούτοις ὄντες καὶ
τὸ μέγεθος, οἱ δ' ἐφ' ὧν τὰ ΓΓ ἀπὸ τοῦ ἐσχάτου, ἴσοι τὸν
ἀριθμὸν ὄντες τούτοις καὶ τὸ μέγεθος, καὶ ἰσοταχεῖς τοῖς Β.

ᵇ 15 βραδύτατον EST : βραδύτερον ΚΛ   17 προσέχειν Ε¹
23. τούτου Ε   24 ἐν om. ΗΚ   25 βραδύτερον FΗΚ   26 καὶ
om. F   εἶναι ἑκατέρων τὴν Ε   τὸ alt. om. ΗΚ   29 δεήσει
Ε²   οἱ λόγοι δύο FI : δύο λόγοι S : λόγοι δύο ΗJΚ   32 διδο-
μένου ΚΛΤ : δεδομένου Ε   33 τῷ EST: om. ΚΛ   34 ὄγκος I
ἀπὸ] ἀπὸ τοῦ FIP   35 ἀπὸ] ἀπὸ τοῦ FHIJ²ΚΡ   240ᵃ 1 ἥμισυ F
3 ἰσοτάχει Ε¹   5 τὰ Ε²ΚΛΡS: τὸ Ε¹   αα ΕΡ : ααα FHJΚ :
αааα I : α S   τὰ Ε²ΚΛΡS : om. Ε¹   ββ ΕΡ : ββββ F : β
HIJΚS   ἄρχονται S   6 μέσου ΕΗΙJ¹ et fort. S : μέσου τῶν
α FJ²Κ   7 γ ΚΛS   ἐσχάτου] ἐσχάτου β Α : ἐσχάτου τῶν β F
8 τούτοις ὄντες FHΚ   τοῖς] τῷ Κ

συμβαίνει δὴ τὸ πρῶτον Β ἅμα ἐπὶ τῷ ἐσχάτῳ εἶναι καὶ
τὸ πρῶτον Γ, παρ' ἄλληλα κινουμένων. συμβαίνει δὲ τὸ 10
Γ παρὰ πάντα [τὰ Β] διεξεληλυθέναι, τὸ δὲ Β παρὰ τὰ
ἡμίση· ὥστε ἥμισυν εἶναι τὸν χρόνον· ἴσον γὰρ ἑκάτερόν ἐστιν
παρ' ἕκαστον. ἅμα δὲ συμβαίνει τὸ πρῶτον Β παρὰ πάντα τὰ Γ
παρεληλυθέναι· ἅμα γὰρ ἔσται τὸ πρῶτον Γ καὶ τὸ πρῶ-
τον Β ἐπὶ τοῖς ἐναντίοις ἐσχάτοις, [ἴσον χρόνον παρ' ἕκαστον 15
γιγνόμενον τῶν Β ὅσον περ τῶν Α, ὥς φησιν,] διὰ τὸ ἀμ-
φότερα ἴσον χρόνον παρὰ τὰ Α γίγνεσθαι. ὁ μὲν οὖν λό-
γος οὗτός ἐστιν, συμβαίνει δὲ παρὰ τὸ εἰρημένον ψεῦδος.

ουδὲ δὴ κατὰ τὴν ἐν τῇ ἀντιφάσει μεταβολὴν οὐθὲν ἡμῖν
ἔσται ἀδύνατον, οἷον εἰ ἐκ τοῦ μὴ λευκοῦ εἰς τὸ λευκὸν μετα- 20
βάλλει καὶ ἐν μηδετέρῳ ἐστίν, ὡς ἄρα οὔτε λευκὸν ἔσται οὔτε
οὐ λευκόν· οὐ γὰρ εἰ μὴ ὅλον ἐν ὁποτερῳοῦν ἐστιν, οὐ λεχθή-
σεται λευκὸν ἢ οὐ λευκόν· λευκὸν γὰρ λέγομεν ἢ οὐ λευκὸν
οὐ τῷ ὅλον εἶναι τοιοῦτον, ἀλλὰ τῷ τὰ πλεῖστα ἢ τὰ κυ-
ριώτατα μέρη· οὐ ταὐτὸ δ' ἐστὶν μὴ εἶναί τε ἐν τούτῳ καὶ 25
μὴ εἶναι ἐν τούτῳ ὅλον. ὁμοίως δὲ καὶ ἐπὶ τοῦ ὄντος καὶ
ἐπὶ τοῦ μὴ ὄντος καὶ τῶν ἄλλων τῶν κατ' ἀντίφασιν· ἔσται
μὲν γὰρ ἐξ ἀνάγκης ἐν θατέρῳ τῶν ἀντικειμένων, ἐν οὐδε-
τέρῳ δ' ὅλον αἰεί. πάλιν δ' ἐπὶ τοῦ κύκλου καὶ ἐπὶ τῆς σφαί-
ρας καὶ ὅλως τῶν ἐν αὐτοῖς κινουμένων, ὅτι συμβήσεται 30
αὐτὰ ἠρεμεῖν· ἐν γὰρ τῷ αὐτῷ τόπῳ χρόνον τινὰ ἔσται
καὶ αὐτὰ καὶ τὰ μέρη, ὥστε ἠρεμήσει ἅμα καὶ κινήσεται.
πρῶτον μὲν γὰρ τὰ μέρη οὐκ ἔστιν ἐν τῷ αὐτῷ οὐθένα χρό-

ᵃ 9 πρῶτον β Ε²ΚΛS : β πρῶτον Ε¹   ἐσχάτῳ γ εἶναι fecit H
10 γ ἐπὶ τῷ ἐσχάτῳ β παρ' H   δὲ τὸ Ε¹FHJKAS : δὴ τὰ Ε²I
11 τὰ Β seclusi : habent HI : β Ε¹ : τὰ α Ε²FJKAPS   διεξεληλυ-
θέναι EFIJKP : διεληλυθέναι HAS   τὸ EAS : τὰ ΚΛP   δὲ
EFHJ²ΚΛPS : om. IJ¹   12 ἡμίση ΠΑ : ἡμίση A S   ἥμισυ F :
καὶ ἥμισυ H   ἴσα H   13 ἕκαστον ΚΛS : ἕκαστον αὐτῶν E   τὸ
πρῶτον Cornford : τὸ α E : τὰ ΚΛS   14–15 παρεληλυθέναι (ἅμα . . .
ἐσχάτοις), ἴσον Lachelier   14 ἔσται EJAS : ἐστι FIIIK   15–16
ἴσον . . . φησι seclusi, ante τὸ ᵃ 11 collocanda ci. A : habent ΠS
16 τὸ γιγνόμενον E   τῶν Γ, ὅσον περ ⟨τὸ Γ⟩ Lachelier   περὶ FK
α ΚΛΑ : αα E   17 παρὰ τὰ] κατὰ τὸ A   α ΚΛΑ : αα E
19 τῇ om. H   ἀντιφάσει Ε²ΚΛS : φάσει Ε¹   21 ἔσται I :
εἶναι H   24 εἶναι ὅλον E   τὰ alt. om. ΚΛ   κυριώτερα H
25 τε om. K   26 ἐν] τοῦτο ἐν E   ὄντος . . . 27 μὴ Ε²FIJKPS :
μὴ ὄντος καὶ ἐπὶ τοῦ H : om. Ε¹   27 καὶ ἐπὶ τῶν E   τῶν alt.
om. K   29 δ' alt. HS : om. EFIJK   30 ὅλως om. S   31 αὐτῷ
om. I   ἐστὶ FK   33 τῷ om. J

240ᵇ νον, εἶτα καὶ τὸ ὅλον μεταβάλλει αἰεὶ εἰς ἕτερον· οὐ γὰρ
ἡ αὐτή ἐστιν ἡ ἀπὸ τοῦ Α λαμβανομένη περιφέρεια καὶ ἡ
ἀπὸ τοῦ Β καὶ τοῦ Γ καὶ τῶν ἄλλων ἑκάστου σημείων, πλὴν
ὡς ὁ μουσικὸς ἄνθρωπος καὶ ἄνθρωπος, ὅτι συμβέβηκεν.
5 ὥστε μεταβάλλει αἰεὶ ἡ ἑτέρα εἰς τὴν ἑτέραν, καὶ οὐδέποτε
ἠρεμήσει.   τὸν αὐτὸν δὲ τρόπον καὶ ἐπὶ τῆς σφαίρας καὶ
ἐπὶ τῶν ἄλλων τῶν ἐν αὐτοῖς κινουμένων.

   Ἀποδεδειγμένων δὲ τούτων λέγομεν ὅτι τὸ ἀμερὲς οὐκ 10
ἐνδέχεται κινεῖσθαι πλὴν κατὰ συμβεβηκός, οἷον κινουμένου
10 τοῦ σώματος ἢ τοῦ μεγέθους τῷ ἐνυπάρχειν, καθάπερ
ἂν εἰ τὸ ἐν τῷ πλοίῳ κινοῖτο ὑπὸ τῆς τοῦ πλοίου φορᾶς
ἢ τὸ μέρος τῇ τοῦ ὅλου κινήσει. (ἀμερὲς δὲ λέγω τὸ κατὰ
ποσὸν ἀδιαίρετον.)   καὶ γὰρ αἱ τῶν μερῶν κινήσεις ἕτεραί
εἰσι κατ᾽ αὐτά τε τὰ μέρη καὶ κατὰ τὴν τοῦ ὅλου κίνησιν.
15 ἴδοι δ᾽ ἄν τις ἐπὶ τῆς σφαίρας μάλιστα τὴν διαφοράν· οὐ
γὰρ ταὐτὸν τάχος ἐστὶ τῶν τε πρὸς τῷ κέντρῳ καὶ τῶν
ἐκτὸς καὶ τῆς ὅλης, ὡς οὐ μιᾶς οὔσης κινήσεως.   καθάπερ
οὖν εἴπομεν, οὕτω μὲν ἐνδέχεται κινεῖσθαι τὸ ἀμερὲς ὡς ὁ
ἐν τῷ πλοίῳ καθήμενος τοῦ πλοίου θέοντος, καθ᾽ αὑτὸ δ᾽
20 οὐκ ἐνδέχεται.   μεταβαλλέτω γὰρ ἐκ τοῦ ΑΒ εἰς τὸ ΒΓ,
εἴτ᾽ ἐκ μεγέθους εἰς μέγεθος εἴτ᾽ ἐξ εἴδους εἰς εἶδος εἴτε
κατ᾽ ἀντίφασιν· ὁ δὲ χρόνος ἔστω ἐν ᾧ πρώτῳ μεταβάλλει
ἐφ᾽ οὗ Δ.   οὐκοῦν ἀνάγκη αὐτὸ καθ᾽ ὃν μεταβάλλει χρόνον
ἢ ἐν τῷ ΑΒ εἶναι ἢ ἐν τῷ ΒΓ, ἢ τὸ μέν τι αὐτοῦ ἐν
25 τούτῳ τὸ δ᾽ ἐν θατέρῳ· πᾶν γὰρ τὸ μεταβάλλον οὕτως
εἶχεν.   ἐν ἑκατέρῳ μὲν οὖν οὐκ ἔσται τι αὐτοῦ· μεριστὸν γὰρ
ἂν εἴη.   ἀλλὰ μὴν οὐδ᾽ ἐν τῷ ΒΓ· μεταβεβληκὸς γὰρ
ἔσται, ὑπόκειται δὲ μεταβάλλειν.   λείπεται δὴ αὐτὸ ἐν τῷ
ΑΒ εἶναι, καθ᾽ ὃν μεταβάλλει χρόνον.   ἠρεμήσει ἄρα· τὸ

ᵇ 1 τὸ om. Ε¹   αἰεὶ om. Ι   γὰρ ἀεὶ ἡ F   4 ὡς Ε²ΚΛPS :
om. Ε¹   καὶ ἄνθρωπος ΕFΗJΚP : om. S : καὶ om. I   5 τὴν
om. F   6 τῆς om. S   7 ἐπὶ ΕΗIJΚSᵖ : om. FS¹   8 λέγομεν
Ε¹ΚΛΤ : λέγωμεν Ε²S   9 κινουμένου τοῦ σώματος ΕST : τοῦ
σώματος κινουμένου ΚΛ   10 τῷ JS : τῶν Ε¹ : τὸ Η : τοῦ Ε²FIΚ :
om. Τ   ἐνυπάρχειν Ε¹S : ἐν ᾧ ὑπάρχει Ε²ΚΛ : ᾧ ἐνυπάρχει Τ
12 κατὰ ΕFS : κατὰ τὸ ΗIJΚ   14 κατ᾽ αὐτά ΦΗΚS : καθ᾽ αὑτά Ε :
κατὰ ταῦτά ΙJ   15 τις καὶ ἐπὶ FΚ   16 ἐστὶ ΕS : ἔσται ΚΛ
17 οὐ] οὐδὲ F   18 εἶπον ΗΙJΚ   μὲν] μὲν οὖν Ι   κινεῖσθαι
om. Η   19 δ᾽ΕS : γὰρ ΚΛ   20 μεταβάλλεται Κ   22 πρώτως
Η   24 αὐτῷ F   26 οὖν om. Η   27 ἐν ΚΛS : αὐτὸ ἐν
Ε   28 αὐτὸν τῷ Ε

γὰρ ἐν τῷ αὐτῷ εἶναι χρόνον τινὰ ἠρεμεῖν ἦν. ὥστ' οὐκ ἐν- 30
δέχεται τὸ ἀμερὲς κινεῖσθαι οὐδ' ὅλως μεταβάλλειν· μο-
ναχῶς γὰρ ἂν οὕτως ἦν αὐτοῦ κίνησις, εἰ ὁ χρόνος ἦν ἐκ
τῶν νῦν· αἰεὶ γὰρ ἐν τῷ νῦν κεκινημένον ἂν ἦν καὶ μετα-
βεβληκός, ὥστε κινεῖσθαι μὲν μηδέποτε, κεκινῆσθαι δ' ἀεί. 241ᵃ
τοῦτο δ' ὅτι ἀδύνατον, δέδεικται καὶ πρότερον· οὔτε γὰρ ὁ
χρόνος ἐκ τῶν νῦν οὔθ' ἡ γραμμὴ ἐκ στιγμῶν οὔθ' ἡ κίνησις
ἐκ κινημάτων· οὐδὲν γὰρ ἄλλο ποιεῖ ὁ τοῦτο λέγων ἢ τὴν
κίνησιν ἐξ ἀμερῶν, καθάπερ ἂν εἰ τὸν χρόνον ἐκ τῶν νῦν 5
ἢ τὸ μῆκος ἐκ στιγμῶν. 6
    ἔτι δὲ καὶ ἐκ τῶνδε φανερὸν ὅτι 6
οὔτε στιγμὴν οὔτ' ἄλλο ἀδιαίρετον οὐδὲν ἐνδέχεται κινεῖσθαι.
ἅπαν γὰρ τὸ κινούμενον ἀδύνατον πρότερον μεῖζον κινηθῆναι
αὐτοῦ, πρὶν ἢ ἴσον ἢ ἔλαττον. εἰ δὴ τοῦτο, φανερὸν ὅτι
καὶ ἡ στιγμὴ ἔλαττον ἢ ἴσον κινηθήσεται πρῶτον. ἐπεὶ δὲ 10
ἀδιαίρετος, ἀδύνατον ἔλαττον κινηθῆναι πρότερον· ἴσην ἄρα
αὐτῇ. ὥστε ἔσται ἡ γραμμὴ ἐκ στιγμῶν· αἰεὶ γὰρ ἴσην κι-
νουμένη τὴν πᾶσαν γραμμὴν στιγμὴ καταμετρήσει. εἰ δὲ
τοῦτο ἀδύνατον, καὶ τὸ κινεῖσθαι τὸ ἀδιαίρετον ἀδύνατον.
    ἔτι δ' εἰ ἅπαν ἐν χρόνῳ κινεῖται, ἐν δὲ τῷ νῦν μηθέν, ἅπας 15
δὲ χρόνος διαιρετός, εἴη ἄν τις χρόνος ἐλάττων ὁτῳοῦν τῶν
κινουμένων ἢ ἐν ᾧ κινεῖται ὅσον αὐτό. οὗτος μὲν γὰρ ἔσται
χρόνος ἐν ᾧ κινεῖται διὰ τὸ πᾶν ἐν χρόνῳ κινεῖσθαι, χρό-
νος δὲ πᾶς διαιρετὸς δέδεικται πρότερον. εἰ δ' ἄρα στιγμὴ
κινεῖται, ἔσται τις χρόνος ἐλάττων ἢ ἐν ᾧ αὐτὴν ἐκινήθη. ἀλλὰ 20
ἀδύνατον· ἐν γὰρ τῷ ἐλάττονι ἔλαττον ἀνάγκη κινεῖσθαι.
ὥστε ἔσται διαιρετὸν τὸ ἀδιαίρετον εἰς τὸ ἔλαττον, ὥσπερ καὶ
ὁ χρόνος εἰς τὸν χρόνον. μοναχῶς γὰρ ἂν κινοῖτο τὸ ἀμε-
ρὲς καὶ ἀδιαίρετον, εἰ ἦν ἐν τῷ νῦν κινεῖσθαι δυνατὸν τῷ

ᵇ 30 χρόνον εἶναι ΚΛ   32 κίνησις EJS : ἡ κίνησις FHIK
241ᵃ 2 καὶ om. ΚΛ   3 ἐκ τῶν στιγμῶν F   6 μῆκος ES :
μέγεθος ΚΛ   7 στιγμὴ ΙΚ   ἄλλο om. F   οὐδὲν ἀδιαίρετον
Κ   9 πρὶν ἂν ἢ FIJK   11 ἀδιαίρετον E   ἐλάττονα I   ἴση E
12 αὐτῇ J : αὐτή FHIK   ἴση Κ   κινουμένην E   13 στιγμὴν E
14 τὸ alt. ΚΛS : om. E   15 ἔτι εἰ πᾶν PST   εἰ πᾶν PST   alt.] εἰ E   πᾶς
ΚΛS   16 ἄν τις EFHIPS : τις ἂν JK   ὁτουοῦν ΚΛ   17 ἢ
ES : om. ΚΛΡ   ὅσον . . . 18 κινεῖται om. ΗΚ   17 αὐτό]
αὐτὸ κεκίνηται J   19 δ' om. FHJK   20 ἢ EPT : om. ΚΛ
αὐτήν scripsi, fort. PT : αὕτη FHK : αὐτή EIJ   22 διαιρετὸν τὸ
διαιρετὸν E   23 εἰς] πρὸς E   γὰρ FHJKT : om. EI   ἂν] ἄρα I

25 ἀτόμῳ· τοῦ γὰρ αὐτοῦ λόγου ἐν τῷ νῦν κινεῖσθαι καὶ
26 ἀδιαίρετόν τι κινεῖσθαι.

26 μεταβολὴ δ' οὐκ ἔστιν οὐδεμία ἄπει-
ρος· ἅπασα γὰρ ἦν ἔκ τινος εἴς τι, καὶ ἡ ἐν ἀντιφάσει
καὶ ἡ ἐν ἐναντίοις. ὥστε τῶν μὲν κατ' ἀντίφασιν ἡ φάσις
καὶ ἡ ἀπόφασις πέρας (οἷον γενέσεως μὲν τὸ ὄν, φθορᾶς
30 δὲ τὸ μὴ ὄν), τῶν δ' ἐν τοῖς ἐναντίοις τὰ ἐναντία· ταῦτα
γὰρ ἄκρα τῆς μεταβολῆς, ὥστε καὶ ἀλλοιώσεως πάσης
(ἐξ ἐναντίων γάρ τινων ἡ ἀλλοίωσις), ὁμοίως δὲ καὶ αὐ-
ξήσεως καὶ φθίσεως· αὐξήσεως μὲν γὰρ τὸ πέρας τοῦ
241b κατὰ τὴν οἰκείαν φύσιν τελείου μεγέθους, φθίσεως δὲ ἡ
τούτου ἔκστασις. ἡ δὲ φορὰ οὕτω μὲν οὐκ ἔσται πεπερα-
σμένη· οὐ γὰρ πᾶσα ἐν ἐναντίοις· ἀλλ' ἐπειδὴ τὸ ἀδύνα-
τον τμηθῆναι οὕτω, τῷ μὴ ἐνδέχεσθαι τμηθῆναι (πλεονα-
5 χῶς γὰρ λέγεται τὸ ἀδύνατον), οὐκ ἐνδέχεται τὸ οὕτως
ἀδύνατον τέμνεσθαι, οὐδὲ ὅλως τὸ ἀδύνατον γενέσθαι γίγνε-
σθαι, οὐδὲ τὸ μεταβαλεῖν ἀδύνατον ἐνδέχοιτ' ἂν μετα-
βάλλειν εἰς ὃ ἀδύνατον μεταβαλεῖν. εἰ οὖν τὸ φερόμενον
μεταβάλλοι εἴς τι, καὶ δυνατὸν ἔσται μεταβαλεῖν. ὥστ'
10 οὐκ ἄπειρος ἡ κίνησις, οὐδ' οἰσθήσεται τὴν ἄπειρον· ἀδύνα-
τον γὰρ διελθεῖν αὐτήν. ὅτι μὲν οὖν οὕτως οὐκ ἔστιν ἄπει-
ρος μεταβολὴ ὥστε μὴ ὡρίσθαι πέρασι, φανερόν. ἀλλ' εἰ
οὕτως ἐνδέχεται ὥστε τῷ χρόνῳ εἶναι ἄπειρον τὴν αὐτὴν
οὖσαν καὶ μίαν, σκεπτέον. μὴ μιᾶς μὲν γὰρ γιγνομένης οὐ-
15 θὲν ἴσως κωλύει, οἷον εἰ μετὰ τὴν φορὰν ἀλλοίωσις εἴη
καὶ μετὰ τὴν ἀλλοίωσιν αὔξησις καὶ πάλιν γένεσις· οὕτω
γὰρ ἀεὶ μὲν ἔσται τῷ χρόνῳ κίνησις, ἀλλ' οὐ μία διὰ τὸ
μὴ εἶναι μίαν ἐξ ἁπασῶν. ὥστε δὲ γίγνεσθαι μίαν, οὐκ ἐν-
δέχεται ἄπειρον εἶναι τῷ χρόνῳ πλὴν μιᾶς· αὕτη δ' ἐστὶν
20 ἡ κύκλῳ φορά.

ᵃ 27 ἅπας Ε¹ 28 ἐν om. ΕJ¹ φάσις] κατάφασις Η et fecit F
29 ἡ om. ΗΙJΚ 31 καὶ] ἐξ Κ πάσης om. Ι 33 τὸ πέρας ΠΤ : πέρας
τὸ Prantl ᵇ 2 ἔκτασις Ε ἔστι F 3 πᾶσα ΕJΤ : ἅπασα FΗΙΚ
ἐν om. J¹ ἐπεὶ ΗΚΤ τὸ om. F 4 οὕτω, τῷ] οὕτω vel οὐ
τῷ Ε¹ : τῷ Ε²Τ πολλαχῶς FΗΙΚ 7 μεταβάλλειν ΕΛΡ
8 μεταβαλεῖν ΚS : μεταβάλλειν ΕΛΡ 9 μεταβάλλει Ι μετα-
βαλεῖν ΚS : μεταβάλλειν ΕΛ 10 ἄπειρος ἔσται ἡ Κ τὴν om. Ε
11 οὐκ ἔστιν οὕτως F ἄπειρος ἡ μεταβολὴ Ι 13 ἐνδέχοιτο Κ τῷ
FIJPST : ἐστιν ἔν τινι Ε : om. ΗΚ οὖσαν τὴν αὐτὴν F 15 τὴν
om. ST 19 εἶναι ἄπειρον Η ἐστιν] ἄρα Κ 20 ἡ κύκλῳ
ΙΤ : ἡ κύκλῳ μία Ε : ἡ μία ἡ κύκλῳ FΗJΚ (ἡ μία erasit J)

1 Ἅπαν τὸ κινούμενον ὑπό τινος ἀνάγκη κινεῖσθαι·
εἰ μὲν γὰρ ἐν ἑαυτῷ μὴ ἔχει τὴν ἀρχὴν τῆς κινήσεως, 35
φανερὸν ὅτι ὑφ' ἑτέρου κινεῖται (ἄλλο γὰρ ἔσται τὸ
κινοῦν)· εἰ δ' ἐν αὑτῷ, ἔστω [τὸ] εἰλημμένον ἐφ' οὗ τὸ ΑΒ
ὃ κινεῖται καθ' αὑτό, ἀλλὰ μὴ ⟨τῷ τῶν⟩ τούτου τι κινεῖσθαι.
πρῶτον μὲν οὖν τὸ ὑπολαμβάνειν τὸ ΑΒ ὑφ' ἑαυτοῦ κι-
νεῖσθαι διὰ τὸ ὅλον τε κινεῖσθαι καὶ ὑπ' οὐδενὸς τῶν 40
ἔξωθεν ὅμοιόν ἐστιν ὥσπερ εἰ τοῦ ΚΛ κινοῦντος τὸ ΛΜ
καὶ αὐτοῦ κινουμένου εἰ μὴ φάσκοι τις τὸ ΚΜ κινεῖσθαι
ὑπό τινος, διὰ τὸ μὴ φανερὸν εἶναι πότερον τὸ κινοῦν καὶ
πότερον τὸ κινούμενον· εἶτα τὸ μὴ ὑπό τινος κινούμενον
οὐκ ἀνάγκη παύσασθαι κινούμενον τῷ ἄλλο ἠρεμεῖν, ἀλλ' 35 242ᵃ
εἴ τι ἠρεμεῖ τῷ ἄλλο πεπαῦσθαι κινούμενον, ἀνάγκη ὑπό
τινος αὐτὸ κινεῖσθαι. τούτου δ' εἰλημμένου πᾶν τὸ
κινούμενον κινήσεται ὑπό τινος. ἐπεὶ γὰρ εἴληπται [τὸ]
κινούμενον ἐφ' ᾧ τὸ ΑΒ, ἀνάγκη διαιρετὸν αὐτὸ εἶναι·
πᾶν γὰρ τὸ κινούμενον διαιρετόν. διῃρήσθω δὴ κατὰ τὸ 40
Γ. τοῦ δὴ ΓΒ μὴ κινουμένου οὐ κινηθήσεται τὸ ΑΒ·
εἰ γὰρ κινήσεται, δῆλον ὅτι τὸ ΑΓ κινοῖτ' ἂν τοῦ ΓΒ
ἠρεμοῦντος, ὥστε οὐ καθ' αὑτὸ κινηθήσεται καὶ πρῶτον.
ἀλλ' ὑπέκειτο καθ' αὑτὸ κινεῖσθαι καὶ πρῶτον. ἀνάγκη
ἄρα τοῦ ΓΒ μὴ κινουμένου ἠρεμεῖν τὸ ΑΒ. ὃ δὲ ἠρεμεῖ 45
μὴ κινουμένου τινός, ὡμολόγηται ὑπό τινος κινεῖσθαι, ὥστε
πᾶν ἀνάγκη τὸ κινούμενον ὑπό τινος κινεῖσθαι· ἀεὶ γὰρ
ἔσται τὸ κινούμενον διαιρετόν, τοῦ δὲ μέρους μὴ κινου-
μένου ἀνάγκη καὶ τὸ ὅλον ἠρεμεῖν. 49

ἐπεὶ δὲ πᾶν τὸ κι- 49
νούμενον ἀνάγκη κινεῖσθαι ὑπό τινος, ἐάν γέ τι κινῆται 50

241ᵇ 34–8 = 241ᵇ 24–7   39–44 = 27–33   44—242ᵃ 38 = 33—
242ᵃ 5   242ᵃ 38–49 = 242ᵃ 5–15   49–54 = 15–20

Tit. Ἀριστοτέλους περὶ κινήσεως τῶν εἰς γ̄ τὸ ᾱ ζ η̄ : ἀριστοτέλους
φυσικῆς ἀκροάσεως η̄ b : Ἀριστοτέλους φυσικῆς ἀκροάσεως Βιβλίον Ζον c
ᵇ 34 ἀνάγκη ὑπό τινος S   37 αὐτῷ Spengel : αὐτῷ Σ   ἔσται c   τὸ
seclusi : om. P   38 τῷ τῶν S, Spengel : τῷ Pᵖ : τῶν Pˡ : om. Σ
41 εἰ] ἢ cjy   42 εἰ secl. Bekker   φάσκοι . . . ΚΜ] textum alterum
241ᵇ 31—242ᵃ 4 ὑπολαμβάνοι . . . κινούμενον fere habent cjy   KM S,
Prantl : ΛΜ Σ   242ᵃ 37 δ' scripsi : γὰρ Σ   38 τὸ seclusi :
om. S   42 ΓΒ] αβ c : ΒΓ Moreliana   46 ὡμολόγητο cjy
47 ἀεὶ μὲν γὰρ S   50 ὑπό τινος κινεῖσθαι S   γε κινεῖσθαι y

τὴν ἐν τόπῳ κίνησιν ὑπ' ἄλλου κινουμένου, καὶ πάλιν τὸ
κινοῦν ὑπ' ἄλλου κινουμένου κινῆται κἀκεῖνο ὑφ' ἑτέρου
καὶ ἀεὶ οὕτως, ἀνάγκη εἶναί τι τὸ πρῶτον κινοῦν, καὶ μὴ
βαδίζειν εἰς ἄπειρον· μὴ γὰρ ἔστω, ἀλλὰ γενέσθω ἄπει-
55 ρον. κινείσθω δὴ τὸ μὲν Α ὑπὸ τοῦ Β, τὸ δὲ Β ὑπὸ
τοῦ Γ, τὸ δὲ Γ ὑπὸ τοῦ Δ, καὶ ἀεὶ τὸ ἐχόμενον ὑπὸ τοῦ
ἐχομένου. ἐπεὶ οὖν ὑπόκειται τὸ κινοῦν κινούμενον κινεῖν,
ἀνάγκη ἅμα γίγνεσθαι τὴν τοῦ κινουμένου καὶ τὴν τοῦ
κινοῦντος κίνησιν (ἅμα γὰρ κινεῖ τὸ κινοῦν καὶ κινεῖται
60 τὸ κινούμενον)· φανερὸν ⟨οὖν⟩ ὅτι ἅμα ἔσται τοῦ Α καὶ τοῦ
Β καὶ τοῦ Γ καὶ ἑκάστου τῶν κινούντων καὶ κινουμένων
ἡ κίνησις. εἰλήφθω οὖν ἡ ἑκάστου κίνησις, καὶ ἔστω τοῦ
μὲν Α ἐφ' ἧς Ε, τοῦ δὲ Β ἐφ' ἧς Ζ, τῶν ⟨δὲ⟩ ΓΔ ἐφ' ὧν
ΗΘ. εἰ γὰρ ἀεὶ κινεῖται ἕκαστον ὑφ' ἑκάστου, ὅμως ἔσται
65 λαβεῖν μίαν ἑκάστου κίνησιν τῷ ἀριθμῷ· πᾶσα γὰρ κίνη-
σις ἔκ τινος εἴς τι, καὶ οὐκ ἄπειρος τοῖς ἐσχάτοις· λέγω
δὴ ἀριθμῷ μίαν κίνησιν τὴν ἐκ τοῦ αὐτοῦ εἰς τὸ αὐτὸ
τῷ ἀριθμῷ ἐν τῷ αὐτῷ χρόνῳ τῷ ἀριθμῷ γιγνομένην.
ἔστι γὰρ κίνησις καὶ γένει καὶ εἴδει καὶ ἀριθμῷ ἡ αὐτή,
242ᵇ 35 γένει μὲν ἡ τῆς αὐτῆς κατηγορίας, οἷον οὐσίας ἢ ποιότητος, εἴδει
δὲ ⟨ἡ⟩ ἐκ τοῦ αὐτοῦ τῷ εἴδει εἰς τὸ αὐτὸ τῷ εἴδει, οἷον ἐκ λευκοῦ
εἰς μέλαν ἢ ἐξ ἀγαθοῦ εἰς κακὸν ἀδιάφορον τῷ εἴδει· ἀρι-
θμῷ δὲ ἡ ἐξ ἑνὸς τῷ ἀριθμῷ ⟨εἰς ἓν τῷ ἀριθμῷ⟩ ἐν τῷ αὐτῷ χρό-
νῳ, οἷον ἐκ τοῦδε τοῦ λευκοῦ εἰς τόδε τὸ μέλαν, ἢ ἐκ τοῦδε τοῦ
40 τόπου εἰς τόνδε, ἐν τῷδε τῷ χρόνῳ· εἰ γὰρ ἐν ἄλλῳ, οὐκέτι
ἔσται ἀριθμῷ μία κίνησις, ἀλλ' εἴδει. εἴρηται δὲ περὶ
42 τούτων ἐν τοῖς πρότερον.

42   εἰλήφθω δὲ καὶ ὁ χρόνος ἐν

242ᵃ 54-66 = 242ᵃ 20–32   66–ᵇ 42 = 32–ᵇ 8   ᵇ 42–53
= ᵇ 8–19

ᵃ 51 κινουμένου ΣS: κινούμενον Spengel   52 ἄλλου κινούμενον
Spengel   κινεῖται cjy²: κινεῖσθαι y¹   54 ἄπειρα cjy   γὰρ]
δὲ cjy   55 δὴ Moreliana: δὲ Σ   56 Γ alt.] δ cj   58 ἅμα
ΣS: δ' ἅμα Prantl   59 κινεῖ om. c: κινεῖται Moreliana   60 οὖν
add. Spengel: fort. habuit S   ὅτι om. cjy   63 δὲ add. Spengel
64 ὁμοίως γρ. P   ᵇ 36 ἡ add. Prantl ex S   εἰς . . . εἴδει y
S: om. bcj   37 ἢ cjyS: om. b   ἀδιάφορον] μὴ διάφορον P:
ἐὰν ᾖ ἀδιάφορον S, Spengel   38 εἰς . . . ἀριθμῷ add. Prantl
42 τούτου y   δὴ Spengel

ᾧ κεκίνηται τὴν αὑτοῦ κίνησιν τὸ Α, καὶ ἔστω ἐφ᾽ ᾧ Κ.
πεπερασμένης δ᾽ οὔσης τῆς τοῦ Α κινήσεως καὶ ὁ χρόνος
ἔσται πεπερασμένος. ἐπεὶ δὴ ἄπειρα τὰ κινοῦντα καὶ τὰ 45
κινούμενα, καὶ ἡ κίνησις ἡ ΕΖΗΘ ἡ ἐξ ἁπασῶν ἄπειρος
ἔσται· ἐνδέχεται μὲν γὰρ ἴσην εἶναι τὴν τοῦ Α καὶ τοῦ
Β καὶ τὴν τῶν ἄλλων, ἐνδέχεται δὲ μείζους τὰς τῶν ἄλλων,
ὥστε εἴ τε ἴσαι εἴ τε μείζους, ἀμφοτέρως ἄπειρος ἡ ὅλη· λαμ-
βάνομεν γὰρ τὸ ἐνδεχόμενον. ἐπεὶ δ᾽ ἅμα κινεῖται καὶ τὸ Α 50
καὶ τῶν ἄλλων ἕκαστον, ἡ ὅλη κίνησις ἐν τῷ αὐτῷ χρόνῳ
ἔσται καὶ ἡ τοῦ Α· ἡ δὲ τοῦ Α ἐν πεπερασμένῳ· ὥστε
εἴη ἂν ἄπειρος ἐν πεπερασμένῳ, τοῦτο δ᾽ ἀδύνατον. 53

οὕτω 53
μὲν οὖν δόξειεν ἂν δεδεῖχθαι τὸ ἐξ ἀρχῆς, οὐ μὴν ἀπο-
δείκνυται διὰ τὸ μηδὲν δείκνυσθαι ἀδύνατον· ἐνδέχεται 55
γὰρ ἐν πεπερασμένῳ χρόνῳ ἄπειρον εἶναι κίνησιν, μὴ ἑνὸς
ἀλλὰ πολλῶν. ὅπερ συμβαίνει καὶ ἐπὶ τούτων· ἕκαστον
γὰρ κινεῖται τὴν ἑαυτοῦ κίνησιν, ἅμα δὲ πολλὰ κινεῖσθαι
οὐκ ἀδύνατον. ἀλλ᾽ εἰ τὸ κινοῦν πρώτως κατὰ τόπον καὶ
σωματικὴν κίνησιν ἀνάγκη ἢ ἅπτεσθαι ἢ συνεχὲς εἶναι 60
τῷ κινουμένῳ, καθάπερ ὁρῶμεν ἐπὶ πάντων, ἀνάγκη τὰ
κινούμενα καὶ τὰ κινοῦντα συνεχῆ εἶναι ἢ ἅπτεσθαι ἀλ-
λήλων, ὥστ᾽ εἶναί τι ἐξ ἁπάντων ἕν. τοῦτο δὲ εἴτε πεπε-
ρασμένον εἴτε ἄπειρον, οὐδὲν διαφέρει πρὸς τὰ νῦν· πάν-
τως γὰρ ἡ κίνησις ἔσται ἄπειρος ἀπείρων ὄντων, εἴπερ 65
ἐνδέχεται καὶ ἴσας εἶναι καὶ μείζους ἀλλήλων· ὃ γὰρ ἐν-
δέχεται, ληψόμεθα ὡς ὑπάρχον. εἰ οὖν τὸ μὲν ἐκ τῶν ΑΒΓΔ
⟨ἢ πεπερασμένον ἢ⟩ ἄπειρόν τί ἐστιν, κινεῖται δὲ τὴν ΕΖΗΘ
κίνησιν ἐν τῷ χρόνῳ τῷ Κ, οὗτος δὲ πεπέρανται, συμβαίνει ἐν
πεπερασμένῳ χρόνῳ ἄπειρον διιέναι ἢ τὸ πεπερασμένον ἢ 70

ᵇ 43 αὑτοῦ scripsi : αὐτοῦ Σ   44 τοῦ] τὸ b   45 ante ἐπεὶ
addit y textum alterum 242ᵇ 12–13 καὶ ... ἕκαστον   δὴ scripsi :
δὲ Σ   ἄπειρα] ἄρα y   48 ἐνδέχεται ... ἄλλων om. cj : ἐν-
δέχεται δὲ μείζους j sed erasum   49 εἴ] εἰς cjy   τε ἴσαι εἴ S :
ἀεὶ Σ : τε ἀεὶ ἴσαι εἴ Spengel   50 καὶ om. Prantl   52–3 ὥστε
... πεπερασμένῳ om. b¹   53 ἐν] ἐν τῷ c   59 εἰ om. y
πρῶτον S   64 τὸ Moreliana   πρώτως c   66 καὶ pr.
om. cjy   68 ἢ πεπερασμένον ἢ addidi   ἄπειρον ΣS : τῶν ἀπείρων
Prantl

τὸ ἄπειρον. ἀμφοτέρως δὲ ἀδύνατον· ὥστε ἀνάγκη ἵστα-
σθαι καὶ εἶναί τι πρῶτον κινοῦν καὶ κινούμενον· οὐδὲν
γὰρ διαφέρει τὸ συμβαίνειν ἐξ ὑποθέσεως τὸ ἀδύνατον·
243ᵃ 30 ἡ γὰρ ὑπόθεσις εἴληπται ἐνδεχομένη, τοῦ δ᾽ ἐνδεχομένου
τεθέντος οὐδὲν προσήκει γίγνεσθαι διὰ τοῦτο ἀδύνατον.

Τὸ δὲ πρῶτον κινοῦν, μὴ ὡς τὸ οὗ ἕνεκεν, ἀλλ᾽ ὅθεν 2
ἡ ἀρχὴ τῆς κινήσεως, ἅμα τῷ κινουμένῳ ἐστί (λέγω δὲ
τὸ ἅμα, ὅτι οὐδέν ἐστιν αὐτῶν μεταξύ)· τοῦτο γὰρ κοι-
35 νὸν ἐπὶ παντὸς κινουμένου καὶ κινοῦντός ἐστιν. ἐπεὶ δὲ
τρεῖς αἱ κινήσεις, ἥ τε κατὰ τόπον καὶ ἡ κατὰ τὸ ποιὸν
καὶ ἡ κατὰ τὸ ποσόν, ἀνάγκη καὶ τὰ κινοῦντα τρία
εἶναι, τό τε φέρον καὶ τὸ ἀλλοιοῦν καὶ τὸ αὖξον ἢ
φθῖνον. πρῶτον οὖν εἴπωμεν περὶ τῆς φορᾶς· πρώτη
40 γὰρ αὕτη τῶν κινήσεων.

11 ἅπαν δὴ τὸ φερόμενον
ἢ ὑφ᾽ ἑαυτοῦ κινεῖται ἢ ὑπ᾽ ἄλλου. ὅσα μὲν οὖν αὐτὰ ὑφ᾽
αὑτῶν κινεῖται, φανερὸν ἐν τούτοις ὅτι ἅμα τὸ κινούμενον καὶ
τὸ κινοῦν ἐστιν· ἐνυπάρχει γὰρ αὐτοῖς τὸ πρῶτον κινοῦν, ὥστ᾽
15 οὐδέν ἐστιν ἀναμεταξύ· ὅσα δ᾽ ὑπ᾽ ἄλλου κινεῖται, τετραχῶς
ἀνάγκη γίγνεσθαι· τέτταρα γὰρ εἴδη τῆς ὑπ᾽ ἄλλου φορᾶς,
ἕλξις, ὦσις, ὄχησις, δίνησις. ἅπασαι γὰρ αἱ κατὰ τόπον
κινήσεις ἀνάγονται εἰς ταύτας· ἡ μὲν γὰρ ἔπωσις ὦσίς τίς
ἐστιν, ὅταν τὸ ἀφ᾽ αὑτοῦ κινοῦν ἐπακολουθοῦν ὠθῇ, ἡ δ᾽ ἄπω-
20 σις, ὅταν μὴ ἐπακολουθῇ κινῆσαν, ἡ δὲ ῥῖψις, ὅταν σφο-
243ᵇ δροτέραν ποιήσῃ τὴν ἀφ᾽ αὑτοῦ κίνησιν τῆς κατὰ φύσιν φο-
ρᾶς, καὶ μέχρι τοσούτου φέρηται ἕως ἂν κρατῇ ἡ κίνησις.
πάλιν ἡ δίωσις καὶ σύνωσις ἄπωσις καὶ ἕλξις εἰσίν· ἡ μὲν
γὰρ δίωσις ἄπωσις (ἢ γὰρ ἀφ᾽ αὑτοῦ ἢ ἀπ᾽ ἄλλου ἐστὶν ἡ
5 ἄπωσις), ἡ δὲ σύνωσις ἕλξις (καὶ γὰρ πρὸς αὑτὸ καὶ πρὸς

243ᵃ 32-40 = 243ᵃ 3-11   11-15 = 21-3   15-20 = 23-8
20-ᵇ 2 = 244ᵃ 21-4   ᵇ 3-16 = 243ᵇ 24-9

ᵇ 72 καὶ alt. om. c : μὴ ut vid. S : οὐ Gaye   243ᵃ 31 διὰ τοῦτο
γίνεσθαι S   32 πρῶτον bS : πρώτως cjy   37 καὶ alt. om. cjy
τρία πρῶτον εἶναι y   38 φέρον καὶ τὸ yS : om. bcj   12 ἢ pr.]
ἢ αὐτὸ S   14 πρώτως y   16 τετάρτης ἤδη τῆς b   17 ὦσις om. c
19 ἀφ᾽ αὑτοῦ ex S scripsi : ἀπ᾽ αὐτοῦ Σ   ἐπακολουθοῦν cjy S : ἐπακό-
λουθον b   20 δὲ Basiliensis : δὴ Σ   ᵇ 1 ἀφ᾽ αὑτοῦ scripsi
ἀπ᾽ αὐτοῦ Σ   4 ἀφ᾽ αὑτοῦ S, Spengel : ἀπ᾽ αὐτοῦ Σ

ἄλλο ἡ ἕξις). ὥστε καὶ ὅσα τούτων εἴδη, οἷον σπάθησις
καὶ κέρκισις· ἡ μὲν γὰρ σύνωσις, ἡ δὲ δίωσις. ὁμοίως δὲ
καὶ αἱ ἄλλαι συγκρίσεις καὶ διακρίσεις—ἅπασαι γὰρ
ἔσονται διώσεις ἢ συνώσεις—πλὴν ὅσαι ἐν γενέσει καὶ φθορᾷ
εἰσιν. ἅμα δὲ φανερὸν ὅτι οὐδ' ἔστιν ἄλλο τι γένος κινήσεως 10
ἡ σύγκρισις καὶ διάκρισις· ἅπασαι γὰρ διανέμονται εἴς τινας
τῶν εἰρημένων. ἔτι δ' ἡ μὲν εἰσπνοὴ ἕλξις, ἡ δ' ἐκπνοὴ ὦσις.
ὁμοίως δὲ καὶ ἡ πτύσις, καὶ ὅσαι ἄλλαι διὰ τοῦ σώματος
ἢ ἐκκριτικαὶ ἢ ληπτικαὶ κινήσεις· αἱ μὲν γὰρ ἕλξεις εἰσίν,
αἱ δ' ἀπώσεις. δεῖ δὲ καὶ τὰς ἄλλας τὰς κατὰ τόπον ἀν- 15
άγειν· ἅπασαι γὰρ πίπτουσιν εἰς τέσσαρας ταύτας. τούτων
δὲ πάλιν ἡ ὄχησις καὶ ἡ δίνησις εἰς ἕλξιν καὶ ὦσιν. ἡ μὲν
γὰρ ὄχησις κατὰ τούτων τινὰ τῶν τριῶν τρόπων ἐστίν (τὸ μὲν
γὰρ ὀχούμενον κινεῖται κατὰ συμβεβηκός, ὅτι ἐν κινουμένῳ
ἐστὶν ἢ ἐπὶ κινουμένου τινός, τὸ δ' ὀχοῦν ὀχεῖ ἢ ἑλκόμενον ἢ 20
ὠθούμενον ἢ δινούμενον, ὥστε κοινή ἐστιν ἁπασῶν τῶν τριῶν ἡ 244ᵃ
ὄχησις)· ἡ δὲ δίνησις σύγκειται ἐξ ἕλξεώς τε καὶ ὤσεως·
ἀνάγκη γὰρ τὸ δινοῦν τὸ μὲν ἕλκειν τὸ δ' ὠθεῖν· τὸ μὲν
γὰρ ἀφ' αὑτοῦ τὸ δὲ πρὸς αὑτὸ ἄγει. ὥστ' εἰ τὸ ὠθοῦν καὶ
τὸ ἕλκον ἅμα τῷ ὠθουμένῳ καὶ τῷ ἑλκομένῳ, φανερὸν ὅτι 5
τοῦ κατὰ τόπον κινουμένου καὶ κινοῦντος οὐδέν ἐστι μεταξύ.

ἀλλὰ μὴν τοῦτο δῆλον καὶ ἐκ τῶν ὁρισμῶν· ὦσις μὲν γάρ
ἐστιν ἡ ἀφ' αὑτοῦ ἢ ἀπ' ἄλλου πρὸς ἄλλο κίνησις, ἕλξις δὲ
ἡ ἀπ' ἄλλου πρὸς αὑτὸ ἢ πρὸς ἄλλο, ὅταν θάττων ἡ κίνη-
σις ᾖ [τοῦ ἕλκοντος] τῆς χωριζούσης ἀπ' ἀλλήλων τὰ συνεχῆ· 10
οὕτω γὰρ συνεφέλκεται θάτερον. (τάχα δὲ δόξειεν ἂν εἶναί
τις ἕλξις καὶ ἄλλως· τὸ γὰρ ξύλον ἕλκει τὸ πῦρ οὐχ οὕ-
τως. τὸ δ' οὐθὲν διαφέρει κινουμένου τοῦ ἕλκοντος ἢ μένοντος
ἕλκειν· ὁτὲ μὲν γὰρ ἕλκει οὗ ἔστιν, ὁτὲ δὲ οὗ ἦν.) ἀδύνατον
δὲ ἢ ἀφ' αὑτοῦ πρὸς ἄλλο ἢ ἀπ' ἄλλου πρὸς αὑτὸ κινεῖν 15

ᵇ 8 αἱ om. y   10 οὐδὲν y   11 ἡ S, Prantl: ἢ Σ   15 an
δεῖ δή?   17 ὄχλησις cj   καὶ ἡ . . . 18 ὄχησις om. y   18 ὄχλησις cj
20 ὠθοῦν cjy   ἔχει b   244ᵃ 4 αὑτὸ P, Spengel: αὐτὸν jy: αὑτὸν
bc   5 τῷ alt. om. S   9-10 ὅταν . . . συνεχῆ om. γρ Α   9 αὑτὸ
Moreliana: αὐτὸ Σ   θάττων scripsi cum S: θᾶττον Σ   10 τοῦ ἕλ-
κοντος seclusi, om. S   τῆς χωριζούσης bS: ἡ χωρίζουσα cjy: ἢ ἡ χωρί-
ζουσα Gaye: μὴ χωρὶς οὖσα Diels   ἀπ' . . . συνεχῆ ΣS: secl. Diels
12 τὸ πῦρ S dett.: om. Σ   15 δὲ ἡ c   αὑτὸ Moreliana: αὐτὸ Σ

L

244ᵇ μὴ ἁπτόμενον, ὥστε φανερὸν ὅτι τοῦ κατὰ τόπον κινουμένου
2 καὶ κινοῦντος οὐδέν ἐστι μεταξύ.
2   ἀλλὰ μὴν οὐδὲ τοῦ ἀλλοιου-
μένου καὶ τοῦ ἀλλοιοῦντος. τοῦτο δὲ δῆλον ἐξ ἐπαγωγῆς· ἐν
ἅπασι γὰρ συμβαίνει ἅμα εἶναι τὸ ἔσχατον ἀλλοιοῦν καὶ
5 τὸ πρῶτον ἀλλοιούμενον· (ὑπόκειται γὰρ ἡμῖν τὸ τὰ ἀλλοιού-
5a μενα κατὰ τὰς παθητικὰς καλουμένας ποιότητας πάσχοντα
5b ἀλλοιοῦσθαι). ἅπαν γὰρ σῶμα σώματος διαφέρει τοῖς αἰσθη-
5c τοῖς ἢ πλείοσιν ἢ ἐλάττοσιν ἢ τῷ μᾶλλον καὶ ἧττον τοῖς
5d αὐτοῖς· ἀλλὰ μὴν καὶ ἀλλοιοῦται τὸ ἀλλοιούμενον ὑπὸ τῶν
εἰρημένων. ταῦτα γάρ ἐστι πάθη τῆς ὑποκειμένης ποιότητος·
ἢ γὰρ θερμαινόμενον ἢ γλυκαινόμενον ἢ πυκνούμενον ἢ ξηραινό-
μενον ἢ λευκαινόμενον ἀλλοιοῦσθαί φαμεν, ὁμοίως τό τε ἄψυχον
καὶ τὸ ἔμψυχον λέγοντες, καὶ πάλιν τῶν ἐμψύχων τά τε μὴ
10 αἰσθητικὰ τῶν μερῶν καὶ αὐτὰς τὰς αἰσθήσεις. ἀλλοιοῦνται γάρ
πως καὶ αἱ αἰσθήσεις· ἡ γὰρ αἴσθησις ἡ κατ' ἐνέργειαν κίνησίς
ἐστι διὰ τοῦ σώματος, πασχούσης τι τῆς αἰσθήσεως. καθ' ὅσα
μὲν οὖν τὸ ἄψυχον ἀλλοιοῦται, καὶ τὸ ἔμψυχον, καθ' ὅσα δὲ
τὸ ἔμψυχον, οὐ κατὰ ταῦτα πάντα τὸ ἄψυχον (οὐ γὰρ ἀλλοι-
15 οῦται κατὰ τὰς αἰσθήσεις)· καὶ τὸ μὲν λανθάνει, τὸ δ' οὐ
245ᵃ λανθάνει πάσχον. οὐδὲν δὲ κωλύει καὶ τὸ ἔμψυχον λανθά-
νειν, ὅταν μὴ κατὰ τὰς αἰσθήσεις γίγνηται ἡ ἀλλοίωσις. εἴ-
περ οὖν ἀλλοιοῦται τὸ ἀλλοιούμενον ὑπὸ τῶν αἰσθητῶν, ἐν
ἅπασί γε τούτοις φανερὸν ὅτι ἅμα ἐστὶ τὸ ἔσχατον ἀλλοιοῦν
5 καὶ τὸ πρῶτον ἀλλοιούμενον· τῷ μὲν γὰρ συνεχὴς ὁ ἀήρ,
τῷ δ' ἀέρι τὸ σῶμα. πάλιν δὲ τὸ μὲν χρῶμα τῷ φωτί,
τὸ δὲ φῶς τῇ ὄψει. τὸν αὐτὸν δὲ τρόπον καὶ ἡ ἀκοὴ καὶ ἡ
ὄσφρησις· πρῶτον γὰρ κινοῦν πρὸς τὸ κινούμενον ὁ ἀήρ. καὶ

244ᵇ 1–2 = 244ᵃ 24–5   2–12 = ᵃ 25–ᵇ 27   12–245ᵃ 2
= ᵇ 27–245ᵃ 20   245ᵃ 2–10 = 20–26

ᵇ 2–3 ἀλλὰ . . . ἐπαγωγῆς ΣS: ὁμοίως δὲ κἂν εἴ τι ἔστι ποιητικὸν καὶ
γεννητικὸν τοῦ ποιοῦ, καὶ τοῦτο ἀνάγκη ποιεῖν ἁπτόμενον βαρὺ κοῦφον γρ.
A   5 πρῶτον AS, Spengel : om. Σ   ὑπόκειται . . . 5ᵇ ἀλλοιοῦσθαι
addidi ex S : ὑπόκειται . . . παθητικὰς λεγομένας ποιότητας πάσχοντα
ἀλλοιοῦσθαι· τὸ γὰρ ποιὸν ἀλλοιοῦται τῷ αἰσθητὸν εἶναι, αἰσθητὰ δ' ἐστίν,
οἷς διαφέρουσι τὰ σώματα ἀλλήλων ex S addenda ci. Prantl (cf. ᵃ 27–
ᵇ 16)   5ᵇ–d ἅπαν . . . ἀλλοιούμενον Η et ut vid. S : om. Σ   6 τῆς
ὑποκειμένης ΗΣS : τοῖς ὑποκειμένοις Spengel : τοῦ ὑποκειμένου Prantl
8 τό τε scripsi : τε τὸ Σ : τὸ Η   11 πως ΣS : om. Η   12 τοῦ
ΣS : om. Η   14 ταῦτα om. Η   245ᵃ 8 πρῶτον γὰρ] τῷ
πρώτῳ κινοῦντι· τὸ γὰρ πρῶτον Η

ἐπὶ τῆς γεύσεως ὁμοίως· ἅμα γὰρ τῇ γεύσει ὁ χυμός.
ὡσαύτως δὲ καὶ ἐπὶ τῶν ἀψύχων καὶ ἀναισθήτων. ὥστ᾽ οὐ- 10
δὲν ἔσται μεταξὺ τοῦ ἀλλοιουμένου καὶ τοῦ ἀλλοιοῦντος. 11
οὐδὲ 11
μὴν τοῦ αὐξανομένου τε καὶ αὔξοντος· αὐξάνει γὰρ τὸ πρῶ-
τον αὖξον προσγιγνόμενον, ὥστε ἐν γίγνεσθαι τὸ ὅλον. καὶ
πάλιν φθίνει τὸ φθῖνον ἀπογιγνομένου τινὸς τῶν τοῦ φθίνοντος.
ἀνάγκη οὖν συνεχὲς εἶναι καὶ τὸ αὖξον καὶ τὸ φθῖνον, τῶν 15
δὲ συνεχῶν οὐδὲν μεταξύ. φανερὸν οὖν ὅτι τοῦ κινουμένου καὶ
τοῦ κινοῦντος πρῶτου καὶ ἐσχάτου πρὸς τὸ κινούμενον οὐδέν 245ᵇ
ἐστιν ἀνὰ μέσον.

3   "Οτι δὲ τὸ ἀλλοιούμενον ἅπαν ἀλλοιοῦται ὑπὸ τῶν αἰ-
σθητῶν, καὶ ἐν μόνοις ὑπάρχει τούτοις ἀλλοίωσις ὅσα καθ᾽
αὐτὰ λέγεται πάσχειν ὑπὸ τῶν αἰσθητῶν, ἐκ τῶνδε θεωρη- 5
τέον. τῶν γὰρ ἄλλων μάλιστ᾽ ἄν τις ὑπολάβοι ἔν τε τοῖς σχή-
μασι καὶ ταῖς μορφαῖς καὶ ἐν ταῖς ἕξεσι καὶ ταῖς τούτων
λήψεσι καὶ ἀποβολαῖς ἀλλοίωσιν ὑπάρχειν· ἐν οὐδετέροις δ᾽
ἔστιν. τὸ μὲν γὰρ σχηματιζόμενον καὶ ῥυθμιζόμενον ὅταν ἐπι-
τελεσθῇ, οὐ λέγομεν ἐκεῖνο ἐξ οὗ ἐστιν, οἷον τὸν ἀνδριάντα χαλ- 10
κὸν ἢ τὴν πυραμίδα κηρὸν ἢ τὴν κλίνην ξύλον, ἀλλὰ παρω-
νυμιάζοντες τὸ μὲν χαλκοῦν, τὸ δὲ κήρινον, τὸ δὲ ξύλινον. τὸ
δὲ πεπονθὸς καὶ ἠλλοιωμένον προσαγορεύομεν· ὑγρὸν γὰρ
καὶ θερμὸν καὶ σκληρὸν τὸν χαλκὸν λέγομεν καὶ τὸν κηρόν
(καὶ οὐ μόνον οὕτως, ἀλλὰ καὶ τὸ ὑγρὸν καὶ τὸ θερμὸν 15
χαλκὸν λέγομεν), ὁμωνύμως τῷ πάθει προσαγορεύοντες τὴν
ὕλην. ὥστ᾽ εἰ κατὰ μὲν τὸ σχῆμα καὶ τὴν μορφὴν οὐ λέγεται 246ᵃ

245ᵃ 11–14 = 245ᵃ 26–9   16–ᵇ 2 = 29–ᵇ 18   ᵇ 3–9 = ᵇ 19–
24   9—246ᵃ 1 = 24—246ᵃ 22   246ᵃ 1–4 = 22–5

  ᵃ 10 καὶ alt. ΣS : καὶ τῶν H   11 ἀλλοιουμένου ... ἀλλοιοῦντος ΣS :
ἀλλοιοῦντος καὶ τοῦ ἀλλοιουμένου H   οὐδὲ] οὐδὲ μὴν τοῦ αὐξανομένου
καὶ τοῦ ἀλλοιοῦντος οὐδὲ c   12 καὶ αὐξάνοντος H   13 ἕν om. H
16 οὖν] δὲ y   ᵇ 1 τὸ ΣP : τι H   3 πᾶν S   4–5 καὶ ...
αἰσθητῶν HbS : om. cjy   5 αὐτὰ πάσχει S   6 τε om. S
7 ταῖς om. S : ἐν ταῖς bcj   ἐν om. S   καὶ] καὶ ἐν c : ἢ S
8 οὐδετέραις H   9 καὶ ῥυθμιζόμενον om. Σ   12 τὸ pr. et alt.] τὸν Σ
13–14 ὑγρὸν ... σκληρὸν HIT : ξηρὸν γὰρ καὶ ὑγρὸν καὶ σκληρὸν καὶ
θερμὸν Σ   14 καὶ τὸν κηρὸν λέγομεν I : λέγομεν καὶ τὸ ξύλον ST
15 καὶ alt. om. y   καὶ alt. ... 16 χαλκὸν] χαλκὸν καὶ τὸ θερμὸν ξύλον S
16—246ᵃ 1 λέγομεν ... ὕλην] ὁμωνύμως λέγοντες τῷ πάθει HI¹
246ᵃ 1 μὲν κατὰ H   καὶ om. Bekker (an casu?)   οὐ] μὴ H

τὸ γεγονὸς ἐν ᾧ ἐστι τὸ σχῆμα, κατὰ δὲ τὰ πάθη καὶ τὰς
ἀλλοιώσεις λέγεται, φανερὸν ὅτι οὐκ ἂν εἶεν αἱ γενέσεις
ἀλλοιώσεις. ἔτι δὲ καὶ εἰπεῖν οὕτως ἄτοπον ἂν δόξειεν,
5 ἠλλοιῶσθαι τὸν ἄνθρωπον ἢ τὴν οἰκίαν ἢ ἄλλο ὁτιοῦν
τῶν γεγενημένων· ἀλλὰ γίγνεσθαι μὲν ἴσως ἕκαστον ἀναγ-
καῖον ἀλλοιουμένου τινός, οἷον τῆς ὕλης πυκνουμένης ἢ μα-
νουμένης ἢ θερμαινομένης ἢ ψυχομένης, οὐ μέντοι τὰ γιγνό-
μενά γε ἀλλοιοῦται, οὐδ᾽ ἡ γένεσις αὐτῶν ἀλλοίωσίς ἐστιν.
10 ἀλλὰ μὴν οὐδ᾽ αἱ ἕξεις οὔθ᾽ αἱ τοῦ σώματος οὔθ᾽ αἱ τῆς ψυ-
χῆς ἀλλοιώσεις. αἱ μὲν γὰρ ἀρεταὶ αἱ δὲ κακίαι τῶν
ἕξεων· οὐκ ἔστι δὲ οὔτε ἡ ἀρετὴ οὔτε ἡ κακία ἀλλοίωσις,
ἀλλ᾽ ἡ μὲν ἀρετὴ τελείωσίς τις (ὅταν γὰρ λάβῃ τὴν αὐτοῦ
ἀρετήν, τότε λέγεται τέλειον ἕκαστον—τότε γὰρ ἔστι μάλιστα
15 [τὸ] κατὰ φύσιν—ὥσπερ κύκλος τέλειος, ὅταν μάλιστα
γένηται κύκλος καὶ ὅταν βέλτιστος), ἡ δὲ κακία φθορὰ τούτου
καὶ ἔκστασις· ὥσπερ οὖν οὐδὲ τὸ τῆς οἰκίας τελείωμα λέγομεν
ἀλλοίωσιν (ἄτοπον γὰρ εἰ ὁ θριγκὸς καὶ ὁ κέραμος ἀλ-
λοίωσις, ἢ εἰ θριγκουμένη καὶ κεραμουμένη ἀλλοιοῦται ἀλλὰ
20 μὴ τελειοῦται ἡ οἰκία), τὸν αὐτὸν τρόπον καὶ ἐπὶ τῶν ἀρε-
246b τῶν καὶ τῶν κακιῶν καὶ τῶν ἐχόντων ἢ λαμβανόντων· αἱ
μὲν γὰρ τελειώσεις αἱ δὲ ἐκστάσεις εἰσίν, ὥστ᾽ οὐκ ἀλλοιώ-
3 σεις.

3   ἔτι δὲ καί φαμεν ἁπάσας εἶναι τὰς ἀρετὰς ἐν τῷ
πρός τι πὼς ἔχειν. τὰς μὲν γὰρ τοῦ σώματος, οἷον ὑγίειαν
5 καὶ εὐεξίαν, ἐν κράσει καὶ συμμετρίᾳ θερμῶν καὶ ψυχρῶν
τίθεμεν, ἢ αὐτῶν πρὸς αὐτὰ τῶν ἐντὸς ἢ πρὸς τὸ περιέχον·
ὁμοίως δὲ καὶ τὸ κάλλος καὶ τὴν ἰσχὺν καὶ τὰς ἄλλας

246ᵃ 4-6 = 246ᵃ 25-6   8-12 = 28-30   12-17 = ᵇ 27—
247ᵃ 20   17-20 = 246ᵃ 26-8   ᵇ 3-14 = ᵃ 30—ᵇ 27

ᵃ 3 γενέσεις HS : γενέσεις αὗται ΙΣ   4 εἰπεῖν οὕτως ΙΣS : οὕτως
εἰπεῖν Η   5 ἠλλοιῶσθαι τὸν ἄνθρωπον] ἢ ἀλλοιοῦσθαι τὸν ἄνθρωπον Σ : ἢ
τὸν ἄνθρωπον ἠλλοιῶσθαι Ι   6 γίνεσθαι ΙS : γενέσθαι ΗΣ   ἴσως om. S
9 γε om. Ι   ἀλλοιοῦνται Ι : ἀλλοιοῦτε c   10-11 ἀλλὰ . . . ἀλλοιώ-
σεις bHIS : om cjy   13 τις] τις ἐστιν bcj   γὰρ om. cj   14 ἕκασ-
τον τέλειον Ι   γὰρ] γὰρ καὶ Ι   μάλιστά ἐστι ΗΙ : μάλιστα y   15 τὸ
seclusi, om. ST   16 καὶ ὅταν βέλτιστος an omittenda? : βέλτιστος
Σ   17 οὔτε Σ   18 κέραμος ἀλλοίωσεις ΗΙ   19 εἰ] ἢ ΗΙ : εἰ ἢ j
καὶ] ἢ Ι   20 ἡ om. ΗΙ   αὐτὸν δὴ τρόπον y   ᵇ Ι καὶ ἐπὶ
τῶν ΗΙ   καὶ ἐπὶ τῶν Η   3 πάσας Ι   εἶναι om. Ι   5 ψυχρῶν
ἢ θερμῶν ΗΙ   6 αὐτῶν] αὐτὰ Hcjy   αὐτὰ b   ἢ] καὶ Η

ἀρετὰς καὶ κακίας. ἑκάστη γάρ ἐστι τῷ πρός τι πὼς ἔχειν,
καὶ περὶ τὰ οἰκεῖα πάθη εὖ ἢ κακῶς διατίθησι τὸ ἔχον·
οἰκεῖα δ' ὑφ' ὧν γίγνεσθαι καὶ φθείρεσθαι πέφυκεν. ἐπεὶ οὖν 10
τὰ πρός τι οὔτε αὐτά ἐστιν ἀλλοιώσεις, οὔτε ἔστιν αὐτῶν ἀλ-
λοίωσις οὐδὲ γένεσις οὐδ' ὅλως μεταβολὴ οὐδεμία, φανερὸν
ὅτι οὔθ' αἱ ἕξεις οὔθ' αἱ τῶν ἕξεων ἀποβολαὶ καὶ λήψεις
ἀλλοιώσεις εἰσίν, ἀλλὰ γίγνεσθαι μὲν ἴσως αὐτὰς καὶ
φθείρεσθαι ἀλλοιουμένων τινῶν ἀνάγκη, καθάπερ καὶ τὸ εἶ- 15
δος καὶ τὴν μορφήν, οἷον θερμῶν καὶ ψυχρῶν ἢ ξηρῶν καὶ
ὑγρῶν, ἢ ἐν οἷς τυγχάνουσιν οὖσαι πρώτοις. περὶ ταῦτα γὰρ
ἑκάστη λέγεται κακία καὶ ἀρετή, ὑφ' ὧν ἀλλοιοῦσθαι πέ-
φυκε τὸ ἔχον· ἡ μὲν γὰρ ἀρετὴ ποιεῖ ἢ ἀπαθὲς ἢ ὡδὶ
παθητικόν, ἡ δὲ κακία παθητικὸν ἢ ἐναντίως ἀπαθές.   20

ὁμοίως 20
δὲ καὶ ἐπὶ τῶν τῆς ψυχῆς ἕξεων· ἅπασαι γὰρ καὶ αὗται 247ᵃ
τῷ πρός τι πὼς ἔχειν, καὶ αἱ μὲν ἀρεταὶ τελειώσεις, αἱ
δὲ κακίαι ἐκστάσεις. ἔτι δὲ ἡ μὲν ἀρετὴ εὖ διατίθησι πρὸς τὰ
οἰκεῖα πάθη, ἡ δὲ κακία κακῶς. ὥστ' οὐδ' αὗται ἔσονται
ἀλλοιώσεις· οὐδὲ δὴ αἱ ἀποβολαὶ καὶ αἱ λήψεις αὐτῶν. 5
γίγνεσθαι δ' αὐτὰς ἀναγκαῖον ἀλλοιουμένου τοῦ αἰσθητικοῦ μέ-
ρους. ἀλλοιωθήσεται δ' ὑπὸ τῶν αἰσθητῶν· ἅπασα γὰρ ἡ ἠθικὴ
ἀρετὴ περὶ ἡδονὰς καὶ λύπας τὰς σωματικάς, αὗται δὲ ἢ
ἐν τῷ πράττειν ἢ ἐν τῷ μεμνῆσθαι ἢ ἐν τῷ ἐλπίζειν. αἱ
μὲν οὖν ἐν τῇ πράξει κατὰ τὴν αἴσθησίν εἰσιν, ὥσθ' ὑπ' αἰ- 10
σθητοῦ τινὸς κινεῖσθαι, αἱ δ' ἐν τῇ μνήμῃ καὶ ἐν τῇ ἐλ-
πίδι ἀπὸ ταύτης εἰσίν· ἢ γὰρ οἷα ἔπαθον μεμνημένοι ἥδονται,
ἢ ἐλπίζοντες οἷα μέλλουσιν. ὥστ' ἀνάγκη πᾶσαν τὴν τοιαύτην
ἡδονὴν ὑπὸ τῶν αἰσθητῶν γίγνεσθαι. ἐπεὶ δ' ἡδονῆς καὶ λύ-
πης ἐγγιγνομένης καὶ ἡ κακία καὶ ἡ ἀρετὴ ἐγγίγνεται (περὶ 15

246ᵇ 19-20 = 247ᵃ 22-3   247ᵃ 5-7 = 20-22   7-13
= 23-8

ᵇ 8 ἐστι] ἐν S   11 ἔστιν αὐτῶν HS : αὐτῶν ἐστιν ΙΣ   12 οὔτε S
οὔθ' Σ   ὅλως HIS : ὅλως οὐδὲ Σ   15 καὶ et 16 ἢ om. S   17 πρώτοις
HIΣSᵖ : πρώτως Sᶜ   19 ἢ pr. HIS : om. Σ   ὡδὶ HIS : ὡς
δεῖ Σ   20 ἢ ἐναντίως HIS : μὲν ἐναντίως καὶ Σ   247ᵃ 1 γάρ]
μὲν γὰρ y   2 τελειώσεις εἰσὶν αἱ HI   3 δὲ om. HI   πρὸς]
τὸ ἔχον πρὸς I   5 αἱ pr. om I : καὶ cjy   7 ἀλλοιωθήσεται
ΣS : ἀλλοιοῦται HI   ἡ om. Hy   9 ἢ pr.] τι ἢ S   11 κινεῖσθαι
om. HI   ἐν alt. om. Σ   12 εἰσίν om. I   13 μένουσιν H

ταύτας γάρ εἰσιν), αἱ δ' ἡδοναὶ καὶ αἱ λῦπαι ἀλλοιώσεις
τοῦ αἰσθητικοῦ, φανερὸν ὅτι ἀλλοιουμένου τινὸς ἀνάγκη καὶ
ταύτας ἀποβάλλειν καὶ λαμβάνειν. ὥσθ' ἡ μὲν γένεσις
αὐτῶν μετ' ἀλλοιώσεως, αὐταὶ δ' οὐκ εἰσὶν ἀλλοιώσεις.

247ᵇ   ἀλλὰ μὴν οὐδ' αἱ τοῦ νοητικοῦ μέρους ἕξεις ἀλλοιώσεις, οὐδ'
ἔστιν αὐτῶν γένεσις. πολὺ γὰρ μάλιστα τὸ ἐπιστῆμον ἐν τῷ
πρός τι πῶς ἔχειν λέγομεν. ἔτι δὲ καὶ φανερὸν ὅτι οὐκ ἔστιν
αὐτῶν γένεσις· τὸ γὰρ κατὰ δύναμιν ἐπιστῆμον οὐδὲν αὐτὸ
5 κινηθὲν ἀλλὰ τῷ ἄλλο ὑπάρξαι γίγνεται ἐπιστῆμον. ὅταν
γὰρ γένηται τὸ κατὰ μέρος, ἐπίσταταί πως τὰ καθόλου τῷ
ἐν μέρει. πάλιν δὲ τῆς χρήσεως καὶ τῆς ἐνεργείας οὐκ ἔστι
γένεσις, εἰ μή τις καὶ τῆς ἀναβλέψεως καὶ τῆς ἀφῆς οἴεται
γένεσιν εἶναι· τὸ γὰρ χρῆσθαι καὶ τὸ ἐνεργεῖν ὅμοιον τούτοις. ἡ
10 δ' ἐξ ἀρχῆς λῆψις τῆς ἐπιστήμης γένεσις οὐκ ἔστιν οὐδ' ἀλλοίωσις·
τῷ γὰρ ἠρεμῆσαι καὶ στῆναι τὴν διάνοιαν ἐπίστασθαι καὶ φρονεῖν
λεγόμεθα, εἰς δὲ τὸ ἠρεμεῖν οὐκ ἔστι γένεσις· ὅλως γὰρ οὐδεμιᾶς
μεταβολῆς, καθάπερ εἴρηται πρότερον. ἔτι δ' ὥσπερ ὅταν ἐκ τοῦ
μεθύειν ἢ καθεύδειν ἢ νοσεῖν εἰς τἀναντία μεταστῇ τις, οὔ
15 φαμεν ἐπιστήμονα γεγονέναι πάλιν (καίτοι ἀδύνατος ἦν τῇ
ἐπιστήμῃ χρῆσθαι πρότερον), οὕτως οὐδ' ὅταν ἐξ ἀρχῆς λαμ-
βάνῃ τὴν ἕξιν· τῷ γὰρ καθίστασθαι τὴν ψυχὴν ἐκ τῆς φυ-
σικῆς ταραχῆς φρόνιμόν τι γίγνεται καὶ ἐπιστῆμον. διὸ καὶ
τὰ παιδία οὔτε μανθάνειν δύνανται οὔτε κατὰ τὰς αἰσθήσεις
248ᵃ ὁμοίως κρίνειν τοῖς πρεσβυτέροις· πολλὴ γὰρ ἡ ταραχὴ
καὶ ἡ κίνησις. καθίσταται δὲ καὶ ἠρεμίζεται πρὸς ἔνια μὲν
ὑπὸ τῆς φύσεως αὐτῆς, πρὸς ἔνια δ' ὑπ' ἄλλων, ἐν ἀμ-

247ᵇ 1 – 248ᵃ 9 = 247ᵃ 28 – 248ᵇ 28

ᵃ 16 αἱ alt. om. HI   18 ὥσθ' HIbS : ἔτι cjy   19 αὕτη (αὐτὴ S)
δ' οὐκ ἔστιν ἀλλοίωσις ΣS   ᵇ 1 αἱ (om. cjy) τοῦ νοητικοῦ (νοητοῦ Σ)
μέρους ἕξεις ἀλλοιώσεις ΗΕSPT : τῷ νοητικῷ μέρει αἱ ἕξεις ἀλλοιώσεις I :
ἡ τοῦ νοητικοῦ μέρους ἕξις ἀλλοίωσις Sˡ   2 αὐτῶν ΠΤ : αὐτῆς
ἀλλοίωσις οὐδὲ S   μάλιστα om. I : μᾶλλον S   4 τὸ γὰρ] ὅτι τὸ HI
οὐδὲ I   5 ὑπάρξει Bekker errore preli   6 τὰ HIAT : τῇ ΣPS
τῷ HIAT : τὸ cjy : τέ b : τὰ PS   8 καὶ alt.] τε καὶ b   οἴοιτο
HI   9 τὸ γὰρ χρῆσθαι S : τὸ γὰρ οἴεσθαι HI : om. Σ   10 οὐκ]
μὲν οὐκ HS : μὲν οὖν οὐκ I   οὐδ' ἀλλοίωσις ΣS : om. HI   11 τὸ
cj   γὰρ] δὲ γρ. S   ἠρεμῆσαι I   12 λέγομεν HI   ὅλως] γενέσεως S
οὐδεμία μεταβολὴ HIS   13 ὅταν om. S   15 ἀδύνατον c   ἦν] ᾖ c :
ἢ y   16 οὕτως] ὅταν cjy   17 ἠθικῆς cj   18 ἀρετῆς Σ
γένηται c   19 δύναται I   248ᵃ 1 κρίνει I   2 δὲ] γὰρ I
ἠρεμίζεται HIS : ἠρεμίζει Σ   πρὸς ... 3 αὐτῆς HIS : om. Σ

φοτέροις δὲ ἀλλοιουμένων τινῶν τῶν ἐν τῷ σώματι, καθά-
περ ἐπὶ τῆς χρήσεως καὶ τῆς ἐνεργείας, ὅταν νήφων γένη- 5
ται καὶ ἐγερθῇ. φανερὸν οὖν ἐκ τῶν εἰρημένων ὅτι τὸ ἀλλοι-
οῦσθαι καὶ ἡ ἀλλοίωσις ἔν τε τοῖς αἰσθητοῖς γίγνεται καὶ ἐν
τῷ αἰσθητικῷ μορίῳ τῆς ψυχῆς, ἐν ἄλλῳ δ' οὐδενὶ πλὴν
κατὰ συμβεβηκός.

4 Ἀπορήσειε δ' ἄν τις πότερόν ἐστι κίνησις πᾶσα πάσῃ 10
συμβλητὴ ἢ οὔ. εἰ δή ἐστιν πᾶσα συμβλητή, καὶ ὁμοταχὲς
τὸ ἐν ἴσῳ χρόνῳ ἴσον κινούμενον, ἔσται περιφερής τις ἴση
εὐθείᾳ, καὶ μείζων δὴ καὶ ἐλάττων. ἔτι ἀλλοίωσις καὶ
φορά τις ἴση, ὅταν ἐν ἴσῳ χρόνῳ τὸ μὲν ἀλλοιωθῇ τὸ δ'
ἐνεχθῇ. ἔσται ἄρα ἴσον πάθος μήκει. ἀλλ' ἀδύνατον. ἀλλ' 15
ἆρα ὅταν ἐν ἴσῳ ἴσον κινηθῇ, τότε ἰσοταχές, ἴσον δ' οὐκ
ἔστιν πάθος μήκει, ὥστε οὐκ ἔστιν ἀλλοίωσις φορᾷ ἴση οὐδ'
ἐλάττων, ὥστ' οὐ πᾶσα συμβλητή;   18
                                        ἐπὶ δὲ τοῦ κύκλου 18
καὶ τῆς εὐθείας πῶς συμβήσεται; ἄτοπόν τε γὰρ εἰ μὴ
ἔστιν κύκλῳ ὁμοίως τουτὶ κινεῖσθαι καὶ τουτὶ ἐπὶ τῆς εὐ- 20
θείας, ἀλλ' εὐθὺς ἀνάγκη ἢ θᾶττον ἢ βραδύτερον, ὥσπερ
ἂν εἰ κάταντες, τὸ δ' ἄναντες· οὐδὲ διαφέρει οὐδὲν τῷ
λόγῳ, εἴ τίς φησιν ἀνάγκην εἶναι θᾶττον εὐθὺς ἢ βραδύ-
τερον κινεῖσθαι· ἔσται γὰρ μείζων καὶ ἐλάττων ἡ περιφερὴς
τῆς εὐθείας, ὥστε καὶ ἴση. εἰ γὰρ ἐν τῷ Α χρόνῳ 25
τὴν Β διελήλυθε τὸ δὲ τὴν Γ, μείζων ἂν εἴη ἡ Β τῆς Γ· οὕτω 248ᵇ
γὰρ τὸ θᾶττον ἐλέγετο. οὐκοῦν καὶ εἰ ἐν ἐλάττονι ἴσον, θᾶτ-
τον· ὥστ' ἔσται τι μέρος τοῦ Α ἐν ᾧ τὸ Β τοῦ κύκλου τὸ
ἴσον δίεισι καὶ τὸ Γ ἐν ὅλῳ τῷ Α [τὴν Γ]. ἀλλὰ μὴν εἰ

ᵃ 4 τῷ HIS : om. Σ   5 ἐγέρσεως καὶ det.   τῆς om. I   7 ἐν]
ἢ ἐν Σ   8 μέρει HI   11 ὁμοιοταχὲς EI   12 ἐν] ἐν τῷ F   ἴσον
secl. Prantl   ἴση καὶ εὐθεῖα K   14 φθορά E¹   ἴση] καὶ H   τὸ
alt. EHIS : τι τὸ FJK   15 ἴσον τὸ πάθος F   16 ἄρα Bonitz :
ἄρα EF¹HIJK : om. F²   ἴσον ἐν ἴσῳ I   17 ἔσται I   πάθος πᾶν
μήκει FJK²   19 τῆς EHIJ²KS : om. FJ¹   τε om. H   20 τουτὶ
alt. Fy : τοῦτο cett.   22 ἂν F²S : om. EHIJK   οὐδὲ scripsi :
οὐδὲν EK : ἔτι οὐδὲ cj : ἔτι οὐδὲν Λ : ἔτι δε by   οὐδὲν Σ : οὐδ' ἐν
EHIJK : om. F   23 φησιν ΕΣ : φήσει K : φήσειεν Λ   ἀνάγκη
EK   ἴση om. E   ᵇ I τὴν] τὸ μὲν τὴν FHIK²S   διελήλυθε ...
β om. E   διελήλυθε HIΣS : διῆλθε FJK   τὴν ... β om. K¹
μείζον J   3 ὥστ' ἔσται] εἰς τε E¹ : ἔσται E² : ὥστε K   τὸ pr.
E²ΛS : om. E¹K   τὸ ἴσον δίεισι F²Σ : τὸ ἴσον δίεισι τὸ ἴσον F¹ :
δίεισι EHIJKS   4 τὸ E¹   τὴν Γ seclusi : habent ΠS

5 ἔστιν συμβλητά, συμβαίνει τὸ ἄρτι ῥηθέν, ἴσην εὐθεῖαν εἶναι
κύκλῳ. ἀλλ᾽ οὐ συμβλητά· οὐδ᾽ ἄρα αἱ κινήσεις, ἀλλ᾽ ὅσα
μὴ συνώνυμα, πάντ᾽ ἀσύμβλητα. οἷον διὰ τί·οὐ συμβλη-
τὸν πότερον ὀξύτερον τὸ γραφεῖον ἢ ὁ οἶνος ἢ ἡ νήτη; ὅτι
ὁμώνυμα, οὐ συμβλητά· ἀλλ᾽ ἡ νήτη τῇ παρανήτῃ συμ-
10 βλητή, ὅτι τὸ αὐτὸ σημαίνει τὸ ὀξὺ ἐπ᾽ ἀμφοῖν. ἆρ᾽ οὖν οὐ
ταὐτὸν τὸ ταχὺ ἐνταῦθα κἀκεῖ, πολὺ δ᾽ ἔτι ἧττον ἐν ἀλ-
12 λοιώσει καὶ φορᾷ;

12   ἢ πρῶτον μὲν τοῦτο οὐκ ἀληθές, ὡς εἰ
μὴ ὁμώνυμα συμβλητά; τὸ γὰρ πολὺ τὸ αὐτὸ σημαίνει ἐν
ὕδατι καὶ ἀέρι, καὶ οὐ συμβλητά. εἰ δὲ μή, τό γε διπλά-
15 σιον ταὐτό (δύο γὰρ πρὸς ἕν), καὶ οὐ συμβλητά. ἢ καὶ
ἐπὶ τούτων ὁ αὐτὸς λόγος; καὶ γὰρ τὸ πολὺ ὁμώνυμον.
ἀλλ᾽ ἐνίων καὶ οἱ λόγοι ὁμώνυμοι, οἷον εἰ λέγοι τις ὅτι
τὸ πολὺ τὸ τοσοῦτον καὶ ἔτι, ἄλλο τὸ τοσοῦτον· καὶ τὸ
ἴσον ὁμώνυμον, καὶ τὸ ἓν δέ, εἰ ἔτυχεν, εὐθὺς ὁμώνυμον.
20 εἰ δὲ τοῦτο, καὶ τὰ δύο, ἐπεὶ διὰ τί τὰ μὲν συμβλητὰ
21 τὰ δ᾽ οὔ, εἴπερ ἦν μία φύσις;

21   ἢ ὅτι ἐν ἄλλῳ πρώτῳ δεκ-
τικῷ; ὁ μὲν οὖν ἵππος καὶ ὁ κύων συμβλητά, πότερον λευ-
κότερον (ἐν ᾧ γὰρ πρώτῳ, τὸ αὐτό, ἡ ἐπιφάνεια), καὶ
κατὰ μέγεθος ὡσαύτως· ὕδωρ δὲ καὶ φωνὴ οὔ· ἐν ἄλλῳ
25 γάρ. ἢ δῆλον ὅτι ἔσται οὕτω γε πάντα ἓν ποιεῖν, ἐν ἄλλῳ
249ᵃ δὲ ἕκαστον φάσκειν εἶναι, καὶ ἔσται ταὐτὸ ⟨τὸ⟩ ἴσον καὶ γλυκὺ
καὶ λευκόν, ἀλλ᾽ ἄλλο ἐν ἄλλῳ; ἔτι δεκτικὸν οὐ τὸ τυχὸν

ᵇ 5-6 συμβαίνει . . . συμβλητά om. F¹   5 εἶναι εὐθεῖαν HS
6 ἀλλ᾽] ἀλλ᾽ ἄρα γε γρ. S : an ἀλλ᾽ ἄρα?   7 συνώνυμα, πάντ᾽ ἀσύμβλητα
scripsi : συνώνυμα πάντα συμβλητά E¹ : συνώνυμα ἅπαντα (πάντα E²)
ἀσύμβλητα E²HS γρ. S: ὁμώνυμα πάντα (ἅπαντα AS) συμβλητά FJK
AS: ὁμώνυμα πάντα ἀσύμβλητα I   συμβλητόν τὸ πότερον E   8 γρά-
φιον E¹   ὁ οἶνος ΠΤ : τὸ ὄξος S   ὅτι] ὅτι γὰρ E²FHIJ   9 ὁμώ-
νυμον ΕΙΚ   συμβλητόν Κ   τῇ ΚΛS : om. Ε   συμ-
βλητή ΣS : συμβλητόν ΕΚΛ   10 σημαίνει HIS : συμβαίνει EFJK
14 καὶ ἐν ἀέρι Η   16 τό] καὶ τὸ F   18 τὸ om. S   τὸ ΛS :
om. ΕΚ   ἔτι] εἴ τι Ε : ἔτι (ἔτι καὶ b) τὸ διπλάσιον τόσου Σ   ἄλλο
τὸ τοσοῦτον] ὅτι διπλάσιον τόσου. ἀλλὰ τὸ τοσοῦτον καὶ τὸ διπλάσιον ci.
Shute   ἀλλὰ ΗΙΣ   τὸ τοσοῦτον om. F : τὸ om. EJ   19 ὁμώ-
νυμα ci. Shute   ante καὶ fort. addendum ex S καὶ τὸ διπλάσιον
21 ἦν om. I   ἄλλῳ τρόπῳ πρώτῳ E¹   23 τῷ αὐτῷ I   καὶ
om. ΕΚ   24 κατὰ] κατὰ τὸ FHIS   καὶ ἡ φωνὴ F   25 γε
οὕτω FJ   ποιεῖν ἓν Κ   ἐν om. Κ   249ᵃ 1 τὸ addidi   2 ἀλλ᾽
om. E²   ἄλλο om. ΚΛ   ἄλλῳ] ἄλλῳ καὶ ἄλλῳ I

⟨τοῦ τυχόντος⟩ ἐστίν, ἀλλ' ἐν ἑνὸς τὸ πρῶτον. 3

ἀλλ' ἆρα οὐ μόνον 3
δεῖ τὰ συμβλητὰ μὴ ὁμώνυμα εἶναι ἀλλὰ καὶ μὴ ἔχειν δια-
φοράν, μήτε ὃ μήτε ἐν ᾧ; λέγω δὲ οἷον χρῶμα ἔχει διαί- 5
ρεσιν· τοιγαροῦν οὐ συμβλητὸν κατὰ τοῦτο (οἷον πότερον κε-
χρωμάτισται μᾶλλον, μὴ κατὰ τὶ χρῶμα, ἀλλ' ᾗ χρῶμα),
ἀλλὰ κατὰ τὸ λευκόν. οὕτω καὶ περὶ κίνησιν ὁμοταχὲς τῷ
ἐν ἴσῳ χρόνῳ κινεῖσθαι ἴσον τοσονδί· εἰ δὴ τοῦ μήκους ἐν τῳδὶ
τὸ μὲν ἠλλοιώθη τὸ δ' ἠνέχθη, ἴση ἄρα αὕτη ἡ ἀλλοίωσις 10
καὶ ὁμοταχὴς τῇ φορᾷ; ἀλλ' ἄτοπον. αἴτιον δ' ὅτι ἡ κί-
νησις ἔχει εἴδη, ὥστ' εἰ τὰ ἐν ἴσῳ χρόνῳ ἐνεχθέντα ἴσον
μῆκος ἰσοταχῆ ἔσται, ἴση ἡ εὐθεῖα καὶ ἡ περιφερής. πό-
τερον οὖν αἴτιον, ὅτι ἡ φορὰ γένος ἢ ὅτι ἡ γραμμὴ γένος;
ὁ μὲν γὰρ χρόνος ὁ αὐτός, ἂν δὲ τῷ εἴδει ᾖ ἄλλα, καὶ ἐκεῖνα 15
εἴδει διαφέρει. καὶ γὰρ ἡ φορὰ εἴδη ἔχει, ἂν ἐκεῖνο ἔχῃ
εἴδη ἐφ' οὗ κινεῖται (ὁτὲ δὲ ἐὰν ᾧ, οἷον εἰ πόδες, βάδισις,
εἰ δὲ πτέρυγες, πτῆσις. ἢ οὔ, ἀλλὰ τοῖς σχήμασιν ἡ φορὰ
ἄλλη;). ὥστε τὰ ἐν ἴσῳ ταὐτὸ μέγεθος κινούμενα ἰσοταχῆ,
τὸ αὐτὸ δὲ καὶ ἀδιάφορον εἴδει καὶ κινήσει ἀδιάφορον· 20
ὥστε τοῦτο σκεπτέον, τίς διαφορὰ κινήσεως. καὶ σημαίνει ὁ
λόγος οὗτος ὅτι τὸ γένος οὐχ ἕν τι, ἀλλὰ παρὰ τοῦτο λαν-
θάνει πολλά, εἰσίν τε τῶν ὁμωνυμιῶν αἱ μὲν πολὺ ἀπέχου-
σαι, αἱ δὲ ἔχουσαί τινα ὁμοιότητα, αἱ δ' ἐγγὺς ἢ γένει ἢ
ἀναλογίᾳ, διὸ οὐ δοκοῦσιν ὁμωνυμίαι εἶναι οὖσαι. πότε οὖν 25
ἕτερον τὸ εἶδος, ἐὰν ταὐτὸ ἐν ἄλλῳ, ἢ ἂν ἄλλο ἐν ἄλλῳ;

ᵃ 3 τοῦ τυχόντος addidi ex S   ἐν ΛS: om. ΕΚ   4 δεῖ] δὴ Η
5 ἐν ᾧ] τὸ ἐν ᾧ FJ: ἐν οἷς S   ἔχει διαφορὰν ἢ διαίρεσιν Η   6 οὐ
om. Ε   κέχρωσται Η   8 ἀλλὰ FIJKS: ἀλλ' ᾗ Ε: ἀλλ' ᾗ Η
καὶ om. Η   τῷ ... 9 κινεῖσθαι scripsi: τὸ ... κινεῖσθαι ΕΙΚ: τὸ ...
κινηθὲν FHJΣ et ut vid. S   9 τοσόνδε FHJ   εἰ δὴ ΕΙΚS: ἐπεὶ Η:
om. FJ   10 τὸ pr. ΕΗΙΚS: εἰ δὲ τὸ FJ   δὴ Ε   ἄρα om. F¹
12 ἐν τῷ ἴσῳ FJ   κινηθέντα μῆκος ἴσον Η   13 ἡ alt. om. F
14 ὅτι ἔστιν ἡ ΕΙΚS   ἡ ΛS: om. ΕΚ   15 ὁ alt. . . . . ἐκεῖνα
scripsi ex S: ὁ αὐτός· ἂν δὲ τῷ εἴδει ᾖ, καὶ ἐπ' ἐκείνῳ Α: ἀεὶ (ὁ αὐτὸς
ἀεὶ FJ γρ. Α) ἄτομος τῷ (ἂν δέ τῷ Ε², ἐν δὲ τῷ Κ) εἴδει ἢ ἅμα κἀκεῖνα
(ἐκεῖνα Ε¹F, om. Κ) ΕΚΛ γρ. Α   16 εἴδει] εἰ Ε¹   εἴδη ἔχη Η
17 ὁτὲ scripsi: ὅτε EFJ¹ΚΣ: ὅτι S: ἔτι ΗΙJ²   ἐὰν (ἂν Κ) δι' οὗ
Ι²ΚS: ἐν ᾧ Ε²FJ: Ε¹ incertum   ἐ] οἱ Ι   18 δὲ om. FHJ   οὐδ' Ε¹
19 ἴσῳ] ἴσῳ χρόνῳ Ε²FIJ   20 καὶ om. Λ: τὸ Ε²   ἀδιάφορον
ΕΗΙJS: διάφορον FΚ   ἀδιάφορον εἴδει ὥστε FJ   21 τοῦτο
om. S   ὁ] γε ὁ F   22 πολλὰ λανθάνει S   23 δὲ F
ὁμωνύμων Ε¹S   24 αἱ δὲ ἔχουσαι ΚΛS: om. Ε   ὁμοιότητά τινα Η
25 οὐδὲ Ι   πότερον Κ   26 ταῦτα Κ   ἂν om. Ε²ΙΚ

καὶ τίς ὅρος; ἢ τῷ κρινοῦμεν ὅτι ταὐτὸν τὸ λευκὸν καὶ τὸ
γλυκὺ ἢ ἄλλο—ὅτι ἐν ἄλλῳ φαίνεται ἕτερον, ἢ ὅτι ὅλως
29 οὐ ταὐτό;

29   περὶ δὲ δὴ ἀλλοιώσεως, πῶς ἔσται ἰσοταχὴς
30 ἑτέρᾳ ἑτέρα; εἰ δή ἐστι τὸ ὑγιάζεσθαι ἀλλοιοῦσθαι, ἔστι τὸν
μὲν ταχὺ τὸν δὲ βραδέως ἰαθῆναι, καὶ ἅμα τινάς, ὥστ'
249ᵇ ἔσται ἀλλοίωσις ἰσοταχής· ἐν ἴσῳ γὰρ χρόνῳ ἠλλοιώθη.
ἀλλὰ τί ἠλλοιώθη; τὸ γὰρ ἴσον οὐκ ἔστιν ἐνταῦθα λεγό-
μενον, ἀλλ' ὡς ἐν τῷ ποσῷ ἰσότης, ἐνταῦθα ὁμοιότης.
ἀλλ' ἔστω ἰσοταχὲς τὸ ἐν ἴσῳ χρόνῳ τὸ αὐτὸ μεταβάλλον.
5 πότερον οὖν ἐν ᾧ τὸ πάθος ἢ τὸ πάθος δεῖ συμβάλλειν; ἐν-
ταῦθα μὲν δὴ ὅτι ὑγίεια ἡ αὐτή, ἔστιν λαβεῖν ὅτι οὔτε μᾶλ-
λον οὔτε ἧττον ἀλλ' ὁμοίως ὑπάρχει. ἐὰν δὲ τὸ πάθος ἄλλο
ᾖ, οἷον ἀλλοιοῦται τὸ λευκαινόμενον καὶ τὸ ὑγιαζόμενον,
τούτοις οὐδὲν τὸ αὐτὸ οὐδ' ἴσον οὐδ' ὅμοιον, ᾗ ἤδη ταῦτα
10 εἴδη ποιεῖ ἀλλοιώσεως, καὶ οὐκ ἔστι μία ὥσπερ οὐδ' αἱ φο-
ραί. ὥστε ληπτέον πόσα εἴδη ἀλλοιώσεως καὶ πόσα φοράς.
εἰ μὲν οὖν τὰ κινούμενα εἴδει διαφέρει, ὧν εἰσὶν αἱ κινήσεις
καθ' αὑτὰ καὶ μὴ κατὰ συμβεβηκός, καὶ αἱ κινήσεις εἴδει
διοίσουσιν· εἰ δὲ γένει, γένει, εἰ δ' ἀριθμῷ, ἀριθμῷ. ἀλλὰ
15 δὴ πότερον εἰς τὸ πάθος δεῖ βλέψαι, ἐὰν ᾖ τὸ αὐτὸ ἢ ὅμοιον,
εἰ ἰσοταχεῖς αἱ ἀλλοιώσεις, ἢ εἰς τὸ ἀλλοιούμενον, οἷον εἰ
τοῦ μὲν τοσονδὶ λελεύκανται τοῦ δὲ τοσονδί· ἢ εἰς ἄμφω, καὶ ἡ
αὐτὴ μὲν ἢ ἄλλη τῷ πάθει, εἰ τὸ αὐτὸ ⟨ἢ μὴ τὸ⟩ αὐτό, ἴση δ' ἢ
ἄνισος, εἰ ἐκεῖνο ⟨ἴσον ἢ⟩ ἄνισον; καὶ ἐπὶ γενέσεως δὲ καὶ φθορᾶς
20 τὸ αὐτὸ σκεπτέον. πῶς ἰσοταχὴς ἡ γένεσις; εἰ ἐν ἴσῳ χρόνῳ

ᵃ 27 ταυτὸν καὶ γλυκὺ καὶ λευκὸν H   καὶ] ἢ S   28 ἐν ἄλλῳ om. H
φέρεται J   29 δὴ om. K   ἔστιν FK   30 ἑτέρᾳ ἑτέρα J : ἑτέρας
ἑτέρας E² : E¹ incertum   τὸν] δὲ τὸν FHI : τὸ J   31 ταχέως S   τὸ J
καὶ] ἔστι δὲ καὶ I   τινός E   ᵇ I ἔσται HΣS : ἔστιν EFIJK   2 οὐκέτι
H   ἔστιν EIJΣS : ἔσται FHK   3 ποσῷ ἡ ἰσότης H   4 ἰσο-
ταχὲς hic EIS : ante ᵇ 5 πότερον FHJK   ἐν ... μεταβάλλον]
αὐτὸ (τὸ αὐτὸ H, om. K) μεταβάλλον ἐν (τὸ ἐν H) ἴσῳ χρόνῳ FHJK
5 οὖν om. H   συμβαλεῖν S   6 ὅτι] ἡ FJ   ὅτι] ἢ ὅτι F
8 ᾖ οἷον KΛS : ποῖον E   9 εἴδη l¹J : om. F²   10 ὥσπερ
om. K   οὐδὲ φορά F : οὐδὲ φοραί J   11 πόσα E²ΛS : om.
E¹K   φθορᾶς E¹   13 αὐτὸ FS   εἴδει καὶ αἱ κινήσεις S
15 ᾖ om. E   16 εἰ HJ¹S : ἢ EJ²K : ἢ F : om. I   ἀλλοιώσεις
... τὸ om. E¹   ἢ ... ἀλλοιούμενον om. K¹   17 τοιονδὶ HK
18 τὸ πάθος K   εἰ FHI et fecit J² : εἴη E¹ : ἢ εἰ E² : εἰ εἴη K
ἢ μὴ τὸ addidi   αὐτό om. KΛ   19 εἰ fecit J² : ᾖ S   ἴσον
ἢ addidit Pacius   δὲ ΛS : om. EK

τὸ αὐτὸ καὶ ἄτομον, οἷον ἄνθρωπος ἀλλὰ μὴ ζῷον· θάττων δ', εἰ ἐν ἴσῳ ἕτερον (οὐ γὰρ ἔχομέν τινα δύο ἐν οἷς ἡ ἑτερότης ὡς ἡ ἀνομοιότης), ἤ, εἰ ἔστιν ἀριθμὸς ἡ οὐσία, πλείων καὶ ἐλάττων ἀριθμὸς ὁμοειδής· ἀλλ' ἀνώνυμον τὸ κοινόν, καὶ τὸ ἑκάτερον [ποιόν· τὸ μὲν ποιόν,] ὥσπερ τὸ 25 πλεῖον πάθος ἢ τὸ ὑπερέχον μᾶλλον, τὸ δὲ ποσὸν μεῖζον.

5 Ἐπεὶ δὲ τὸ κινοῦν κινεῖ τι ἀεὶ καὶ ἔν τινι καὶ μέχρι του (λέγω δὲ τὸ μὲν ἔν τινι, ὅτι ἐν χρόνῳ, τὸ δὲ μέχρι του, ὅτι ποσόν τι μῆκος· ἀεὶ γὰρ ἅμα κινεῖ καὶ κεκίνηκεν, ὥστε ποσόν τι ἔσται ὃ ἐκινήθη, καὶ ἐν ποσῷ), εἰ δὴ τὸ μὲν 30 Α τὸ κινοῦν, τὸ δὲ Β τὸ κινούμενον, ὅσον δὲ κεκίνηται μῆκος τὸ Γ, ἐν ὅσῳ δέ, ὁ χρόνος, ἐφ' οὗ τὸ Δ, ἐν δὴ τῷ ἴσῳ χρόνῳ 250ᵃ ἡ ἴση δύναμις ἡ ἐφ' οὗ τὸ Α τὸ ἥμισυ τοῦ Β διπλασίαν τῆς Γ κινήσει, τὴν δὲ τὸ Γ ἐν τῷ ἡμίσει τοῦ Δ· οὕτω γὰρ ἀνάλογον ἔσται. καὶ εἰ ἡ αὐτὴ δύναμις τὸ αὐτὸ ἐν τῳδὶ τῷ χρόνῳ τοσήνδε κινεῖ καὶ τὴν ἡμίσειαν ἐν τῷ ἡμίσει, 5 καὶ ἡ ἡμίσεια ἰσχὺς τὸ ἥμισυ κινήσει ἐν τῷ ἴσῳ χρόνῳ τὸ ἴσον. οἷον τῆς Α δυνάμεως ἔστω ἡμίσεια ἡ τὸ Ε καὶ τοῦ Β τὸ Ζ ἥμισυ· ὁμοίως δὴ ἔχουσι καὶ ἀνάλογον ἡ ἰσχὺς πρὸς τὸ βάρος, ὥστε ἴσον ἐν ἴσῳ χρόνῳ κινήσουσιν. καὶ εἰ τὸ Ε τὸ Ζ κινεῖ ἐν τῷ Δ τὴν Γ, οὐκ ἀνάγκη ἐν τῷ ἴσῳ 10 χρόνῳ τὸ ἐφ' οὗ Ε τὸ διπλάσιον τοῦ Ζ κινεῖν τὴν ἡμίσειαν τῆς Γ· εἰ δὴ τὸ Α τὴν τὸ Β κινεῖ ἐν τῷ Δ ὅσην ἡ τὸ Γ, τὸ ἥμισυ τοῦ Α τὸ ἐφ' ᾧ Ε τὴν τὸ Β οὐ κινήσει ἐν τῷ

ᵇ 21 οἷον] οἷον εἰ I   θάττων ΛS : θᾶττον ΕΚ   22 δ' ΛS : δὴ ΕΚ ἴσῳ ἕτερον Ε²ΛΡS : ἀνίσῳ Ε¹Κ   τινα ΙJ²ΣS : τι EFHJ¹Κ   ἐν οἷς FJΣ : om. EHIKS   23 ἤ alt.] εἰ F   ἤ om. E : καὶ FJ   24 ὁμοειδής EHIJS : ὁμοιοειδής FK   25 ποιόν . . . ποιόν Moreliana : om. Π   27 κινεῖ τι ἀεὶ HIKS : κινεῖται ἀεὶ E : κινεῖ τε ἀεί τι FJ 29 εἰ γὰρ ΕΚ   καὶ om. Ε²Κ : Ε¹ incertum   κεκίνηται Η 250ᵃ 1 δὲ χρόνος Ε : δὲ χρόνῳ Κ   ᾧ Κ   τὸ ΕΣ : om. ΚΛ   2 ἴση om. ΗΙ   ἤ om. ΕJΚ   ᾧ FH   τὸ om. J   τὸ] τὸ μὲν I διπλασιάσαν ΕJ   τῆς τοῦ γ I   3 κινήσει τὴν ζ τὴν HI   4 εἰ om. Ε² et fort. S   τῳδὶ τῷ] τῷ διττῷ Ε   5 ἐν] τῆς γ ἐν ΣS post ἡμίσει add. χρόνῳ κινήσει I, τοῦ δ χρόνου (χρόνῳ j) Σ, τοῦ Δ χρόνου κινήσει S   6 τὸ pr.] τῆς α τὸ ΣS   7 ἥμισυ Κ : ἡ ἡμίσεια Η : ἡμίσει δ' Ε   ἡ om. Κ   τοῦ Ε   8 ἀναλόγως Η   ἡ om. ΕΚ   9 καὶ] διὸ κᾶν Ε²   ὃ χρόνῳ bcj γρ. S   οὐκ ἀνάγκη Ε²ΗΙJΣΡ γρ. S : οὐκ ἀναγκαῖον F : ἀναγκαῖον Ε¹ΚS   11 Ε] τὸ ϵ F¹   τὸ om. γρ. S   Ζ] ζ βάρους Σ γρ. S   12 γ Π γρ. S : γ, τοῦ μήκους S   δὴ ΛΣ : δὲ ΕΚ   τὸ] τὴν τὸ F¹   τὸ FHJS : om. EIK   κινεῖ Ε¹Η et post Α Κ : κινήσει Ε²FIJS   ὅσην Ε²FIJΣS : ὅσῃ Ε¹ΗΚ   ἤ om. Ε²I   13 Ε] τὸ ϵ HI   ἣν om. S

χρόνῳ ἐφ᾽ ᾧ τὸ Δ οὐδ᾽ ἕν τινι τοῦ Δ τι τῆς Γ ἀνάλογον πρὸς
15 τὴν ὅλην τὴν Γ ὡς τὸ Α πρὸς τὸ Ε· ὅλως γὰρ εἰ ἔτυχεν
οὐ κινήσει οὐδέν· οὐ γὰρ εἰ ἡ ὅλη ἰσχὺς τοσήνδε ἐκίνησεν, ἡ
ἡμίσεια οὐ κινήσει οὔτε ποσὴν οὔτ᾽ ἐν ὁποσῳοῦν· εἷς γὰρ ἂν
κινοίη τὸ πλοῖον, εἴπερ ἥ τε τῶν νεωλκῶν τέμνεται ἰσχὺς
εἰς τὸν ἀριθμὸν καὶ τὸ μῆκος ὃ πάντες ἐκίνησαν. διὰ τοῦτο
20 ὁ Ζήνωνος λόγος οὐκ ἀληθής, ὡς ψοφεῖ τῆς κέγχρου ὁτιοῦν
μέρος· οὐδὲν γὰρ κωλύει μὴ κινεῖν τὸν ἀέρα ἐν μηδενὶ χρόνῳ
τοῦτον ὃν ἐκίνησεν πεσὼν ὁ ὅλος μέδιμνος. οὐδὲ δὴ το-
σοῦτον μόριον, ὅσον ἂν κινήσειεν τοῦ ὅλου εἰ εἴη καθ᾽ αὑτὸ
τοῦτο, οὐ κινεῖ. οὐδὲ γὰρ οὐδὲν ἔστιν ἀλλ᾽ ἢ δυνάμει ἐν τῷ
25 ὅλῳ. εἰ δὲ τὰ ⟨κινοῦντα⟩ δύο, καὶ ἑκατέρου τῶνδε ἑκάτερον κινεῖ
τὸ τοσόνδε ἐν τοσῷδε, καὶ συντιθέμεναι αἱ δυνάμεις τὸ σύνθετον
ἐκ τῶν βαρῶν τὸ ἴσον κινήσουσιν μῆκος καὶ ἐν ἴσῳ χρόνῳ·
28 ἀνάλογον γάρ.

28   ἆρ᾽ οὖν οὕτω καὶ ἐπ᾽ ἀλλοιώσεως καὶ ἐπ᾽ αὐ-
ξήσεως; τὶ μὲν γὰρ τὸ. αὖξον, τὶ δὲ τὸ αὐξανόμενον, ἐν
30 ποσῷ δὲ χρόνῳ καὶ ποσὸν τὸ μὲν αὔξει τὸ δὲ αὐξάνεται.
καὶ τὸ ἀλλοιοῦν καὶ τὸ ἀλλοιούμενον ὡσαύτως—τὶ καὶ ποσὸν
250ᵇ κατὰ τὸ μᾶλλον καὶ ἧττον ἠλλοίωται, καὶ ἐν ποσῷ χρόνῳ,
ἐν διπλασίῳ διπλάσιον, καὶ τὸ διπλάσιον ἐν διπλασίῳ· τὸ
δ᾽ ἥμισυ ἐν ἡμίσει χρόνῳ (ἢ ἐν ἡμίσει ἥμισυ), ἢ ἐν ἴσῳ δι-
πλάσιον. εἰ δὲ τὸ ἀλλοιοῦν ἢ αὖξον τὸ τοσόνδε ἐν τῷ τοσῷδε
5 αὔξει ἢ ἀλλοιοῖ, οὐκ ἀνάγκη καὶ τὸ ἥμισυ ἐν ἡμίσει καὶ
ἐν ἡμίσει ἥμισυ, ἀλλ᾽ οὐδέν, εἰ ἔτυχεν, ἀλλοιώσει ἢ αὐ-
ξήσει, ὥσπερ καὶ ἐπὶ τοῦ βάρους.

ᵃ 14 τὸ om. FHJ   τι Aldina et ut vid. S : τις Κ : om. ΕΛΣ
γ ... 15 γ FjS : γ ἢ ... γ ΗΙ : γ ΕΚ   15 τὴν alt. om.
FJ   ε FHIΣ : γ EJKS   16 οὐ γὰρ εἰ] οὐ γὰρ J : εἰ γὰρ
FK   ἡ om. Ε : εἴη Κ   κίνησιν ἢ ἡ Κ   17 οὐ om. HIK
ποσὸν ΗΙ   εἷς] εἰ Ε   18 ἢ] εἰ J   τε om. Κ   20 ζήνων
ὡς λόγος Ι   ἀληθὴς Κ   τῆς FHJKT : τοῦ ΕΙ   22 τοῦτον
om. F   πεσὼν ΗJΣ : ἐνπεσὼν Ε : ἐμπεσὼν FIK   ὅλος ὁ Κ :
ὅλος Η   δὴ] δὴ τὸ ΗΙ   24 οὐ ... γὰρ om. ΕΚ   δυνάμει
om. Η   25 κινοῦντα addidi, fort. legit P   καὶ FJΣP : om.
ΕΗΙΚ   τῶνδε] τῶνδε καὶ Κ : τῶνδε καὶ εἰς Ε : δὲ τῶνδε Ι² ἐκίνει
ΗΙΚ   26 τὸ om. Λ   28 ἐπ᾽ om. ΗΙ   ἐπ᾽ om. S   29 αὐξό-
μενον F   30 δὲ om. ΕΚ   δὲ αὔξεται S   ᵇ 1 ἠλλοίωνται
FJK   2 διπλασίῳ Ε²ΛS : διπλασίονι Κ : om. Ε¹   διπλάσιον
om. Κ   καὶ] κατὰ Ι   τὸ δ᾽] καὶ τὸ ΣS   3 ἢ pr.] καὶ Η
4 τοσῳδὶ ΗJ   5 ἢ αὔξει ἢ ΗΙ   ἀναγκαῖον F   καὶ ἐν ἡμίσει]
ἢ. καὶ F : καὶ J   6 ἥμισυ FJKS : τὸ ἥμισυ ΕΗΙ   οὐδὲ F

Θ.

1 Πότερον γέγονέ ποτε κίνησις οὐκ οὖσα πρότερον, καὶ φθείρεται πάλιν οὕτως ὥστε κινεῖσθαι μηδέν, ἢ οὔτ᾽ ἐγένετο οὔτε φθείρεται, ἀλλ᾽ ἀεὶ ἦν καὶ ἀεὶ ἔσται, καὶ τοῦτ᾽ ἀθάνατον καὶ ἄπαυστον ὑπάρχει τοῖς οὖσιν, οἷον ζωή τις οὖσα τοῖς φύσει συνεστῶσι πᾶσιν; εἶναι μὲν οὖν κίνησιν πάντες φασὶν οἱ περὶ 15 φύσεώς τι λέγοντες διὰ τὸ κοσμοποιεῖν καὶ περὶ γενέσεως καὶ φθορᾶς εἶναι τὴν θεωρίαν πᾶσαν αὐτοῖς, ἣν ἀδύνατον ὑπάρχειν μὴ κινήσεως οὔσης· ἀλλ᾽ ὅσοι μὲν ἀπείρους τε κόσμους εἶναί φασιν, καὶ τοὺς μὲν γίγνεσθαι τοὺς δὲ φθείρεσθαι τῶν κόσμων, ἀεί φασιν εἶναι κίνησιν (ἀναγκαῖον γὰρ τὰς 20 γενέσεις καὶ τὰς φθορὰς εἶναι μετὰ κινήσεως αὐτῶν)· ὅσοι δ᾽ ἕνα (ἢ ἀεὶ) ἢ μὴ ἀεί, καὶ περὶ τῆς κινήσεως ὑποτίθενται κατὰ λόγον. εἰ δὴ ἐνδέχεταί ποτε μηδὲν κινεῖσθαι, διχῶς ἀνάγκη τοῦτο συμβαίνειν· ἢ γὰρ ὡς Ἀναξαγόρας λέγει (φησὶν γὰρ ἐκεῖνος, ὁμοῦ πάντων ὄντων καὶ ἠρεμούντων τὸν ἄπειρον χρό- 25 νον, κίνησιν ἐμποιῆσαι τὸν νοῦν καὶ διακρῖναι), ἢ ὡς Ἐμπεδοκλῆς ἐν μέρει κινεῖσθαι καὶ πάλιν ἠρεμεῖν, κινεῖσθαι μὲν ὅταν ἡ φιλία ἐκ πολλῶν ποιῇ τὸ ἓν ἢ τὸ νεῖκος πολλὰ ἐξ ἑνός, ἠρεμεῖν δ᾽ ἐν τοῖς μεταξὺ χρόνοις, λέγων

οὕτως ᾗ μὲν ἓν ἐκ πλεόνων μεμάθηκε φύεσθαι, 30
ἠδὲ πάλιν διαφύντος ἑνὸς πλέον᾽ ἐκτελέθουσιν,
τῇ μὲν γίγνονταί τε καὶ οὔ σφισιν ἔμπεδος αἰών· 251ᵃ
ᾗ δὲ τάδ᾽ ἀλλάσσοντα διαμπερὲς οὐδαμὰ λήγει,
ταύτῃ δ᾽ αἰὲν ἔασιν ἀκίνητοι κατὰ κύκλον.

τὸ γὰρ " ᾗ δὲ τάδ᾽ ἀλλάσσοντα " ἐνθένδε ἐκεῖσε λέγειν αὐτὸν ὑποληπτέον. σκεπτέον δὴ περὶ τούτων πῶς ἔχει· πρὸ ἔργου 5

Tit. περὶ κινήσεως τῶν εἰς ṏ τὸ ṏ : Θ E : φυσικῆς ἀκροάσεως ἦον H ᵇ 11 γέγονε KS : δὲ γέγονε EΛ ποτε E²ΚΛST : om. E¹ 12 ὥστε E²ΚΛT : om. E¹ 13 ἀλλ᾽ εἴην J¹ 15 μὲν ΚΛS : μὴ E 17 καὶ περὶ φθορᾶς K πᾶσαν Camotiana : πᾶσιν Π 18 ὅσοι EKST : ὁπόσοι Λ τε om. FKST 19 εἶναί om. K 20 τὸν κόσμον I 21 τὰς ΚΛT : om. E φορὰς J¹ 22 ἕνα ἢ ἀεὶ ἢ scripsi, cum T ut vid. : ἢ ἕνα ἢ E¹S : εἶεν ἀεὶ E² : ἕνα ᾗ ΚΛ 23 δὲ J²K μὴ K 24 τοῦτο om. H 27 κινεῖσθαι pr. om. E 28 ποιεῖ J : ἢ ποιῇ E² 30 "οὕτως ᾗ μὲν Diels : "οὕτως ἡ μὲν S : οὕτως "ἠμὲν Bekker ἠμὲν JH ἐν om. S 31 ἠδὲ JKS : ᾗ δὲ EFHI 251ᵃ 2 τῇ J τὰ διαλλάσσοντα F διαμπερὲς om. H 3 δ᾽ om. H 4–5 τὸ . . . ὑποληπτέον] δεῖ γὰρ ὑπολαβεῖν λέγειν αὐτὸν ᾗ δὲ τάδ᾽ ἐνθένδε τὰ (τὰ om. S) ἀλλάσσοντα EKS 4 γὰρ τῇδε FIJ διαλλάσσοντα J : διαλάσσοντα I 5 δὴ ΚΛS : δ᾽ ET τούτων EFT : τούτου HIJKS

γὰρ οὐ μόνον πρὸς τὴν περὶ φύσεως θεωρίαν ἰδεῖν τὴν ἀλή-
θειαν, ἀλλὰ καὶ πρὸς τὴν μέθοδον τὴν περὶ τῆς ἀρχῆς τῆς
8 πρώτης.

8 ἀρξώμεθα δὲ πρῶτον ἐκ τῶν διωρισμένων ἡμῖν ἐν
τοῖς φυσικοῖς πρότερον. φαμὲν δὴ τὴν κίνησιν εἶναι ἐνέρ-
10 γειαν τοῦ κινητοῦ ᾗ κινητόν. ἀναγκαῖον ἄρα ὑπάρχειν τὰ
πράγματα τὰ δυνάμενα κινεῖσθαι καθ᾽ ἑκάστην κίνησιν. καὶ
χωρὶς δὲ τοῦ τῆς κινήσεως ὁρισμοῦ, πᾶς ἂν ὁμολογήσειεν
ἀναγκαῖον εἶναι κινεῖσθαι τὸ δυνατὸν κινεῖσθαι καθ᾽ ἑκάστην
κίνησιν, οἷον ἀλλοιοῦσθαι μὲν τὸ ἀλλοιωτόν, φέρεσθαι δὲ τὸ
15 κατὰ τόπον μεταβλητόν, ὥστε δεῖ πρότερον καυστὸν εἶναι
πρὶν κάεσθαι καὶ καυστικὸν πρὶν κάειν. οὐκοῦν καὶ ταῦτα
ἀναγκαῖον ἢ γενέσθαι ποτὲ οὐκ ὄντα ἢ ἀΐδια εἶναι. εἰ μὲν
τοίνυν ἐγένετο τῶν κινητῶν ἕκαστον, ἀναγκαῖον πρότερον τῆς
ληφθείσης ἄλλην γενέσθαι μεταβολὴν καὶ κίνησιν, καθ᾽ ἣν
20 ἐγένετο τὸ δυνατὸν κινηθῆναι ἢ κινῆσαι· εἰ δ᾽ ὄντα προϋπῆρ-
χεν ἀεὶ κινήσεως μὴ οὔσης, ἄλογον μὲν φαίνεται καὶ αὐ-
τόθεν ἐπιστήσασιν, οὐ μὴν ἀλλὰ μᾶλλον ἔτι προάγουσι τοῦτο
συμβαίνειν ἀναγκαῖον. εἰ γὰρ τῶν μὲν κινητῶν ὄντων τῶν
δὲ κινητικῶν ὁτὲ μὲν ἔσται τι πρῶτον κινοῦν, τὸ δὲ κινούμε-
25 νον, ὁτὲ δ᾽ οὐθέν, ἀλλ᾽ ἠρεμεῖ, ἀναγκαῖον τοῦτο μεταβάλ-
λειν πρότερον· ἦν γάρ τι αἴτιον τῆς ἠρεμίας· ἡ γὰρ ἠρέμη-
σις στέρησις κινήσεως. ὥστε πρὸ τῆς πρώτης μεταβολῆς
ἔσται μεταβολὴ προτέρα. τὰ μὲν γὰρ κινεῖ μοναχῶς, τὰ
δὲ καὶ τὰς ἐναντίας κινήσεις, οἷον τὸ μὲν πῦρ θερμαίνει,
30 ψύχει δ᾽ οὔ, ἡ δ᾽ ἐπιστήμη δοκεῖ τῶν ἐναντίων εἶναι μία.
φαίνεται μὲν οὖν κἀκεῖ τι εἶναι ὁμοιότροπον· τὸ γὰρ ψυ-
χρὸν θερμαίνει στραφέν πως καὶ ἀπελθόν, ὥσπερ καὶ ἁμαρ-
τάνει ἑκὼν ὁ ἐπιστήμων, ὅταν ἀνάπαλιν χρήσηται τῇ ἐπι-
251ᵇ στήμῃ. ἀλλ᾽ οὖν ὅσα γε δυνατὰ ποιεῖν καὶ πάσχειν ἢ κινεῖν,
τὰ δὲ κινεῖσθαι, οὐ πάντως δυνατά ἐστιν, ἀλλ᾽ ὡδὶ ἔχοντα

ᵃ 7 τὴν alt. EHIKS : om. FJ   9 ἐνέργειαν EKS : ἐντελέχειαν
ΛΤ   11 τὰ om. K   καὶ om. H   14 τὸ alt. post ᵃ 15 τόπον
H : om. K   15 δὴ EJ   18 κινητικῶν K   ἀναγκαῖον
E²FIJKS : ἀνάγκη H : om. E¹   21 φανεῖται E²   22 προϊοῦσι
FH²IJKS   ἀναγκαῖον τοῦτο συμβαίνειν F   24 ὅτι E   ἔστι F
τι] τὸ F¹   25 ἠρεμεῖν I   ἀναγκαῖον] δεῖ Λ : ἀναγκαῖον δεῖ K
26 ἦν E²KΛS : om. E¹   γὰρ ἠρεμία S   27 κινήσεως KΛS :
τῆς κινήσεως E   πρὸ τῆς] πρώτης E¹   28 τῷ μὲν K   29 καὶ
om. H   31 τι εἶναι om. E   ᵇ 1 καὶ] ἡ EK   2 ἀλλ᾽ om. E²

καὶ πλησιάζοντα ἀλλήλοις. ὥσθ᾽ ὅταν πλησιάσῃ, κινεῖ,
τὸ δὲ κινεῖται, καὶ ὅταν ὑπάρξῃ ὡς ἦν τὸ μὲν κινητικὸν
τὸ δὲ κινητόν. εἰ τοίνυν μὴ ἀεὶ ἐκινεῖτο, δῆλον ὡς οὐχ οὕ- 5
τως εἶχον ὡς ἦν δυνάμενα τὸ μὲν κινεῖσθαι τὸ δὲ κινεῖν, ἀλλ᾽
ἔδει μεταβάλλειν θάτερον αὐτῶν· ἀνάγκη γὰρ ἐν τοῖς πρός
τι τοῦτο συμβαίνειν, οἷον εἰ μὴ ὂν διπλάσιον νῦν διπλάσιον,
μεταβάλλειν, εἰ μὴ ἀμφότερα, θάτερον. ἔσται ἄρα τις προ-
τέρα μεταβολὴ τῆς πρώτης.   10

πρὸς δὲ τούτοις τὸ πρότερον 10
καὶ ὕστερον πῶς ἔσται χρόνου μὴ ὄντος; ἢ χρόνος μὴ οὔσης
κινήσεως; εἰ δή ἐστιν ὁ χρόνος κινήσεως ἀριθμὸς ἢ κίνησίς
τις, εἴπερ ἀεὶ χρόνος ἔστιν, ἀνάγκη καὶ κίνησιν ἀΐδιον εἶναι.
ἀλλὰ μὴν περί γε χρόνου ἔξω ἑνὸς ὁμονοητικῶς ἔχοντες
φαίνονται πάντες· ἀγένητον γὰρ εἶναι λέγουσιν. καὶ διὰ 15
τούτου Δημόκριτός γε δείκνυσιν ὡς ἀδύνατον ἅπαντα γεγο-
νέναι· τὸν γὰρ χρόνον ἀγένητον εἶναι. Πλάτων δὲ
γεννᾷ μόνος· ἅμα μὲν γὰρ αὐτὸν τῷ οὐρανῷ [γεγονέναι],
τὸν δ᾽ οὐρανὸν γεγονέναι φησίν. εἰ οὖν ἀδύνατόν ἐστιν καὶ εἶναι
καὶ νοῆσαι χρόνον ἄνευ τοῦ νῦν, τὸ δὲ νῦν ἐστι μεσότης τις, 20
καὶ ἀρχὴν καὶ τελευτὴν ἔχον ἅμα, ἀρχὴν μὲν τοῦ ἐσο-
μένου χρόνου, τελευτὴν δὲ τοῦ παρελθόντος, ἀνάγκη ἀεὶ εἶναι
χρόνον. τὸ γὰρ ἔσχατον τοῦ τελευταίου ληφθέντος χρόνου
ἔν τινι τῶν νῦν ἔσται (οὐδὲν γὰρ ἔστι λαβεῖν ἐν τῷ χρόνῳ
παρὰ τὸ νῦν), ὥστ᾽ ἐπεί ἐστιν ἀρχή τε καὶ τελευτὴ τὸ νῦν, 25
ἀνάγκη αὐτοῦ ἐπ᾽ ἀμφότερα εἶναι ἀεὶ χρόνον. ἀλλὰ μὴν
εἴ γε χρόνον, φανερὸν ὅτι ἀνάγκη εἶναι καὶ κίνησιν, εἴπερ ὁ
χρόνος πάθος τι κινήσεως.   28

ὁ δ᾽ αὐτὸς λόγος καὶ περὶ τοῦ 28

ᵇ 3 πλησιάζῃ Λ   4 ἦν] εἶναι FHIJ²K   κινητὸν τὸ δὲ κινητικόν
F   5 ἐκείτο E²   6 ἦν EJ¹KS : μὴ F¹I : om. F²HJ²   7 ἔδει
μεταβάλλειν] μετέβαλλεν KT : μετέβαλεν E   9 μεταβάλλει E²HK
εἰ] καὶ εἰ I   τις ἄρα I   10 τὸ E²KΛS : om. E¹   11 ἢ] ἢ ὁ Λ
12 ὁ χρόνος ἐστὶν KΛ   ἀριθμὸς κινήσεως F   15 πάντες om. H
ἀγένητον FK   16 τοῦτο FIK   τε Λ   ἅπαν E¹   17 τὸν . . .
εἶναι om. F¹   ἀγένητον εἶναι T : ἀγέννητον εἶναι E : ἀδύνατον γεγονέναι
F²HIJ : ἀγέννητον γεγονέναι K   18 γεννᾷ] αὐτὸν γεννᾷ KΛ :
γεγονέναι S   μὲν om. IKS   αὐτὸν ΛS : om. EK   γεγονέναι
seclusi : habent ΠS   19 οὖν KΛS : δὲ E   ἐστιν om. S
καὶ om. ΛS   21 καὶ pr. EKT : om. Λ   ἅμα] ἀλλ᾽ E   22 χρόνου
om. F   παρεληλυθότος Λ   25 τὸν E   τε om. FH   26 ἀεὶ
om. EK

ΦΥΣΙΚΗΣ ΑΚΡΟΑΣΕΩΣ Θ

ἄφθαρτον εἶναι τὴν κίνησιν· καθάπερ γὰρ ἐπὶ τοῦ γενέσθαι
30 κίνησιν συνέβαινεν προτέραν εἶναί τινα μεταβολὴν τῆς πρώ-
της, οὕτως ἐνταῦθα ὑστέραν τῆς τελευταίας· οὐ γὰρ ἅμα
παύεται κινούμενον καὶ κινητὸν ὄν, οἷον καιόμενον καὶ καυ-
στὸν ὄν (ἐνδέχεται γὰρ καυστὸν εἶναι μὴ καιόμενον), οὐδὲ
252ᵃ κινητικὸν καὶ κινοῦν. καὶ τὸ φθαρτικὸν δὴ δεήσει φθαρῆναι ὅταν
φθείρῃ· καὶ τὸ τούτου φθαρτικὸν πάλιν ὕστερον· καὶ γὰρ
ἡ φθορὰ μεταβολή τίς ἐστιν. εἰ δὴ ταῦτ᾽ ἀδύνατα, δῆλον
ὡς ἔστιν ἀίδιος κίνησις, ἀλλ᾽ οὐχ ὁτὲ μὲν ἦν ὁτὲ δ᾽ οὔ· καὶ
5 γὰρ ἔοικε τὸ οὕτω λέγειν πλάσματι μᾶλλον.

5 ὁμοίως δὲ
καὶ τὸ λέγειν ὅτι πέφυκεν οὕτως καὶ ταύτην δεῖ νομίζειν εἶ-
ναι ἀρχήν, ὅπερ ἔοικεν Ἐμπεδοκλῆς ἂν εἰπεῖν, ὡς τὸ κρα-
τεῖν καὶ κινεῖν ἐν μέρει τὴν φιλίαν καὶ τὸ νεῖκος ὑπάρχει
τοῖς πράγμασιν ἐξ ἀνάγκης, ἠρεμεῖν δὲ τὸν μεταξὺ χρό-
10 νον. τάχα δὲ καὶ οἱ μίαν ἀρχὴν ποιοῦντες, ὥσπερ Ἀναξα-
γόρας, οὕτως ἂν εἴποιεν. ἀλλὰ μὴν οὐδέν γε ἄτακτον τῶν
φύσει καὶ κατὰ φύσιν· ἡ γὰρ φύσις αἰτία πᾶσιν τάξεως.
τὸ δ᾽ ἄπειρον πρὸς τὸ ἄπειρον οὐδένα λόγον ἔχει· τάξις δὲ
πᾶσα λόγος. τὸ δ᾽ ἄπειρον χρόνον ἠρεμεῖν, εἶτα κινηθῆναί
15 ποτε, τούτου δὲ μηδεμίαν εἶναι διαφοράν, ὅτι νῦν μᾶλλον
ἢ πρότερον, μηδ᾽ αὖ τινὰ τάξιν ἔχειν, οὐκέτι φύσεως ἔργον.
ἢ γὰρ ἁπλῶς ἔχει τὸ φύσει, καὶ οὐχ ὁτὲ μὲν οὕτως ὁτὲ δ᾽
ἄλλως, οἷον τὸ πῦρ ἄνω φύσει φέρεται καὶ οὐχ ὁτὲ μὲν
ὁτὲ δ᾽ οὔ· ἢ λόγον ἔχει τὸ μὴ ἁπλοῦν. διόπερ βέλτιον ὡς
20 Ἐμπεδοκλῆς, κἂν εἴ τις ἕτερος εἴρηκεν οὕτως ἔχειν, ἐν μέ-
ρει τὸ πᾶν ἠρεμεῖν καὶ κινεῖσθαι πάλιν· τάξιν γὰρ ἤδη
τιν᾽ ἔχει τὸ τοιοῦτον. ἀλλὰ καὶ τοῦτο δεῖ τὸν λέγοντα μὴ
φάναι μόνον, ἀλλὰ καὶ τὴν αἰτίαν αὐτοῦ λέγειν, καὶ μὴ

ᵇ 29 γὰρ EFHKS : om. IJ   30 κίνησιν ΚΛST : καὶ κίνησιν E
τινὰ εἶναι ΚΛS : εἶναι τὴν E²   31 ἅμα] ἅμα ἀλλὰ E²   32 παύεται
EJKSᶜ : παύσεται FHISᵖ   καιόμενον EKS : καόμενον Λ   33 ὄν om. K
γὰρ] γὰρ καὶ F   καόμενον Λ   252ᵃ 1 κινητὸν I¹   φθαρτικὸν EKS :
φθαρτὸν Λ   δὴ EIJSᶜ : δὲ FHKSᵖ   2 φθείρῃ KS : φθειρῇ E² :
φθαρῇ E¹ : φθείρηται Λ   3 ταῦτ᾽ EIKS : τοῦτ᾽ FHJ   ἀδύνατα
EKS : ἀδύνατον Λ   6 δεῖ ταύτην E : ταύτην δεῖν F   εἶναι νομίζειν E
8 ἐξ ἀνάγκης ὑπάρχει τοῖς πράγμασιν S   ὑπάρχειν FK   10 ὥσπερ]
ὥσπερ καὶ Λ   12 ἤ] εἰ F¹   τάξεως πᾶσι H   14 λόγῳ H
15 δὴ E   16 οὐκ ἔστι K   17 καὶ EJT : om. FHIK
19 ἔχειν E²S   ἄμεινον KS   ὡς] ὡς ὁ H   20 ἕτερος] ἕτερος
οὕτως F   22 δεῖ] δὴ J   23 ἀποφάναι Λ

τίθεσθαι μηδὲν μηδ' ἀξιοῦν ἀξίωμ' ἄλογον, ἀλλ' ἢ ἐπαγω-
γὴν ἢ ἀπόδειξιν φέρειν· αὐτὰ μὲν γὰρ οὐκ αἴτια τὰ ὑπο- 25
τεθέντα, οὐδὲ τοῦτ' ἦν τὸ φιλότητι ἢ νείκει εἶναι, ἀλλὰ τῆς
μὲν τὸ συνάγειν, τοῦ δὲ τὸ διακρίνειν. εἰ δὲ προσοριεῖται
τὸ ἐν μέρει, λεκτέον ἐφ' ὧν οὕτως, ὥσπερ ὅτι ἔστιν τι ὃ συ-
νάγει τοὺς ἀνθρώπους, ἡ φιλία, καὶ φεύγουσιν οἱ ἐχθροὶ
ἀλλήλους· τοῦτο γὰρ ὑποτίθεται καὶ ἐν τῷ ὅλῳ εἶναι· φαί- 30
νεται γὰρ ἐπί τινων οὕτως. τὸ δὲ καὶ δι' ἴσων χρόνων δεῖ-
ται λόγου τινός. ὅλως δὲ τὸ νομίζειν ἀρχὴν εἶναι ταύτην
ἱκανήν, εἴ τι αἰεὶ ἢ ἔστιν οὕτως ἢ γίγνεται, οὐκ ὀρθῶς ἔχει
ὑπολαβεῖν, ἐφ' ὃ Δημόκριτος ἀνάγει τὰς περὶ φύσεως αἰ-
τίας, ὡς οὕτω καὶ τὸ πρότερον ἐγίγνετο· τοῦ δὲ ἀεὶ οὐκ 35
ἀξιοῖ ἀρχὴν ζητεῖν, λέγων ἐπί τινων ὀρθῶς, ὅτι δ' ἐπὶ πάν- 252ᵇ
των, οὐκ ὀρθῶς. καὶ γὰρ τὸ τρίγωνον ἔχει δυσὶν ὀρθαῖς ἀεὶ
τὰς γωνίας ἴσας, ἀλλ' ὅμως ἐστίν τι τῆς ἀϊδιότητος ταύτης
ἕτερον αἴτιον· τῶν μέντοι ἀρχῶν οὐκ ἔστιν ἕτερον αἴτιον ἀϊ-
δίων οὐσῶν. 5

ὅτι μὲν οὖν οὐδεὶς ἦν χρόνος οὐδ' ἔσται ὅτε κίνη- 5
σις οὐκ ἦν ἢ οὐκ ἔσται, εἰρήσθω τοσαῦτα.

2 Τὰ δὲ ἐναντία τούτοις οὐ χαλεπὸν λύειν. δόξειε δ'
ἂν ἐκ τῶν τοιῶνδε σκοποῦσιν ἐνδέχεσθαι μάλιστα κίνησιν εἶ-
ναί ποτε μὴ οὖσαν ὅλως, πρῶτον μὲν ὅτι οὐδεμία ἀΐδιος
μεταβολή· μεταβολὴ γὰρ ἅπασα πέφυκεν ἔκ τινος εἴς τι, 10
ὥστε ἀνάγκη πάσης μεταβολῆς εἶναι πέρας τὰ ἐναντία ἐν οἷς
γίγνεται, εἰς ἄπειρον δὲ κινεῖσθαι μηδέν. ἔτι ὁρῶμεν ὅτι
δυνατὸν κινηθῆναι μήτε κινούμενον μήτ' ἔχον ἐν ἑαυτῷ μη-
δεμίαν κίνησιν, οἷον ἐπὶ τῶν ἀψύχων, ὧν οὔτε μέρος οὐδὲν
οὔτε τὸ ὅλον κινούμενον ἀλλ' ἠρεμοῦν κινεῖταί ποτε· προσῆκεν 15
δὲ ἢ ἀεὶ κινεῖσθαι ἢ μηδέποτε, εἴπερ μὴ γίγνεται οὐκ οὖσα.
πολὺ δὲ μάλιστα τὸ τοιοῦτον ἐπὶ τῶν ἐμψύχων εἶναι φα-

ᵃ 24 ἤ] ἀεὶ Ι   25 γὰρ om. E¹   οὐκ αἴτια τὰ] οὐκ αἴτια Ε : οὐκέτι J
26 ταὐτὸ ES   27 προσδιοριεῖται K   28 ὅτι] τι Ε   τι τὸ σύναγον
FH   30 εἶναι om. Ι   31 δι' om. E¹   δεῖται καὶ λόγου H
33 εἴ τι EK et ut vid. S : ὅτι Λ et ut vid. P   ἢ pr. ΛP : om. EKT
ἔχει ΚΛS : ἔχειν Ε   34 εἰς K   35 ὅτι Ε   τὰ JKS   πρότερα
K   ἐγένετο H   ᵇ 1–2 ὅτι . . . ὀρθῶς om. E¹   3 ταῖς γωνίαις
E¹   τι om. K   ἰδιότητος E¹   5 οὖν EIJKS : τοίνυν FH   ἦν
fecit E   6 οὐκ pr. E¹FIJT : ἢ οὐκ E²HK   ἔστι E¹   ταῦτα Ε
10 πᾶσα KT   11 ἁπάσης HI   17 τὸ τοιοῦτον μάλιστα Ι
μᾶλλον S   εἶναι] ἐστὶ FH

M

νερόν· οὐδεμιᾶς γὰρ ἐν ἡμῖν ἐνούσης κινήσεως ἐνίοτε, ἀλλ᾽
ἡσυχάζοντες ὅμως κινούμεθά ποτε, καὶ ἐγγίγνεται ἐν ἡμῖν
20 ἐξ ἡμῶν αὐτῶν ἀρχὴ κινήσεως, κἂν μηθὲν ἔξωθεν κι-
νήσῃ. τοῦτο γὰρ ἐπὶ τῶν ἀψύχων οὐχ ὁρῶμεν ὁμοίως,
ἀλλ᾽ ἀεὶ κινεῖ τι αὐτὰ τῶν ἔξωθεν ἕτερον· τὸ δὲ ζῷον αὐτό
φαμεν ἑαυτὸ κινεῖν. ὥστ᾽ εἴπερ ἠρεμεῖ ποτὲ πάμπαν, ἐν
ἀκινήτῳ κίνησις ἂν γίγνοιτο ἐξ αὐτοῦ καὶ οὐκ ἔξωθεν. εἰ δ᾽
25 ἐν ζῴῳ τοῦτο δυνατὸν γενέσθαι, τί κωλύει τὸ αὐτὸ συμ-
βῆναι καὶ κατὰ τὸ πᾶν; εἰ γὰρ ἐν μικρῷ κόσμῳ γίγνεται,
καὶ ἐν μεγάλῳ· καὶ εἰ ἐν τῷ κόσμῳ, κἂν τῷ ἀπείρῳ,
28 εἴπερ ἐνδέχεται κινεῖσθαι τὸ ἄπειρον καὶ ἠρεμεῖν ὅλον.

28   τού-
των δὴ τὸ μὲν πρῶτον λεχθέν, τὸ μὴ τὴν αὐτὴν ἀεὶ καὶ
30 μίαν τῷ ἀριθμῷ εἶναι τὴν κίνησιν τὴν εἰς τὰ ἀντικείμενα,
ὀρθῶς λέγεται. τοῦτο μὲν γὰρ ἴσως ἀναγκαῖον, εἴπερ μὴ
ἀεὶ μίαν καὶ τὴν αὐτὴν εἶναι δυνατὸν τὴν τοῦ αὐτοῦ καὶ
ἑνὸς κίνησιν· λέγω δ᾽ οἷον πότερον τῆς μιᾶς χορδῆς εἷς καὶ
ὁ αὐτὸς φθόγγος, ἢ ἀεὶ ἕτερος, ὁμοίως ἐχούσης καὶ κινου-
35 μένης. ἀλλ᾽ ὅμως ὁποτέρως ποτ᾽ ἔχει, οὐδὲν κωλύει τὴν αὐ-
253ᵃ τὴν εἶναί τινα τῷ συνεχῆ εἶναι καὶ ἀΐδιον· δῆλον δ᾽ ἔσται
μᾶλλον ἐκ τῶν ὕστερον. τὸ δὲ κινεῖσθαι μὴ κινούμενον οὐδὲν
ἄτοπον, ἂν ὁτὲ μὲν ᾖ τὸ κινῆσον ἔξωθεν, ὁτὲ δὲ μή. τοῦτο
μέντοι πῶς ἂν εἴη, ζητητέον, λέγω δὲ ὥστε τὸ αὐτὸ ὑπὸ
5 τοῦ αὐτοῦ κινητικοῦ ὄντος ὁτὲ μὲν κινεῖσθαι ὁτὲ δὲ μή· οὐ-
δὲν γὰρ ἄλλ᾽ ἀπορεῖ ὁ τοῦτο λέγων ἢ διὰ τί οὐκ ἀεὶ τὰ
μὲν ἠρεμεῖ τῶν ὄντων τὰ δὲ κινεῖται. μάλιστα δ᾽ ἂν δό-
ξειεν τὸ τρίτον ἔχειν ἀπορίαν, ὡς ἐγγιγνομένης οὐκ ἐνούσης
πρότερον κινήσεως, τὸ συμβαῖνον ἐπὶ τῶν ἐμψύχων· ἠρε-
10 μοῦν γὰρ πρότερον μετὰ ταῦτα βαδίζει, κινήσαντος τῶν
ἔξωθεν οὐδενός, ὡς δοκεῖ. τοῦτο δ᾽ ἐστὶ ψεῦδος. ὁρῶμεν γὰρ
ἀεί τι κινούμενον ἐν τῷ ζῴῳ τῶν συμφύτων· τούτου δὲ τῆς

ᵇ 18 ἐν ἡμῖν om. FH   οὔσης F   19 ὁμοίως E   20 αὐτῶν
om. E¹   κινήσεως ἐνίοτε κἂν Λ   κινήσει J   22 τι αὐτὰ κινεῖ
F : τι κινεῖ αὐτὰ H : κινεῖ τι I   23 ἠρεμεῖν J   24 γένοιτο FK
25 ἐν ΚΛS : om. E   τὸ ΚΛS : τοῦτο τὸ E   26 κατὰ τὸ ΚΛS :
τὸ κατὰ E   γίγνεσθαι HIJ   27 καὶ pr.] κἂν E   κἂν] καὶ F : καὶ
ἐν HIJKS   30 τὰ om. FJ : τ᾽ I   34 ἀεὶ om. I   ἠχούσης fecit H
35 ποτ᾽ EIJKS : πῶς H : om. F   253ᵃ 1 ἐστὶ J¹   3 κινῆσαν
EFIK   τοῦτο . . . 5 μὴ EIJKS : in marg. F : om. H   6 οὐκ ἀεὶ ΠSᴾ :
om. Sˡ   9 ὑπὸ I   11 γὰρ δὴ αἰεί K   12 τι om. J¹   τούτων E

κινήσεως οὐκ αὐτὸ τὸ ζῷον αἴτιον, ἀλλὰ τὸ περιέχον ἴσως.
αὐτὸ δέ φαμεν αὐτὸ κινεῖν οὐ πᾶσαν κίνησιν, ἀλλὰ τὴν
κατὰ τόπον. οὐδὲν οὖν κωλύει, μᾶλλον δ' ἴσως ἀναγκαῖον, 15
ἐν μὲν τῷ σώματι πολλὰς ἐγγίγνεσθαι κινήσεις ὑπὸ τοῦ περιέ-
χοντος, τούτων δ' ἐνίας τὴν διάνοιαν ἢ τὴν ὄρεξιν κινεῖν, ἐκεί-
νην δὲ τὸ ὅλον ἤδη ζῷον κινεῖν, οἷον συμβαίνει περὶ τοὺς
ὕπνους· αἰσθητικῆς μὲν γὰρ οὐδεμιᾶς ἐνούσης κινήσεως,
ἐνούσης μέντοι τινός, ἐγείρεται τὰ ζῷα πάλιν. ἀλλὰ γὰρ 20
φανερὸν ἔσται καὶ περὶ τούτων ἐκ τῶν ἐπομένων.

3   Ἀρχὴ δὲ τῆς σκέψεως ἥπερ καὶ περὶ τῆς λεχθείσης
ἀπορίας, διὰ τί ποτε ἔνια τῶν ὄντων ὀτὲ μὲν κινεῖται
ὀτὲ δὲ ἠρεμεῖ πάλιν. ἀνάγκη δὴ ἤτοι πάντα ἠρεμεῖν ἀεί, ἢ
πάντα ἀεὶ κινεῖσθαι, ἢ τὰ μὲν κινεῖσθαι τὰ δ' ἠρεμεῖν, καὶ 25
πάλιν τούτων ἤτοι τὰ μὲν κινούμενα κινεῖσθαι ἀεὶ τὰ δ'
ἠρεμοῦντα ἠρεμεῖν, ἢ πάντα. πεφυκέναι ὁμοίως κινεῖσθαι καὶ
ἠρεμεῖν, ἢ τὸ λοιπὸν ἔτι καὶ τρίτον. ἐνδέχεται γὰρ τὰ μὲν
ἀεὶ τῶν ὄντων ἀκίνητα εἶναι, τὰ δ' ἀεὶ κινούμενα, τὰ δ'
ἀμφοτέρων μεταλαμβάνειν· ὅπερ ἡμῖν λεκτέον ἐστίν· τοῦτο 30
γὰρ ἔχει λύσιν τε πάντων τῶν ἀπορουμένων, καὶ τέλος ἡμῖν
ταύτης τῆς πραγματείας ἐστίν. τὸ μὲν οὖν πάντ' ἠρεμεῖν, καὶ
τούτου ζητεῖν λόγον ἀφέντας τὴν αἴσθησιν, ἀρρωστία τίς ἐστιν
διανοίας, καὶ περὶ ὅλου τινὸς ἀλλ' οὐ περὶ μέρους ἀμφισβή-
τησις· οὐδὲ μόνον πρὸς τὸν φυσικόν, ἀλλὰ πρὸς πάσας τὰς 35
ἐπιστήμας ὡς εἰπεῖν καὶ πάσας τὰς δόξας διὰ τὸ κινήσει 253ᵇ
χρῆσθαι πάσας. ἔτι δ' αἱ περὶ τῶν ἀρχῶν ἐνστάσεις, ὥσπερ
ἐν τοῖς περὶ τὰ μαθήματα λόγοις οὐδέν εἰσιν πρὸς τὸν μαθη-
ματικόν, ὁμοίως δὲ καὶ ἐπὶ τῶν ἄλλων, οὕτως οὐδὲ περὶ
τοῦ νῦν ῥηθέντος πρὸς τὸν φυσικόν· ὑπόθεσις γὰρ ὅτι ἡ φύ- 5
σις ἀρχὴ τῆς κινήσεως.   6
            σχεδὸν δὲ καὶ τὸ φάναι κινεῖσθαι 6

ᵃ 15 ἴσως δ' F   16 ἐν μὲν EKT : om. Λ   τῷ σώματι
post κινήσεις F   17 ἔνια K   ἐκείνη K   18 ὁποῖον ΚΛ
20 τὰ] πάντα τὰ E   πάλιν om. E   22 ἥπερ JS : εἴπερ E :
ἔσται ἥπερ FHIK   περὶ om. J   23 ποτε om F   οὔτε μὲν
κινεῖ τε E¹   24 δὴ ἤτοι FJKT : δ' ἤτοι EI : δή τοι H   πάντα
καὶ ἠρεμεῖν F   27 κινεῖσθαι om. F¹   31 πάντων τε Λ : γε
πάντων F   33 ἀφέντα K   35 τὸ HI   ἀπάσας EKS   ᵇ 2 χρῆ
E¹   3 ἐστιν E¹ : ἔτι E²   τὸ FI : τὰ K   μαθηματικὰ K : μαθη-
τικὸν E   4 περὶ F   οὕτως om. K   οὐδὲν H   5 τὸν] τὸ I
6 τῆς EFKS : τις HIJ   δέ τι καὶ IJS   κινεῖσθαι πάντα EKS :
πάντα κινεῖσθαι Λ

πάντα ψεῦδος μέν, ἧττον δὲ τούτου παρὰ τὴν μέθοδον· ἐτέ
θη μὲν γὰρ ἡ φύσις ἐν τοῖς φυσικοῖς ἀρχή, καθάπερ κινή-
σεως, καὶ ἠρεμίας, ὅμως δὲ φυσικὸν ἡ κίνησις· καί φασί
10 τινες κινεῖσθαι τῶν ὄντων οὐ τὰ μὲν τὰ δ' οὔ, ἀλλὰ πάντα
καὶ ἀεί, ἀλλὰ λανθάνειν τοῦτο τὴν ἡμετέραν αἴσθησιν· πρὸς
οὓς καίπερ οὐ διορίζοντας ποίαν κίνησιν λέγουσιν, ἢ πάσας,
οὐ χαλεπὸν ἀπαντῆσαι. οὔτε γὰρ αὐξάνεσθαι οὔτε φθίνειν
οἷόν τε συνεχῶς, ἀλλ' ἔστι καὶ τὸ μέσον. ἔστι δ' ὅμοιος ὁ λό-
15 γος τῷ περὶ τοῦ τὸν σταλαγμὸν κατατρίβειν καὶ τὰ ἐκφυ-
όμενα τοὺς λίθους διαιρεῖν· οὐ γὰρ εἰ τοσόνδε ἐξέωσεν ἢ ἀφεῖ-
λεν ὁ σταλαγμός, καὶ τὸ ἥμισυ ἐν ἡμίσει χρόνῳ πρότερον·
ἀλλ' ὥσπερ ἡ νεωλκία, καὶ οἱ σταλαγμοὶ οἱ τοσοιδὶ τοσονδὶ
κινοῦσιν, τὸ δὲ μέρος αὐτῶν ἐν οὐδενὶ χρόνῳ τοσοῦτον. διαιρεῖ-
20 ται μὲν οὖν τὸ ἀφαιρεθὲν εἰς πλείω, ἀλλ' οὐδὲν αὐτῶν ἐκινήθη
χωρίς, ἀλλ' ἅμα. φανερὸν οὖν ὡς οὐκ ἀναγκαῖον ἀεί τι
ἀπιέναι, ὅτι διαιρεῖται ἡ φθίσις εἰς ἄπειρα, ἀλλ' ὅλον ποτὲ
ἀπιέναι. ὁμοίως δὲ καὶ ἐπ' ἀλλοιώσεως ὁποιασοῦν· οὐ
γὰρ εἰ μεριστὸν εἰς ἄπειρα τὸ ἀλλοιούμενον, διὰ τοῦτο καὶ
25 ἡ ἀλλοίωσις, ἀλλ' ἀθρόα γίγνεται πολλάκις, ὥσπερ ἡ πῆ-
ξις. ἔτι ὅταν τι νοσήσῃ, ἀνάγκη χρόνον γενέσθαι ἐν ᾧ ὑγι-
ασθήσεται, καὶ μὴ ἐν πέρατι χρόνου μεταβάλλειν· ἀνάγκη
δὲ εἰς ὑγίειαν μεταβάλλειν καὶ μὴ εἰς ἄλλο μηθέν. ὥστε
τὸ φάναι συνεχῶς ἀλλοιοῦσθαι λίαν ἐστὶ τοῖς φανεροῖς ἀμ-
30 φισβητεῖν. εἰς τοὐναντίον γὰρ ἡ ἀλλοίωσις· ὁ δὲ λίθος οὔτε
σκληρότερος γίγνεται οὔτε μαλακώτερος. κατά τε τὸ φέρε-
σθαι θαυμαστὸν εἰ λέληθεν ὁ λίθος κάτω φερόμενος ἢ μένων
ἐπὶ τῆς γῆς. ἔτι δ' ἡ γῆ καὶ τῶν ἄλλων ἕκαστον ἐξ ἀνάγ-
κης μένουσι μὲν ἐν τοῖς οἰκείοις τόποις, κινοῦνται δὲ βιαίως

ᵇ 7 τοῦτο Λ   8 μὲν om. Ε²   9 ὅμως Camotiana :
ὁμοίως Π : οὐχ ὁμοίως Gaye   καί om. Ε   11 λανθάνει
Ε²   12 ἢ ⟨εἰ⟩ Thoresby Jones   πᾶσαν Ι   13 ἀπαντᾶν J¹
14 ἔστι (ἔστι τι S) καὶ τὸ μέσον ΚΛS : om. Ε   ὁ om. Ε
15 τοῦ om. Ι   16 ἔωσεν ΚΛΡ   17 πρότερον om. Η   18 τοσοιδὴ
Ε² : τοσοίδε FHST : E¹ incertum   τοσονδὶ JT : τοσόνδε EFHIK
21 ἅμα] ἅμα ὅλον Η   22-3 ὅτι . . . ἀπιέναι om. Ι   23 ὁποιασ-
οῦν ΚΛST : ὁποιασποτοῦν Ε   24 ἄπειρα EJ²KSᴾ: ἄπειρον
FHIJ¹SᶜT   26 νοσήσῃ τι FH : τις νοσήσῃ Ε² : νοσήσῃ τις
IJK   27 πέρασι FK²   ἀνάγκη . . . 28 μεταβάλλειν om. F¹
27 ἀνάγκη δὲ εἰς] καὶ Ε¹ : καὶ εἰς Ε²   28 μὴ om. ΚΛ   30 δὲ]
τε FIJ¹K   34 μὲν om. F   κινεῖται FHI

ἐκ τούτων· εἴπερ οὖν ἔνι· αὐτῶν ἐστιν ἐν τοῖς οἰκείοις τόποις, 35
ἀνάγκη μηδὲ κατὰ τόπον πάντα κινεῖσθαι. 254ᵃ

ὅτι μὲν οὖν ἀδύ- 1
νατον ἢ ἀεὶ πάντα κινεῖσθαι ἢ ἀεὶ πάντα ἠρεμεῖν, ἐκ τού-
των καὶ ἄλλων τοιούτων πιστεύσειεν ἄν τις. ἀλλὰ μὴν οὐδὲ
τὰ μὲν ἀεὶ ἐνδέχεται ἠρεμεῖν, τὰ δ' ἀεὶ κινεῖσθαι, ποτὲ δ'
ἠρεμεῖν καὶ ποτὲ κινεῖσθαι μηδέν. λεκτέον δ' ὅτι ἀδύνατον, 5
ὥσπερ ἐπὶ τῶν εἰρημένων πρότερον, καὶ ἐπὶ τούτων (ὁρῶμεν
γὰρ ἐπὶ τῶν αὐτῶν γιγνομένας τὰς εἰρημένας μεταβολάς),
καὶ πρὸς τούτοις ὅτι μάχεται τοῖς φανεροῖς ὁ ἀμφισβητῶν·
οὔτε γὰρ αὔξησις οὔθ' ἡ βίαιος ἔσται κίνησις, εἰ μὴ κινή-
σεται παρὰ φύσιν ἠρεμοῦν πρότερον. γένεσιν οὖν ἀναιρεῖ καὶ 10
φθορὰν οὗτος ὁ λόγος. σχεδὸν δὲ καὶ τὸ κινεῖσθαι γίγνεσθαί
τι καὶ φθείρεσθαι δοκεῖ πᾶσιν· εἰς ὃ μὲν γὰρ μεταβάλλει,
γίγνεται τοῦτο ἢ ἐν τούτῳ, ἐξ οὗ δὲ μεταβάλλει, φθείρεται
τοῦτο ἢ ἐντεῦθεν. ὥστε δῆλον ὅτι τὰ μὲν κινεῖται, τὰ δ' ἠρε-
μεῖ ἐνίοτε. 15

τὸ δὲ πάντα ἀξιοῦν ὁτὲ μὲν ἠρεμεῖν ὁτὲ δὲ κι- 15
νεῖσθαι, τοῦτ' ἤδη συναπτέον πρὸς τοὺς πάλαι λόγους. ἀρχὴν
δὲ πάλιν ποιητέον ἀπὸ τῶν νῦν διορισθέντων, τὴν αὐτὴν ἥνπερ
ἠρξάμεθα πρότερον. ἢ γάρ τοι πάντα ἠρεμεῖ, ἢ πάντα κινεῖται, ἢ
τὰ μὲν ἠρεμεῖ τὰ δὲ κινεῖται τῶν ὄντων. καὶ εἰ τὰ μὲν ἠρεμεῖ τὰ
δὲ κινεῖται, ἀνάγκη ἤτοι πάντα ὁτὲ μὲν ἠρεμεῖν ὁτὲ δὲ κινεῖσθαι, 20
⟨ἢ τὰ μὲν ἀεὶ ἠρεμεῖν τὰ δὲ ἀεὶ κινεῖσθαι⟩, ἢ τὰ μὲν ἀεὶ ἠρεμεῖν
τὰ δὲ ἀεὶ κινεῖσθαι αὐτῶν, τὰ δ' ὁτὲ μὲν ἠρεμεῖν ὁτὲ δὲ κινεῖσθαι.
ὅτι μὲν τοίνυν οὐχ οἷόν τε πάντ' ἠρεμεῖν, εἴρηται μὲν καὶ πρότε-
ρον, εἴπωμεν δὲ καὶ νῦν. εἰ γὰρ καὶ κατ' ἀλήθειαν οὕτως ἔχει
καθάπερ φασί τινες, εἶναι τὸ ὂν ἄπειρον καὶ ἀκίνητον, ἀλλ' 25
οὔτι φαίνεταί γε κατὰ τὴν αἴσθησιν, ἀλλὰ κινεῖσθαι πολλὰ

ᵇ 35 ἐστὶν αὐτῶν K   254ᵃ 1 οὖν οὐ δυνατὸν HI   3 τοιούτων
ἄλλων F   οὐδὲ EJ²KS : οὔτε FHIJ¹   7 ἐπὶ ΚΛΤ : καὶ ἐπὶ E
9 γὰρ] γὰρ ἡ Ε   ἐστι F   11 δὲ om. F   13–14 ἐξ . . . τοῦτο
om. K¹   18 ἤτοι γὰρ K   κινεῖται ἢ πάντα ἠρεμεῖ F   19 τὰ
alt.] ἀεὶ τὰ E¹   20 κινεῖται τῶν ὄντων ἀνάγκη ΚΛ   21–2 ἢ pr. . . .
δὲ κινεῖσθαι] καὶ πάλιν τούτων ἢ τὰ μὲν κινούμενα κινεῖται ἀεὶ τὰ δ'
ἠρεμοῦντα ἠρεμεῖ, ἢ ὁμοίως πάντα ὁτὲ μὲν ἠρεμεῖ ὁτὲ δὲ κινεῖται
margo K   21 ἀεὶ alt. om. J   21 ἢ . . . κινεῖσθαι addidi hic :
post αὐτῶν ᵃ 22 add. Prantl : om. ΠS   23 μὲν EFJKS : μὲν
οὖν HI   24 ειπων E¹ : εἴπομεν J   καὶ alt. om. K   25 τινές
φασιν ΚΛ   26 οὗτοι I   κινεῖται FHI

τῶν ὄντων. εἴπερ οὖν ἔστιν δόξα ψευδὴς ἢ ὅλως δόξα, καὶ
κίνησις ἔστιν, κἂν εἰ φαντασία, κἂν εἰ ὁτὲ μὲν οὕτως δοκεῖ
ὁτὲ δ᾽ ἑτέρως· ἡ γὰρ φαντασία καὶ ἡ δόξα κινήσεις
30 τινὲς εἶναί δοκοῦσιν. ἀλλὰ τὸ μὲν περὶ τούτου σκοπεῖν, καὶ
ζητεῖν λόγον ὧν βέλτιον ἔχομεν ἢ λόγου δεῖσθαι, κακῶς
κρίνειν ἐστὶν τὸ βέλτιον καὶ τὸ χεῖρον, καὶ τὸ πιστὸν καὶ τὸ
μὴ πιστόν, καὶ ἀρχὴν καὶ μὴ ἀρχήν. ὁμοίως δὲ ἀδύνατον
καὶ τὸ πάντα κινεῖσθαι, ἢ τὰ μὲν ἀεὶ κινεῖσθαι τὰ δ᾽ ἀεὶ
35 ἠρεμεῖν. πρὸς ἅπαντα γὰρ ταῦτα ἱκανὴ μία πίστις· ὁρῶ-
254b μεν γὰρ ἔνια ὁτὲ μὲν κινούμενα ὁτὲ δ᾽ ἠρεμοῦντα. ὥστε φα-
νερὸν ὅτι ἀδύνατον ὁμοίως τὸ πάντα ἠρεμεῖν καὶ τὸ πάντα
κινεῖσθαι συνεχῶς τῷ τὰ μὲν ἀεὶ κινεῖσθαι τὰ δ᾽ ἠρεμεῖν
ἀεί. λοιπὸν οὖν θεωρῆσαι πότερον πάντα τοιαῦτα οἷα κινεῖ-
5 σθαι καὶ ἠρεμεῖν, ἢ ἔνια μὲν οὕτως, ἔνια δ᾽ ἀεὶ ἠρεμεῖ, ἔνια
δ᾽ ἀεὶ κινεῖται· τοῦτο γὰρ δεικτέον ἡμῖν.

Τῶν δὴ κινούντων καὶ κινουμένων τὰ μὲν κατὰ συμβε- 4
βηκὸς κινεῖ καὶ κινεῖται, τὰ δὲ καθ᾽ αὑτά, κατὰ συμβε-
βηκὸς μὲν οἷον ὅσα τε τῷ ὑπάρχειν τοῖς κινοῦσιν ἢ κινου-
10 μένοις καὶ τὰ κατὰ μόριον, τὰ δὲ καθ᾽ αὑτά, ὅσα μὴ τῷ
ὑπάρχειν τῷ κινοῦντι ἢ τῷ κινουμένῳ, μηδὲ τῷ μόριόν τι
αὐτῶν κινεῖν ἢ κινεῖσθαι. τῶν δὲ καθ᾽ αὑτὰ τὰ μὲν ὑφ᾽
ἑαυτοῦ τὰ δ᾽ ὑπ᾽ ἄλλου, καὶ τὰ μὲν φύσει τὰ δὲ βίᾳ
καὶ παρὰ φύσιν. τό τε γὰρ αὐτὸ ὑφ᾽ αὑτοῦ κινούμενον φύ-
15 σει κινεῖται, οἷον ἕκαστον τῶν ζῴων (κινεῖται γὰρ τὸ ζῷον
αὐτὸ ὑφ᾽ αὑτοῦ, ὅσων δ᾽ ἡ ἀρχὴ ἐν αὐτοῖς τῆς κινήσεως,
ταῦτα φύσει φαμὲν κινεῖσθαι· διὸ τὸ μὲν ζῷον ὅλον φύσει
αὐτὸ ἑαυτὸ κινεῖ, τὸ μέντοι σῶμα ἐνδέχεται καὶ φύσει καὶ
παρὰ φύσιν κινεῖσθαι· διαφέρει γὰρ ὁποίαν τε ἂν κίνησιν
20 κινούμενον τύχῃ καὶ ἐκ ποίου στοιχείου συνεστηκός), καὶ τῶν
ὑπ᾽ ἄλλου κινουμένων τὰ μὲν φύσει κινεῖται τὰ δὲ παρὰ

ᵃ 27 καὶ] εἰ H   28 κἂν] καὶ HJ¹K   εἰ] ἡ Ε² : ᾗ J²   εἰ
om. F, erasit J   29 εἶναί ὁτὲ FHI   30 εἶναι EFJKS :
om. HI   τούτων F : τοῦ I   31 ὧν om. E¹   32 τὸ alt.
om. E   τὸ tert. E²KΛS : om. E¹   34 ἀεὶ om. H   ἠρεμεῖν
ἀεὶ HIJ   35 μία ἱκανὴ FHI   ᵇ I ὁτὲ διηρεμοῦντα E¹   4 θεω-
ρῆσαι EJ¹KS : θεωρητέον FHIJ²   8 αὑτὸ FH   9 οἷον om.
K¹   10 τὰ pr. om. EJ¹K¹   11 τῷ alt. om. EIJ   12 τὰ
om. E¹K   μέν ... 13 τὰ pr. om. E¹   16 δ᾽] τε K   17 διότι
τὸ E²   18 αὐτὸ om. I   μέντοι] δὲ K   19 διαφέροι H
ἂν om. FHIJ¹K   20 καὶ alt. om. E¹   21 κινεῖσθαι K

φύσιν, παρὰ φύσιν μὲν οἷον τὰ γεηρὰ ἄνω καὶ τὸ πῦρ κάτω,
ἔτι δὲ τὰ μόρια τῶν ζῴων πολλάκις κινεῖται παρὰ φύσιν,
παρὰ τὰς θέσεις καὶ τοὺς τρόπους τῆς κινήσεως. καὶ μά-
λιστα τὸ ὑπό τινος κινεῖσθαι τὸ κινούμενον ἐν τοῖς παρὰ φύ- 25
σιν κινουμένοις ἐστὶ φανερὸν διὰ τὸ δῆλον εἶναι ὑπ᾽ ἄλλου κι-
νούμενον. μετὰ δὲ τὰ παρὰ φύσιν τῶν κατὰ φύσιν τὰ αὐτὰ
ὑφ᾽ αὑτῶν, οἷον τὰ ζῷα· οὐ γὰρ τοῦτ᾽ ἄδηλον, εἰ ὑπό τινος
κινεῖται, ἀλλὰ πῶς δεῖ διαλαβεῖν αὐτοῦ τὸ κινοῦν καὶ τὸ
κινούμενον· ἔοικεν γὰρ ὥσπερ ἐν τοῖς πλοίοις καὶ τοῖς μὴ 30
φύσει συνισταμένοις, οὕτω καὶ ἐν τοῖς ζῴοις εἶναι διῃρημένον
τὸ κινοῦν καὶ τὸ κινούμενον, καὶ οὕτω τὸ ἅπαν αὐτὸ αὐτὸ κι-
νεῖν.

33

μάλιστα δ᾽ ἀπορεῖται τὸ λοιπὸν τῆς εἰρημένης τελευ- 33
ταίας διαιρέσεως· τῶν γὰρ ὑπ᾽ ἄλλου κινουμένων τὰ μὲν
παρὰ φύσιν ἐθήκαμεν κινεῖσθαι, τὰ δὲ λείπεται ἀντιθεῖναι 35
ὅτι φύσει. ταῦτα δ᾽ ἐστὶν ἃ τὴν ἀπορίαν παράσχοι ἂν ὑπὸ 255ᵃ
τίνος κινεῖται, οἷον τὰ κοῦφα καὶ τὰ βαρέα. ταῦτα γὰρ εἰς
μὲν τοὺς ἀντικειμένους τόπους βίᾳ κινεῖται, εἰς δὲ τοὺς οἰκείους,
τὸ μὲν κοῦφον ἄνω τὸ δὲ βαρὺ κάτω, φύσει· τὸ δ᾽ ὑπὸ
τίνος οὐκέτι φανερόν, ὥσπερ ὅταν κινῶνται παρὰ φύσιν. τό 5
τε γὰρ αὐτὰ ὑφ᾽ αὑτῶν φάναι ἀδύνατον· ζωτικόν τε γὰρ
τοῦτο καὶ τῶν ἐμψύχων ἴδιον, καὶ ἱστάναι ἂν ἐδύνατο αὐτὰ αὑτά
(λέγω δ᾽ οἷον, εἰ τοῦ βαδίζειν αἴτιον αὑτῷ, καὶ τοῦ μὴ βα-
δίζειν), ὥστ᾽ εἰ ἐπ᾽ αὐτῷ τὸ ἄνω φέρεσθαι τῷ πυρί, δῆ-
λον ὅτι ἐπ᾽ αὐτῷ καὶ τὸ κάτω. ἄλογον δὲ καὶ τὸ μίαν 10
κίνησιν κινεῖσθαι μόνην ὑφ᾽ αὑτῶν, εἴγε αὐτὰ ἑαυτὰ κινοῦσιν.
ἔτι πῶς ἐνδέχεται συνεχές τι καὶ συμφυὲς αὐτὸ ἑαυτὸ
κινεῖν; ἧ γὰρ ἓν καὶ συνεχὲς μὴ ἁφῇ, ταύτῃ ἀπαθές·
ἀλλ᾽ ἧ κεχώρισται, ταύτῃ τὸ μὲν πέφυκε ποιεῖν τὸ δὲ πά-

ᵇ 23 δὲ καὶ τὰ K 27 τῶν κατὰ φύσιν om. E¹ 28 τὰ ΚΛS :
om. E 29 κινεῖ E¹ λαβεῖν T 30–32 ἔοικεν . . . κινούμενον
om. J 30 γὰρ τάχα ὥσπερ FK² 32 πᾶν S κινεῖν EFJKST :
κινεῖ HI 35 ἀντιτιθέναι K : τιθεῖναι E¹ : τιθέναι E² 255ᵃ 2 κινῆται
E² τὰ alt. om. H γὰρ ἂν εἰς FK² 3 μὲν EFJKS : om. HI
βίᾳ κινεῖται τόπους I εἰ E² 5 κινοῦνται E¹ 7 δύναιτο F
αὐτὰ αὑτά scripsi : αυτο αυτο E: αὐτὸ ἑαυτὸ K: αὐτὰ F: αὐτὰ HIJ
8 τοῦ alt.] τὸ E² 9 εἰ EKS: ἐπεὶ Λ αὐτὸ J 10 ἐπ᾽
αὐτῷ om. S καὶ τὸ pr. ΚΛS : καὶ E¹: τὸ καὶ E² 11 μόνην
EFHJ¹S: μόνον K: ταῦτα μόνην J²: om. I αὐτὰ om. S
12 συμφυές τι καὶ συνεχὲς I 13–14 ταύτῃ . . . κεχώρισται om. E¹

15 σχειν. οὔτ᾽ ἄρα τούτων οὐθὲν αὐτὸ ἑαυτὸ κινεῖ (συμφυῆ γάρ),
οὔτ᾽ ἄλλο συνεχὲς οὐδέν, ἀλλ᾽ ἀνάγκη διῃρῆσθαι τὸ κινοῦν ἐν
ἑκάστῳ πρὸς τὸ κινούμενον, οἷον ἐπὶ τῶν ἀψύχων ὁρῶμεν,
ὅταν κινῇ τι τῶν ἐμψύχων. ἀλλὰ συμβαίνει καὶ
ταῦτα ὑπό τινος ἀεὶ κινεῖσθαι· γένοιτο δ᾽ ἂν φανερὸν διαι-
20 ροῦσι τὰς αἰτίας. ἔστιν δὲ καὶ ἐπὶ τῶν κινούντων λαβεῖν τὰ εἰ-
ρημένα· τὰ μὲν γὰρ παρὰ φύσιν αὐτῶν κινητικά ἐστιν, οἷον
ὁ μοχλὸς οὐ φύσει τοῦ βάρους κινητικός, τὰ δὲ φύσει, οἷον
τὸ ἐνεργείᾳ θερμὸν κινητικὸν τοῦ δυνάμει θερμοῦ. ὁμοίως δὲ
καὶ ἐπὶ τῶν ἄλλων τῶν τοιούτων. καὶ κινητὸν δ᾽ ὡσαύτως
25 φύσει τὸ δυνάμει ποιὸν ἢ ποσὸν ἢ πού, ὅταν ἔχῃ τὴν ἀρχὴν
τὴν τοιαύτην ἐν αὐτῷ καὶ μὴ κατὰ συμβεβηκός (εἴη γὰρ
ἂν τὸ αὐτὸ καὶ ποιὸν καὶ ποσόν, ἀλλὰ θατέρῳ θάτερον
συμβέβηκεν καὶ οὐ καθ᾽ αὑτὸ ὑπάρχει). τὸ δὴ πῦρ καὶ ἡ
γῆ κινοῦνται ὑπό τινος βίᾳ μέν ὅταν παρὰ φύσιν, φύσει
30 δ᾽ ὅταν εἰς τὰς αὑτῶν ἐνεργείας δυνάμει ὄντα.

30   ἐπεὶ δὲ τὸ
δυνάμει πλεοναχῶς λέγεται, τοῦτ᾽ αἴτιον τοῦ μὴ φανερὸν εἶ-
ναι ὑπὸ τίνος τὰ τοιαῦτα κινεῖται, οἷον τὸ πῦρ ἄνω καὶ
ἡ γῆ κάτω. ἔστι δὲ δυνάμει ἄλλως ὁ μανθάνων ἐπιστήμων
καὶ ὁ ἔχων ἤδη καὶ μὴ ἐνεργῶν. ἀεὶ δ᾽, ὅταν ἅμα τὸ ποι-
35 ητικὸν καὶ τὸ παθητικὸν ὦσιν, γίγνεται ἐνεργείᾳ τὸ δυ-
255ᵇ νατόν, οἷον τὸ μανθάνον ἐκ δυνάμει ὄντος ἕτερον γίγνεται δυ-
νάμει (ὁ γὰρ ἔχων ἐπιστήμην μὴ θεωρῶν δὲ δυνάμει ἐστὶν
ἐπιστήμων πως, ἀλλ᾽ οὐχ ὡς καὶ πρὶν μαθεῖν), ὅταν δ᾽ οὕτως
ἔχῃ, ἐάν τι μὴ κωλύῃ, ἐνεργεῖ καὶ θεωρεῖ, ἢ ἔσται ἐν τῇ
5 ἀντιφάσει καὶ ἐν ἀγνοίᾳ. ὁμοίως δὲ ταῦτ᾽ ἔχει καὶ ἐπὶ τῶν
φυσικῶν· τὸ γὰρ ψυχρὸν δυνάμει θερμόν, ὅταν δὲ μετα-
βάλῃ, ἤδη πῦρ, καίει δέ, ἂν μή τι κωλύῃ καὶ ἐμποδίζῃ.
ὁμοίως δ᾽ ἔχει καὶ περὶ τὸ βαρὺ καὶ κοῦφον· τὸ γὰρ κοῦ-

ᵃ 15 συμφυης E   16 οὔτ᾽] οὐδὲ S   διαιρεῖσθαι H   18 ἐμψύχων
αὐτὰ ἀλλὰ E²ΚΛ   19 αὐτὰ H   ἀεὶ EFHJKS : om. IT   ἂν om. F
23 τὸ] τὰ J   27 ἂν om. F   καὶ] κατὰ F   ποσὸν καὶ ποιόν
FIJ   29 κινεῖται F   30 τὴν ... ἐνέργειαν F   31 λέγεται
καὶ τοῦτο S   34 ἐνεργῶν E et ut vid. S : θεωρῶν ΚΛ   ἀεὶ
ΠS : εἰ Hayduck   35 τὸ om. E¹S   γίγνεται F¹I γρ. A :
γίγνεται ἐνίοτε EF²HJKAS   ᵇ 2 ἐστὶν om. H   4 μή τι KPS
τῇ om. S   5 ἐν E²HS γρ. A : οὐκ ἐν J : οὐχ ἁπλῶς ἐν A : om.
E¹FIK   ἀγνοίᾳ· ὁμοίως δὴ Hayduck   6 μεταβάλλῃ H
7 καίη E¹   κωλύσῃ καὶ ἐμποδίσῃ Λ   8 καὶ τὸ κοῦφον K   τὸ
γὰρ κοῦφον om. E¹K¹

φον γίγνεται ἐκ βαρέος, οἷον ἐξ ὕδατος ἀήρ (τοῦτο γὰρ δυ-
νάμει πρῶτον), καὶ ἤδη κοῦφον, καὶ ἐνεργήσει γ' εὐθύς, ἂν 10
μή τι κωλύῃ. ἐνέργεια δὲ τοῦ κούφου τὸ ποὺ εἶναι καὶ ἄνω,
κωλύεται δ', ὅταν ἐν τῷ ἐναντίῳ τόπῳ ᾖ. καὶ τοῦθ' ὁμοίως
ἔχει καὶ ἐπὶ τοῦ ποσοῦ καὶ ἐπὶ τοῦ ποιοῦ.   13
                                        καίτοι τοῦτο ζη- 13
τεῖται, διὰ τί ποτε κινεῖται εἰς τὸν αὑτῶν τόπον τὰ κοῦφα
καὶ τὰ βαρέα. αἴτιον δ' ὅτι πέφυκέν ποι, καὶ τοῦτ' ἔστιν τὸ 15
κούφῳ καὶ βαρεῖ εἶναι, τὸ μὲν τῷ ἄνω τὸ δὲ τῷ κάτω
διωρισμένον. δυνάμει δ' ἐστὶν κοῦφον καὶ βαρὺ πολλαχῶς,
ὥσπερ εἴρηται· ὅταν τε γὰρ ᾖ ὕδωρ, δυνάμει γέ πώς ἐστι
κοῦφον, καὶ ὅταν ἀήρ, ἔστιν ὡς ἔτι δυνάμει (ἐνδέχεται γὰρ
ἐμποδιζόμενον μὴ ἄνω εἶναι)· ἀλλ' ἐὰν ἀφαιρεθῇ τὸ ἐμπο- 20
δίζον, ἐνεργεῖ καὶ ἀεὶ ἀνωτέρω γίγνεται. ὁμοίως δὲ καὶ τὸ
ποιὸν εἰς τὸ ἐνεργείᾳ εἶναι μεταβάλλει· εὐθὺς γὰρ θεωρεῖ
τὸ ἐπιστῆμον, ἐὰν μή τι κωλύῃ· καὶ τὸ ποσὸν ἐκτείνεται,
ἐὰν μή τι κωλύῃ. ὁ δὲ τὸ ὑφιστάμενον καὶ κωλῦον κινή-
σας ἔστιν ὡς κινεῖ ἔστι δ' ὡς οὔ, οἷον ὁ τὸν κίονα ὑπο- 25
σπάσας ἢ ὁ τὸν λίθον ἀφελὼν ἀπὸ τοῦ ἀσκοῦ ἐν τῷ ὕδατι·
κατὰ συμβεβηκὸς γὰρ κινεῖ, ὥσπερ καὶ ἡ ἀνακλασθεῖσα
σφαῖρα οὐχ ὑπὸ τοῦ τοίχου ἐκινήθη ἀλλ' ὑπὸ τοῦ βάλλον-
τος. ὅτι μὲν τοίνυν οὐδὲν τούτων αὐτὸ κινεῖ ἑαυτό, δῆλον·
ἀλλὰ κινήσεως ἀρχὴν ἔχει, οὐ τοῦ κινεῖν οὐδὲ τοῦ ποι- 30
εῖν, ἀλλὰ τοῦ πάσχειν. εἰ δὴ πάντα τὰ κινούμενα ἢ φύ-
σει κινεῖται ἢ παρὰ φύσιν καὶ βίᾳ, καὶ τά τε βίᾳ καὶ
παρὰ φύσιν πάντα ὑπό τινος καὶ ὑπ' ἄλλου, τῶν δὲ φύ-
σει πάλιν τά θ' ὑφ' αὑτῶν κινούμενα ὑπό τινος κινεῖται
καὶ τὰ μὴ ὑφ' αὑτῶν, οἷον τὰ κοῦφα καὶ τὰ βαρέα 35
(ἢ γὰρ ὑπὸ τοῦ γεννήσαντος καὶ ποιήσαντος κοῦφον ἢ βαρύ, 256ᵃ
ἢ ὑπὸ τοῦ τὰ ἐμποδίζοντα καὶ κωλύοντα λύσαντος), ἅπαντα
ἂν τὰ κινούμενα ὑπό τινος κινοῖτο.

ᵇ 10 γ' om. F   11 τόπον εἶναι E² 12 δ' om. E¹   ἐν
τῷ om. K¹   13 ἐπὶ τοῦ alt. om. F   καίτοι] καὶ S   ζητεῖται
E²ΚΛS: ζητεῖ E¹   14 αὐτὸν EF   15 καὶ τὰ] τε καὶ H
που S   16 καὶ] ἢ H   κάτω τὸ δὲ τῷ ἄνω FH   17 διωρισ-
μένων J   πλεοναχῶς FH   18 τε om. HK¹   γέ om. H :
δέ F   19 ὡς EHS : om. FIJK   γὰρ om. E   21 φέρεται
FH   25 ὡς EFIJKS : μὲν ὡς HT   κινεῖται F¹   26 ὁ om.
FKT   ἐν δὲ τῷ E   27 ἢ om. F   29 αὐτὸ om. S   ἑαυτὸ
κινεῖ F   33 τὰ παρὰ K   34 ὑπ' αὐτῶν E   35 τά τε
κοῦφα Λ   256ᵃ 2 ἢ om. E¹   3 ἂν ... τινος] ἄρα ... τινος ἂν Λ

Τοῦτο δὲ διχῶς· ἢ γὰρ οὐ δι' αὐτὸ τὸ κινοῦν, ἀλλὰ δι' 5
ἕτερον ὃ κινεῖ τὸ κινοῦν, ἢ δι' αὐτό, καὶ τοῦτο ἢ πρῶτον
μετὰ τὸ ἔσχατον ἢ διὰ πλειόνων, οἷον ἡ βακτηρία κινεῖ τὸν
λίθον καὶ κινεῖται ὑπὸ τῆς χειρὸς κινουμένης ὑπὸ τοῦ ἀν-
θρώπου, οὗτος δ' οὐκέτι τῷ ὑπ' ἄλλου κινεῖσθαι. ἄμφω δὴ
κινεῖν φαμέν, καὶ τὸ τελευταῖον καὶ τὸ πρῶτον τῶν κινούν- 10
των, ἀλλὰ μᾶλλον τὸ πρῶτον· ἐκεῖνο γὰρ κινεῖ τὸ τελευ-
ταῖον, ἀλλ' οὐ τοῦτο τὸ πρῶτον, καὶ ἄνευ μὲν τοῦ πρώτου τὸ
τελευταῖον οὐ κινήσει, ἐκεῖνο δ' ἄνευ τούτου, οἷον ἡ βακτηρία
οὐ κινήσει μὴ κινοῦντος τοῦ ἀνθρώπου. εἰ δὴ ἀνάγκη πᾶν τὸ
κινούμενον ὑπό τινός τε κινεῖσθαι, καὶ ἢ ὑπὸ κινουμένου ὑπ' 15
ἄλλου ἢ μή, καὶ εἰ μὲν ὑπ' ἄλλου [κινουμένου], ἀνάγκη τι
εἶναι κινοῦν ὃ οὐχ ὑπ' ἄλλου πρῶτον, εἰ δὲ τοιοῦτο τὸ πρῶτον,
οὐκ ἀνάγκη θάτερον (ἀδύνατον γὰρ εἰς ἄπειρον ἰέναι τὸ κινοῦν
καὶ κινούμενον ὑπ' ἄλλου αὐτό· τῶν γὰρ ἀπείρων οὐκ ἔστιν
οὐδὲν πρῶτον)—εἰ οὖν ἅπαν μὲν τὸ κινούμενον ὑπό τινος κινεῖ-
ται, τὸ δὲ πρῶτον κινοῦν κινεῖται μέν, οὐχ ὑπ' ἄλλου δέ,
ἀνάγκη αὐτὸ ὑφ' αὑτοῦ κινεῖσθαι. 21

ἔτι δὲ καὶ ὧδε τὸν αὐτὸν 21
τοῦτον λόγον ἔστιν ἐπελθεῖν. πᾶν γὰρ τὸ κινοῦν τί τε κινεῖ καὶ
τινί. ἢ γὰρ αὑτῷ κινεῖ τὸ κινοῦν ἢ ἄλλῳ, οἷον ἄνθρωπος ἢ
αὐτὸς ἢ τῇ βακτηρίᾳ, καὶ ὁ ἄνεμος κατέβαλεν ἢ αὐτὸς ἢ
ὁ λίθος ὃν ἔωσεν. ἀδύνατον δὲ κινεῖν ἄνευ τοῦ αὐτὸ αὑτῷ 25
κινοῦντος τὸ ᾧ κινεῖ· ἀλλ' εἰ μὲν αὐτὸ αὑτῷ κινεῖ, οὐκ
ἀνάγκη ἄλλο εἶναι ᾧ κινεῖ, ἂν δὲ ᾖ ἕτερον τὸ ᾧ κινεῖ, ἔστιν
τι ὃ κινήσει οὐ τινὶ ἀλλ' αὑτῷ, ἢ εἰς ἄπειρον εἶσιν. εἰ οὖν
κινούμενόν τι κινεῖ, ἀνάγκη στῆναι καὶ μὴ εἰς ἄπειρον ἰέναι·
εἰ γὰρ ἡ βακτηρία κινεῖ τῷ κινεῖσθαι ὑπὸ τῆς χειρός, ἡ 30

ᵃ 4 αὐτὸ scripsi : αὐτὸ EFK : ἑαυτὸ HIJ   τὸ om. J   ἀλλὰ ... 5
κινοῦν om. F¹   5 αὐτό scripsi : αὐτό Π   8 δὲ H   13 κινοῦντος]
κινουμένη ὑπὸ F1J   14 τε] αὐτὸ F   ὑπὸ] ὑπὸ τοῦ E²F
κειμένου I   15 κινουμένου omittendum vel μὲν ⟨ὑπὸ τοῦ⟩ scriben-
dum ci. Spengel   16 δὲ] δὲ τὸ J   18 καὶ] καὶ τὸ E²Λ   ἀπείρων
οὐδέν ἐστι πρῶτον K   19 εἰ] εἰ μὲν E   τινος] κινοῦντος K   21 δὲ
om. J   22 γὰρ om. K   23 ἢ αὐτὸς EHKS : αὐτὸς IJ :
αὐτῳ F   25 τοῦ] τούτου E¹   αὑτῷ S, Bekker : αὐτὸ HIJ² : αὐτὸ
E²F : om. E¹J¹K   26 κινεῖται F¹   ἀλλ' ... κινεῖ om. I
αὐτὸ om. K   αὑτῷ fecit J² : αὐτῷ E¹ : αὐτὸ E²   27 ὃ E²
ἂν] εἰ K   ᾖ om. K   ὃ E²   28 τι καὶ ὃ EK   ⟨ἄλλῳ⟩ ἀλλ'
Spengel   αὑτὸ E²   ἴησιν K

χεὶρ κινεῖ τὴν βακτηρίαν· εἰ δὲ καὶ ταύτῃ ἄλλο κινεῖ, καὶ
ταύτην ἕτερόν τι τὸ κινοῦν. ὅταν δή τινι κινῇ ἀεὶ ἕτερον,
ἀνάγκη εἶναι πρότερον τὸ αὐτὸ αὑτῷ κινοῦν. εἰ οὖν κινεῖται
μὲν τοῦτο, μὴ ἄλλο δὲ τὸ κινοῦν αὐτό, ἀνάγκη αὐτὸ αὑτὸ
κινεῖν· ὥστε καὶ κατὰ τοῦτον τὸν λόγον ἤτοι εὐθὺς τὸ κινού- 256ᵇ
μενον ὑπὸ τοῦ αὐτὸ κινοῦντος κινεῖται, ἢ ἔρχεταί ποτε εἰς τὸ
τοιοῦτον. 3

πρὸς δὲ τοῖς εἰρημένοις καὶ ὧδε σκοποῦσι ταὐτὰ 3
συμβήσεται ταῦτα. εἰ γὰρ ὑπὸ κινουμένου κινεῖται τὸ κι-
νούμενον πᾶν, ἤτοι τοῦτο ὑπάρχει τοῖς πράγμασιν κατὰ συμ- 5
βεβηκός, ὥστε κινεῖν μὲν κινούμενον, οὐ μέντοι διὰ τὸ κινεῖσθαι
αὐτό, ἢ οὔ, ἀλλὰ καθ᾽ αὑτό. πρῶτον μὲν οὖν εἰ κατὰ
συμβεβηκός, οὐκ ἀνάγκη κινεῖσθαι τὸ κινοῦν. εἰ δὲ τοῦτο,
δῆλον ὡς ἐνδέχεταί ποτε μηδὲν κινεῖσθαι τῶν ὄντων· οὐ γὰρ
ἀναγκαῖον τὸ συμβεβηκός, ἀλλ᾽ ἐνδεχόμενον μὴ εἶναι. ἐὰν 10
οὖν θῶμεν τὸ δυνατὸν εἶναι, οὐδὲν ἀδύνατον συμβήσεται,
ψεῦδος δ᾽ ἴσως. ἀλλὰ τὸ κίνησιν μὴ εἶναι ἀδύνατον· δέ-
δεικται γὰρ πρότερον ὅτι ἀνάγκη κίνησιν ἀεὶ εἶναι. καὶ εὐ-
λόγως δὲ τοῦτο συμβέβηκεν. τρία γὰρ ἀνάγκη εἶναι, τό τε
κινούμενον καὶ τὸ κινοῦν καὶ τὸ ᾧ κινεῖ. τὸ μὲν οὖν κινούμενον 15
ἀνάγκη κινεῖσθαι, κινεῖν δ᾽ οὐκ ἀνάγκη· τὸ δ᾽ ᾧ κινεῖ,
καὶ κινεῖν καὶ κινεῖσθαι (συμμεταβάλλει γὰρ τοῦτο ἅμα
καὶ κατὰ τὸ αὐτὸ τῷ κινουμένῳ ὄν· δῆλον δ᾽ ἐπὶ τῶν κατὰ
τόπον κινούντων· ἅπτεσθαι γὰρ ἀλλήλων ἀνάγκη μέχρι τι-
νός)· τὸ δὲ κινοῦν οὕτως ὥστ᾽ εἶναι μὴ ᾧ κινεῖ, ἀκίνητον. ἐπεὶ 20
δ᾽ ὁρῶμεν τὸ ἔσχατον, ὃ κινεῖσθαι μὲν δύναται, κινήσεως
δ᾽ ἀρχὴν οὐκ ἔχει, καὶ ὃ κινεῖται μέν, οὐχ ὑπ᾽ ἄλλου δὲ

ᵃ 31 κινεῖται F   τῇ βακτηρίᾳ Ε   ταύτῃ Pacius : ταύτην Π
ἄλλο τι κινεῖ Ε   32 τι om. Κ   δή τι ΕΗ   33 αὑτῶ Ι :
αὑτῷ F : ἑαυτὸ J : τὸ Ε²   αὐτὸ FHI : αὑτὸ Ε   34 αὐτό] αὑτῶ
FΚ²   αὐτὸ αὑτὸ Κ   ᵇ 1 καὶ om. Ι   τὸ κινούμενον ἤτοι εὐθὺς Λ
2 κινήσεται Λ   τι F   3–27 πρὸς . . . ὦν hic ΠS : ante 258ᵃ 4 ἡ
γρ. ΑΤ   3 ταὐτὰ συμβήσεται] συμβήσεται ταῦτα Λ : ταυτὰ πάντα ἄτο-
πα συμβήσεται Κ²   4 ταῦτα] πάντα F   5 τοῖς πράγμασιν ὑπάρχει Λ
κατὰ] ἢ κατὰ Ε²   6 κινεῖ FΚ   οὐ] μὴ FI   7 αὐτὸ EF²JΚP :
αὐτὸ ἀεί F¹HI   8 κινοῦν FS : κινούμενον ΕΗΙJΚ   10 μὴ] μὲν
μὴ Ι   11 εἶναι] μὴ εἶναι Ε¹F   συμβαίνει] J¹   13 γὰρ ΕΚS : γὰρ τοῦ-
το FIJ : γὰρ ἤδη τοῦτο Η   14 δὲ EJS : δὴ Κ : om. FHI   εἶναι
ἀνάγκη Η   16 ἀνάγκη μὲν κινεῖσθαι Λ   17 τοῦτο ΚΛPS : τούτου
τὸ Ε   19 ἀνάγκη ἀλλήλων οὕτω μέχρι Λ   τινός] γέ τινος F   20 οὕτως
ἀεὶ ὥστ᾽ FΚ²   ὁ Ε²   22–3 κινεῖται . . . ἀλλ.] κινεῖ μέν, ὑπ᾽ ἄλλου
δὲ κινεῖται ἀλλ᾽ οὐχ Prantl, fort. S   22 οὐχ ante 23 ὑφ᾽ Λ

ΦΥΣΙΚΗΣ ΑΚΡΟΑΣΕΩΣ Θ

ἀλλ᾽ ὑφ᾽ αὑτοῦ, εὔλογον, ἵνα μὴ ἀναγκαῖον εἴπωμεν, καὶ
τὸ τρίτον εἶναι ὃ κινεῖ ἀκίνητον ὄν. διὸ καὶ Ἀναξαγόρας ὀρ-
25 θῶς λέγει, τὸν νοῦν ἀπαθῆ φάσκων καὶ ἀμιγῆ εἶναι, ἐπει-
δή γε κινήσεως ἀρχὴν αὐτὸν εἶναι ποιεῖ· οὕτω γὰρ μόνως ἂν
27 κινοίη ἀκίνητος ὢν καὶ κρατοίη ἀμιγὴς ὤν.

27   ἀλλὰ μὴν
εἰ μὴ κατὰ συμβεβηκὸς ἀλλ᾽ ἐξ ἀνάγκης κινεῖται τὸ κι-
νοῦν, εἰ δὲ μὴ κινοῖτο, οὐκ ἂν κινοίη, ἀνάγκη τὸ κινοῦν, ᾗ
30 κινεῖται, ἤτοι οὕτω κινεῖσθαι ὥς γε κατὰ τὸ αὐτὸ εἶδος
τῆς κινήσεως, ἢ καθ᾽ ἕτερον. λέγω δ᾽ ἤτοι τὸ θερμαῖνον
καὶ αὐτὸ θερμαίνεσθαι καὶ τὸ ὑγιάζον ὑγιάζεσθαι καὶ τὸ
φέρον φέρεσθαι, ἢ τὸ ὑγιάζον φέρεσθαι, τὸ δὲ φέρον
αὐξάνεσθαι. ἀλλὰ φανερὸν ὅτι ἀδύνατον· δεῖ γὰρ μέχρι
257ᵃ τῶν ἀτόμων διαιροῦντα λέγειν, οἷον εἴ τι διδάσκει γεω-
μετρεῖν, τοῦτο διδάσκεσθαι γεωμετρεῖν τὸ αὐτό, ἢ εἰ ῥι-
πτεῖ, ῥιπτεῖσθαι τὸν αὐτὸν τρόπον τῆς ῥίψεως· ἢ οὕτως μὲν
μή, ἄλλο δ᾽ ἐξ ἄλλου γένους, οἷον τὸ φέρον μὲν αὔξανε-
5 σθαι, τὸ δὲ τοῦτο αὖξον ἀλλοιοῦσθαι ὑπ᾽ ἄλλου, τὸ δὲ
τοῦτο ἀλλοιοῦν ἑτέραν τινὰ κινεῖσθαι κίνησιν. ἀλλ᾽ ἀνάγκη
στῆναι· πεπερασμέναι γὰρ αἱ κινήσεις. τὸ δὲ πάλιν ἀνα-
κάμπτειν καὶ τὸ ἀλλοιοῦν φάναι φέρεσθαι τὸ αὐτὸ ποιεῖν
ἐστὶ κἂν εἰ εὐθὺς ἔφη τὸ φέρον φέρεσθαι καὶ διδάσκε-
10 σθαι τὸ διδάσκον (δῆλον γὰρ ὅτι κινεῖται καὶ ὑπὸ τοῦ
ἀνωτέρω κινοῦντος τὸ κινούμενον πᾶν, καὶ μᾶλλον ὑπὸ τοῦ
προτέρου τῶν κινούντων). ἀλλὰ μὴν τοῦτό γε ἀδύνατον· τὸ
διδάσκον γὰρ συμβαίνει μανθάνειν, ὧν τὰ μὲν μὴ ἔχειν τὸ
14 δὲ ἔχειν ἐπιστήμην ἀναγκαῖον.

14   ἔτι δὲ μᾶλλον τούτων ἄλο-
15 γον, ὅτι συμβαίνει πᾶν τὸ κινητικὸν κινητόν, εἴπερ ἅπαν
ὑπὸ κινουμένου κινεῖται τὸ κινούμενον· ἔσται γὰρ κινητόν, ὥσ-
περ εἴ τις λέγοι πᾶν τὸ ὑγιαστικὸν [καὶ ὑγιάζον] ὑγιαστὸν

   ᵇ 26 γε EP : περ ΚΛ   ποιεῖ εἶναι Λ   ἂν μόνως FHIJ²P :
μόνως J¹   27 κινοῖ FI   κρατοίη ἂν ἀμιγῆς S   29 ᾗ] εἰ ΕΚ
30 ὥς γε scripsi : ὥστε ΚΛ : ὥστε τὸ Ε : ὡς τὸ Gaye   31 δ᾽] δ᾽ ὅτι
ΚΛ   34 αὐξάνεσθαι EKS : αὔξεσθαι Λ   257ᵃ 1 διδάσκειν E¹
2 ἢ om. E²   3 ἢ] εἰ δὲ E²S   4 φέρον μὲν] φερόμενον E¹
αὔξεσθαι Λ   6 κίνησιν κινεῖσθαι Η   7 γάρ εἰσιν αἱ Λ   9 τὸ
διδάσκον διδάσκεσθαι Λ   12 τὸ E²ΚΛΡ : om. E¹   13 συμβαί-
νοι Ε   16 ὡς ἐάν τις Ε   17 λέγει FHJ   πᾶν] ὅτι Λ
καὶ ὑγιάζον secl. Gaye, om. S : καὶ ὑγιάζον καὶ FHI

εἶναι, καὶ τὸ οἰκοδομητικὸν οἰκοδομητόν, ἢ εὐθὺς ἢ διὰ
πλειόνων· λέγω δ᾽ οἷον εἰ κινητὸν μὲν ὑπ᾽ ἄλλου πᾶν τὸ
κινητικόν, ἀλλ᾽ οὐ ταύτην τὴν κίνησιν κινητὸν ἣν κινεῖ τὸ 20
πλησίον, ἀλλ᾽ ἑτέραν, οἷον τὸ ὑγιαστικὸν μαθητικόν, ἀλλὰ
τοῦτο ἐπαναβαῖνον ἥξει ποτὲ εἰς τὸ αὐτὸ εἶδος, ὥσπερ εἴπο-
μεν πρότερον. τὸ μὲν οὖν τούτων ἀδύνατον, τὸ δὲ πλασματῶ-
δες· ἄτοπον γὰρ τὸ ἐξ ἀνάγκης τὸ ἀλλοιωτικὸν αὐξητὸν
εἶναι. οὐκ ἄρα ἀνάγκη ἀεὶ κινεῖσθαι τὸ κινούμενον ὑπ᾽ ἄλλου, 25
καὶ τούτου κινουμένου· στήσεται ἄρα. ὥστε ἤτοι ὑπὸ ἠρεμοῦντος
κινήσεται τὸ κινούμενον πρῶτον, ἢ αὐτὸ ἑαυτὸ κινήσει.   27

                                                        ἀλλὰ 27
μὴν καὶ εἴ γε δέοι σκοπεῖν πότερον αἴτιον κινήσεως καὶ
ἀρχὴ τὸ αὐτὸ αὑτὸ κινοῦν ἢ τὸ ὑπ᾽ ἄλλου κινούμενον, ἐκεῖνο
πᾶς ἂν θείη· τὸ γὰρ αὐτὸ καθ᾽ αὑτὸ ὂν ἀεὶ πρότερον αἴτιον 30
τοῦ καθ᾽ ἕτερον καὶ αὐτοῦ ὄντος. ὥστε τοῦτο σκεπτέον λα-
βοῦσιν ἄλλην ἀρχήν, εἴ τι κινεῖ αὐτὸ αὑτό, πῶς κινεῖ καὶ
τίνα τρόπον.   33

        ἀναγκαῖον δὴ τὸ κινούμενον ἅπαν εἶναι διαιρετὸν 33
εἰς ἀεὶ διαιρετά· τοῦτο γὰρ δέδεικται πρότερον ἐν τοῖς καθό-
λου τοῖς περὶ φύσεως, ὅτι πᾶν τὸ καθ᾽ αὑτὸ κινούμενον ϲυνεχές. 257ᵇ
ἀδύνατον δὴ τὸ αὐτὸ αὑτὸ κινοῦν πάντῃ κινεῖν αὐτὸ αὑτό·
φέροιτο γὰρ ἂν ὅλον καὶ φέροι τὴν αὐτὴν φοράν, ἐν ὄν καὶ
ἄτομον τῷ εἴδει, καὶ ἀλλοιοῖτο καὶ ἀλλοιοῖ, ὥστε διδάσκοι
ἂν καὶ μανθάνοι ἅμα, καὶ ὑγιάζοι καὶ ὑγιάζοιτο τὴν 5
αὐτὴν ὑγίειαν. ἔτι διώρισται ὅτι κινεῖται τὸ κινητόν· τοῦτο δ᾽
ἐστὶν δυνάμει κινούμενον, οὐκ ἐντελεχείᾳ, τὸ δὲ δυνάμει εἰς ἐν-
τελέχειαν βαδίζει, ἔστιν δ᾽ ἡ κίνησις ἐντελέχεια κινητοῦ ἀτε-

---

ᵃ 18 εἶναι EKS : ἔσται Λ   καὶ E²KΛS : om. E¹   τὸ οἰκοδο-
μικὸν E²S : τὸ E¹K   20 κινητόν E   21 μαθητόν HJ :
μαθηματικόν K   24 γὰρ. τὸ ἀλλοιωτικὸν ἐξ ἀνάγκης αὐξητὸν Λ
25 ἀεὶ fecit J² : ἀεὶ ἀεὶ H   τὸ κινοῦν K¹   ὑπ᾽] κινεῖσθαι ὑπ᾽ J¹
27 κινηθήσεται E²   ἢ] ἢ τὸ F   αὐτὸ ΠSᴾ : αὐτὸ ἢ Sˡ   28 καὶ
om. S   εἴ] ἤ E¹   29 τὸ αν- del. E : αὐτὸ om. S   κινούμενον
EKS : om. Λ   30 ὂν om. JT   αἴτιον ἀεὶ πρότερον Λ : πρότερον
ἀεὶ καὶ αἴτιον T   31 αὐτοῦ αἰτίου ὄντος I   33 τὸ KΛS : om.
E   34 ἀεὶ om. E   ᵇ 1 τοῖς om. Λ   κινούμενον καθ᾽ αὑτὸ
KS   2 παντι E   αὐτὸ om. S   3 φέροιτο KΛSᶜ : φέροι
ESᴾT   ἂν om. H   φέροι KΛSᶜ : φέροιτο ESᴾT   φθορὰν E¹
4 καὶ KΛSᶜ : ἢ ESᴾT   ἀλλοιοῖτο καὶ ΛS : ἀλλοιοῦτο καὶ K : om.
E   5 μανθάνοι EKST : διδάσκοιτο Λ   καὶ ὑγιάζοι KΛS : om. E
7 δυνάμει alt.] κινούμενον EKP

λής. τὸ δὲ κινοῦν ἤδη ἐνεργείᾳ ἔστιν, οἷον θερμαίνει τὸ θερμὸν
10 καὶ ὅλως γεννᾷ τὸ ἔχον τὸ εἶδος. ὥσθ᾽ ἅμα τὸ αὐτὸ κατὰ
τὸ αὐτὸ θερμὸν ἔσται καὶ οὐ θερμόν. ὁμοίως δὲ καὶ τῶν ἄλ-
λων ἕκαστον, ὅσων τὸ κινοῦν ἀνάγκη ἔχειν τὸ συνώνυμον. τὸ
13 μὲν ἄρα κινεῖ τὸ δὲ κινεῖται τοῦ αὐτὸ αὐτὸ κινοῦντος.
13   ὅτι δ᾽
οὐκ ἔστιν αὐτὸ αὐτὸ κινοῦν οὕτως ὥσθ᾽ ἑκάτερον ὑφ᾽ ἑκατέρου
15 κινεῖσθαι, ἐκ τῶνδε φανερόν. οὔτε γὰρ ἔσται πρῶτον κινοῦν οὐ-
δέν, εἴ γε αὐτὸ ἑαυτὸ κινήσει ἑκάτερον (τὸ γὰρ πρότερον αἰ-
τιώτερον τοῦ κινεῖσθαι τοῦ ἐχομένου καὶ κινήσει μᾶλλον· δι-
χῶς γὰρ κινεῖν ἦν, τὸ μὲν τὸ ὑπ᾽ ἄλλου κινούμενον αὐτό,
τὸ δ᾽ αὐτῷ· ἐγγύτερον δὲ τὸ πορρώτερον τοῦ κινουμένου τῆς
20 ἀρχῆς ἢ τὸ μεταξύ)· ἔτι οὐκ ἀνάγκη τὸ κινοῦν κινεῖσθαι εἰ
μὴ ὑφ᾽ αὑτοῦ· κατὰ συμβεβηκὸς ἄρα ἀντικινεῖ θάτερον.
ἔλαβον τοίνυν ἐνδέχεσθαι μὴ κινεῖν· ἔστιν ἄρα τὸ μὲν κινού-
μενον τὸ δὲ κινοῦν ἀκίνητον. ἔτι οὐκ ἀνάγκη τὸ κινοῦν ἀντικι-
νεῖσθαι, ἀλλ᾽ ἢ ἀκίνητόν γέ τι κινεῖν ἀνάγκη ἢ αὐτὸ ὑφ᾽
25 αὑτοῦ κινούμενον, εἴπερ ἀνάγκη ἀεὶ κίνησιν εἶναι. ἔτι ἦν κινεῖ
26 κίνησιν, κινοῖτ᾽ ἄν, ὥστε τὸ θερμαῖνον θερμαίνεται.
26   ἀλλὰ
μὴν οὐδὲ τοῦ πρώτως αὐτὸ αὐτὸ κινοῦντος οὔτε ἓν μόριον
οὔτε πλείω κινήσει αὐτὸ αὐτὸ ἕκαστον. τὸ γὰρ ὅλον εἰ κι-
νεῖται αὐτὸ ὑφ᾽ αὑτοῦ, ἤτοι ὑπὸ τῶν αὑτοῦ τινὸς κινήσεται ἢ
30 ὅλον ὑφ᾽ ὅλου. εἰ μὲν οὖν τῷ κινεῖσθαί τι μόριον αὐτὸ ὑφ᾽
αὑτοῦ, τοῦτ᾽ ἂν εἴη τὸ πρῶτον αὐτὸ αὐτὸ κινοῦν (χωρισθὲν
γὰρ τοῦτο μὲν κινήσει αὐτὸ αὐτό, τὸ δὲ ὅλον οὐκέτι)· εἰ δὲ
ὅλον ὑφ᾽ ὅλου κινεῖται, κατὰ συμβεβηκὸς ἂν ταῦτα κινοῖ
αὐτὰ ἑαυτά. ὥστε εἰ μὴ ἀναγκαῖον, εἰλήφθω μὴ κινούμενα

ᵇ 10 γεννᾷ ΚΛΣ: γίνεται Ε   τὸ alt. om. ΗΙ   κατὰ τὸ αὐτὸ
ΚΛΣ: om. Ε   12 ὅσον Κ¹: ὅσα Κ²   13 αὐτὸ Ε²ΚΛΣ:
om. Ε¹   14 οὐκ om. Ε¹   ἔστιν ΕΚΣ: ἐνδέχεται Λ   αὐτὸ]
τὸ αὐτὸ Ε²FS   κινοῦν ΕΚΣ: κινεῖν Λ   ὥσθ᾽] ὡς καθ᾽ Ε
15 οὐδενί γε Ε   16 αὐτὸ ἑαυτὸ ΚΣ: αὐτὸ αὐτὸ Ε: ἑκάτερον Λ
ἑκάτερον κινήσει ΗJ: κινεῖ ἑκάτερον F: κινήσει Ι   αἰτιώτερον
Ε²ΚΛΣ: om. Ε¹   18 τὸ alt. om. FK: τῶν Ε¹: τῶι Ε²
20 κινούμενον κινεῖν γρ. Α   22 ἔλαβον τοίνυν ΕFΗΙJ²S: ἔλαβε
τοίνυν J¹: τοίνυν ἔλαβον Κ¹: δεῖ λαβεῖν Κ²   ἔσται FΙΚ: ἔτι J
et fecit Ε   23 ἔτι ΠS: ἐπεὶ Prantl   24 ἢ om. Ε¹: εἰ Ε²
τι om. FΚ   ὑπ᾽ αὑτοῦ FJ   25–6 κινεῖται... κινοίη Ε²Α   26 κινοῖτ᾽
ΕΚΣ: καὶ κινοῖτ᾽ Λ   32 γὰρ τοῦτο μὲν ΚΛΣ: μὲν γὰρ τοῦτο Ε
33 ἂν om. Η   κινοῖ ταῦτα FΙJ: κινεῖ ταῦτα Η   34 ἀναγκαῖα ΗΙ

ὑφ' αὐτῶν. τῆς ὅλης ἄρα τὸ μὲν κινήσει ἀκίνητον ὂν τὸ δὲ 258ᵃ
κινηθήσεται· μόνως γὰρ οὕτως οἷόν τέ τι αὐτοκίνητον εἶναι.
ἔτι εἴπερ ἡ ὅλη αὐτὴ αὐτὴν κινεῖ, τὸ μὲν κινήσει αὐτῆς, τὸ
δὲ κινήσεται. ἡ ἄρα ΑΒ ὑφ' αὐτῆς τε κινηθήσεται καὶ ὑπὸ
τῆς Α.   5

ἐπεὶ δὲ κινεῖ τὸ μὲν κινούμενον ὑπ' ἄλλου τὸ δ' ἀκίνη- 5
τον ὄν, καὶ κινεῖται τὸ μὲν κινοῦν τὸ δὲ οὐδὲν κινοῦν, τὸ αὐτὸ
αὐτὸ κινοῦν ἀνάγκη ἐξ ἀκινήτου εἶναι κινοῦντος δέ, καὶ ἔτι ἐκ
κινουμένου μὴ κινοῦντος δ' ἐξ ἀνάγκης, ἀλλ' ὁπότερ' ἔτυχεν.
ἔστω γὰρ τὸ Α κινοῦν μὲν ἀκίνητον δέ, τὸ δὲ Β κινούμενόν τε
ὑπὸ τοῦ Α καὶ κινοῦν τὸ ἐφ' ᾧ Γ, τοῦτο δὲ κινούμενον μὲν ὑπὸ 10
τοῦ Β, μὴ κινοῦν δὲ μηδέν· εἴπερ γὰρ καὶ διὰ πλειόνων ἥξει
ποτὲ εἰς τὸ Γ, ἔστω δι' ἑνὸς μόνου. τὸ δὴ ἅπαν ΑΒΓ αὐτὸ
ἑαυτὸ κινεῖ. ἀλλ' ἐὰν ἀφέλω τὸ Γ, τὸ μὲν ΑΒ κινήσει
αὐτὸ ἑαυτό, τὸ μὲν Α κινοῦν τὸ δὲ Β κινούμενον, τὸ δὲ Γ οὐ
κινήσει αὐτὸ ἑαυτό, οὐδ' ὅλως κινήσεται. ἀλλὰ μὴν οὐδ' ἡ 15
ΒΓ κινήσει αὐτὴ ἑαυτήν ἄνευ τοῦ Α· τὸ γὰρ Β κινεῖ τῷ
κινεῖσθαι ὑπ' ἄλλου, οὐ τῷ ὑφ' αὐτοῦ τινὸς μέρους. τὸ ἄρα
ΑΒ μόνον αὐτὸ ἑαυτὸ κινεῖ. ἀνάγκη ἄρα τὸ αὐτὸ ἑαυτὸ
κινοῦν ἔχειν τὸ κινοῦν ἀκίνητον δέ, καὶ τὸ κινούμενον μηδὲν
δὲ κινοῦν ἐξ ἀνάγκης, ἁπτόμενα ἤτοι ἄμφω ἀλλήλων ἢ θατέρου 20
θάτερον. εἰ μὲν οὖν συνεχές ἐστι τὸ κινοῦν (τὸ μὲν γὰρ κινούμενον
ἀναγκαῖον εἶναι συνεχές), ἅψεται ἑκάτερον ἑκατέρου. δῆλον δὴ
ὅτι τὸ πᾶν αὐτὸ ἑαυτὸ κινεῖ οὐ τῷ αὐτοῦ τι εἶναι τοιοῦτον οἷον αὐτὸ
αὐτὸ κινεῖν, ἀλλ' ὅλον κινεῖ αὐτὸ ἑαυτό, κινούμενόν τε καὶ κινοῦν
τῷ αὐτοῦ τι εἶναι τὸ κινοῦν καὶ τὸ κινούμενον. οὐ γὰρ ὅλον κι- 25
νεῖ οὐδ' ὅλον κινεῖται, ἀλλὰ κινεῖ μὲν ἡ τὸ Α, κινεῖται δὲ ἡ τὸ

258ᵃ 1 ὂν om. Ε¹   2 μόνως ... εἶναι Ε²Κ²ΛS : om. Ε¹Κ¹
4 κινήσεται ΕΗJ²ΚS : κινηθήσεται FIJ¹   vide 256ᵇ 3-27 adn.   ἄρα]
ἄρα τὸ Ε²   κινηθήσεται ΛS : κινήσεται Ε   5 ἐπεὶ ΕS : ἐπειδὴ ΚΛ
αὐτοκίνητον J   6 ἑαυτὸ FI   7 ἔτι om. Ε   9 δὲ om. ΕJ¹   10 οὗ
FH   11 εἴπερ Ε²ΚΛΡ : ἐπεὶ Ε¹   πλειόνων ΛΡᴾ : πολλῶν ΕΚΡ¹
ἥξει ... 12 Γ pr. om. Ε¹   12 Α] τὸ α Ε   13 αβ αὐτὸ ἑαυτὸ κινήσει
Λ   14 Α] γὰρ Ε¹ : γὰρ α Ε²FΗJ   15 ἡ] τὸ Κ : ἡ τὸ Ε   16 βγ
ΚΛS : γ Ε¹ : αβγ Ε²   αὐτὸ ἑαυτὸ Κ   γὰρ] μὲν γὰρ F : δὲ Η   τὸ
Κ   17 ὑπ' ἄλλου κινεῖσθαι Λ   ἄρα ΚΛS : γὰρ Ε   19 καὶ
ΚΛS : om. Ε   20 ἁπτόμενα ἐξ ἀνάγκης Λ   ἤτοι ΕΙJΑ : δὲ ἤτοι
FΚS : ἢ Η   21 μὲν alt. ΕΚΡS : om. Λ   22 συνεχές ἀναγ-
καῖον εἶναι Λ   ἅψεται ἑκάτερον ἑκατέρου om. ΕFΗJΚΑΡS   δὴ
om. ΕJ¹Κ : δὲ J²   23 εἶναι] εἶναί τι Ε¹   24 κινεῖν ἑαυτὸ F
κινεῖ] κινεῖν Η   δὲ ΕΛ   26 κινεῖται ἀλλὰ om. Ε   ἡ S : ἡ Ε :
om. ΚΛ   κινεῖται δὲ ἡ (ἡ Ε, om. Κ) τὸ β ΕΚS : τὸ δὲ β κινεῖται Λ

²⁷ Β μόνον [τὸ δὲ Γ ὑπὸ τοῦ Α οὐκέτι· ἀδύνατον γάρ].

²⁷   ἀπορίαν
δ' ἔχει, ἐὰν ἀφέλῃ τις ἢ τῆς Α, εἰ συνεχὲς τὸ κινοῦν μὲν
ἀκίνητον δέ, ἢ τῆς Β τῆς κινουμένης· ἡ λοιπὴ ἆρα κινήσει
³⁰ τῆς Α ἢ τῆς Β κινηθήσεται; εἰ γὰρ τοῦτο, οὐκ ἂν εἴη πρώ-
τως κινουμένη ὑφ' αὑτῆς ἢ τὸ ΑΒ· ἀφαιρεθείσης γὰρ ἀπὸ
τῆς ΑΒ, ἔτι κινήσει αὐτὴν ἡ λοιπὴ ΑΒ. ἢ δυνάμει μὲν
258ᵇ ἑκάτερον οὐδὲν κωλύει ἢ θάτερον, τὸ κινούμενον, διαιρετὸν εἶναι,
ἐντελεχείᾳ δ' ἀδιαίρετον· ἐὰν δὲ διαιρεθῇ, μηκέτι εἶναι ἔχον
τὴν αὐτὴν φύσιν· ὥστ' οὐδὲν κωλύει ἐν διαιρετοῖς δυνάμει
πρώτως ἐνεῖναι. φανερὸν τοίνυν ἐκ τούτων ὅτι ἔστιν τὸ πρώτως
5 κινοῦν ἀκίνητον· εἴτε γὰρ εὐθὺς ἵσταται τὸ κινούμενον, ὑπό τι-
νος δὲ κινούμενον, εἰς ἀκίνητον τὸ πρῶτον, εἴτε εἰς κινού-
μενον μέν, αὐτὸ δ' αὑτὸ κινοῦν καὶ ἱστάν, ἀμφοτέρως
συμβαίνει τὸ πρώτως κινοῦν ἅπασιν εἶναι τοῖς κινουμέ-
νοις ἀκίνητον.

10 Ἐπεὶ δὲ δεῖ κίνησιν ἀεὶ εἶναι καὶ μὴ διαλείπειν, ἀν- 6
άγκη εἶναί τι ἀΐδιον ὃ πρῶτον κινεῖ, εἴτε ἓν εἴτε πλείω· καὶ τὸ
πρῶτον κινοῦν ἀκίνητον. ἕκαστον μὲν οὖν ἀΐδιον εἶναι τῶν ἀκι-
νήτων μὲν κινούντων δὲ οὐδὲν πρὸς τὸν νῦν λόγον· ὅτι δ' ἀναγ-
καῖον εἶναί τι τὸ ἀκίνητον μὲν αὐτὸ πάσης ἐκτὸς μετα-
15 βολῆς, καὶ ἁπλῶς καὶ κατὰ συμβεβηκός, κινητικὸν δ'
ἑτέρου, δῆλον ὧδε σκοποῦσιν. ἔστω δή, εἴ τις βούλεται, ἐπί
τινων ἐνδεχόμενον ὥστε εἶναί ποτε καὶ μὴ εἶναι ἄνευ γενέ-
σεως καὶ φθορᾶς (τάχα γὰρ ἀναγκαῖον, εἴ τι ἀμερὲς ὁτὲ
μὲν ἔστιν ὁτὲ δὲ μὴ ἔστιν, ἄνευ τοῦ μεταβάλλειν ὁτὲ μὲν εἶ-
20 ναι ὁτὲ δὲ μὴ εἶναι πᾶν τὸ τοιοῦτον). καὶ τῶν ἀρχῶν τῶν
ἀκινήτων μὲν κινητικῶν δ' ἐνίας ὁτὲ μὲν εἶναι ὁτὲ δὲ μὴ εἶ-

ᵃ 27 τὸ . . . γὰρ ΚΛ γρ. S : om. ΕΑ   α ΙΚ γρ. S : β FΗΙ
28 κινοῦν μὲν] κινούμενον Ε²   31 τὸ om. ΗΙΚ   32 Α alt.]
ἢ α Κ   ᵇ 2 τὴν αὐτὴν ἔχον Ε²   3 φύσιν ΕΚΑS : δύναμιν Λ
ἐν om. Ι   4 πρῶτον Η   ἐνεῖναι FSᵖ : ἐν εἶναι ΗΙ : ἐνείναί τι
ΕJS¹ : ἐν εἶναί τι Κ   πρώτως ΛPS : πρῶτον ΕΚ   7 δι' Ε¹
8 πρώτως κινοῦν ΛΡ : πρῶτον ΕΚS¹   ἅπασιν] ἐν ἅπασιν Κ²Λ : ἐν
πᾶσιν ΕS   10 εἶναι ἀεὶ Ε²ΗΚS   διαλιπεῖν Κ   ἀναγκαίου FΗΙ
11 τι εἶναι Λ   ἀΐδιον Ε²FΗ²Ι²ΚST : om. Ε¹Η¹Ι¹J   πρῶτον om. Ε²
εἴτε οὖν ἐν FΗJ   12 πρώτως Η   ἴδιον Ε¹   14 τὸ] τὸ ἀεὶ
Ε²Κ   πάσης ΕPS : πάσης τε F : πάσης τῆς ΗΙJ : καὶ πάσης Κ
15 καὶ alt. om. Ε¹   16 δὴ scripsi : δὲ ΠS   βούλοιτο S
18 φορᾶς Ε   ὁτὲ . . . 19 ὁτὲ pr. Ε²ΚΛS : ὁ . . . ὁ Ε¹   20–1
πᾶν . . . μὴ εἶναι om. F   21 δ' om. Ε

ναι, ἐνδεχέσθω καὶ τοῦτο. ἀλλ᾽ οὔ τί γε πάσας δυνατόν·
δῆλον γὰρ ὡς αἴτιον τοῖς αὐτὰ ἑαυτὰ κινοῦσίν ἐστί τι τοῦ ὁτὲ
μὲν εἶναι ὁτὲ δὲ μή. τὸ μὲν γὰρ αὐτὸ ἑαυτὸ κινοῦν ἅπαν
ἔχειν ἀνάγκη μέγεθος, εἰ μηδὲν κινεῖται ἀμερές, τὸ δὲ κι- 25
νοῦν οὐδεμία ἀνάγκη ἐκ τῶν εἰρημένων. τοῦ δὴ τὰ μὲν γίγνε-
σθαι τὰ δὲ φθείρεσθαι, καὶ τοῦτ᾽ εἶναι συνεχῶς, οὐδὲν αἴτιον
τῶν ἀκινήτων μὲν μὴ ἀεὶ δ᾽ ὄντων, οὐδ᾽ αὖ τωνδὶ μὲν
ταδί[κινούντων], τούτων δ᾽ ἕτερα. τοῦ γὰρ ἀεὶ καὶ συνεχοῦς οὔτε
ἕκαστον αὐτῶν οὔτε πάντα αἴτια· τὸ μὲν γὰρ οὕτως ἔχειν 30
ἀίδιον καὶ ἐξ ἀνάγκης, τὰ δὲ πάντα ἄπειρα, καὶ οὐχ ἅμα
πάντα ὄντα. · δῆλον τοίνυν ὅτι, εἰ καὶ μυριάκις ἔνια [ἀρχαὶ]
τῶν ἀκινήτων μὲν κινούντων δέ, καὶ πολλὰ τῶν αὐτὰ ἑαυτὰ 259ᵃ
κινούντων, φθείρεται, τὰ δ᾽ ἐπιγίγνεται, καὶ τόδε μὲν ἀκίνητον
ὂν τόδε κινεῖ, ἕτερον δὲ τοδί, ἀλλ᾽ οὐδὲν ἧττον ἔστιν τι ὃ πε-
ριέχει, καὶ τοῦτο παρ᾽ ἕκαστον, ὅ ἐστιν αἴτιον τοῦ τὰ μὲν εἶ-
ναι τὰ δὲ μὴ καὶ τῆς συνεχοῦς μεταβολῆς· καὶ τοῦτο μὲν 5
τούτοις, ταῦτα δὲ τοῖς ἄλλοις αἴτια κινήσεως. 6

εἴπερ οὖν ἀΐ- 6
διος ἡ κίνησις, ἀΐδιον καὶ τὸ κινοῦν ἔσται πρῶτον, εἰ ἕν· εἰ
δὲ πλείω, πλείω τὰ ἀΐδια. ἓν δὲ μᾶλλον ἢ πολλά, καὶ
πεπερασμένα ἢ ἄπειρα, δεῖ νομίζειν. τῶν αὐτῶν γὰρ συμ-
βαινόντων αἰεὶ τὰ πεπερασμένα μᾶλλον ληπτέον· ἐν γὰρ 10
τοῖς φύσει δεῖ τὸ πεπερασμένον καὶ τὸ βέλτιον, ἂν ἐνδέχη-
ται, ὑπάρχειν μᾶλλον. ἱκανὸν δὲ καὶ ἕν, ὃ πρῶτον τῶν
ἀκινήτων ἀΐδιον ὂν ἔσται ἀρχὴ τοῖς ἄλλοις κινήσεως. 13

φανε- 13
ρὸν δὲ καὶ ἐκ τοῦδε ὅτι ἀνάγκη εἶναί τι ἓν καὶ ἀΐδιον τὸ
πρῶτον κινοῦν. δέδεικται γὰρ ὅτι ἀνάγκη ἀεὶ κίνησιν εἶναι. 15

ᵇ 22 γε πάσας EFT : πάσας γε HIJK   23 τι ante τοῖς E²KΛ
24 μή] μὴ εἶναι ΛΤ   ἀνάγκη ἅπαν μέγεθος ἔχειν Λ   26 δὲ E¹
28 τωνδὶ μὲν scripsi : τῶν ἀεὶ μὲν Π : τῶν μὲν S : τῶν μὲν ἀεὶ Gaye
29 ταδί E²ΚΛS : αὐτὰ E¹   κινούντων seclusi, om. P   τούτων]
τῶν J²S : διὰ τούτων E   καὶ om. F   συνεχῶς S   30 ἕκαστα
E²   οὔτε πάντα αἴτια EKS : αἴτιον οὔτε πάντα Λ   31 καὶ pr.
ΠΛΤ : om. γρ. S   32 ἔνια scripsi : ἐνι E : ἔνιαι ΚΛ   ἀρχαὶ
seclusi : habent ΠS   259ᵃ 1 μὲν om. E   κινουσῶν E²ΚΛS
2 τὰ] τινὰ H   ἀεικινητὸν F   3 τόδε δὲ κινεῖ E¹   ὃ] ὃ καὶ E¹
7 ἕν· εἰ] ἐνὶ E¹   8 τὰ ἀΐδια πλείω KS   11 δὴ E   τὸ alt.
om. E¹   12 ἓν EKS : εἰ ἕν Λ   ὃ] ᾧ ὂν E²   13 ὂν ΚΛS : om. E
14 δὲ] οὖν J   ἐκ τούτων J¹   ἓν] ἀεὶ H   15 κίνησιν ἀεὶ εἶναι
HIJ : εἶναι κίνησιν ἀεί F

N

εἰ δὲ ἀεί, ἀνάγκη συνεχῆ εἶναι· καὶ γὰρ τὸ ἀεὶ συνε-
χές, τὸ δ' ἐφεξῆς οὐ συνεχές. ἀλλὰ μὴν εἴ γε συνεχής,
μία. μία δ' ἡ ὑφ' ἑνός τε τοῦ κινοῦντος καὶ ἑνὸς τοῦ κινου-
μένου· εἰ γὰρ ἄλλο καὶ ἄλλο κινήσει, οὐ συνεχὴς ἡ
20 ὅλη κίνησις, ἀλλ' ἐφεξῆς.

20 ἔκ τε δὴ τούτων πιστεύσειεν ἄν
τις εἶναί τι πρῶτον ἀκίνητον, καὶ πάλιν ἐπιβλέψας ἐπὶ τὰς
ἀρχάς [τῶν κινούντων]. τὸ μὲν δὴ εἶναι ἄττα τῶν ὄντων ἃ ὁτὲ
μὲν κινεῖται ὁτὲ δὲ ἠρεμεῖ φανερόν. καὶ διὰ τούτου γέγονε
δῆλον ὅτι οὔτε πάντα κινεῖται οὔτε πάντα ἠρεμεῖ οὔτε τὰ
25 μὲν ἀεὶ ἠρεμεῖ τὰ δὲ ἀεὶ κινεῖται· τὰ γὰρ ἐπαμφοτερί-
ζοντα καὶ δύναμιν ἔχοντα τοῦ κινεῖσθαι καὶ ἠρεμεῖν
δείκνυσιν περὶ αὐτῶν. ἐπεὶ δὲ τὰ μὲν τοιαῦτα δῆλα πᾶσι,
βουλόμεθα δὲ δεῖξαι καὶ τοῖν δυοῖν ἑκατέρου τὴν φύσιν,
ὅτι ἔστιν τὰ μὲν ἀεὶ ἀκίνητα τὰ δὲ ἀεὶ κινούμενα, προϊόντες
30 δ' ἐπὶ τοῦτο καὶ θέντες ἅπαν τὸ κινούμενον ὑπό τινος κινεῖ-
σθαι, καὶ τοῦτ' εἶναι ἢ ἀκίνητον ἢ κινούμενον, καὶ κινούμενον
ἢ ὑφ' αὑτοῦ ἢ ὑπ' ἄλλου ἀεί, προήλθομεν ἐπὶ τὸ λαβεῖν
ὅτι τῶν κινουμένων ἐστὶν ἀρχὴ κινουμένων μὲν ὃ αὐτὸ ἑαυτὸ
259ᵇ κινεῖ, πάντων δὲ τὸ ἀκίνητον, ὁρῶμεν δὲ καὶ φανερῶς ὄντα
τοιαῦτα ἃ κινεῖ αὐτὰ ἑαυτά, οἷον τὸ τῶν ἐμψύχων καὶ τὸ
τῶν ζῴων γένος, ταῦτα δὲ καὶ δόξαν παρεῖχε μή ποτε ἐν-
δέχεται κίνησιν ἐγγίγνεσθαι μὴ οὖσαν ὅλως, διὰ τὸ ἐν τούτοις
5 ὁρᾶν ἡμᾶς τοῦτο συμβαῖνον (ἀκίνητα γάρ ποτε ὄντα κινεῖ-
ται πάλιν, ὡς δοκεῖ), τοῦτο δὴ δεῖ λαβεῖν, ὅτι μίαν κίνησιν
αὐτὰ κινεῖ, καὶ ὅτι ταύτην οὐ κυρίως· οὐ γὰρ ἐξ αὑτοῦ τὸ
αἴτιον, ἀλλ' ἔνεισιν ἄλλαι κινήσεις φυσικαὶ τοῖς ζῴοις, ἃς

ᵃ 16 ἀεὶ ΕΙ²J²K¹S : δεῖ FHI¹J¹ : δεῖ ἀεὶ κίνησιν εἶναι Κ²   συνεχῆ
EKS : καὶ συνεχῆ Λ   καὶ γὰρ τὸ] τὸ γὰρ S   ἀεὶ] ἀεὶ εἶναι FK²
17 γε om. FIJ   18 ἡ EIJKS : εἰ F : om. H   ἐφ' Ι   καὶ ΚΛS :
καὶ ὑφ' Ε   19 γὰρ ΕΚΤ : γὰρ καὶ F : γάρ τι HJ : τι γὰρ Ι   καὶ
om. J¹   22 τῶν κινούντων seclusi : habet ΠPS   ὄντων om. K
23 τούτου γέγονε Ε²ΚΛPS : τοῦτο γεγονέναι Ε¹   25 ἀεὶ pr. EFH
J²KS : om. IJ¹   26 τοῦ] ὁτὲ μὲν Λ   καὶ] ὁτὲ δ' Λ   28 ἑκα-
τέρου scripsi : ἑκάτερον Ε : ἑκατέραν ΚΛ   31 καὶ κινούμενον om.
F   καὶ καὶ εἰ S   32 ἢ pr. E²ΚΛS : om. E¹   προσῆλθομεν
Ε¹ : προῆλθεν J¹   33 ἐστὶν om. Ε¹   κινούμενον Κ   μὲν om.
Ε¹   ᵇ 3 δὲ scripsi cum P : δὴ Ε²ΚΛ : om. Ε¹   παρέχει Ε²P :
παρέχειν J   ἐνδέχεται Η   4 ἐγγίγνεσθαι FHIKP : ἐγγενέσθαι
J : γίνεσθαι ES   5 ἡμᾶς ὁρᾶν Λ   ὄντα ποτὲ FHJ   6 δὴ] δὲ
JP : τε Ε²   7 αὐτὰ scripsi : αὐτὰ Π : ἑαυτὰ S

οὐ κινοῦνται δι' αὐτῶν, οἷον αὔξησις φθίσις ἀναπνοή, ἃς κι-
νεῖται τῶν ζῴων ἕκαστον ἠρεμοῦν καὶ οὐ κινούμενον τὴν ὑφ' 10
αὑτοῦ κίνησιν. τούτου δ' αἴτιον τὸ περιέχον καὶ πολλὰ τῶν
εἰσιόντων, οἷον ἐνίων ἡ τροφή· πεττομένης μὲν γὰρ καθεύδουσιν,
διακρινομένης δ' ἐγείρονται καὶ κινοῦσιν ἑαυτούς, τῆς πρώτης
ἀρχῆς ἔξωθεν οὔσης, διὸ οὐκ ἀεὶ κινοῦνται συνεχῶς ὑφ' αὑ-
τῶν· ἄλλο γὰρ τὸ κινοῦν, αὐτὸ κινούμενον καὶ μεταβάλλον 15
πρὸς ἕκαστον τῶν κινούντων ἑαυτά. ἐν πᾶσι δὲ τούτοις κινεῖ-
ται τὸ κινοῦν πρῶτον καὶ τὸ αἴτιον τοῦ αὐτὸ ἑαυτὸ κινεῖν
ὑφ' αὑτοῦ, κατὰ συμβεβηκὸς μέντοι· μεταβάλλει γὰρ τὸν
τόπον τὸ σῶμα, ὥστε καὶ τὸ ἐν τῷ σώματι ὂν καὶ
τῇ μοχλείᾳ κινοῦν ἑαυτό. 20

ἐξ ὧν ἔστιν πιστεῦσαι ὅτι εἴ τί 20
ἐστι τῶν ἀκινήτων μὲν κινούντων δὲ καὶ αὐτὰ κατὰ
συμβεβηκός, ἀδύνατον συνεχῆ κίνησιν κινεῖν. ὥστ' εἴπερ
ἀνάγκη συνεχῶς εἶναι κίνησιν, εἶναί τι δεῖ τὸ πρῶτον κινοῦν
ἀκίνητον καὶ κατὰ συμβεβηκός, εἰ μέλλει, καθάπερ
εἴπομεν, ἔσεσθαι ἐν τοῖς οὖσιν ἄπαυστός τις καὶ ἀθάνατος 25
κίνησις, καὶ μενεῖν τὸ ὂν αὐτὸ ἐν αὑτῷ καὶ ἐν τῷ αὐτῷ·
τῆς γὰρ ἀρχῆς μενούσης ἀνάγκη καὶ τὸ πᾶν μένειν συνεχὲς
ὂν πρὸς τὴν ἀρχήν. οὐκ ἔστιν δὲ τὸ αὐτὸ τὸ κινεῖσθαι κατὰ
συμβεβηκὸς ὑφ' αὑτοῦ καὶ ὑφ' ἑτέρου· τὸ μὲν γὰρ ὑφ'
ἑτέρου ὑπάρχει καὶ τῶν ἐν τῷ οὐρανῷ ἐνίαις ἀρχαῖς, ὅσα 30
πλείους φέρεται φοράς, θάτερον δὲ τοῖς φθαρτοῖς μόνον.

ἀλλὰ μὴν εἴ γε ἔστιν τι ἀεὶ τοιοῦτον, κινοῦν μέν τι ἀκίνητον
δὲ αὐτὸ καὶ ἀίδιον, ἀνάγκη καὶ τὸ πρῶτον ὑπὸ τούτου κι-

ᵇ 11 τούτων FK   12 ἡ om. Λ   πεττομένης EJPS : πεπτο-
μένης FHI : πεπτομένων K   μὲν E¹KS : om. E²Λ   13 ἑαυτὰ
J²   14 οὐκ ἀεὶ] καὶ οὐ E²   16 ἑαυτά E¹FJ²KS : ἑαυτό E²HIJ¹ :
αυτα P   κινεῖν τε τὸ J¹   17 πρώτως κινοῦν F   τὸ E²FHIKP : om.
E¹J   19 τὸ alt. om. I   καὶ alt. HIJK¹S : καὶ τὸ ἐν E¹F : καὶ τὸ E² :
καὶ ὡς K²   21 αὐτὰ scripsi : ἑαυτὰ KS : αυτὸ E¹ : αὐτῶν κινουμένων
E²Λ   22 κινεῖν E²KΛS : om. E¹   23 τι] τι πρῶτον I   24 καὶ
HS : καὶ μὴ (μὴ eraserunt EF) EFIJK   εἰ μέλλει E²KΛT : om. E¹
25 εἴπομεν E²KΛT : εἴπομεν ἔμπροσθεν E¹   ἔσεσθαι post οὖσιν Λ,
post ᵇ 24 μέλλει KS   τις FHJKS et post ἀθάνατος I : om. E
26 μενεῖν scripsi ex T : μένειν Π   ἐν αὑτῷ EHKS : ἐν ἑαυτῷ F :
ἐν αὐτῷ J : ἑαυτῷ I   27 συνεχὲς ὂν μένειν I   28–31 οὐκ ...
μόνον ΠPS : om. T   28 τὸ alt. E²KΛPSP : om. E¹S¹   29 γὰρ
om. J¹   30 ὑπάρχειν I   τῷ om. E²   31 δὲ om. S   32 γε
EJKPST : om. FHI   κινοῦν] τὸ κινοῦν S   μέν τι] μέντοι I
33 καὶ αὐτὸ I   ὑπὸ τούτου EKP et post κινούμενον HIJ : om. F

260ª νούμενον ἀίδιον εἶναι. ἔστιν δὲ τοῦτο δῆλον μὲν καὶ ἐκ τοῦ
μὴ ἂν ἄλλως εἶναι γένεσιν καὶ φθορὰν καὶ μεταβολὴν τοῖς
ἄλλοις, εἰ μή τι κινήσει κινούμενον· τὸ μὲν γὰρ ἀκίνητον
[τὴν αὐτὴν] ἀεὶ τὸν αὐτὸν κινήσει τρόπον καὶ μίαν κίνησιν,
5 ἅτε οὐδὲν αὐτὸ μεταβάλλον πρὸς τὸ κινούμενον. τὸ δὲ κινού-
μενον ὑπὸ τοῦ κινουμένου μέν, ὑπὸ τοῦ ἀκινήτου δὲ κινουμένου
ἤδη, διὰ τὸ ἄλλως καὶ ἄλλως ἔχειν πρὸς τὰ πράγματα,
οὐ τῆς αὐτῆς ἔσται κινήσεως αἴτιον, ἀλλὰ διὰ τὸ‾ ἐν ἐναν-
τίοις εἶναι τόποις ἢ εἴδεσιν ἐναντίως παρέξεται κινούμενον
10 ἕκαστον τῶν ἄλλων, καὶ ὁτὲ μὲν ἠρεμοῦν ὁτὲ δὲ κινούμενον.
φανερὸν δὴ γέγονεν ἐκ τῶν εἰρημένων καὶ ὃ κατ' ἀρχὰς
ἠποροῦμεν, τί δή ποτε οὐ πάντα ἢ κινεῖται ἢ ἠρεμεῖ, ἢ τὰ
μὲν κινεῖται ἀεὶ τὰ δ' ἀεὶ ἠρεμεῖ, ἀλλ' ἔνια ὁτὲ μὲν ὁτὲ
δ' οὔ. τούτου γὰρ τὸ αἴτιον δῆλόν ἐστι νῦν, ὅτι τὰ μὲν ὑπὸ
15 ἀκινήτου κινεῖται ἀϊδίου, διὸ ἀεὶ κινεῖται, τὰ δ' ὑπὸ
κινουμένου καὶ μεταβάλλοντος, ὥστε καὶ αὐτὰ ἀναγκαῖον
μεταβάλλειν. τὸ δ' ἀκίνητον, ὥσπερ εἴρηται, ἅτε ἁπλῶς
καὶ ὡσαύτως καὶ ἐν τῷ αὐτῷ διαμένον, μίαν καὶ ἁπλῆν
κινήσει κίνησιν.

20 Οὐ μὴν ἀλλὰ καὶ ἄλλην ποιησαμένοις ἀρχὴν μᾶλ- 7
λον ἔσται περὶ τούτων φανερόν. σκεπτέον γὰρ πότερον ἐνδέ-
χεταί τινα κίνησιν εἶναι συνεχῆ ἢ οὔ, καὶ εἰ ἐνδέχεται, τίς
αὕτη, καὶ τίς πρώτη τῶν κινήσεων· δῆλον γὰρ ὡς εἴπερ
ἀναγκαῖον μὲν ἀεὶ κίνησιν εἶναι, πρώτη δὲ ἥδε καὶ συνεχής,
25 ὅτι τὸ πρῶτον κινοῦν κινεῖ ταύτην τὴν κίνησιν, ἣν ἀναγκαῖον
μίαν καὶ τὴν αὐτὴν εἶναι καὶ συνεχῆ καὶ πρώτην. τριῶν δ'
οὐσῶν κινήσεων, τῆς τε κατὰ μέγεθος καὶ τῆς κατὰ πάθος

260ª 3 γὰρ] αρ E¹   4 τὴν αὐτὴν om. EKST   ἀεὶ τὴν αὐτὴν
κινήσει E² : ἀεὶ κινήσει τὸν αὐτὸν Λ : τὸν αὐτὸν ἀεὶ κινήσει Τ : τὸν αὐτὸν
κινήσει S   τρόπον om. E²   5 τὸ δὲ κινούμενον E²ΚΛST : om.
E¹   6 ὑπὸ . . . μὲν E²Λ γρ. P : om. E¹ΚΡST   δὲ ΕΛΡ : ἢ
KST   7 ἤδη E²ΚΛPS : ἢ E¹   τὸ ἄλλω E¹   ἔχειν ἤδη πρὸς
E   8 ἐν E²ΚΛS : om. E¹P   10 καὶ om. I   11 δὴ ΚΛS :
δὲ Ε   12 ἢ om. Η   κινεῖται ἢ ἠρεμεῖ ΕΚΤ : ἠρεμεῖ ἢ κινεῖται Λ
13 ἀεὶ κινεῖται ΛS   ἀεὶ alt. ΚΛS : om. Ε   15 κινεῖται alt.
ΕΚΡST : μεταβάλλει Λ   16 ἀναγκαῖον καὶ αὐτὰ Ι   17 ἅτε
om. E¹   21 ἔσται om. Ι   21-2 ἐνδέχεται . . . εἶναι EKS : εἶναί
(om. E¹)   Τ) τινα κίνησιν ἐνδέχεται Λ   24 κίνησιν μὲν αἰεὶ Ι   εἶναι
om. Κ   25 αὐτὴν J   ἢν E²FHIJ²KS : om. E¹J¹   26 καὶ
alt. ΛPS : om. ΕΚ   δ'] δὲ ἢ Ε² : γὰρ S   27 κατὰ EJKST :
κατὰ τὸ FHI   κατὰ EFJKS : κατὰ τὸ HI

καὶ τῆς κατὰ τόπον, ἣν καλοῦμεν φοράν, ταύτην ἀναγκαῖον
εἶναι πρώτην. ἀδύνατον γὰρ αὔξησιν εἶναι ἀλλοιώσεως μὴ
προϋπαρχούσης· τὸ γὰρ αὐξανόμενον ἔστιν μὲν ὡς ὁμοίῳ αὐ- 30
ξάνεται, ἔστιν δ᾽ ὡς ἀνομοίῳ· τροφὴ γὰρ λέγεται τῷ ἐναν-
τίῳ τὸ ἐναντίον. προσγίγνεται δὲ πᾶν γιγνόμενον ὅμοιον ὁμοίῳ.
ἀνάγκη οὖν ἀλλοίωσιν εἶναι τὴν εἰς τἀναντία μεταβολήν.
ἀλλὰ μὴν εἴ γε ἀλλοιοῦται, δεῖ τι εἶναι τὸ ἀλλοιοῦν καὶ 260ᵇ
ποιοῦν ἐκ τοῦ δυνάμει θερμοῦ ἐνεργείᾳ θερμόν. δῆλον οὖν
ὅτι τὸ κινοῦν οὐχ ὁμοίως ἔχει, ἀλλ᾽ ὁτὲ μὲν ἐγγύτερον ὁτὲ
δὲ πορρώτερον τοῦ ἀλλοιουμένου ἐστίν. ταῦτα δ᾽ ἄνευ φορᾶς
οὐκ ἐνδέχεται ὑπάρχειν. εἰ ἄρα ἀνάγκη ἀεὶ κίνησιν εἶναι, 5
ἀνάγκη καὶ φορὰν ἀεὶ εἶναι πρώτην τῶν κινήσεων, καὶ φο-
ρᾶς, εἰ ἔστιν ἡ μὲν πρώτη ἡ δ᾽ ὑστέρα, τὴν πρώτην. 7

ἔτι δὲ 7
πάντων τῶν παθημάτων ἀρχὴ πύκνωσις καὶ μάνωσις· καὶ
γὰρ βαρὺ καὶ κοῦφον καὶ μαλακὸν καὶ σκληρὸν καὶ θερμὸν
καὶ ψυχρὸν πυκνότητες δοκοῦσιν καὶ ἀραιότητες εἶναί τινες. 10
πύκνωσις δὲ καὶ μάνωσις σύγκρισις καὶ διάκρισις, καθ᾽ ἃς
γένεσις καὶ φθορὰ λέγεται τῶν οὐσιῶν. συγκρινόμενα δὲ καὶ
διακρινόμενα ἀνάγκη κατὰ τόπον μεταβάλλειν. ἀλλὰ μὴν
καὶ τοῦ αὐξανομένου καὶ φθίνοντος μεταβάλλει κατὰ τόπον
τὸ μέγεθος. 15

ἔτι καὶ ἐντεῦθεν ἐπισκοποῦσιν ἔσται φανερὸν ὅτι 15
ἡ φορὰ πρώτη. τὸ γὰρ πρῶτον, ὥσπερ ἐφ᾽ ἑτέρων,
οὕτω καὶ ἐπὶ κινήσεως ἂν λέγοιτο πλεοναχῶς. λέγεται δὲ
πρότερον οὗ τε μὴ ὄντος οὐκ ἔσται τἆλλα, ἐκεῖνο δὲ ἄνευ τῶν
ἄλλων, καὶ τὸ τῷ χρόνῳ, καὶ τὸ κατ᾽ οὐσίαν. ὥστ᾽ ἐπεὶ κί-
νησιν μὲν ἀναγκαῖον εἶναι συνεχῶς, εἴη δ᾽ ἂν συνεχῶς ἢ 20
συνεχὴς οὖσα ἢ ἐφεξῆς, μᾶλλον δ᾽ ἡ συνεχής, καὶ βέλτιον

ᵃ 30 ὑπαρχούσης E¹   αὐξόμενον F   31 τὸ γὰρ ἐναντίον τροφὴ
λέγεται τῷ ἐναντίῳ Λ   32 προσγίνεσθαι K   33 εἶναι post
μεταβολὴν H   ᵇ 1 δεήσει εἶναι Λ   2 θερμοῦ τὸ ἐνεργείᾳ Λ
οὖν] οὖν ἐστὶν FHI   3 ὁτὲ ... ὁτὲ] ποτὲ ... ποτὲ F : τοτὲ ...
τοτὲ HIJ   5 εἰ E²ΚΛS : om. E¹   κίνησιν ἀεὶ ἀνάγκη H
6 εἶναι ἀεὶ H   φορᾶς E²ΚΛS : φοράν fort. E¹   11 ἃς] ἃς καὶ
E²F   13 κατὰ] καὶ κατὰ E²   14 καὶ alt. om. F   15 ἐν-
ταῦθα F   16 φθορὰ E¹   ὥσπερ καὶ ἐπὶ τῶν ἄλλων Λ   17 ἐπὶ]
ἐπὶ τῆς F   ἂν om. E¹HK   λέγοιτο] λέγεται K : λέγοιτο πρῶτον FIJ
18 τε om. S   19 τὸ om. S   τὸ E²ΚΛPS : om. E¹   20 μὲν
om. H   εἴη ... συνεχῶς om. E¹   ἢ] ἢ ἡ Λ   21 οὖσα om. Λ
ἢ] ἢ ἡ Λ : ἢ εἰ K

ΦΥΣΙΚΗΣ ΑΚΡΟΑΣΕΩΣ Θ

συνεχῆ ἢ ἐφεξῆς εἶναι, τὸ δὲ βέλτιον ἀεὶ ὑπολαμβάνομεν
ἐν τῇ φύσει ὑπάρχειν, ἂν ᾖ δυνατόν, δυνατὸν δὲ συνεχῆ
εἶναι (δειχθήσεται δ' ὕστερον· νῦν δὲ τοῦτο ὑποκείσθω), καὶ
25 ταύτην οὐδεμίαν ἄλλην οἵόν τε εἶναι ἀλλ' ἢ φοράν, ἀνάγκη
τὴν φορὰν εἶναι πρώτην. οὐδεμία γὰρ ἀνάγκη οὔτε αὔξεσθαι
οὔτε ἀλλοιοῦσθαι τὸ φερόμενον, οὐδὲ δὴ γίγνεσθαι ἢ φθείρε-
σθαι· τούτων δὲ οὐδεμίαν ἐνδέχεται τῆς· συνεχοῦς μὴ οὔσης,
29 ἣν κινεῖ τὸ πρῶτον κινοῦν.
29   ἔτι χρόνῳ πρώτην· τοῖς γὰρ ἀϊ-
30 δίοις μόνον ἐνδέχεται κινεῖσθαι ταύτην. ἀλλ' ἐφ' ἑνὸς μὲν
ὁτουοῦν τῶν ἐχόντων γένεσιν τὴν φορὰν ἀναγκαῖον ὑστάτην εἶ-
ναι τῶν κινήσεων· μετὰ γὰρ τὸ γενέσθαι πρῶτον ἀλλοίω-
σις καὶ αὔξησις, φορὰ δ' ἤδη τετελειωμένων κίνησίς ἐστιν.
261ᵃ ἀλλ' ἕτερον ἀνάγκη κινούμενον εἶναι κατὰ φορὰν πρότερον, ὃ
καὶ τῆς γενέσεως αἴτιον ἔσται τοῖς γιγνομένοις, οὐ γιγνόμενον, οἷον
τὸ γεννῆσαν τοῦ γεννηθέντος, ἐπεὶ δόξειέ γ' ἂν ἡ γένεσις εἶναι
πρώτη τῶν κινήσεων διὰ τοῦτο, ὅτι γενέσθαι δεῖ τὸ πρᾶγμα
5 πρῶτον. τὸ δ' ἐφ' ἑνὸς μὲν ὁτουοῦν τῶν γιγνομένων οὕτως ἔχει,
ἀλλ' ἕτερον ἀναγκαῖον πρότερόν τι κινεῖσθαι τῶν γιγνομένων
ὂν αὐτὸ καὶ μὴ γιγνόμενον, καὶ τούτου ἕτερον πρότερον. ἐπεὶ
δὲ γένεσιν ἀδύνατον εἶναι πρώτην (πάντα γὰρ ἂν εἴη τὰ κι-
νούμενα φθαρτά), δῆλον ὡς οὐδὲ τῶν ἐφεξῆς κινήσεων οὐδεμία
10 προτέρα· λέγω δ' ἐφεξῆς αὔξησιν, εἶτ' ἀλλοίωσιν καὶ φθί-
σιν καὶ φθοράν· πᾶσαι γὰρ ὕστεραι γενέσεως, ὥστ' εἰ μηδὲ
γένεσις προτέρα φορᾶς, οὐδὲ τῶν ἄλλων οὐδεμία μεταβολῶν.
ὅλως τε φαίνεται τὸ γιγνόμενον ἀτελὲς καὶ ἐπ' ἀρχὴν ἰόν,
ὥστε τὸ τῇ γενέσει ὕστερον τῇ φύσει πρότερον εἶναι. τελευταῖον
15 δὲ φορὰ πᾶσιν ὑπάρχει τοῖς ἐν γενέσει. διὸ τὰ μὲν ὅλως
ἀκίνητα τῶν ζώντων δι' ἔνδειαν [τοῦ ὀργάνου], οἷον τὰ φυτὰ

ᵇ 22 δὲ om. J   23 εἴη E   δὲ] δ' ἐστὶ Λ   25 ἄλλην
EJKP : om. FHI   ἀλλὰ φοράν ΚΛ   26 αὔξεσθαι EJPT :
αὐξάνεσθαι FHIK   29 πρώτην ΚΛS : πρώτη E   30 μόνον
ἐνδέχεται EKPST : ἐνδέχεται μόνον FIJ : ἐνδέχεται μόνην H   ἐν I
31 τῶν ἐχόντων ὁτουοῦν F   τῶν κινήσεων εἶναι E   32 ἀλ-
λοίωσιν καὶ αὔξησιν FJ² : αὔξησις καὶ ἀλλοίωσις K   33 τελεου-
μένων FI : τελειουμένων H : τελουμένων J   261ᵃ 3 ἐπειδὴ F   γ'
om. FI : δ' H   4 γίνεσθαι H   5 πρότερον K   7 ὂν]
ὂν καὶ H   9 ἄφθαρτα E¹   10 πρότερον E   13 τε E²J¹P :
δὲ FHIJ² : τε εἰ KS : om. E¹   16 ζώντων EFIJKS : ζώων HP
τοῦ ὀργάνου om. E²KP   οἷον] ὑπάρχει οἷον F

7. 260ᵇ 22 — 261ᵇ 12

καὶ πολλὰ γένη τῶν ζῴων, τοῖς δὲ τελειουμένοις ὑπάρχει.
ὥστ᾽ εἰ μᾶλλον ὑπάρχει φορὰ τοῖς μᾶλλον ἀπειληφόσιν τὴν
φύσιν, καὶ ἡ κίνησις αὕτη πρώτη τῶν ἄλλων ἂν εἴη κατ᾽
οὐσίαν, διά τε ταῦτα καὶ διότι ἥκιστα τῆς οὐσίας ἐξίσταται τὸ 20
κινούμενον τῶν κινήσεων ἐν τῷ φέρεσθαι· κατὰ μόνην γὰρ
οὐδὲν μεταβάλλει τοῦ εἶναι, ὥσπερ ἀλλοιουμένου μὲν τὸ ποιόν,
αὐξανομένου δὲ καὶ φθίνοντος τὸ ποσόν. μάλιστα δὲ δῆλον
ὅτι τὸ κινοῦν αὐτὸ αὑτὸ μάλιστα ταύτην κινεῖ κυρίως, τὴν κατὰ
τόπον· καίτοι φαμὲν τοῦτο εἶναι τῶν κινουμένων καὶ κινούντων 25
ἀρχὴν καὶ πρῶτον τοῖς κινουμένοις, τὸ αὐτὸ αὑτὸ κινοῦν.

ὅτι μὲν τοίνυν τῶν κινήσεων ἡ φορὰ πρώτη, φανε-
ρὸν ἐκ τούτων· τίς δὲ φορὰ πρώτη, νῦν δεικτέον. ἅμα δὲ
καὶ τὸ νῦν καὶ πρότερον ὑποτεθέν, ὅτι ἐνδέχεταί τινα
κίνησιν εἶναι συνεχῆ καὶ ἀίδιον, φανερὸν ἔσται τῇ αὐτῇ με- 30
θόδῳ. ὅτι μὲν οὖν τῶν ἄλλων κινήσεων οὐδεμίαν ἐνδέχεται
συνεχῆ εἶναι, ἐκ τῶνδε φανερόν. ἅπασαι γὰρ ἐξ ἀντικει-
μένων εἰς ἀντικείμενά εἰσιν αἱ κινήσεις καὶ μεταβολαί, οἷον
γενέσει μὲν καὶ φθορᾷ τὸ ὂν καὶ τὸ μὴ ὂν ὅροι, ἀλλοιώσει
δὲ τὰ ἐναντία πάθη, αὐξήσει δὲ καὶ φθίσει ἢ μέγεθος καὶ 35
μικρότης ἢ τελειότης μεγέθους καὶ ἀτέλεια· ἐναντίαι δ᾽ αἱ
εἰς τὰ ἐναντία. τὸ δὲ μὴ ἀεὶ κινούμενον τήνδε τὴν κίνησιν, ὂν 261ᵇ
δὲ πρότερον, ἀνάγκη πρότερον ἠρεμεῖν. φανερὸν οὖν ὅτι ἠρε-
μήσει ἐν τῷ ἐναντίῳ τὸ μεταβάλλον. ὁμοίως δὲ καὶ ἐπὶ
τῶν μεταβολῶν· ἀντίκειται γὰρ φθορὰ καὶ γένεσις ἁπλῶς
καὶ ἡ καθ᾽ ἕκαστον τῇ καθ᾽ ἕκαστον. ὥστ᾽ εἰ ἀδύνατον ἅμα 5
μεταβάλλειν τὰς ἀντικειμένας, οὐκ ἔσται συνεχὴς ἡ μετα-
βολή, ἀλλὰ μεταξὺ ἔσται αὐτῶν χρόνος. οὐδὲν γὰρ διαφέ-
ρει ἐναντίας ἢ μὴ ἐναντίας εἶναι τὰς κατ᾽ ἀντίφασιν μετα-
βολάς, εἰ μόνον ἀδύνατον ἅμα τῷ αὐτῷ παρεῖναι (τοῦτο
γὰρ τῷ λόγῳ οὐδὲν χρήσιμον), οὐδ᾽ εἰ μὴ ἀνάγκη ἠρεμῆσαι 10
ἐν τῇ ἀντιφάσει, μηδ᾽ ἐστὶν μεταβολὴ ἠρεμία ἐναντίον (οὐ
γὰρ ἴσως ἠρεμεῖ τὸ μὴ ὄν, ἡ δὲ φθορὰ εἰς τὸ μὴ ὄν), ἀλλ᾽

ᵃ 17 τῶν om. J   ὑπάρχει om. F¹   19 κἂν E²K   αὐτὴ K
ἂν om. E²   25 τοῦ κινουμένου K²   καὶ] καὶ τῶν HI   26 αὐτὸ
om. H   αὐτὸ om. F   28 δεδεικταιον E¹   29 τὸν K
καὶ EKS : καὶ τὸ Λ   ὅτι] ὅτι δὲ E¹   33 αἱ] καὶ K   34 τὸ
alt. EKT : om. ΛS   ᵇ 2 οὖν] δ᾽ E¹   10 λόγῳ] ὅλῳ Bekker
errore preli   οὐδὲν om. FK   11 μηδ᾽] εἰ μηδ᾽ J¹   μετα-
βολὴ ἠρεμίᾳ EFKP¹S : μεταβολῇ ἠρεμίᾳ HIJPᵖ

εἰ μόνον μεταξὺ γίγνεται χρόνος· οὕτω γὰρ οὐκ ἔστιν ἡ με-
ταβολὴ συνεχής· οὐδὲ γὰρ ἐν τοῖς πρότερον ἡ ἐναντίωσις
15 χρήσιμον, ἀλλὰ τὸ μὴ ἐνδέχεσθαι ἅμα ὑπάρχειν.

15   οὐ δεῖ
δὲ ταράττεσθαι ὅτι τὸ αὐτὸ πλείοσιν ἔσται ἐναντίον, οἷον ἡ
κίνησις καὶ στάσει καὶ κινήσει τῇ εἰς τοὐναντίον, ἀλλὰ μόνον
τοῦτο λαμβάνειν, ὅτι ἀντίκειταί πως καὶ τῇ κινήσει καὶ τῇ
ἠρεμίᾳ ἡ κίνησις ἡ ἐναντία, καθάπερ τὸ ἴσον καὶ τὸ μέτριον
20 τῷ ὑπερέχοντι καὶ τῷ ὑπερεχομένῳ, καὶ ὅτι οὐκ ἐνδέχεται
ἅμα τὰς ἀντικειμένας οὔτε κινήσεις οὔτε μεταβολὰς ὑπάρ-
χειν. ἔτι δ' ἐπί τε τῆς γενέσεως καὶ τῆς φθορᾶς καὶ παν-
τελῶς ἄτοπον ἂν εἶναι δόξειεν, εἰ γενόμενον εὐθὺς ἀνάγκη
φθαρῆναι καὶ μηδένα χρόνον διαμεῖναι. ὥστε ἐκ τούτων ἂν
25 ἡ πίστις γένοιτο ταῖς ἄλλαις· φυσικὸν γὰρ τὸ ὁμοίως ἔχειν
ἐν ἁπάσαις.

Ὅτι δ' ἐνδέχεται εἶναί τινα ἄπειρον, μίαν οὖσαν καὶ 8
συνεχῆ, καὶ αὕτη ἐστὶν ἡ κύκλῳ, λέγωμεν νῦν. πᾶν μὲν γὰρ
κινεῖται τὸ φερόμενον ἢ κύκλῳ ἢ εὐθεῖαν ἢ μικτήν, ὥστ'
30 εἰ μηδ' ἐκείνων ἡ ἑτέρα συνεχής, οὐδὲ τὴν ἐξ ἀμφοῖν οἷόν
τ' εἶναι συγκειμένην· ὅτι δὲ τὸ φερόμενον τὴν εὐθεῖαν καὶ
πεπερασμένην οὐ φέρεται συνεχῶς, δῆλον· ἀνακάμπτει
γάρ, τὸ δ' ἀνακάμπτον τὴν εὐθεῖαν τὰς ἐναντίας κινεῖται
κινήσεις· ἐναντία γὰρ κατὰ τόπον ἡ ἄνω τῇ κάτω καὶ ἡ
35 εἰς τὸ πρόσθεν τῇ εἰς τοὔπισθεν καὶ ἡ εἰς ἀριστερὰ τῇ εἰς
δεξιά· τόπου γὰρ ἐναντιώσεις αὗται. τίς δ' ἐστὶν ἡ μία καὶ
262ᵃ συνεχὴς κίνησις, διώρισται πρότερον, ὅτι ἡ τοῦ ἑνὸς καὶ ἐν
ἑνὶ χρόνῳ καὶ ἐν ἀδιαφόρῳ κατ' εἶδος (τρία γὰρ ἦν, τό
τε κινούμενον, οἷον ἄνθρωπος ἢ θεός, καὶ ὅτε, οἷον χρόνος,
καὶ τρίτον τὸ ἐν ᾧ· τοῦτο δ' ἐστὶν τόπος ἢ πάθος ἢ εἶδος ἢ

ᵇ 13 οὐκ om. Ε² ἔσται HIJK   14 ἡ Ε²ΚΛΣ: om. Ε¹   15 χρή-
σιμος FHS   16 ἡ] εἰ HIJ¹   18 λαβεῖν Κ   20 τῷ alt. EFKS:
om. HIJ   22 καὶ alt. om. Η   23 εὐθὺς ἀνάγκη ΕΚΤ : ἀνάγκη
εὐθὺς Λ   25 γίγνοιτο Ε²IJ : Ε¹ incertum   26 ἀπάσαις Ε²ΚΛΣ :
πάσαις Ε¹   27 εἶναί τινα ΚΛΡΣ : τινα εἶναι Ε   28 ἡ Ε²ΚΛΡ:
ἡ τέχνη ἡ Ε¹   λέγωμεν EIJP : λέγωμεν FHK   μὲν EJKS: om.
FHIT   32 συνεχῆ Ι   34 τῇ ἄνω ἡ κάτω IJ et ante κατὰ τόπον
F   ἡ om. J   35 ἔμπροσθεν Ε²   εἰς τὰ (τὰ om. J)   δεξιὰ
τῇ εἰς τὰ ἀριστερά Λ   262ᵃ 1 ἐν om. I   2 ἦν] ἐστι FHIP
4 τρίτον τὸ FHIPS: τὸ τρίτον Ε¹J : τρίτον Ε²Κ   δ' om. I   ἐστὶν]
ἐστὶν ἢ Η   τόπος ... 5 μέγεθος ΕΚΡ: τόπος ἢ πάθος ἢ μέγεθος ἢ
εἶδος S : πάθος ἢ εἶδος ἢ τόπος ἢ μέγεθος Λ

μέγεθος). τὰ δ' ἐναντία διαφέρει τῷ εἴδει, καὶ οὐχ ἕν· τό- 5
που δ' αἱ εἰρημέναι διαφοραί. σημεῖον δ' ὅτι ἐναντία ἡ κίνη-
σις ἡ ἀπὸ τοῦ Α πρὸς τὸ Β τῇ ἀπὸ τοῦ Β πρὸς τὸ Α, ὅτι
ἱστᾶσιν καὶ παύουσιν ἀλλήλας, ἐὰν ἅμα γίγνωνται. καὶ
ἐπὶ κύκλου ὡσαύτως, οἷον ἡ ἀπὸ τοῦ Α ἐπὶ τὸ Β τῇ ἀπὸ
τοῦ Α ἐπὶ τὸ Γ (ἱστᾶσι γάρ, κἂν συνεχεῖς ὦσιν καὶ μὴ γί- 10
γνηται ἀνάκαμψις, διὰ τὸ τἀναντία φθείρειν καὶ κωλύειν ἄλ-
ληλα)· ἀλλ' οὐχ ἡ εἰς τὸ πλάγιον τῇ ἄνω. 12

μάλιστα δὲ φα- 12
νερὸν ὅτι ἀδύνατον εἶναι συνεχῆ τὴν ἐπὶ τῆς εὐθείας κίνησιν,
ὅτι ἀνακάμπτον ἀναγκαῖον στῆναι, οὐ μόνον ἐπ' εὐθείας,
ἀλλὰ κἂν κύκλον φέρηται. οὐ γὰρ ταὐτὸν κύκλῳ φέρε- 15
σθαι καὶ κύκλον· ἔστιν γὰρ ὁτὲ μὲν συνείρειν κινούμενον, ὁτὲ
δ' ἐπὶ τὸ αὐτὸ ἐλθὸν ὅθεν ὡρμήθη ἀνακάμψαι πάλιν. ὅτι
δ' ἀνάγκη ἵστασθαι, ἡ πίστις οὐ μόνον ἐπὶ τῆς αἰσθήσεως
ἀλλὰ καὶ ἐπὶ τοῦ λόγου. ἀρχὴ δὲ ἥδε. τριῶν γὰρ ὄντων,
ἀρχῆς μέσου τελευτῆς, τὸ μέσον πρὸς ἑκάτερον ἄμφω ἐστίν, 20
καὶ τῷ μὲν ἀριθμῷ ἕν, τῷ λόγῳ δὲ δύο. ἔτι δὲ ἄλλο
ἐστὶν τὸ δυνάμει καὶ τὸ ἐνεργείᾳ, ὥστε τῆς εὐθείας τῶν ἐντὸς
τῶν ἄκρων ὁτιοῦν σημεῖον δυνάμει μέν ἐστι μέσον, ἐνεργείᾳ
δ' οὐκ ἔστιν, ἐὰν μὴ διέλῃ ταύτῃ καὶ ἐπιστὰν πάλιν ἄρξηται
κινεῖσθαι· οὕτω δὲ τὸ μέσον ἀρχὴ γίγνεται καὶ τελευτή, 25
ἀρχὴ μὲν τῆς ὑστέρου, τελευτὴ δὲ τῆς πρώτης (λέγω δ'
οἷον ἐὰν φερόμενον τὸ Α στῇ ἐπὶ τοῦ Β καὶ πάλιν φέρηται
ἐπὶ τὸ Γ). ὅταν δὲ συνεχῶς φέρηται, οὔτε γεγονέναι οὔτε
ἀπογεγονέναι οἷόν τε τὸ Α κατὰ τὸ Β σημεῖον, ἀλλὰ μό-
νον εἶναι ἐν τῷ νῦν, ἐν χρόνῳ δ' οὐδενὶ πλὴν οὗ τὸ νῦν ἐστιν διαί- 30
ρεσις, ἐν τῷ ὅλῳ [τῷ ΑΒΓ]. (εἰ δὲ γεγονέναι τις θήσει
καὶ ἀπογεγονέναι, ἀεὶ στήσεται τὸ Α φερόμενον· ἀδύνατον

ᵃ 6 αἱ εἰρημέναι ΚΛS : εἰρημέναι αἱ Ε   ἡ ΚS : om. ΕΛ   9 ἡ] εἰ Ι
Β . . . 10 Γ] γ . . . β Ε²Κ : τῇ . . . γ om. Ε¹   10 γίνεται ΕΚ
12 οὐχ ΕΗΙΚΡS : οὐχὶ FJ   τὰ πλάγια ST   τὸ erasit Ε, om. Ρ
14 ἐπ'] ἐπὶ τῆς Λ   15–16 κύκλῳ . . . κύκλον (καὶ om. Ε¹) ΕΙJΚΡS :
κύκλον . . . κύκλῳ FH   17 ἀνακάμπτειν FHIJ¹   19 ἀπὸ F
21 λόγῳ δὲ ΕΗΚST : δὲ λόγῳ FIJ   δὲ om. H   23 μέν om.
Ε¹   24 διέληται F   ταύτῃ Ε² et fort. T : ταύτην Ε¹ΚΛ
25 κεῖσθαι Ε¹   27 ἐπὶ τοῦ β στῇ F   28 δὲ om. Ε¹   29 κατά]
καὶ Ε¹J¹   30 ἐν alt. om. Ε¹Κ   πλὴν εἰ οὗ F   ἐστιν διαίρεσις
ΕΚS : διαίρεσίς ἐστιν Λ   31 ἐν om. ΕΚ   τοῦ ὅλου τινός Κ²
τῷ ΑΒΓ om. ΕΚ   φήσει Κ¹ : θήσει ἐν τοῖς δυνάμει σημείοις Κ²

262ᵇ γὰρ τὸ Α ἅμα γεγονέναι τε ἐπὶ τοῦ Β καὶ ἀπογεγονέναι. ἐν ἄλλῳ ἄρα καὶ ἄλλῳ σημείῳ χρόνου. χρόνος ἄρα ἔσται ὁ ἐν μέσῳ. ὥστε ἠρεμήσει τὸ Α ἐπὶ τοῦ Β. ὁμοίως δὲ καὶ ἐπὶ τῶν ἄλλων σημείων· ὁ γὰρ αὐτὸς λόγος ἐπὶ πάντων.

5 ὅταν δὴ χρήσηται τὸ φερόμενον Α τῷ Β μέσῳ καὶ τελευτῇ καὶ ἀρχῇ, ἀνάγκη στῆναι διὰ τὸ δύο ποιεῖν, ὥσπερ ἂν εἰ καὶ νοήσειεν.) ἀλλ' ἀπὸ μὲν τοῦ Α σημείου ἀπογέγονε τῆς
8 ἀρχῆς, ἐπὶ δὲ τοῦ Γ γέγονεν, ὅταν τελευτήσῃ καὶ στῇ.

8   διὸ

καὶ πρὸς τὴν ἀπορίαν τοῦτο λεκτέον· ἔχει γὰρ ἀπορίαν τήν-
10 δε. εἰ γὰρ εἴη ἡ τὸ Ε τῇ Ζ ἴσῃ καὶ τὸ Α φέροιτο συνε-
χῶς ἀπὸ τοῦ ἄκρου πρὸς τὸ Γ, ἅμα δ' εἴη τὸ Α ἐπὶ τῷ
Β σημείῳ, καὶ τὸ Δ φέροιτο ἀπὸ τῆς Ζ ἄκρας πρὸς τὸ Η
ὁμαλῶς καὶ τῷ αὐτῷ τάχει τῷ Α, τὸ Δ ἔμπροσθεν ἥξει
ἐπὶ τὸ Η ἢ τὸ Α ἐπὶ τὸ Γ· τὸ γὰρ πρότερον ὁρμῆσαν καὶ
15 ἀπελθὸν πρότερον ἐλθεῖν ἀνάγκη. οὐ γὰρ ἅμα γέγονε τὸ
Α ἐπὶ τῷ Β καὶ ἀπογέγονεν ἀπ' αὐτοῦ, διὸ ὑστερίζει. εἰ γὰρ
ἅμα, οὐχ ὑστεριεῖ, ἀλλ' ἀνάγκη ἔσται ἵστασθαι. οὐκ ἄρα θε-
τέον, ὅτε τὸ Α ἐγένετο κατὰ τὸ Β, τὸ Δ ἅμα κινεῖσθαι
ἀπὸ τοῦ Ζ ἄκροῦ (εἰ γὰρ ἔσται γεγονὸς τὸ Α ἐπὶ τοῦ Β,
20 ἔσται καὶ τὸ ἀπογενέσθαι, καὶ οὐχ ἅμα), ἀλλ' ἦν ἐν τομῇ
χρόνου καὶ οὐκ ἐν χρόνῳ. ἐνταῦθα μὲν οὖν ἀδύνατον οὕτως
λέγειν ἐπὶ τῆς συνεχοῦς· ἐπὶ δὲ τοῦ ἀνακάμπτοντος ἀνάγκη
λέγειν οὕτως. εἰ γὰρ ἡ τὸ Η φέροιτο πρὸς τὸ Δ καὶ πά-
λιν ἀνακάμψασα κάτω φέροιτο, τῷ ἄκρῳ ἐφ' οὗ Δ τε-
25 λευτῇ καὶ ἀρχῇ κέχρηται, τῷ ἑνὶ σημείῳ ὡς δύο· διὸ στῆ-
ναι ἀνάγκη· καὶ οὐχ ἅμα γέγονεν ἐπὶ τῷ Δ καὶ ἀπελή-
λυθεν ἀπὸ τοῦ Δ· ἐκεῖ γὰρ ἂν ἅμα εἴη καὶ οὐκ εἴη ἐν
τῷ αὐτῷ νῦν. ἀλλὰ μὴν τήν γε πάλαι λύσιν οὐ λεκτέον·

ᵇ 1 τὸ Α om. HI   τε] τὸ α HIJ   ἐπὶ τὸ β F : κατὰ τὸ β HIJ : om. K   2 ἐν] ἀλλ' ἐν I   ἄρα] γὰρ K   καὶ ἄλλῳ om. E¹S 5 δὴ scripsi : δὲ ΠS   ἀρχῇ καὶ τελευτῇ Λ   7–8 τῆς . . . γέγονεν om. K   8 τὸ Ε²   ὅτι τελευτήσει J¹   9 τοῦτο . . . ἀπορίαν om. E¹ 11 τὸ β σημεῖον I   13 τῷ Α om. E   τὸ Δ om. J : τὸ β FHI 15 οὐ γὰρ ἅμα scripsi, hab. ut vid. S : οὐκ ἄρα ἅμα E¹Λ : οὐχ ἅμα ἄρα E²K   16 διὸ] διὸ καὶ F   17 ὑστερεῖ HI   ἔσται EHIJS : om. FK   18 ἐγένετο KΛS : ἐγίνετο E   κινεῖσθαι ἅμα E 20 ἐστὶν J¹   τομῇ]τὸ μ I   22 τῆς συνεχοῦς EFJKP : τοῦ συνεχοῦς HIS¹ : τοῦ συνεχῶς Gaye   23 λύειν F   πρὸς . . . 24 φέροιτο om. E¹   24 ἐφ' οὗ] ἐφ' οὗ τὸ K : τῷ Λ   25 κέχρηται καὶ ἀρχῇ Λ 26 τοῦ FHI   27 ἂν EFIJS : om. HK   28 μὴν] δὴ J

οὐ γὰρ ἐνδέχεται λέγειν ὅτι ἐστὶν κατὰ τὸ Δ ἢ τὸ Η ἐν
τομῇ, οὐ γέγονε δὲ οὐδ᾽ ἀπογέγονεν. ἀνάγκη γὰρ ἐπὶ τέ- 30
λος ἐλθεῖν τὸ ἐνεργείᾳ ὄν, μὴ δυνάμει. τὰ μὲν οὖν ἐν μέσῳ
δυνάμει ἔστι, τοῦτο δ᾽ ἐνεργείᾳ, καὶ τελευτὴ μὲν κάτωθεν,
ἀρχὴ δὲ ἄνωθεν· καὶ τῶν κινήσεων ἄρα ὡσαύτως. ἀνάγκη 263ᵃ
ἄρα στῆναι τὸ ἀνακάμπτον ἐπὶ τῆς εὐθείας. οὐκ ἄρα ἐνδέ-
χεται συνεχῆ κίνησιν εἶναι ἐπὶ τῆς εὐθείας ἀίδιον.

τὸν αὐτὸν δὲ τρόπον ἀπαντητέον καὶ πρὸς τοὺς ἐρωτῶν-
τας τὸν Ζήνωνος λόγον, [καὶ ἀξιοῦντας,] εἰ ἀεὶ τὸ ἥμισυ διιέναι 5
δεῖ, ταῦτα δ᾽ ἄπειρα, τὰ δ᾽ ἄπειρα ἀδύνατον διεξελθεῖν, ἢ
ὡς τὸν αὐτὸν τοῦτον λόγον τινὲς ἄλλως ἐρωτῶσιν, ἀξιοῦντες
ἅμα τῷ κινεῖσθαι τὴν ἡμίσειαν πρότερον ἀριθμεῖν καθ᾽ ἕκα-
στον γιγνόμενον τὸ ἥμισυ, ὥστε διελθόντος τὴν ὅλην ἄπειρον
συμβαίνει ἡριθμηκέναι ἀριθμόν· τοῦτο δ᾽ ὁμολογουμένως ἐστὶν 10
ἀδύνατον. 11

ἐν μὲν οὖν τοῖς πρώτοις λόγοις τοῖς περὶ κινή- 11
σεως ἐλύομεν διὰ τοῦ τὸν χρόνον ἄπειρα ἔχειν ἐν αὐτῷ·
οὐδὲν γὰρ ἄτοπον εἰ ἐν ἀπείρῳ χρόνῳ ἄπειρα διέρχεταί
τις· ὁμοίως δὲ τὸ ἄπειρον ἔν τε τῷ μήκει ὑπάρχει καὶ
ἐν τῷ χρόνῳ. ἀλλ᾽ αὕτη ἡ λύσις πρὸς μὲν τὸν ἐρωτῶντα 15
ἱκανῶς ἔχει (ἠρωτᾶτο γὰρ εἰ ἐν πεπερασμένῳ ἄπειρα ἐν-
δέχεται διεξελθεῖν ἢ ἀριθμῆσαι), πρὸς δὲ τὸ πρᾶγμα καὶ
τὴν ἀλήθειαν οὐχ ἱκανῶς· ἂν γάρ τις ἀφέμενος τοῦ μήκους
καὶ τοῦ ἐρωτᾶν εἰ ἐν πεπερασμένῳ χρόνῳ ἐνδέχεται ἄπειρα
διεξελθεῖν, πυνθάνηται ἐπ᾽ αὐτοῦ τοῦ χρόνου ταῦτα (ἔχει 20
γὰρ ὁ χρόνος ἀπείρους διαιρέσεις), οὐκέτι ἱκανὴ ἔσται αὕτη
ἡ λύσις, ἀλλὰ τὸ ἀληθὲς λεκτέον, ὅπερ εἴπομεν ἐν τοῖς
ἄρτι λόγοις. ἐὰν γάρ τις τὴν συνεχῆ διαιρῇ εἰς δύο ἡμίση,

ᵇ 29 τὰ δ Ε   30 τομῇ] τῷ μ I   οὐ] οὐδὲ F: οὔτε ΗΙ   31 μὴ]
καὶ μὴ F: οὐ Κ: om. Η γρ. Α   τὰ ΕS: τὸ ΚΛ   32 τελευτη Κ
263ᵃ 1 ἄρα ΑS: om. ΕΚ   3 εἶναι ... ἀίδιον Prantl: εἶναι ... ἴδιον
Ε¹: εἶναι ἀίδιον ἐπὶ τῆς εὐθείας Ε²Κ: ἀίδιον εἶναι ἐπὶ τῆς εὐθείας Λ: εἶναι
ἐπὶ ἀίδιον τῆς εὐθείας Bekker   5 καὶ ἀξιοῦντας seclusi, om. fort. S
εἰ om. Κ   δεῖ διιέναι Η : διιέναι Κ   6 δ᾽ alt. om. J¹   διεξελθεῖν
ἀδύνατον FH : ἀδύνατον ἐξελθεῖν I   7 τινες λόγον IJ   ἐρωτῶσιν
ἀλλ᾽ ὡς Κ   9 γενόμενον Η   συμβαίνειν ἄπειρον Κ   10 συμ-
βαίη F   11 ἀδύνατον ... κινήσεως supra lituram Ε²   τοῖς
om. Κ   12 διαυτου Ε: διὰ τὸ FHK   ἔχειν ἄπειρα FHJ   ἐν
om. Ε¹   14 ὑπάρχει post ᵃ15 χρόνῳ FIJ: ὑπάρχειν Κ: om. Η
16 ἄπειρα] χρόνῳ ἄπειρα ΚS   17 διεξελθεῖν ΕΙJΚS: διελθεῖν
FH   19 ἄπειρα διεξελθεῖν ΕJΚS: διεξελθεῖν ἄπειρα FHI

ΦΥΣΙΚΗΣ ΑΚΡΟΑΣΕΩΣ Θ

οὗτος τῷ ἑνὶ σημείῳ ὡς δυσὶ χρῆται· ποιεῖ γὰρ αὐτὸ ἀρ-
25 χὴν καὶ τελευτήν. οὕτω δὲ ποιεῖ ὅ τε ἀριθμῶν καὶ ὁ εἰς
τὰ ἡμίση διαιρῶν. οὕτω δὲ διαιροῦντος οὐκ ἔσται συνεχὴς οὔθ᾽
ἡ γραμμὴ οὔθ᾽ ἡ κίνησις· ἡ γὰρ συνεχὴς κίνησις συνεχοῦς
ἐστιν, ἐν δὲ τῷ συνεχεῖ ἔνεστι μὲν ἄπειρα ἡμίση, ἀλλ᾽ οὐκ
ἐντελεχείᾳ ἀλλὰ δυνάμει. ἂν δὲ ποιῇ ἐντελεχείᾳ, οὐ ποιή-
30 σει συνεχῆ, ἀλλὰ στήσει, ὅπερ ἐπὶ τοῦ ἀριθμοῦντος τὰ ἡμί-
σεα φανερόν ἐστιν ὅτι συμβαίνει· τὸ γὰρ ἓν σημεῖον ἀνάγκη
263ᵇ αὐτῷ ἀριθμεῖν δύο· τοῦ μὲν γὰρ ἑτέρου τελευτὴ ἡμίσεος
τοῦ δ᾽ ἑτέρου ἀρχὴ ἔσται, ἂν μὴ μίαν ἀριθμῇ τὴν συνεχῆ,
ἀλλὰ δύο ἡμισείας. ὥστε λεκτέον πρὸς τὸν ἐρωτῶντα εἰ ἐν-
δέχεται ἄπειρα διεξελθεῖν ἢ ἐν χρόνῳ ἢ ἐν μήκει, ὅτι ἔστιν
5 ὡς, ἔστιν δ᾽ ὡς οὔ. ἐντελεχείᾳ μὲν γὰρ ὄντα οὐκ ἐνδέχεται,
δυνάμει δὲ ἐνδέχεται· ὁ γὰρ συνεχῶς κινούμενος κατὰ συμ-
βεβηκὸς ἄπειρα διελήλυθεν, ἁπλῶς δ᾽ οὔ· συμβέβηκε γὰρ
τῇ γραμμῇ ἄπειρα ἡμίσεα εἶναι, ἡ δ᾽ οὐσία ἐστὶν ἑτέρα καὶ
9 τὸ εἶναι.

9   δῆλον δὲ καὶ ὅτι ἐὰν μή τις ποιῇ τοῦ χρόνου τὸ
10 διαιροῦν σημεῖον τὸ πρότερον καὶ ὕστερον ἀεὶ τοῦ ὑστέρου τῷ
πράγματι, ἔσται ἅμα τὸ αὐτὸ ὂν καὶ οὐκ ὄν, καὶ ὅτε γέ-
γονεν οὐκ ὄν. τὸ σημεῖον μὲν οὖν ἀμφοῖν κοινόν, καὶ τοῦ
προτέρου καὶ τοῦ ὑστέρου, καὶ ταὐτὸν καὶ ἐν ἀριθμῷ, λόγῳ
δ᾽ οὐ ταὐτόν (τοῦ μὲν γὰρ τελευτή, τοῦ δ᾽ ἀρχή)· τῷ δὲ
15 πράγματι ἀεὶ τοῦ ὑστέρου πάθους ἐστίν. χρόνος ἐφ᾽ ᾧ ΑΓΒ,
πρᾶγμα ἐφ᾽ ᾧ Δ. τοῦτο ἐν μὲν τῷ Α χρόνῳ λευκόν, ἐν δὲ
τῷ Β οὐ λευκόν· ἐν τῷ ἄρα Γ λευκὸν καὶ οὐ λευκόν. ἐν ὁτῳοῦν
γὰρ τοῦ Α λευκὸν ἀληθὲς εἰπεῖν, εἰ πάντα τὸν χρόνον τοῦτον
ἦν λευκόν, καὶ ἐν τῷ Β οὐ λευκόν· τὸ δὲ Γ ἐν ἀμφοῖν.

ᵃ 25 οὕτω] τοῦτο ΗΙ   ἀριθμὸν Κ   26 οὐκ ἔστι ΗΙ :
οὐκέτι F   28 ἔνεστι] ἐστιν Ε : ἔσται Η   30 ἡμίση FΚ
ᵇ 1 αὐτὸ Fδ   νὸ ἀριθμεῖν Κ   ἑτέρου ... ἡμίσεος] ἑτέρου ἡμίσεος
ἀρχὴ ΙJ : ἡμίσεος τοῦ ἑτέρου ἀρχὴ FΗ   2 ἀρχὴ] τελευτὴ Λ
6 ἐνδέχεται οὔ᾽ ὁ Ε²   7 διελήλυθεν ἀνάγκη ἁπλῶς F¹   δ᾽] γὰρ Ι
9 δὲ EFJKS : δὴ Η : γὰρ Ι   καὶ EFJKS : om. ΗΙ   ἂν JS :
κἂν Κ   μὴ et τοῦ χρόνου Ε²ΚΛS : om. Ε¹   10 τὸ] τὸν
FΗJ : τῶν Ι   11 ἅμα om. Η   γέγονεν] γενόμενον F   12 τὸ
om. Ε¹   καὶ τοῦ προτέρου κοινὸν ΕΚ   13 ἔν] ἐν καὶ F
15 πάθος Η   οὗ Ι   αγβ ΚΛ et fecit Ε² : ΑΒΓ casu Bekker   16 οὗ
Ι   μὲν om. Ε   Α] α ὅλω ΕΚ   17 γ ἄρα Ε²FΗ   18 ἀληθὲς
εἰπεῖν λευκὸν Λ   19 ἐν om. EFJK   τὸ Ε¹ΗJΚ : τῶν Ε²
μὴ ΗJΚ

οὐκ ἄρα δοτέον ἐν παντί, ἀλλὰ πλὴν τοῦ τελευταίου νῦν ἐφ᾽ οὗ 20
τὸ Γ· τοῦτο δ᾽ ἤδη τοῦ ὑστέρου. καὶ εἰ ἐγίγνετο οὐ λευκὸν καὶ
ἐφθείρετο ⟨τὸ⟩ λευκὸν ἐν τῷ Α παντί, γέγονεν ἢ ἔφθαρται ἐν
τῷ Γ. ὥστε λευκὸν ἢ μὴ λευκὸν ἐν ἐκείνῳ πρῶτον ἀληθὲς
εἰπεῖν, ἢ ὅτε γέγονεν οὐκ ἔσται, καὶ ὅτε ἔφθαρται ἔσται, ἢ
ἅμα λευκὸν καὶ οὐ λευκὸν καὶ ὅλως ὂν καὶ μὴ ὂν ἀνάγκη 25
εἶναι. εἰ δ᾽ ὃ ἂν ἦ πρότερον μὴ ὄν, ἀνάγκη γίγνεσθαι ὄν,
καὶ ὅτε γίγνεται μὴ ἔστιν, οὐχ οἷόν τε εἰς ἀτόμους χρόνους
διαιρεῖσθαι τὸν χρόνον. εἰ γὰρ ἐν τῷ Α .τὸ Δ ἐγί-
γνετο λευκόν, γέγονε δ᾽ ἅμα καὶ ἔστιν ἐν ἑτέρῳ ἀτόμῳ
χρόνῳ ἐχομένῳ δ᾽, ἐν τῷ Β— εἰ ἐν τῷ Α ἐγίγνετο, οὐκ ἦν, 30
ἐν δὲ τῷ Β ἐστί—, γένεσιν δεῖ τινὰ εἶναι μεταξύ, ὥστε καὶ
χρόνον ἐν ᾧ ἐγίγνετο. οὐ γὰρ ὁ αὐτὸς ἔσται λόγος καὶ τοῖς 264ᵃ
μὴ ἄτομα λέγουσιν, ἀλλ᾽ αὐτοῦ τοῦ χρόνου, ἐν ᾧ ἐγίγνετο,
γέγονε καὶ ἔστιν ἐν τῷ ἐσχάτῳ σημείῳ, οὗ οὐδὲν ἐχόμενόν
ἐστιν οὐδ᾽ ἐφεξῆς· οἱ δὲ ἄτομοι χρόνοι ἐφεξῆς. φανερὸν δ᾽ ὅτι
εἰ ἐν τῷ Α ὅλῳ χρόνῳ ἐγίγνετο, οὐκ ἔστιν πλείων χρόνος ἐν ᾧ 5
γέγονεν καὶ ἐγίγνετο ἢ ἐν ᾧ ἐγίγνετο μόνον παντί.

οἷς μὲν οὖν ἄν τις ὡς οἰκείοις πιστεύσειε λόγοις, οὗτοι
καὶ τοιοῦτοί τινές εἰσιν· λογικῶς δ᾽ ἐπισκοποῦσι κἂν ἐκ τῶνδε
δόξειέ τῳ ταὐτὸ τοῦτο συμβαίνειν. ἅπαν γὰρ τὸ κινούμενον
συνεχῶς, ἂν ὑπὸ μηδενὸς ἐκκρούηται, εἰς ὅπερ ἦλθεν κατὰ 10
τὴν φοράν, εἰς τοῦτο καὶ ἐφέρετο πρότερον, οἷον εἰ ἐπὶ τὸ Β
ἦλθε, καὶ ἐφέρετο ἐπὶ τὸ Β, καὶ οὐχ ὅτε πλησίον ἦν, ἀλλ᾽
εὐθὺς ὡς ἤρξατο κινεῖσθαι· τί γὰρ μᾶλλον νῦν ἢ πρότερον;
ὁμοίως δὲ καὶ ἐπὶ τῶν ἄλλων. τὸ δὴ ἀπὸ τοῦ Α [ἐπὶ τὸ Γ]

ᵇ 20 ἅπαντι Ε²Κ   ἀλλὰ] ἅμα Ε¹   ὑφ᾽ Ε   ὢ Η   21 τὸ
om. Λ   δὲ δὴ Ε¹   τοῦ ὑστέρου scripsi, habuerunt ut vid. PS :
τὸ ὕστερον ΕΛ : τοῦ α τὸ ὕστερον Κ   εἰ Ε²ΚΛS : om. Ε¹   οὐ om.
IJS : καὶ οὐ Ε¹   καὶ] καὶ εἰ ΚΛS   22 τὸ addidi : om. ΠS
23 ὥστε ΛS : ὥστε ἢ Κ : ὥστε εἰ ἦν Ε   πρῶτον ἐν ἐκείνῳ Λ
πρώτῳ Ε²   24 οὐκ ἔστιν F   25 οὐ] μὴ Κ   ὂν om. J¹   μὴ
ΕΗΚS : οὐκ FIJ   26 ὂν pr. Ε²ΚΛS : om. Ε¹   28 α χρόνῳ
τὸ Λ   29 χρόνῳ ἀτόμῳ Η   30 οὐκ] καὶ οὐκ F   31 δεῖ]
οὖν δεῖ Κ²   εἶναί τινα FHIK   264ᵃ 1 χρόνος ἦν ἐν Λ   ἐγέ-
νετο IJ   ὁ om. F   λόγος ἔσται ΚΛΡ   τοῖς Ε²ΛΡ : om. Ε¹Κ
3 οὗ] ὢ Κ   ἐχόμενόν ἐστιν ΕΚS : ἐστιν ἐχόμενον Λ   4 οἱ ...
ἐφεξῆς om. Ε¹   5 χρόνῳ om. Η   6 ἐγίγνετο ἢ Ε²ΚΛS : om.
Ε¹   7 λόγοις πιστεύσειεν Η : πιστεύσειεν S   8 καὶ τοιοῦτοί
om. Ε¹   καὶ F   9 συμβαίνειν τοῦτο F   11 εἰ] ἢ Ε¹
12 καὶ οὐκ ἐφέρετο I   14 δὲ Ε¹Λ   ἐπὶ τὸ Γ om. ΕΚ

15 φερόμενον, ὅταν ἐπὶ τὸ Γ ἔλθῃ, πάλιν ἥξει ἐπὶ τὸ Α συν-
εχῶς κινούμενον. ὅτε ἄρα ἀπὸ τοῦ Α φέρεται πρὸς τὸ Γ, τότε
καὶ εἰς τὸ Α φέρεται τὴν ἀπὸ τοῦ Γ κίνησιν, ὥσθ' ἅμα τὰς
ἐναντίας· ἐναντίαι γὰρ αἱ κατ' εὐθεῖαν. ἅμα δὲ καὶ ἐκ τού-
του μεταβάλλει ἐν ᾧ οὐκ ἔστιν. εἰ οὖν τοῦτ' ἀδύνατον, ἀνάγκη
20 ἵστασθαι ἐπὶ τοῦ Γ. οὐκ ἄρα μία ἡ κίνησις· ἡ γὰρ διαλαμ-
βανομένη στάσει οὐ μία. ἔτι καὶ ἐκ τῶνδε φανερὸν καθόλου
μᾶλλον περὶ πάσης κινήσεως. εἰ γὰρ ἅπαν τὸ κινούμενον
τῶν εἰρημένων τινὰ κινεῖται κινησεων καὶ ἠρεμεῖ τῶν ἀντι-
κειμένων ἠρεμιῶν (οὐ γὰρ ἦν ἄλλη παρὰ ταύτας), τὸ δὲ μὴ
25 αἰεὶ κινούμενον τήνδε τὴν κίνησιν (λέγω δ' ὅσαι ἕτεραι τῷ εἴ-
δει, καὶ μὴ εἴ τι μόριόν ἐστιν τῆς ὅλης) ἀνάγκη πρότερον ἠρε-
μεῖν τὴν ἀντικειμένην ἠρεμίαν (ἡ γὰρ ἠρεμία στέρησις κινή-
σεως)· εἰ οὖν ἐναντίαι μὲν κινήσεις αἱ κατ' εὐθεῖαν, ἅμα
δὲ μὴ ἐνδέχεται κινεῖσθαι τὰς ἐναντίας, τὸ ἀπὸ τοῦ Α πρὸς
30 τὸ Γ φερόμενον οὐκ ἂν φέροιτο ἅμα καὶ ἀπὸ τοῦ Γ πρὸς τὸ
Α· ἐπεὶ δ' οὐχ ἅμα φέρεται, κινήσεται δὲ ταύτην τὴν κίνη-
σιν, ἀνάγκη πρότερον ἠρεμῆσαι πρὸς τῷ Γ· αὕτη γὰρ
ἦν ἡ ἀντικειμένη ἠρεμία τῇ ἀπὸ τοῦ Γ κινήσει. δῆλον τοίνυν
264ᵇ ἐκ τῶν εἰρημένων ὅτι οὐκ ἔσται συνεχὴς ἡ κίνησις. ἔτι δὲ καὶ
ὅδε ὁ λόγος μᾶλλον οἰκεῖος τῶν εἰρημένων. ἅμα γὰρ ἔφ-
θαρται τὸ οὐ λευκὸν καὶ γέγονε λευκόν. εἰ οὖν συνεχὴς ἡ ἀλ-
λοίωσις εἰς λευκὸν καὶ ἐκ λευκοῦ καὶ μὴ μένει τινὰ χρόνον,
5 ἅμα ἔφθαρται τὸ οὐ λευκὸν καὶ γέγονε λευκὸν καὶ γέγονεν
οὐ λευκόν· τριῶν γὰρ ἔσται ὁ αὐτὸς χρόνος. ἔτι οὐκ εἰ συνεχὴς
ὁ χρόνος, καὶ ἡ κίνησις, ἀλλ' ἐφεξῆς. πῶς δ' ἂν εἴη τὸ
ἔσχατον τὸ αὐτὸ τῶν ἐναντίων, οἷον λευκότητος καὶ μελα-
9 νίας;
9   ἡ δ' ἐπὶ τῆς περιφεροῦς ἔσται μία καὶ συνεχής· οὐθὲν

ᵃ 15 ὅταν . . . ἔλθῃ om. Λ   ἐπὶ] πρὸς Ε   16 εἰς τὸ γ ἐφέρετο Λ
20 μίαν κίνησιν Ε²   ἡ pr. ΚΛΤ: om. Ε   21 οὐ μία ΕΚΣ: οὐκ
ἔστιν μία Λ: οὐ μία ἐστὶν Τ   ἔτι ΚΛΣ: ἔτι δὲ Ε   23 τῶν . . . κινεῖται
ΕΚΣ: κινεῖταί τινα τῶν εἰρημένων Λ   ἠρεμεῖται Ι   26 ἔσται Σ
27 στέρησις τῆς κινήσεως Ε²: στέρησίς ἐστι κινήσεως ΗΙϳ: στέρησις τῆς
κινήσεώς ἐστιν F: ἐστὶν στέρησις τῆς κινήσεως Κ   30 τοῦ Α Bekker
31 κινεῖται F   32 ἠρεμῆσαι ΕΕΙϳΚΣ: ἠρεμεῖν ΗΡ   πρὸς τῳ
ΚΛΣ: τὴν πρὸς τὸ Ε   33 ἦν ΕϳΣ: om. FΗΙΚ   ἀπὸ om. Ε²
ᵇ 1 ἐκ] ἀπὸ FΙϳ   ὅτι . . . 2 εἰρημένων om. F¹   1 ἔσται ΕΣ: ἔστι
F²ΗΙϳΚ   4 εἰς om. Ε : ἡ εἰς Κ   ἐκ] μὴ ἐκ ΗΙ¹: ἐκ μὴ ϳ
5 τὸ ΕΗΙΚΣ: τε Fϳ   καὶ γέγονε λευκὸν ΕΗΙΚΡΣ: om. Fϳ
καὶ . . . 6 λευκόν Ε²FΗϳΚΡ: om. Ε¹Ι   7 δ' om. Λ   ἂν] ἂν
οὖν Ηϳ   9 περιφορᾶς Η   οὐδὲν ϳ: οὐδὲ Ι

γὰρ ἀδύνατον συμβαίνει· τὸ γὰρ ἐκ τοῦ Α κινούμενον ἅμα ¹⁰
κινήσεται εἰς τὸ Α κατὰ τὴν αὐτὴν πρόθεσιν (εἰς ὃ γὰρ ἥξει,
καὶ κινεῖται εἰς τοῦτο), ἀλλ' οὐχ ἅμα κινήσεται τὰς ἐναντίας
οὐδὲ τὰς ἀντικειμένας· οὐ γὰρ ἅπασα ἡ εἰς τοῦτο τῇ ἐκ τούτου
ἐναντία οὐδ' ἀντικειμένη, ἀλλ' ἐναντία μὲν ἡ κατ' εὐθεῖαν
(ταύτῃ γὰρ ἔστιν ἐναντία κατὰ τόπον, οἷον τὰ κατὰ διάμε- ¹⁵
τρον· ἀπέχει γὰρ πλεῖστον), ἀντικειμένη δὲ ἡ κατὰ τὸ αὐτὸ
μῆκος. ὥστ' οὐδὲν κωλύει συνεχῶς κινεῖσθαι καὶ μηδένα χρό-
νον διαλείπειν· ἡ μὲν γὰρ κύκλῳ κίνησίς ἐστιν ἀφ' αὑτοῦ εἰς
αὑτό, ἡ δὲ κατ' εὐθεῖαν ἀφ' αὑτοῦ εἰς ἄλλο· καὶ ἡ μὲν
ἐν τῷ κύκλῳ οὐδέποτε ἐν τοῖς αὐτοῖς, ἡ δὲ κατ' εὐθεῖαν πολ- ²⁰
λάκις ἐν τοῖς αὐτοῖς. τὴν μὲν οὖν ἀεὶ ἐν ἄλλῳ καὶ ἄλλῳ
γιγνομένην ἐνδέχεται κινεῖσθαι συνεχῶς, τὴν δ' ἐν τοῖς αὐ-
τοῖς πολλάκις οὐκ ἐνδέχεται· ἀνάγκη γὰρ ἅμα κινεῖσθαι
τὰς ἀντικειμένας. ὥστ' οὐδ' ἐν τῷ ἡμικυκλίῳ οὐδ' ἐν ἄλλῃ
περιφερείᾳ οὐδεμιᾷ ἐνδέχεται συνεχῶς κινεῖσθαι· πολλάκις ²⁵
γὰρ ἀνάγκη ταὐτὰ κινεῖσθαι καὶ τὰς ἐναντίας μεταβάλλειν
μεταβολάς· οὐ γὰρ συνάπτει τῇ ἀρχῇ τὸ πέρας. ἡ δὲ τοῦ
κύκλου συνάπτει, καὶ ἔστι μόνη τέλειος. ²⁸

φανερὸν δὲ ἐκ ²⁸
ταύτης τῆς διαιρέσεως ὅτι οὐδὲ τὰς ἄλλας ἐνδέχεται κινή-
σεις εἶναι συνεχεῖς· ἐν ἁπάσαις γὰρ ταὐτὰ συμβαίνει κι- ³⁰
νεῖσθαι πολλάκις, οἷον ἐν ἀλλοιώσει τὰ μεταξύ, καὶ ἐν τῇ
τοῦ ποσοῦ τὰ ἀνὰ μέσον μεγέθη, καὶ ἐν γενέσει καὶ φθορᾷ
ὡσαύτως· οὐδὲν γὰρ διαφέρει ὀλίγα ἢ πολλὰ ποιῆσαι, ἐν
οἷς ἐστιν ἡ μεταβολή, οὐδὲ μεταξὺ θεῖναί τι ἢ ἀφελεῖν· ἀμ- ²⁶⁵ᵃ
φοτέρως γὰρ συμβαίνει ταὐτὰ κινεῖσθαι πολλάκις. δῆλον
οὖν ἐκ τούτων ὅτι οὐδ' οἱ φυσιολόγοι καλῶς λέγουσιν οἱ πάντα

ᵇ 11 κινηθήσεται Ε²   12 καὶ κινῆται Ε¹ : κεκίνηται Ε²   14 ἡ
ἐναντία μὲν J   κατ' εὐθεῖαν ΕΚΤ : ἐπ' εὐθείας ΛS   15 ταῦτα
ΕΚ   τὰ ΚS : τὸ Ε : ἡ FHJ : εἰ Ι   18 διαλιπεῖν Κ   ἀφ'
(ἡ ἀφ' Η) ἑαυτοῦ IIIS¹ : ἀπ' αὐτοῦ Τ : ἀπὸ τοῦ αὐτοῦ Sᵖ   εἰς . . .
19 αὐτοῦ om. Κ   19 αὑτό scripsi : ἑαυτό F : αὐτό HIJSᵖΤ : τὸ
αὐτό Ε   ἀφ' αὑτοῦ om. S   21 ἀεί] αὐτὴν Ι   καὶ ἐν ἄλλῳ FJ
22 ἐνδέχεται om. Ε¹   23 ἅμα γὰρ ἀνάγκη F   26 τὰς αὐτὰς
ΕΚ   μεταβολὰς μεταβάλλειν FH   28 συνάπτειν Ε¹   δὲ
ΕS : δὲ καὶ ΚΛ   29 οὐδὲ . . . ἐνδέχεται] οὐκ ἐνδέχεται οὐδὲ τὰς
ἄλλας Λ   οὐ Ε   30 εἶναι] γίνεσθαι Κ : γείνεσθαι Ε   ταύταις
συμβαίνει Ε : συμβαίνει ταῦτα Λ   κινεῖσθαι post γὰρ Ι   31 ἐν]
ἔν τ' Ε²   τὸ F   32 γένει Ε¹   33 οὐδὲ Ι   διαφθείρει Ε¹
ποιεῖν Η   265ᵃ 1 προσθεῖναι Κ   2 ταῦτα συμβαίνει Κ

τὰ αἰσθητὰ κινεῖσθαι φάσκοντες ἀεί· κινεῖσθαι γὰρ ἀνάγκη
5 τούτων τινὰ τῶν κινήσεων, καὶ μάλιστα κατ᾽ ἐκείνους [ἐστὶν] ἀλ-
λοιοῦσθαι· ῥεῖν γάρ φασιν ἀεὶ καὶ φθίνειν, ἔτι δὲ καὶ τὴν
γένεσιν καὶ τὴν φθορὰν ἀλλοίωσιν λέγουσιν. ὁ δὲ λόγος νῦν
εἴρηκε καθόλου περὶ πάσης κινήσεως ὅτι κατ᾽ οὐδεμίαν κίνησιν
ἐνδέχεται κινεῖσθαι συνεχῶς ἔξω τῆς κύκλῳ, ὥστε οὔτε κατ᾽
10 ἀλλοίωσιν οὔτε κατ᾽ αὔξησιν. ὅτι μὲν οὖν οὔτ᾽ ἄπειρός ἐστι
μεταβολὴ οὐδεμία οὔτε συνεχὴς ἔξω τῆς κύκλῳ φορᾶς ἔστω
τοσαῦθ᾽ ἡμῖν εἰρημένα.

Ὅτι δὲ τῶν φορῶν ἡ κυκλοφορία πρώτη, δῆλον. πᾶσα 9
γὰρ φορά, ὥσπερ καὶ πρότερον εἴπομεν, ἢ κύκλῳ ἢ ἐπ᾽
15 εὐθείας ἢ μικτή. ταύτης δὲ ἀνάγκη προτέρας εἶναι ἐκείνας·
ἐξ ἐκείνων γὰρ συνέστηκεν. τῆς δ᾽ εὐθείας ἡ κύκλῳ· ἁπλῆ
γὰρ καὶ τέλειος μᾶλλον. ἄπειρον μὲν γὰρ οὐκ ἔστιν εὐθεῖαν
φέρεσθαι (τὸ γὰρ οὕτως ἄπειρον οὐκ ἔστιν· ἅμα δ᾽ οὐδ᾽ εἰ ἦν,
ἐκινεῖτ᾽ ἂν οὐδέν· οὐ γὰρ γίγνεται τὸ ἀδύνατον, διελθεῖν
20 δὲ τὴν ἄπειρον ἀδύνατον)· ἡ δ᾽ ἐπὶ τῆς πεπερασμένης
ἀνακάμπτουσα μὲν συνθετὴ καὶ δύο κινήσεις, μὴ ἀνακάμ-
πτουσα δὲ ἀτελὴς καὶ φθαρτή. πρότερον δὲ καὶ φύσει καὶ
λόγῳ καὶ χρόνῳ τὸ τέλειον μὲν τοῦ ἀτελοῦς, τοῦ φθαρτοῦ δὲ
τὸ ἄφθαρτον. ἔτι προτέρα ἦν ἐνδέχεται ἀίδιον εἶναι τῆς μὴ
25 ἐνδεχομένης· τὴν μὲν οὖν κύκλῳ ἐνδέχεται ἀίδιον εἶναι, τῶν
δὲ ἄλλων οὔτε φορὰν οὔτε ἄλλην οὐδεμίαν· στάσιν γὰρ δεῖ
27 γενέσθαι, εἰ δὲ στάσις, ἔφθαρται ἡ κίνησις.

27   εὐλόγως δὲ συμ-
βέβηκε τὸ τὴν κύκλῳ μίαν εἶναι καὶ συνεχῆ, καὶ μὴ τὴν
ἐπ᾽ εὐθείας· τῆς μὲν γὰρ ἐπ᾽ εὐθείας ὥρισται καὶ ἀρχὴ
30 καὶ τέλος καὶ μέσον, καὶ πάντ᾽ ἔχει ἐν αὑτῇ, ὥστ᾽ ἔστιν ὅθεν
ἄρξεται τὸ κινούμενον καὶ οὗ τελευτήσει (πρὸς γὰρ τοῖς πέ-
ρασιν ἠρεμεῖ πᾶν, ἢ ὅθεν ἢ οὗ), τῆς δὲ περιφεροῦς ἀόριστα· τί
γὰρ μᾶλλον ὁποιονοῦν πέρας τῶν ἐπὶ τῆς γραμμῆς; ὁμοίως

ᵃ 5 τινα τούτων FHJ   ἐστὶν seclusi   6 ἀεί φασι FHI
7 ἀλλοίωσιν δὲ λέγουσιν E¹   14 ἢ alt. om. E¹   ἐπ᾽ εὐθείας] εὐθεία
EK   16 γὰρ om. H   17 γὰρ alt.] οὖν FH   18 ἅμα δ᾽] ἀλλ᾽ Λ
19 οὐ] οὐδὲ E   τὸ om. H¹   20 τὴν] τὸ H   πεπερασμένης εὐθείας
ἀνακάμπτουσα Λ   23 μὲν τέλειον F : τέλειον H   25 ἐνδέχεται
ἀίδιον εἶναι EKS : ἀίδιον ἐνδέχεται εἶναι FHJ : ἀίδιον εἶναι ἐνδέχεται I
26–7 στάσιν...κίνησις om. ST   27 γίνεσθαι FIJK   εἰ] ἡ E   στάσιν I
ἐφθαρμένη κίνησις E   29 ἐπ᾽ alt. ΚΛS : om. E   32 ἢ ... οὗ]
τὸ πόθεν ποῖ E²K   δὲ om. E¹   33 γραμμῆς] περιφεροῦς FH

γὰρ ἕκαστον καὶ ἀρχὴ καὶ μέσον καὶ τέλος, ὥστ' ἀεί τε
εἶναι ἐν ἀρχῇ καὶ ἐν τέλει καὶ μηδέποτε. διὸ κινεῖταί τε καὶ 265ᵇ
ἠρεμεῖ πως ἡ σφαῖρα· τὸν αὐτὸν γὰρ κατέχει τόπον. αἴτιον
δ' ὅτι πάντα συμβέβηκε ταῦτα τῷ κέντρῳ· καὶ γὰρ ἀρχὴ
καὶ μέσον τοῦ μεγέθους καὶ τέλος ἐστίν, ὥστε διὰ τὸ ἔξω εἶναι
τοῦτο τῆς περιφερείας οὐκ ἔστιν ὅπου τὸ φερόμενον ἠρεμήσει ὡς 5
διεληλυθός (ἀεὶ γὰρ φέρεται περὶ τὸ μέσον, ἀλλ' οὐ πρὸς τὸ
ἔσχατον), διὰ δὲ τὸ τοῦτο μένειν ἀεί τε ἠρεμεῖ πως τὸ ὅλον καὶ
κινεῖται συνεχῶς. συμβαίνει δ' ἀντιστρόφως· καὶ γὰρ ὅτι μέ-
τρον τῶν κινήσεων ἡ περιφορά, πρώτην ἀναγκαῖον αὐτὴν
εἶναι (ἅπαντα γὰρ μετρεῖται τῷ πρώτῳ), καὶ διότι πρώτη, 10
μέτρον ἐστὶν τῶν ἄλλων. ἔτι δὲ καὶ ὁμαλῆ ἐνδέχεται εἶναι
τὴν κύκλῳ μόνην· τὰ γὰρ ἐπ' εὐθείας ἀνωμαλῶς ἀπὸ τῆς
ἀρχῆς φέρεται καὶ πρὸς τὸ τέλος· πάντα γὰρ ὅσῳπερ ἂν
ἀφίστηται [πλεῖον] τοῦ ἠρεμοῦντος, φέρεται θᾶττον· τῆς δὲ
κύκλῳ μόνης οὔτ' ἀρχὴ οὔτε τέλος ἐν αὐτῇ πέφυκεν, ἀλλ' 15
ἐκτός.

ὅτι δ' ἡ κατὰ τόπον φορὰ πρώτη τῶν κινήσεων, μαρτυ-
ροῦσι πάντες ὅσοι περὶ κινήσεως πεποίηνται μνείαν· τὰς γὰρ
ἀρχὰς αὐτῆς ἀποδιδόασιν τοῖς κινοῦσι τοιαύτην κίνησιν. διάκρι-
σις γὰρ καὶ σύγκρισις κινήσεις κατὰ τόπον εἰσίν, οὕτω δὲ 20
κινοῦσιν ἡ φιλία καὶ τὸ νεῖκος· τὸ μὲν γὰρ διακρίνει, τὸ δὲ
συγκρίνει αὐτῶν. καὶ τὸν νοῦν δέ φησιν Ἀναξαγόρας διακρί-
νειν τὸν κινήσαντα πρῶτον. ὁμοίως δὲ καὶ ὅσοι τοιαύτην μὲν
οὐδεμίαν αἰτίαν λέγουσιν, διὰ δὲ τὸ κενὸν κινεῖσθαί φασιν· καὶ
γὰρ οὗτοι τὴν κατὰ τόπον κίνησιν κινεῖσθαι τὴν φύσιν λέγου- 25
σιν (ἡ γὰρ διὰ τὸ κενὸν κίνησις φορά ἐστιν καὶ ὡς ἐν τόπῳ),

ᵃ 34 καὶ τέλος om. ΕΛ   τε ΕΚΣΤ : τέ τινα Λ   ᵇ 1 ἐν alt.
om. ΕJ   κινεῖταί τε scripsi : κινεῖται ΕΛ : κινεῖτε Κ   3 πάντα
συμβέβηκε ταῦτα ΕFΚΡ : πάντα ταῦτα συμβέβηκε J : ταῦτα πάντα
συμβέβηκε ΗΙ   τῷ] ἐν τῷ Κ²   4 εἶναι τοῦτο ΕΙΚΡ : τοῦτο
εἶναι ΦΗJ   5 -φερείας . . . τὸ om. Ε   7 διὸ Ε¹ : δι' αὐτὸ Ε²
τὸ τοῦτο μένειν Ε² et fort. PST : τοῦτο μένει Ε¹ΚΛ   τε] καὶ F
9 περιφορά] περιφορά ἐστι ΦΗΙ : φορά Α   ταύτην Ε²   10 πάντα
ΗΙJ   πρώτη Ε²ΚΛΣ : πρῶτον Ε¹   11 μέσον Η   ὁμαλῆ
ΕΗJΠΣ : ὁμαλὴν ΦΙΚ   12 ἐπὶ τῆς εὐθείας ἀπὸ τῆς ἀρχῆς ἀνω-
μαλῶς FJ   ἀπό τε τῆς Ε²   14 ἀφίσταται Η   πλεῖον om. Σ,
secl. Diels : πλείω ΦΗJΚ   θᾶττον ΕJΚΣ : θᾶσσον ΦΗΙ   15 οὔτε
ἡ ἀρχὴ οὔτε τὸ τέλος Ε²Η   πέφυκεν ἐν αὐτῇ F   19 διακρίσεις
γὰρ καὶ συγκρίσεις Κ   20 εἰσὶ κατὰ τόπον Σ   23 πρότερον Λ
καὶ om. Η   24 μηδεμίαν αἰτίαν ΙJΚ : αἰτίαν μηδεμίαν ΦΗ   φασι
κινεῖσθαι F   25 κίνησιν om. Ε¹   26 καὶ ὡς om. Σ : ὡς ΕΚ

τῶν δ' ἄλλων οὐδεμίαν ὑπάρχειν τοῖς πρώτοις ἀλλὰ τοῖς ἐκ
τούτων οἴονται· αὐξάνεσθαι γὰρ καὶ φθίνειν καὶ ἀλλοιοῦσθαι
συγκρινομένων καὶ διακρινομένων τῶν ἀτόμων σωμάτων φασίν.
30 τὸν αὐτὸν δὲ τρόπον καὶ ὅσοι διὰ πυκνότητα ἢ μανότητα
κατασκευάζουσι γένεσιν καὶ φθοράν· συγκρίσει γὰρ καὶ δια-
κρίσει ταῦτα διακοσμοῦσιν. ἔτι δὲ παρὰ τούτους οἱ τὴν ψυχὴν
αἰτίαν ποιοῦντες κινήσεως· τὸ γὰρ αὐτὸ αὑτὸ κινοῦν ἀρχὴν
εἶναί φασιν τῶν κινουμένων, κινεῖ δὲ τὸ ζῷον καὶ πᾶν τὸ ἔμ-
266ᵃ ψυχον τὴν κατὰ τόπον αὑτὸ κίνησιν. καὶ κυρίως δὲ κινεῖ-
σθαί φαμεν μόνον τὸ κινούμενον [τὴν] κατὰ τόπον [κίνησιν]· ἂν
δ' ἠρεμῇ μὲν ἐν τῷ αὐτῷ, αὐξάνηται δ' ἢ φθίνῃ ἢ ἀλλοι-
ούμενον τυγχάνῃ, πῇ κινεῖσθαι, ἁπλῶς δὲ κινεῖσθαι οὔ
5 φαμεν.

ὅτι μὲν οὖν ἀεί τε κίνησις ἦν καὶ ἔσται τὸν ἅπαντα χρό-
νον, καὶ τίς ἀρχὴ τῆς ἀϊδίου κινήσεως, ἔτι δὲ τίς πρώτη κί-
νησις, καὶ τίνα κίνησιν ἀΐδιον ἐνδέχεται μόνην εἶναι, καὶ τὸ
κινοῦν πρῶτον ὅτι ἀκίνητον, εἴρηται.

10 ″Οτι δὲ τοῦτ' ἀμερὲς ἀναγκαῖον εἶναι καὶ μηδὲν ἔχειν 10
μέγεθος, νῦν λέγωμεν, πρῶτον περὶ τῶν προτέρων αὐτοῦ διο-
ρίσαντες. τούτων δ' ἐν μέν ἐστιν ὅτι οὐχ οἷόν τε οὐδὲν πεπερα-
σμένον κινεῖν ἄπειρον χρόνον. τρία γὰρ ἔστιν, τὸ κινοῦν, τὸ κι-
νούμενον, τὸ ἐν ᾧ τρίτον, ὁ χρόνος. ταῦτα δὲ ἢ πάντα ἄπειρα
15 ἢ πάντα πεπερασμένα ἢ ἔνια, οἷον τὰ δύο ἢ τὸ ἕν. ἔστω δὴ
τὸ Α τὸ κινοῦν, τὸ δὲ κινούμενον Β, χρόνος ἄπειρος ἐφ' οὗ Γ.
τὸ δὴ Δ τῆς Β κινείτω τι μέρος, τὸ ἐφ' οὗ Ε. οὐ δὴ ἐν ἴσῳ
τῷ Γ· ἐν πλείονι γὰρ τὸ μεῖζον. ὥστ' οὐκ ἄπειρος ὁ χρόνος
ὁ τὸ Ζ. οὕτω δὴ τῇ Δ προστιθεὶς καταναλώσω τὸ Α καὶ
20 τῇ Ε τὸ Β· τὸν δὲ χρόνον οὐ καταναλώσω ἀεὶ ἀφαιρῶν ἴσον·
ἄπειρος γάρ· ὥστε ἡ πᾶσα Α τὴν ὅλην Β κινήσει ἐν πεπε-

ᵇ 27 τοῖς πρώτοις ἀλλὰ om. E¹   28 οἴοντε I   29 διακρινομένων]
ἀλλοιουμένων A   φασίν. φασὶ τὸν E¹   30 δὴ FH   ἢ] ἴδια E¹ :
καὶ E²   31 καὶ pr.] ἢ FHIJ²   διακρίσει ταῦτα om. E¹   33 ἑαυτὸ
αὑτὸ HI   34 κινήσει Λ   καὶ] ἤτοι K²   266ᵃ 2 τὴν om. ES
κίνησιν om. EKS   3 φθίνῃ ἢ] φθίνει J   6 τε om. K   7 τίς
alt.] τίς ἡ K   κίνησις πρώτη Λ   8 ἐνδέχεται ἀΐδιον E   μόνην] καὶ
μόνην K   10 ἀμερὲς ἀναγκαῖον εἶναι EIKS : ἀναγκαῖον ἀμερὲς εἶναι HJ :
ἀναγκαῖον εἶναι ἀμερὲς F   11 λέγομεν FHT   12 ἔστι μὲν ἐν K
13 κινούμενον, τὸ κινοῦν Λ   14 τὸ] καὶ E²H   16 τὸ alt. om. Λ
β κινούμενον F   ᾧ H   17 τῆς B post μέρος Λ : om. K   τὸ om.
H   ᾧ Λ   18 γὰρ om. E¹   19 ὁ om. H   τὸ scripsi :
τοῦ Π   τῇ] τῷ E¹HJS : τὸ IK   21 β ὅλην Λ

ρασμένῳ χρόνῳ τοῦ Γ. οὐκ ἄρα οἷόν τε ὑπὸ πεπερασμένου
κινεῖσθαι οὐδὲν ἄπειρον κίνησιν.

23

ὅτι μὲν οὖν οὐκ ἐνδέχεται τὸ 23
πεπερασμένον ἄπειρον κινεῖν χρόνον, φανερόν· ὅτι δ' ὅλως οὐκ
ἐνδέχεται ἐν πεπερασμένῳ μεγέθει ἄπειρον εἶναί δύναμιν, ἐκ 25
τῶνδε δῆλον. ἔστω γὰρ ἡ πλείων δύναμις ἀεὶ ἡ τὸ ἴσον ἐν
ἐλάττονι χρόνῳ ποιοῦσα, οἷον θερμαίνουσα ἢ γλυκαίνουσα ἢ
ῥιπτοῦσα καὶ ὅλως κινοῦσα. ἀνάγκη ἄρα καὶ ὑπὸ τοῦ πεπε-
ρασμένου μὲν ἄπειρον δ' ἔχοντος δύναμιν πάσχειν τι τὸ πά-
σχον, καὶ πλεῖον ἢ ὑπ' ἄλλου· πλείων γὰρ ἡ ἄπειρος. 30
ἀλλὰ μὴν χρόνον γε οὐκ ἐνδέχεται εἶναι οὐδένα. εἰ γάρ
ἐστιν ὁ ἐφ' οὗ Α χρόνος ἐν ᾧ ἡ ἄπειρος ἰσχὺς ἐθέρμα-
νεν ἢ ἔωσεν, ἐν τῷ δὲ ΑΒ πεπερασμένη τις, πρὸς ταύτην
μείζω λαμβάνων ἀεὶ πεπερασμένην ἥξω ποτὲ εἰς τὸ ἐν τῷ 266ᵇ
Α χρόνῳ κεκινηκέναι· πρὸς πεπερασμένον γὰρ ἀεὶ προστι-
θεὶς ὑπερβαλῶ παντὸς ὡρισμένου, καὶ ἀφαιρῶν ἐλλείψω
ὡσαύτως. ἐν ἴσῳ ἄρα χρόνῳ κινήσει τῇ ἀπείρῳ ἡ πεπε-
ρασμένη. τοῦτο δὲ ἀδύνατον· οὐδὲν ἄρα πεπερασμένον ἐνδέχε- 5
ται ἄπειρον δύναμιν ἔχειν.

6

οὐ τοίνυν οὐδ' ἐν ἀπείρῳ πεπε- 6
ρασμένην· καίτοι ἐνδέχεται ἐν ἐλάττονι μεγέθει πλείω δύ-
ναμιν εἶναι· ἀλλ' ἔτι μᾶλλον ἐν μείζονι πλείω. ἔστω δὴ τὸ
ἐφ' οὗ ΑΒ ἄπειρον. τὸ δὴ ΒΓ ἔχει δύναμίν τινα, ἢ ἔν τινι
χρόνῳ ἐκίνησεν τὴν Δ, ἐν τῷ χρόνῳ ἐφ' οὗ ΕΖ. ἂν δὴ τῆς 10
ΒΓ διπλασίαν λαμβάνω, ἐν ἡμίσει χρόνῳ τοῦ ΕΖ (ἔστω
γὰρ αὕτη ἡ ἀναλογία), ὥστε ἐν τῷ ΖΘ κινήσει. οὐκοῦν οὕτω
λαμβάνων ἀεὶ τὴν μὲν ΑΒ οὐδέποτε διέξειμι, τοῦ χρόνου δὲ
τοῦ δοθέντος αἰεὶ ἐλάττω λήψομαι. ἄπειρος ἄρα ἡ δύναμις

ᵃ 24 οὐκ ἐνδέχεται hic EKS : post 25 μεγέθει Λ   26 ἀεὶ post γὰρ
E²K : E¹ incertum   ἢ alt. om. E   ἐν om. EJ   28 ῥιπτοῦσα
scripsi : ῥίπτουσα Π   29 τὸ EHJKS : om. FI   30 πλεῖον E² et
ut vid. P : πλείω E¹KΛ   πλείω K   ἄπειρος E¹KS : ἄπειρος δύναμις
E²Λ   32 οὗ] ᾧ E²Λ   ἢ om. E   ἐθέρμαινεν I : ἐθέρμηνεν E²JK :
ἢ ἐθέρμηνεν H   33 ἔσωσεν E¹   τῷ ES : ᾧ KΛ   αβ EKS : ὁ
αβ Λ   ᵇ 1 ἀεὶ λαμβάνων Λ   ἥξω] δὲ ἥξω E²H   τὸ ἐν om. K¹
2 πρὸς om. J   3 ὑπερβάλλων E¹   ἀφαιρῶν] ἀφαιρῶν ἀεὶ K
ἐλλείψω ὡσαύτως fecit E²   4 χρόνῳ ἄρα I   ἡ πεπερασμένη τῇ ἀπείρῳ
Λ   6 ἔχειν δύναμιν F   7 καίτοι κ K   πλείω EKS :
πλείονα E²Λ   8 ἐνεῖναι S   πλείω EFH²KS : πλείων H¹IJ   9 ἢ K
10 ἐφ' ᾧ EJ   11 διπλάσιον F   χρόνῳ] κινήσει χρόνῳ E²IJK : κινήσεις
χρόνῳ F   12 ζ καὶ θ Λ   13 τοῦ E¹KS : om. E²Λ   χρόνον I

15 ἔσται· πάσης γὰρ πεπερασμένης ὑπερβάλλει δυνάμεως, εἴ γε
πάσης πεπερασμένης δυνάμεως ἀνάγκη πεπερασμένον εἶναι
καὶ τὸν χρόνον (εἰ γὰρ ἔν τινι ἡ τοσηδί, ἡ μείζων ἐν ἐλάτ-
τονι μὲν ὡρισμένῳ δὲ χρόνῳ κινήσει, κατὰ τὴν ἀντιστροφὴν
τῆς ἀναλογίας)· ἄπειρος δὲ πᾶσα δύναμις, ὥσπερ καὶ πλῆ-
20 θος καὶ μέγεθος τὸ ὑπερβάλλον παντὸς ὡρισμένου. ἔστιν δὲ
καὶ ὧδε δεῖξαι τοῦτο· ληψόμεθα γάρ τινα δύναμιν τὴν
αὐτὴν τῷ γένει τῇ ἐν τῷ ἀπείρῳ μεγέθει, ἐν πεπερασμένῳ
μεγέθει οὖσαν, ἢ καταμετρήσει τὴν ἐν τῷ ἀπείρῳ πεπερασμέ-
νην δύναμιν.

25 ὅτι μὲν οὖν οὐκ ἐνδέχεται ἄπειρον εἶναι δύναμιν ἐν πε-
περασμένῳ μεγέθει, οὐδ' ἐν ἀπείρῳ πεπερασμένην, ἐκ τού-
των δῆλον. περὶ δὲ τῶν φερομένων ἔχει καλῶς διαπορῆσαί
τινα ἀπορίαν πρῶτον. εἰ γὰρ πᾶν τὸ κινούμενον κινεῖται ὑπὸ
τινός, ὅσα μὴ αὐτὰ ἑαυτὰ κινεῖ, πῶς κινεῖται ἔνια συνεχῶς
30 μὴ ἁπτομένου τοῦ κινήσαντος, οἷον τὰ ῥιπτούμενα ; εἰ δ' ἅμα
κινεῖ καὶ ἄλλο τι ὁ κινήσας, οἷον τὸν ἀέρα, ὃς κινούμενος
κινεῖ, ὁμοίως ἀδύνατον τοῦ πρώτου μὴ ἁπτομένου μηδὲ κι-
νοῦντος κινεῖσθαι, ἀλλ' ἅμα πάντα ⟨καὶ⟩ κινεῖσθαι καὶ πε-
267ᵃ παῦσθαι ὅταν τὸ πρῶτον κινοῦν παύσηται, καὶ εἰ ποιεῖ,
ὥσπερ ἡ λίθος, οἷόν τε κινεῖν ὃ ἐκίνησεν. ἀνάγκη δὴ τοῦτο μὲν
λέγειν, ὅτι τὸ πρῶτον κινῆσαν ποιεῖ οἷόν τε κινεῖν ἢ τὸν ἀέρα
[τοιοῦτον] ἢ τὸ ὕδωρ ἤ τι ἄλλο τοιοῦτον ὃ πέφυκε κινεῖν καὶ
5 κινεῖσθαι· ἀλλ' οὐχ ἅμα παύεται κινοῦν καὶ κινούμενον, ἀλλὰ
κινούμενον μὲν ἅμα ὅταν ὁ κινῶν παύσηται κινῶν, κινοῦν δὲ
ἔτι ἐστίν. διὸ καὶ κινεῖ τι ἄλλο ἐχόμενον· καὶ ἐπὶ τούτου
ὁ αὐτὸς λόγος. παύεται δέ, ὅταν ἀεὶ ἐλάττων ἡ δύναμις τοῦ

ᵇ 15-16 ὑπερβάλλει . . . πεπερασμένης E²ΚΛΣ : om. E¹   15 εἴ
γε πάσης] πάσης δὲ ΛΣ   17 τὸν om. E¹   ἐν om. FJ¹   18 κινήσει
χρόνῳ Λ   21 γάρ E¹HS : γὰρ δή E²FIJK   22 τῇ EFHKS :
τὴν IJ   23 τὴν πεπερασμένην δύναμιν ἐν (τὴν ἐν Κ) τῷ ἀπείρῳ ΕΚ :
τὴν ἐν τῷ ἀπείρῳ μεγέθει πεπερασμένην δύναμιν J : τὴν ἐν τῷ ἀπείρῳ
πεπερασμένην S   26 οὐδὲ πεπερασμένην ἐν ἀπείρῳ Λ (ἐν om. F)
τῶνδε HS   27 ἔχει καλῶς ΕΚS : καλῶς ἔχει Λ   28 ὑπό τινος κινεῖται
S   29 συνεχῶς ἔνια E   32 κινεῖ EFJKS : κινοίη HI   33 πᾶν
γρ. S : om. Κ   καὶ S Aldina : om. Π γρ. S   κεκινῆσθαι H γρ. S
267ᵃ 2 ὁ F   τε κινεῖν] τε κινεῖ Κ : κινεῖν HS : κινεῖ E¹FIJ
δὲ FHIJ¹   3 τὸ om. F   τε E²HIKS : καὶ E¹ : τε καὶ J : τι καὶ F
4 τοιοῦτον seclusi : habet ΠS   τι ἄλλο EIJKS : ἄλλο τι FH
τοιοῦτον om. EKS   ὃ om. E¹   7 καὶ om. HIJK   κινεῖ ἄλλο
E¹ : κινεῖται ἄλλο H : κινεῖται ἄλλου FIJ : κινεῖται τι ἄλλου Moreliana
8 ἀεὶ ἐλάττων ΕΚ et fort. S : ἐλάττων ἀεὶ J : ἐλάττων FHIT

κινεῖν ἐγγίγνηται τῷ ἐχομένῳ. τέλος δὲ παύεται, ὅταν μη-
κέτι ποιήσῃ τὸ πρότερον κινοῦν, ἀλλὰ κινούμενον μόνον. ταῦτα 10
δ' ἀνάγκη ἅμα παύεσθαι, τὸ μὲν κινοῦν τὸ δὲ κινούμενον, καὶ
τὴν ὅλην κίνησιν. αὕτη μὲν οὖν ἐν τοῖς ἐνδεχομένοις ὁτὲ μὲν
κινεῖσθαι ὁτὲ δ' ἠρεμεῖν ἐγγίγνεται ἡ κίνησις, καὶ οὐ συνεχής,
ἀλλὰ φαίνεται· ἢ γὰρ ἐφεξῆς ὄντων ἢ ἁπτομένων ἐστίν· οὐ
γὰρ ἓν τὸ κινοῦν, ἀλλ' ἐχόμενα ἀλλήλων. διὸ ἐν ἀέρι 15
καὶ ὕδατι γίγνεται ἡ τοιαύτη κίνησις, ἣν λέγουσί τινες ἀντι-
περίστασιν εἶναι. ἀδύνατον δὲ ἄλλως τὰ ἀπορηθέντα λύειν, εἰ
μὴ τὸν εἰρημένον τρόπον. ἡ δ' ἀντιπερίστασις ἅμα πάντα κι-
νεῖσθαι ποιεῖ καὶ κινεῖν, ὥστε καὶ παύεσθαι· νῦν δὲ φαίνεταί
τι ἓν κινούμενον συνεχῶς· ὑπὸ τίνος οὖν; οὐ γὰρ ὑπὸ τοῦ αὐτοῦ. 20
ἐπεὶ δ' ἐν τοῖς οὖσιν ἀνάγκη κίνησιν εἶναι συνεχῆ, αὕτη δὲ
μία ἐστίν, ἀνάγκη δὲ τὴν μίαν μεγέθους τέ τινος εἶναι (οὐ γὰρ
κινεῖται τὸ ἀμέγεθες) καὶ ἑνὸς καὶ ὑφ' ἑνός (οὐ γὰρ ἔσται
συνεχής, ἀλλ' ἐχομένη ἑτέρα ἑτέρας καὶ διῃρημένη), τὸ δὴ
κινοῦν εἰ ἕν, ἢ κινούμενον κινεῖ ἢ ἀκίνητον ὄν. εἰ μὲν δὴ κινού- 25
μενον, συνακολουθεῖν δεήσει καὶ μεταβάλλειν αὐτό, ἅμα δὲ
κινεῖσθαι ὑπό τινος, ὥστε στήσεται καὶ ἥξει εἰς τὸ κινεῖσθαι 267ᵇ
ὑπὸ ἀκινήτου. τοῦτο γὰρ οὐκ ἀνάγκη συμμεταβάλλειν, ἀλλ'
ἀεί τε δυνήσεται κινεῖν (ἄπονον γὰρ τὸ οὕτω κινεῖν) καὶ ὁμα-
λὴς αὕτη ἡ κίνησις ἢ μόνη ἢ μάλιστα· οὐ γὰρ ἔχει μετα-
βολὴν τὸ κινοῦν οὐδεμίαν. δεῖ δὲ οὐδὲ τὸ κινούμενον πρὸς ἐκεῖνο 5
ἔχειν μεταβολήν, ἵνα ὁμοία ᾖ ἡ κίνησις. ἀνάγκη δὴ ἢ ἐν
μέσῳ ἢ ἐν κύκλῳ εἶναι· αὗται γὰρ αἱ ἀρχαί. ἀλλὰ τά-
χιστα κινεῖται τὰ ἐγγύτατα τοῦ κινοῦντος. τοιαύτη δ' ἡ τοῦ
κύκλου κίνησις· ἐκεῖ ἄρα τὸ κινοῦν. ἔχει δ' ἀπορίαν εἰ ἐνδέχε-
ταί τι κινούμενον κινεῖν συνεχῶς, ἀλλὰ μὴ ὥσπερ τὸ ὠθοῦν 10

ᵃ 9 ἐγγίνηται E²FHST : ἐγγένηται E¹IJK   δὲ om. E¹   11 κινού-
μενον τὸ δὲ κινοῦν K   12 ὅλην om. S   15 ἐν E¹KS : καὶ ἐν
E²Λ   16 καὶ E¹KS : καὶ ἐν E²Λ   19 καὶ alt. E²ΚΛS : om.
E¹   παύεσθαι] παύεται E²FHIJ¹   20 ἕν τι E²Λ   21 εἶναι
κίνησιν ES : ἀεὶ κίνησιν εἶναι FI : εἶναί τινα κίνησιν K   22 τε] γέ
FHK   23 κινεῖ E²   τὸ E²FIKS : om. E¹HJ   24 ἑτέρα
E²ΚΛS : om. E¹   δὲ E²   26 δὲ] δὲ καὶ K   ᵇ 2 γὰρ] δὲ S
σύμμεταβάλλειν EFHJKS : συμβάλλειν IT   3 τε EIJKT : om.
FH   5 τὸ κινοῦν οὐδεμίαν E¹FHJKT : οὐδεμίαν τὸ κινοῦν Λ   ἐκεῖνο
EHKS : ἐκείνου FIJ   6 ἡ om. F   δὲ E¹FIJ¹ST   7 ἐν FIJKT :
om. HS : punctis notatum in E   αἱ EFHJT : om. I : an καὶ ?
8 τὰ ΠT : τὸ S   9 κύκλου HKS : ὅλου EFIJT   10 τι E²ΛS :
τὸ E¹K

ΦΥΣΙΚΗΣ ΑΚΡΟΑΣΕΩΣ Θ–Η (textus alter)

πάλιν καὶ πάλιν, τῷ ἐφεξῆς εἶναι συνεχῶς· ἢ γὰρ αὐτὸ
δεῖ ἀεὶ ὠθεῖν ἢ ἕλκειν ἢ ἄμφω, ἢ ἕτερόν τι ἐκδεχόμενον ἄλλο
παρ᾿ ἄλλου, ὥσπερ πάλαι ἐλέχθη ἐπὶ τῶν ῥιπτουμένων, εἰ
διαιρετὸς ὢν ὁ ἀὴρ [ἢ τὸ ὕδωρ] κινεῖ ἄλλος ἀεὶ κινούμε-
15 νος. ἀμφοτέρως δ᾿ οὐχ οἷόν τε μίαν εἶναι, ἀλλ᾿ ἐχομένην.
μόνη ἄρα συνεχὴς ἦν κινεῖ τὸ ἀκίνητον· ἀεὶ γὰρ ὁμοίως ἔχον
καὶ πρὸς τὸ κινούμενον ὁμοίως ἕξει καὶ συνεχῶς. διωρισμέ-
νων δὲ τούτων φανερὸν ὅτι ἀδύνατον τὸ πρῶτον κινοῦν καὶ ἀκί-
νητον ἔχειν τι μέγεθος. εἰ γὰρ μέγεθος ἔχει, ἀνάγκη ἤτοι
20 πεπερασμένον αὐτὸ εἶναι ἢ ἄπειρον. ἄπειρον μὲν οὖν ὅτι οὐκ
ἐνδέχεται μέγεθος εἶναι, δέδεικται πρότερον ἐν τοῖς φυσι-
κοῖς· ὅτι δὲ τὸ πεπερασμένον ἀδύνατον ἔχειν δύναμιν ἄπει-
ρον, καὶ ὅτι ἀδύνατον ὑπὸ πεπερασμένου κινεῖσθαί τι ἄπει-
ρον χρόνον, δέδεικται νῦν. τὸ δέ γε πρῶτον κινοῦν ἀίδιον κινεῖ
25 κίνησιν καὶ ἄπειρον χρόνον. φανερὸν τοίνυν ὅτι ἀδιαίρετόν ἐστι
καὶ ἀμερὲς καὶ οὐδὲν ἔχον μέγεθος.

ᵇ 11 τῷ] καὶ τῶ H : καὶ τὸ K   συνεχῶς Camotiana : συνεχῆ
E¹Λ : συνεχής E²K   γὰρ τὸ αὐτὸ ut vid. PS   12 δεῖ ἀεὶ] δεῖ
HIJPS : δὴ F   ἄλλου F   13 ὡς καὶ πάλαι H   εἰ διαιρετὸς
KS : αιρετος E¹ : εἰ δὲ διαιρετὸς E²Λ   14 ὢν E²KΛS : γὰρ ὢν E¹
ἢ τὸ ὕδωρ seclusi : habent E²KΛ et ut vid. P : καὶ τὸ ὕδωρ E¹S
ἄλλος FS : ἄλλως E¹P : ἀλλ᾿ ὡς HIJ : ἄλλον E²K   κινούμενον P
16 μόνη EHIJS : μένει FK   κινητόν E¹   17 ἕξει KΛS : ἥξει E
18 τὸ τὸ E¹   19 ἔχειν] ὃν ἔχειν H   τὸ E¹   γὰρ] γὰρ τὸ E¹
21 πρότερον δέδεικται F   22 ἄπειρον δύναμιν FHI   23 ὑπὸ]
ἐστιν ὑπὸ FK   24 νῦν] τὰ νῦν H   δὲ τό E¹ : τό K   κίνησιν
κινεῖ H

Η (textus alter)

1 Απαν τὸ κινούμενον ἀνάγκη ὑπό τινος κινεῖσθαι. εἰ μὲν οὖν
ἐν αὐτῷ μὴ ἔχει τὴν ἀρχὴν τῆς κινήσεως, φανερὸν ὅτι ὑφ' 25
ἑτέρου κινεῖται (ἄλλο γὰρ ἔσται τὸ κινοῦν)· εἰ δ' ἐν αὐτῷ, εἰλή-
φθω ἐφ' οὗ τὸ ΑΒ, ὃ κινεῖται μὴ τῷ τῶν τούτου τι κινεῖσθαι.

πρῶτον μὲν οὖν τὸ ὑπολαμβάνειν τὸ ΑΒ ὑφ' αὑτοῦ κινεῖσθαι διὰ
τὸ ὅλον τε κινεῖσθαι καὶ ὑπὸ μηθενὸς τῶν ἔξωθεν ὅμοιόν ἐστιν
ὥσπερ ἂν εἴ τις τοῦ ΔΕ κινοῦντος τὸ ΕΖ καὶ αὑτοῦ κινου- 30
μένου ὑπολαμβάνοι τὸ ΔΕΖ ὑφ' αὑτοῦ κινεῖσθαι, διὰ τὸ
μὴ συνορᾶν πότερον ὑπὸ ποτέρου κινεῖται, πότερον τὸ ΔΕ
ὑπὸ τοῦ ΕΖ ἢ τὸ ΕΖ ὑπὸ τοῦ ΔΕ. ἔτι τὸ ὑφ' αὑτοῦ κι-
νούμενον οὐδέποτε παύσεται κινούμενον τῷ ἕτερόν τι στῆναι 242ᵃ
κινούμενον. ἀνάγκη τοίνυν, εἴ τι παύεται κινούμενον τῷ ἕτε
ρόν τι στῆναι, αὐτὸ ὑφ' ἑτέρου κινεῖσθαι. τούτου δὲ φα-
νεροῦ γενομένου ἀνάγκη πᾶν τὸ κινούμενον κινεῖσθαι ὑπό τι-
νος. ἐπεὶ γὰρ εἴληπται τὸ ΑΒ κινούμενον, διαιρετὸν ἔσται· 5
πᾶν γὰρ τὸ κινούμενον διαιρετὸν ἦν. διῃρήσθω τοίνυν ᾗ τὸ Γ.
ἀνάγκη δὴ τοῦ ΓΒ ἠρεμοῦντος ἠρεμεῖν καὶ τὸ ΑΒ. εἰ γὰρ
μή, εἰλήφθω κινούμενον. τοῦ τοίνυν ΓΒ ἠρεμοῦντος κινοῖτο ἂν
τὸ ΓΑ. οὐκ ἄρα καθ' αὑτὸ κινεῖται τὸ ΑΒ. ἀλλ' ὑπέκειτο
καθ' αὑτὸ κινεῖσθαι πρῶτον. δῆλον τοίνυν ὅτι τοῦ ΓΒ ἠρε- 10
μοῦντος ἠρεμήσει καὶ τὸ ΒΑ, καὶ τότε παύσεται κινούμε-
νον. ἀλλ' εἴ τι τῷ ἄλλο ἠρεμεῖν ἵσταται καὶ παύεται κινού-
μενον, τοῦθ' ὑφ' ἑτέρου κινεῖται. φανερὸν δὴ ὅτι πᾶν τὸ κινού-
μενον ὑπό τινος κινεῖται· διαιρετόν τε γάρ ἐστιν πᾶν τὸ κινού-
μενον, καὶ τοῦ μέρους ἠρεμοῦντος ἠρεμήσει καὶ τὸ ὅλον. 15

Tit. περὶ κινήσεως τῶν εἰς γ̄ τὸ ᾱ α : ζ̄η. Ε : φυσικῆς ἀκροάσεως ζ᾿ᵒⁿ Η :
φυσικῶν ἕβδομον Ι 241ᵇ24 οὖν] γὰρ Aldina 26 ἄλλο . . . κινοῦν
om. ΗΙJΚ 27–8 ὃ . . . ΑΒ om. Ι : ὃ om. Ε 27 κινεῖται]
κινεῖται καθ' αὑτὸ ἀλλὰ F τῷ μὴ Η : μὴ ΕΡ 28 ἑαυτοῦ FΗΚ :
ου το Ε διὰ . . . 29 κινεῖσθαι om. J 30 ἂν om. Ε 31 ὑπο-
λαμβάνει Κ Δ om. Ε 32 πότερα τὸ Ε¹ΗJ 33 τὸ] ὑπὸ
τοῦ Ε¹ ΕΖ] ζε Κ 242ᵃ 2 κινούμενον an omittendum ?
παύσεται Ε 3 αὐτὸ Spengel: αὐτοῦ Ε: τοῦθ᾿ ΚΛ δὲ scripsi: γὰρ Π
4 γινομένου FΗJΚ κινούμενον διαιρετὸν κινεῖσθαι Ε 6 ᾗ] εἰς
Ε²Η 7 βγ FΗΙΚ 8 βγ ΚΛ 10 πρῶτον] καὶ πρῶτον Spengel
βγ FΚ 12 εἴ τι] ὅτι Κ 13 δὴ διότι Ε¹JΚ 15 καὶ alt. om. ΚΛ

15 ἐπεὶ

δὲ τὸ κινούμενον ὑπό τινος κινεῖται, ἀνάγκη καὶ τὸ κι-
νούμενον πᾶν ἐν τόπῳ κινεῖσθαι ὑπ' ἄλλου· καὶ τὸ κινοῦν
τοίνυν ὑφ' ἑτέρου, ἐπειδὴ καὶ αὐτὸ κινεῖται, καὶ πάλιν
τοῦτο ὑφ' ἑτέρου. οὐ δὴ εἰς ἄπειρον πρόεισιν, ἀλλὰ στήσε-
20 ταί που καὶ ἔσται τι ὃ πρώτως αἴτιον ἔσται τοῦ κινεῖσθαι. εἰ
γὰρ μή, ἀλλ' εἰς ἄπειρον πρόεισιν, ἔστω τὸ μὲν Α ὑπὸ τοῦ
Β κινούμενον, τὸ δὲ Β ὑπὸ τοῦ Γ, τὸ δὲ Γ ὑπὸ τοῦ Δ·
καὶ τοῦτον δὴ τὸν τρόπον εἰς ἄπειρον προβαινέτω. ἐπεὶ οὖν
ἅμα τὸ κινοῦν καὶ αὐτὸ κινεῖται, δῆλον ὡς ἅμα κινήσεται
25 τό τε Α καὶ τὸ Β· κινουμένου γὰρ τοῦ Β κινηθήσεται καὶ
τὸ Α· καὶ τὸ Β δὴ κινουμένου τοῦ Γ καὶ τὸ Γ τοῦ Δ. ἔσται
τοίνυν ἅμα ἥ τε τοῦ Α κίνησις ⟨καὶ τοῦ Β⟩ καὶ τοῦ Γ καὶ
τῶν λοιπῶν ἑκάστου. καὶ λαβεῖν τοίνυν αὐτῶν ἑκάστην δυνη-
σόμεθα. καὶ γὰρ εἰ ἕκαστον ὑφ' ἑκάστου κινεῖται, οὐθὲν ἧτ-
30 τον μία τῷ ἀριθμῷ ἡ ἑκάστου κίνησις, καὶ οὐκ ἄπειρος τοῖς
ἐσχάτοις, ἐπειδήπερ τὸ κινούμενον πᾶν ἔκ τινος εἴς τι κινεῖ-
ται. ἢ γὰρ ἀριθμῷ συμβαίνει τὴν αὐτὴν κίνησιν εἶναι ἢ γέ-
νει ἢ εἴδει. ἀριθμῷ μὲν οὖν λέγω τὴν αὐτὴν κίνησιν τὴν ἐκ
τοῦ αὐτοῦ εἰς τὸ αὐτὸ τῷ ἀριθμῷ ἐν τῷ αὐτῷ χρόνῳ
242ᵇ τῷ ἀριθμῷ, οἷον ἐκ τοῦδε τοῦ λευκοῦ, ὅ ἐστιν ἐν τῷ
ἀριθμῷ, εἰς τόδε τὸ μέλαν κατὰ τόνδε τὸν χρόνον, ἕνα ὄντα
τῷ ἀριθμῷ· εἰ γὰρ κατ' ἄλλον, οὐκέτι μία ἔσται τῷ ἀρι-
θμῷ ἀλλὰ τῷ εἴδει. γένει δ' ἡ αὐτὴ κίνησις ἡ ἐν τῇ αὐτῇ
5 κατηγορίᾳ τῆς οὐσίας ἢ τοῦ γένους, εἴδει δὲ ἡ ἐκ τοῦ αὐτοῦ
τῷ εἴδει εἰς τὸ αὐτὸ τῷ εἴδει, οἷον ἡ ἐκ τοῦ λευκοῦ εἰς τὸ
μέλαν ἢ ἐκ τοῦ ἀγαθοῦ εἰς τὸ κακόν. ταῦτα δ' εἴρηται καὶ
8 ἐν τοῖς πρότερον.

8 εἰλήφθω τοίνυν ἡ τοῦ Α κίνησις καὶ ἔστω

ᵃ 16 δὲ πᾶν τὸ κινούμενον F: δὲ τὸ κινούμενον πᾶν HIJK   17 ὑπό
τινος ἄλλου κινεῖσθαι ἐν τόπῳ I   18–19 ἐπειδὴ . . . ἑτέρου om. E
19 οὐ δὴ] οὐκ H   20 ὃ om. E   21 ἀλλ' om. F²HK   25 τὸ
om. F   γὰρ καὶ τοῦ E   26 καὶ τοῦ β ΚΛ   τοῦ . . . τοῦ
Spengel: τὸ γ καὶ τοῦ γ τὸ Π   27 καὶ τοῦ β Aldina : om. Π
28 καὶ] καὶ τοῦ E¹   αὐτῶν ἕκαστον IJK: ἕκαστον αὐτῶν FH
29 κινεῖται ὑφ' ἑκάστου H : ὑφ' ἑκάστου ἀεὶ κινεῖται I   30 ἡ om. E
ἄπειροι EJ : ἄπειρον FK   33 τὴν αὐτὴν] μίαν E²I   34 τῷ pr.]
τῶ αὐτῶ E   ᵇ 1 ἀριθμῷ γινομένην, οἷον ΚΛ   τῷ om. E² : τ' E¹
2 τὸ om. E¹   τόνδε τὸν] δὲ τὸν EHJ : τὸν τόνδε F   3 ἄλλο
EHJ   4 ἡ pr. om. I   6 εἰς] κατὰ F   τὸ om. H   τοῦ]
τοῦ αὐτοῦ EI   εἰς] ἡ εἰς E   7 δὲ διῄρηται E² : διήρηται E¹

ἐφ᾿ οὗ τὸ Ε, καὶ ἡ τοῦ Β ἐφ᾿ οὗ τὸ Ζ, καὶ ἡ τοῦ ΓΔ
ἐφ᾿ οὗ τὸ ΗΘ, καὶ ὁ χρόνος ἐν ᾧ κινεῖται τὸ Α ὁ Κ. ὡρισ- 10
μένης δὴ τῆς κινήσεως τοῦ Α, ὡρισμένος ἔσται καὶ ὁ χρόνος
καὶ οὐκ ἄπειρος ὁ Κ. ἀλλ᾿ ἐν τῷ αὐτῷ χρόνῳ ἐκινεῖτο τὸ
Α καὶ τὸ Β καὶ τῶν λοιπῶν ἕκαστον. συμβαίνει τοίνυν τὴν
κίνησιν τὴν ΕΖΗΘ ἄπειρον οὖσαν ἐν ὡρισμένῳ χρόνῳ κι-
νεῖσθαι τῷ Κ· ἐν ᾧ γὰρ τὸ Α ἐκινεῖτο, καὶ τὰ τῷ Α ἐφε- 15
ξῆς ἅπαντα ἐκινεῖτο ἄπειρα ὄντα. ὥστ᾿ ἐν τῷ αὐτῷ κινεῖται.
καὶ γὰρ ἤτοι ἴση ἡ κίνησις ἔσται τῇ τοῦ Α [τῇ τοῦ Β], ἢ μεί-
ζων. διαφέρει δὲ οὐθέν· πάντως γὰρ τὴν ἄπειρον κίνησιν ἐν
πεπερασμένῳ χρόνῳ συμβαίνει κινεῖσθαι, τοῦτο δ᾿ ἀδύνατον.

οὕτω μὲν οὖν δόξειεν ἂν δείκνυσθαι τὸ ἐξ ἀρχῆς, οὐ μὴν δεί- 20
κνυταί γε διὰ τὸ μηθὲν ἄτοπον συμβαίνειν· ἐνδέχεται γὰρ
ἐν πεπερασμένῳ χρόνῳ κίνησιν ἄπειρον εἶναι, μὴ τὴν αὐτὴν
δὲ ἀλλ᾿ ἑτέραν καὶ ἑτέραν πολλῶν κινουμένων καὶ ἀπείρων,
ὅπερ συμβαίνει καὶ τοῖς νῦν. ἀλλ᾿ εἰ τὸ κινούμενον πρώτως
[κατὰ τόπον καὶ] σωματικὴν κίνησιν ἀνάγκη ἅπτεσθαι ἢ 25
συνεχὲς εἶναι τῷ κινοῦντι, καθάπερ ὁρῶμεν ἐπὶ πάντων τοῦτο
συμβαῖνον (ἔσται γὰρ ἐξ ἁπάντων ἐν τὸ πᾶν ἢ συνεχές), τὸ
δὴ ἐνδεχόμενον εἰλήφθω, καὶ ἔστω τὸ μὲν μέγεθος ἢ τὸ
συνεχὲς ἐφ᾿ οὗ τὸ ΑΒΓΔ, ἡ δὲ τούτου κίνησις ἡ ΕΖΗΘ.
διαφέρει δ᾿ οὐθὲν ἢ πεπερασμένον ἢ ἄπειρον· ὁμοίως γὰρ ἐν 30
πεπερασμένῳ τῷ Κ κινηθήσεται ⟨ἄπειρον⟩ ἢ ἄπειρον ἢ πεπερασ-
μένον. τούτων δ᾿ ἑκάτερον τῶν ἀδυνάτων. φανερὸν οὖν ὅτι
στήσεταί ποτε καὶ οὐκ εἰς ἄπειρον πρόεισιν τὸ ἀεὶ ὑφ᾿ ἑτέρου,
ἀλλ᾿ ἔσται τι ὁ πρῶτον κινηθήσεται. μηδὲν δὲ διαφερέτω τὸ ὑπο-
τεθέντος τινὸς τοῦτο δείκνυσθαι· τοῦ γὰρ ἐνδεχομένου τεθέντος 243ᵃ
οὐδὲν ἄτοπον ἔδει συμβαίνειν.

2   Τὸ δὲ πρῶτον κινοῦν, μὴ ὡς τὸ οὗ ἕνεκεν, ἀλλ᾿ ὅθεν ἡ
ἀρχὴ τῆς κινήσεως, ἐστὶν ἅμα τῷ κινουμένῳ. ἅμα δὲ λέγω,

ᵇ 11 δὲ ΚΛ   τοῦ Α] οὔσης F   13 τοίνυν] δὲ τοίνυν Ι   14 τη
F.¹   15 καὶ τὰ] κατὰ Ε   τὸ Ε²   ἐκινεῖτο ἐφεξῆς ἅπαντα Η
17 ἤ om. Η   τῇ pr. om. J¹: ἡ FHIJ²K   τῇ τοῦ Β om. Ε
20 ἂν δόξειεν Ε   μὴν] μὴν οὐ J¹K   23 καὶ alt. om. F²HI
25 κατὰ τόπον καὶ om. Ε   27 ἢ] ἢ ἁπτόμενον ἢ Spengel   τοῦτο
Ε²F   28 τὸ pr. om. Ε   29 ΓΔ om. Ε¹: γ Ε²   ἤ alt. om. Ε
30 τοῦτο δ᾿ οὐθὲν διαφέρει εἴτε πεπερασμένον εἴτε Ι   31 ἄπειρον
addidi   πεπερασμένην Ε   32 δὲ καθ᾿ ἕτερον Ε   τῶν ἀδυνάτων]
ἀδύνατον FHJK   33 τότε Ε   εἰς om. Ε¹   34 μηδὲν
διαφέρει Ε   243ᵃ 1 δείκνυσθαι τοῦτο Η   3 δὲ] τε Ε²   4 ἅμα
τῷ κινουμένῳ ἐστιν F

5 διότι οὐθὲν αὐτῶν μεταξύ ἐστιν· τοῦτο γὰρ κοινὸν ἐπὶ παντὸς κινουμένου καὶ κινοῦντός ἐστιν. ἐπεὶ δὲ τρεῖς εἰσὶν κινήσεις, ἥ τε κατὰ τόπον καὶ κατὰ τὸ ποιὸν καὶ κατὰ τὸ ποσόν, ἀνάγκη καὶ τὰ κινούμενα τρία· ἡ μὲν οὖν κατὰ τόπον φορά, ἡ δὲ κατὰ τὸ ποιὸν ἀλλοίωσις, ἡ δὲ κατὰ τὸ ποσὸν αὔξη-
10 σις καὶ φθίσις. πρῶτον μὲν οὖν ὑπὲρ τῆς φορᾶς εἴπωμεν· αὕτη γὰρ πρώτη τῶν κινήσεών ἐστιν.

21 Ἅπαν δὴ τὸ φερόμενον ἤτοι αὐτὸ ὑφ' αὑτοῦ κινεῖται ἢ ὑφ' ἑτέρου. εἰ μὲν | οὖν ὑφ' αὑτοῦ, φανερὸν ὡς ἐν αὐτῷ τοῦ
22-3 κινοῦντος ὑπάρχοντος ἅμα τὸ κινοῦν | καὶ τὸ κινούμενον ἔσται, καὶ οὐθὲν αὐτῶν μεταξύ· τὸ δ' ὑπ' ἄλλου κινούμε|νον τετρα-
24 χῶς κινεῖται· αἱ γὰρ ὑφ' ἑτέρου κινήσεις τέτταρές εἰσιν, ὦσις |
25 ἕλξις ὄχησις δίνησις. καὶ γὰρ τὰς ἄλλας πάσας εἰς ταύτας ἀνάγεσθαι | συμβαίνει. τῆς μὲν οὖν ὤσεως τὸ μὲν ἔπωσις τὸ
26-7 δὲ ἄπωσίς ἐστιν. ἔπωσις | μὲν οὖν ἐστιν ὅταν τὸ κινοῦν τοῦ κινουμένου μὴ ἀπολείπηται, ἄπωσις δὲ ὅταν | τὸ ἀπωθοῦν ἀπολείπηται. ἡ δὲ ὄχησις ἐν ταῖς τρισὶν ἔσται κινήσεσιν. τὸ
28-9 μὲν | γὰρ ὀχούμενον οὐ καθ' αὑτὸ κινεῖται ἀλλὰ κατὰ συμ-
243b βεβηκός (τῷ γὰρ | ἐν κινουμένῳ εἶναι ἢ ἐπὶ κινουμένου κινεῖται),
21-2 τὸ δὲ ὀχοῦν κινεῖται ἢ ὠθού|μενον ἢ ἑλκόμενον ἢ δινούμενον. φανερὸν οὖν ὅτι ἡ ὄχησις ἐν ταῖς τρισὶν | ἔσται κινήσεσιν. ἡ
23-4 δ' ἕλξις ὅταν ἤτοι πρὸς αὐτὸ ἢ πρὸς ἕτερον θάττων ᾖ | ἡ κίνησις ἡ τοῦ ἕλκοντος μὴ χωριζομένη τῆς τοῦ ἑλκομένου. καὶ γὰρ |
25 πρὸς αὐτό ἐστιν ἡ ἕλξις καὶ πρὸς ἕτερον. καὶ αἱ λοιπαὶ δὲ [ἕλξεις] αὐ|ταὶ τῷ εἴδει εἰς ταῦτα ἀναχθήσονται, οἷον ἡ εἰσ-
26-7 πνευσις καὶ ἡ ἔκπνευσις | καὶ ἡ πτύσις καὶ ὅσαι τῶν σωμάτων ἢ ἐκκριτικαὶ ἢ ληπτικαί εἰσι, καὶ | ἡ σπάθησις δὴ καὶ ἡ κέρκισις·
28-9 τὸ μὲν γὰρ αὐτῶν σύγκρισις τὸ δὲ διάκρι|σις. καὶ πᾶσα δὴ

ᵃ 5 αὐτῶν οὐθὲν ΕΙ   μεταξὺ αὐτῶν F   κοινῶς ΗΙΚ   6 εἰσὶν] εἰσὶν αἱ ΗΙ   ἥ τε] εἴτε Ε¹   7 τὸ alt. om. Ε   8 καὶ om. Ι τρία ⟨εἶναι⟩ Spengel   οὖν om. F   τόπον ... 9 τὸ alt. om. Ε¹ 10 περὶ FΗΙ   εἴπομεν Κ   21 ἤτοι] ἢ τὸ Ε   22 ἑαυτῷ ΕFΙΚ 25 δίνησις ὄχησις F   ταῦτα F   27 ἀπολίπηται Ι   ἄπωσις ... 28 ἀπολείπηται om. F   28 ἀπῶσαν Ε   ἀπολίπηται Ε¹Ι   ἐστι ΦΗΙ   ᵇ 21 ἢ ἐπὶ κινουμένῳ Ε   23 ἐστι ΦΗΙ   ὅταν ἤτοι scripsi cum S : ἤτοι ὅταν ΕFΙJΚ : ἤτοι ὅτε Η   αὐτὸ FΗΚ : αὐτὸν ΕΙΣ   θάττων FΗJS : θᾶττον Κ : ὅταν θάττων ΕΙ   ᾖ om. Ε¹S 24 ἡ om. ΕJ¹   ᾖ Ε²S: om. F   μὴ om. Ε   τῆς ΕFJΚS : om. ΗΙ καὶ γὰρ καὶ J   25 αὐτόν ΕFΙJΚ   ἡ om. FΗΙΚ   ἕλξεις seclusi αὐταὶ scripsi : αὐταὶ Ε : αἱ αὐταὶ ΚΛ   26 ταύτας ΗΙJΚ   27 ἢ pr. om. ΗΙ   28 δὲ ΚΛ   29 καὶ pr. ... διάκρισίς om. Κ

κίνησις ἡ κατὰ τόπον σύγκρισις καὶ διάκρισίς ἐστιν. ἡ | δὲ 244ᵃ
δίνησις σύγκειται ἐξ ἕλξεώς καὶ ὤσεως.   τὸ μὲν γὰρ ὠθεῖ τὸ 16
κινοῦν, τὸ | δ᾽ ἕλκει.   φανερὸν οὖν ὡς ἐπεὶ ἅμα τὸ ὠθοῦν καὶ
τὸ ἕλκον τῷ ἑλκομένῳ | καὶ ὠθουμένῳ ἐστίν, οὐθὲν μεταξὺ τοῦ 17–18
κινουμένου καὶ τοῦ κινοῦντός ἐστιν. |
      τοῦτο δὲ δῆλον καὶ ἐκ τῶν ὡρισμένων· ἡ μὲν γὰρ ὦσις ἢ
ἀφ᾽ ἑαυτοῦ ἢ | ἀπ᾽ ἄλλου πρὸς ἄλλο κίνησις, ἡ δ᾽ ἕλξις ἀπ᾽ 19–20
ἄλλου πρὸς αὐτὸ ἢ πρὸς | ἄλλο.   ἔτι ἡ σύνωσις καὶ ἡ δίωσις.
ἡ δὲ ῥῖψις ὅταν θάττων ἡ κίνησις γέ|νηται τῆς κατὰ φύσιν τοῦ 21–2
φερομένου σφοδροτέρας γενομένης τῆς ὤσεως, | καὶ μέχρι
τούτου συμβαίνει φέρεσθαι μέχρι ἂν οὗ σφοδροτέρα ᾖ ἡ
κίνησις | τοῦ φερομένου· φανερὸν δὴ ὅτι τὸ κινούμενον. καὶ τὸ 23–4
κινοῦν ἅμα, καὶ οὐθὲν | αὐτῶν ἐστιν μεταξύ.
      ἀλλὰ μὴν οὐδὲ τοῦ ἀλλοιουμένου καὶ τοῦ ἀλλοιοῦντος | 25
οὐδέν ἐστιν μεταξύ.   τοῦτο δὲ δῆλον ἐκ τῆς ἐπαγωγῆς.   ἐν 26
ἅπασι γὰρ συμ|βαίνει ἅμα εἶναι τὸ ἀλλοιοῦν ἔσχατον καὶ τὸ
πρῶτον ἀλλοιούμενον.   τὸ | γὰρ ποιὸν ἀλλοιοῦται τῷ αἰσθητὸν 27–8
εἶναι, αἰσθητὰ δέ ἐστιν οἷς διαφέρουσιν | τὰ σώματα ἀλλήλων, 244ᵇ
οἷον βαρύτης κουφότης, σκληρότης μαλακότης, | ψόφος ἀψοφία, 16–17
λευκότης μελανία, γλυκύτης πικρότης, ὑγρότης ξηρό|της,
πυκνότης μανότης, καὶ τὰ μεταξὺ τούτων, ὁμοίως δὲ καὶ τὰ
ἄλλα | τὰ ὑπὸ τὰς αἰσθήσεις, ὧν ἐστι καὶ ἡ θερμότης καὶ ἡ 18–19
ψυχρότης, καὶ ἡ | λειότης καὶ ἡ τραχύτης.   ταῦτα γάρ ἐστι
πάθη τῆς ὑποκειμένης ποιότητος. | τούτοις γὰρ διαφέρουσι 20–21
τὰ αἰσθητὰ τῶν σωμάτων ἢ κατὰ τὸ τούτων τι | μᾶλλον καὶ
ἧττον [καὶ τῷ τούτων τι] πάσχειν.   θερμαινόμενα γὰρ ἢ ψυ-| 22
χόμενα ἢ γλυκαινόμενα ἢ πικραινόμενα ἢ κατά τι ἄλλο τῶν

244ᵃ 16 ἐξ] μὲν ἐξ FHJK   17 εἴπερ FHJK   ὠθουμένῳ καὶ
ἑλκομένῳ H   18 κινοῦντος καὶ τοῦ κινουμένου K   19 ὁρισμῶν
FJ² : εἰρημένων HIJ¹K   ἄπωσις E   20–1 ἀπ᾽ alt. . . . δίωσις]
ἤδη σύνωσις E   21 ἡ alt. om. FJK   ῥέψις E   θᾶττον IK
22 γενησομένης E   23 τούτου] τούτου γενομένου FK : τούτου γινο-
μένου J   συμφέρει γίνεσθαι K   ἂν om. HIJK   ᾖ om. E : εἴη FI
24 φερομένου] κινουμένου H   δὴ διότι JK   κινοῦν καὶ τὸ κινούμενον
F   25–6 ἀλλὰ . . . μεταξύ om. E   25 οὐδὲ om. E   τοῦ alt. om.
K   26 ἀγωγῆς E   27 τὸ pr.] τό τε ΚΛ   28 οἷς om. E¹
ᵇ 17 μελανότης FJK   18 τὸ F   ὁμοίως . . . 20 ποιότητος
margo E²   19 ἡ alt. et 20 ἡ om. I   20 πάθη F et margo E :
πάθος IJK   21 τοῖς γὰρ E¹   τὸ om. E¹I¹   τι om. I¹
22 καὶ alt. . . . . τι seclusi   23 ἢ γλυκαινόμενα om. E   ἄλλο
τι FJK

ΦΥΣΙΚΗΣ ΑΚΡΟΑΣΕΩΣ Η

²³⁻⁴ προειρημέ|νων ὁμοίως τά τε ἔμψυχα τῶν σωμάτων καὶ τὰ
ἄψυχα καὶ τῶν ἐμψύ|χων ὅσα τῶν μερῶν ἄψυχα. καὶ αὐταὶ
²⁵⁻⁶ δὲ αἱ αἰσθήσεις ἀλλοιοῦνται. πά|σχουσι γάρ· ἡ γὰρ ἐνέργεια
αὐτῶν κίνησίς ἐστιν διὰ σώματος πασχούσης τι | τῆς αἰσθή-
²⁷ σεως. καθ' ὅσα μὲν οὖν ἀλλοιοῦνται τὰ ἄψυχα, καὶ τὰ ἔμ-|
²⁸ ψυχα κατὰ πάντα ταῦτα ἀλλοιοῦνται· καθ' ὅσα δὲ τὰ ἔμψυχα
245ᵃ ἀλλοι|οῦνται, κατὰ ταῦτα οὐκ ἀλλοιοῦνται τὰ ἄψυχα (κατὰ γὰρ
¹⁷⁻¹⁸ τὰς αἰσθήσεις | οὐκ ἀλλοιοῦνται)· καὶ λανθάνει ἀλλοιούμενα
τὰ ἄψυχα. οὐδὲν δὲ κωλύει | καὶ τὰ ἔμψυχα λανθάνειν
¹⁹⁻²⁰ ἀλλοιούμενα, ὅταν μὴ κατὰ τὰς αἰσθήσεις | συμβαίνῃ τὸ τῆς
ἀλλοιώσεως αὐτοῖς. εἴπερ οὖν αἰσθητὰ μὲν τὰ πάθη, | διὰ
²¹ δὲ τούτων ἡ ἀλλοίωσις, τούτοις γε φανερὸν ὅτι τὸ πάσχον
καὶ τὸ | πάθος ἅμα, καὶ τούτων οὐθέν ἐστιν μεταξύ. τῷ μὲν
²²⁻³ γὰρ ὁ ἀὴρ συνεχής, τῷ | δ' ἀέρι συνάπτει τὸ σῶμα· καὶ ἡ μὲν
ἐπιφάνεια πρὸς τὸ φῶς, τὸ δὲ | φῶς πρὸς τὴν ὄψιν. ὁμοίως
²⁴⁻⁵ δὲ καὶ ἡ ἀκοὴ καὶ ἡ ὄσφρησις πρὸς τὸ κι|νοῦν αὐτὰς πρῶτον.
τὸν αὐτὸν δὲ τρόπον ἅμα καὶ ἡ γεῦσις καὶ ὁ χυμός | ἐστιν
[ὡσαύτως δὲ καὶ ἐπὶ τῶν ἀψύχων καὶ τῶν ἀναισθήτων].
²⁶⁻⁷ καὶ τὸ αὐ|ξανόμενον δὲ καὶ τὸ αὖξον· πρόσθεσις γάρ τις ἡ
αὔξησις, ὥσθ' ἅμα τό | τ' αὐξανόμενον καὶ τὸ αὖξον. καὶ ἡ
²⁸⁻⁹ φθίσις δέ· τὸ γὰρ τῆς φθίσεως αἴτιον ἀφαίρεσίς τις. φανερὸν
245ᵇ δὴ ὡς τοῦ κινοῦντος ἐσχάτου καὶ τοῦ κινου|μένου πρώτου οὐθέν
¹⁷⁻¹⁸ ἐστιν μεταξὺ [ἀνὰ μέσον τοῦ τε κινοῦντος καὶ τοῦ κι|νουμένου]. |

¹⁹ Ὅτι δὲ τὰ ἀλλοιούμενα ἀλλοιοῦνται πάντα ὑπὸ τῶν αἰσθη- 3
τῶν, καὶ | μόνων τούτων ἔστιν ἀλλοίωσις ὅσα καθ' αὑτὰ
²⁰⁻¹ πάσχει ὑπὸ τούτων, | ἐκ τῶνδε θεωρήσωμεν. τῶν γὰρ ἄλλων
μάλιστα [ἄν τις ὑπολάβοι ἔν τε] τοῖς | σχήμασι καὶ ταῖς

²³ᵇ προειρημένων ἀλλοιοῦσθαι φαμέν. ὁμοίως margo F   24 καὶ
alt.] λέγοντες καὶ I   25 ὅσα] πάλιν ὅσα I   αἱ om. E²   26 γὰρ
κατ' ἐνέργειαν αἴσθησις κίνησίς I   διὰ . . . 27 αἰσθήσεως om. E¹
27 ἀλλοιοῦται EFJ   τὰ pr. om. E¹   28 ἀλλοιοῦται J   ἀλλοιοῦται
FJ   245ᵃ 17 ἀλλοιοῦται F   18 ἀλλοιοῦται E   καὶ] καὶ τὰ μὲν I
τὰ . . . 19 ἀλλοιούμενα] τὰ δ' οὐ λανθάνει, ἔνια δὲ λανθάνει I   19 λαν-
θάνειν] λανθάνει δὲ E   20 αὐτῆς FI   21 τούτοις] τοῦτό FIJK
γε om. E : γε δὴ FJK   22–5 καὶ . . . ἅμα om. F¹   22 τῷ] ὁ E
ὁ om. E   23 ἡ μὲν ἐπιφάνεια] τὸ μὲν χρῶμα K   24 ἡ pr. om. E¹
πρὸς] τὸ πρὸς I   25 αὐτὰς] αὐτὰ EIJ¹K   26 ὡσαύτως . . .
ἀναισθήτων om. E¹   αἰσθητῶν K et margo E   αὐξόμενον J   29 δὴ
Spengel : δὲ FIK : οὖν EJ   ᵇ 17 ἀνὰ . . . κινουμένου om. I   19 τὰ
om. E¹   ἀλλοιοῦται E   20 ἐν μόνοις τούτοις I   ὅσα] ἢ ὅσα E
αὐτὸ J   πάσχει] λέγεται πάσχειν FIJK   21 ἐκ τῶνδε] δὲ E¹
ἄν τις ὑπολάβοι om. EI¹   ἔν τε om. E

μορφαῖς καὶ ταῖς ἕξεσι καὶ ταῖς τούτων ἀποβολαῖς | καὶ ²²⁻³
λήψεσιν [ἀλλοίωσιν ὑπάρχειν.] δοκεῖ [γὰρ] ὑπάρχειν τὸ τῆς
ἀλλοιώσεως, | οὐκ ἔστιν δὲ οὐδ' ἐν τούτοις, ἀλλὰ γίγνεται [τὸ
σχῆμα] ἀλλοιουμένων τινῶν | ταῦτα (πυκνουμένης γὰρ ἢ ²⁴⁻⁵
μανουμένης ἢ θερμαινομένης ἢ ψυχομένης τῆς | ὕλης), ἀλ-
λοίωσις δὲ οὐκ ἔστιν. ἐξ οὗ μὲν γὰρ ἡ μορφὴ τοῦ ἀνδριάντος,
οὐ λέγομεν τὴν μορφήν, οὐδ' ἐξ οὗ τὸ σχῆμα τῆς πυραμίδος ²⁶⁻⁷
ἢ τῆς κλίνης, ἀλλὰ | παρωνυμιάζοντες τὸ μὲν χαλκοῦν τὸ δὲ
κήρινον τὸ δὲ ξύλινον· τὸ δ' ἀλ|λοιούμενον λέγομεν· τὸν ²⁸⁻⁹
γὰρ χαλκὸν ὑγρὸν εἶναι λέγομεν ἢ θερμὸν ἢ σκλη|ρόν (καὶ οὐ 246ᵃ
μόνον οὕτως, ἀλλὰ καὶ τὸ ὑγρὸν καὶ τὸ θερμὸν χαλκόν), | ²¹
ὁμωνύμως λέγοντες τῷ πάθει τὴν ὕλην. ἐπεὶ οὖν ἐξ οὗ μὲν
ἡ μορφὴ καὶ | τὸ σχῆμα καὶ τὸ γεγονὸς ὁμωνύμως οὐ λέγεται ²²⁻³
τοῖς ἐξ ἐκείνου σχήμασιν, | τὸ δ' ἀλλοιούμενον τοῖς πάθεσιν
ὁμωνύμως λέγεται, φανερὸν ὡς ἐν μόνοις | τοῖς αἰσθητοῖς ἡ ²⁴⁻⁵
ἀλλοίωσις. ἔτι καὶ ἄλλως ἄτοπον. τὸ γὰρ λέγειν τὸν |
ἄνθρωπον ἠλλοιῶσθαι ἢ τὴν οἰκίαν λαβοῦσαν τέλος γελοῖον, ²⁶
εἰ τὴν τελείω|σιν τῆς οἰκίας, τὸν θριγκὸν ἢ τὴν κεραμίδα,
φήσομεν ἀλλοίωσιν εἶναι, ⟨ἢ⟩ θριγ|κουμένης τῆς οἰκίας ἢ ²⁷⁻⁸
κεραμιδουμένης ἀλλοιοῦσθαι τὴν οἰκίαν. δῆλον δὴ | ὅτι τὸ
τῆς ἀλλοιώσεως οὐκ ἔστιν ἐν τοῖς γιγνομένοις.

οὐδὲ γὰρ ἐν ταῖς ἕξε|σιν. αἱ γὰρ ἕξεις ἀρεταὶ καὶ κακίαι, ²⁹⁻³⁰
ἀρετὴ δὲ πᾶσα καὶ κακία τῶν | πρός τι, καθάπερ ἡ μὲν ὑγίεια 246ᵇ
θερμῶν καὶ ψυχρῶν συμμετρία τις, ἢ τῶν | ἐντὸς ἢ πρὸς τὸ ²¹⁻²
περιέχον. ὁμοίως δὲ καὶ τὸ κάλλος καὶ ἡ ἰσχὺς τῶν | πρός
τι. διαθέσεις γάρ τινες τοῦ βελτίστου πρὸς τὸ ἄριστον,
λέγω δὲ τὸ | βέλτιστον τὸ σῶζον καὶ διατιθὲν περὶ τὴν φύσιν. ²³⁻⁴
ἐπεὶ οὖν αἱ μὲν ἀρεταὶ | καὶ αἱ κακίαι τῶν πρός τι, ταῦτα δὲ
οὔτε γενέσεις εἰσὶν οὔτε γένεσις αὐ|τῶν οὐδ' ὅλως ἀλλοίωσις, ²⁵⁻⁶
φανερὸν ὡς οὐκ ἔστιν ὅλως τὸ τῆς ἀλλοιώσεως | περὶ τὰς ἕξεις.

ᵇ 22 μεταφοραῖς J¹   τούτων] τούτων δὲ I   23 ἀλλοίωσιν ὑπάρχειν
om. EFI¹JK   γὰρ om. EI¹   24 τὸ σχῆμα dett. : om. EFJK
28 χαλκὸν EI   29 φαμεν θερμὸν E   246ᵃ 21 θερμὸν καὶ τὸ
ὑγρὸν K   22 ὁμωνύμως δὲ λέγοντες E   μὲν μορφὴν E¹
23 καὶ et 24 δ' om. E   27 τὸν] ἢ τὸν F   ἢ add. Spengel
28 ἢ] ἢ τῆς E¹   δὲ J   29 ἐν ταῖς om. E   ᵇ 21 ἢ τινῶν
E¹   22 ἡ om. E   23 τὸ βέλτιστον] τοῦ βελτίστου FK
25 αἱ om. K   γενέσεις . . . γένεσις] γένεσις (γενέσεις E²) εἰσὶν E
26 ἀλλοίωσις . . . ὅλως om. E¹   27 οὔτε περὶ E²

27–8 οὐδὲ δὴ περὶ τὰς τῆς ψυχῆς ἀρετὰς καὶ κακίας. ἡ μὲν | γὰρ
ἀρετὴ τελείωσίς τις (ἕκαστον γὰρ τότε μάλιστα τέλειόν ἐστιν,
ὅταν | τύχῃ τῆς οἰκείας ἀρετῆς, καὶ μάλιστα κατὰ φύσιν, καθάπερ
29–30 ὁ κύκλος | τότε μάλιστα κατὰ φύσιν ἐστίν, ὅταν μάλιστα
247ᵃ κύκλος ᾖ), ἡ δὲ κακία | φθορὰ τούτων καὶ ἔκστασις. γίγνεται
20–21 μὲν οὖν ἀλλοιουμένου τινὸς καὶ ἡ λῆψις | τῆς ἀρετῆς καὶ ἡ
τῆς κακίας ἀποβολή, ἀλλοίωσις μέντοι τούτων οὐδέτερον. |
ὅτι δ' ἀλλοιοῦταί τι, δῆλον. ἡ μὲν γὰρ ἀρετὴ ἤτοι ἀπάθειά
22–3 τις ἢ παθη|τικὸν ὡδί, ἡ δὲ κακία παθητικὸν ἢ ἐναντία πάθησις
τῇ ἀρετῇ. καὶ τὸ | ὅλον τὴν ἠθικὴν ἀρετὴν ἐν ἡδοναῖς καὶ
24–5 λύπαις εἶναι συμβέβηκεν· ἢ γὰρ | κατ' ἐνέργειαν τὸ τῆς
ἡδονῆς ἢ διὰ μνήμην ἢ ἀπὸ τῆς ἐλπίδος. εἰ μὲν οὖν | κατ'
ἐνέργειαν, αἴσθησις τὸ αἴτιον, εἰ δὲ διὰ μνήμην ἢ δι' ἐλπίδα,
26–7 ἀπὸ | ταύτης· ἢ γὰρ οἷα ἐπάθομεν μεμνημένοις τὸ τῆς ἡδονῆς
ἢ οἷα πεισόμεθα | ἐλπίζουσιν.
28 ἀλλὰ μὴν οὐδ' ⟨ἐν⟩ τῷ διανοητικῷ μέρει τῆς ψυχῆς ἀλλοίω-
σις. | τὸ γὰρ ἐπιστῆμον μάλιστα τῶν πρός τι λέγεται. τοῦτο δὲ
29–30 δῆλον· κατ' οὐδε|μίαν γὰρ δύναμιν κινηθεῖσιν ἐγγίγνεται τὸ
247ᵇ τῆς ἐπιστήμης, ἀλλ' ὑπάρξαντός | τινος· ἐκ γὰρ τῆς κατὰ
20–21 μέρος ἐμπειρίας τὴν καθόλου λαμβάνομεν ἐπιστή|μην. οὐδὲ
δὴ ἡ ἐνέργεια γένεσις, εἰ μή τις καὶ τὴν ἀνάβλεψιν καὶ τὴν |
22 ἀφὴν γενέσεις φησίν· τοιοῦτον γὰρ ἡ ἐνέργεια. ἡ δὲ ἐξ
ἀρχῆς λῆψις τῆς | ἐπιστήμης οὐκ ἔστι γένεσις οὐδ' ἀλλοίωσις·
23–4 τῷ γὰρ ἠρεμίζεσθαι καὶ καθ|ίστασθαι τὴν ψυχὴν ἐπιστήμων
γίγνεται καὶ φρόνιμος. καθάπερ οὖν οὐδ' ὅταν | καθεύδων
ἐγερθῇ τις ἢ μεθύων παύσηται ἢ νοσῶν καταστῇ, γέγονεν
25–6 ἐπι|στήμων· καίτοι πρότερον οὐκ ἐδύνατο χρῆσθαι καὶ κατὰ
τὴν ἐπιστήμην ἐνερ|γεῖν, εἶτα ἀπαλλαγείσης τῆς ταραχῆς καὶ
27–8 εἰς ἠρεμίαν καὶ κατάστασιν ἐλθούσης τῆς | διανοίας ὑπῆρξεν
ἡ δύναμις ἡ πρὸς τὴν τῆς ἐπιστήμης χρείαν. τοιοῦτο δὴ | τι

ᵇ27 οὐδὲ δὴ] οὐ Ε¹: οὐ γὰρ δὴ Κ   28 γὰρ τὸ τελειόν ἐστιν
μάλιστα Κ   ὅταν om. Ε¹   30 κακία φθορᾷ] παραφορὰ Ε
247ᵃ 21 μὲν τοιούτων Ε¹   23 ὡδὶ] ὡς δεῖ Spengel   παθητικὴ Κ
24 ἠθικὴν] οἰκείαν J   ἐν] ἐν μὲν Ε¹   25 μνήμης FJK
εἰ] ἡ Ε   26 εἰ] ἡ Ε²   μνήμην det.: μνήμης EFJK   δι']
τὴν Ε   ἐλπίδος F   27 ἢ] εἰ Ε   τὸ add. Ε   ἡδονῆς
ποῖα Ε   28 ἐν add. Spengel   ψυχῆς ἡ ἀλλοίωσις FJK   29 δὲ
om. Ε   ᵇ21 ἡ om. Ε   22 φήσει Κ   26 καίτοι] καὶ τὸ Ε
χρησθῆναι Ε¹   27 εἶτα] ἀλλ' Κ   ἠρεμίαν καὶ ci. Bekker:
ἐρημίαν καὶ Ε: om. FJK

γίγνεται καὶ τὸ ἐξ ἀρχῆς ἐν τῇ τῆς ἐπιστήμης ὑπαρχῇ· τῆς
γὰρ ταρα|χῆς ἠρεμία τις καὶ κατάστασις. οὐδὲ δὴ τὰ παιδία ₂₉₋₃₀
δύναται μαθεῖν οὐδὲ | κρίνειν ταῖς αἰσθήσεσιν ὁμοίως τοῖς 248ᵃ
πρεσβυτέροις. πολλὴ γὰρ ἡ ταραχὴ | περὶ ταῦτα καὶ ἡ ₂₆₋₇
κίνησις. καθίσταται δὲ καὶ παύεται τῆς ταραχῆς τοτὲ | μὲν
ὑπὸ τῆς φύσεως τοτὲ δ' ὑπ' ἄλλων. ἐν ἀμφοτέροις δὲ τούτοις ₂₈
ἀλ|λοιοῦσθαί τι συμβαίνει, καθάπερ ὅταν ἐγερθῇ καὶ γένηται 248ᵇ
νήφων πρὸς τὴν | ἐνέργειαν. φανερὸν οὖν ὅτι τὸ τῆς ἀλλοιώ- ₂₆₋₇
σεως ἐν τοῖς αἰσθητοῖς καὶ ἐν τῷ | αἰσθητικῷ μέρει τῆς ψυχῆς,
ἐν ἄλλῳ δ' οὐθενὶ πλὴν κατὰ συμβεβηκός.   ₂₈

ᵇ29 καὶ] κατὰ Eⁱ   ὑπάρχει E²   30 δύναταί τι μαθεῖν F
248ᵃ 26 κρίνειν] κοινωνεῖν E   27 αὐτὰ FJK   28 ἀλλήλων E
ᵇ27 ἐν alt. om. F

INDEX VERBORUM

$84^a-99^b = 184^a-199^b$, $0^a-67^b = 200^a-267^b$

INDEX VERBORUM

INDEX VERBORUM

INDEX VERBORUM

INDEX VERBORUM

22

INDEX VERBORUM